Schriften der Gesellschaft für
Wirtschafts- und Sozialwissenschaften des Landbaues e. V.
Band XIV

Standortprobleme der Agrarproduktion

mit Beiträgen von

R. v. Alvensleben · B. Andreae · Fr. Bauersachs · Th. Bischoff · P. v. Blanckenburg
H. Brandt · J. v. Braun · L. Gekle · E. Gerhardt · A. Große-Rüschkamp · H. de Haen
H.-W. v. Haugwitz · W. Henrichsmeyer · D. M. Hörmann · H. Jochimsen
Fr. Kuhlmann · J. Lagemann · H. Lang · M. Lückemeyer · H. J. Mittendorf · H. Moser
E. Otremba · G. Schmitt · H. Schrader · M. Schulz · G. Steffen · H. Storck
H. U. Thimm · W. v. Urff · W. Warmbier · H. Weindlmaier · M. G. Zilahi-Szabo

Im Auftrag der Gesellschaft
für Wirtschafts- und Sozialwissenschaften des Landbaues e. V.
herausgegeben von Bernd Andreae

BLV Verlagsgesellschaft München Bern Wien

CIP-Kurztitelaufnahme der Deutschen Bibliothek

Standortprobleme der Agrarproduktion
mit Beitr. von R. v. Alvensleben . . .
Im Auftr. d. Ges. für Wirtschafts- u. Sozialwiss.
d. Landbaues e. V.
hrsg. von Bernd Andreae. — 1. Aufl. —
München, Bern, Wien: BLV Verlagsgesellschaft, 1977
   (Schriften der Gesellschaft für Wirtschafts- und
   Sozialwissenschaften des Landbaues e. V.; Bd. 14)
   ISBN 3-405-11791-7

NE: Alvensleben, Reinmar von [Mitarb.]; Andreae, Bernd [Hrsg.];
Gesellschaft für Wirtschafts- und Sozialwissenschaften des Landbaues

Alle Rechte der Vervielfältigung und Verbreitung
einschließlich Film, Funk und Fernsehen sowie der Fotokopie
und des auszugsweisen Nachdrucks vorbehalten.
© BLV Verlagsgesellschaft mbH, München, 1977
Druck: Druckerei Hablitzel, Dachau
Buchbinder: Conzella, Urban Meister, München
Printed in Germany · ISBN 3-405-11791-7

Inhaltsübersicht

Vorwort
von Prof. Dr. B. Andreae, Berlin VIII

Begrüßung und Eröffnung durch den Vorsitzenden
von Prof. Dr. G. Steffen, Bonn 1

Standortprobleme der Agrarproduktion – einige historische Vorbemerkungen
zum Tagungsthema
von Prof. Dr. B. Andreae, Berlin 3

ZUR ENTWICKLUNG DER LANDWIRTSCHAFTLICHEN STANDORTTHEORIE UNTER DEM EINFLUSS J. H. VON THÜNENS

Johann Heinrich von Thünens Beitrag zur landwirtschaftlichen Standorttheorie
von Prof. Dr. G. Schmitt, Göttingen 7

Johann Heinrich von Thünens Beitrag zur forstwirtschaftlichen Standorttheorie
von Prof. Dr. E. Gerhardt, Gießen 23

STANDORTGERECHTE EINZELBETRIEBLICHE AGRARPLANUNG

Grundsätze einer standortgerechten landwirtschaftlichen Unternehmensplanung
von Prof. Dr. F. Kuhlmann, Gießen 47

Informationssysteme als Instrumente einer standortgerechten Unternehmensführung
von Prof. Dr. M. G. Zilahi-Szabo, Gießen 63

Zur Planung der standortgerechten Unternehmensentwicklung.
Beispiel: Das einzelbetriebliche Investitionsförderungsprogramm
von Dr. H. Jochimsen, Kiel 75

Zur standortgerechten Gestaltung von Produktionssystemen.
Beispiel: Entwurfsplanung aus dem Bereich der Milcherzeugung
von Prof. Dr. Th. Bischoff und Dr. L. Gekle, Hohenheim 91

Zur standortgerechten Planung des einzelbetrieblichen Absatzes.
Beispiel: Direktverkauf von Trinkmilch
von Dipl.-Kaufmann W. Warmbier, Gießen 105

Zur Planung im ländlichen Raum.
Beispiel: Der Agrarleitplan Niederbayern Freyung – Grafenau
von Ltd. MR. Dr. H. Moser, München 117

AGRARPRODUKTION IM INTERREGIONALEN WETTBEWERB

Zum interregionalen Wettbewerb und strukturellen Wandel der landwirtschaftlichen Produktion: Fragestellungen, Ansätze, Erfahrungen
von Prof. Dr. W. Henrichsmeyer, Bonn 129

Zur Frage der interregionalen Austauschbeziehungen – eine politikbezogene Analyse am Beispiel des EG-Getreidemarktes
von Prof. Dr. R. v. Alvensleben, A. Grosse-Rüschkamp und M. Lückemeyer, Bonn 143

Zur wohlfahrtsökonomischen Interpretation der Ergebnisse räumlicher Gleichgewichtsmodelle
von Dr. H. Weindlmaier, Hohenheim 159

Interregionaler Wettbewerb der Produktionsstandorte:
Ein Versuch zur Quantifizierung der Wirkung der Standortfaktoren in der BRD
von Dr. Fr. Bauersachs, Bonn 177

Regionale Faktorallokation in der Landwirtschaft.

    Quantitative Analyse der regionalen Unterschiede des Faktoreinsatzes und Konsequenzen für die Agrar- und Regionalpolitik
    von Dr. H. Schrader, Bonn 199

    Regionale Veränderungen des Arbeitseinsatzes in der Landwirtschaft – demographische Analyse und arbeitsmarktpolitische Schlußfolgerungen
    von Prof. Dr. H. de Haen und J. von Braun, Göttingen 221

STANDORTPLANUNG VON VERARBEITUNGSINDUSTRIEN UND EXPORTORIENTIERTE PRODUKTIONSPROGRAMME IN DER AGRARWIRTSCHAFT VON ENTWICKLUNGSLÄNDERN

Grundsätzliche Überlegungen zur Frage einer Steuerung der Agrarproduktion durch Standortplanung von Verarbeitungsindustrien
von Prof. Dr. W. von Urff, Heidelberg 247

Standortplanung von Schlachthäusern in Entwicklungsländern.
Schlachtung im Erzeuger- oder Verbrauchergebiet?
von Dr. H. J. Mittendorf, Rom 269

Erfolge und Mißerfolge beim Aufbau eines exportorientierten Gartenbaues in Entwicklungsländern
von Prof. Dr. H. Storck und Dr. D. M. Hörmann, Hannover 279

AUSGEWÄHLTE BETRIEBSFORMEN IM AGRARRAUM DER TROPEN

Räumliche Ordnung in der Vielfalt der tropischen Landwirtschaft.
von Prof. Dr. Dr. h.c. E. Otremba, Köln 301

Intensitäten der Bodennutzung in den Ölpalmen-Maniok-Betrieben Ostnigerias
– Das Prinzip der innerbetrieblichen Differenzierung –
von J. Lagemann, Hohenheim 311

Naßreis versus Trockenreis in Westafrika - Extensivierung versus Intensivierung unter den Bedingungen der humiden Tropen
von H. Lang, Hohenheim 323

Agrarräumliche Differenzierung im Umland einer ostafrikanischen Industriestadt
von Dr. H. Brandt, Berlin 335

EINFÜHRENDE REFERATE IN DER SPEZIELLEN DISKUSSIONSGRUPPE "STANDORTGERECHTE ENTWICKLUNGSPOLITIK"

Einführung des Diskussionsgruppenleiters
von Prof. Dr. H.-U. Thimm, Gießen 347

Die epochale Abfolge landwirtschaftlicher Betriebsformen in Steppen und Trockensavannen
von Prof. Dr. B. Andreae, Berlin 349

Standortgerechte Regionalentwicklung - Menschen, Institutionen
von Prof. Dr. P. v. Blanckenburg, Berlin 353

Standortgerechte Projektplanung - Projektidentifizierung
von Dr. H.-W. v. Haugwitz, Eschborn (GTZ) 357

Standortgerechte Projektplanung: Beratungsziele und -instrumente - das Beispiel Äthiopien
von Dr. M. Schulz, Berlin 367

Vorwort

Dieser Band umfaßt die auf der 17. Jahrestagung der Gesellschaft für Wirtschafts- und Sozialwissenschaften des Landbaues e.V. vom 7. bis 9. Oktober 1976 in der Berliner Kongreßhalle gehaltenen Vorträge.

Schon einmal war unsere Gesellschaft an dieser Stätte zusammengekommen, als sie im Juli 1965 in einer würdigen Feier der hundertsten Wiederkehr des Geburtstages von FRIEDRICH AEREBOE gedachte. Den Impuls zum Rahmenthema der diesjährigen Tagung gab das 150jährige Jubiläum des Standardwerkes JOHANN HEINRICH VON THÜNENS (1783 - 1850) "Der isolierte Staat in Beziehung auf Landwirtschaft und Nationalökonomie" (4. Aufl. Stuttgart 1966). Unsere Gesellschaft hatte sich die Aufgabe gestellt, das Thünen'sche Ideengut zu würdigen, die Weiterentwicklung der Standorttheorie herauszuarbeiten und zukünftige Aufgaben zu umreißen.

Von einer solchen Thematik wurde bei ihrer Konzeption ein breites Interesse erwartet, weil Standortfragen einzel- wie mehrbetriebliche Entscheidungsprozesse beeinflussen, für Industrie- und Entwicklungsländer gleichermaßen wichtig sind, auf einem sehr unterschiedlichen Abstraktionsgrad behandelt werden können und müssen und breite Ansatzpunkte für Methodenfragen bieten.

Diese Erwartung hat sich voll erfüllt. Der Kongreßsaal war zeitweise mit fast 180 Hörern besetzt, und die beiden speziellen Diskussionsgruppen des dritten Tages umfaßten noch bis zu 130 Teilnehmer. Unter Einschluß dieser Diskussionsgruppen wurden auf der Tagung 37 Referate und Korreferate gehalten. Von der gesamten Arbeitszeit entfielen etwa 58 % auf Vorträge, 21 % auf Diskussionen im Plenum und 21 % auf Gruppendiskussionen. Es wurde sehr deutlich, daß an allen landwirtschaftlichen Forschungsstätten einschlägig an Standortproblemen gearbeitet wird.

Guter Tradition folgend war die Tagungsleitung bemüht, auch solche Vortragenden zu gewinnen, die außerhalb der deutschen Agrarwissenschaft stehen und letztere durch neue Aspekte befruchten können. Der bekannte Methoden- und Dogmenhistoriker der Agrarökonomie, Dr. Josep Nóu, Uppsala, mußte sein Erscheinen im letzten Moment absagen. Der um die Agrargeographie hochverdiente Professor Dr. Dr. h. c. Erich Otremba gab einen souveränen Überblick über die Formenvielfalt der Landwirtschaft in den Tropen.

Auf die sonst so bewährten Parallelveranstaltungen wurde in diesem Jahr weitgehend verzichtet, weil das Rahmenthema so grundsätzlicher Natur war, daß es Mikro- wie Makroökonomen, theoretisch wie angewandt Arbeitende, mit entwickelten wie Entwicklungsländern Befaßte etwa gleichermaßen anging. Ein wesentliches Anliegen unserer Gesellschaft muß es doch sein, die im Zuge der Spezialisierungstendenz aller Wissenschaften auseinanderstrebenden Disziplinen einmal wieder an einen Tisch zu bringen. Tatsächlich hat es im Laufe der Tagung mehrere Fälle gegeben, wo sich gerade in Grenzbereichen äußerst lebhafte und fruchtbare Diskussionen entspannen.

Berlin-Dahlem, im November 1976   Bernd Andreae

BEGRÜSSUNG UND ERÖFFNUNG DURCH DEN VORSITZENDEN

von

Günther Steffen, Bonn

Die diesjährige Tagung soll sich mit Standortproblemen der Agrarproduktion beschäftigen, einem Thema, das in besonderer Art geeignet ist, den Aufgaben unserer Gesellschaft gerecht zu werden. Es gibt die Möglichkeit, wissenschaftliche Methoden und Erkenntnisse zu diskutieren, aber auch den praktisch angewandten Aspekt unserer Arbeit zu verdeutlichen.

Den Anstoß zu dieser Tagung gab die 150. Wiederkehr des Tages, an dem JOHANN HEINRICH V. THÜNEN seine Arbeit über den Isolierten Staat veröffentlichte. Diese Arbeiten haben insbesondere in den letzten Jahren eine Forschungsrichtung gefördert, die Ausstrahlung auf viele Gebiete der Agrarökonomie besitzt. Unser Programm läßt die fachliche Weite deutlich erkennen.

So haben wir uns um eine Verbindung zwischen historischer Betrachtung und der Darstellung aktueller Fragen bemüht. Gerade aus der Verbindung von Vergangenheit und Gegenwart ergeben sich wertvolle Anregungen für unsere Arbeit. Wir betonen damit den geschichtlichen Bezug der Agrarökonomie.

Deutlich wird die Spannweite unseres Faches auch dadurch, daß das Programm sowohl Standortprobleme der Bundesrepublik als auch der Entwicklungsländer behandelt. Auf diese Weise hoffen wir, den Gedankenaustausch zwischen den Kollegen, die nationale und internationale Agrarökonomie betreiben, zu vertiefen.

Es bedarf keiner besonderen Betonung, daß das Programm Themen der verschiedenen Fachgebiete der Wirtschafts- und Sozialwissenschaften aufweist. Betriebswirtschaftliche, marktwirtschaftliche, agrar- und wirtschaftspolitische Fragen werden in gleichem Maße angesprochen. Wir hoffen, so einen Beitrag zur interdisziplinären Zusammenarbeit zu leisten.

Eine direktere Betonung des Standortfaktors Entscheidungsperson - Betriebsleiter oder Politiker - wäre zu begrüßen gewesen, um von der raumbezogenen Betrachtung stärker zu einer entscheidungsorientierten Raum- und Standortbetrachtung zu gelangen. Möglicherweise gelingt es uns auf den nächsten Jahrestagungen, soziologische und psychologische und damit entscheidungsorientierte Beiträge stärker mit einzubauen.

Schließlich zeigt unser Programm, daß wir bemüht gewesen sind, Beiträge mehr methodischer Art zu verbinden mit Vorträgen, die stärker empirische Ergebnisse herausstellen. Auch diese Kombination theoretisch-methodischer Beiträge und angewandter Arbeiten soll dazu beitragen, die notwendige Verbindung zwischen Theorie und Anwendung herzustellen. Es ist erfreulich, festzustellen, daß gerade in der Standortforschung die diese Arbeit so befruchtende Verbindung von vornherein vorhanden war.

Ausgehend vom Einsatz mathematischer Methoden in der Mikroökonomie ist es primär in der Standortplanung zum verstärkten Einsatz quantitativer Verfahren gekommen. Es ist u.a. ein

Anliegen dieser Tagung, Erfahrungen beim Einsatz dieser Instrumente mitzuteilen und damit zur erweiterten Anwendung beizutragen. Es ist verständlich, daß sich eine Reihe von Modellen bisher noch durch einen hohen Abstraktionsgrad auszeichnet. Die Tagung soll anstoßen, den Modellen eine größere Wirklichkeitsnähe und einen noch stärkeren Anwendungsbezug zu geben, die notwendig sind, wenn die erarbeiteten Techniken eine breitere Anwendung finden sollen.

Zu betonen ist außerdem, daß die mehrbetrieblichen Planungsinstrumente bisher sehr stark für die Lösung von Problemen großer Räume eingesetzt werden. Im Zuge der Weiterentwicklung ist es notwendig, auch Instrumente für die Lösung kleinräumiger Aufgaben zu schaffen, die in großer Zahl anfallen.

Eine Erweiterung der Planungsinstrumente und Daten scheint außerdem für den Betrieb der Umwelt, einem Standortfaktor mit besonderer Bedeutung, sinnvoll. Mit Hilfe entsprechender Modelle und aussagefähiger Daten sollte es möglich werden, einen Beitrag zur sinnvollen Nutzung von Fläche, Luft und Wasser zu leisten. Derartige Modelle sind um so notwendiger, je stärker der Agrarproduktion neben der Erzeugung von Lebensmitteln ökologische Aufgaben zufallen.

Die genannten Aufgaben sind sehr oft nicht in Einmann-Arbeit zu bewältigen. Die bestehenden Arbeitsgruppen auf dem Gebiet der Regionalforschung zeigen, welche Fortschritte durch Teamarbeit erreicht werden können. Allerdings werden auch die Grenzen von Arbeitsgruppen deutlich, wenn zu heterogene Aufgaben von zu großen Teilnehmerzahlen in Angriff genommen werden. Allzu oft wird die optimale Größe einer Forschergruppe überschätzt und auf die notwendige gemeinsame Zielfunktion zu wenig Wert gelegt.

Die Durchführung der genannten Aufgaben ist nicht ohne finanzielle Unterstützung durch private und öffentliche Institutionen möglich. In einer Zeit gekürzter Haushalte kommt es mehr denn je darauf an, daß wir unsere Arbeitsvorhaben und ihre Ziele der Öffentlichkeit verständlich machen und unsere Bereitschaft zur Zusammenarbeit mit Unternehmen und den staatlichen Institutionen verstärken. Möge diese Tagung dazu beitragen, daß agrarwissenschaftlicher Forschung auch weiterhin Vertrauen entgegengebracht wird und keine Ablehnung primär methodischer Arbeiten erfolgt, die im Augenblick noch nicht anwendbar sind.

Die Gesellschaft würde es sehr begrüßen, wenn die Tagung einen Schritt in Richtung der angedeuteten Probleme tun würde. Ich bin sicher, daß nicht nur über Getanes berichtet wird, sondern daß es uns gelingt, den Anstoß zu neuen Arbeiten zu geben.

STANDORTPROBLEME DER AGRARPRODUKTION - EINIGE
HISTORISCHE VORBEMERKUNGEN ZUM TAGUNGSTHEMA 1)

von

Bernd Andreae, Berlin-Dahlem

1	Standortprobleme okkupatorischer Wirtschaftsformen	3
2	Standortprobleme exploitierender Wirtschaftsformen	4
3	Standortprobleme kultivierender Wirtschaftsformen	4
4	Standortsgrenzen des Agrarwirtschaftsraumes	5

Standortprobleme der Agrarproduktion - das ist ein umfassender Themenkomplex. Wir können auf dieser Tagung nur Aphorismen behandeln. Seit die ersten Menschen Agrarproduktion betrieben, waren sie schon mit Standortproblemen konfrontiert. Ja, viel früher noch: bereits seit Beginn der Menschheitsentwicklung, der vermutlich ein bis zwei Millionen Jahre zurückliegt.

1 Standortprobleme okkupatorischer Wirtschaftsformen

Die rein okkupatorischen Wirtschaftsformen, Sammler, Jäger und Fischer, kämpfen gegen den Zwang einer zunehmenden Extension ihres Aktionsradius an. Ganze Völker - wie die Buschleute, die Pygmäen, die Aborigines oder die Feuerländer - verhungerten oder verkümmerten in gleichem Maße wie ihre Nahrungsquellen versiegten. Der Standort gab nicht mehr genug her, das war ihr Problem.

Die Wildbeuterstufe und das Stadium der frühen Sammelwirtschaft nehmen in der Wirtschaftsentwicklung der Menschheit den weit überwiegenden Zeitraum (98 bis 99 %) ein und waren noch in vorkolumbianischer Zeit weit verbreitet (W. MANSHARD).

Die Nomadenbevölkerung der sechs Sahel-Länder nahm in den letzten drei Dezennien jährlich um 1,7 % zu. Die Viehbestände stiegen etwa entsprechend. Überweidung war die Folge. Als dann in den letzten Jahren auch noch die große Dürre eintrat, entstand eine Hungerkatastrophe, die die Welt erschaudern ließ. Die Natur korrigierte in grausamer Weise das biologische Gleichgewicht, welches alle okkupatorischen Wirtschaftsformen bei wachsender Bevölkerung kaum erhalten können. Die Standortfrage wurde zur Existenzfrage.

---

1) Aus ANDREAE, B.: Agrargeographie. Strukturzonen und Betriebsformen in der Weltlandwirtschaft. De Gruyter Lehrbuch. Berlin 1977.

2 Standortprobleme exploitierender Wirtschaftsformen

Begrenzte natürliche Nahrungsvorräte und begrenzter Aktionsradius von Mensch und Tier, Grenzen der Extension also, zwingen die Menschheit früher oder später zu exploitierenden Wirtschaftsformen überzugehen. Die Stufe des Hackbaues, später des Pflugbaues, wird erreicht. Zum Ernteaufwand treten Urbarmachungs-, Anbau- und Pflegeaufwand hinzu. Aus bloßem Sammeln von Wildfrüchten wird nun Landbau. Erst jetzt kann man daher von Bauern sprechen, etwa seit 10.000 Jahren. Steppenumlagewirtschaft, Moorbrandwirtschaft oder Waldbrandwirtschaft sind solche bodenausbeutenden Wirtschaftsformen. Der Mensch greift tief in den Naturhaushalt ein, ohne schon die Mittel zum Ausgleich zu besitzen. Auf wenige Jahre fruchtbarkeitszehrenden Ackerbau muß deshalb viele Jahre fruchtbarkeitsmehrende Gras-, Busch- oder Waldbrache folgen, damit die Natur wieder gutmacht, was unvollkommene Menschenhand verschuldet hat.

Man sage nicht, daß dies historische Reminiszenzen seien. Shifting Cultivation wird noch heute von über 200 Mio. Menschen auf über 30 Mio. km^2 überwiegend gehandhabt. Man sage auch nicht, daß dieses System seine Ursache in wirtschaftlichem Unverstand einer der Kulturstufe des Neolithikums noch nahestehenden Bevölkerung hätte. Solange die Besiedlung noch locker ist, arbeitet es sogar mit hoher ökonomischer Effizienz. Durch die verschwenderische Nutzung großer, frei verfügbarer Bodenflächen wird ein geringer Arbeitsaufwand, ein Verzicht auf fast jeglichen Kapitaleinsatz und somit bei den hier obwaltenden Faktorkostenrelationen Minimalkostenkombination erreicht. Wachsende Bevölkerung aber führt zu einem verhängnisvollen Circulus vitiosus: Man braucht mehr Acker und verkürzt dazu die Brachperiode. Kürzere Waldbrache führt zu unvollkommener Regeneration der Bodenfruchtbarkeit. Absinkende Felderträge haben eine weitere Ausdehnung des Ackerlandes zulasten des Brachlandes zur Folge – und so fort. In einem solchen selbstzerstörerischen System verlagerte sich die Majakultur vom Zentrum der Yukatan-Halbinsel immer weiter an die Peripherie, bis sie, am Ozean angelangt, erlosch (P. GOUROU).

3 Standortprobleme kultivierender Wirtschaftsformen

Bei weiterhin wachsender Bevölkerungsdichte reichen also schließlich auch die exploitierenden Wirtschaftsformen in ihrer ernährungswirtschaftlichen Tragfähigkeit nicht mehr aus. Kultivierende Formen der Bodennutzung sind nunmehr erforderlich.

Die Standortfrage wird abermals differenzierter. Pflugbau erfordert pflugfähigen und somit gerodeten Boden. Nach dem Prinzip des kleinsten Mittels haben daher alle ackerbautreibenden Völker der Erde zunächst die baumlosen Steppen und Prärien, das natürliche Grasland, in Kultur genommen. Es folgten Nadelwälder, die flach wurzeln und Brandrodung erlauben. Erst zum Schluß drang der permanente Ackerbau auch in Regionen tiefwurzelnder Laubwälder vor.

Als die von Osten kommenden Slawen Mecklenburg besiedelten, haben sie die ihnen näher liegenden Buchen- und Eichenwälder des Ostteils tatenlos durchzogen. Sie besiedelten zunächst den ferner liegenden Westteil des Landes, weil hier der Urbarmachungsaufwand in Fichtenwäldern geringer war. Auch konnten sie ihren hölzernen Hakenpflug auf den leichten Böden besser einsetzen.

So führen die Hilfsmittel des Landbaues zur Standortswahl. Malawi ist ein übervölkertes Agrarland und besitzt dennoch weite ungenutzte Bodenflächen. Diese sind nämlich so schwer, daß sie auf der derzeitigen Stufe des Hackbaues noch nicht bearbeitet werden können. Erst wenn später stärkere Energiequellen in Form von Zugtieren oder Schleppern zur Verfügung stehen, werden auch diese Flächen Kulturland sein können.

Bisher war nur von Selbstversorgungswirtschaften die Rede. Da Städte und Märkte sich früher und stärker entwickeln als die Infrastruktur, erwächst für die marktorientierte Landwirtschaft in der Bezugs- und Absatzlage ein neues Standortproblem. Die alten Kulturzentren der Menschheit lagen nicht nur deshalb am Nil, in Mesopotamien, am Indus und Ganges, im Mekongdelta oder am Jangtsekiang, weil hier fruchtbare Alluvialböden ein natürliches Nährstoffnachlieferungsvermögen besitzen und die Bewässerungswirtschaft möglich ist, sondern auch deshalb, weil die Wasserfracht damals noch weit mehr als heute den billigsten Transport gewährleistete. In gleichem Maße wie die wachsende Bevölkerung ihre Siedlungsgebiete immer mehr in das Landesinnere vortreiben mußte, verschärfte sich das verkehrsgemäße Standortproblem. Als THÜNENs "Isolierter Staat" vor 150 Jahren erstmalig erschien, standen das Dampfschiffahrts- (ab 1807) und Eisenbahnwesen (ab 1825) gerade in den allerersten Anfängen und bis zum ersten Kraftfahrzeug (1886) mußten noch 60 Jahre vergehen. Sonst hätte THÜNENs Raumbild anders ausgesehen. Die konzentrischen Ringe wären einer mehr radialen Anordnung der Betriebsformen gewichen. In den dem Verkehr wenig erschlossenen Entwicklungsländern sind die Agrarsysteme oft weniger eine Funktion der Marktentfernung als vielmehr durch die Entfernung der Hauptverkehrsadern geprägt.

Erst wenn sich mit wachsender volkswirtschaftlicher Entwicklung das Verkehrsnetz verdichtet und die Transporttarife sinken, wird der Landwirt gegenüber dem Standortfaktor "äußere Verkehrslage" wieder freier. Er kann sich dann um so besser den natürlichen Standortbedingungen anpassen. Durch die stark gestiegene Anzahl seiner Produktionsverfahren ist dies nun auch weit mehr nötig und weit besser möglich.

Schließlich führen weiteres Wirtschaftswachstum und eine Fülle technischer Fortschritte dazu, daß das Maß der Beherrschung der Naturkräfte mittels Be- und Entwässerung, Düngung, Pflanzenschutz, Adaption des genetischen Potentials von Pflanze und Tier usw. so weit steigt, daß der Landwirt auch gegenüber den natürlichen Standortfaktoren handlungsfreier wird. In hochentwickelten Industrieländern schlägt dann die Persönlichkeit des Betriebsleiters in einem vorher nie gekannten Ausmaß auf den Betriebserfolg durch. Nicht Standorts-, sondern Persönlichkeitsprobleme stehen nun im Vordergrund.

4 Standortsgrenzen des Agrarwirtschaftsraumes

Und doch sind dem bodenbauenden Menschen auch heute noch Standortsgrenzen gesetzt. Die afrikanische Landwirtschaft leidet auf 80 % ihrer Kulturflächen periodisch oder permanent unter Wasserüberfluß (Äquatorzone) oder unter Wassermangel (Wendekreiszonen). Bei Schleppereinsatz liegt die Hanggrenze des Ackerbaues bei 25 %, die der Grünlandnutzung bei 40 % (L. LÖHR). Die Agrarfläche beträgt zur Zeit nur 33,4 % der festen Erdoberfläche: 30,7 % in den Entwicklungsländern sowie 39,7 % in den Industrieländern (FAO). Dort also, wo Millionen Menschen hungern oder doch fehlernährt sind, ist die Agrarflächenquote am niedrigsten. Dort, wo sich Nahrungsüberschüsse anhäufen, ist sie am höchsten.

Die geographischen Grenzen der landwirtschaftlichen Betätigung werden durch natürliche Standortsmängel wie Kälte, Trockenheit oder Nässe, durch Bewirtschaftungserschwernisse wie durch Boden und Relief oder auch durch ökonomische Standortsmängel wie eine allzu große Marktentfernung ausgelöst.

Im feucht-tropischen Regenwaldgürtel sind Hack- und Pflugbau noch möglich, die Weidewirtschaft aber nicht (Feuchtgrenze). In allen übrigen marginalen Zonen geht die Grenze der Weidewirtschaft über die Grenze des Ackerbaues hinaus. So findet der Ackerbau (S. Gerste, Kartoffeln) im hohen Norden bei 70° n.Br. sein Ende, während das Rentier dem Lappen noch weit in die Tundraweiden folgt (Polargrenze). In den Anden gedeiht unter 15° s.Br. die Kartoffel bis in 4.300 m Höhe, während die Weidezone erst bei 5.210 m NN endet (Höhengrenze). Gerste und Hirse dringen in den Sahara-Randgebieten in Trockenzonen von 250 mm Jahresniederschlag vor, während die Schafweidewirtschaft noch bei 100, ja 75 mm möglich ist (Trockengrenze).

Alle Marginalzonen werden durch technische Fortschritte und Preis-Kostenverschiebungen beeinflußt. Sie verändern sich daher im Zuge der wirtschaftlichen Entwicklung, sind nicht stabil, sondern labil.

Zur Zeit zwingt die Welternährungslage zu einer Expansion des Agrarraumes mit ganzer Kraft. In den 17 Jahren von 1956 bis 1973 stieg die Agrarflächenquote der festen Erdoberfläche von 28,4 auf 33,4 % (FAO). Der Kampf um die Eroberung des Grenzraumes wird mit verschiedenen Waffen geführt. An den Polargrenzen steht die Zucht kälteresistenter und schnellwüchsiger Nutzpflanzen im Vordergrund. An den Trockengrenzen unterliegen alle Maßnahmen des Landwirtes dem obersten Ziel der größtmöglichen Schonung der knappen Wasservorräte. In dünnbesiedelten Entwicklungsländern wird durch den Ausbau der Infrastruktur viel Ackerland gewonnen, weil sich die Verkehrsgrenzen hinausschieben.

Wenn dennoch für die fernere Zukunft eine Kontraktion des Agrarraumes erwartet werden muß, so deshalb, weil alle Marginalzonen der Landwirtschaft Produktivitätsnachteile besitzen, die den steigenden Einkommensansprüchen im Wege stehen. Das Volumen an Nahrungsproduktion muß durch kräftige Zuwachsraten gekennzeichnet sein, doch wird es von einer schrumpfenden Nahrungsfläche gewonnen werden. Die heutigen Intensivzonen des Landbaues werden noch intensiver werden. Die heutigen extensivsten Zonen aber werden aus der Produktion ausscheiden.

Entwicklungspolitik erstrebt Einkommenssteigerung. Wirtschaftswachstum ermöglicht sie durch zunehmende Arbeitsproduktivität. Die Forderung nach hoher Arbeitsproduktivität schränkt die Grenzen des Agrarraumes ein. Der Produktionsausfall muß und kann bei günstigen Kapitaleinsatzbedingungen durch Ertragssteigerung auf den intensivierungsfähigen Flächen nicht nur kompensiert, sondern überkompensiert werden.

Die Aufgabe heißt also, in einem schrumpfenden Agrarwirtschaftsraum eine stark expansive Nahrungsgüterproduktion zu entwickeln. Die erforderlichen technischen Hilfsmittel sind schon weitgehend vorhanden. Ihr ökonomischer Einsatz hängt von der Entwicklung der gesamtwirtschaftlichen Datenkonstellation in den einzelnen Ländern ab.

Was zu zeigen war: Das Gewicht der einzelnen Standortfaktoren und somit auch die Standortprobleme der Agrarproduktion verschieben sich im Zuge der volkswirtschaftlichen Entwicklung. Dies wird während unserer Tagung deutlich werden, wenn zum einen von Entwicklungsländern und zum anderen von Industrieländern die Rede ist. Da für die räumliche Ordnung der Agrarproduktion in Entwicklungsländern die äußere Verkehrslage eine eminente Bedeutung hat, beginnt und endet diese Tagung mit dem Ideengut JOHANN HEINRICH VON THÜNENs.

JOHANN HEINRICH VON THÜNENS BEITRAG ZUR LANDWIRTSCHAFTLICHEN STANDORTTHEORIE

von

Günther Schmitt, Göttingen

> "Wenn eine wissenschaftliche Theorie einmal den Status eines
> Paradigmas erlangt hat, wird sie nur dann für ungültig er-
> klärt, wenn ein anderer Kandidat bereit steht, um ihren
> Platz einzunehmen. Kein bisher durch das historische Studium
> der wissenschaftlichen Entwicklung aufgedeckter Prozeß hat
> irgendeine Ähnlichkeit mit der methodologischen Schablone
> der Falsifikation durch unmittelbaren Vergleich mit der Na-
> tur."
>
> Thomas S. KUHN (20, S. 110)

I

Heute, 150 Jahre nach dem Erscheinen des noch mit dem Untertitel "Untersuchungen über den Einfluß, den die Getreidepreise, der Reichtum des Bodens und die Abgaben auf den Ackerbau ausüben" versehenen ersten Teils des "Isolierten Staates in Beziehung auf Landwirtschaft und Nationalökonomie" (1826) scheint alles gesagt, was aus der Sicht der Wirtschafts- und Agrarwissenschaften über Werk und Wirkung Johann Heinrich von THÜNENs zu sagen ist: Als Begründer der landwirtschaftlichen Standorttheorie, der Lehre von der Intensität der Agrarproduktion, als Entdecker des Marginalprinzips, als derjenige, der der Anwendung der Mathematik in der Ökonomie zum Durchbruch verholfen hat, und als Erfinder der Methode der isolierenden und abnehmenden Abstraktion als der einzigen Möglichkeit, interdependenten und komplexen ökonomischen Sachverhalten analytisch zu Leibe zu rücken, ist von THÜNEN, wenn auch recht verspätet, oft und gebührend gewürdigt worden. Die Zitate, die ihn preisen, und die Autoren, die ihn deswegen zu den führenden Wirtschaftswissenschaftlern und Agrarökonomen zählen, sind fast unübersehbar geworden. Besonders schwer muß eine Würdigung von THÜNENs auch werden, falls sie sich nicht allein auf eine Wiederholung von so oft Gesagtem und Geschriebenem beschränken soll, wenn sie vor einem Kreis von Agrarökonomen zu erfolgen hat, der ganz im Geiste und in der Denktradition Johann Heinrich von THÜNENs ausgebildet wurde und gelernt hat, mit den von THÜNEN entwickelten Instrumenten in seinem täglichen wissenschaftlichen Forschen umzugehen. Vielleicht erscheint es unter diesen Umständen sinnvoll, um von THÜNENs Beitrag zur landwirtschaftlichen Standortlehre weiter und gründlicher zu ermessen, wenn über den eigentlichen Themenbereich der von THÜNENschen Standortgesetze hinaus die wissenschaftstheoretische Position von THÜNENs und sein methodisches Vorgehen, das ihn zu den unsere Wissenschaft revolutionierenden Einsichten gebracht hat, aus der heutigen Sicht dieser Dinge und Zusammenhänge zum Gegenstand unserer Betrachtung erhoben wird. Ich denke, daß es auf einem solchen Weg möglich sein könnte, das, was an Standardwissen über von THÜNEN bis heute verbreitet wurde, zu erweitern oder doch zu ergänzen, um so vielleicht zu einer alle Aspekte des von THÜNENschen Werkes einschließenden Würdigung zu gelangen.

Ich werde also zunächst den Versuch machen, zuerst von THÜNENs methodologische Vorgehensweise, die eigentlich schon immer ganz unterschiedlich interpretiert worden ist, herauszuarbeiten und im Lichte dessen, was sie uns heute zum Problem der wissenschaftstheoretischen Erkenntnismöglichkeiten in den Wirtschafts- und Sozialwissenschaften sagen könnte, zu beleuchten. Danach möchte ich einige Bemerkungen zu den methodischen Bausteinen machen, die von THÜNEN explizit und implizit in seinem Theoriegebäude entwickelt und verwandt hat, und schließlich möchte ich drittens wenige Sätze zu dem Beitrag von THÜNENs zur Theorie der landwirtschaftlichen Produktionsstandorte machen im Bewußtsein der Tatsache, daß wir hier bereits über umfassende Darstellungen verfügen, denen wenig hinzuzufügen ist. Ich denke, um es sinngemäß zu wiederholen, daß uns eine kritische Darstellung sowohl des epistemologischen Ansatzes wie des theoretischen Instrumentariums von THÜNENs besser in die Lage versetzt, die überragende Stellung von THÜNENs in der Geschichte unserer Wissenschaft in ihrer Totalität zu erfassen und zu würdigen.

II

Wer aufgerufen ist, Werk und Wirken Johann Heinrich von THÜNENs zu charakterisieren, wird wohl kaum zögern, diese jenen wissenschaftlichen "Revolutionen" gleichzustellen, deren Struktur und Dynamik Thomas KUHN in so überzeugender Weise nachgezeichnet hat (20). Dank einer fast unerschöpflichen dogmengeschichtlichen Literatur über und kaum noch übersehbaren wissenschaftlichen Auseinandersetzungen mit von THÜNEN [1] bis in unsere Zeit hinein fällt [2] es nicht sonderlich schwer, alle Elemente und Stadien des von KUHN sorgfältig eingefangenen Prozesses des Paradigmawechsels im Zuge des wissenschaftlichen Erkenntnisfortschritts auch auf dem Gebiet der Agrarökonomik, soweit er mit dem Namen von THÜNENs verbunden ist, nachzuvollziehen: Da ist zunächst die von Albrecht THAER (37) in Kontinentaleuropa [3] begründete wissenschaftliche Tradition der "rationalistischen" Schule, die, getragen von einer Vielzahl von Adepten bis hinein in das 20. Jahrhundert, jene "empirische Arbeit" verrichtet hat, "die dazu dient, die Paradigmatheorie zu präzisieren, einige ihrer restlichen Unklarheiten zu erhellen und die Lösung von Problemen zu ermöglichen, auf die sie vorher lediglich ihre Aufmerksamkeit gelenkt hat" [4]. Diese Tra-

---

1) Zu allererst muß hier die bewunderungswürdige Studie von J. NOU (24) genannt werden, auf die sich der Verfasser, soweit nicht anderweitig angezeigt, über weite Strecken hin bezieht.

2) Siehe hierzu u.a. neuerdings KATZMAN (18).

3) Besonders NOU hat herausgearbeitet (S. 109 ff.), daß "Arthur Young exerted such influence von Thaer that he might rightly be spoken of as a follower of Young" und "Thaer appeared on the scene and introduced a view even in the development of scientific agriculture with a work which in many ways might well have been a summary and systematization of Young's teaching".

4) Das ist die KUHNsche Definition (20, S. 49) der "normalwissenschaftlichen Forschung", die "vielmehr auf eine Verdeutlichung der vom Paradigma bereits vertretenen Phänomene und Theorien ausgerichtet ist" (S. 45).

dition der THAERschen Schule, so sehr gefestigt und resistent sie sich gegen die Anerkennung von mit ihren Dogmen unvereinbaren Anomalien erweist, findet jedoch sehr bald ihre Herausforderung, sobald sich der Eindruck verdichtet hat, "daß diese alte Tradition sehr weit in die Irre geführt hat" (20, S. 120), weil die offenbar gewordenen Anomalien sich hartnäckig weigern, auch durch ad hoc-Erklärungen und Modifikationen des alten Paradigmas gefügig zu werden: von THÜNEN hat selbst in einem Brief von 1809 an seinen Bruder aus Anlaß des Erscheinens einer Abhandlung von A. von ESSEN mit dem Titel "Der Übergang aus gewöhnlichen Dreifelderwirtschaften in eine nach Thaer'schen Grundsätzen geordnete Fruchtwechselwirtschaft" in den von THAER herausgegebenen "Annalen des Ackerbaus" exakt diese Diskrepanz zwischen der darin mit Nachdruck für alle Zeiten und Räume behaupteten Überlegenheit der Fruchtwechselwirtschaft mit den beobachtbaren Verhältnissen erkannt und als eine neue Erklärung erheischende Anomalie beschrieben: "Wenn mein Eifer nicht wieder nachläßt, so wirst Du Ostern ein Buch von mir haben. Während hier eine Wechselwirtschaft nach der anderen untergeht, herrscht sie despotisch in den Büchern. Aber noch nie sind in ihrer Wirkung so unsinnige Sätze angegeben wie durch Herrn von Essen. Auffallend ist es, daß dies unter Thaers Augen geschrieben und gedruckt ist, und daß er dazu stillschweigt." 1). Diese offensichtlich mit der alten "Theorie" THAERs unvereinbare Beobachtung des "Untergangs" von Fruchtwechselwirtschaften mündete in die Frage ein, "ob das höhere Wirtschaftssystem, namentlich die Fruchtwechselwirtschaft einen absoluten Vorzug vor der Koppel- und Dreifelderwirtschaft hat oder (ob) der Vorzug des einen Wirtschaftssystems vor dem anderen durch die Höhe des Preises der landwirtschaftlichen Erzeugnisse bedingt ist" (von THÜNEN, 38, S.402) - eine Frage, die von THÜNEN seit seiner frühen Jugend fasziniert und nicht mehr losgelassen hat 2). Die Antwort, die von THÜNEN auf diese zentrale und die anderen acht an der nämlichen Stelle aufgeführten Fragen erteilen konnte, leitete jene wissenschaftliche Revolution ein, von der wir eingangs sprachen, die also jene Krise überwinden konnte, die durch das Unvermögen der vornehmlich von THAER begründeten rationalistischen Schule, offenbar gewordene Widersprüche zur beobachteten Realität der Landwirtschaft dieser Epoche aufzuhellen, entstanden war. Indes dauerte es fast ein Jahrhundert, bis die Herausforderung der von THÜNENschen Revolution von der wissenschaftlichen Agrarökonomie angenommen wurde, die noch einmal durch Heinrich Wilhelm PABST, Freiherr von der GOLTZ, Herman HOWARD und Johann POHL zur Renaissance gebrachte rationalistische Schule Albrecht THAERs abrupt beendete 3) und durch die Neuinterpretation durch Theodor BRINKMANN und Friedrich AEREBOE und deren zahlreiche Schüler 4) und Vorläufer 5) zum endgültigen Durchbruch als dem heute noch gültigen Paradigma verholfen wurde.

---

1) Zitiert in H. SCHUMACHER-ZACHLIN (34, S. 33).

2) J.H. von THÜNEN: Der isolierte Staat in Beziehung auf Landwirtschaft und Nationalökonomie. Waentlng-Ausgabe Jena 1921, S. 403: "Beim Beginn meiner Laufbahn als praktischer Landwirt" - gemeint ist der Aufenthalt in der Staudingerschen landwirtschaftlichen Lehranstalt 1802 - "suchte ich mir dann durch eine genaue und ins einzelne gehende Rechnungsführung die Daten zur Berechnung der Kosten und des Reinertrages des Landbaues bei verschiedenem Kornertrag und verschiedenen Getreidepreisen zu verschaffen. Nachdem diese Daten aus einer fünfjährigen Rechnung zusammengetragen und zu einer Übersicht vereinigt waren, wurden, auf diese Grundlage gestützt, die Untersuchungen begonnen, welche im ersten Teil (des Isolierten Staates, d.V.) mitgeteilt sind."

3) Siehe hierzu im einzelnen J. NOU (24, S. 146 ff.).

4) Vgl. dazu u.a. B. ANDREAE (5) und die dort angeführte Literatur sowie J. NOU (24, S. 322 ff.).

5) Als solche bezeichnet NOU (24, S. 230 ff.): AU, FÜHLING, SETTEGAST, LAMBL, KRÄMER, LYUDOGOWSKY und SKVORTSOV.

III

Gewiß hat eine derartige Spiegelung des von THÜNENschen Beitrags zur Fortentwicklung der Agrarökonomie in dem Muster der Dynamik wissenschaftlicher Revolutionen, wie wir sie KUHN verdanken, ihre großen Reize: Zumindest lehrt sie uns das Beispielhafte des einzelnen und echten wissenschaftlichen Fortschritts erkennen. Indes sollte uns der ständige und alleinige Bezug KUHNs auf die exakten Naturwissenschaften eine Warnung vor einer allzu leichtfertigen und großzügigen Übertragung dieses Strukturkonzepts wissenschaftlichen Paradigmawechsels auf die Wirtschafts- und Sozialwissenschaften sein. Äußerer Anlaß, hier mehr Zurückhaltung zu üben, könnte schon der erstaunlich lange Zeitraum sein, den die Wirtschaftswissenschaften und hier besonders die Agrarökonomie benötigten, um die Herausforderung der von THÜNENschen Revolution anzunehmen 1).

Offenbar ist es wohl zu vordergründig, hier einer so simplen Erklärung zu folgen, wie sie Max PLANCK in seinen Lebenserinnerungen mit dem Satz angeboten hat, wonach "sich eine neue wissenschaftliche Wahrheit nicht in der Weise durchzusetzen pflegt, daß ihre Gegner überzeugt werden und sich als belehrt erklären, sondern vielmehr dadurch, daß die Gegner allmählich aussterben und daß die heranwachsende Generation von vornherein mit der Wahrheit vertraut gemacht ist" (29, S. 22). - Eine solche Erklärung hatte nämlich zur Vorbedingung, daß es im Bereich der Sozialwissenschaften ein Zweifel ausschließendes Verfahren gibt, neue Theorien als "Wahrheit" zu erkennen. Und die sich hierin verbergenden methodologischen Schwierigkeiten bieten einen wohl besseren Ansatzpunkt für die Erklärung dieses Phänomens der so sehr verzögerten Rezeption der von THÜNENschen Revolution durch die Agrarwissenschaften. Dieses Problem deutet sich bekanntlich an in der langen und hitzigen Kontroverse um die Frage, ob der "Wahrheit" theoretischer Aussagen auf dem Wege der Induktion oder der Deduktion besser zu Leibe zu rücken sei, eine Frage, die besonders, aber bei weitem nicht allein von AU aufgegriffen und auf seine Weise beantwortet wurde 2).
Ganz ähnlich verhält es sich mit der bis heute nach wie vor höchst kontrovers behandelten Frage 3) nach der eigentlichen Funktion der (landwirtschaftlichen) Betriebswirtschaftslehre,

---

1) "The influence of Thünens Der isolierte Staat on the 19th-century agricultural economics was, however, ... fairly inconsiderable. For about fifty years after his death, Thünens Der isolierte Staat was longely a hidden treasure for the agricultural economist. Obviously, the agricultural economists of that time were incapable of interpreting Thünen's work as they affected the economics of agricultural business, and as a suitable explanation of this neglect one of them chose to term Thünen a political economist and to arrest that his work did not belong to the sphere of agricultural economics (Brinkmann). The political economists displayed somewhat better ability in their interpretation of Der isolierte Staat even at an early stage, and in this connection special mention should be made of Roscher's work. All the same political economists, too, have experienced difficulty in dealing with Thünen, and typically enough they in turn were able to brush Thünen's work aside - it belongs to the sphere of the doctrine of agricultural business and agrarian policies" (J. NOU, 20, S. 188 f.).

2) AU entschied sich für die deduktive Methode als die für die Sozialwissenschaften geeignete, während er die induktive als die für die Naturwissenschaften geeignete hielt. Aus dieser Sicht heraus kritisierte er LIEBIG und stützte von THÜNEN (vgl. dazu J. NOU, 20, S. 315). Im übrigen war diese Kontroverse ja bekanntlich zentraler Punkt des ersten Methodenstreits in der deutschen Nationalökonomie zwischen Carl MENGER auf der einen und Gustav SCHMOLLER auf der anderen Seite.

3) Vgl. dazu u.a. H. KOCH (19) sowie die verschiedenen Beiträge in: G. DLUGOS, E. EBERLEIN und H. STEINMANN (9).

die wir heute mit den Begriffen normativ versus positiv belegen: Über das ganze 19. Jahrhundert hat diese Frage eine unterschiedliche Antwort erhalten, nachdem sie einerseits von THAER ganz im Sinne rationalistischer Denktradition explizit als eine solche praescriptiver Natur beantwortet 1), von THÜNEN dagegen mehr implizit als eine solche positiver Art entschieden und, folgerichtig, in die analytische Methode der isolierenden (und abnehmenden) Abstraktion transformiert wurde 2). Diese, wie erwähnt, von seiten der Agrarökonomik und in Sonderheit der (landwirtschaftlichen) Betriebswirtschaftslehre häufig je nach der Zugehörigkeit von den beiden konkurrierenden Schulen implizit oder explizit beantworteten Fragen und der damit verbundene Mangel an Übereinstimmung müssen wohl als eine wesentliche Ursache der so sehr zögernden Rezeption des von THÜNEN-Paradigmas erkannt werden. Dies gilt um so mehr, als die Entscheidung zugunsten der einen oder anderen Erkenntnismethode beziehungsweise Aufgabenstellung logischerweise eine Entscheidung zugunsten der Anerkennung der von THÜNENschen respektive THAERschen Theorien 3) impliziert. So scheint es recht verständlich, daß die Nationalökonomen - in der damaligen Terminologie: die politischen Ökonomen 4) - wegen der weitgehend aus der Sache heraus erwachsenen Denktradition eher vorbereitet waren, von THÜNENs Theorien zu rezipieren als die überwiegend betriebswirtschaftlich orientierten Agrarökonomen. Indes muß in diesem Zusammenhang vermutet werden, daß die jeweils von den (National- und) Agrarökonomen eingenommenen epistomologischen und methodologischen Positionen weniger einer a priori-Entscheidung entsprungen sind als vielmehr einer a posteriori-Rechtfertigung bereits vollzogener oder nachvollzogener wissenschaftlicher Analysen 5), soweit überhaupt die Notwendigkeit einer methodologischen Klärung (und deren Probleme) erkannt worden sind.

---

1) Das verdeutlicht schon THAER (37, S. 3) in dem berühmten "Begriff von der rationellen Landwirtschaft", wo es in den §§ 2 und 3 heißt: "Nicht die möglichst hohe Produktion, sondern der höchste reine Gewinn nach Abzug der Kosten - welches beides in entgegengesetzten Verhältnissen stehen kann - ist Zweck des Landwirts und muß es sein, selbst in Hinsicht auf das allgemeine Beste ...". "Die rationelle Lehre von der Landwirtschaft muß also zeigen, wie der möglichst reine Gewinn unter allen Verhältnissen aus diesem Betrieb gezogen werden könne" (§ 3).

2) Die eigentliche Frage, ob von THÜNENs Vorgehensweise der isolierten Abstraktion ("Gedankenexperiment" in den Worten von THÜNENs) als positive oder normative Ökonomik zu bezeichnen ist, wird uns ebenso noch beschäftigen wie die Meinung von NOU, "that Thünen's method is a seriously intended combination and synthesis between the deductive-rational and the inductive-empirical procedures ... it is nevertheless wholly unjustifiable to regard the inductive-empirical part as a strictly speaking unnecessary supplement seeming only a secondary purpose" (20, S. 199).

3) Eine strenge Auslegung des Begriffs Theorie als eines Aussagesystems, "dessen Funktion darin besteht, die Vorgänge eines bestimmten Objektbereichs zu erklären und vorauszusagen" (H. ALBERT, 2, S. 136), läßt berechtigte Zweifel daran aufkommen, THAERs System rationaler Landbewirtschaftung mit der Dignität einer Theorie zu versehen. Siehe hierzu J. NOU (20, S. 115 f.) und die dort angeführte Literatur.

4) Siehe hierzu die Bemerkungen in Fußnote 1), S. 10.

5) In diesem Punkt kann wohl einer entsprechenden Aussage von Paul FEYERABEND (10) vorbehaltlos zugestimmt werden. Der von diesem Autor u.a. auch hieraus gezogenen Schlußfolgerung, den epistomologischen "Methodenzwang" aufzugeben, kann der Verfasser deshalb noch lange nicht folgen.

IV

Natürlich wird sich zumindest bei diesem Punkt unserer Überlegungen die Frage aufdrängen, welchen Beitrag das Aufzeichnen der epistemologischen Probleme, die von THÜNENs analytische Vorgehensweise insbesondere in bezug auf seine Standorttheorie (aber selbstverständlich nicht nur allein auf diese bezogen) auszeichnet, und die bis heute sich hinziehende Diskussion mit all ihren Fallstricken zu dem eigentlichen Thema dieser Abhandlung zu leisten vermag. Die Antwort hierauf dürfte nicht allzu schwer fallen, und sie braucht sich keineswegs auf das Phänomen der so unendlich langsamen Rezeption der von THÜNENschen Theorien, die wir eingangs erwähnten, zu beschränken: Natürlich kann uns die Klärung dieser erkenntnistheoretischen Fragen auch helfen, den inhaltlichen, d.h. wissenschaftlichen Beitrag von THÜNENs zum Theoriegebäude der Agrarwissenschaften zu verdeutlichen, wenn wir von der wissenschaftstheoretischen Methodik von THÜNENs her diesen Beitrag zu beschreiben versuchen.

Ich will diese Behauptung mit anderen Worten verständlich zu machen versuchen: In der letzten Zeit hat sich in den Wirtschaftswissenschaften der Brauch verbreitet, den Erklärungswert theoretischer Aussagesysteme an dem bekannten POPPER-Kriterium zu messen, wonach diese nur Gültigkeit beanspruchen können, soweit sie falsifizierbar sind und solange eine solche Falsifizierung (noch) nicht erfolgreich war 1). Diese kritische Übernahme eines wahrscheinlich auch in den Naturwissenschaften nur bedingt anwendbaren Prinzips, wo die Möglichkeit entsprechender Experimente häufig nahezu ideale Voraussetzung für die Anwendung des POPPER-Kriteriums schaffen mag, hatte in den (Sozial- und) Wirtschaftswissenschaften zwar die Konsequenz, daß die zeitweise als "Modellplatonismus" diskreditierte 2) Konstruktion abstrakter theoretischer Modelle stärker auf die Notwendigkeit empirischer Überprüfungen hingewiesen wurden 3), zugleich jedoch verdeutlichten sich in zunehmendem Maße die den Sozialwissenschaften inhärenten engen Grenzen der Anwendbarkeit des POPPERschen Falsifikationskriteriums. Die Ursachen dafür liegen einfach in der äußerst ausgeprägten Komplexität sozialer Phänomene, die deren Beschreibung, Erklärung und Prognose in als raum- und

---

1) Siehe hierzu vor allem K. R. POPPER (27). - Für die obige Aussage häufen sich die Belege zusehends. Stellvertretend hierfür soll hier nur wegen seines extensiven Bezugs auf POPPER B. GAHLEN (12) genannt werden. Persönlich muß ich bekennen, daß ich selbst lange Zeit einen ähnlichen Standpunkt vertreten habe, diesen inzwischen vornehmlich unter dem Einfluß von HAYEKs im obigen Sinne revidieren mußte: G. SCHMITT (31, S. 57).

2) Vgl. dazu vor allem H. ALBERT (3, S. 406 - 433). ALBERT ist inzwischen von dieser extremen Position abgewichen, wie seine neueren Veröffentlichungen (4) zeigen. Natürlich darf in diesem Zusammenhang nicht übersehen werden, daß die Kritik an dem hohen Abstraktionsgrad ökonomischer Theorien vor allem anderen auch aus der Sicht ihrer geringen Transformierbarkeit in reales (wirtschafts-) politisches Handeln erwachsen ist (vgl. dazu B. GAHLEN, 12). Auch diese Zusammenhänge hat von THÜNEN bereits deutlich erkannt: "In der Erhebung dessen, was nur in der Beschränkung wahr ist, zur Allgemeinheit und in der unbedingten Anempfehlung dessen, was zufällig dem Einzelnen vorteilhaft geworden, liegt, wie die landwirtschaftliche Literatur nachweist, die Quelle großer Irrtümer" (38, S. 252).

3) So oder so ähnlich ist das wachsende Unbehagen an dem gegenwärtigen Stand der wirtschaftswissenschaftlichen Forschung wiederholt, wenn auch in den Lösungsmöglichkeiten meist wenig präzise begründet worden: W. LEONTIEFF (21). Bekanntlich hat LEONTIEFF in diesem Aufsatz die Agrarökonomen explizit von diesem Vorwurf ausgenommen.

zeitlos gültig formulierten Gesetzen (Theorien) im allgemeinen als unmöglich erkennen lassen 1). Friedrich von HAYEK, der die einfachen nomologischen Gesetzen weitgehend unzugängliche Komplexität sozialer Phänomene in diesem Zusammenhang besonders betont hat, schlägt deshalb vor, der hieraus resultierenden Begrenztheit wissenschaftlicher Aussage- und Kontrollmöglichkeiten sozioökonomischer Prozesse mit der Formulierung von "Erklärung des Prinzips" oder "Muster-Voraussagen" zu begegnen 2). Diese sollten geeignet sein, Muster abstrakter Eigenschaften und Bedingungen für das Auftreten singularer Tatsachen und spezifischer Verläufe zu entwickeln, und nicht Theorien, die angesichts der Interdependenz und Vielfältigkeit der Bedingtheiten sozialer Phänomene Unmögliches an Kenntnissen verlangen, um überprüfbar und anwendbar zu sein 3): "Wir müssen uns von dem naiven Aberglauben freimachen, die Welt habe so beschaffen zu sein, daß es möglich ist, durch unmittelbare Beobachtung einfache Regelmäßigkeiten zwischen allen Phänomenen zu entdecken, und daß dies eine notwendige Voraussetzung für die Anwendung wissenschaftlicher Methoden sei" (16, S. 35). von THÜNENs Standorttheorie der landwirtschaftlichen Produktion bietet sich auch deshalb an, weil, wie niemand wohl bestreiten wird, die in der Realität zu beobachtende regionale Verteilung der landwirtschaftlichen Produktionsstandorte in der Tat ein einfachen Erklärungshypothesen schwer zugängliches, also äußerst komplexes Phänomen darstellt; zu zahlreich sind die diese im einzelnen determinierenden Faktoren, als daß es möglich sein könnte, die singulären Erscheinungen individueller Standortentscheidungen zu erklären (und zu prognostizieren) 4). Joseph SCHUMPETER hat in seiner "History of Economic Analysis" im Rahmen seiner - unvollständigen - Aufzählung der von THÜNENschen "Beiträge" zur ökonomischen Theorie sechs derartige Kategorien genannt. Als die ersten drei führt er an: "(I) Er war der erste, der die Differentialrechnung als Form ökonomischen Denkens verwandte. (II) Er leitete seine Verallgemeinerungen, oder einige von ihnen, an Zahlenunterlagen ab, nachdem er zehn arbeitsreiche Jahre (1810 - 1820) darauf verwandt hatte, ein umfassendes Rechnungsschema für sein Gut in allen Einzelheiten auszuführen, um durch die Tatsachen selbst die Antworten auf seine Fragen geben zu lassen 5). Diese einzigartige im Geist der Theorie vollbrachte Leistung machte ihn zu einem Schutzpatron der Ökonometrie. Niemand vor oder nach ihm hat jemals ein so tiefgreifendes Verständnis der Beziehung zwischen Theorie und Tatsachen besessen wie er. (III) Trotz der Wirklichkeitsnähe seines Denkens verstand er es, fruchtbare und geniale hypothetische Schemata aufzubauen. Seine Gipfelleistung in dieser Kunst war die Vorstellung eines isolierten Gebietes von kreisförmiger Gestalt und gleichmäßiger Fruchtbarkeit, frei von Bedingungen, die dem Transport hinderlich oder förderlich sein könnten, und mit einer Stadt (der einzigen Quelle der Nachfrage nach Agrarprodukten) in der Mitte. Bei gegebener Technik, gegebenen Transportkosten und gegebenen relativen Preisen der Produkte und Produktionsfaktoren leitete er die optimalen Standorte ... für die verschiedenen Zweige der Landwirtschaft ab - einschließlich der Milchwirtschaft, Forstwirtschaft und der Jagd ...". Und weiter: "Obwohl sich viele Zeitgenossen gegen solch eine kühne Abstraktion wandten, war dies der Teil seines Werkes, der bereits zu seiner Zeit verstanden wurde. Für uns ist seine Originalität von Bedeutung.

---

1) Zum Theorie- und Gesetzesbegriff siehe insbesondere K.R. POPPER (28).

2) F.A. von HAYEK (16). - Zur Kritik siehe H.-G. GRAF (14).

3) Einer ähnlichen Auffassung hat sich bereits Joseph SCHUMPETER (35, S. 241) angeschlossen. Bei von THÜNEN (38, S. 402) liest sich dies so: "Nur in der Befreiung des Gegenstandes von allem Zufälligen und Unwesentlichen zeigt sich die Hoffnung zur Lösung des Problems."

4) Vgl. dazu besonders M.T. KATZMAN (18) und den Beitrag von H. SCHRADER in diesem Band.

5) Vgl. dazu insbes. E.A. GERHARDT, Auswertung von Thünens Tellower Buchführung (13) (Anm.d.Verf., G.S.).

Ricardo oder Marx (oder alle anderen Theoretiker jener Periode, die der Leser an die Spitze der Rangliste stellen würde) arbeiteten mit fertigen analytischen Werkzeugen an Problemen, die sich ihnen von außen darboten. Nur von THÜNEN arbeitete mit dem ungeformten Ton der Tatsachen und Visionen. Er rekonstruierte nicht; er konstruierte - und was sein Werk betrifft, so hätte die wirtschaftswissenschaftliche Literatur seiner und früherer Zeiten überhaupt nicht zu existieren brauchen ..." (36, S. 577 f.).

Zu dieser Aufzählung der Beiträge von THÜNENs zur Wirtschaftstheorie ist zunächst kritisch zu vermerken, daß diese durch ihre Reihenfolge - (II) vor (III) - den Eindruck erwecken könnte, von THÜNEN habe seine "Verallgemeinerung", seiner Theorien also, aus den "Zahlenunterlagen" der Tellower Buchführung gewonnen, das "THÜNENgesetz" der optimalen Standortwahl der landwirtschaftlichen Produktion sei von ihm also auf induktiven Wegen gewonnen worden. Tatsächlich haben auch in dieser Weise zahlreiche Autoren von THÜNENs methodologisches Vorgehen so verstanden 1). Indes kann es sich hier nur um ein Mißverständnis handeln, das aus der Annahme erwachsen ist, daß empirische Daten als solche bereits den Zugang zu den sie bedingenden und erklärenden Faktoren ("Potenzen" in der Terminologie von THÜNENs) eröffnen würden. POPPER hat diesen Irrtum aufgeklärt, wenn er sagt: "Wissenschaft ... kann nicht mit Beobachtungen oder der "Sammlung von Daten" beginnen, wie manche Methodologen meinen. Bevor wir Daten sammeln können, muß unser Interesse an Daten einer bestimmten Art geweckt sein: Das Problem kommt stets zuerst." 2). Entsprechend ist auch die Rolle der fast zehnjährigen Bemühungen von THÜNENs (1810 - 1820) um Erstellung und Auswertung der Tellower Buchführung zu interpretieren 3), nämlich als Versuch, die theoretischen Abstraktionen durch Einführung empirisch belegter Kosten- und Ertragsdaten definitiver (realistischer) Größen rechenbar zu machen und damit ihren empirischen Aussagegehalt zu erhöhen 4), ohne freilich den Anspruch erheben zu wollen, damit die gesamte Komplexität der an den verschiedenen Standorten jeweils anzutreffenden landwirtschaftlichen Produktionszweige erfassen und erklären zu wollen: "In der ... Darstellung der Gestaltung des isolierten Staates sind die Verhältnisse des Gutes Tellow zu Grunde gelegt, indem wir entwickelt haben, wie die Wirtschaft dieses Gutes sich ändern würde, wenn dasselbe dem Marktplatz für die landwirtschaftlichen Erzeugnisse höher oder ferner gedacht wird", leitet von THÜNEN den zweiten Abschnitt des "Isolierten Staates"

---

1) Besonders J.S. LEVINSKY (22) (Das Relativitätsprinzip in der Volkswirtschaftslehre. "Zeitschrift für die gesamten Staatswissenschaften", Bd. 89 (1930), S. 23 - 52), aber auch E. LAUR und R. EHRENBERG waren dieser Auffassung. Auch NOUs Interpretation (und entsprechende Kritik an PETERSEN und AEREBOE), daß "Thünen's method is a combination of deduction and induction" (24, S. 199) kann nur aus dem Mißverständnis heraus erklärt werden, wonach empirische Überprüfungen (deduktiv gewonnener) "abstrakter" hypothetischer Aussagen identisch mit Induktion seien.

2) K.R. POPPER (26, S. 65); DERS. (27, S. 31): "Beobachtung ist stets Beobachtung im Lichte von Theorien."

3) Vgl. dazu vor allem E. GERHARDT (13) und A. PETERSEN (25).

4) "Jedenfalls wird die Buchführung in Tellow von vornherein dahin ausgerichtet, Unterlagen zu den Untersuchungen über den Einfluß der Getreidepreise auf den Ackerbau zu gewinnen ..." (PETERSEN, 25, S. 7). Im übrigen hat PETERSEN gewiß mit seinem Hinweis auf LÖSCH recht, wenn er dessen Arbeit (23) als einen Beweis dafür ansieht, "daß man ohne Buchführungsergebnisse zu den THÜNENschen Gesetze(n) kommen kann" ebenso wie man NOUs Bemerkung dazu zustimmen kann, daß "one can, indeed, erect any kind of model whatsoever, but it is not easy to get such constructions to work in reality, to explain reality" (24, S. 210), solange man den realen Erklärungswert sozialer Theorie in dem von uns erläuterten Sinne interpretiert.

("Vergleichung des isolierten Staates mit der Wirklichkeit") ein (38, S. 204). Und bereits im nachfolgenden Paragraphen des nämlichen Abschnitts kommt er auf die "Verschiedenheiten zwischen dem isolierten Staat und der Wirklichkeit" zu sprechen (S. 268 ff.), nämlich jenen, die sich unmittelbar aus den restriktiven Prämissen ableiten lassen, die von THÜNEN zur Ableitung ("Gedankenexperiment") seiner Standorttheorie setzte und setzen mußte, wollte er aus der schwer übersehbaren Vielfalt standortbestimmender Faktoren jene "isolieren", denen sein Augenmerk aus der Sicht der dominierenden Rolle der Transportkosten und der diese beeinflussenden loco-Hof-Preise auf die "Verhältnisse des Ackerbaus" zukam: "Man denke sich eine sehr große Stadt in der Mitte einer fruchtbaren Ebene gelegen, die von keinem schiffbaren Flusse oder Kanal durchströmt wird. Die Ebene selbst bestehe aus einem durchaus gleichen Boden, der überall der Kultur fähig ist. In großer Entfernung von der Stadt endige sich die Ebene in eine unkultivierte Wildnis, wodurch dieser Staat von der übrigen Welt gänzlich getrennt wird." (38, S. 11).

V

Mit Recht ist die von THÜNEN gewählte Vorgehensweise sowohl als eine solche "isolierender" als auch als eine solche "abnehmender" Abstraktion bezeichnet worden 1). Mit der zuerst genannten Bezeichnung wurde die für die Entwicklung der Standorttheorie so fruchtbare Methode der Varianz einer Einflußgröße (des Getreidepreises) bei Konstanz aller übrigen in Form eines Partialmodells einer geschlossenen, statischen und stationären Wirtschaft mit vollkommener Konkurrenz und gewinnmaximierenden Wirtschaftssubjekten belegt, deren Notwendigkeit von THÜNEN wie folgt begründet hat: "So wie der Mathematiker von den in einer Funktion enthaltenen veränderlichen Größen zuerst bloß die eine als veränderlich, die anderen aber als konstant betrachtet und behandelt, so dürfen wir auch von den verschiedenen auf den Reinertrag einwirkenden und mit dem Kornpreis in Verbindung stehenden Potenzen erst die eine als allein wirkend, die andere aber als gleichbleibend oder ruhend, ansehen und behandeln" 2). Die zweite Kennzeichnung der von THÜNENschen Methodik als eine solche "abnehmender Abstraktion" deutet das gewiß von ihm nicht weit vorangetriebene Verfahren einer schrittweisen, durch Verzicht auf Konstanz weiterer Einflußfaktoren ermöglichten Einkreisung der Realität komplexer Sachverhalte an, womit freilich niemals der, wie eingangs gezeigt, unrealistischen weil unrealisierbaren Forderung entsprochen werden kann, ein totales Abbild realer Phänomene zu erhalten, um diese jeweils vollständig zu erklären und jedes dort auftretende Ereignis prognostizieren zu können. Mit der Methode der abnehmenden Abstraktion hat von THÜNEN jene methodologische Position in den Sozial- und Wirtschaftswissenschaften erreicht, auf die diese sich heute nach langen, leidenschaftlichen und teilweise durch von THÜNEN induzierten Kontroversen allein zurückziehen können, Kontroversen, die einerseits um die Problematik der Realistik der Annahmen ökonomischer Theorien 3) und andererseits um die Prüfbarkeit dieser Theorien zentriert 4). Sie wurden

---

1) Diese Bezeichnungen gehen NOU zufolge auf WIESER zurück.

2) Zitiert nach E. SCHNEIDER (32, S. 139).

3) "Diese Sicht der Anwendungsproblematik macht offenbar ein Verfahren plausibel, das ich "Methode der abnehmenden Abstraktion" (Hervorhebung vom Verfasser, G.S.) nennen möchte. ... Aus der idealtypischen Erklärungsskizze mit dem für sie charakteristischen hohen Grad von Idealisierung auch bei den besonderen Annahmen würde damit eine ... Erklärung mit weitgehend realistischen Annahmen. Um diese Ziele zu erreichen, müßte man Verfahrensweisen benutzen, wie sie in der Ökonometrie entwickelt wurden":
H. ALBERT (4, S. 158) und die dort angeführte Literatur.

4) Siehe hierzu besonders G. GRUNBERG (15). In: H. Albert (Hrsg.), Theorie ... .

(und werden heute noch) unter den Begriffen wie normative versus positive Theorie ebenso wie unter denen der Falsifikation bzw. Verifikation ökonomischer Aussagen geführt. Daß letzteres im strengen, (vermeintlich) an den Naturwissenschaften orientierten Sinne im Bereich der Wirtschafts- und Sozialwissenschaften nicht möglich ist, sobald es um komplexere Phänomene geht, wurde bereits einleitend angeführt mit dem Ergebnis, daß zu deren Erklärung nur "Musteraussagen" (im Sinne von von HAYEKs) entwickelt werden können, die gerade durch ihr hohes Maß an Abstraktion einen Zugang zu wesentlichen, genügend allgemeinen Aussagen über die Realität führen können und deren Allgemeinheitsgrad durch "abnehmende Abstraktion" vermindert wird. Damit wird gleichzeitig der Erklärungsgrad ökonomischer Theorien eingeengt zugunsten einer realitätsnäheren approximativen Beschreibung, Erklärung und Prognose mehr spezifischer Phänomene - unter gleichzeitigem Verzicht auf mehr generalisierende Aussagen minderen empirischen Gehalts.

Obwohl häufig in ganz anderem methodologischen Zusammenhang diskutiert, gehört auch das Problem der Realitätsnähe der jeweils getroffenen Annahmen theoretischer Modelle, also jene Frage nach ihrem normativen bzw. positiven Charakter, unmittelbar in den Zusammenhang mit ihrem Erklärungswert bzw. der Möglichkeit ihrer Falsifikation 1). Besonders zugespitzt wird dieser Problemkreis in bezug auf die unterstellten Verhaltensweisen der Wirtschaftssubjekte diskutiert. Von THÜNEN spricht von der "höchsten Konsequenz der Bewirtschaftung", unterstellt damit bekanntermaßen gewinnmaximierendes Verhalten und verleiht seinem Modell damit Optimierungscharakter. Besonders hieran wird die Schlußfolgerung geknüpft, daß mit dieser Prämisse der Erklärungswert theoretischer Gleichgewichtsmodelle besonders eingeschränkt, ja gleich Null sei 2), ihnen also eindeutig nur normativer Aussagewert zukomme. Aber auch hier gilt, was bereits zuvor im Zusammenhang mit dem Phänomen komplexer Sachverhalte gesagt wurde: Gewiß ist die Prämisse des homo oeconomicus eine heroische Annahme angesichts der zahlreichen und wechselnden Verhaltensalternativen der verschiedenen Wirtschaftssubjekte. Aber als ein erster Schritt zur Erkenntnis realer Zusammenhänge in der Wirtschaftswelt und deren vorläufige Erklärung in Form von Musteraussagen ist sie zum einen unverzichtbare Voraussetzung jeglichen Zugangs zur Erklärung der Realität als auch zum anderen die conditio sine qua non eines weiteren, auf dem Wege eines schrittweisen Abbaus derartig restriktiver Prämissen in Richtung auf alternative Annahmen zur Erhöhung des Erklärungsgehalts wirtschafts- und sozialwissenschaftlicher Theorien, Erkenntnisfortschritts, also der Hinwendung von normativen zu positiven Aussagen. Ein grundsätzlicher Unterschied ist

---

1) Dieses "Mißverständnis" geht wohl zu einem nicht geringen Teil auf M. FRIEDMAN (11) zurück; auch NOU scheint sich diesem nicht ganz entzogen zu haben (24, S. 195).

2) Vgl. dazu auch die Bemerkungen von G. SOHMEN (30, S. 8 ff.). Nicht zuzustimmen ist freilich diesem Autor in der Behauptung, "daß man die Brauchbarkeit von Modellen nicht am Realismus ihrer Annahmen mißt, sondern einzig und allein daran, wie relativ gut die aus solchen Modellen abgeleiteten Schlußfolgerungen über beobachtbare Vorgänge mit der Wirklichkeit übereinstimmen" (S. 10). Die Komplexität sozialer Phänomene eröffnet nicht selten die Wahrscheinlichkeit, aufgrund falscher Annahmen zu "richtigen" Schlußfolgerungen zu gelangen. Natürlich zeigt sich dann die Fehlerhaftigkeit derart "empirisch überprüfter" Theorien, wenn diese zur Grundlage entsprechender Politikentscheidungen gemacht werden.

also nicht erkennbar, lediglich ein solcher gradueller Natur auf dem von THÜNEN beschrittenen Weg zu wissenschaftlicher Erkenntnis 1).

VI

Bisher haben wir uns um die Darstellung der methodologischen Position von THÜNENs bemüht und diese im Lichte des heutigen Standes der erkenntniskritischen Diskussion über die Möglichkeiten wirtschafts- und sozialwissenschaftlicher Aussagen über die Realität beleuchtet. Wir kommen zu dem Ergebnis, daß von THÜNEN weit über das bisher erkannte und anerkannte Maß hinaus als Begründer einer Denktradition gelten kann 2), die nur in RICARDO einen Vorläufer hatte, erst in der Neoklassik zur vollen Entfaltung gekommen ist und heute als diejenige anerkannt werden muß, die allein bleibende Erfolge auf dem Wege zu wissenschaftlichen Erkenntnissen auf diesem Gebiet verspricht. Angesichts dieser Einschätzung des von THÜNEN gewiß zu allerletzt zum Selbstzweck entwickelten methodischen Konzepts erscheinen seine theoretischen Leistungen zur Erklärung ökonomischer Phänomene in einem besonderen Licht, was mit erklären mag, warum von THÜNENs Theorien die Wirtschaftswissenschaften revolutioniert haben. Ihnen möchten wir uns nunmehr zuwenden. Dies kann in gebotener Kürze geschehen, weil deren Wiedergabe, Interpretation, Kritik, Weiterentwicklung und Würdigung in so umfassender und zahlreicher Form erfolgt ist, daß hier wenig an Neuem hinzugefügt werden kann 3). Da die Ergebnisse der von THÜNENschen Standorttheorie, die von PETERSEN (25) so genannten "Standortgesetze Thünens", nicht nur von den exogenen vorgegebenen Modellannahmen determiniert werden - wie bereits ausgiebig diskutiert -, sondern auch von den modellinternen Prämissen, erscheint es sinnvoll, den eigentlichen Beitrag der von THÜNENschen Standortlehre in zwei Abschnitten abzuhandeln, nämlich zum ersten in bezug auf diese "Bausteine" der THÜNEN-Theorie und zweitens bezüglich der hieraus von ihm abgeleiteten Gesetzmäßigkeiten in der Standortorientierung der Agrarproduktion innerhalb des isolierten Staates.

VII

Von THÜNENs eingangs zitierte Frage nach dem Einfluß der durch die jeweils entstehenden Transportkosten (von Getreide) bedingten unterschiedlichen loco-Hof-Preise auf "die Verhältnisse des Ackerbaus", also auf die Intensität der Faktornutzung und die Auswahl des Bewirtschaftungssystems, wenn beide Entscheidungen mit höchster Konsequenz gefällt werden sollten, konnte nur exakt beantwortet werden, wenn das Marginalprinzip vor dem Hintergrund des Gesetzes vom abnehmenden Ertragszuwachs und das Prinzip der Opportunitätsko-

---

1) Daß im Lichte dieser "Entwicklungstheorie" wirtschafts- und sozialwissenschaftlicher Erkenntnisse der Mathematik eine besondere und immer bedeutungsvollere Rolle zugewachsen ist, dürfte evident sein. Deren Rolle hat bekanntermaßen von THÜNEN selbst eindeutig beschrieben: "Aber die Anwendung der Mathematik muß doch da erlaubt sein, wo die Wahrheit ohne sie nicht gefunden werden kann. Hätte man in anderen Fächern des Wissens gegen den mathematischen Kalkül eine solche Abneigung gehabt, wie in der Landwirtschaft und der Nationalökonomie, so wären wir jetzt noch in völliger Unwissenheit über die Gesetze des Himmels ..." (38, S. 509). Vgl.dazu K.E.BOULDING, (6).

2) "Das Werk dieses Mannes ist geradezu ein Lehrbuch theoretischer Forschungsweise, in dem - man möchte versucht sein zu sagen - die Resultate fast gegenüber der Art der Forschung zurücktreten", urteilt Erich SCHNEIDER (33, S. 17).

3) Siehe hierzu vor allem W. HENRICHSMEYER (17) sowie dessen Referat auf dieser Tagung und G. WEINSCHENCK und W. HENRICHSMEYER (39).

sten entwickelt und auf diese Fragestellung angewandt wurden. Von THÜNENs Verdienste um die Einführung des Grenzproduktivitätsprinzips sind rasch erkannt und gewürdigt worden 1). Die im isolierten Staat in vielen Partien, insbesondere aber in dem oft zitierten § 19 des zweiten Teils, wo er den Nachweis der gewinnmaximierenden Identität von Grenzkosten und Grenzerlösen (COURNOTscher Punkt) am Beispiel der Kartoffelernte vorführt 2), angeführten und errechneten marginalanalytischen Theoreme 3) haben von THÜNEN lange vor der Neoklassik zum eigentlichen Wegbereiter des für die Wirtschaftswissenschaften so bedeutungsvollen analytischen Instruments der Marginalbetrachtung werden lassen: "Die Behandlung dieses Problems führt ihn zu seiner größten Leistung - eine Leistung, die allein ausreichen würde, um für immer einen Platz neben den Großen unserer Wissenschaft zu sichern. Sie führt diesen mathematisch geschulten Geist zur Einführung des marginalen Denkens in unsere Disziplin", urteilt Erich SCHNEIDER (33, S. 21 ff.).

Weniger anerkannt wurde bisher, wenn überhaupt, das die von THÜNENsche Standortorientierung implizit determinierende Alternativ-Kostenprinzip 4). Obwohl die Interpretation seiner Standortgesetze mit den Formulierungen "Gesetz der relativen Nützlichkeit der verschiedenen Landbausysteme" (Wilhelm ROSCHER 1874), ihrer "relativen Vorteile" oder "relativen Richtigkeit" (Karl RODBERTUS 1840) oder als "Theorie der komparativen Vorteile" (in Anlehnung an RICARDO) unmißverständlich deutlich macht, daß hier nichts anderes als das Theorem der Opportunitätskosten bei der Wahlentscheidung bei konkurrierenden Bodennutzungssystemen gemeint ist 5), so hat man bisher von THÜNEN die Anerkennung dafür weitgehend versagt, Vater dieses inzwischen in den Wirtschafts- und Agrarwissenschaften 6) so überaus bedeutungsvollen (und anerkannten) sowie fundamentalen Prinzips zu sein. Daß dies in der Tat so ist, bestätigt ein Blick auf die von THÜNENsche Summenformel 7), in der zusätzlich zu den Transport- und Produktionskosten des jeweils betrachteten Agrarprodukts die Landrente des verdrängten Produkts enthalten ist. Mit gutem Recht können wir ihm deshalb nicht

---

1) Die Namen der Autoren, die diese Pionierleistung von THÜNENs explizit hervorgehoben haben, gibt NOU (24, S. 193) an.

2) Vgl. J.H. von THÜNEN (38, S. 569): "Der Arbeitslohn ist gleich dem Mehrerzeugnis, was durch den, in einem großen Betrieb, zuletzt angestellten Arbeiter hervorgebracht wird."

3) Siehe dazu J.H. von THÜNEN (38, S. 410 ff., S. 493 ff. und S. 572 ff.).

4) Z.B. J.H. von THÜNEN (38, S. 121): "Es muß einen gewissen Getreidepreis geben, bei welchem das Land durch Koppelwirtschaft ebenso hoch als durch Dreifelderwirtschaft genutzt wird. Diesen Preis findet man, wenn man die Landrente beider Wirtschaftsarten gleichsetzt." Und: "Dies mag wohl zur Warnung dienen, keine Wirtschaft aus fremden Ländern nachzuahmen und bei sich einzuführen, wenn man nicht alle Verhältnisse, worin diese ihre Begründung findet, klar überschaut." (S. 151), - offensichtlich eine deutliche Spitze gegen seinen Lehrer Albrecht THAER.

5) Siehe im einzelnen J. NOU (24, S. 190 ff.), der selbst wohl als erster auf dieses Versäumnis aufmerksam gemacht hat.

6) Vgl. dazu J. SCHUMPETER (35, S. 1044): "...the great contribution of the period to 1914 was indeed the theory of opportunity cost ...". - W. BRANDES und E. WOERMANN, Landwirtschaftliche Betriebslehre (Bd. 2, Spezieller Teil). Hamburg-Berlin 1971, S.60 ff. - E. SOHMEN, a.a.O., S. 146.

7) Vgl. J.H. von THÜNEN (38, S. 120 ff.).

nur das unschätzbare Verdienst zurechnen, das Marginalprinzip in die Wirtschaftswissenschaften eingeführt zu haben, sondern auch ebenso das wohl nicht minder bedeutungsvolle Theorem der Alternativ- oder Opportunitätskosten, das zwar gemeinhin im einzelnen einer Vielzahl von Theoretikern (CASSEL, DAVENPORT etc.) zugeschrieben wird, in jedem Fall aber bisher erst auf einen Zeitraum um die Jahrhundertwende datiert wurde.

VIII

Kommen wir nun endlich zu den unter Verwendung des Marginal- und Opportunitätskostenprinzips von THÜNENs gewonnenen Einsichten in die Auswirkungen der durch die jeweiligen Transportkosten unterschiedlich hohen loco-Hof-Preise für Agrarprodukte auf die Intensität und Art der Bodennutzung bei konkurrierenden Bodennutzungssystemen. Diese Erkenntnisse sind selbstverständlich einem solchen Gremium von Agrarökonomen, die ganz in der wissenschaftlichen Denktradition von THÜNENs und seiner bedeutendsten Schüler, wie Friedrich AEREBOE (1) und Theodor BRINKMANN (8), geschult wurden und die darüber hinausgehend in der jüngsten Zeit selbst diese "klassische" Standorttheorie in vielerlei Richtungen, insbesondere unter Anwendung der verschiedensten Programmierungstechniken, zu einem neu sich entfaltenden, durch stürmische Fortschritte gekennzeichneten Schwerpunkt in der betriebs- und regionalwirtschaftlich orientierten Forschung vorangetrieben haben. Die uns hier vereinende Tagung der Gesellschaft für Wirtschafts- und Sozialwissenschaften des Landbaues ist hierfür ein untrügliches Zeichen. Im übrigen besitzen wir aus der Feder von Günther WEINSCHENCK und Wilhelm HENRICHSMEYER zwei grundlegende Übersichtsaufsätze (39) 1), die einen gründlichen Überblick über die Entwicklung der agrar- und wirtschaftswissenschaftlichen Forschung auf dem Gebiet der (landwirtschaftlichen) Standorttheorien im weitesten Sinne vermitteln. Ich kann mich also äußerst kurz fassen und mich darauf beschränken, einige wesentliche Entwicklungstrends in diesem wissenschaftlichen Bemühen herauszuarbeiten, soweit sie in unmittelbarem Zusammenhang mit den von THÜNEN erarbeiteten Grundlagen auf diesem Gebiet stehen: Einerseits haben sich die Forschungsbemühungen darauf konzentriert, zunächst auch die übrigen, auf die (optimale) Standortwahl der Landwirtschaft unter Berücksichtigung der innerbetrieblichen Verflechtungen der Agrarproduktion einwirkenden exogenen (und endogenen) Faktoren zu identifizieren, zu analysieren und in partialanalytischer Betrachtungsweise modellhaft abzubilden. Eine besondere Rolle spielte dabei die Berücksichtigung des Zeitelements, und zwar sowohl in Richtung auf eine Überwindung der "stationären" Ausgangsannahmen zugunsten der Prämisse evolutionärer Entwicklung der Gesamtwirtschaft im allgemeinen und landwirtschaftlichen Produktionstechnik im besonderen als auch in bezug auf die Einführung dynamischer anstelle statischer Betrachtungsweisen. Gerade die besonders dringlichen Lösungsansätze für die aus der zeitlichen Dimension von dynamischen Anpassungsprozessen sich ergebenden Rückwirkungen auf optimale Standortentscheidungen führen zu prinzipiellen Korrekturen der von THÜNENschen "Gesetze", was nur mit dem Hinweis auf die "Verlagerung" der Forstwirtschaft von den inneren Kreisen des statischen THÜNEN-Modells in die äußersten belegt sei. Ein weiterer wesentlicher Fortschritt auf unserem Gebiet muß in der Aufgabe von partialanalytischer Betrachtungsweise zugunsten allgemeiner (totaler) räumlicher Gleichgewichtsmodelle im Sinne von WALRAS gesehen werden, die es gestatten, mit Hilfe der linearen oder nichtlinearen Programmierung

---

1) Nicht zustimmen kann der Verfasser freilich der von den beiden Autoren vertretenen Auffassung (S. 207), wonach "die Gedankenmodelle THÜNENs und BRINKMANNs Erklärungsmodelle im Sinne der heutigen Theorie" seien, während die "Erklärungsmodelle der neueren Standortforschung sich auf die Ermittlung des räumlichen Gleichgewichts ... eines bestimmten Wirtschaftsgebietes (beschränken)". Vgl. dazu meine einleitenden Äußerungen in diesem Beitrag.

den restriktiven Bezug allein auf den Agrarsektor zu verlassen. Und schließlich zeichnen sich immer die Möglichkeiten ab, von den verschiedenen Optimierungsmodellen zu realitätsnäheren "Erklärungsmodellen" auf dem Wege einer schrittweisen Einengung des räumlichen und zeitlichen Erklärungsgehalts in dem eingangs gezeichneten Sinne voranzuschreiten, indem die Optimalbedingungen vollständigen Wettbewerbs und entsprechend unbeschränkter Anpassungsmöglichkeiten des Faktoreinsatzes und des Produktionsprogramms aufgegeben werden und entsprechende Restriktionen technischer, institutioneller wie verhaltensbedingter Art Berücksichtigung finden. Daß wir uns hier inmitten eines äußerst fruchtbaren Entwicklungsprozesses befinden, dies zeigen auch die zu diesen Fragen hier vorgelegten Forschungsberichte.

IX

Ich bin am Ende meiner gewiß unvollständigen Ausführungen. Was zu zeigen versucht wurde, ist, auf das Wesentliche zusammengefaßt, daß der "Beitrag" von THÜNENs zur landwirtschaftlichen Standorttheorie, wenn man alle von ihm aus diesem spezifischen Problem entwickelten und zur Entfaltung gebrachten wissenschaftlichen Elemente berücksichtigt, auf drei Ebenen gesehen werden muß: Zum einen ist es die wissenschaftstheoretische Position von THÜNENs, die er zur Grundlage seiner wirtschafts- und agrarwissenschaftlichen Erkenntnisse und Theorien machen konnte und die auch aus der heutigen Sicht erkenntnistheoretischer Möglichkeiten im Bereich komplexer wirtschaftlicher und sozialer Phänomene allein geeignet erscheint, das Tor zu deren Beschreibung, Erklärung und Prognose zu öffnen. Zum anderen sind es die methodischen Werkzeuge, insbesondere die von ihm in origineller Weise entwickelten Prinzipien der Marginalanalyse und der Opportunitätskosten, die allein ihn befähigten, zu den Einsichten seiner speziellen Intensitäts- und Standorttheorie zu gelangen. Und schließlich drittens sind es diese Theorien selbst, die den eigentlichen Beitrag von THÜNENs zum Stand und zur Entwicklung der Agrar- und Wirtschaftswissenschaften darstellen. Es wäre eine müßige Angelegenheit, darüber eine Diskussion zu beginnen, welches der drei genannten Elemente der von THÜNENschen Leistungen höher zu bewerten sei: Jedes ist Voraussetzung und zugleich Konsequenz der Erkenntnisse, die von THÜNEN uns vorgetragen und vermittelt hat, jedes ist also ohne das andere nicht denkbar, aber jedes allein wäre schon ausreichend, von THÜNEN jene Anerkennung in der Geschichte der Wirtschafts- und Agrarwissenschaften zu gewähren, die er heute in ihr gefunden hat. Es ist gut, dies in einem Jahr in Erinnerung zu bringen, in dem anläßlich des 200. Jahrestages des Erscheinens des "Wealth of Nations" von Adam SMITH, dem Begründer der Wirtschaftswissenschaften, gedacht wird. 150 Jahre nach dem Erscheinen des ersten Teils des "Isolierten Staates" können wir sagen, daß Johann Heinrich von THÜNEN, der im übrigen Adam SMITH als seinen eigentlichen Lehrer bezeichnet hat [1]), durch seine Wirtschaftswissenschaften sowohl in methodologischer als auch in methodischer wie theoretischer Hinsicht revolutionierende Erkenntnisse und spezifische Leistungen hervorgebracht hat, die neben denen von Adam SMITH bestehen können: "Wo immer heute Wirtschaftstheorie getrieben wird", so urteilt Erich SCHNEIDER (32, S. 27 f.), "haben sein Denken, seine Arbeitsmethoden, seine Fragestellungen befruchtend bis auf den heutigen Tag gewirkt - auch da, wo sein Name in Vergessenheit geraten scheint. Thünen hat gewirkt. Heller als je strahlt sein Werk."

---

1) Vgl. J.H. von THÜNEN (38, S. 461): "Indem nun meine Untersuchungen sich unmittelbar an die A.Smiths anschließen und da beginnen, wo mir diese mangelhaft erscheinen, liegt es in der Natur der Sache, daß ich häufig beurteilend und berichtigend gegen A. Smith auftreten muß. Da andererseits das viele, worin ich mit A. Smith einverstanden bin, unerwähnt bleibt, so kann dies leicht den Anschein von Nichtanerkennen oder gar Überheben gewinnen. Dies liegt aber sehr fern von mir, und es kann nicht leicht jemand eine größere Verehrung für diesen Genius haben als der Verfasser dieser Schrift."

Literatur

1. AEREBOE, F.: Allgemeine landwirtschaftliche Betriebslehre. Berlin 1923.
2. ALBERT, H.: Theorie und Prognose in den Sozialwissenschaften. In: E. Topitsch (Hrsg.), Logik der Sozialwissenschaften (Neue Wiss. Bibliothek 6), Köln-Berlin 1965, S. 126 - 142.
3. DERS.: Modell-Platonismus. Der neoklassische Stil des ökonomischen Denkens in kritischer Beleuchtung. In: E. Topitsch (Hrsg.), a.a.O., S. 406 - 433.
4. DERS.: Der Gesetzesbegriff im ökonomischen Denken. In: D. Schneider und Chr. Watrin (Hrsg.), Macht und ökonomisches Gesetz (Schriften des Vereins für Socialpolitik, Bd. 74/I, Berlin 1973, S. 129 - 161.
5. ANDREAE, B.: Der Beitrag Friedrich Aereboes zur betriebswirtschaftlichen Erkenntnistheorie. Über Unvergängliches und Zeitgebundenes einer agrarökonomischen Lehrmeinung. In: A. Hanau et al., Friedrich Aereboe. Würdigung und Auswahl aus seinen Werken aus Anlaß der 100. Wiederkehr seines Geburtstages. Hamburg-Berlin 1965, S. 19 - 37.
6. BOULDING, K.: Die Ökonomie als mathematische Wissenschaft. In: Ders., Ökonomie als Wissenschaft. München 1976, S. 105 - 126.
7. BRANDES, W. und E. WOERMANN: Landwirtschaftliche Betriebslehre (Bd. 2: Organisation und Führung landwirtschaftlicher Betriebe). Hamburg-Berlin 1971.
8. BRINKMANN, Th.: Die Ökonomik des landwirtschaftlichen Betriebes. In: Grundriß der Sozialökonomie, Abt. VII, Tübingen 1922, S. 27 - 124.
9. DLUGOS, G., G. EBERLEIN und H. STEINMANN (Hrsg.): Wissenschaftstheorie und Betriebswirtschaftslehre. Düsseldorf 1972.
10. FEYERABEND, P.: Wider den Methodenzwang. Skizze einer anarchistischen Erkenntnistheorie. Frankfurt(Main) 1976.
11. FRIEDMAN, M.: Essays in Positive Economics. Chicago 1953, S. 3 - 43.
12. GAHLEN, B.: Der Informationsgehalt der neoklassischen Wachstumstheorie für die Wirtschaftspolitik. Tübingen 1972.
13. GEHRHARDT, E.: Thünens Tellower Buchführung. Die Gewinnung des Zahlenmaterials für den "Isolierten Staat" und für anderweitige Arbeiten J.H. v. Thünens (2. Bd.), Meisenheim a.Glan
14. GRAF, H.G.: Nichtnomologische Theorie bei komplexen Sachverhalten? Zu einem methodologischen Aufsatz von Friedrich A. v. Hayek, "Ordo", Bd. 26 (1975), S. 198 - 308.
15. GRUNBERG, G.: Bemerkungen über die Verifizierbarkeit ökonomischer Gesetze. In: H. Albert (Hrsg.), Theorie und Realität. Tübingen 1964.
16. HAYEK, F.A. v.: Die Theorie komplexer Phänomene (Walter Eucken Institut, Vorträge und Aufsätze 36). Tübingen 1972.
17. HENRICHSMEYER, W.: Agrarwirtschaft: Räumliche Verteilung. In: Handwörterbuch der Wirtschaftswissenschaften (im Druck).
18. KATZMAN, M.T.: The von Thuenen Paradigm, the Industrial-Urban Hypothesis, and the Spatial Structure of Agriculture. "American Journal of Agricultural Economics", Vol. 56 (1974), S. 683 - 696.

19 KOCH, H.: Zum Methodenproblem der betriebswirtschaftlichen Theorie. "Zeitschrift für betriebswirtschaftliche Forschung", Bd. 44 (1974), S. 223 - 245 und S. 327 - 354.

20 KUHN, Th. S.: Die Struktur der wissenschaftlichen Revolutionen (Theorie 2). Frankfurt(Main) 1967.

21 LEONTIEFF, W.: Theoretical Assumptions and Non-observed Facts. "American Economic Review", Vol. 69 (1971), S. 1 - 7.

22 LEVINSKY, J.S.: Das Relativitätsprinzip in der Volkswirtschaftslehre. "Zeitschrift für die gesamten Staatswissenschaften", Bd. 89 (1930), S. 23 - 52.

23 LÖSCH, A.: Die räumliche Ordnung der Wirtschaft. Eine Untersuchung über Standort, Wirtschaftsgebiete und internationalen Handel. Jena 1940.

24 NOU, J.: Studies in the Development of Agricultural Economics in Europe. Uppsala 1967.

25 PETERSEN, A.: Thünens Isolierter Staat. Die Landwirtschaft als Grad der Volkswirtschaft. Berlin 1944.

26 POPPER, K.R.: Das Elend des Historizismus. Tübingen 1969.

27 DERS.: Logik der Forschung. Tübingen 1971.

28 DERS.: Naturgesetz und theoretische Systeme. In: H. Albert (Hrsg.), Theorie ..., a.a.O., S. 88 - 117.

29 PLANCK, M.: Wissenschaftliche Autobiographie. Leipzig 1928.

30 SOHMEN, E.: Allokationstheorie und Wirtschaftspolitik. Tübingen 1976.

31 SCHMITT, G.: Zur Methodologie der agrarsozial-ökonomischen Forschung. In: E. Gerhardt und P. Kuhlmann (Hrsg.), Agrarwirtschaft und Agrarpolitik. Köln-Berlin 1969, S. 38 - 57.

32 SCHNEIDER, E.: Johann Heinrich v. Thünen. In: G. Franz und H. Haushofer (Hrsg.), Große Landwirte. Frankfurt(Main) 1970, S. 132 - 145.

33 DERS.: Johann Heinrich von Thünen und die Wirtschaftstheorie der Gegenwart. In: W.G. Hofmann (Hrsg.), Probleme des räumlichen Gleichgewichts in der Wirtschaftswissenschaft (Schriften des Vereins für Socialpolitik, Bd. 14), Berlin 1959, S. 14 - 27.

34 SCHUMACHER-ZACHLIN, H.: Johann Heinrich von Thünen. Ein Forscherleben. Rostock 1868.

35 SCHUMPETER, J.: History of Economic Analysis. Oxford 1954.

36 DERS.: Geschichte der ökonomischen Analyse I (Grundriß der Sozialwissenschaften). Göttingen 1965.

37 THAER, A.: Grundsätze der rationellen Landwirtschaft (2 Teile). Wien 1810.

38 THÜNEN, J.H. v.: Der isolierte Staat in Beziehung auf Landwirtschaft und Nationalökonomie (Waentig-Ausgabe). Jena 1921.

39 WEINSCHENCK, G. und W. HENRICHSMEYER: Zur Theorie und Ermittlung des räumlichen Gleichgewichts der landwirtschaftlichen Produktion. "Berichte über Landwirtschaft", Bd. 44 (1966), S. 201 - 242.

40 WOERMANN, E.: Johann Heinrich von Thünen und die landwirtschaftliche Betriebslehre der Gegenwart. In: W. G. Hofmann (Hrsg.), a.a.O., S. 28 - 44.

41 DERS.: Albrecht Daniel Thaer (1752 - 1785). In: G. Franz und H. Haushofer, a.a.O., S. 59 - 78.

JOHANN HEINRICH VON THÜNENS BEITRAG ZUR FORSTWIRTSCHAFTLICHEN STANDORTTHEORIE

von

Eberhard Gerhardt, Gießen

1	Einleitung	24
1.1	Einführung und Voraussetzungen	24
1.2	Aufgabe	25
1.3	Gang der Untersuchung	26
2	Der einzelne Forstbetrieb	26
2.1	Die Regelung des Normalwaldes	26
2.2	Die Bewirtschaftung des Forstgutes für einen Standpunkt	26
2.3	Der Holzpreis in der Stadt (auf dem Markte)	27
2.4	Die Verallgemeinerung der Kosten und die Holz-Landrente	28
2.5	Die Überprüfung durch THÜNEN	29
2.6	Die Nutzung des Forstringes um die Stadt (den Markt)	31
3	Kritische Stellungnahmen zum stadt-(markt-)nahen Standort der Forstwirtschaft	32
3.1	W. PFEIL	33
3.2	W. ROSCHER und anschließend andere in der Folgezeit	33
3.3	A. PETERSEN	33
3.4	F. BÜLOW	34
3.5	K. MANTEL	34
3.6	H. MÖLLER	36
4	Eine umfassende Nachprüfung	37
4.1	Holzpreise, Holzmaße, Holzmasse und -gewicht, Holzvorrat und -ertrag	37
4.2	Die Kosten der Waldbewirtschaftung	38
4.3	Die ständige Bewirtschaftung und die dafür erforderliche Holzmenge	39
4.4	Der innerbetriebliche Holztransport (Vergleich mit dem Landgut)	39
4.5	Die Gesamtrechnung des angenommenen Forstgutes und ihre Verallgemeinerung	40
4.6	Die Holz-Landrente-Berechnungen und die Holz-Landrente	41
5	Schlußbetrachtung und Ergebnis	42
5.1	Schlußbetrachtung	42
5.2	Ergebnis	43
5.3	Nachwort	43

(Die früheren Maße, Gewichte, Größen und Werte sind von GERHARDT (7, S. 13 - 28) erläutert.)

Motto

"Das Gegenteil einer richtigen Behauptung ist eine falsche Behauptung. Aber das Gegenteil einer tiefen Wahrheit kann wieder eine tiefe Wahrheit sein."

NIELS BOHR

(HEISENBERG, 11, S. 143)

1 Einleitung

1.1 Einführung und Voraussetzungen

THÜNEN wurde durch sein Werk "Der isolierte Staat in Beziehung auf Landwirtschaft und Nationalökonomie" berühmt, in dem er sich sein Leben lang mit ökonomischen und gesellschaftlichen Problemen befaßt hat. Es besteht aus drei Teilen, jeder mit einem Untertitel versehen, von denen THÜNEN den ersten Teil und die I. Abteilung des zweiten Teiles veröffentlichte. Der Erste Teil betrifft die Intensitätslehre und die Standortstheorie; er erschien erstmalig 1826 in Hamburg; deshalb gedenken wir seiner nach 150 Jahren. In einer zweiten Auflage von 1842 weist THÜNEN in der Vorrede auf seine Untersuchungsmethode hin, die er den Naturwissenschaften entlehnt hat und "für das Wichtigste in dieser ganzen Schrift" (35, S. VII) hält; sie ist als 'ceteris paribus'-Betrachtungsweise, "nur eine Potenz als wirkend, die anderen als ruhend oder konstant zu betrachten" (THÜNEN, 36, S. 35), bekannt geworden (ohne Bezug auf THÜNEN). Die Erste Abteilung des Zweiten Teiles erschien im Jahre seines Todes, 1850; sie enthält eine Betrachtung zur Wirklichkeit in der 35 Seiten umfassenden Rückbesinnung auf den Ersten Teil - daher diesem noch zugehörig - und THÜNENs Darstellungen über den naturgemäßen Arbeitslohn $A = \sqrt{a \cdot p}$ mit dem Ziel einer weitgehenden Angleichung der Einkommen, wie sie uns auch heute noch in der Agrarpolitik beschäftigt. Die Zweite Abteilung des Zweiten Teiles und der Dritte Teil wurden posthum 1863 bekannt gemacht; sie betreffen die Anwendung der gefundenen Formel vom naturgemäßen Arbeitslohn auf die Verhältnisse des Landgutes Tellow mit Bruchstücken aus dem handschriftlichen Nachlaß und die Beschäftigung mit der Forstwirtschaft betriebswirtschaftlich. Alle drei Teile wurden in 3. Auflage 1875 als Gesamtausgabe in einem Bande herausgebracht. In der 1966 erschienenen Darmstädter Gesamtausgabe sind die inzwischen geklärten Bruchstücke nicht mehr enthalten. Andere Nachdrucke betreffen nur die von THÜNEN veröffentlichten 1 1/2 Teile des "Isolierten Staates". Im Leben THÜNENs ist kaum ein Jahr vergangen, in dem er zu Tagesfragen nicht durch Schrift oder/und Wort Stellung nahm. Sein gedrucktes Schrifttum ist viel umfangreicher, als es angenommen wird, und nur ein Teil des handschriftlichen Nachlasses, den das Thünen-Archiv der Universität Rostock verwahrt.

Der Erste Teil des "Isolierten Staates", in dem die Untersuchungen zum Standort der Forstwirtschaft - forstpolitisch - enthalten sind, besteht aus drei Abschnitten:
- Gestaltung des "Isolierten Staates",
- Vergleich des "Isolierten Staates" mit der Wirklichkeit und
- Wirkungen der Abgaben.

Die Hauptuntersuchung ist im Untertitel nur teilweise enthalten, der lautet "Untersuchungen über den Einfluß, den die Getreidepreise, der Reichtum des Bodens und die Abgaben auf den Ackerbau ausüben". Untersucht werden diese auf die häufigsten Getreidebau-Systeme der damaligen Zeit, auf die in Mecklenburg mehr und mehr eingeführte Koppelwirtschaft und auf die von dieser verdrängte alte Dreifelderwirtschaft sowie auf die Belgische Wirtschaft, eine hochintensive Fruchtwechselwirtschaft, die wie die beiden anderen ebenfalls der Getreideerzeugung dienen, in den §§ 4 - 18, dem ersten großen Unterabschnitt. THÜNEN gelangt dabei zu seiner berühmten Intensitätslehre. Unerwähnt bleibt die andere große Leistung in den §§ 19 - 32 mit der Standortsorientierung der verschiedenen (Boden-)Produktionen unter dem Einfluß der Marktlage, dem zweiten großen Unterabschnitt. Diese sich ergebende verkehrswirtschaftliche Standortstheorie läuft keineswegs auf die Anordnung der Produktionen um die Stadt (den Markt) herum nach fallender Intensität hinaus. Vielmehr kommt es THÜNEN bei seinen Untersuchungen auf die Ermittlung der "vorteilhaftesten" (35, S. 184) Produktion oder der möglichst billigen, "wohlfeilsten" (35, S. 177) Bedarfsdeckung in der Stadt (des Marktes) an. Schon bei der zweiten Produktion, die er untersucht, dem Holz der Forstwirtschaft, hat er das dort waltende Gesetz entdeckt. Er hat dabei eine Formel entwickelt, die nicht nur zur Bestimmung des Holzpreises dient, sondern auch von einer solchen Allgemeingültigkeit ist, daß dadurch der Preis jedes landwirtschaftlichen Erzeugnisses bestimmt und die Gegend, wo der Anbau geschehen muß, nachgewiesen werden kann, sofern Produktionskosten, Landrente und Bedarf bekannt sind (THÜNEN, 35, S. 183). Bei dieser Formel handelt es sich um die Summe aus den drei Standortsformeln - Produktionskosten, Transportkosten und Landrentenbelastung - für eine Wagenladung als Verkaufseinheit der verschiedenen Erzeugnisse, die bei Bezug aus den unterschiedlichen Entfernungen des "Isolierten Staates" anfallen.

1.2 Aufgabe

Das Holz war zu der damaligen Zeit (ohne Braun- und Steinkohle) von elementarer Bedeutung wie auch die Nahrungsmittel. THÜNEN stellt sich daher die Aufgabe, die Stadt (den Markt) nicht bloß mit Lebensmitteln zu versorgen, sondern auch den Bedarf an Brennholz, Bauholz, Nutzholz usw. zu befriedigen. Dabei entsteht die Frage, in welcher Gegend des "Isolierten Staates" die Erzeugung des Holzes stattfindet (THÜNEN, 35, S. 171).

Aus ähnlichen Überlegungen wie im ersten Unterabschnitt über das Getreide kann gar kein Holz aus einer größeren Entfernung als 8 Meilen zur Stadt (zum Markt) gebracht werden, selbst wenn die Produktion des Holzes nichts kostete und der Boden gar keine Landrente bringen sollte. Aus dieser Annahme folgt, daß die entfernteren Gegenden von der Produktion des Holzes zum Zwecke des Verkaufes in die Stadt (auf dem Markte) ausgeschlossen wären und daß die Holzerzeugung in der Nähe der Stadt (des Marktes) geschehen müsse. Geht man davon aus, daß das Getreide einen Preis hat und eine Landrente abwirft, dann wird die Aufgabe sehr viel schwieriger, denn Holz und Getreide haben keinen gemeinschaftlichen Maßstab ihres Gebrauchswertes; eins kann das andere nicht ersetzen (THÜNEN, 35, S. 171).

Die Entnahme von Holz aus Urwäldern schließt THÜNEN aus, denn in dem "Isolierten Staat" ist immer nur der Erfolg Gegenstand der Untersuchung; alle Urwälder müssen längst verschwunden sein und die Waldungen als durch menschliche Arbeit hervorgebracht betrachtet werden (THÜNEN, 35, S. 172).

Für eine überzeugende Darstellung dieser Zusammenhänge gilt auch die Voraussetzung des "Isolierten Staates", daß sein Boden - ausgenommen der stadt-(markt-)nächste Kreis - überall von der gleichen Ertragsfähigkeit (Reichtum) ist, und zwar von der geringeren der Tellower Äcker mit Roggen nach Brache, nicht mit Weizen.

Bei der großen Bedeutung der Transportkosten für die Belieferung der Stadt (des Marktes) spielen die Entfernung und die Größe der Waldfläche eine wichtige Rolle. Es bedarf daher einer Konzentration der Waldflächen zu einer geschlossenen Waldzone, so daß wir es mit einer größeren Anzahl von Waldgütern zu tun haben, die nach den Darstellungen THÜNENs "die Stadt und den Kreis der freien Wirtschaft mit Holz versorgen, aber nicht die rückwärts liegenden oder von der Stadt mehr entfernten Kreise. Diese erzielen nämlich ihren Bedarf an Holz selbst, können aber nicht zur Stadt liefern und sind in dieser Beziehung für die Stadt indifferent; weshalb dann auch bei der Betrachtung der übrigen Kreise die Holzkultur nicht weiter erwähnt werden wird" (THÜNEN, 35, S. 194).

1.3   Gang der Untersuchung

Nachdem Einführung, Voraussetzungen und Aufgabe skizziert sind, wird im ersten Hauptteil der Untersuchung der Standort der Forstwirtschaft des "Isolierten Staates" aus der Sicht THÜNENs dargelegt. Untersuchungsobjekt ist ein einzelnes Forstgut mit einem Modellwald. Überprüfung des stadt-(markt-)nahen Standortes der Forstwirtschaft für einen Standpunkt (als Ort das Gut Tellow - Land- oder Waldgut) und Nutzung des Forstringes um die Stadt (den Markt) schließen diesen Teil ab.

Zum stadt-(markt-)nahen Standort der Forstwirtschaft folgen kritische Stellungnahmen im zweiten Hauptteil; die meisten enthalten Berichtigungsvorschläge, eine ist mit Berechnungen und geänderten Holzbeständen, -erträgen und -werten befaßt; sie leitet zum dritten Hauptteil über.

Dieser dritte Hauptteil gilt einer umfassenden Nachprüfung der THÜNENschen Überlegungen und Berechnungen. Aus wirklichkeitsnahen Holzvorräten und -erträgen neuerer Ertragstafeln (und Waldwertschätzungen) entsteht eine Gesamtrechnung zunächst für einen Standpunkt; ihr folgen die Verallgemeinerung für jeden Standpunkt im THÜNENschen Sinne und schließlich eine vervollständigte Holz-Landrente-(Bodenrente-)Berechnung zur Beurteilung des Vorgehens von THÜNEN.

Schlußbetrachtung und Ergebnis beenden die Untersuchung; ihnen folgt ein Nachwort zu dieser Bearbeitung.

2   Der einzelne Forstbetrieb

2.1   Die Regelung des Normalwaldes

Das einzelne Forstgut von 100 000 QR ($\simeq$ 217 ha) ist gleich groß mit den Landgütern des "Isolierten Staates" und eingeteilt in 100 Kaveln zu je 1 000 QR ($\simeq$ 2,17 ha). Als bestandsbildende Baumart wählte THÜNEN die Buche (Rotbuche), als Betriebsform den Hochwaldbetrieb in Schlagwirtschaft, als Umtriebszeit 100 Jahre und als Wirtschaftsjahr durch den Einschlag im Herbst und durch die Aussaat im zeitigen Frühjahr wohl die Zeit vom 1. Oktober bis 30. September (entgegen einer Vorstellung HARTIGs (10, S. 162 - 163, 226) vom 1. Juni bis 31. Mai); heute gilt in der Forstwirtschaft allgemein das Kalenderjahr als Wirtschaftsjahr.

Jährlich erfolgen der Abtrieb einer Kavel von Buchenholz im Alter von 100 Jahren sowie die Einschläge von vorgesehenen Durchforstungen der jüngeren Holzbestände ebenfalls im Herbst und die Holzabfuhr zur Stadt (zum Markt) über Winter.

Die abgeholzte Kavel wird alsbald wieder aufgeforstet (eingesät oder bepflanzt und nachgepflanzt), so daß der gesamte Buchenbestand aus einer Kavel mit einjährigen, einer Kavel mit zweijährigen usw. bis zu hundertjährigen Bäumen zusammengesetzt ist, also einen Normalwald darstellt - ohne Berücksichtigung von Schäden und Gefahren. Damit werden in dem so konzipierten Modellwald eine stets bestandene (bestockte) Holzfläche und gleichbleibende Jahres-Holzerträge garantiert, wie sie ein Nachhaltsbetrieb voraussetzt. Es besteht also kein aussetzender Forstwirtschaftsbetrieb.

2.2   Die Bewirtschaftung des Forstgutes für einen Standpunkt

Für die Erfolgsrechnung des gedachten Waldgutes wählt THÜNEN e i n e n Standpunkt, nämlich den seines Landgutes Tellow.

Der gesamte Buchenbestand des Waldgutes "sei im Wert = 15 000 Faden ausgewachsenes Holz" (THÜNEN, 35, S. 174), d.h. doch nur Holz der Endnutzung (zu einem festen Preise).

Der Jahres-Ertrag an Buchenholz wird zu angenommen und entspricht einer Nutzung von 6 2/3 %,	1 000 solcher Faden
davon entfallen auf den Ertrag der gefällten Kavel	500 Faden und
auf die Durchforstungen	500 Faden.

Mit 50 % des Jahres-Ertrages für Zwischennutzungen (Durchforstungen) ist auf eine fortschrittliche Bewirtschaftungsweise mit starker Durchforstung zu schließen, wie sie damals weder bekannt noch üblich war.

Von dem auffallend hohen Jahres-Holzertrag müssen die Verzinsung des Holzkapitals und die Bewirtschaftung des Waldes abgegolten werden. Bei dem Zinsfuß von 5 % des "Isolierten Staates" betragen die vorweggenommenen Zinsen für den Holzvorrat in Holz 750 Faden; es bleiben noch 250 Faden. "Auf diese 250 Faden entfallen nun alle mit der Forstwirtschaft verbundenen Ausgaben..., und nur um den Mehrertrag von 250 Faden (zu erhalten,)" wird die Forstbewirtschaftung fortgesetzt (THÜNEN, 35, S. 174).

Die Jahres-Einnahmen aus Nutzungen der Mast und der Jagd schwanken "in jedem Mastjahre nach Verhältniß der Frucht- und Gemüßpreise" (HARTIG, 10, S. 155) sowie "nach Verschiedenheit des Wildprets" (HARTIG, 10, S. 157); sie werden mit den von diesen weitgehend abhängigen jährlichen Administrations- und Aufsichtskosten verrechnet; beide, Einnahmen wie Kosten von gleicher Höhe, werden deshalb nicht weiter berücksichtigt und vereinfachen so die Untersuchung.

Als Produktionskosten des Waldgutes werden 500 Tlr jährlich angesetzt; für einen Faden auf dem Stamme gelten sodann 2 Tlr und nach dem Einschlag mit den Fäll- und Aufbereitungskosten an Ort und Stelle, d.h. im Walde, 2,5 Tlr.

In den Produktionskosten sind nur die Arbeitskosten aufgeführt; eine Landrente ist in ihnen nicht enthalten. Diese Produktionskosten gelten wie jeder andere in Geld ausgedrückte Preis nur für einen Standpunkt und ändern sich mit einer Änderung der Getreidepreise (HARTIG, 10, S. 136 - 138, 153; THÜNEN, 35, S. 171). "Die Lösung unserer Aufgabe fordert aber Ansätze, die für jeden Standpunkt in dem isolierten Staat gültig sind" (THÜNEN, 35, S.174).

2.3 Der Holzpreis in der Stadt (auf dem Markte)

THÜNEN registriert die Rostocker Preise für Buchen-(Baum-)Holz, das aus den nächsten Waldgebieten in einer Entfernung von 5 bis 6 Meilen angeliefert wurde, zu 14 bis 16 Tlr N 2/3 (37, S. 120). Die Preise für Buchen-Scheitholz (als Einheit) liegen um 1,5 Tlr N 2/3 höher (KARSTEN, 14, S. IV, XI - XV; GERHARDT, 7, S. 714), also um 15,5 bis 17,5 Tlr N 2/3 oder umgerechnet 16,61 bis 18,75 Tlr Gold, und im Falle einer größeren Entfernung zusätzlich um 2 Tlr je Meile und Faden höher. So entsteht ein Holz-Kosten-Preis, der der Wirklichkeit nahekommt. Ein solcher Preis gilt für das entfernteste Forstgut der Waldzone; er wurde mit 21 Tlr (Gold) für den Faden Einheits-Holz angesetzt.

THÜNENs Darlegung des Holzpreises hat eher zu einer gesuchten Preisbestimmung (bei oberflächlicher Betrachtung) geführt denn zu einer Preissetzung aus der Wirklichkeit beigetragen, wie dies aus seiner vorsichtigen Formulierung zu entnehmen ist (35, S. 178 - 179):

"Um endlich den Preis, den das Holz in der Zentralstadt unseres isolierten Staates haben wird, bestimmen zu können, müßte die Größe des Bedarfes gegeben sein. Das Quantum, dessen die Stadt bedarf, bestimmt die Größe der Fläche, die der Holzkultur gewidmet werden muß, und der Preis, zu welchem das Holz von dem entferntesten Punkt dieser Fläche nach der Stadt geliefert werden kann, ist die Norm für den Preis des Holzes in der Stadt. ....

Der am äußersten Rande dieses der Holzkultur gewidmeten Kreises liegende Boden gibt dann dieselbe oder vielmehr eine sehr wenig höhere Landrente, als dieser Boden durch Ackerbau benutzt gegeben hätte. Eine gleiche Fläche, die der Stadt nur um eine Meile näher liegt, gibt aber durch Ersparung an den beträchtlichen Transportkosten des Holzes schon eine sehr viel höhere Landrente, und so muß die Landrente des durch die Holzproduktion benutzten Bodens mit der Annäherung zum Marktplatz in einem sehr viel größeren Verhältnis steigen als bei der Nutzung des Bodens durch die Koppelwirtschaft".

Unter den Voraussetzungen des "Isolierten Staates", wo der Boden sowohl ackerbaulich als auch forstwirtschaftlich genutzt werden kann, kann der Marktpreis für Holz nicht der Wirklichkeit entnommen werden. Der wirkliche Holzpreis ist als Orientierungshilfe anzusehen, indem der für den "Isolierten Staat" zu bestimmende Preis höher sein muß, und zwar um die zu übernehmende Getreide-Landrente je Holzeinheit, soweit diese nicht schon berücksichtigt ist (HARTIG, 10, S. 135 - 137), oder/und durch die größere Entfernung des entferntesten Forstgutes in der Waldzone.

Auf die ausführlichen Berechnungen THÜNENs können wir verzichten, da die Erfolgsrechnung mehr interessiert; sie sind im "Isolierten Staat" nachzulesen (THÜNEN, 35, S. 175 - 178).

2.4 Die Verallgemeinerung der Kosten und die Holz-Landrente

Für jeden Standpunkt im "Isolierten Staat" als Lösung der gestellten Aufgabe erfolgt die Verallgemeinerung der Produktionskosten, vornehmlich der Arbeitskosten, wie bei den Berechnungen über den Ackerbau, nämlich zu 1/4 in Geld und zu 3/4 in Roggen entsprechend der damaligen Entlöhnung der (Tellower) Gutsarbeiter. So sind von den

Produktions-(Arbeits-)Kosten eines Fadens = 2,50 Tlr
1/4 in Geld 0,62 Tlr
3/4 1,88 Tlr
    in Roggen (: 1,291 Tlr Gold =) 1,46 Berl. Sch..

Die Produktionskosten eines Faden Holzes betragen allgemein ausgedrückt
1,46 Berl. Sch. Roggen + 0,62 Tlr

oder sind mit dem allgemeingültigen Roggen-Erzeuger-Preis (beim Marktpreis von 1,5 Tlr Gold je Berl. Sch.)

$$1,46 \text{ Berl. Sch. Roggen} \cdot \frac{273 - 5,5 x}{182 + x} \text{ Tlr Gold} + 0,62 \text{ Tlr}$$

$$\approx \frac{511 - 7,4 x}{182 + x} \text{ Tlr (Gold)}.$$

Da ein Faden Buchenholz 2 Wagenladungen gibt, kommen die Transportkosten eines Fadens auf

$$2 \cdot \frac{199,5 x}{182 + x} \text{ Tlr Gold}$$

$$= \frac{399,0 x}{182 + x} \text{ Tlr Gold}$$

zu stehen (THÜNEN, 35, S. 176).

Durch Subtraktion der ermittelten Kosten vom Marktpreise für Buchenholz bleibt die Holz-Landrente (, die Bodenrente (THÜNEN, 37, S. 15, 26) oder der Bodenreinertrag) je Faden übrig, also

"Die Einnahme für einen Faden beträgt 21 Tlr oder $21 \cdot \frac{182 + x}{182 + x} = \frac{3822 + 21,0 x}{182 + x}$ Tlr

Die Produktionskosten betragen für einen Faden $\frac{511 - 7,4 x}{182 + x}$ Tlr

Die Transportkosten $\dfrac{399{,}0\,x}{182+x}$ Tlr

Diese beiden Ausgaben von der Einnahme abgezogen ergibt (sich) eine Landrente für die Fläche, worauf ein Faden Holz wächst, von $\dfrac{3311 - 370{,}6\,x}{182+x}$ Tlr"

(THÜNEN, 35, S. 194) oder für 100 000 QR $250\ \text{Faden} \cdot \dfrac{3311 - 370{,}6\,x}{182+x}$ Tlr (Gold)

$$= \dfrac{827750 - 92650{,}0\,x}{182+x}\ \text{Tlr (Gold).}$$

Um die äußere Grenze des Forstringes (= x Meilen) zu bestimmen, können wir entgegen dem Vorgehen THÜNENs (35, S. 176 - 178) auch die Getreide-Landrente des Landgutes in Koppelwirtschaft (THÜNEN, 35, S. 43) und die Holz-Landrente des Forstgutes gleichsetzen, also

(GLr) $\dfrac{202202 - 7065{,}0\,x}{182+x}$ Tlr Gold = (HLr) $\dfrac{827750 - 92650{,}0\,x}{182+x}$ Tlr (Gold)

$$x \simeq 7{,}3\ \text{Meilen.}$$

Nach den Entfernungen ist jeweils die Holz-Landrente (THÜNEN, 35, S. 195)

"für x = 0 Meile ... 4 548 Tlr
 1   4 017 Tlr
 2 Meilen   3 492 Tlr
 4   2 458 Tlr
 5   1 949,2 Tlr
 7   948 Tlr
 7,3   796 Tlr

An dem äußeren Rand des Holzkreises ist die Landrente, die die Forstkultur gibt, der des angrenzenden Ackerlandes gleich; aber diese Landrente steigt mit der Annäherung zu der Stadt wegen der Ersparung der bedeutenden Transportkosten sehr rasch und beträgt bei der Stadt selbst 4 548 Tlr; während die reine Koppelwirtschaft, wenn sie ebenso wie in den entfernten Gegenden betrieben würde, hier nur eine Landrente von 1 111 Tlr abwerfen könnte".

2.5 Die Überprüfung durch THÜNEN

Von den Ergebnissen der forstwirtschaftlichen Untersuchungen zeigt sich THÜNEN überrascht, weil das Modell der Forstwirtschaft nicht der Wirklichkeit entspricht, an der er seine Überlegungen stets überprüft. So entstehen Zweifel und Bedenken bei ihm und bei anderen, denn "die Kultur eines Gewächses, welches erst ein Jahrhundert nach der Saat eine volle Ernte gibt, kann aber nicht plötzlich und augenblicklich von einer Gegend zur anderen wandern. Es ist daher nicht zu verwundern, wenn wir in der Wirklichkeit Gegenden, die durch ihren Boden sowohl als durch ihre Lage auf die Holzkultur verwiesen sind, jetzt noch von allem Holz entblößt finden" (THÜNEN, 35, S. 178).

THÜNEN überprüft daher sehr sorgfältig diese Untersuchungen, zumal er "die Angaben über die Ausgaben und den Ertrag nicht - wie dies bei den Berechnungen über den Ackerbau der Fall war - aus der Wirklichkeit" hat "entnehmen können, sondern die Zahlen, um nur die Berechnung beginnen zu können, nach einer Schätzung annehmen müssen. Eine Untersuchung, die mit Schätzungen und Annahmen beginnt, kann aber, selbst wenn sie sich in den Schlüssen und Folgerungen konsequent bleibt, nur zeigen, wie für solche Annahmen der Erfolg sei, nicht wie derselbe in der Wirklichkeit ist.

Kann man aber die Grenze, innerhalb welcher die angenommenen Zahlen möglicherweise von der Wirklichkeit abweichen können, angeben; kann man nachweisen, daß auch für diese mögliche Grenze die entwickelten Resultate noch gültig sind: so ist dadurch auch die Richtigkeit derselben dargetan.

Wir wollen nun diese Grenze möglichst weit, weiter als irgendeine Wahrscheinlichkeit dafür vorhanden ist, hinausschieben und annehmen, daß
- in dem einen Fall die Produktionskosten des Holzes das Achtfache unserer Annahme,
- in dem anderen Fall aber nur den achten Teil derselben betragen" (THÜNEN, 35, S. 180 - 181).

Aus den beiden Annahmen entstehen jeweils zwei Fälle, die hier entgegen dem THÜNENschen Vorgehen für einen Standpunkt dargestellt werden, weil Größen und Werte eindeutig bestimmt und vergleichbar sind gegenüber Formeln für jeden Standpunkt nach THÜNEN.

Als Holzerträge gelten die zinsgekürzten Teilerträge für die Fortführung der Waldbewirtschaftung; Teilerträge + 750 Faden für Verzinsung ergeben die Jahres-Holzerträge.

Erster Fall
Die Produktionskosten des Holzes sollen das Achtfache betragen,
1. der (Teil-)Holzertrag aber bleibe der gleiche
   (2,5 Tlr / Faden · 8 =) 20,0 Tlr / Faden bei 250 Faden;
2. der (Teil-)Holzertrag betrage den achten Teil
   (2,5 Tlr / Faden · 8 =) 20,0 Tlr / Faden bei (250 Faden : 8 =) 31,25 Faden.

Zweiter Fall
Die Produktionskosten sollen nur den achten Teil betragen,
1. der (Teil-)Holzertrag aber bleibe der gleiche
   (2,5 Tlr / Faden : 8 =) 0,3125 Tlr / Faden bei 250 Faden;
2. der (Teil-)Holzertrag steige auf das Achtfache
   (2,5 Tlr / Faden : 8 =) 0,3125 Tlr / Faden bei (250 Faden · 8 =) 2 000 Faden.

Die Verallgemeinerung der Produktionskosten ist nach den früheren Berechnungen unschwer vorzunehmen, so daß die allgemeingültigen Produktionskostenformeln nur geringfügige Abweichungen durch Auf- bzw. Abrundungen von den THÜNENschen Ausrechnungen zeigen.

Die mit den Transportkosten und den jeweiligen Getreide-Landrentenbelastungen vervollständigten Ausrechnungen (THÜNEN, 35, S. 181 - 183) "geben immer das Resultat, daß das in der Nähe der Stadt erzeugte Holz zu einem niedrigeren Preise nach der Stadt geliefert werden kann als das in der ferneren Gegend erzeugte Holz. Da wir nun mit Gewißheit behaupten dürfen, daß bei einer konsequenten Bewirtschaftung - denn für die Inkonsequenz gibt es weder Regel noch Schranke - Ertrag und Ausgaben bei der Forstkultur nicht außerhalb der hier gesteckten Grenzen liegen können: so ist der Satz, "daß die Holzproduktion in der Nähe der Stadt geschehen müsse", hierdurch erwiesen".

Wie weit THÜNEN die Annahmen gesetzt hat, geht aus der Überprüfung seiner Untersuchungsergebnisse in Kulturkosten und in Fäll- und Aufbereitungskosten hervor, die im ersten Fall einzeln außerordentlich hoch und unterschiedlich sind und im zweiten Fall zusammengenommen nicht einmal die Höhe der letzteren erreichen, sowie aus den Teil-Holzerträgen für die Fortführung der Forstbewirtschaftung und den um 750 Faden (für Verzinsung) höheren Jahres-Holzerträgen.

2.6 Die Nutzung des Forstringes um die Stadt (den Markt)

THÜNEN begnügt sich nicht nur mit der Feststellung und der Überprüfung des stadt- (markt-) nahen Standortes der Forstwirtschaft allgemein nach dem Buchenwald, sondern er befaßt sich auch mit der speziellen Bewirtschaftung innerhalb des forstwirtschaftlich genutzten Ringes, in dem fast 3 000 Waldgüter von 100 000 QR Größe mit unterschiedlichen Entfernungen zur Stadt (zum Markt) zwischen 4 Meilen (= 29,6 km) und 7,3 Meilen (= 54,1 km) bestehen. Zunächst macht er sich Gedanken über die Reinkultur eines Waldes und über den jährlichen Holzzuwachs von 6 2/3 % für den (Beispiels-)Forst im "Isolierten Staat"; er rechnet damals diesen zu "nur 3 1/3 oder gar nur 2 1/2 %" des Holzbestandes, dennoch begründet er seine Vorstellungen von mindestens 5 % jährlichen Holzzuwachses (THÜNEN, 35, S. 188 - 190):

"Bei einer richtigen Forstkultur werden nur Bäume von gleichem Alter zusammenstehen dürfen, und diese werden gefällt werden müssen, ehe der relative Wertzuwachs bis auf 5 % - den für den isolierten Staat angenommenen Zinsfuß - herabsinkt. Bei Hochwaldungen werden dann die Bäume nicht auswachsen dürfen, die Umtriebszeit wird viel kürzer als das Lebensalter der Bäume (reicht,) sein müssen; und es steht zur Frage, ob der Umtrieb der Buchenwaldung, den wir hier zu 100 Jahren angenommen haben, nach diesen Grundsätzen nicht kürzer sein müsse.

Die Rücksicht, daß das Holz von mehr ausgewachsenen Bäumen als Brennmaterial einen höheren Wert hat und teurer bezahlt wird als das Holz von jungen Bäumen, kann zwar den Umtrieb über den Zeitpunkt hinaus, wo der relative Holzzuwachs 5 % beträgt, verlängern; aber doch nur auf wenige Jahre: denn diese Wertzunahme des Holzes als Brennmaterial kann nicht lange die durch den Zinsverlust steigenden Produktionskosten überwiegen.

Ganz anders verhält sich dies mit dem Bauholz. Dieses muß eine gewisse Stärke haben, wenn es überhaupt brauchbar sein soll, und die Bäume dürfen nicht eher gefällt werden, als bis sie diese Stärke erreicht haben. Der Umtrieb wird also viel länger sein müssen als bei der Brennholzerzielung. Die Produktionskosten des Bauholzes werden dadurch sehr bedeutend vermehrt; da dasselbe aber nicht entbehrt werden kann: so muß auch eine gleiche Masse, z.B. ein Kubikfuß, um so höher bezahlt werden, je stärker das Holz ist, und zwar muß der Preis so hoch und in dem Maße steigen, daß dadurch die Produktionskosten des Bauholzes von jedem Grade der Stärke genau vergütet werden.

Das Bauholz muß also bei gleichem Gewicht einen höheren Preis haben als das Brennholz, und die Transportkosten im Verhältnis zum Wert betragen bei ersterem weniger als bei letzterem.

Aus diesem Grunde muß auch in dem der Forstkultur gewidmeten Kreise des isolierten Staates die Erzeugung des Bauholzes in dem von der Stadt entferntesten Teil dieses Kreises geschehen.

Der Abfall vom Bauholz würde, als Brennholz benutzt, die Transportkosten nach der Stadt nicht tragen können, aber durch das Verkohlen in ein Material von geringerem spezifischen Gewicht verwandelt kann es noch mit Vorteil nach der Stadt gebracht werden; und so wird der äußere Rand des Holzkreises die Stadt nicht bloß mit Bauholz, sondern auch noch mit Kohlen versorgen.

An dem inneren, der Stadt am nächsten liegenden Rand des Holzkreises wird es vielleicht vorteilhaft, schnellwüchsige Bäume zu kultivieren, deren Holz als Brennmaterial freilich keinen so hohen Wert hat wie das Buchenholz, die aber von derselben Fläche einen größeren jährlichen Ertrag an Holz liefern; während die mehr entfernte Gegend nur noch Holz vom höchsten Wert nach der Stadt bringen kann.

So würden in dem der Forstkultur gewidmeten Kreise selbst wieder mehrere Abteilungen oder konzentrische Ringe entstehen, in denen die Kultur auf Erzielung verschiedenartiger Bäume gerichtet wäre" (THÜNEN, 35, S. 192 - 194).

Zum Preisverhältnis zweier Produkte und zur Substitution führt THÜNEN dann näher aus (35, S. 179 - 180):

"Wir sind nun also dahin gelangt, den inneren Zusammenhang in dem Preisverhältnis zweier Produkte - Getreide und Brennholz -, die sich eins durch das andere nicht ersetzen lassen, nachweisen zu können.

Bei Produkten, die sich eins durch das andere ersetzen lassen, die also einen gemeinschaftlichen Maßstab ihres Gebrauchswertes haben, wird das Steigen oder Fallen der Preise auch für beide gemeinschaftlich sein, und das Preisverhältnis selbst zwischen beiden wird dadurch wenig oder gar nicht geändert werden.

Bei Produkten aber, denen dieser gemeinschaftliche Maßstab fehlt, kann eine Änderung im Bedarf des einen oder anderen Produktes eine große Veränderung in dem Preisverhältnis hervorbringen.

Wenn z.B. in unserem isolierten Staat (,) durch Erfindung der Sparöfen (,) der Holzverbrauch in der Stadt so weit eingeschränkt würde, daß ein Kreis von 5 Meilen im Halbmesser - anstatt früher von 7 Meilen - um die Stadt zur Erzeugung des Holzbedarfes genügte, so würde dadurch der Preis eines Fadens um etwa 4 Tlr oder um circa 20 % fallen.

Der hierdurch entbehrlich gewordene äußere Rand des Holzkreises würde dann dem Ackerbau gewidmet werden und also Korn hervorbringen. Dieser Teil ist aber im Verhältnis zu der ganzen dem Ackerbau gewidmeten Fläche so unbedeutend, daß dadurch nur ein geringes kaum merkliches Sinken des Getreidepreises hervorgebracht werden könnte.

Stand früher der Faden Brennholz in gleichem Preise mit 14 Schfl. Roggen, so wird derselbe nach dieser Veränderung nur noch den Preis von circa 12 Schfl. Roggen behalten.

Erfindungen und Verbesserungen in der Produktion bringen eine ähnliche Wirkung wie die verminderte Konsumtion hervor".

So wurde THÜNEN beim Nachdenken über die Versorgung der Stadt (des Marktes) und des Kreises der Freien Wirtschaft mit Brennholz, das im Gegensatz zu vielen anderen Erzeugnissen mit dem Getreide keinen gemeinsamen Vergleichsmaßstab des Gebrauchswertes in der Nahrungsfähigkeit besitzt, auf die Erforschung der tieferen Zusammenhänge der Standortsorientierung, der Preisbildung und der Substitution von Leistungen geführt.

"Grundlegend bleibt der THÜNENsche Nachweis, daß der Wald trotz seiner Extensität im "Isolierten Staat" einen marktnahen Standort einnimmt und daß innerhalb der Waldzone die extensivere Brennholzerzeugung nicht im äußeren, sondern im inneren Ring erfolgt. Diese Tatsache", die zur Aufdeckung der wahren Zusammenhänge geführt hat, "wird auch der stete Stein des Anstoßes bleiben, auch dann noch, wenn die Standortskräfte sich unter veränderten Verhältnissen so auswirken, daß von der Standortsorientierung des "Isolierten Staates" in der Wirklichkeit nichts mehr zu erkennen sein sollte" (PETERSEN, 22, S. 105).

3 Kritische Stellungnahmen zum stadt-(markt-)nahen Standort der Forstwirtschaft

Aus der klaren und dennoch wenig beachteten Aufgabenstellung und ihrer konsequenten Fortführung werden Darstellung und Ergebnis zum Standort der Forstwirtschaft in der zweiten stadt-(markt-)nahen Zone des "Isolierten Staates" bezweifelt, weil er der Wirklichkeit widerspricht, in der die Wälder ganz verstreut im Lande liegen. Sie befinden sich meistens auf Böden, die anderweitig kaum oder nicht genutzt werden können. Auf eine spezielle Betrachtung der ökologischen Verhältnisse, wie sie im Modell des "Isolierten Staates" festgelegt sind, ist THÜNEN nicht eingegangen.

3.1 W. PFEIL

Mit welcher Leichtfertigkeit selbst Fachleute von Rang über die Stellung der Forstwirtschaft im "Isolierten Staat" urteilten, beweisen die Ausführungen des Oberforstrats PFEIL in seinen "Kritischen Blättern für Jagd und Forstwissenschaft" (25, S. 36). Er verwechselt die Erzeugungsringe im "Isolierten Staat" um eine Stadt als Konsumzentrum mit denen um einen Hof oder um ein Dorf als Produktionszentrum. Im "Isolierten Staat", wo die Stadt ausschließlich Konsumzentrum und nicht Produktionszentrum ist, werden die Getreideschläge nicht von der Stadt aus bestellt, wie PFEIL annimmt; man braucht also das Getreide zur Ersparung von Wegekosten bei der Produktion nicht in der Nähe der Stadt zu haben. Diese Verringerung der Produktionskosten durch die Ersparung von Wegekosten spielt bei der Lagerung der Erzeugerringe um ein Produktionszentrum, also um den Hof, um das Dorf oder um die Ackerbürgerstadt, eine entscheidende Rolle. Hier wird der Wald allerdings auf die Außenfelder verdrängt, wie dies auch THÜNEN wußte. In seinem "Erachten über die Verbesserung des Ackerbaues der Städte" verweist er den Wald auf die mehr als 1/4 Meile entfernten Außenschläge jenseits der Getreidefelder (THÜNEN, 33, S. 385).

3.2 W. ROSCHER und anschließend andere in der Folgezeit

War es nur diese eine Stellungnahme, die leicht zu widerlegen war, so treten Zweifel über den Standort der Forstwirtschaft im "Isolierten Staat" aus der abgeleiteten Gesetzmäßigkeit nach der mit zunehmender Entfernung abnehmenden Intensität auf; sie gehen auf ROSCHERs Verallgemeinerung der speziellen Intensität zur allgemeinen Intensitätstheorie, auch als "THÜNENsches Gesetz" bezeichnet, zurück (27; 28, S. 155), gegen die sich 1900 zum ersten Male und 1901 der damals junge KRZYMOWSKI leidenschaftlich mit zwei vielbeachteten Studien gewandt hat (15; 16); er ist 1922 in seiner akademischen Antrittsrede an der Universität Breslau nochmals dagegen angegangen (17); Aufsehen erregt dann PETERSEN 1935 mit seiner umstrittenen Jenenser Antrittsrede (21). Die Forstwirtschaft wie auch andere Produktionen, die weniger Beachtung als die Forstwirtschaft fanden, störten die alte Vorstellung; sie wurden deshalb übergangen und nicht genannt.

Einen besonderen Erklärungsversuch zum "Isolierten Staat" im Anschluß an PETERSEN unternimmt v.d. DECKEN (5, S. 220 - 232). Da "intensive" und "extensive" Zonen mit auffallender Regelmäßigkeit bei wachsender Entfernung vom Markte abnehmen, meint er in dieser ihn überraschenden Feststellung "eine sinngemäße Aufgliederung" der THÜNENschen Kreise zu sehen; aus ihr folgert er in seinem 1942 erschienenen Beitrag zu WAGEMANNs Alternationsgesetz (39, S. 173 - 219): "Somit nimmt - im Grunde nach THÜNEN selbst - mit wachsender Entfernung vom Markt die Intensität der Landwirtschaft im ganzen zwar ab, aber keineswegs gradlinig, sondern "alternierend"" (v.d. DECKEN, 5, S. 223).

3.3 A. PETERSEN

Auf Grund der Kritiken, Zweifel und Erklärungsversuche hat sich die Forschung der vergangenen 40 Jahre um eine vollständigere Klärung bemüht. Anlaß dafür war das Forschungsprogramm, mit dem PETERSEN am 9. Juni 1944 die Arbeit der soeben gegründeten THÜNEN-Gesellschaft in Rostock eröffnete. Das Ziel war ein zehnbändiges Gesamtwerk über THÜNEN, das möglichst bis zum Gedenkjahr 1950 vorliegen sollte. Viel Zeit blieb für diesen sehr umfangreichen Arbeitsplan nicht. Die forstwirtschaftlichen Untersuchungen sollten den fünften Band einnehmen.

Für die Bearbeitung dieses Bandes hatte sich "bereits ein Fachmann gefunden, der die forstwirtschaftlichen Untersuchungen THÜNENs unvoreingenommen überprüft und den entsprechenden Band für die Gesamtausgabe vorbereitet" (PETERSEN, 24, S. 13). Die Nachprüfungen PETERSENs in seinem aufschlußreichen Buche "THÜNENs Isolierter Staat. Die Landwirtschaft als Glied der Volkswirtschaft. Berlin 1944" (22), "in dem die Kreislehre im getreuen Anschluß an THÜNEN Wort um Wort und Zahl um Zahl erläutert und die Tragweite der gewonnenen Gesetze überprüft" (PETERSEN, 23, S. 255) sind, mögen MANTEL als ersten angeregt haben, die Holzerträge, Kosten und Holzpreise, wie sie THÜNEN verwandt hat, eingehend darzulegen (MANTEL, 18, insbes. S. 728). Es wird mit THÜNEN angenommen, "daß bei der Gewinnung des Zahlenmaterials Fehler unterlaufen sind, die aber unter keinen Umständen so schwer wiegen, daß sie das Hauptresultat in Frage stellen. Ob überhaupt oder inwieweit Irrtümer vorliegen, kann erst entschieden werden, wenn die als III 1863 von SCHUMACHER aus dem Nachlaß herausgegebene Abhandlung "Grundsätze zur Bestimmung der Bodenrente, der vorteilhaftesten Umtriebszeit und des Werts der Holzbestände in verschiedenem Alter für Kiefernwaldungen" von einem Fachmann in allen Einzelheiten überprüft worden ist. Als Nichtforstwirte möchten wir diese Frage offen lassen" (PETERSEN, 22, S. 103).

3.4 F. BÜLOW

Ähnlich hat sich BÜLOW 1950 in seinem Beitrag "THÜNEN als Raumdenker. Eine Betrachtung zur Erinnerung an den hundertsten Todestag Johann Heinrich von THÜNENs (gestorben am 22. September 1850)" geäußert (2).

Später, 1958, würdigt er THÜNEN als forstwirtschaftlichen Denker und unterscheidet dessen forstpolitische Auffassung und forstliche Betriebswirtschaftslehre (BÜLOW, 3). Eine eingehende Wiedergabe der letzteren sollte einer ausführlicheren Darstellung vorbehalten bleiben; sie beeinflußt die vorherige Beschäftigung mit der forstpolitischen Vorstellung nicht und betrifft insbesondere den Dritten Teil des "Isolierten Staates" (THÜNEN, 37) und den handschriftlichen Nachlaß (32).

3.5 K. MANTEL

Im Jahre 1951 läßt MANTEL in einem Gedenkbeitrag (18) "Johann Heinrich v. THÜNEN. 125 Jahre "Isolierter Staat"" die bereits begonnene Beschäftigung für den geplanten fünften Band des von PETERSEN angekündigten Gesamtwerkes über THÜNEN erkennen. Während viele Nationalökonomen und Landwirte im Jahre 1950 THÜNENs zum hundertsten Todestage gedachten, berichtet MANTEL als berufener Vertreter der Forstwissenschaft (18, S. 719), daß THÜNEN in der forstlichen Literatur nicht geehrt ist und in der Forstwissenschaft nicht mehr erwähnt wird. Die geringe Bedeutung THÜNENs für die Forstwissenschaft führt er auf die schwer verständliche Art der Darstellung, auf die vielen Formeln, auf die ablehnende Haltung der forstlichen Praxis gegenüber den bodenreinerträglerischen Bestrebungen und der mathematischen Richtung sowie den daher um so mehr spekulativ-abstrakten Schriften eines Fachfremden zurück. THÜNEN ist seiner forstlichen betriebswirtschaftlichen Einstellung nach als ein reiner Anhänger der Bodenreinertragslehre zu rechnen (MANTEL, 18, S. 727).

Die Anlage des "Isolierten Staates" läßt THÜNEN keine andere Wahl als den Vergleich der Boden- oder Landrenten, obwohl ihm andere Ergebnisse der Erfolgsrechnung bekannt sind. Als Landwirt und als Waldbesitzer zeigt er sich an forstwirtschaftlichen Überlegungen der Waldbewirtschaftung wie an der Aufforstung von geringen (Grenzertrags-)Böden interessiert und diskutiert mit angesehenen Fachleuten darüber. Die Klärung des umstrittenen wirtschaftlichen Standortes der Forstwirtschaft würde schon einen großen Schritt vorwärts für die Gesamtwirtschaft bedeuten; - irreführende - Kostenvergleiche (HARTMANN, 12) reichen dafür nicht aus.

Eine Bedeutung THÜNENs für die forstliche Wirtschaftslehre sieht MANTEL (18, S. 728) nur mit dessen allgemeinen volks- und betriebswirtschaftlichen Theorien auf den Gebieten der Standorts-, Intensitäts- und Preislehren und ihren Anwendungen auf die Forstwirtschaft, insbesondere auf den Gebieten der regionalen Preisbildung sowie der verkehrswirtschaftlichen oder/und der wirtschaftlichen Standortfragen.

Zur speziellen Klärung des forstlichen Standortes im Wettbewerb um den Raum des "Isolierten Staates" haben dann die Untersuchungen MANTELs (19) "Die Standorts-, Intensitäts- und Preistheorien von THÜNEN in ihrer Bedeutung für den Standort der Forstwirtschaft" neue Anregungen gegeben; sie sind als eine Beitragsreihe in der angesehenen Allgemeinen Forst- und Jagdzeitung der Jahre 1959 bis 1961 erschienen. Diese Untersuchungen sind für die Wirtschaftswissenschaften nicht nur im Hinblick auf die Frage des forstlichen Standortes in der Verteilung des bodenwirtschaftlich genutzten Raumes, sondern auch in der Feststellung von Bedeutung, daß THÜNEN den schlichten Rohstoff Holz, vorwiegend in seiner Gestaltung als Brennholz, zum Ausgang für seine gesamten Standorts-Theorien nimmt.

Im II. Teil überprüft und berichtigt MANTEL die forstlichen Rechnungsunterlagen und Formeln von THÜNEN nach drei Untersuchungsverfahren, um "die Auswirkung der neu berechneten Standortsformeln auf den theoretischen Standort der Forstwirtschaft darzustellen..." (MANTEL, 19 (1959), S. 147). Diese Überprüfung und die Berichtigung erscheinen ihm um so wichtiger, als THÜNEN "bei der Forstwirtschaft darauf angewiesen war, seine Unterlagen vorwiegend in theoretisch-spekulativer Weise zu ermitteln und zu verarbeiten", "während er (aber) bei der Landwirtschaft in der glücklichen Lage war, die in 10 Jahren mühsamer Arbeit gesammelten Buchführungsergebnisse seines Gutes Tellow zu verwenden und dadurch induktive und deduktive Arbeitsweise miteinander zu verbinden" (MANTEL, 19 (1959), S. 165).

Als Anregung für diese Untersuchungen kann die eingehende zahlenmäßige Überprüfung durch PETERSEN gelten. Sie ergab nicht die erhoffte Übereinstimmung mit dem Kartoffelanbau. Die an der Grenze der Freien Wirtschaft zur Forstwirtschaft bestehende Differenz von rund 5 000 Tlr erklärt sich aus unterschiedlichen niedrigeren Kostenpreisen (8,5 Tlr (Wirtschaft A) zu 10,6 Tlr (Wirtschaft B)) gegenüber dem festen Marktpreise für Kartoffeln von 12,0 Tlr je Wagenladung.

Wenn die Kostenpreise für Kartoffeln so auffallend differieren, sind die Berechnungsunterlagen mit Sicherheit fehlerhaft; Fehler können sowohl im Kartoffelanbau als auch in der Forstwirtschaft oder in beiden verborgen sein. PETERSEN ist der Meinung, die MANTEL übernimmt, daß nicht der zinsgekürzte Holzertrag, sondern der Jahres-Holzertrag hätte angesetzt werden müssen (PETERSEN, 22, S. 103).

Die vorgenommene Nachprüfung des Kartoffelanbaues hat nicht nur die THÜNENsche Ableitung der Produktionskosten für Kartoffeln erbracht, sondern auch die Transportkosten für Kartoffeln und für Stadtdung als Rückladung in Frage gestellt (GERHARDT, 6). Die entsprechenden Ausrechnungen bestätigen die dargelegten Vorstellungen. Die Abweichungen sind erklärt; neu sind die Werte, die mit den Ausführungen nicht mehr übereinstimmen.

Aus jenen drei Untersuchungsverfahren, die hier nicht näher ausgeführt werden können (GERHARDT, 8, S. 125 - 142; 9), gelangt MANTEL zu dem Gesamtergebnis, das wörtlich lautet (19 (1959), S. 172):

"Die Beweisführung für einen marktnahen Standort der Forstwirtschaft in der 2. THÜNENschen Anbauzone ist insbesondere durch Unterstellung nicht zutreffender, zu hoher Holzerträge zustande gekommen. Bei richtigen Ertragsangaben wäre THÜNEN zu einem marktfernen Standort der Forstwirtschaft, wie er im Verfahren I bezeichnet wurde, gekommen.

Hätte er gleichzeitig seinen hohen Zinssatz von 5 % beibehalten, so hätte sich die Forstwirtschaft mit negativen Bodenrenten bei der Standortskonkurrenz selbst in der Marktferne nur schwer behauptet.

Dagegen hat, wie Verfahren II gezeigt hat, hier die beanstandete Verwendung des durch naturalen Abzug der Verzinsungskosten verminderten Holzflächenerträge durch THÜNEN die grundsätzlichen Ergebnisse seiner Standortbestimmung nicht beeinflußt.

Die Verwendung der vollen Flächenerträge unter gleichzeitigem Einsatz der richtigen Ertragsangaben, wie es das Verfahren III zeigt, hat zur Folge, daß - abweichend vom Verfahren I - die Forstwirtschaft gerade noch in der Lage ist, den marktnahen Standort vor dem Getreide - wie bei THÜNEN - zu behaupten. Doch ist der Vorsprung der Forstwirtschaft um den "wohlfeilsten Standort" gegenüber dem Getreideanbau auch für die Verhältnisse der THÜNENschen Zeit nur sehr knapp und wesentlich geringer als bei THÜNEN.

Beim Vergleich des Kartoffelanbaues mit der Forstwirtschaft nach der richtigen Berechnung des Verfahrens III ergibt sich wie bei THÜNEN der Anspruch des Kartoffelanbaues auf den marktnäheren Standort".

Abschließend faßt MANTEL seine Untersuchungsergebnisse in recht vorsichtiger Weise zusammen (19 (1959), S. 172): "THÜNEN ist trotz Verwendung stark überhöhter Holzerträge und trotz einer vereinfachten, nicht ganz zutreffenden Berechnungsart mit seinem Verfahren zu einem Ergebnis gekommen, das sich im Grundsatz mit den Resultaten einer richtigen Berechnung deckt, nämlich zu der vom Markt aus sich erstreckenden Reihenfolge der Standorte für Kartoffeln, Holz und Getreide".

"Diese Abgrenzung des forstlichen Standortes von der Getreidefläche ist von THÜNEN zwar standortsmäßig begründet, würde aber im Rahmen des von THÜNEN verwendeten Landrentenvergleiches bei Annahme eines höheren Holzpreises, wie er beispielsweise als bedarfsbedingter und Nachfrage-Preis gegeben sein könnte, verschoben werden. Letzten Endes bestimmt bei THÜNEN die Festlegung des Marktpreises weitgehend die Standortausdehnung der einzelnen Wirtschaftszweige" (MANTEL, 19 (1959), S. 165). THÜNEN hat jedoch bei seinen Preisvorstellungen, die der Wirklichkeit entnommen sind, die Befriedigung der Nachfrage stets vorausgesetzt.

Ob die THÜNENsche Feststellung von einem stadt-(markt-)nahen forstlichen Standort zutrifft, das wird noch immer bezweifelt. Nach MANTEL hängt diese "im wesentlichen von den durch THÜNEN verwendeten Unterlagen und Berechnungen ab. THÜNEN hat selbst mit der Möglichkeit fehlerhafter Unterlagen gerechnet, ist aber dann durch Vergleichsberechnungen zu dem Ergebnis gekommen, daß sich auch bei anderen Rechenunterlagen die gleichen von ihm gefundenen Standortsbestimmungsgründe ergeben würden " (19 (1959), S. 165).

3.6 H. MÖLLER

Aus MANTELs "großem Beitrag ... von 1959 bis 1961" hat MÖLLER bereits in einem Vortrag der forstwissenschaftlichen Hochschultagung 1962 in München geschlossen, "daß THÜNENs Bedeutung von der Forstwissenschaft früher nicht richtig gewürdigt wurde", was seines Erachtens "ebenso auch für die nationalökonomische Wissenschaft gilt" (20, S. 208 - 209). Den wirtschaftlichen Standort der Forstwirtschaft versucht er in der Sprache der modernen Ökonomie durch die jeweiligen Opportunitätskosten der beiden Güter Holz und Roggen unter Berücksichtigung der Transportkosten zu erklären; diese geben die Möglichkeit der Substitution von Roggen durch Holz bzw. von Holz durch Roggen an. Zur Realisierung der gedanklichen Operation werden jedoch Werte, Kosten und Erträge benötigt, die für die Forstwirtschaft THÜNENs noch erarbeitet werden müssen.

Unter den Stellungnahmen sind zwei von Forstwissenschaftlern; MANTEL bestätigt mit seinen forstlichen Berechnungsunterlagen die Auffassung seines Altmeisters PFEIL vom stadt-(markt-)fernen Standort der Forstwirtschaft. Die anderen Stellungnahmen sind teils verbaler Art, teils enthalten sie Vorschläge, die kaum weiterhelfen. Daher werden gegen alle bisherigen Versuche, die von den gegenwärtigen Erkenntnissen ausgehen, in den weiteren Darlegungen die damaligen Verhältnisse und Vorstellungen zugrundegelegt.

4 Eine umfassende Nachprüfung

Werden zur Klärung der THÜNENschen forstwirtschaftlichen Vorstellungen Holzerträge, Holzpreise oder/und Kosten des Waldbaues beliebig verändert, wie es immer wieder versucht ist und wird, je weiter wir uns von den damaligen Gegebenheiten über Größen und Werte entfernen, läßt sich alles beweisen. Wir sollen und müssen uns an die Wirtschaftswirklichkeit und an Tatsachen halten. Der THÜNEN-Biograph H. SCHUMACHER, der mehrere Jahre Hausgenosse in Tellow war, stützt sich auf den wissenschaftlichen Nachlaß THÜNENs sowie auf entsprechende Interpretationen (29, S. 75).

4.1 Holzpreise, Holzmaße, Holzmasse und -gewicht, Holzvorrat und -ertrag

Von der Buche, die auf besserem Boden gedeiht, werden drei Holzsortimente hauptsächlich für Brennzwecke unterschieden (KARSTEN, 14, S. IV; HUNDESHAGEN, 13, S. 450):

a) Scheit- oder Kluftholz (> 6" stark),
b) Knüppelholz (3 - 6 " stark) sowie
c) Abfall-, Zweig- oder Astholz

und diese zu unterschiedlichen Preisen.

Vergleicht man den THÜNENschen Holzpreis im Walde (nach den Standortsformeln für x = 5 Meilen, also bei einem Standpunkt - das gedachte Forstgut Tellow) aus

Produktions-(Arbeits-)kosten	2,535 Tlr (Gold)
+ Getreide-Landrente	3,570 Tlr Gold
zu insgesamt	6,105 Tlr (Gold) (THÜNEN, 35, S. 177)

mit dem Preise für Buchen-Scheitholz der Waldwertschätzung des forstlichen Beraters THÜNENs, des Oberförsters R. NAGEL, von 5,5 Tlr N 2/3 oder umgerechnet 5,893 Tlr Gold, so besteht nur eine geringe Preis-Differenz. THÜNEN bezieht seine forstlichen Berechnungen auf die Einheit Scheitholz - mit dem höchsten Preis der drei Holzsortimente; zum Vergleich: im Getreideanbau und bei anderen Berechnungen aggregiert THÜNEN die Getreidearten u.a. auf die Einheit Roggen. Wie wäre die Aussage zu verstehen, "wir haben bei unseren Berechnungen den jährlichen Holzertrag zu 1 000 Faden und den Holzbestand aller Kaveln zusammen im Wert gleich 15 000 Faden angenommen" (THÜNEN, 35, S. 188) mit den anderen naturalen Angaben für Holz.

Die Umrechnung des Holzvorrates von der Einheit Buchen-Scheitholz in -Baumholz bereitet kaum Schwierigkeiten, wenn wir THÜNENs Überschlagsrechnung für den "durchschnittlichen Holzbestand aller Schläge" folgen (37, S. 31), die den halben Holzbestand des Abtriebsschlages mit der Zahl der Schläge zum Gesamtvorrat multipliziert, oder die 15 000 Faden ausgewachsenes Holz (Scheitholz) mit 1,3 multiplizieren, also zu 19 500 Faden Baumholz oder nach neueren Vorstellungen über die 10-Jahres-Holzvorräte (GERHARDT, 8, S. 51; 9) ermitteln. MANTEL kürzt dagegen den Holzvorrat von 15 000 Faden Buchen-Baumholzes mit niedrigerer Bewertung auf 12 000 Faden Buchen-(Einheits-)Scheitholz (MANTEL, 19 (1959), S. 169, 171).

Der Faden, das damalige Raummaß für Holz in Mecklenburg, war "zwanzigfach unter sich verschieden" (BAUR, 1 Zweiter Teil, S. 96 Anmerkung), und zwar von 84 bis 384 Kubikfuß Raum. NAGEL bezieht seine Holzwertrechnungen auf ein praktisches, gebräuchliches und einheitliches Holzmaß, "den Faden 6 und 7 Fuß und 4 Fuß lang" (KARSTEN, 14, S. IV), wie PFEIL ein solches für Ertragsberechnungen vorgeschlagen und gefordert hat (26). Die Holzmasse dieses Fadens von 168 Kf Raum war nach Holzsortiment verschieden, bei Scheit- oder Kluftholz 126 Kf oder 3/4 Raum und bei Knüppelholz 112 Kf oder 2/3 Raum; bei Abfall-, Zweig- oder Astholz wurde nach Fuder zu 60 Kf gerechnet; als Waldschätzwerte dieser Holzsortimente ohne Schlaglohn sind 5, 3 und 1 1/2 Tlr N 2/3 angesetzt (KARSTEN, 14, S. XII). Da der Faden Buchen-Scheitholz eine Doppelladung gibt, die (2 · 2400 Hamb.

Pfunde =) 4 800 Hamb. Pfunde wiegt, kann über das Faden-Gewicht des waldtrockenen Holzes auf die Baumholz-Masse geschlossen werden; sie ergibt 108 Kf und für das Fuder (nur) Abfallholz wenig mehr als die Hälfte davon (54 Kf). Der von THÜNEN mehr beiläufig erwähnte "Faden Buchenbrennholz von 224 Kubikfuß" (35, S. 171) mit entsprechenden Holzmassen kann aus drei Gründen offensichtlich nicht zutreffen:

1. Der Holzpreis müßte zum Fadenmaß 168 Kf um 1/3 höher sein, also (5,5 Tlr · 4/3 =) 7 1/3 Tlr N 2/3 oder 7,857 Tlr Gold betragen.
2. Die Holzgewichte des größeren Fadens lägen beachtlich höher, so daß mehr als 2 Wagenladungen entstehen.
3. Die zu diesem Fadenmaß genannten Transportkosten (2 Tlr/Meile) gelten für die Doppelladung; folglich kann nach dem Gewicht eine Holzmasse < 1/2 Raum enthalten sein.

Für das größere Raummaß spricht die Feststellung: THÜNEN berechnet den Inhalt eines Baumstammes und dessen Vollholzigkeit nach dem Kegel mit der Kreisfläche am Abhieb und multipliziert den Kegelinhalt mit sogenannten Formzahlen - meist recht hohen damals - zur Feststellung des Baumschaftes und der Baumholz-Masse. Diese Formzahlen sind allgemein für den Idealkegel > 1 und für die Idealwalze < 1; sie fallen jeweils nach Baumart, Alter, Form und anderen Umständen recht unterschiedlich aus. So kommt THÜNEN zu einer viel zu großen Holzmasse, die gar nicht vorhanden ist, und zu einem größeren Fadenmaß, von dem MANTEL für die Ertragsvorstellungen THÜNENs ausgeht (MANTEL, 19 (1959), S. 165 - 166): sehr hohe Holzerträge und diese bei einer angenommenen Durchschnitts-Ertragsklasse (III). Bei der hohen Tellower Ertragsfähigkeit ist durch Vergleiche die Buchen-Ertragsklasse zu I/II ermittelt (GERHARDT, 8, S. 51 - 55; 9). Der festgestellte Holzvorrat von 19 500 Faden Buchen-Baumholz auf 100 000 QR im Alter 100 entspricht 239 Vfm/ha. Die entsprechenden Jahres-Holzerträge der Buche auf 100 ha ergeben nach den Ertragstafeln von WIMMENAUER (40, S. 10 - 13) und SCHWAPPACH (30, S. 14 - 21, 24 - 31) - dazu auch COTTA (4, S. 238 (Tafel V A. Buchen)) - 960 fm oder auf 100 000 QR 780 Faden Buchen-Baumholz bzw. (: 1,3 =) 600 Faden Buchen-Scheitholz (GERHARDT, 8, S. 55 - 58; 9). Dieser Jahres-Holzertrag entspricht einer Nutzung von 4 % - nahe dem Holzzuwachs von 3 1/3 % und zwischen den extremen Holzzuwächsen von 2 1/2 und 6 2/3 %.

4.2 Die Kosten der Waldbewirtschaftung

Die Geldausgaben für die jährlichen Kulturarbeiten (Aufforstung usw.) betragen nach den Waldwertrechnungen NAGELs 25,0 Tlr N 2/3 je 1 000 QR oder Kavel (KARSTEN, 14, S. V). Mit der für den "Isolierten Staat" festgelegten (Kapital-)Verzinsung von 5 % ist dafür ein Kapital von 500,0 Tlr N 2/3 erforderlich, das mit den "jährlichen Ausgaben" THÜNENs (35, S. 174) übereinstimmt. Nach forstwirtschaftlichen Notizen rechnet THÜNEN bei Berücksichtigung des öfteren Mißratens und der Nachpflanzungen von Tannen mit "4 Tlr pro 100 QR" (32, E II S. 140).

Die Verwaltungs- und Aufsichtskosten sind ebenfalls regelmäßige jährliche Ausgaben, die sogleich mit der Saat beginnen (THÜNEN, 32, E II 6 S. 109). In Kieferwaldungen liegen diese um die "geringfügigen Nebennutzungen" über 6,2 ß N 2/3 auf 100 QR (v = 6,2 ß + n) und sind bei Buchenwäldern durch vermehrte Aufsicht während der Mastzeit höher. Nehmen wir sie zu 12 ß oder 0,25 Tlr N 2/3 auf 100 QR oder 250,0 Tlr N 2/3 je 100 000 QR des gedachten Waldgutes an, so entsprechen sie etwa einem Viertel der "allgemeinen Kulturkosten" des gleichgroßen Landgutes (in Koppelwirtschaft ohne Wiesen) (THÜNEN, 35, S. 27) und betragen hier die Hälfte der Jahres-Ausgaben für Kulturarbeiten.

Die Jahres-Gesamtkosten der Bewirtschaftung belaufen sich somit auf (500,0 Tlr + 250,0 Tlr =) 750,0 Tlr N 2/3 + Fäll- und Aufbereitungskosten für jährlich 600 Faden Buchen-Scheitholz à 0,5 Tlr N 2/3 mit 300,0 Tlr N 2/3 = zusammen auf 1 050,0 Tlr N 2/3 oder 16,96 Mk/ha und Jahr. Die forstliche Praxis zieht die Naturverjüngung des Buchenbestandes aus verständlichen Gründen vor; sie spart bei dieser Verjüngungsmethode die Ausgaben für Aussaat und Nachpflanzung ein. Als gewöhnlicher Betriebsaufwand bleiben dann 550,0 Tlr N 2/3 auf 100 000 QR oder 8,89 Mk/ha und Jahr; dieser stimmt in der Entstehungszeit des "Isolierten Staates" nominell genau mit den gesamten Betriebsausgaben der schon früher entwickelten Sächsischen Staatsforstverwaltung der Jahre 1817/46 von 8,89 Mk/ha und Jahr überein (31, S. 17 - 18, Tabellen 6 und 7).

4.3 Die ständige Bewirtschaftung und die dafür erforderliche Holzmenge

Für die ständige Bewirtschaftung des gedachten Waldgutes anstelle des Landgutes Tellow gelten

1. die Jahres-Arbeitskosten (hier Produktionskosten)	500,0 Tlr N 2/3
2. die Getreide-Landrente des Landgutes in Koppelwirtschaft (THÜNEN, 35, S. 27) 868 Tlr Gold oder	810,0 Tlr N 2/3
und insgesamt	1 310,0 Tlr N 2/3.

Diese Jahres-Kosten sind in Holz ausgedrückt (1 310,0 Tlr : 5,0 Tlr =) 262 Faden Buchen-Scheitholz, auf die "nun alle mit der Forstwirtschaft verbundenen Ausgaben fallen" (THÜNEN, 35, S. 174); sie entsprechen den 250 Faden THÜNENs und stimmen mit diesen weitgehend überein.

Zieht man vom Jahres-Holzertrag mit 600 Faden die soeben festgestellten 262 Faden (= 418 fm Buchen-Baumholz auf 100 ha) ab, so bleiben noch 338 Faden für eine Verzinsung des Holzvorrates zu 2,253 %. Bei dieser wirklichkeitsnahen Verzinsung gegenüber der im "Isolierten Staat" unterstellten würde die Forstwirtschaft zur Belieferung der Stadt (des Marktes) wohl aufgegeben werden; es sei denn, Holz wird dringend benötigt und seine Erzeugung ist ohne Rücksicht auf Verzinsung erforderlich. Die forstwirtschaftliche Rentabilität wird maßgeblich von der Wuchsleistung der Baumarten und von der Umtriebszeit bestimmt. Auf neuere Funktionen des Waldes kann nur hingewiesen, aber nicht eingegangen werden.

4.4 Der innerbetriebliche Holz-Transport (Vergleich mit dem Landgut)

THÜNEN berücksichtigt in seinen Berechnungen über den Standort der Forstwirtschaft die Transportkosten des Holzes zur Stadt (zum Markt), dagegen nicht die innerbetrieblichen Transporte und deren Kosten. Die Abfuhr des Holzes direkt aus dem Walde zur Stadt (zum Markte) hat einen längeren Weg von zwei Teilstücken, von einem leichteren, aber längeren auf befestigter Straße (außenbetrieblich) und von einem beschwerlicheren, aber kürzeren über freie Flächen oder/und über Feld- bzw. Waldwege (innerbetrieblich). Wir können uns inmitten des angenommenen Waldgutes einen Holz-Sammelplatz oder einen Forstwirtschaftshof entsprechend dem Gutshofe vorstellen und ermitteln aus der Tellower Buchführung (GERHARDT, 7) die Kosten verschiedener innerbetrieblicher Transporte, insbesondere die der Dungfuhren auf das Ackerland. Auf die Größe des Waldgutes betragen die Transportkosten des Holzes für die mittlere Entfernung wenig über 1/3 Tlr N 2/3 je Faden; sie entsprechen denen, die THÜNEN für den Holztransport auf die Größe des Landgutes Tellow zu 0,5 Tlr N 2/3 je Faden Scheitholz ansetzt (GERHARDT, 7, S. 714). Beim Landgut rechnet THÜNEN die innerbetrieblichen Transportkosten zu den Produktionskosten, in der Forstwirtschaft müssen wir gleiches tun. Die Stadt-(Markt-)Transporte für Getreide u.a.m. erfolgen ab Guts-(Wirtschafts-)Hof.

4.5 Die Gesamtrechnung des angenommenen Forstgutes und ihre Verallgemeinerung

Die Gesamtrechnung des Forstgutes für einen Standpunkt (Tellow) ergibt:

Erträge
600 Faden à 5,5 Tlr (Waldpreis) =	3 300,0	Tlr N 2/3
+ Innerbetriebliche Transporte 600 Faden à 0,336 Tlr =	201,6	Tlr N 2/3
Nebennutzungen aus Mast und Jagd	250,0	Tlr N 2/3
	3 751,6	Tlr N 2/3

Aufwendungen

Jahres-Arbeitskosten	500,0 Tlr		
Fäll- und Aufbereitungskosten 600 Faden à 0,5 Tlr =	300,0 Tlr		
Innerbetriebliche Transporte 600 Faden à 0,336 Tlr =	201,6 Tlr		
Jahres-Ausgaben für Administration und Aufsicht	250,0 Tlr	1 251,6	Tlr N 2/3

Verzinsung + Holz-Landrente (= Waldreinertrag (THÜNEN, 37, S. 26))	2 500,0	Tlr N 2/3
Verzinsung des Holzvorrates 338 Faden à 5,0 Tlr =	1 690,0	Tlr N 2/3
Holz-Landrente (= Bodenrente, Bodenreinertrag)	810,0	Tlr N 2/3

Auf die 262 Faden Buchen-Scheitholz für die ständige Forstbewirtschaftung kommen

1. die Jahres-Arbeitskosten nach Verrechnung der Jahres-Einnahmen aus Nebennutzungen der Mast und der Jagd gegen die Jahres-Ausgaben für Administration und Aufsicht   500,0 Tlr N 2/3
2. die Fäll- und Aufbereitungskosten 262 Faden à 0,5 Tlr =   131,0 Tlr N 2/3
3. die innerbetrieblichen Transportkosten 262 Faden à 0,336 Tlr =   88,032 Tlr N 2/3
insgesamt   719,032 Tlr N 2/3

oder   770,391 Tlr Gold

und auf 1 Faden Buchen-Scheitholz (: 262 f =)	2,940	Tlr Gold
davon 1/4 in Geld	0,735	Tlr Gold
und 3/4	2,205	Tlr Gold
in Roggen (: 1,291 Tlr Gold =)	1,708	Berl. Sch.

mithin allgemeingültig
1,708 Berl. Sch. Roggen + 0,735 Tlr Gold
und in Geld

1,708 Berl. Sch. Roggen $\cdot \dfrac{273 - 5,5 x}{182 + x}$ Tlr Gold + 0,735 Tlr Gold

$= \dfrac{600 - 8,7 x}{182 + x}$ Tlr Gold.

THÜNEN hat eine einfachere Berechnung durchgeführt, wie es überhaupt sehr schwierig war und ist, genauere forstliche Rechnungsunterlagen über eine ganze Umtriebszeit zu gewinnen bzw. zu erhalten, von gesamtwirtschaftlichen Veränderungen ganz abgesehen. Daher erlangen Schätzungen in der Forstwirtschaft eine besondere Bedeutung, wie dies THÜNEN offen und ehrlich zugibt, die ihm aber zum Nachteil ausgelegt sind und werden.

4.6 Die Holz-Landrente-Berechnungen und die Holz-Landrente

Bei dem gleichen Marktpreis je Faden Buchen-Scheitholz wie zuvor sind

$21{,}0$ oder $21{,}0 \cdot \dfrac{182 + x}{182 + x}$ Tlr Gold = $\dfrac{3822 + 21{,}0\, x}{182 + x}$ Tlr Gold

Produktionskosten je Faden Buchen-Scheitholz $\qquad \dfrac{600 - 8{,}7\, x}{182 + x}$ Tlr Gold

Transportkosten je Faden Buchen-Scheitholz $\qquad \dfrac{399{,}0\, x}{182 + x}$ Tlr Gold

Summe Kosten je Faden Buchen-Scheitholz $\qquad \dfrac{600 + 390{,}3\, x}{182 + x}$ Tlr Gold

Holz-Landrente je Faden Buchen-Scheitholz $\qquad \dfrac{3222 - 369{,}3\, x}{182 + x}$ Tlr Gold

Jahres-Holz-Landrente auf 100 000 QR ($\cdot$ 262 f =) $\qquad \dfrac{844164 - 96756{,}6\, x}{182 + x}$ Tlr Gold.

Diese auf den zinsgekürzten Jahres-Holzertrag ausgeführte Berechnung THÜNENs ist wegen ihrer Unvollständigkeit als Jahresrechnung angezweifelt. Ihre Richtigkeit wird durch die nachstehende allgemeingültige, vollständige Jahres-Gesamtrechnung ohne die gleichlautenden Rechnungsposten Nebennutzungen aus Mast und Jagd und Ausgaben für Administration und Aufsicht bestätigt:

Jahres-Geldeinnahmen für Buchenholz auf 100 000 QR ($\simeq$ 217 ha)

600 f à $21{,}0$ oder $21{,}0 \cdot \dfrac{182 + x}{182 + x}$ Tlr Gold

$\qquad = 600$ f $\cdot \dfrac{3822 + 21{,}0\, x}{182 + x}$ Tlr Gold $= \dfrac{2293200 + 12600{,}0\, x}{182 + x}$ Tlr Gold

Jahres-Kosten

Produktionskosten 262 f $\cdot \dfrac{600 - 8{,}7\, x}{182 + x}$ Tlr Gold $= \dfrac{157200 - 2279{,}4\, x}{182 + x}$ Tlr Gold

Verzinsung des Holz-Vorratskapitals zum Marktpreis

$\qquad 338$ f $\cdot \dfrac{3822 + 21{,}0\, x}{182 + x}$ Tlr Gold $= \dfrac{1291836 + 7098{,}0\, x}{182 + x}$ Tlr Gold

Transportkosten der 262 f $\cdot \dfrac{399{,}0\, x}{182 + x}$ Tlr Gold $= \dfrac{104538{,}0\, x}{182 + x}$ Tlr Gold

Summe der Kosten $\qquad \dfrac{1449036 + 109356{,}4\, x}{182 + x}$ Tlr Gold

Jahres-Holz-Landrente auf 100 000 QR $\qquad \dfrac{844164 - 96756{,}6\, x}{182 + x}$ Tlr Gold.

In beiden Berechnungen sind die allgemeingültigen Holz-Landrenten-Formeln gleich; eine ähnliche Berechnung ist auch mit den THÜNENschen Werten und der 5 %igen Verzinsung gegeben, indem Geldeinnahme und Verzinsung gleichlautend erhöht werden, dann aber nicht mehr der Wirklichkeit entsprechen. Ausschlaggebend ist also die für die Fortführung der Waldbewirtschaftung erforderliche Holzmenge.

Die Ausrechnung der vollständigen Jahres-Gesamtrechnung ergibt:

Entfer-nung	Geld-einnahme	Produk-tionskosten	Ver-zinsung	Transport-kosten	Summe Kosten	Holz-Landrente
Meilen	Tlr Gold	Tlr Gold	Tlr Gold	Tlr Gold	Tlr Gold	Tlr Gold
0	12 600	864	7 098	0	7 962	4 638
1	12 600	847	7 098	571	8 516	4 084
2	12 600	830	7 098	1 136	9 064	3 536
3	12 600	813	7 098	1 695	9 606	2 994
4 ⎫	12 600	796	7 098	2 248	10 142	2 458
5 ⎪	12 600	780	7 098	2 795	10 673	1 927
6 Waldzone	12 600	764	7 098	3 336	11 198	1 402
7 ⎪	12 600	747	7 098	3 872	11 717	883
7,1580 1) ⎭	12 600	745	7 098	3 955	11 798	802
8	12 600	731	7 098	4 402	12 231	369
8,7246 2)	12 600	720	7 098	4 782	12 600	0
9	12 600	716	7 098	4 926	12 740	- 140
10	12 600	700	7 098	5 445	13 243	- 643

1) (MPr) $\dfrac{1371,8 + 363,3\,x}{182 + x}$ Tlr Gold = 21,0 Tlr Gold, $x = 7,1580$ Meilen

2) (HLr) $\dfrac{844164 - 96756,6\,x}{182 + x}$ Tlr Gold = 0, $x = 8,7246$ Meilen

Im Ergebnis stimmen diese Holz-Landrenten mit denen von THÜNEN weitgehend überein, sogar genau bei 4 Meilen Entfernung.

Auf die standortsbestimmenden Summenformeln bei gegenseitigen Belastungen mit Landrenten für Kartoffelanbau und Forstwirtschaft, für Forstwirtschaft und Getreideanbau und für Fruchtwechsel-(Belgische)Wirtschaft und Forstwirtschaft muß hier verzichtet werden (GERHARDT, 8, S. 84 - 88; 9). Kaum ausgewertet sind bisher die mathematischen Ableitungen über forstwirtschaftliche Vorgänge, die weniger den Standort der Forstwirtschaft, dafür mehr die forst-(betriebs-)wirtschaftlichen Überlegungen angehen (GERHARDT, 8, S. 160 - 168; 9). THÜNEN erweist sich als ein fundierter Kenner der Forstökonomie zu Beginn der Forstwissenschaften.

5 Schlußbetrachtung und Ergebnis

5.1 Schlußbetrachtung

THÜNENs grundlegende raumökonomische Erkenntnisse gründen sich auf die Forstwirtschaft im Wettbewerb um den Raum. In der Untersuchung sind seine Überlegungen bis in alle Einzelheiten verfolgt, seine Abhandlungen entsprechend berücksichtigt und der handschriftliche Nachlaß des Thünen-Archivs ausgewertet.

Um den Gang der Untersuchung verstehen zu können, mußte von den damaligen forstwissenschaftlichen Kenntnissen ausgegangen werden. Als Grundlagen dienten die von THÜNEN verarbeitete Literatur und die benutzten Ertragstafeln der früheren und der neueren Zeit. Nach den damaligen Berechnungsmethoden der Holzmassen und stehender Holzbestände erweist sich THÜNENs angesetztes Raummaß für die Buchenholz-Sortimente als zu hoch. So ist es zu den Annahmen überhöhter Jahres-Holzerträge sowie abweichender durchschnittlicher Holzvorräte gekommen, denn der gleiche Boden war im Wettbewerb um den Raum sowohl ackerbaulich als auch forstwirtschaftlich zu nutzen. Nach der Höhe der Tellower Getreideerträge handelte es sich um einen "relativen" Boden von überdurchschnittlicher Bonität für Buchen. Ein "absoluter" Waldboden lag nicht vor, wie es die Berechnung des Holz-Kostenpreises durch die Berücksichtigung der größeren Entfernung bestätigt. Man muß diese Rechnung sinngemäß in ihre Teile zerlegen, um sowohl den Waldpreis als auch den Marktpreis (in der Stadt) rechnerisch zu bestimmen. Die weitgehende Übereinstimmung des wirklichen Waldpreises für Buchenholz mit dem entsprechenden Kostenpreise ist gegeben. Die Annahme überhöhter Holzpreise ist widerlegt. Über wirkliche Holzpreise und Kosten gelangte THÜNEN zu seinen grundlegenden raumökonomischen Erkenntnissen und nicht durch abstrakt-spekulative Annahmen.

5.2 Ergebnis

Als Ergebnis der Untersuchung wird der stadt-(markt-)nahe Standort der Forstwirtschaft des "Isolierten Staates" - selbst nach der vereinfachten Darstellung durch THÜNEN - bestätigt. Die allgemeine Voraussetzung einer Kapitalverzinsung von 5 % gilt nicht für die Forstwirtschaft, ganz sicher nicht für den angenommenen Buchenwald mit 100jährigem Umtrieb, eher noch bei kürzerem Umtrieb unter den damaligen wirtschaftlichen Gegebenheiten. Die notwendige Holzproduktion geht zu Lasten der Verzinsung.

5.3 Nachwort

Meine Absicht war es nicht, THÜNENs Berechnungen zur Forstwirtschaft zu berichtigen, vielmehr sie zu kommentieren und - falls nötig - sie zu ergänzen und zu vervollständigen, um aus Behauptungen entstandene Bedenken und geäußerte Zweifel gegen den stadt-(markt-)nahen Standort der Forstwirtschaft des "Isolierten Staates" auszuräumen.

Der zweite Satz des der Untersuchung vorangestellten Mottos wird bestätigt.

Literatur

1 BAUR, K.F.: Forststatistik der deutschen Bundesstaaten. Ein Ergebniß forstlicher Reisen. Erster und Zweiter Theil. Leipzig 1842.

2 BÜLOW, F.: THÜNEN als Raumdenker. Eine Betrachtung zur Erinnerung an den hundertsten Todestag Johann Heinrich von THÜNENs (gestorben am 22. September 1850). In: Weltwirtschaftliches Archiv, begründet von Bernhard HARMS. Zeitschrift des Instituts für Weltwirtschaft an der Universität Kiel. Band 65 (1950 II). Hamburg 1950, S. 1 - 24.

3 DERS.: Johann Heinrich von THÜNEN als forstwissenschaftlicher Denker. Zur Erinnerung an den 175. Geburtstag Johann Heinrich von THÜNENs am 24. Juni 1783. In: Weltwirtschaftliches Archiv. Zeitschrift des Instituts für Weltwirtschaft an der Universität Kiel. Band 80 (1958 I). Hamburg 1958, S. 183 - 230.

4 COTTA, H.: Anweisung zum Waldbau. Zweite sehr vermehrte Auflage. Dresden 1817.

5 DECKEN, H.v.der: Die THÜNENschen Kreise und WAGEMANNs Alternationsgesetz. In: Vierteljahrshefte zur Wirtschaftsforschung. Herausgeber: Prof. Dr. Ernst WAGEMANN. 16. Jahrgang 1941/42 Neue Folge. Hamburg 1942, S. 220 - 232.

6 GERHARDT, E.: Kritische Nachprüfung des Kartoffelanbaues in der Freien Wirtschaft mit Auswirkungen auf den Standort der Forstwirtschaft in THÜNENs "Isoliertem Staat". In: Zeitschrift für Agrargeschichte und Agrarsoziologie. Jahrgang 11. Frankfurt am Main 1963, S. 172 - 200.

7 GERHARDT, E.E.A.: THÜNENs Tellower Buchführung. Die Gewinnung des Zahlenmaterials für den "Isolierten Staat" und für anderweite Arbeiten J.H.v.THÜNENs. Meisenheim am Glan 1964.

8 DERS.: Der Standort der Forstwirtschaft im Wettbewerb um den Raum nach einem dynamischen Betriebsmodell in einer stationären Wirtschaft. Meisenheim am Glan 1971.

9 DERS.: Der Standort der Forstwirtschaft im Wettbewerb um den Raum nach einem dynamischen Betriebsmodell in einer stationären Wirtschaft. Erweiterte Auflage als Manuskript. Gießen.

10 HARTIG, G.L.: Grundsätze der Forstdirection. Zweyte vermehrte und verbesserte Auflage. Hadamar 1813.

11 HEISENBERG, W.: Der Teil und das Ganze. Gespräche im Umkreis der Atomphysik. München 1969.

12 HARTMANN, U.: Agrarstrukturwandel durch ökonomischen Druck. In: Agrarstrukturpolitik und Regionalpolitik. AVA-Vortragsveranstaltung 1969. Sonderheft Nr. 37 der AVA-Arbeitsgemeinschaft zur Verbesserung der Agrarstruktur in Hessen e.V.. Wiesbaden 1969, S. 31 - 39, 93 - 94.

13 HUNDESHAGEN, J. Ch.: Encyclopädie der Forstwissenschaft. Vierte verbesserte, nach des Verfassers Tod herausgegebene Auflage von Dr. J.L. Klauprecht. Erste Abtheilung: Forstliche Produktionslehre. Tübingen 1842.

14 KARSTEN, F.C.L.: Etwas das Forstrechnungswesen betreffend. In: Neue Annalen der Mecklenburgischen Landwirthschafts-Gesellschaft (NAML), 12. Jahrgang. Rostock 1825, S. 641 - 644, I - XVI.

15 KRZYMOWSKI, R.: Mathematische Beobachtungen zur THÜNENschen Intensitätstheorie. In: Kleine Abhandlungen aus dem Gebiet der Landwirtschaft und Naturwissenschaft. Winterthur 1900.

16 DERS.: Bemerkungen zur THÜNENschen Intensitätstheorie und ihrer Literatur. In: FÜHLINGs Landwirtschaftlicher Zeitung, 1901, Nr. 18, 19 und 20.

17 DERS.: Graphische Darstellung der THÜNENschen Intensitätstheorie. Akademische Antrittsrede an der Universität Breslau. Stuttgart 1927.

18 MANTEL, K.: Johann Heinrich von THÜNEN, 125 Jahre "Isolierter Staat". In: Forstwissenschaftliches Centralblatt. 70. Jahrgang. Berlin 1951, S. 719 - 728.

19 DERS.: Die Standorts-, Intensitäts- und Preistheorien von THÜNEN in ihrer Bedeutung für den Standort der Forstwirtschaft. In: Allgemeine Forst- und Jagd-Zeitung. 130., 131. und 132. Jahrgang. Frankfurt am Main 1959, 1960 und 1961.

20 MÖLLER, H.: Die Forstwirtschaft im Lichte der Nationalökonomie. In: Mitteilungen aus der Staatsforstverwaltung Bayerns herausgegeben vom Bayerischen Staatsministerium für Ernährung, Landwirtschaft und Forsten - Ministerialforstabteilung. 34. Heft. Vorträge der Forstwissenschaftlichen Hochschultagung 1962 in München. München 1964, S. 204 - 218.

21 PETERSEN, A.: Die fundamentale Standortslehre Johann Heinrich von THÜNENs, wie sie bisher als Intensitätslehre mißverstanden wurde und was sie wirklich besagt. Jena 1936.

22 DERS.: THÜNENs Isolierter Staat. Die Landwirtschaft als Glied der Volkswirtschaft. Berlin 1944.

23 DERS.: THÜNENs Lebenswerk. In: Deutsche Agrarpolitik. Jahrgang 2, Nr. 9. Berlin 1944, S. 255 - 258.

24 DERS.: Die Aufgaben der THÜNEN-Forschung. Jena 1944.

25 PFEIL, W.: Besprechung des "Isolierten Staates". In: Kritische Blätter für Forst- und Jagdwissenschaft in Verbindung mit mehreren Forstmännern und Gelehrten, herausgegeben von Dr. W. PFEIL. 19. Band, 2. Heft, Leipzig 1843, S. 26 - 49.

26 DERS.: Wünschenswerthe Einführung einer Normal-Ideal-Rechnungs- oder Taxationsklafter bei der preußischen Ertragsberechnung. In: Kritische Blätter für Forst- und Jagdwissenschaft in Verbindung mit mehreren Forstmännern und Gelehrten, herausgegeben von Dr. W. PFEIL. 24. Band, 1. Heft, Leipzig 1847, S. 236 - 239.

27 ROSCHER, W.: Ideen zur Politik und Statistik der Ackerbausysteme. In: Archiv der Politischen Ökonomie, 1845.

28 DERS.: Nationalökonomie des Ackerbaues und der verwandten Urproduktion. Vierzehnte vermehrte Auflage bearbeitet von H. DADE. Stuttgart und Berlin 1912.

29 SCHUMACHER, H.: Johann Heinrich von THÜNEN. Ein Forscherleben. Zweite Auflage. Rostock und Ludwigslust 1883.

30 SCHWAPPACH, A.: Ertragstafeln der wichtigeren Holzarten. Dritte Auflage. Neudamm 1929.

31 THARANDER Forstliches Jahrbuch. 47. Band, Dresden 1897, S. 1 - 24.

32 Thünen-Archiv der Universität Rostock (TA).

33 THÜNEN, J. H. v.: Erachten über die Verbesserung des Ackerbaues der Städte. In: Neue Annalen der Mecklenburgischen Landwirthschafts-Gesellschaft. 17. Jahrgang. Rostock und Güstrow 1831, S. 337 - 433.

34 DERS.: Der isolirte Staat in Beziehung auf Landwirthschaft und Nationalökonomie oder Untersuchungen über den Einfluß, den die Getreidepreise, der Reichthum des Bodens und die Abgaben auf den Ackerbau ausüben. Hamburg 1826.

35 DERS.: Der isolirte Staat in Beziehung auf Landwirthschaft und Nationalökonomie. Erster Theil. Untersuchungen über den Einfluß, den die Getreidepreise, der Reichthum des Bodens und die Abgaben auf den Ackerbau ausüben. Rostock 1842.

36 DERS.: Der isolirte Staat in Beziehung auf Landwirthschaft und Nationalökonomie. Zweiter Theil. Der naturgemäße Arbeitslohn und dessen Verhältniß zum Zinsfuß und zur Landrente. I. Abtheilung. Rostock 1850.

37 DERS.: Der isolirte Staat in Beziehung auf Landwirthschaft und Nationalökonomie. Dritter Theil. Grundsätze zur Bestimmung der Bodenrente, der vortheilhaftesten Umtriebszeit und des Werths der Holzbestände von verschiedenem Alter für Kieferwaldungen. Rostock 1863.

38 DERS.: Der isolirte Staat in Beziehung auf Landwirthschaft und Nationalökonomie. Dritte Auflage, herausgegeben von H. SCHUMACHER-ZARCHLIN. Erster Theil, Zweiter Theil, I. Abtheilung und II. Abtheilung, Dritter Theil. Berlin 1875.

39 WAGEMANN, E.: Das Alternationsgesetz wachsender Bevölkerungsdichte. Ein Beitrag zur Frage des Lebensraumes. In: Vierteljahrshefte zur Wirtschaftsforschung. Herausgeber Prof. Dr. E. WAGEMANN. 16. Jahrgang 1941/42 Neue Folge. Hamburg 1942, S. 173 - 219.

40 WIMMENAUER, K.: Ertragstafeln zum Gebrauche bei der Forsteinrichtung. Herausgegeben vom Großherzoglichen Ministerium der Finanzen. Gießen 1913.

GRUNDSÄTZE EINER STANDORTGERECHTEN LANDWIRTSCHAFTLICHEN UNTERNEHMENSPLANUNG

von

Friedrich Kuhlmann, Gießen

1	Zum Beitrag der Standortlehre für die landwirtschaftliche Unternehmensplanung	48
1.1	Der Beitrag der Standortbestimmungslehre	48
1.2	Der Beitrag der Standortwirkungslehre	48
2	Die "Persönlichkeit des Betriebsleiters" als Standortfaktor	49
3	Zum Konzept einer einzelwirtschaftlichen Standortforschung	50
3.1	Der Ansatz	50
3.2	Ein einzelwirtschaftlicher Standortbegriff	52
3.3	Einige vordringliche Aufgaben der einzelwirtschaftlichen Standortforschung	53
3.4	Über die Instrumente der einzelwirtschaftlichen Standortforschung	59

Das Thema "Grundsätze einer standortgerechten, landwirtschaftlichen Unternehmensplanung" weist mit den Begriffen "Standort" und "Unternehmensplanung" auf zwei Problembereiche hin, die seit langem Schwerpunkte agrarökonomischer Forschung sind. Im vorliegenden Beitrag soll daher zunächst die bisherige Entwicklung der Standortforschung daraufhin geprüft werden, inwieweit ihre Ergebnisse für die Planung des einzelnen, landwirtschaftlichen Unternehmens hilfreich sind. Anhand des Standortfaktors "Persönlichkeit des Betriebsleiters" wird sodann gezeigt, daß ein geschlossenes Konzept für einzelwirtschaftliche Untersuchungen des Standortproblems bisher nicht vollständig erkennbar ist. Die anschließende Bestimmung eines einzelwirtschaftlichen Standortbegriffes bildet die Voraussetzung zur Behandlung der Frage, wo und wie die betriebswirtschaftliche Forschung für die standortgerechte Unternehmensplanung vorangetrieben werden sollte.

1 Zum Beitrag der Standortlehre für die landwirtschaftliche Unternehmensplanung

1.1 Der Beitrag der Standortbestimmungslehre

In einschlägigen Werken der allgemeinen Betriebswirtschaftslehre führen die Stichworte "Standort" und "Unternehmensplanung" ausnahmslos zu Abhandlungen über die Frage nach dem zweckmäßigsten Standort für einen neu einzurichtenden Betrieb. Von WEBER, LÖSCH, BEHRENS und Anderen wurde mit der Bearbeitung dieser Frage eine betriebswirtschaftliche Standortbestimmungslehre entwickelt (WEBER, A. 1909; LÖSCH, A. 1944; BEHRENS, K.C. 1961). Im agrarökonomischen Bereich hat v. ALVENSLEBEN das Problem für die Standortwahl von Verarbeitungsbetrieben aufgegriffen (ALVENSLEBEN, R.v., 1973).

Für das einzelne landwirtschaftliche Unternehmen hat die Standortbestimmungslehre bisher untergeordnete Bedeutung, auch wenn seit einigen Jahren die Zahl der Unternehmer zunimmt, die als "Wachstumsführer" kontinuierlich ganze Betriebe anpachten. Für diese Landwirte ist die Frage nach dem zweckmäßigen Standort zusätzlicher Betriebe vornehmlich aus Gründen des Arbeitsausgleichs, der Kapazitätsauslastung von Großmaschinen und der optimalen Ausnutzung persönlicher Fähigkeiten in bestimmten Produktionsbereichen von Bedeutung.

1.2 Der Beitrag der Standortwirkungslehre

Im allgemeinen ist der landwirtschaftliche Unternehmer mit seinem Betrieb jedoch an einen bestimmten Standort gebunden. Was hat die Standortforschung für ihn als Hilfe zur standortgerechten Unternehmensplanung anzubieten?

Die landwirtschaftliche Standortlehre ist seit J.H.v. THÜNEN bis in die Gegenwart hinein eine Standortwirkungslehre (THÜNEN, J.H.v., 1919). Untersucht wird bekanntlich, welche Standortkräfte, bzw. exogenen Variablen, auf die Gestaltung der landwirtschaftlichen Produktion einwirken und wie die Wirkungen dieser Kräfte sind.

Die Frage nach der Art der Standortkräfte führt zur Definition des Standortbegriffes. Der Standort eines landwirtschaftlichen Betriebes ist nach WEINSCHENCK und HENRICHSMEYER definiert durch
- die Ausstattung mit Fläche, Arbeitskräften und Kapital (Betriebsgröße);
- die Persönlichkeit des Betriebsleiters;
- die natürlichen Verhältnisse;
- den Stand der landwirtschaftlichen Produktionstechnik;
- die Verkehrslage des Betriebes;
- die agrarpolitischen Maßnahmen und
- den Stand der volkswirtschaftlichen Entwicklung im Umfeld des Betriebes
  (WEINSCHENCK, G. und HENRICHSMEYER, W. 1966).

Aus der Frage nach den Wirkungen dieser Standortkräfte haben sich zwei Forschungsrichtungen entwickelt, nämlich
- Untersuchungen zur Bestimmung des räumlichen Gleichgewichtes,
- Untersuchungen zur Bestimmung des betrieblichen Gleichgewichtes.

Die zuerst genannten Untersuchungen zeigen einerseits, welche Intensitäten der Bodennutzung und welche Betriebssysteme sich zu einem bestimmten Zeitpunkt unter dem Einfluß der Standortkräfte gebildet haben und wie sie sich im Zeitablauf bei Entwicklung der Kräfte verändern. Andererseits wurden hier unter dem Einfluß der Allokationsmodelle des Walras-Cassel-Typs und vorwiegend unter Verwendung der Simplexmethode und ihrer Erweiterungen operationale Verfahren erarbeitet, mit deren Hilfe das räumliche Gleichgewicht, d.h. die ökonomisch optimale regionale Verteilung der landwirtschaftlichen Produktion errechnet werden kann. Solche Pläne für bestimmte Agrarräume können "als Basis für ein quantitatives agrarpolitisches Leitbild dienen" (WEINSCHENCK, G., 1966, S. 91).

Für das Management des einzelnen Betriebes ist diese Art der Standortforschung offensichtlich von begrenztem Nutzen. Bestenfalls kann der Unternehmer aus den Ergebnissen Anhaltspunkte über die zukünftige Konkurrenzsituation in seiner Region gewinnen.

Mit den "Untersuchungen zur Bestimmung des betrieblichen Gleichgewichtes" wird bis hin zu BRINKMANN und AEREBOE gefragt, wie sich die Standortkräfte auf die Intensität der Bodennutzung und die Produktionsrichtung eines Betriebes auswirken, falls der Betriebsleiter nachhaltige Gewinnmaximierung anstrebt (AEREBOE, F., 1919, BRINKMANN, Th., 1922). Auch diese Untersuchungen bleiben jedoch für die praktische Unternehmensführung letztlich unbefriedigend, da es sich um vorwiegend konzeptionelle Überlegungen handelt, die ein unmittelbares Umsetzen in konkrete Zahlen für die Unternehmensplanung nicht gestatten und überdies die tatsächlich simultan auf das Unternehmen einwirkenden Standortkräfte "isolierend und abstrahierend" abgehandelt werden.

Im Anschluß an die Arbeiten von BRINKMANN und AEREBOE lassen sich zur stärkeren Operationalisierung der Standortwirkungslehre zwei Arbeitsansätze identifizieren:

Im ersten Ansatz werden anhand von empirischem Material für spezifische Standortbedingungen jeweils typische - und damit offenbar auch ökonomisch zweckmäßige - Intensitäten der Bodennutzung und Betriebssysteme herausgeschält und systematisiert. Weiterhin wird gezeigt, wie die Intensität und die Betriebssysteme nach Maßgabe wirtschaftlich technologischer Entwicklungen angepaßt werden (ANDREAE, B., 1964). Die Ergebnisse dieser Untersuchungen können dem landwirtschaftlichen Unternehmer konkrete Anhaltspunkte für die Organisations- und Entwicklungsplanung in seinem Betrieb liefern. Die gefundenen Realtypen für definierte Wirtschaftsräume und Entwicklungsstadien können als "Vorlage" für die Gestaltung des eigenen Betriebes dienen.

Weitere Anregungen prinzipiell gleicher Art erhält der Unternehmer aus den inzwischen sehr kleinräumlich gegliederten Buchführungsergebnissen der Landwirtschaftskammern. Durch einen Kennzahlenvergleich des eigenen Betriebes mit führenden Betrieben des gleichen Wirtschaftsgebietes und der gleichen Betriebsgröße lassen sich durchaus operationale Hinweise für ökonomisch zweckmäßige Betriebsorganisationen finden. Dieses Hilfsmittel für die standortgerechte Unternehmensplanung sollte insofern ausgebaut werden, als zusätzlich zu den Daten über zweckmäßige Betriebssysteme auch solche zur Ableitung der ökonomisch "richtigen" Bodennutzungsintensität geliefert werden müßten. Dazu sollten betriebszweigspezifische Leistungen, Spezialkosten und Deckungsbeiträge ausgewiesen werden. Schließlich sollten durch die kontinuierliche Erfassung identischer Betriebe auch Hinweise über ökonomisch zweckmäßige Unternehmensentwicklungspfade aus den Buchführungsergebnissen entnommen werden können.

Der zweite Ansatz zur stärkeren Operationalisierung der Standortwirkungslehre führte unter dem Einfluß der neoklassischen Allokationsmodelle bekanntlich zur Entwicklung von Planungsverfahren, mit denen vornehmlich ökonomisch zweckmäßige Produktionsprogramme und Betriebsentwicklungspfade unter Berücksichtigung von jeweils betriebsindividuellen Standortbedingungen bestimmt werden können. Die Simplexmethode und ihre verschiedenen Erweiterungen sind hier als Stichworte der großen Fortschritte für die standortgerechte Unternehmensplanung während der letzten beiden Jahrzehnte zu nennen.

2 Die "Persönlichkeit des Betriebsleiters" als Standortfaktor

Insgesamt kann man feststellen, daß sich durch die empirische ebenso wie durch die modelltheoretischen Arbeiten für die einzelbetriebliche Standortforschung eine zunehmende Operationalisierung im Sinne einer Anwendbarkeit für die Lösung konkreter Probleme des einzelnen

Unternehmers ergeben hat. Indessen kann das Erreichte noch nicht als ein "vorläufiges Endergebnis" angesehen werden. Das erhellt namentlich aus der Tatsache, wie der Standortfaktor "Persönlichkeit des Betriebsleiters (und seine Fähigkeiten)" bisher in der Literatur behandelt wurde und welcher Einfluß diesem Faktor zugeschrieben wird.

Schon BRINKMANN sagt, es sei "eine der bekanntesten Erfahrungen des praktischen Lebens, daß der Einfluß der Unternehmerpersönlichkeit oder der Betriebsleitung auf den Grad und die Richtung der Intensität den Einfluß von Boden und Verkehrslage oft in weiten Grenzen überschatten kann" (BRINKMANN, Th., 1922, S. 59). Und weiter: "Es ist altbekannt, wie sehr ... alle Fähigkeiten und Charaktereigenschaften, die, wie man sagt, daß Wissen und Können des Landwirtes ausmachen, für den Erfolg seiner Arbeit entscheidend sind". (BRINKMANN, Th., 1922, S. 61).

Bei AEREBOE heißt es, daß "die zulässige Betriebsintensität ... durch nichts so bestimmt (wird) wie durch Wissen und Können und Tatkraft des Landwirtes. Ihr Einfluß auf die Betriebsintensität ist auf engem Raum und ähnlichem Boden weit größer als der Einfluß der Unterschiede in der wirtschaftlichen Lage der Güter. Auch der Einfluß der natürlichen Verhältnisse auf die zulässige Betriebsintensität wird oft durch den Einfluß der Persönlichkeit des leitenden Landwirtes ganz überschattet" (AEREBOE, F., 1919, S. 585). Spätere Autoren schließen sich diesen Aussagen an (vgl. z.B. ANDREAE, 1964, S. 23, und BRANDES-WOERMANN, 1971, S. 49 f).

Tatsächlich hat sich an ihrer Richtigkeit bis heute nichts geändert. Die Buchführungsergebnisse für Hessen weisen z.B. aus, daß die Betriebseinkommen/ha LF in einer Betriebsgrößenklasse zwischen der marktnahen und bodenbegünstigten Wetterau (Vergleichsgebiet 1) und den marktfernen Höhengemeinden des Zonenrandgebietes nur um 60 % differieren, während die Unterschiede auf beiden Standorten zwischen den 20 % der "erfolgreichen Landwirte" und den 20 % der "weniger erfolgreichen Landwirte" gut 200 % betragen (vgl. Tabelle 1).

Damit ist der Unterschied von Betriebsleiter zu Betriebsleiter offenbar weit größer als derjenige bei differierenden Standortbedingungen. Die Ursachen dafür werden in der Literatur zum Teil auf die auch innerhalb der einzelnen Betriebsgrößenklassen noch signifikanten Abweichungen bei den quasi unabhängigen Standortfaktoren, d.h. namentlich auf die Ausstattung mit Arbeit und Kapital, zurückgeführt. Der größere Teil wird indessen mit der unterschiedlichen Befähigung der Betriebsleiter zum Treffen "rechtzeitiger" und "richtiger" Entscheidungen - nur scheinbar - erklärt. Immer wieder findet sich auch der Hinweis, daß Unternehmensführung eine Kunst sei, die nur unvollkommen erlernt und damit auch gelehrt werden könne.

3 Zum Konzept einer betriebswirtschaftlichen Standortforschung

3.1 Der Ansatz

Die angeführten "Begründungen" mögen nun für Makro- und auch Mikroökonomen, die sich der Analyse und Planung von regionalen landwirtschaftlichen Produktionsstrukturen widmen, hinreichen. Für sie kommt es nur darauf an, daß die unterschiedlichen Betriebsleiterfähigkeiten bei der Modellkonstruktion als Daten berücksichtigt werden.

Der Betriebswirt dagegen, der sich gerade mit den Bedingungen und Instrumenten für eine erfolgreiche Unternehmensführung auseinandersetzt, kann sich mit solchen Betrachtungen keinesfalls zufriedengeben. Sie zu akzeptieren würde nachgerade die Notwendigkeit einer Managementwissenschaft in Frage stellen. Für eine betriebswirtschaftliche Standortforschung sind unterschiedliche Betriebsleiterfähigkeiten daher nicht Standortfaktor - oder formal ausgedrückt - Erwartungsparameter, die den Wirtschaftserfolg mitbestimmen, sondern Aktionsparameter, mit deren Hilfe der Wirtschaftserfolg gegen die übrigen Standortfaktoren beein-

Tabelle 1: Die Verteilung des Betriebseinkommens buchführender landwirtschaftlicher Betriebe in verschiedenen Wirtschaftsgebieten Hessens (Betriebe von 30 - 40 NBE, Durchschnittswerte der WJ 1972/73 bis 1974/75)

Sp. / Z.	1	Ver- 1) 3) gleichs- gebiet 1	Ver- 1) 4) gleichs- gebiet 5	Durchschnitt Hessen
	1	2	3	4
Teil I: Betriebseinkommen in DM/ha LF				
1	E-Betriebe 2) in DM/ha LF	2584	1399	-
2	Ø-Betriebe 2) in DM/ha LF	1575	980	1192
3	W-Betriebe 2) in DM/ha LF	797	443	-
Teil II: Variation des Betriebseinkommens in den Gebieten				
4	E-Betriebe in v.H. von Z. 6	324	316	-
5	Ø-Betriebe in v.H. von Z. 6	198	221	-
6	W-Betriebe (Werte von Z. 3 = 100)	100	100	-
Teil III: Variation des Betriebseinkommens zwischen den Gebieten				
7	Ø-Betriebe in v.H. von Sp. 3	161	100	122

1) Vergleichsgebiet 1: Wetterau, Rhein-Main Gebiet, Bergstraße
1) Vergleichsgebiet 5: Benachteiligte Agrarzonen im Mittelgebirge am Ost-, West- und Südrand Hessens
2) E-Betriebe: 20 % der Betriebe mit dem höchsten Betriebseinkommen/Ak
   Ø-Betriebe: Durchschnittswerte der Gruppe
   W-Betriebe: 20 % der Betriebe mit dem geringsten Betriebseinkommen/Ak
3) Grundgesamtheit 69 Betriebe
4) Grundgesamtheit 94 Betriebe

Quelle: Buchführungsergebnisse landwirtschaftlicher Betriebe in Hessen, Hessisches Landesamt für Landwirtschaft Kassel, versch. Jahrgänge.

flußt werden kann. Mit anderen Worten: Aufgabe einer betriebswirtschaftlichen Standortforschung muß die Verbesserung der Betriebsleiterfähigkeiten durch eine Bereitstellung von Forschungsergebnissen sein, deren Anwendung dem Unternehmer ein erfolgreicheres Agieren gegen die Einflüsse der anderen Standortfaktoren gestattet.

Im Lichte eines solchen managementwissenschaftlichen Denkansatzes für die Standortforschung führen die betriebsleiterbedingten Unterschiede der Wirtschaftlichkeit zu den folgenden zwei Hypothesen:

1. Das Angebot der Betriebswirtschaftslehre für eine standortgerechte Unternehmensplanung ist sachgerecht und vollständig. Die Streuung der Betriebserfolge unter sonst gleichen

Standortbedingungen ist durch zeitraubende und unvollständige Weitervermittlung des Wissens an die praktischen Landwirte bedingt.

2. Das bisherige Angebot der Wissenschaft ist noch so wenig problembezogen, so unvollständig und so nutzerfeindlich, daß sich die Betriebsergebnisse von erfolgreichen und weniger erfolgreichen Landwirten auf gleichem Standort weit stärker unterscheiden, als die durchschnittlichen Wirtschaftsergebnisse auf unterschiedlichen Standorten 1).

Die Annahme der 1. Hypothese führt zur altbekannten, bereits von AEREBOE nachdrücklich erhobenen Forderung nach einer Verbesserung der betriebswirtschaftlichen Ausbildung und Beratung der Landwirte. Ich möchte darauf hier nicht näher eingehen.

Die Annahme der 2. Hypothese führt unmittelbar zur Frage, was die Wissenschaft für eine standortgerechte Unternehmensplanung zukünftig vorrangig tun sollte. Anhand einiger Thesen will ich auf diese Frage näher eingehen. Dazu soll zunächst ein modifizierter, einzelwirtschaftlicher Standortbegriff vorgestellt werden. Er gestattet die Einordnung bereits vorliegender Forschungsergebnisse und ermöglicht den Hinweis auf bestehende Lücken.

3.2 Ein einzelwirtschaftlicher Standortbegriff

Die Betriebswirtschaftslehre erfährt gegenwärtig wesentliche Impulse durch die Anwendung der Systemtheorie und der Systemanalyse. Die Systemwissenschaft hat zu einem modifizierten Unternehmensbegriff und zu einer Erweiterung des Begriffsinhaltes für die Unternehmensführung ("Management") geführt. Anhand dieser Konzepte läßt sich auch der zugehörige Standortbegriff fassen.

Unternehmen sind offene Systeme, deren Elemente aus Beständen an Materie, Energie, Geld und Informationen bestehen. Im Zeitablauf ändern sich die Bestandsmengen durch Ströme von und zu den Beständen. Als offene Systeme tauschen Unternehmen mit ihren Umsystemen Materie, Energie, Geld und Informationen aus.

Unternehmensführung bedeutet dann die Steuerung von Richtung und Stärke der Ströme durch einen übergeordneten Entscheidungsträger (Unternehmer, Manager) unter Beachtung der jeweiligen Anfangsbedingungen ("Ist-Zustand") und des Umsystems mit Hilfe von Steuerungstechniken und nach Maßgabe bestimmter - durch den Entscheidungsträger gesetzter - Ziele.

Der Standort des Unternehmens ist aus der Perspektive des Entscheidungsträgers zu definieren. Aus seiner Sicht umfaßt der Standort sämtliche Variablen, die den Zielerreichungsgrad seiner Handlungen beeinflussen, aber von ihm selbst nicht beeinflußt werden können. Der Entscheidungsträger muß daher auf Wertänderungen der Standortvariablen mit Veränderungen der Unternehmensströme reagieren, falls er einen definierten Zielerreichungsgrad aufrechtzuerhalten beabsichtigt.

Der Standort des Unternehmens meint das Umsystem, mit dem das Unternehmen über reale, monetäre und informatorische Ströme aktuell und potentiell in Verbindung steht. Dieses Umsystem enthält - unter Beachtung der einzelwirtschaftlichen Grundfunktionen - die folgenden sechs Komponenten:

A. Das absatzwirtschaftliche Möglichkeitsfeld, bestehend aus personellen, institutionellen (Geschäftspartner), technischen, organisatorischen und monetären (Produktpreise) Alternativen für den Verkauf der Produkte.

B. Das beschaffungswirtschaftliche Möglichkeitsfeld, bestehend aus personellen, institutio-

---

1) Weitere Ursachen, wie der "Zufall" sowie unterschiedliche Risikopräferenzfunktionen, die kurzfristige Unterschiede bewirken, dürften sich längerfristig neutralisieren.

nellen, technischen, organisatorischen und monetären Alternativen für die Anstellung von Arbeitskräften sowie für Kauf und Miete von Produktionsmitteln.

C. Das produktionswirtschaftliche Möglichkeitsfeld, bestehend aus personellen, technischen und organisatorischen Alternativen für die Gestaltung des Produktionsprogrammes und der Produktionsprozesse.

D. Das finanzwirtschaftliche Möglichkeitsfeld, bestehend aus institutionellen, organisatorischen und monetären (Kapitalkosten) Alternativen zur Kapitalbereitstellung.

E. Die politisch-kulturellen Rahmenbedingungen formaler (Gesetze, Verordnungen) und informaler ("Gebräuche", "Wohlverhalten") Art.

F. Das Möglichkeitsfeld für die Unternehmensführung, bestehend aus Techniken und sonstigen Hilfsmitteln zur Prognose, Planung, Entscheidung und Kontrolle sowie aus außenstehenden Personen und Institutionen, die Teile dieser Aufgaben übernehmen können.

Die Komponenten A. bis D. meinen im überkommenen Sinne sowohl das Mengen- als auch das Preisgerüst und enthalten zudem organisatorische Alternativen, wie z.B. Marketing-Maßnahmen. Die Zusammenfassung der "wirtschaftlichen Standortbedingungen" mit dem "Stand der Produktionstechnik" trägt der Tatsache Rechnung, daß Preise und organisatorisch technische Maßnahmen im Zusammenhang gesehen werden sollten, weil auch für den landwirtschaftlichen Mengenanpasser die realisierbaren Preise in weiten Grenzen eine Funktion der personellen, institutionellen, organisatorischen und technischen Alternativen sind.

Die Komponenten E. und F. bedürfen kaum näherer Begründung. Gesetze, Verordnungen und überliefertes Brauchtum ebenso wie die Arten und die Qualitäten der verfügbaren Steuerungsinstrumente beeinflussen selbstverständlich den Zielerreichungsgrad der unternehmerischen Handlungen und sind deshalb Teile des Umsystems.

Zusätzlich zum Umsystem könnten die jeweiligen physisch-finanziellen Anfangsbedingungen, d.h. die produktiven Bestände des Unternehmens als Standortkomponenten angesehen werden. WEINSCHENCK hat sie als "quasi unabhängige Standortfaktoren" bezeichnet (WEINSCHENCK, G., 1966, S. 82). Bei dynamischer Betrachtungsweise wird aus den Anfangsbedingungen bzw. dem Ist-Zustand indessen eine Folge von Zuständen. Die Ausstattung mit produktiven Beständen ist demgemäß Voraussetzung und Ergebnis der unternehmerischen Tätigkeit. Sie muß selbstverständlich bei jeder Unternehmensplanung in Rechnung gestellt werden. Wegen des dualen Charakters kann sie jedoch nicht als Standortkomponente gelten.

3.3 Einige vordringliche Aufgaben der einzelwirtschaftlichen Standortforschung

Agrarökonomen können den landwirtschaftlichen Unternehmern bei der Bestimmung von standortgerechten Unternehmensplänen auf dreierlei Weise helfen:

1. durch die (kennziffermäßige) Darstellung erfolgreicher Unternehmensorganisationen und Produktionsprozesse in Form von "Buchführungsergebnissen" und systematischen Beispielssammlungen (Realtypen);
2. durch die Entwicklung von Formalmodellen (Methoden) als Planungs- und Kontrollinstrumente zur Nutzung durch den einzelnen Unternehmer;
3. durch die Erarbeitung von Sachmodellen (Abbildung zielgerechter Problemlösungen) mit Hilfe der Formalmodelle.

Der erste Weg wurde bereits in Abschnitt 1.2 diskutiert. Der zweite Weg war das erklärte Ziel der agrar-betriebswirtschaftlichen Forschung in den letzten beiden Jahrzehnten. Tatsache ist jedoch, daß die entwickelten Formalmodelle bisher kaum Eingang in die Praxis gefunden haben (vgl. KÖHNE, M., 1974, S. 70 ff). Vielmehr wurden sie nahezu ausschließlich von Wissenschaftlern, Beratern, Akquisiteuren und landwirtschaftlichen Dienstleistungsunternehmen zur Bestimmung von Sachmodellen verwendet, d.h. es wurde der 3. Weg beschritten. Preisprognosen, Kalkulation der relativen Vorzüglichkeit weiterreichender betrieblicher Maßnahmen und Ist-Erfolgsrechnungen, um nur einige Beispiele zu nennen, sind Aufgaben, die nur wenige Landwirte selber erledigen.

Der Vorteil dieser "Arbeitsteilung" liegt darin, daß knappes Expertenwissen weitgreifender genutzt werden kann. Der Nachteil ergibt sich daraus, daß betriebsindividuelle Standorte, die sich noch dazu im Zeitablauf ändern, nur unvollkommen, pauschal und nicht rechtzeitig eingefangen werden können.

Die Ursache dieses unternehmensfernen Einsatzes der Formalmodelle dürfte generell darin liegen, daß die Modelle nicht nutzerfreundlich sind und die wirkliche Problemlage des Landwirtes nur teilweise erfassen. Mit anderen Worten: Das aus den Techniken zur Prognose, Planung, Entscheidung und Kontrolle bestehende Möglichkeitsfeld der Unternehmensführung ist für den Landwirt tatsächlich enger als es aus wissenschaftlicher Sicht erscheinen mag.

Wichtigste Vorbedingungen einer standortgerechteren Unternehmensplanung ist daher, daß sich Wissenschaft und Beratung weniger mit der Bestimmung von Sachmodellen unter Einsatz unzureichender Formalmodelle beschäftigen, um sich verstärkt mit der Entwicklung von Formalmodellen zu befassen, die den Bedürfnissen des Unternehmers und den Anforderungen an seine Tätigkeit mehr gerecht werden. Zur Formulierung einiger m.E. vordringlicher Aufgaben in diesem Bereich sollen die folgenden Thesen als Diskussionsgrundlage dienen:

1. Die bisher vorwiegend zu beobachtende "Planungsphilosophie" der "Anpassung" sollte ergänzt werden durch eine Philosophie der "Gestaltung und Beeinflussung".

Planung jeder Art dient der Reduktion der Ungewißheit (vgl. hierzu insbesondere auch HANF, C.H.; HANF, E., und SKOMROCH, W., 1975). Diese Ungewißheit resultiert daraus, daß das Umsystem auf das Unternehmen einwirkt, diese Einwirkungen jedoch quantitativ nicht vollständig erfaßt und nicht sicher vorhergesehen werden können. Der Anpassungsplanung unterliegt nun die Prämisse, daß die Variablen des Umsystems grundsätzlich nicht kontrollierbar sind. Dem Entscheidungsträger bleibt daher nur die Möglichkeit, die nicht kontrollierbaren Variablen so vollständig und so exakt wie möglich in ihren Werten zu prognostizieren und dann die Entwicklung des Unternehmens anzupassen. Auf kurzfristige Oszillationen von Variablen des Umsystems kann durch Anpassungen im Produktionsbereich (Variation des Produktionsprogrammes auf der Basis vielseitig verwendbarer Produktionskapazitäten, intensitätsmäßige, zeitliche und quantitative Anpassung bei den Produktionsprozessen nach GUTENBERG) oder durch Anpassung im Absatz- und Beschaffungsbereich (z.B. Lagerhaltung, Prophylaxe bei Nutztieren) oder auch durch Anpassungen im Finanzbereich (Versicherungen, Liquiditätsreserven) reagiert werden.

Gestaltende und beeinflussende Planung geht dagegen von der Voraussetzung aus, daß die vom Umsystem ausgehende Ungewißheit dadurch reduziert werden kann, daß man einige der nichtkontrollierbaren in kontrollierbare Variablen umwandeln kann. Das geschieht z.B. dadurch, daß man die natürlichen Ressourcen oder den Stand der Produktionstechnik als Unternehmer aktiv umgestaltet oder auch durch die Einrichtung unternehmensspezifischer Beschaffungs- und Absatzsysteme, die dem Landwirt ein Agieren als Gebietsmonopolist (z.B. Frischeier, Vorzugsmilch) ermöglichen. Diese Überlegung führt zur nächsten These:

2. Die vorhandenen Planungsinstrumente zur Bestimmung der wirtschaftlichsten Ausnutzung der produktiven Ressourcen des Betriebes sollten ergänzt werden durch Instrumente zum systematischen Erkennen und Ausnutzen von Potentialen im Beschaffungs- und Absatzbereich.

Unter dem Einfluß der neoklassischen Mikrotheorie, die einseitig den Zusammenhang zwischen Preisen und Mengen betont und bei der das landwirtschaftliche Unternehmen dem Idealtyp des

"Mengenanpassers" zugeordnet wird, wurden vornehmlich Planungsverfahren entwickelt, die das optimale Investitions- und/oder Produktionsprogramm auf der Basis gegebener Anfangsbedingungen bestimmen und Preise als nichtkontrollierbare Variable des Umsystems ansehen. Abgesehen davon, daß - wie KÖHNE richtig bemerkt (KÖHNE, M., 1974, S. 70 ff) - diesem Problem in der Praxis kaum mehr größere Bedeutung zukommt, weil in den vereinfachten Betrieben keine komplizierten Programmentscheidungen zu fällen sind (und daher übrigens auch die zugehörigen Investitionsentscheidungen für den einzelnen Produktionsprozeß mit anderen Methoden getroffen werden können), verführt der Ansatz dazu, die Bedeutung der beschaffungs- und absatzwirtschaftlichen Möglichkeitsfelder zu verkennen, speziell zu unterschätzen. Solange nämlich von zwei benachbarten Landwirten der Eine den neuen Mähdrescher für 80.000,-- DM kauft, während der Andere die gleiche Maschine für 60.000,-- DM erhält, oder der Eine die Milch für 1,20 DM/kg verkauft, während der Andere 55 Pfg. erhält, oder selbst die Getreidepreise aufgrund vermeidbarer Qualitätsunterschiede und um wenige Wochen differierende Verkaufszeitpunkte nicht selten um 100,-- DM/to variieren, solange sind auch Landwirte keine idealtypischen Mengenanpasser. Die wissenschaftliche Betriebslehre sollte daher der Entwicklung von Verfahren zur taktischen Beschaffungs- und Absatzplanung (z.B. Verfahren zur Bestimmung der optimalen Verkaufszeitpunkte bei unsicheren Preiserwartungen (BUDDE, J.H., 1974; KURZ, J., 1976) ebenso wie zur strategischen Marketingplanung (z.B. Auswahl der Absatzwege, Auswahl der optimalen Bearbeitungsstufe, Wahl der Geschäftspartner, Entwicklung "kleingebietlich" bedeutsamer Markennamen) vermehrte Aufmerksamkeit schenken. Generell kommt es auf die quantitative Bestimmung von "Umsatz-Reaktions-Funktionen" (KOTLER, Ph., 1974) und von "Preis-Marketing-Funktionen" (erreichbare Beschaffungs- und Absatzpreise als Funktion der Marketing-Mix-Variablen) an. Im engen Zusammenhang damit steht die nächste These:

3. Planung im weiteren Sinne beinhaltet die Datenerfassung mit der Durchdringung der Möglichkeitsfelder und dem Auffinden von Handlungsalternativen sowie die Datenverarbeitung mit der Prognose und der Feststellung der zielgerechtesten Handlungsalternative. Die bisher von der wissenschaftlichen Betriebslehre favorisierte Suche nach Techniken zur Bestimmung der optimalen Handlungsalternative sollte ergänzt werden durch die Entwicklung von Verfahren zur systematischen Datenerfassung.

Es bedarf keines Hinweises, daß die objektiv wirtschaftlichste Handlungsalternative mit sämtlichen Planungsverfahren nur dann bestimmt werden kann, wenn sie als mögliche Lösungsalternative bekannt ist. Eine systematische Untersuchung der Möglichkeitsfelder nach neuen Handlungsalternativen kann durch Verfahren der Ideensuche ("Creative Techniques", "Brainstorming" (z.B. OSBORN, A.F., 1963)) und durch Vorauswahlverfahren für neue Produkte unterstützt werden. ROBINSON et al. haben den systematischen Suchprozeß eines Käufers nach einem Lieferanten und KOTLER hat ein Vorauswahlverfahren für neue Produkte skizziert (vgl. dazu Abb. 1 und 2).

Die Suche nach neuen Produkten oder Produktvariationen (z.B. Erdbeeren zum Selberpflücken, Wein vom Winzer, selbstgebackenes Brot, Schweinehälften ab Hof), deren Einführung dem einzelnen landwirtschaftlichen Unternehmer größere Preisspielräume eröffnet, ist sicherlich eine bisher vernachlässigte Komponente für eine standortgerechte Unternehmensplanung, die das Umsystem nicht als gegeben hinnimmt, sondern Teile der nichtkontrollierbaren Variablen in kontrollierbare umzuwandeln trachtet.

4. Die bisher forcierte Entwicklung von Techniken zur Planung von Produktions- und Investitionsprogrammen sollte ergänzt werden, durch (dynamische) Modelle zur Planung von Produktionssystemen.

Durch die zunehmende Vereinfachung der landwirtschaftlichen Betriebe wird die Rentabilität im Bereich der strategischen Entscheidungen nicht mehr vornehmlich durch die Planung des

Abbildung 1: Suchprozeß nach einem Lieferanten

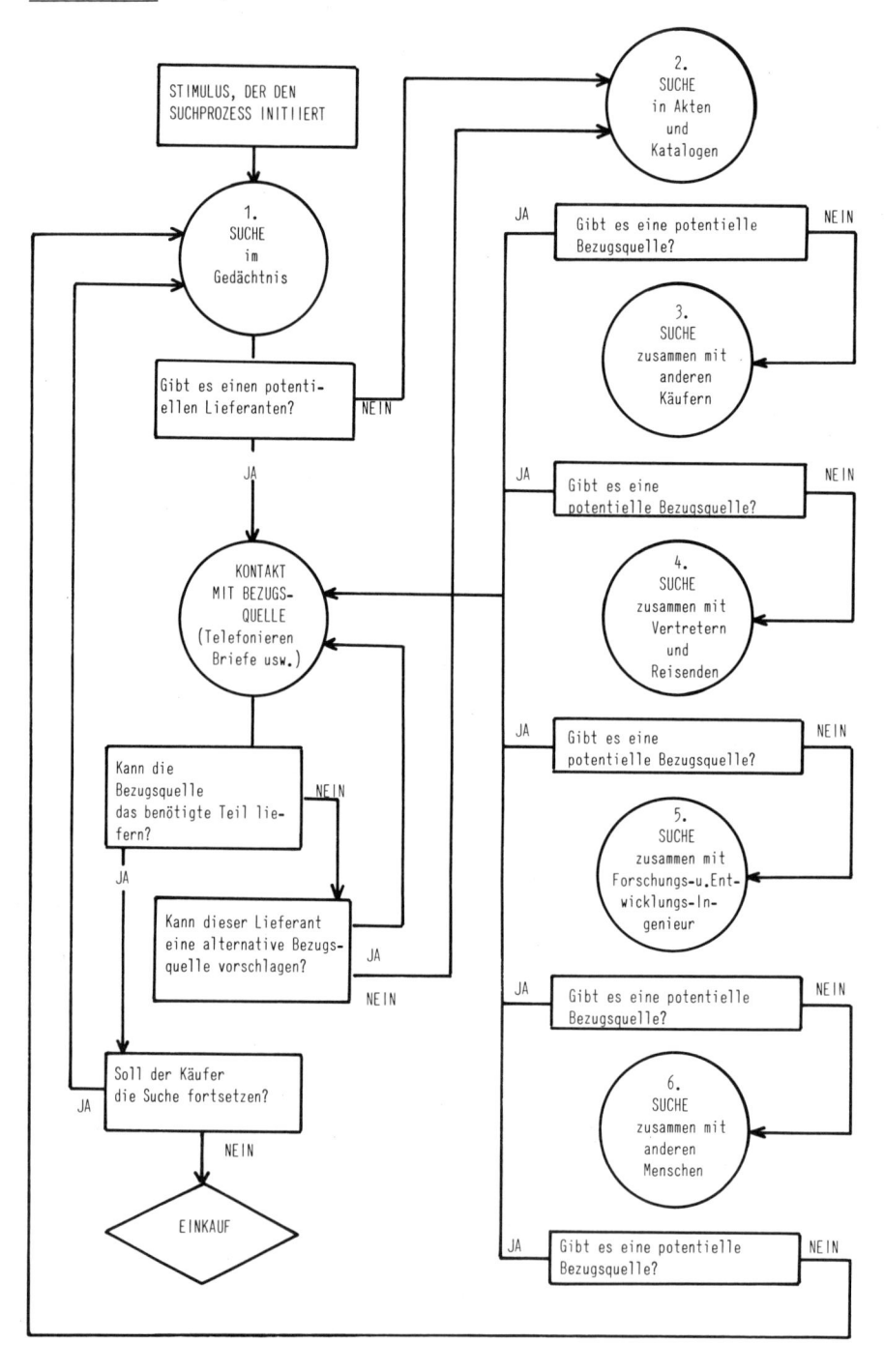

Quelle: ROBINSON, P.J., et al. 1967, S. 107.

Abbildung 2: Vorauswahl für ein neues Produkt

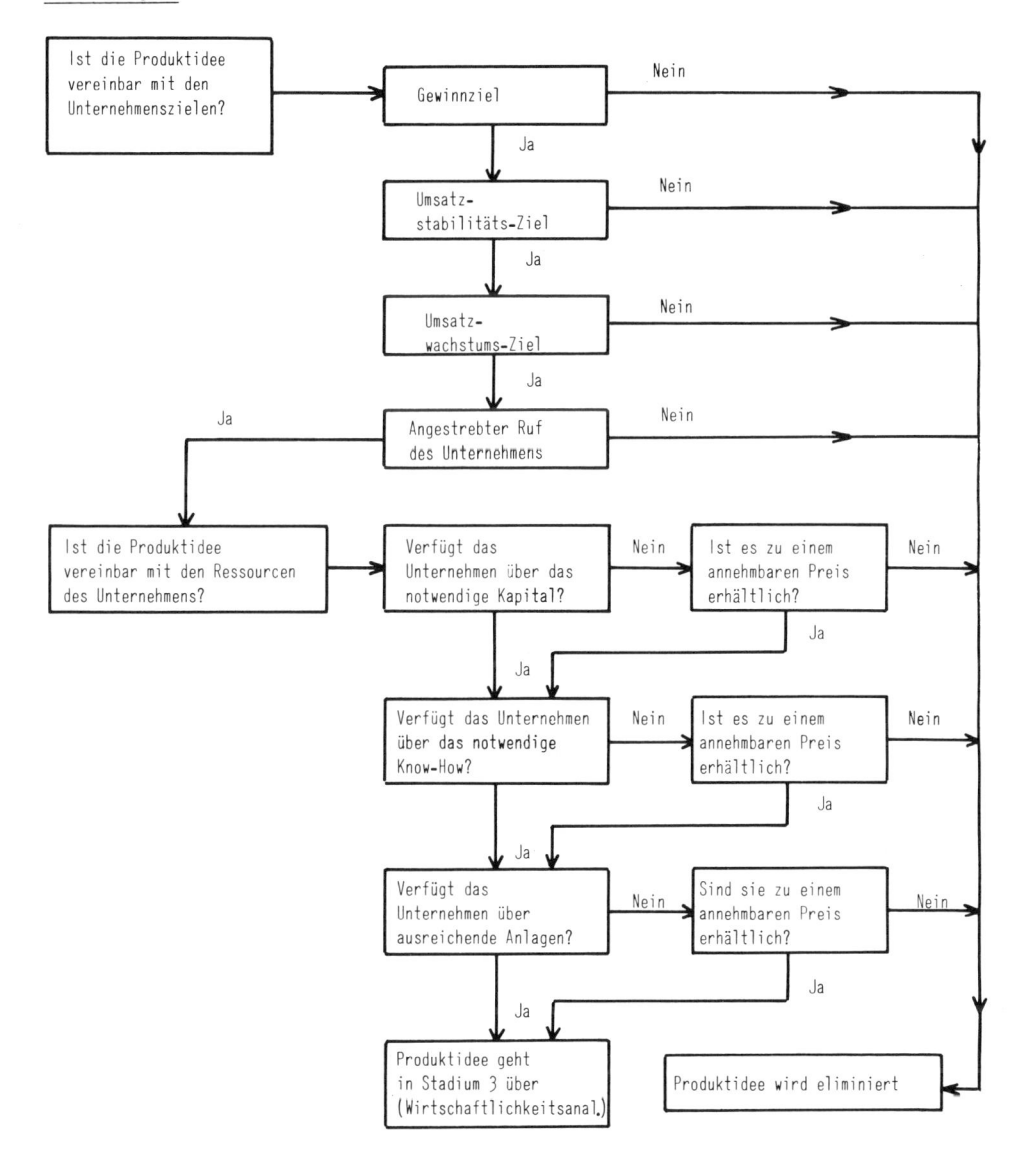

```
┌─────────────────────┐
│ Ist die Produktidee │                                                                   Nein
│ vereinbar mit den   │────────→┌─────────────┐──────────────────────────────────────────────→
│ Unternehmenszielen? │         │ Gewinnziel  │
└─────────────────────┘         └─────────────┘
                                      │ Ja
                                      ↓
                                ┌──────────────┐                                           Nein
                                │ Umsatz-      │──────────────────────────────────────────────→
                                │ stabilitäts-Ziel │
                                └──────────────┘
                                      │ Ja
                                      ↓
                                ┌──────────────┐                                           Nein
                                │ Umsatz-      │──────────────────────────────────────────────→
                                │ wachstums-Ziel │
                                └──────────────┘
                                      │ Ja
                                      ↓
                    Ja          ┌──────────────────┐                                       Nein
          ┌─────────────────────│ Angestrebter Ruf │──────────────────────────────────────────→
          │                     │ des Unternehmens │
          ↓                     └──────────────────┘
┌─────────────────────┐   ┌──────────────┐   Nein   ┌──────────────┐   Nein
│ Ist die Produktidee │   │ Verfügt das  │          │ Ist es zu einem │
│ vereinbar mit den   │──→│ Unternehmen über │─────→│ annehmbaren Preis │──────────────────→
│ Ressourcen des Unt. │   │ notw. Kapital? │        │ erhältlich?  │
└─────────────────────┘   └──────────────┘          └──────────────┘
                               │ Ja                        │ Ja
                               ↓←──────────────────────────┘
                          ┌──────────────┐   Nein   ┌──────────────┐   Nein
                          │ Verfügt das  │          │ Ist es zu einem │
                          │ Unternehmen über │─────→│ annehmbaren Preis │──────────────────→
                          │ Know-How?    │          │ erhältlich?  │
                          └──────────────┘          └──────────────┘
                               │ Ja                        │ Ja
                               ↓←──────────────────────────┘
                          ┌──────────────┐   Nein   ┌──────────────┐   Nein
                          │ Verfügt das  │          │ Sind sie zu einem │
                          │ Unternehmen über │─────→│ annehmbaren Preis │──────────────────→
                          │ ausr. Anlagen? │        │ erhältlich?  │
                          └──────────────┘          └──────────────┘
                               │ Ja                        │ Ja
                               ↓                           ↓
                  ┌─────────────────────┐       ┌──────────────────────┐
                  │ Produktidee geht    │       │ Produktidee wird     │
                  │ in Stadium 3 über   │       │ eliminiert           │
                  │(Wirtschaftlichk.an.)│       └──────────────────────┘
                  └─────────────────────┘
```

Quelle: KOTLER, Ph., 1974, S. 471.

Produktions- und Investitionsprogrammes bei gegebenen Anfangsressourcen, sondern durch die zweckmäßige Gestaltung des einzelnen Produktionssystems bestimmt. Für diese Probleme sollten Verfahren entwickelt werden, die den optimalen Produktionsumfang und die zweckmäßige Zusammensetzung der Systemelemente sowie die Ablaufprozesse, den Kapitalbedarf und Liquiditätsfragen bei im Zeitablauf variierenden Preisen zu antizipieren gestatten. Für dieses Problem können entweder vorhandene - aber nutzerfreundlicher aufzubereitende - Teilplanungsverfahren im Rahmen von Sukzessivplanungen verwendet werden oder es lassen sich Simulationsmodelle ganzer Produktionssysteme entwickeln, die iterativ und in Verbindung mit Sensitivitätsanalysen zu zielgerechten Lösungen führen (HESSELBACH, J., und EISGRUBER, L.M., 1967; SCHUDT, A., 1976). Gerade die Simulationsmodelle dürften an Bedeutung gewinnen, da sie dem Denken des Unternehmers entgegenkommen, der in der Regel über sehr genaue Vorstellungen zur technischen und organisatorischen Gestaltung eines Produktionssystems verfügt, jedoch die finanzwirtschaftlichen und ökonomischen Konsequenzen der Handlungsmöglichkeiten kennenlernen möchte. Solche Modelle würden überdies der Forderung einer stärker gestaltenden und beeinflussenden Unternehmensplanung entgegenkommen.

5. Die bisher betonte langfristige Planung mit Hilfe von gesamtbetrieblichen Simultanplanungsverfahren sollte ergänzt werden durch Teilplanungsverfahren für kurzfristige Probleme im Beschaffungs-, Produktions- und Absatzbereich.

Eine zentrale Ursache dafür, daß die landwirtschaftlichen Unternehmer so selten auf die modernen Planungstechniken zurückgreifen, muß darin gesucht werden, daß sich langfristige gesamtbetriebliche Planungsanlässe nur selten ergeben. Und wenn sie anstehen, dann geht es vornehmlich um einzelne neue Produktionssysteme oder die teilweise Veränderung (Rationalisierungsinvestitionen, Engpaßplanung) vorhandener Systeme. Von großer Bedeutung sind dagegen kontinuierlich anstehende Probleme, die angesichts häufig wechselnder Daten immer wieder und ohne Zeitverzug gelöst werden müssen. Dazu zählen Anlässe wie die saisonale Gestaltung der Fütterung von Milchvieh und Mastrindern (z.B. RIEBE, K., 1976), die Zusammenstellung des optimalen Mineraldüngerprogramms bei wechselnden Analysewerten und sonstiger Nährstoffzufuhr, die Bestimmung ökonomisch zweckmäßiger Pflanzenschutzmaßnahmen und die kurzfristige Produktions- und Bestandssteuerung im Bereich der Schweine- und Hühnerhaltung. Nutzerfreundliche Techniken dafür, die entweder der Unternehmer selber einsetzen kann, oder die z.B. per Telefon abgerufen werden können, sind bisher nur zum Teil verfügbar (vgl. dazu auch de HAEN, 1975, S. 93). Dabei wird hier wohlgemerkt nicht für eine Verbesserung der Formulare für den Betriebsvoranschlag plädiert. In jene Formulare können lediglich die Ergebnisse der vorgenannten Planungstechniken zusammenfassend eingetragen werden. Diese Überlegungen führen zur folgenden These:

6. Die Planung von Produktionssystemen ("Hardware") sollte ergänzt werden durch eine systematische Gestaltung von Produktionssteuerungssystemen ("Software").

Moderne Produktionssysteme - namentlich im Bereich der tierischen Erzeugung - sind so sensibel, daß sie einer laufenden "Feinsteuerung" bedürfen. Ähnlich wie jede größere Maschine mit einer Gebrauchsanweisung versehen wird, so sollten für die Produktionssysteme (regeltechnische) Verfahren zur Ablaufsteuerung entwickelt werden. Dabei muß zur Mengenkontrolle eine regelmäßige Qualitätskontrolle für Ressourcen (z.B. Nährstoff- und Wassergehalte des Bodens), für Inputs (z.B. Qualität der wirtschaftseigenen Futtermittel in Verbindung mit der laufenden Futterplanung; Nährstoffgehalte wirtschaftseigener Düngemittel) und für Outputs (z.B. Zusammensetzung von Milch, Schlachtkörpern und Eiern) treten. Kosten-Nutzen-Analysen sollten zeigen, ab welcher Unternehmensgröße sich für die laufende Produktionskontrolle ein betriebseigenes Untersuchungslabor als vorteilhaft erweist.

7. Eine Zusammenfassung der vorhergehenden Thesen führt schließlich zur Forderung nach der Konzipierung von Management-Informations-Systemen, bei denen Kontroll- und Planungsverfahren ein abgestimmtes System für die standortgerechte Unternehmensführung bilden.

Darüber berichtet ZILAHI-SZABO in seinem Beitrag "Informationssysteme als Instrumente einer standortgerechten Unternehmensführung" (ZILAHI-SZABO, M., 1976). Kosten-Nutzen-Analysen sollten zeigen, welcher Umfang des MIS sich für welche Betriebsgrößen als wirtschaftlich erweist.

8. Die Entwicklung von Modellen zur Entscheidungsfindung sollte ergänzt werden durch Modelle, die dem Entscheidungstraining dienen.

Erfolgreich wirtschaftet der landwirtschaftliche Unternehmer sicherlich nicht allein dadurch, daß er Planungs- und Kontrolltechniken einsetzt. Vielmehr wird er angesichts unsicherer Erwartungen und des Aufwandes für die Verwendung der Instrumente die Entscheidungssituation so einschätzen können müssen, daß der Erwartungswert der Differenz zwischen Entscheidungsaufwand und dem daraus resultierenden Mehrertrag längerfristig maximiert wird. Zur Ausbildung dieser Fähigkeiten eignen sich neben Planspielen aller Art insbesondere dynamische Simulationsmodelle von Produktionssystemen und ganzen Betrieben, mit denen die Konsequenzen von außerhalb des Modells geplanten Maßnahmen bei (simulierten) Störvariablen und Preisentwicklungen über längere (Simulations-) Zeiträume durchgespielt werden können. Eine standortgerechtere Unternehmensführung wird auch durch solcherart eingeübte Fähigkeiten des Entscheidungsträgers gefördert.

9. Die wissenschaftliche Betriebslehre sollte nach vermittelbaren Methoden zur Förderung der Befähigung zum Treffen kurzfristiger Ablaufentscheidungen suchen.

Mit dieser These wird ein Bereich angesprochen, der für einen Großteil der betriebsleiterbedingten Unterschiede der Betriebsergebnisse unter sonst gleichen Standortbedingungen verantwortlich sein dürfte (HANF, C.H., et al. 1975, S. 98). Kurzfristige Ablaufentscheidungen, wie eine richtige tägliche Arbeitseinteilung, eine rechtzeitige und sachgerechte Bodenbearbeitungsmaßnahme oder rechtzeitige und richtige Düngungs- und Pflanzenschutzmaßnahmen führen zu einem geringeren Arbeits- und Maschinenbedarf und zu höheren Hektarerträgen, die für die Unterschiede der Wirtschaftlichkeit womöglich stärker als eine optimale Produktions- und Investitionsplanung verantwortlich sind. Es sollte geprüft werden, ob sich die mit solchen Entscheidungen verbundenen Fähigkeiten nicht ebenfalls durch entsprechend konzipierte Simulationsmodelle einüben lassen.

3.4 Über die Instrumente der einzelwirtschaftlichen Standortforschung

Abschließend bleibt die Frage, wie die Vorgehensweisen und Instrumente für die standortgerechte Unternehmensplanung seitens der Wissenschaft so gestaltet werden können, daß sie der tatsächlichen "Problemlage" des einzelnen Unternehmers entsprechen. Zwei Voraussetzungen sind dazu meines Erachtens notwendig. Wir sollten

1. selbstverständlich die wirkliche "Problemlage" des Entscheidungsträgers kennen und
2. über Testmöglichkeiten verfügen, die verhindern, daß Instrumente entwickelt werden, die den praktischen Bedürfnissen der Landwirte nicht oder nur unvollkommen entgegen kommen.

Zu 1: Die "Problemlage" der Entscheidungsträger kann durch folgende Fragen umrissen werden: Worüber entscheiden Landwirte bei gegebenen Zielen wie und mit welcher Häufigkeit? Unter welchen materiellen, zeitlichen und informatorischen Bedingungen entscheiden sie? Welche Arten von Informationen verwenden sie? Mindestens anhand von drei originären Quellen lassen sich darauf Antworten für den wissenschaftlichen Betriebswirt finden, nämlich

A. durch ständigen, engen Kontakt mit praktischen Landwirten;
B. als Leiter eines landwirtschaftlichen- betriebswirtschaftlichen Versuchsbetriebes;
C. durch systematische, empirische Untersuchungen.

Die Quelle A sollte jeder Betriebswirt selbstverständlich ausschöpfen. Man mag bedauern, daß diese Möglichkeit nicht durch eine engere Verzahnung von Universität und Wirtschaftsberatung - wie z.B. in den USA - intensiver genutzt werden kann. Quelle B ist besonders nützlich insofern, als der Wissenschaftler dabei selbst - zumindest in gewissem Ausmaß - zum Entscheidungsträger wird und von daher zusätzliches Wissen über die "Problemlage" erhält. Quelle C schließlich ist eine systematische Suche, wie sie hierzulande noch zu wenig genutzt wird. JOHNSON et al. haben anhand einer Studie über Farmer im mittleren Westen der USA gezeigt, welche Informationen zur Vorgehensweise landwirtschaftlicher Entscheidungsträger gewonnen werden können (JOHNSON, G.L., et al, 1956).

Zu 2: In einer angewandten Wissenschaft wie der Betriebswirtschaftslehre sollte man so vorgehen, daß man Ideen zur Gestaltung von Instrumenten für die Unternehmensführung, die man aufgrund von Anregungen aus den obigen Quellen gewinnt, nach einer Prüfung auf formale Konsistenz einer Serie von Tests zur Feststellung der Operationalität und praktischen Relevanz unterzieht. Im Verlaufe dieses "Screening Process" werden die Instrumente entweder als unbrauchbar verworfen oder aber schrittweise soweit verbessert, bis sie für die praktische Unternehmensführung geeignet sind. Folgende Testalternativen bieten sich an:

A. Vorläufige Anwendung durch kooperationsbereite Landwirte;
B. Prüfung im landwirtschaftlich-betriebswirtschaftlichen Versuchsbetrieb;
C. Test anhand von dynamischen Simulationsmodellen landwirtschaftlicher Betriebe, die als "Computerlabor" konzipiert sind.

Die wegen ihrer absolut praxisnächsten Bedingungen sehr vorteilhafte Alternative A leidet darunter, daß Landwirte nur selten zur regelmäßigen Mitarbeit bereit sind. Dieser Nachteil entfällt bei Alternative B. Versuchsbetriebe sind insbesondere als Laboratorien zur Entwicklung und zum Test von Management-Informations-Systemen (in Verbindung selbstverständlich mit Kosten-Nutzen-Analysen) geeignet. Die Alternativen A und B haben den gemeinsamen Nachteil, daß sie vergleichsweise kostspielig und zeitraubend sind. Namentlich der Zeitaufwand läßt sich durch Simulationsmodelle (Alternative C) reduzieren. Als dynamische Modelle von Betrieben in Verbindung mit simulierten Umsystemen sind sie vornehmlich für den Test von Prognose- und Entscheidungsverfahren zur Ablaufplanung geeignet (KUHLMANN, F., 1973). Es wäre zu prüfen, welche Kombinationen der drei Alternativen für welche Problembereiche besonders erfolgversprechend sind.

Literatur

1. AEREBOE, F.: Allgemeine landwirtschaftliche Betriebslehre. 4. Aufl., Berlin 1919.
2. ALVENSLEBEN, R.v.: Zur Theorie und Ermittlung optimaler Betriebsstandorte. Meisenheim 1973.
3. ANDREAE, B.: Betriebsformen in der Landwirtschaft. Stuttgart 1964.
4. BEHRENS, K.C.: Allgemeine Standortbestimmungslehre. Köln und Opladen 1961.
5. BRANDES, W. und WOERMANN, E.: Landwirtschaftliche Betriebslehre, Spezieller Teil, Organisation und Führung landwirtschaftlicher Betriebe, Hamburg/Berlin 1971.
6. BRINKMANN, Th.: Ökonomik des landwirtschaftlichen Betriebes. In: Grundriß der Sozialökonomik, VII. Abteilung, Tübingen 1922.
7. BUDDE, J.H.: Optimale Anpassung der Schweineproduktion an zyklische und saisonale Preisbewegungen. Agrarwirtschaft, SH 57, Hannover 1974.
8. DE HAEN, H.: Künftige Forschungsaufgaben der Agrarökonomie im Bereich der Mikroökonomik (Korreferat), Schriftenreihe der GEWISOLA, Bd. 12, 1975, S. 87 - 94.
9. HANF, C.H. et al: Zukünftige Forschungsaufgaben im Bereich der Mikroökonomik (Schriftlicher Diskussionsbeitrag), Schriftenreihe der GEWISOLA, Bd. 12, 1975, S. 97 - 100.
10. HANF, C.H.; HANF, E. und SKOMROCH, W.: Unsicherheit und landwirtschaftliche Betriebsleitung - Ursachen, Bedeutung und Reaktionsmöglichkeiten. Referat zur 16. Jahrestagung der GEWISOLA, Bd. 12, 1975, S. 97 - 100.
11. HESSELBACH, J. und EISGRUBER, L.M.: Betriebliche Entscheidungen mittels Simulation. Hamburg und Berlin 1967.
12. JOHNSON, G.L. et al.: A Study of Managerial Processes of Midwestern Farmers Ames, Iowa 1956.
13. KÖHNE, M.: Zukünftige Forschungsaufgaben im Bereich der Mikroökonomik, Schriftenreihe der GEWISOLA, Bd. 12, 1975, S. 69 - 86.
14. KOTLER, Ph.: Marketing-Management, Stuttgart 1974.
15. KUHLMANN, F.: Die Verwendung des systemtheoretischen Simulationsansatzes zum Aufbau von betriebswirtschaftlichen Laboratorien. Berichte über Landwirtschaft, NF. Bd. 51, 1973, Heft 2, S. 214 - 252.
16. KURZ, J.: Ablaufsteuerung in der Schlachtschweineproduktion, Diss. Gießen 1976.
17. LÖSCH, A.: Die räumliche Ordnung der Wirtschaft, 2. Aufl. Jena 1944.
18. OSBORN, A.F.: Applied Imagination, 3. Aufl., New York 1963.
19. RIEBE, K.: Optimierung der Milchviehfütterung als Entscheidungsmodell in Betriebsleitung und Beratung, Arbeitsberichte des Institutes für landwirtschaftliche Betriebs- und Arbeitslehre, Kiel 1976.
20. ROBINSON, P.J.; FAHRIS, C.W. and WIND, Y.: Industrial Buying and Creative Marketing, Boston 1967.
21. SCHUDT, A.: Vergleichende Analyse der Wirtschaftlichkeit verschiedener Verfahren der Schweineproduktion mit Hilfe eines Systemsimulationsmodells, Diss. Gießen 1976.

22 THÜNEN, J.H. v.: Der isolierte Staat in Beziehung auf Landwirtschaft und Nationalökonomie. 2. Aufl. Jena 1910.

23 WEBER, A.: Über den Standort der Industrien. Tübingen 1909.

24 WEINSCHENCK, G.: Standortprobleme aus betriebswirtschaftlicher Sicht. In: Schriften der GEWISOLA, Bd. 3, S. 79 - 92, 1966.

25 WEINSCHENCK, G. und HENRICHSMEYER, W.: Zur Theorie und Ermittlung des räumlichen Gleichgewichts der landwirtschaftlichen Produktion. Berichte über Landwirtschaft, Bd. XLIV, 1966, H. 2, S. 201 - 242.

26 ZILHAI-SZABO, M.: Informationssysteme als Instrumente einer standortgerechten Unternehmensführung, Referat zur 17. Jahrestagung der GEWISOLA, Berlin 1976.

INFORMATIONSSYSTEME ALS INSTRUMENTE EINER STANDORTGERECHTEN UNTERNEHMENSFÜHRUNG

von

M. G. Zilahi-Szabó, Gießen

1	Einleitung	63
2	Grundbegriffe	63
3	Modellentwicklung	65
4	Rahmenbedingungen	72
5	Zusammenfassung / Ausblick	74

1 Einleitung

Die wirksame Informationsversorgung der Unternehmensführung stand frühzeitig im Mittelpunkt betriebswirtschaftlicher Überlegungen. Der Einsatz von Datenverarbeitungsanlagen in der Unternehmungsrechnung und die Fortschritte auf dem Gebiet des Operations Research haben einen Prozeß eingeleitet, in dessen Mittelpunkt die Entwicklung von computerunterstützten Informationssystemen steht. Die vorliegende Abhandlung gibt eine kurze Darstellung über dieses Instrumentarium. Sie verzichtet bewußt auf die Diskussion von Einzelfragen wie Rechenmodelle, Organisation, Motivation, Widerstände, Effizienz, Zahlenfriedhöfe etc. Im Mittelpunkt der Ausführungen stehen stattdessen Fragen der Modellentwicklung von Informationssystemen als Instrumente der Standortskraft Unternehmensführung und deren Rahmenbedingungen. Diesen Fragen wird die Klärung einiger Grundbegriffe vorgeschaltet; ebenso eine Betrachtung der Relevanz von Informationssystemen für Einzelunternehmungen und Kooperationen. Die Ausführungen werden abgeschlossen durch eine Vorausschätzung künftiger Entwicklungen und deren Anwendbarkeit für landwirtschaftliche Unternehmungen.

2 Grundbegriffe

Der systemorientierte Ansatz in der Betriebswirtschaftslehre betrachtet mehrdimensional und ganzheitlich Ziele, Inputs, Outputs, Strukturen und Prozesse in einer Unternehmung. Hieraus resultiert die Feststellung, wonach sich Güter-, Geld- und Informationsprozesse gegenseitig bedingen und somit die Eigenschaften eines informationsverarbeitenden Systems besitzen. Diese Eigenschaften lassen sich wiederum aus dem Begriff des Systems ableiten, das über
- ein Gebilde mit fest umrissenen Grenzen zu seiner Umgebung,
- veränderliche Elemente und Relationen innerhalb des Gebildes,

- Beziehungen zwischen Elementen und/oder Relationen,
- Schnittstellen als Bindeglieder zwischen Gebilde und Umgebung sowie Ziele

verfügt. Ein Gebilde, das diese Bedingungen erfüllt, wird System genannt. Ein System setzt sich also aus einer "Menge von Elementen und Menge von Relationen, die zwischen diesen bestehen", zusammen 1).

Eine besondere Art von Systemen stellen Informationssysteme dar, deren Aufgabe in der Bereitstellung von Informationen (als zweckorientiertes Wissen) über die innere und äußere Umgebung des Systems besteht. Informationssysteme dienen somit der Beschaffung von Informationen für das Realsystem. Werden hierbei Computer eingesetzt, so wird von einem computerunterstützten Informationssystem gesprochen, das als ein geordnetes Netz informationeller Beziehungen verstanden werden muß, "das zwischen den Elementen Menschen (Benutzern), informationsverarbeitenden Maschinen, Daten und Methoden (Programmen) mit dem Ziel etabliert wird, den Informationsbedarf der Beteiligten zu decken" 2). Bezüglich der verschiedenen Kategorien von Informationssystemen wie Auskunfts-, Berichts- und Dialogsysteme wird auf Spezialwerke verwiesen 3).

Für spezielle Aufgaben sind aufgabenorientierte Informationssysteme entwickelt. Eines dieser Informationssysteme umfaßt den betrieblichen Führungsprozeß mit den vier Grundfunktionen Planung (strategic and tactical planing), Organisation (organizing), Führung (command, directing, motivating) und Überwachung (coordination control, controlling) 4). Es umfaßt das spezielle Informationssystem, das dem Management entscheidungsrelevante Informationen "zu potentiellen Entscheidungsprämissen für politische und administrative Entscheidungen" bereitstellt und sowohl in der Literatur als auch in der Praxis als Management-Informations-System (MIS) bekannt wurde 5). Dieser Begriff leitet sich aus dem Zusammenspiel dreier Komponenten ab (vgl. Abbildung 1).

Wird das MIS computerunterstützt betrieben, so treten Fragen der Grundkomponenten
- Datenbank,
- Methoden- und Modellbank sowie
- Kommunikationseinrichtungen

und verbunden damit zeitliche, sachliche sowie räumliche Probleme in den Vordergrund der Betrachtungen (sie bilden zugleich die informationelle Problematik von MIS; vgl. unten).

Für die weiteren Ausführungen sind insbesondere zwei Teilaspekte von eminenter Bedeutung:
- Zunächst muß davon ausgegangen werden, daß "absolute", allen Aufgaben gerechte Systeme vorerst wegen Mangel an Wissen, Verfahren, Bereitschaft etc. nicht realisierbar sind. Der Vorzug wird Teilsystemen gegeben. Weitere Fortschritte sind ebenfalls nur über Realisierung von Teilsystemen zu erwarten.

---

1) KLAUS, G.: Wörterbuch der Kybernetik 2, Frankfurt 1969, S. 634.

2) KOREIMANN, D.: Architektur und Planung betrieblicher Informationssysteme. In: Probleme beim Aufbau betrieblicher Informationssysteme, hrsg. von Hansen, H.R. - Wahl, M.P., München 1973, S. 53.

3) Vgl. MEFFERT, H.: Informationssysteme - Grundbegriffe der EDV und Systemanalyse. In: Wisu-Texte, Düsseldorf 1975, S. 36 ff.

4) Vgl. CLELAND, D.J. - KING, W.R.: Management: A System Approach, New York 1972, S. 119 ff.; FAYOL, H.: General and Industrial Management, London 1949, S. 3 ff.; HODGE, B. - HODGSON, R. N.: Management Informations- und Kontrollsysteme, München 1971, S. 109 ff.

5) KIRSCH, W.: Betriebswirtschaftslehre: Systeme, Entscheidungen, Methoden, Wiesbaden 1974, S. 244.

Abbildung 1: Management-Informations-System

```
                    ┌──────────────┐
                    │  MANAGEMENT  │
                    │     (M)      │
                    └──────────────┘
                         ╱ (MI)  ╲ (MS)
                        ╱   MIS   ╲
                       ╱           ╲
          ┌──────────────┐    ┌──────────────┐
          │  INFORMATION │────│   SYSTEM     │
          │     (I)      │(IS)│    (S)       │
          └──────────────┘    └──────────────┘
```

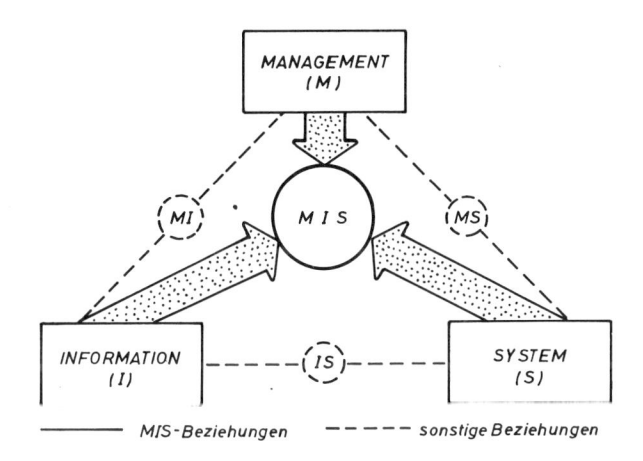

────── MIS-Beziehungen   ------ sonstige Beziehungen

- Im Mittelpunkt aller Überlegungen bzw. Realisierungsversuche muß der Tatbestand stehen, daß die Grundfunktionen des Managements nicht einzeln, ja sogar isoliert ausgeübt werden, sondern in sachlicher Aufeinanderfolge. Dieser Tatbestand wird außerdem durch eine grundsätzliche Annahme ergänzt, wonach quantifizierbare Informationen vorwiegend zur Ausübung der Grundfunktionen Planung und Überwachung, im geringen Umfang für Organisation und Führung benötigt werden.

3 Modellentwicklung

Verbindend und zugleich entscheidend sind im gesamten System die informationellen Beziehungen. Es handelt sich dabei um kommunikationsbeziehungen, die kommunikationsfähige Systeme zueinander unterhalten, um sich über bestimmte Sachverhalte zu verständigen. Diese Tatbestände weisen eindeutig nach, daß aus der Zuteilung (Wahrnehmung) bestimmter Entscheidungsaufgaben [1] ein bestimmter Informationsbedarf resultiert, der je nach Aufgabe unterschiedlichen Inhalt (Menge), Zuteilung (Raum) und Geschwindigkeit (Zeit) erhält. Verkompliziert wird dieser Tatbestand, wenn neben den abgeleiteten (ausgewerteten) Informationen die Beziehungen zu ihren Quellen (Standorten) zurückverfolgt werden. Eine diesbezügliche Zusammenstellung führt zu folgendem Ergebnis (vgl. auch Abbildung 2):

Jede Aktion eines Entscheidungsträgers im Gesamtmodell impliziert einen bestimmten Informationsbedarf. Dieser wird durch Einschaltung verschiedener Techniken der Datentransformation (mittels Rechenkalküle also) aufgaben- (problem-)orientiert aus ursprünglich systeminternen und/oder systemexternen Daten abgedeckt. Diese sind ihrerseits differenzierbar nach Funktionen und Zeichenträgern. Hieraus resultieren Datenkategorien, deren Kenntnis nicht nur für die systeminterne (systemintern erzeugte Daten der Produktion, Lagerung etc.) oder systemexterne (systemintern veranlaßter Zugang externer Daten des Marktes, Wirtschafts-

---

[1] In dem Zusammenhang wird darauf hingewiesen, daß in einer Unternehmung jeder Aufgabenträger zugleich Entscheidungsträger ist. Aus dieser Feststellung leitet sich die Abhängigkeit des Informationsbedarfs vom Gewicht des Entscheidungsträgers ab, das ihm innerhalb der Unternehmung zukommt.

Abbildung 2: Informationskategorien

QUELLE		intern		extern		Störung
ZEICHENTRÄGER		personal	sach-bezogen	personal	sach-bezogen	–
FUNKTION	Zielsetzung	11	12	13	14	–
	Planung	21	22	23	24	–
	Realisierung	31	32	33	34	Y
	Kontrolle	–	42	43	44	–

zweiges etc.) Datenbeschaffung, sondern für den Entscheidungsprozeß schlechthin, Relevanz besitzen. So umfassen
- interne personale Informationsquellen die Unternehmensführung, Mitarbeiter,
- interne sachbezogene Informationsquellen das betriebliche Rechnungswesen,
- externe personale Informationsquellen die Kunden, Lieferanten, Unternehmungsberater, Bankenvertreter und
- externe sachbezogene Informationsquellen die Gesetzestexte, Verordnungen, Kataloge, Rechnungen etc.

Folgende Informationen charakterisieren die hier angesprochenen Datenkategorien und damit die Datendifferenziertheit:
- Beschaffungsmengen, Beschaffungszeitpunkte, Lagerhaltungskosten, Faktorenausstattung, Erzeugnisse, Absatzmengen, Transportwege, Transportkosten, Arbeitszeiten, Aufwendungen, Erträge, Deckungsbeiträge, Abweichungen, Liquidität, Rentabilität, Abschreibungen, Eigenkapital etc. als Informationen über das Unternehmen,
- Preise, Zinssätze, Nachfrage, Angebot, Produktion, Umsatz, Ertragslage, Wachstumsrate, Marktanteile, Auslastung der Kapazitäten etc. als Informationen über die Gesamtwirtschaft, den Wirtschaftszweig und die Konkurrenz.

Die derzeitige Ausgangssituation zur Entwicklung des MIS für landwirtschaftliche Unternehmungen ist zunächst dadurch gekennzeichnet, daß jede Unternehmung über organisierte formale Informationssysteme im weiteren Sinne verfügt, ohne daß schon von einem MIS gesprochen werden kann. Diese Grenze wird erst dann überschritten, wenn die Informationssysteme auf der Grundlage
- eines geschlossenen (integrierten) Zielsetzungs-, Planungs-, Realisierungs- und Kontrollsystems (vgl. Abbildung 3)
- mit Hilfe eines Mensch-Maschinen-Systems

arbeiten und somit den Grundsatz "Planung ohne Kontrolle ist sinnlos, Kontrolle ohne Planung ist unmöglich" erfüllen.

Im Vergleich zu allgemeinen MIS-Entwicklungen ergeben sich für diesbezügliche Bestrebungen in landwirtschaftlichen Unternehmungen eine Reihe von Besonderheiten, deren Ursprung

Abbildung 3: Integriertes Gesamtmodell

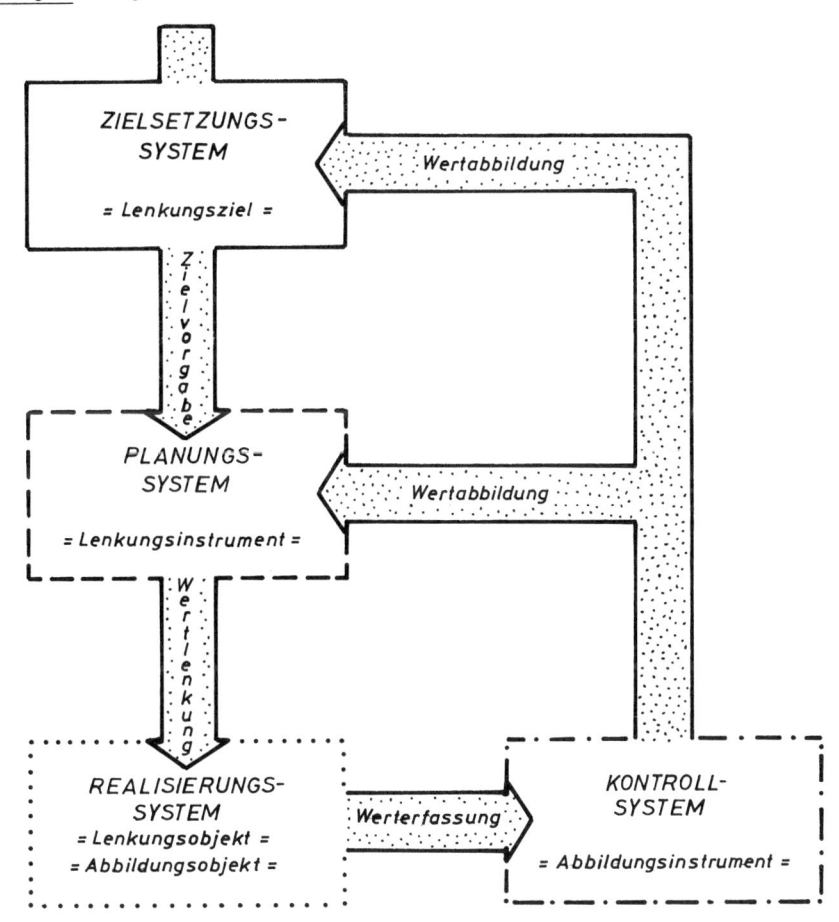

```
                ┌──────────────┐
                │ ZIELSETZUNGS-│ ══════ Wertabbildung ══════╗
                │    SYSTEM    │                            ║
                │ = Lenkungsziel =                          ║
                └──────┬───────┘                            ║
                   Zielvorgabe                              ║
                       ▼                                    ║
                ┌──────────────┐                            ║
                │  PLANUNGS-   │ ══════ Wertabbildung ══════╣
                │    SYSTEM    │                            ║
                │=Lenkungsinstrument=                       ║
                └──────┬───────┘                            ║
                   Wertlenkung                              ║
                       ▼                                    ║
          ┌──────────────┐                 ┌──────────────┐ ║
          │REALISIERUNGS-│── Werterfassung►│   KONTROLL-  │◄╝
          │   SYSTEM     │                 │    SYSTEM    │
          │=Lenkungsobjekt=                │=Abbildungsinstrument=│
          │=Abbildungsobjekt=              │              │
          └──────────────┘                 └──────────────┘
```

in den Eigenarten des Managements landwirtschaftlicher Unternehmen zu suchen ist [1]:
- Verfügungsgewalt über das eingesetzte Kapital,
- Entlohnungsart für Führungs- und Arbeitskräfte,
- Spezialisierungsgrad der Arbeitskräfte,
- Unterschiede im Produktionsprozeß und Maschineneinsatz sowie
- Preisgestaltung.

Hieraus resultiert, daß der landwirtschaftliche Betriebsleiter alle notwendigen Management-Aufgaben erfüllt, alle Entscheidungen über Finanzierung, Produktion und Marketing trifft, die Delegation oder Auslagerung einzelner Aufgaben nur in größeren Einheiten oder Kooperationen auftritt und schließlich alle Aufgaben mittels einfacher Organisationsstrukturen bewältigt werden.

Diese Erfordernisse bedürfen eines effizienten MIS, in dessen Mittelpunkt die Unternehmungs-

---

[1] SNODGRASS, M.M. - WALLACE, L.T.: Agriculture, Economics and Resource Management, New Yersey 1975, S. 320 ff.

rechnung mit ihren beiden tragenden Subsystemen Planungs- und Kontrollrechnungen steht 1).
Aus ihrer Kopplung - ergänzt durch die Subsysteme Zielsetzung und Realisierung - resultiert
ein Gesamtmodell, das durch folgende zentrale Funktionen geprägt wird (vgl. dazu Abbildung 4):
- Entwicklung von Sollvorgaben inform von Finanz-, Ergebnis- u.a. Plänen, die zugleich als Kontrollstandards formuliert sind,
- laufende Überwachung des betrieblichen Ablaufs inform der Ergebnis-, Planfortschritts- und Zielkontrolle (Soll-Ist, Soll-Wird, Wird-Ist) und
- Rückkopplung im Sinne von Korrekturmaßnahmen aufgrund ermittelter Abweichungen 2).

Die Erfüllung dieser zentralen Funktionen wiederum basiert auf einer sinnvollen Aufgliederung des Informationssystems in Aktionen der Entscheidungsträger und Unterstützung dieser Aktionen durch Entscheidungshilfen. In einem Informationssystem stehen Rechenkalküle - gesammelt auf einer Modellbank - und Informationen - gesammelt auf einer Datenbank (vgl. Abbildungen 5 und 6). Ihre Differenziertheit, Ausrichtung und Verflochtenheit entscheiden über Nutzwert bzw. Nutzeffekt eines MIS. Sie sind als gut zu bezeichnen, wenn das zugrunde gelegte Zielsystem organisatorisch, rechenmodellmäßig und informationell erfüllt und vom Entscheidungsträger akzeptiert wird. Sein funktionaler Ablauf gleicht einem in sich geschlossenen System, in dem Aufgaben-, Kompetenz- und Arbeitsbeziehungen in einem Beziehungsnetz nach folgenden Grundzügen gebildet werden 3):

- Der Entscheidungsträger erkennt das Auftreten eines Problems aufgrund systeminterner und/oder systemexterner Informationen. Er kann das Entscheidungsproblem zwecks Konstruktion eines problemorientierten Rechenmodells weiterleiten. Es folgt die Konstruktion des Modells, Problemlösung mit Hilfe des Modells, Heranziehung potentieller Informationen, Durchführung der Auswertungen und schließlich Übermittlung von Informationen an den Entscheidungsträger. Dieser entscheidet mit Hilfe obiger Informationen. Das Ergebnis der Entscheidung wird als V o r g a b e an das Entscheidungsfeld geleitet, das unter Einwirkung der Umwelt die Zielvorgaben zu realisieren versucht. Seine Ergebnisse (Ist) werden systemresident erfaßt, gespeichert, ausgewertet und übermittelt, und zwar von der Rechnungsstelle. Sie greift zurück auf die Modell- und Datenbank und steht in enger Verbindung zur Außenwelt. Die hier ermittelten Ergebnisse sind wiederum die Grundlagen weiterer Entscheidungen (vgl. oben).

Dieses Informationsgefüge ändert sich bei veränderten Organisationsstrukturen insofern, daß Systemgrenzen, -elemente und -beziehungen den veränderten Aufgabenstellungen angepaßt werden. Im Falle der Aufgabenverteilungen in MIS für Einzel- und Kooperationsunternehmungen entstehen Differenzen. Sie können am einfachsten an den Änderungen der Ziel-, Element-, Struktur- und Prozeßvariablen gemessen werden:

- Die Änderung der Zielvariablen wird im wesentlichen durch quantitative Verschiebung der Einzelziele und deren Gewichtung im Vergleich zum Zielsystem des Einzelunternehmens

---

1) Eine funktionale Subsystembildung - beispielsweise nach den betrieblichen Funktionen wie Beschaffung, Lagerung, Produktion und Absatz - ist nur für größere Organisationseinheiten relevant.
2) Hieraus resultiert ein Management-Kontrollzyklus, der bezogen auf die Erfordernisse landwirtschaftlicher Unternehmen mit einem monatlichen Rhythmus auskommt, nachdem eine Reihe von Geschäftsvorgängen monatlich anfallen und erfaßt werden, Sollvorgaben nicht oder kaum für kürzere Zeiträume bestehen und schließlich die Wirksamkeit getätigter Maßnahmen den Ablauf einer Mindestfrist bedingt.
3) ZILAHI-SZABO, M.G.: Determinanten eines Führungsinformationssystems auf betrieblicher, nationaler und supranationaler Ebene. In: Probleme beim Aufbau betrieblicher Informationssysteme, hrsg. von Hansen, H.R. - Wahl, M.P., München 1973, S. 83 ff.

Abbildung 4: Integrative Strukturierung der Subsysteme zu einem Gesamtmodell

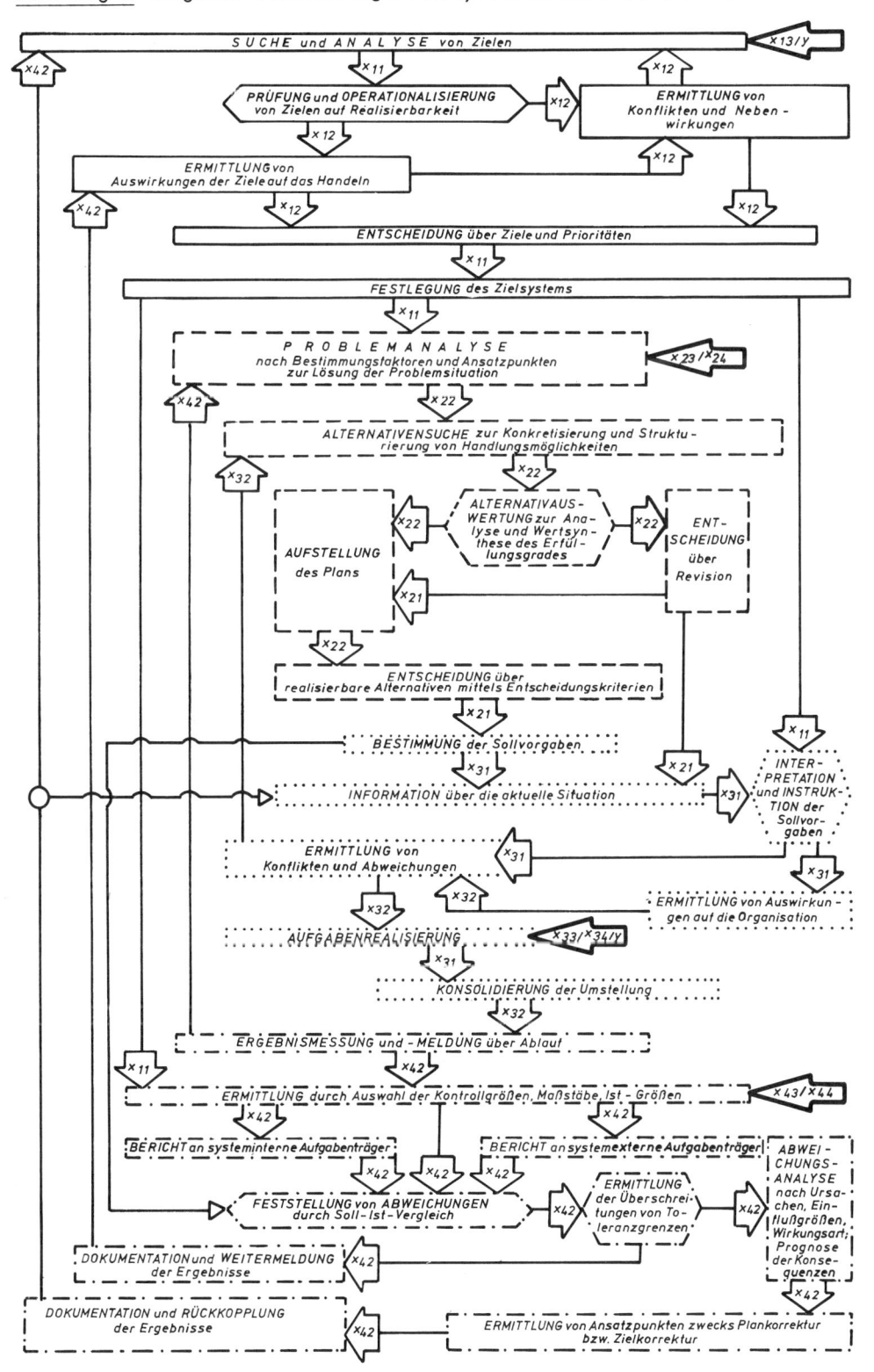

Abbildung 5: Aufbau eines MIS

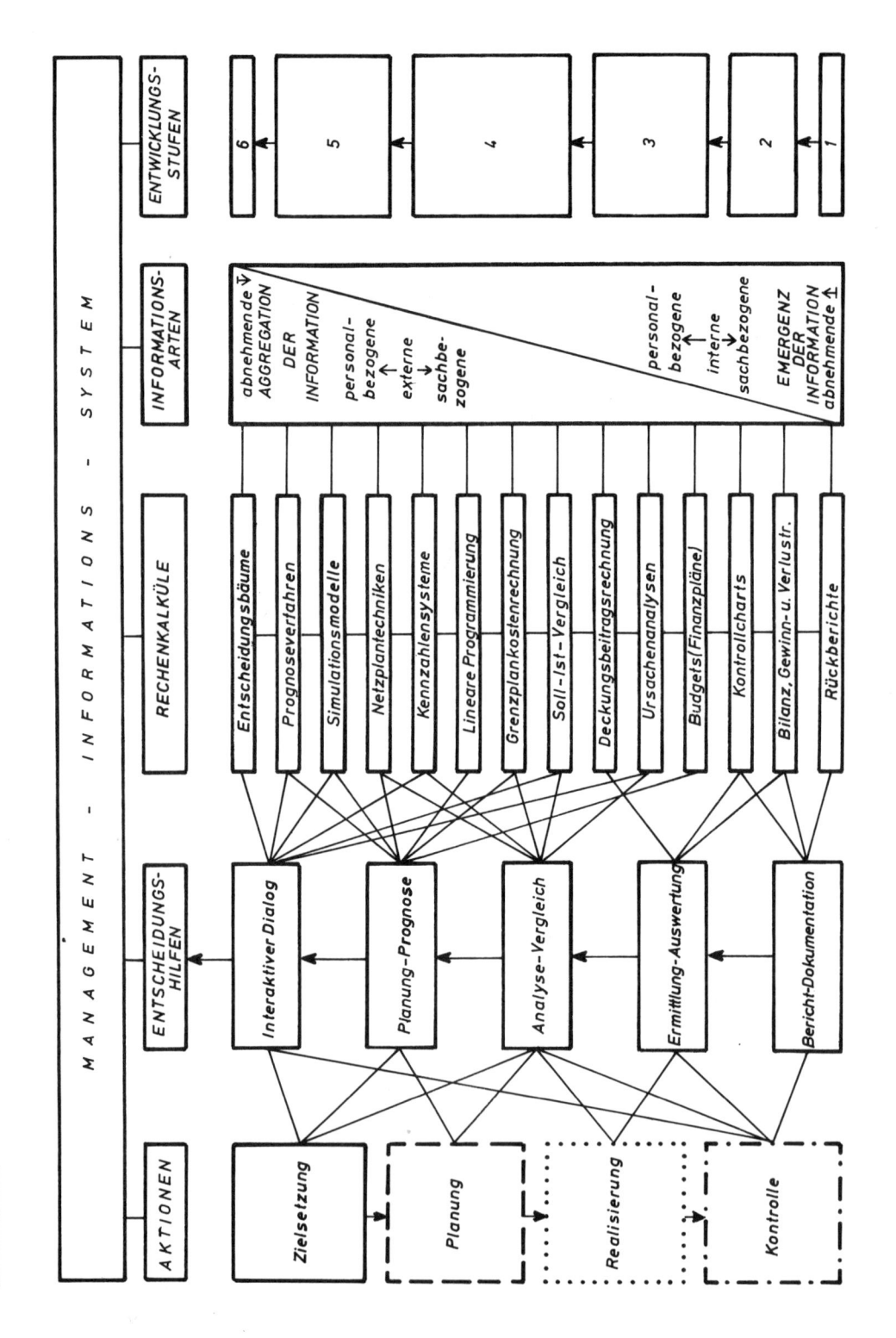

Abbildung 6: Funktionsweise eines MIS

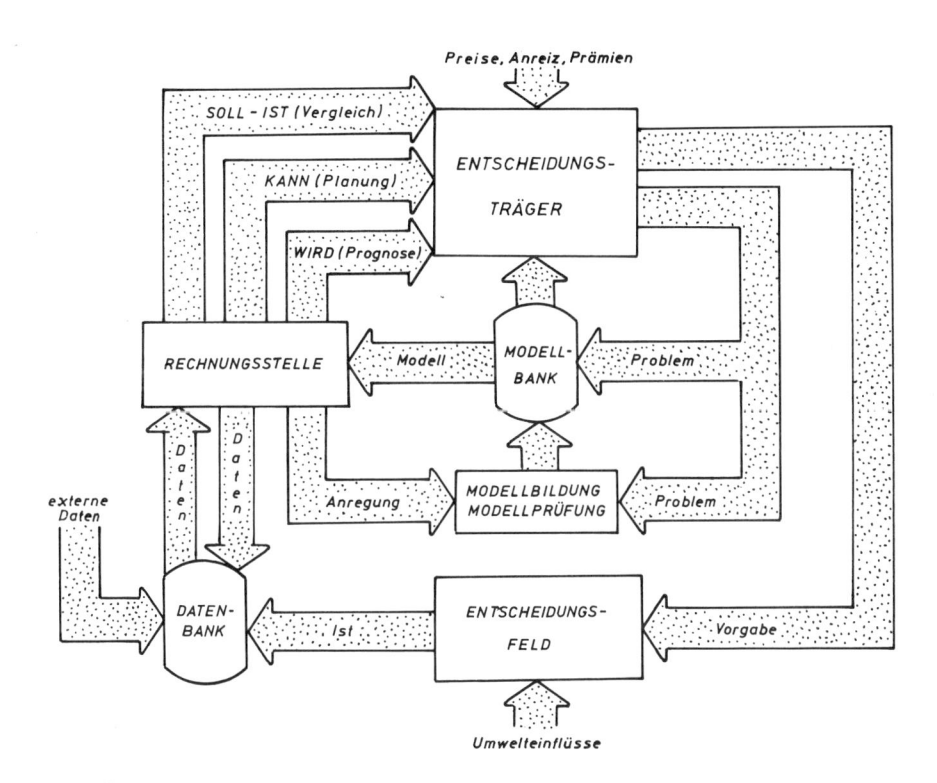

sichtbar. Das kooperative Ziel (beispielsweise die gemeinsame Erzeugung von Produkten) tritt in den Vordergrund. Die übrigen Ziele der Einzelunternehmungen werden dem gemeinsamen Ziel untergeordnet. Dies erfolgt in dem Grad, welche Bedeutung dem gemeinsamen Ziel aus der Sicht der Einzelunternehmung beigemessen wird. Oder anders ausgedrückt: das gemeinsame Ziel nimmt in der Bewertungsskala der Einzelunternehmung die Stelle ein, die es für die Rentabilität, oder Beschäftigungsgrad, oder Liquidität etc. der Einzelunternehmung hat. Mit anderen Worten, es kann in den Zielsystemen der Einzelunternehmungen unterschiedliche Gewichtungen erfahren. Gemeinsam ist, daß es im Mittelpunkt der Aufgabenverteilung für das MIS steht und daß es einen "einzeln" nicht veränderbaren Teil darstellt.
- Die Änderung der Elementvariablen wird einerseits durch Erweiterung (Mehrung) der Systemelemente und andererseits durch Ausdehnung der Systemgrenze geprägt. Ihre Auswirkungen sind insbesondere in den Struktur- und Prozeßvariablen spürbar.
- Die Veränderung der Ziel- und Elementvariablen führt zwangsläufig zur Neubildung organisatorischer Strukturen. So führt beispielsweise die Zuteilung bestimmter Entscheidungsaufgaben an die Mitglieder der Kooperation zu einem bestimmten Informationsbedarf, der in der Regel nicht durch die ursprünglichen Strukturen der Informationsverteilung gedeckt werden konnte. Um einer möglichen Diskrepanz zwischen Informationsbedarf und Informa-

tionsbesitz vorzubeugen, muß nach Bedarfsstellen und Entstehungsstellen "dezentralisiert" und nach Verrichtungsstellen "zentralisiert" strukturiert werden.
- Die wesentlichsten Änderungen werden hinsichtlich der Prozeßvariablen sichtbar. Sie führen zu einer Mehrstufigkeit in der Datenerfassung und -ausgabe und bedingen eine nach heterogenen Kriterien ausgerichtete Datentransformation. Besonders ausgeprägt sind die hier angedeuteten Änderungen in der Ausrichtung des Kennzahlensystems sichtbar. Dadurch, daß Kennzahlensysteme Verbundcharakter von Funktions-, Struktur- und Ergebniskennzahlen tragen, sind sie Fundamente zur Messung der Mengen-, Preis-, Wert- und Zeitfaktoren sowie deren Vergleich auf den Ebenen Teilbereich (Leistungsstelle), Einzelunternehmung und Kooperation. Da die gegenwärtig praktizierten Rechenkalküle (vgl. Abbildung 5) diesem Anforderungsprofil nicht gewachsen sind, müssen neue Entwicklungen eingeleitet werden. Besondere Bedeutung werden dabei moderne Techniken der Programmorganisation wie die modulare Arbeitsweise erlangen [1]).

4 Rahmenbedingungen

Die Anforderungen an ein MIS sind außerordentlich vielschichtig (vgl. oben). Sie sind als Rahmenbedingungen in
- Hauptgrundsätze wie Wirtschaftlichkeit, Sicherheit, Zielbezogenheit,
- personenbezogene Grundsätze wie Aufgabenteilung, Benutzerstrategie, Unabhängigkeit und schließlich
- sachbezogene Grundsätze wie Ganzheitlichkeit, Nachprüfbarkeit, Flexibilität, Durchsetzbarkeit, Modularität

unterteilt. Realisierungsversuche müssen die Erfüllung dieser Rahmenbedingungen in den Vordergrund stellen und ein sukzessives Vorgehen verbinden. Hierfür wird folgender Stufenplan - in Anlehnung an Abbildung 5 - vorgeschlagen:

Umstellung der Berichts- und Dokumentationseinheit mit den Rechenkalkülen Rückbericht, Bilanz sowie Gewinn- und Verlustrechnung
Zunächst werden die bereits in der Praxis bekannten Ist-Rechnungen umgestellt. Die Erfahrung bei der Einführung neuer Verfahren lehrt, daß mitunter eine Anlaufphase notwendig ist, um eine gewisse Sicherheit in der Handhabung des Verfahrens zu gewinnen. Dies erfolgt zumeist mit der Umstellung der Rückberichte als Einnahmen-Ausgaben-Rechnungen (Stufe 1). Darauf folgt die Umstellung der Bilanz sowie der Gewinn- und Verlustrechnung (Stufe 2).

Umstellung der Ermittlungs- und Auswertungseinheit mit den Rechenkalkülen Kontrollcharts und Deckungsbeitragsrechnung
Diese Stufe (Stufe 3) beinhaltet die Ausrichtung der Bilanz sowie Gewinn- und Verlustrechnung auf Entscheidungsorientiertheit einerseits und die Einführung von Kenngrößen im Sinne des Accounting Systems mit Übergang auf die Deckungsbeitragsrechnung andererseits. Diese Entwicklungsstufe entspricht der 5. Buchführungsstufe [2]). Sie umfaßt somit den internen Naturalverkehr der Betriebsbuchhaltung.

Umstellung der Analyse- und Vergleichseinheit mit den Rechenkalkülen Kennzahlensysteme, Grenzplankostenrechnung, Soll-Ist-Vergleich und Ursachenanalyse

---

[1]) Vgl. dazu Spezialliteratur, so beispielsweise ZILAHI-SZABO, M.G.: Auswirkungen der Fortschritte in der Programmierungstechnik auf die Programmorganisation. In: orgapraxis, März 1976, Reg. 3.3., S. 109 - 132.

[2]) Vgl. dazu Buchführungsstufen, in: Begriffs-Systematik für die landwirtschaftliche und gartenbauliche Betriebslehre, 5. Aufl., Heft 14 der Schriftenreihe des HLBS, Bonn 1973, S. 167 f.

In dieser Stufe (Stufe 4) wird bereits mit Vorgabe-Daten (objectives) gearbeitet. Sie sind funktional und temporal mit den Daten der davorgenannten Stufen "deckungsgleich", so daß Vergleiche erfolgen können. Hieraus resultiert die Forderung nach Datenintegrität, Arbeiten mit Soll-, Ist-, Abweichungs- sowie Toleranzinformationen und Rückkopplung zwecks Plankorrektur nach den Merkmalen des Management by exception.

Umstellung der Planungs- und Prognoseeinheit mit den Rechenkalkülen Prognoseverfahren, Simulationsmodelle, Netzplantechniken, Lineare Programmierung und Budgets
Diese Stufe (Stufe 5) umfaßt eine Reihe von Verfahren, die entweder in der Praxis nicht eingebürgert sind (Netzplantechniken, Lineare Programmierung) bzw. sich gegenwärtig in Erprobung befinden (Simulationsmodelle). Mit ihrer auf breiter Basis ausgelegten Anwendung ist nur in den "untersten Stufen"(Budgets, Produktionspläne, Maschineneinsatz- Netzpläne) bei großen bzw. kooperativen Systemen zu rechnen. Diese Stufe bedingt eine vollständige Kopplung der Planungs- und Kontroll-Rechnungen, so daß die Überleitung von Soll zu Ist und umgekehrt (incl. Datenübermittlung) einwandfrei funktioniert.

Umstellung des Gesamtmodells auf interaktiven Dialog bzw. die Eröffnung dieser Möglichkeit bei gleichzeitiger Aufnahme der Rechenkalküle Entscheidungsbäume in das Gesamtmodell
Diese letzte Stufe entspricht ihrem Wesen nach einem "Total-System", indem einzelne Probleme durch direkten Zugriff auf den Rechner bzw. auf ein IS interaktiv gelöst werden. Es handelt sich dabei um eine Zukunftsversion, die zum gegenwärtigen Zeitpunkt nur in streng abgegrenzten Aufgabengebieten (Auskunfts-System der Kriminalpolizei) in vereinfachter Form realisierbar ist.

Parallel zur Realisierung des Gesamtmodells müssen organisatorische Vorkehrungen getroffen werden, um die bestehenden personalen, räumlichen und temporalen Dimensionen in und um das Unternehmen den veränderten Rahmenbedingungen anzupassen. Besondere Bedeutung muß dabei der Motivation und der Ausbildung der Beteiligten gewidmet werden. Dies gilt in besonderem Maße für landwirtschaftliche Unternehmer, deren Arbeitsweise bereits nach der zweiten, spätestens jedoch nach der dritten Stufe entscheidend verändert wird.

Aus diesem Grund sollte die wirtschaftliche Zweckmäßigkeit eines MIS mittels einer Nutzwertanalyse nachgewiesen werden. Die Durchführung einer Nutzwertanalyse setzt die Kenntnis der Kosten- und Nutzen-Daten des MIS voraus. Diese Methode geht von der Überlegung aus, daß IS nicht ausschließlich in nominalen Werten zu beurteilen sind [1]. Es müssen vielmehr Einflußgrößen in die Wertung einbezogen werden, die nur der Quantifizierung in einer physikalischen Dimension oder einer qualitativen Bewertung zugänglich sind:
- Zunächst werden die Ergebnisse für jedes Kriterium ermittelt,
- danach werden sie nach Punkten bewertet, um schließlich
- durch Summation (evtl. durch sonstige Entscheidungsregeln) die Vorteilhaftigkeit auszuweisen.

Beispiele für die Kriterien sind auf der Kostenseite Maschinen-, Personal-, Raum-, Material- und laufende Kosten sowie sonstige Kosteneinflußfaktoren wie Umstellungsrisiken, Flexibilität und Informationsüberfluß; auf der Nutzenseite Einsparungen durch Automation, indirekte Nutzen wie Planungs- und Entscheidungshilfen, verbessertes Rechnungswesen etc.

---

[1] Vgl. DWORATSCHEK, S.. - DONIKE, H.: Wirtschaftlichkeitsanalyse von Informationssystemen, Berlin - New York 1972, S. 27 ff.

5 Zusammenfassung / Ausblick

Mit den vorstehenden Ausführungen wurde versucht, einen kurzen Überblick über die Grundproblematik von IS für die Standortskraft Unternehmensführung zu geben. Die sich an die Modellentwicklung anschließenden Phasen wurden aus räumlichen und erfahrungstechnischen Gründen bewußt ausgenommen. Im Vordergrund stand die Ableitung und zugleich Aufzeichnung eines integrierten Gesamtmodells und seiner Rahmenbedingungen. Einige grundlegende Überlegungen zur Begriffsumgebung des MIS rundeten das Bild ab. Die Relevanz von MIS für landwirtschaftliche Einmann- und Klein-Unternehmen (auch in kooperierter Form) ist zunächst nicht gegeben, da die aufgezeigten Rahmenbedingungen nicht bzw. nur bedingt für einzelne Bedingungen erfüllt sind. Im Vergleich zur Realisierbarkeit betrieblicher IS ist diese Aussage eine Bestätigung ähnlicher Überlegungen in der Wirtschaft.

In Anbetracht des ständig wachsenden Informationsbedarfs wird die Entwicklung und Realisierung des MIS für landwirtschaftliche Unternehmen bejaht. Realisierungsversuche sollen jedoch aus Gründen der Vorsicht über mehrere Phasen ablaufen und ad-hoc-Lösungen vermeiden.

Zu beachten ist, daß das Grundproblem des "Entscheidens" nicht von der Größe der Unternehmung abhängt. Zwar ergeben sich graduelle Unterschiede zwischen verschiedenen Unternehmensgrößen in der Organisation und Strategie der Entscheidung; diese gelten jedoch nicht in bezug auf den Informationsbedarf.

ZUR PLANUNG DER STANDORTGERECHTEN UNTERNEHMENS-
ENTWICKLUNG - BEISPIEL: DAS EINZELBETRIEBLICHE INVESTITIONS-
FÖRDERUNGSPROGRAMM

von

Halvor Jochimsen, Kiel

1	Einleitung	75
2	Grundsätze und Bestimmungsgründe der Unternehmensentwicklung	75
3	Analyse von Betriebsentwicklungsplänen und Buchabschlüssen	79
3.1	Entwicklung der geförderten Betriebe und einige mögliche Bestimmungsfaktoren	79
3.2	Übereinstimmung von Buchabschluß und Betriebsentwicklungsplan	82
4	Schlußfolgerungen für das EFP	84

1 Einleitung

Die Diskussion um das "Einzelbetriebliche Förderungsprogramm" (EFP) ist in der letzten Zeit verstärkt worden (Wiss. Beirat beim BML, 1976; Agrar-Europe-Dokumentation, 1975; Agrarsoziale Gesellschaft, 1975; BLOCK, H.-J., 1976; MEINHOLD, K., LAMPE, A., BECKER, H., 1976; KÖHNE, M., 1976; sowie verschiedene Beiträge in: Innere Kolonisation, 24 (1975), Heft 5). Ohne auf die vielen Einzelaspekte einzugehen, sollen im vorliegenden Beitrag einige Ausführungen zum EFP aus der Sicht der Planung der Unternehmensentwicklung gemacht werden. In bewußter Einengung der Fragestellung soll erörtert werden,

(1) welche Anforderungen an den Betriebsentwicklungsplan (BEP) - als Methode zur Planung der Unternehmensentwicklung - aufgrund theoretischer Überlegungen gestellt werden müssen und
(2) inwieweit es in der Vergangenheit gelungen ist, mittels BEP entwicklungsfähige und nicht entwicklungsfähige Betriebe zu trennen und welche Schlüsse daraus für die entsprechenden Richtlinien zu ziehen sind.

2 Grundsätze und Bestimmungsgründe der Unternehmensentwicklung

Einige Grundsätze und Bestimmungsgründe der Unternehmensentwicklung können durch folgende zusammenfassenden Überlegungen angedeutet werden:

(1) Wachstum bzw. Unternehmensentwicklung kann allgemein als eine Erhöhung des Erfüllungsgrades der jeweiligen Ziele, z.B. Umsatz, Marktstellung oder Einkommen, definiert werden (LUCKAN, 1970, S. 17 ff). Dies bedingt eine Darlegung der Ziele der Landwirte und ihrer mit dem EFP angestrebten Mindestniveaus.

(2) Ziel der staatlichen Förderung 1) ist die Schaffung von entwicklungsfähigen Betrieben, die "bei Anwendung rationeller Produktionsmethoden den in ihnen beschäftigten Personen ein angemessenes Einkommen sowie befriedigende Arbeitsbedingungen gewährleisten" (EG, 1972). Dies kann unter den gegebenen Bedingungen langfristig nur durch eine Verbesserung der Faktorallokation, d.h. durch Investitionen erreicht werden, denen wegen der Begrenztheit von Boden und Absatzmöglichkeiten Desinvestitionen in anderen Betrieben gegenüberstehen müssen. Wegen der relativ zu den Erfordernissen zu geringen Faktormobilität - insbesondere der Arbeitskräfte - erfolgt u.a. eine selektive Förderung von bestimmten Investitionen in "entwicklungsfähigen" Betrieben. Dabei wird angestrebt, daß sich diese Betriebe nach der Anpassungsphase ohne weitere staatliche Hilfe entwickeln können. Die Förderung beschränkt sich auf die Erreichung und Erhaltung eines bestimmten Mindestniveaus des Einkommens. Die nachfolgenden Ausführungen beschäftigen sich daher vornehmlich mit Fragen eines Mindestwachstums.

(3) Die Entwicklung landwirtschaftlicher Betriebe vollzieht sich (in den meisten Ländern) unter den Bedingungen real wachsender Einkommen anderer Sektoren und laufender Geldentwertung. Es kann sinnvollerweise angenommen werden, daß sich das Ziel "ausreichendes Einkommen" nicht auf den Gewinn einer Unternehmung sondern auf das langfristig entnahmefähige Einkommen, den Konsum, bezieht (KUHLMANN, F., 1971, Kapitel 1). Dann bedeutet dieses Ziel-Einkommen eine Zeitreihe zukünftiger Entnahmen, die nach Maßgabe des außerlandwirtschaftlichen Wachstums und der Inflation ansteigen. Eine derartige Entwicklung dürfte im allgemeinen nur über einen zunehmenden Kapitaleinsatz erreichbar sein. Je nach der zukünftigen Kapitalrentabilität und dem Anteil der Eigenfinanzierung stehen Teile des Gewinns nicht für den Konsum zur Verfügung, sondern müssen für Nettoinvestitionen verwendet werden. Gewinn und Entnahmen sowie daraus resultierende Eigenkapitalbildung sind damit wesentliche Kriterien der Entwicklungsfähigkeit.

(4) Der zuvor genannte "Einkommens"-Begriff bedarf einer weiteren Erläuterung. Eine rationale Strukturpolitik wird bei der Vergabe von Förderungsmittel eine Anpassung der Entlohnung der in der Landwirtschaft gebundenen Faktoren Arbeit und Kapital an die anderer Sektoren anstreben und somit die Förderung vom Erreichen eines bestimmten funktionellen Einkommens (Arbeitseinkommen, Kapitalverzinsung) abhängig machen (LANGBEHN, C., 1973; NEANDER, E., 1975). Dieses Verfahren verlangt allerdings die sehr schwierige Bewertung der Vermögensgüter auf der Grundlage ihrer alternativen Verwendungsmöglichkeiten. Darüber hinaus bedarf es einer Quantifizierung alternativer Arbeitsentlohnung in nicht landwirtschaftlichen Sektoren, wobei Qualifikation und Aufnahmefähigkeit des Arbeitsmarktes aber auch abweichende Lebenshaltungskosten, Steuerbelastung etc. zu beachten wären. Ein Durchschnittswert mit gewisser Regionalisierung wird dem Problem nicht gerecht (SCHMITT, G., in Agra-Europe-Dokumentation, 1975).

Nicht nur im volkswirtschaftlichen Sinne sondern auch aus der Sicht des Landwirts führt eine Entscheidung anhand der jeweiligen Faktorentlohnung im Vergleich mit alternativen Nutzungsmöglichkeiten zum optimalen Ergebnis. Falls aber daneben das Ziel "ausreichender verfügbarer Einkommen" verfolgt wird, erscheint eine Beurteilung aufgrund der

---

1) Auf die zunehmende und sehr problematische Verwendung der Investitionsförderung zur direkten Minderung inter- und intrasektoraler Einkommensdisparitäten kann hier ebensowenig wie auf die sozial motivierte Wohnraumförderung oder andere gesamtwirtschaftliche Ziele eingegangen werden.

personellen Einkommen als Summe von Arbeits- und Eigenkapitalentlohnung sachgerechter (KÖHNE, M., 1973; 1974). Die Höhe des Einkommens wird dabei an seiner Verwendung für Konsum und Eigenkapitalbildung gemessen.

Da das EFP in Anpassung an die EWG-Richtlinien in der Tat mit seinem Ziel-Arbeitseinkommen (Förderschwelle) nach Abzug einer gewissen, nicht unproblematischen Kapitalverzinsung vom funktionellen Einkommensbegriff ausgeht, ist nach den Bedingungen einer Übereinstimmung mit einer Beurteilung nach den personellen Einkommen zu fragen.

(5) Aufbauend auf den Darlegungen von KUHLMANN kann der entnahmefähige Anteil des Unternehmenserfolges im Familienbetrieb in stark vereinfachender Weise wie folgt dargestellt werden (KUHLMANN, F., 1971; vgl. auch LASSEN, P., 1976) [1]:

(1) $\quad C_t = \left[p - i \cdot (1-a) - a \cdot f \right] \cdot V_t$

wobei C_t = Konsum im Jahre t

V_t = Vermögen im Jahre t

p = Kapitalproduktivität (konstant)
i = Fremdkapitalzins (konstant)
a = Eigenkapitalanteil (konstant)
f = Wachstumsrate des Konsums ist.

Die Berücksichtigung der funktionellen Einkommensentstehung kann folgendermaßen dargestellt werden:

(2) $\quad \left[p - i \cdot (1-a) \right] \cdot V_t = A_t + a \cdot V_t \cdot r$

wobei A das Arbeitseinkommen und r der Eigenkapitalzins ist.
Dies in (1) eingesetzt, ergibt:

(3) $\quad C_t = A_t + a \cdot V_t \cdot r - a \cdot f \cdot V_t$

Daraus lassen sich unter Beachtung der o.a. Annahmen die folgenden Schlüsse ableiten:

- In einer Wirtschaft ohne Wachstum (und ohne Inflation), d.h. bei f = 0, könnte der Landwirt Arbeitseinkommen und Eigenkapitalzinsertrag konsumieren, ohne das Bestehen des Unternehmens zu gefährden.
- Falls erwünschte Steigerungsrate des Konsums in v.H. und in der Kalkulation verwendeter Eigenkapitalzins in v.H. identisch sind, kann in diesem Falle maximal ein Betrag in Höhe des Arbeitseinkommens entnommen werden.
- Falls die Konsumsteigerung den Eigenkapitalzins überschreitet, steht das Arbeitseinkommen nicht in vollem Umfang für den Konsum zur Verfügung. Die zur Erhaltung der langfristigen Leistungsfähigkeit des Unternehmens notwendigen Investitionen erfordern mehr Eigenkapitalbildung als in Form des Zinsertrages rechnerisch zur Verfügung steht.

Die letztgenannte Situation dürfte im Prinzip für die Berechnung des Arbeitseinkommens nach den Richtlinien des EFP zutreffen, wenn die Eigenkapitalbewertung und -verzinsung im unteren Teil des zulässigen Bereiches durchgeführt wird. In diesem Falle darf das errechnete Arbeitseinkommen nicht voll entnommen werden; eine Parität zu anderen Sektoren bei gleichzeitiger Unternehmensentwicklung kann somit trotz Erreichens der Zielschwelle nicht verwirklicht werden.

---

[1] Die ausführliche Ableitung befindet sich im Anhang. Auf die angenommene Konstanz von p, i und a muß besonders hingewiesen werden.

Unter den derzeitigen Bedingungen wachsender Betriebe ist die Annahme eines konstanten Eigenkapitalanteils allerdings zu restriktiv. Gleichung (3) müßte unter sonst unveränderten Annahmen erweitert werden (siehe Anhang Gleichung 8), wobei a^* der Eigenkapitalanteil der Nettoinvestition ist.

$$(4) \quad C_t = A_t + a_t \cdot V_t \cdot r - a^* \cdot V_t \cdot f \cdot \frac{p-i \cdot (1-a_t)}{p-i \cdot (1-a_{t+1})}$$

Falls der Eigenkapitalanteil des Betriebes durch stärker fremdfinanzierte Nettoinvestitionen sinkt ($a_t > a_{t+1}$), kann r in Abhängigkeit von den jeweiligen Bedingungen unterhalb f liegen und trotzdem das Arbeitseinkommen voll für den Konsum zur Verfügung stehen. Beispielsweise könnte trotz eines Eigenkapitalzinses von nur 3,5 % der Konsumzuwachs 6 % betragen, wenn die Nettoinvestition abweichend von einem 75 %igen Eigenkapitalanteil des Gesamtbetriebes mit nur 43 % Eigenkapital finanziert wird (V = 600.000; I = 30.000; p = 0,1; i = 0,06). Andererseits verlangen stark verschuldete Betriebe nach einer umgekehrten Entwicklung (KÖHNE, M., 1974 b), so daß r größer als f sein müßte.

Die begründete Annahme, daß für einen Einzelbetrieb bei mittelfristiger Betrachtung die Kapitalproduktivität, der Fremdkapitalzins, der Eigenkapitalanteil und die Sparquote keine unveränderlichen Größen sind, macht eine genaue quantitative Analyse der Unternehmensentwicklung erforderlich. Die jährliche Entwicklung muß mittels eines Verlaufsmodelles (dynamischer Voranschlag, Simulation) oder eines dynamischen Optimierungsmodells vorauskalkuliert werden (HINRICHS, P., und BRANDES, W., 1974; IRWIN, G.D., 1968; JOCHIMSEN, H., 1974, Kap. 2.2.3). Dabei sind neben der Ausgangsfaktorausstattung Annahmen über die zukünftige Preis-Kosten-Entwicklung, die sich ändernden naturalen Ertrags-Aufwands-Beziehungen, über Investitionsrichtung, -umfang und -zeitpunkt, die Finanzierung und die erwünschte Höhe und Steigerung des Konsums zu treffen. Diese Ansätze müssen in irgendeiner Form in den Richtlinien oder Durchführungsbestimmungen zum EFP geregelt werden. Hinweise dazu sollen im letzten Abschnitt gegeben werden.

Überschlägige Kalkulationen lassen erkennen, daß in vielen auf Wachstum angewiesenen Betrieben die erforderliche Eigenkapitalbildung größer als der entsprechend den Richtlinien kalkulierte Eigenkapitalzinsanspruch ist. Das Erreichen der Zielschwelle von 23.000,-- DM je Norm-AK und ein "paritätischer" Konsum in ebendieser Höhe sind somit allein keine ausreichende Bedingung für einen langfristig existenzfähigen Betrieb.

(6) Die mit dem EFP angestrebte langfristige Existenzsicherung der Vollerwerbsbetriebe unterstellt das Konzept der physischen Substanzerhaltung (reale oder substantielle Kapitalerhaltung) zuzüglich eines für reales Einkommenswachstum notwendigen realen Vermögenszuwachses [1]. Der dafür erforderliche einbehaltene Gewinn (Eigenkapitalbildung) wird davon beeinflußt, von welchem Selbstfinanzierungsanteil ausgegangen wird. Dabei kann m.E. im Rahmen der Vergabe öffentlicher Mittel nicht die Forderung nach konstanten Anteilen sondern allein nach im Hinblick auf die Existenzsicherung mindestens notwendigen Anteilen vertreten werden.

---

[1] Zu den verschiedenen Substanzerhaltungskonzepten vgl.: KÖHNE, M., 1975; KUHLMANN, F., 1971, S. 8 - 19; LECHNER, K., 1976; SIEGEL, T., 1976; KOSIOL, E., 1959.

3 Analyse von Betriebsentwicklungsplänen und Buchabschlüssen

Im folgenden sollen einige (vorläufige) Ergebnisse einer Analyse von schleswig-holsteinischen Betrieben angeführt werden, die im Jahre 1971 eine Förderung in Anspruch nahmen. Der hier vorliegende erste Teil der Ergebnisse beschränkt sich auf Betriebe, die allein Zinsverbilligung in Anspruch genommen haben. Die Ergebnisse von Betrieben, die "bauliche Maßnahmen im Altgehöft" mit öffentlichen Darlehen durchgeführt haben, sollen ebenso wie methodische Aspekte demnächst veröffentlicht werden.

Für die Auswertung standen eine kurzgefaßte Abschrift des Betriebsentwicklungsplanes (BEP) sowie der Buchabschluß 1974/75 zur Verfügung. Fehlende, mangelhafte oder zu stark vereinfachte Abschlüsse (Stufe I oder II) engten die Zahl von Betrieben auf 448 ein. Auch diese verbleibenden wiesen einige kleinere Lücken und Ungereimtheiten im Abschluß auf, die für Außenstehende schwer erklärbar waren. Insgesamt gesehen mußte festgestellt werden, daß zwar in den zuständigen Institutionen die Einhaltung der Vorlagepflicht überwacht wird, eine Prüfung auf Vollständigkeit oder sachliche Richtigkeit im allgemeinen nicht erfolgt (und wohl auch eher Aufgabe des Landwirts wäre!). Der im vorliegenden Abschluß eines (!) Jahres ausgewiesene Erfolg wurde soweit vertretbar nach betriebswirtschaftlichen Gesichtspunkten korrigiert.

3.1 Entwicklung der geförderten Betriebe und einige mögliche Bestimmungsfaktoren

Ausgehend von den Zielen der Förderung und den Erfordernissen langfristig existenzfähiger Betriebe, erscheint es zweckmäßig, die Unternehmensentwicklung an der Eigenkapitalbildung der Betriebe nach etwa 4 Jahren zu messen. Daneben sind Gewinnhöhe und Privatentnahmen zu beachten. Die für einen entwicklungsfähigen Betrieb notwendige Mindesteigenkapitalbildung kann wie bereits angedeutet nur im Einzelfall und nur mit relativ aufwendigen Kalkulationen angegeben werden. In dieser Analyse muß daher von pauschalen Schwellenwerten ausgegangen werden. Als erste Minimalforderung sollte die Eigenkapitaländerung positiv sein. Eigene Kalkulationen (Landwirtschaftskammer, S.-H., 1975/76) ergeben unter bestimmten, hier nicht näher erläuterten Annahmen grobe Anhaltswerte von 5.000,-- bis 15.000,-- DM/Jahr für Familienbetriebe, aus denen ein zweiter Schwellenwert von 10.000,-- DM abgeleitet wird.

Unter Verwendung tatsächlicher Entnahmen und des (i.d. nach oben) korrigierten Gewinnes errechnet sich ein Anteil von 25 v.H. bzw. 41 v.H. der Betriebe unterhalb der alternativen Schwellenwerte. Diese Größenordnung wird durch Untersuchungen von LÜTHGE und HÜLSEN (LÜTHGE, J., 1976; HÜLSEN, R., 1975) bestätigt. Auf die Schlußfolgerungen ist noch zurückzukommen.

Dieses Ergebnis liegt einerseits an teilweise recht hohen Entnahmen (im Mittel aller Betriebe 48.700,-- DM bei 13.800,-- DM Einlagen) und an den in vielen Betrieben unzureichenden Gewinnen. Dies zeigt eine prozentuale Verteilung der Betriebe nach Gewinnklassen (in 1.000,-- DM):

< 0	0 - 20	20 - 40	40 - 60	60 - 80	80 - 100	> 100
3,3 %	12,5 %	26,1 %	25,4 %	15,2 %	6,1 %	11,4 %

Danach wirtschaften 3,3 v.H. der Betriebe im Untersuchungsjahr mit Verlust bzw. in gut 40 v.H. der Betriebe liegen die Gewinne unter 40.000,-- DM. Die Eigenkapitalbildung im Mittel aller Betriebe liegt bei 14.300,-- DM.

Zur näheren Beschreibung des Untersuchungsmaterials sind die Mittelwerte (MW) nebst Streuung (S) der Merkmale in Übersicht 1 für nicht entwicklungsfähige und entwicklungsfähige Betriebe zusammengestellt. Aus Platzgründen muß auf eine verbale Erläuterung ver-

Übersicht 1: Mittelwerte und Streuung aller Merkmale für nicht entwicklungsfähige und entwicklungsfähige Betriebe

MERKMALE	VA	1)	NICHT ENTW.BETR. MW	S	ENTW.BETRIEBE MW	S	VER ER MW#2	
ANZAHL BETRIEBE			112		336			
BUCHFUEHRUNG								
LANDW. NUTZFLAECHE	HA		78.5	79.5	74.1	58.4		
ZUPACHT	HA		23.5	39.8	21.1	31.0	34	27
ACKER	HA		60.3	76.4	55.4	59.2	61	55
KUEHE	STCK		16.7	20.9	19.0	18.9	29	31
UEBR.RINDER	STCK		43.1	34.1	48.5	39.0	51	60
SAUEN	STCK		5.3	14.0	5.6	14.3	23	19
MASTSCHWEINE	STCK/JAHR		181.9	368.6	198.1	404.3	283	322
ARBEITSKRAEFTE	AK		2.7	2.3	2.5	1.6		
AENDERUNG AKTIVA	DM	**	-6630	58024	18667	57107		
AENDERUNG FREMDKAPITAL	DM	**	14790	48907	-7571	57151		
FREMDKAPITAL INSG.	TDM		202.3	206.2	168.1	142.8		
--- KURZFR.	TDM	**	93.5	133.2	58.8	76.1		
ZINSEN U. PACHTEN	DM		16258	18683	14126	14925		
EINLAGEN	DM		11992	21694	14461	27128		
GEWINN (KORR.)	DM	**	22484	45744	55955	49339		
PRIVATENTNAHMEN	DM	*	56783	58678	45980	33805		
MILCHLEISTUNG/KUH OST.	KG	**	4449	882.8	4876	719.5		
--- GEEST	KG		4535	545.0	4549	588.2		
--- MARSCH	KG	**	3933	640.5	4435	524.9		
GETREIDEERTRAG/HA OST.	DZ	**	49.3	9.0	53.1	8.2		
--- GEEST	DZ	**	33.0	7.3	35.1	5.5		
--- MARSCH	DZ	**	56.8	12.5	60.7	7.9		
BETRIEBSENTWICKLUNGSPLAN								
LANDW.NUTZFLAECHE IST	HA		59.7	54.5	63.7	54.6		
ZIEL	HA		75.5	67.9	71.2	57.1		
ZUPACHT IST	HA		14.3	19.7	13.5	25.5	21	19
ZIEL	HA		17.1	23.4	18.5	29.2	24	24
ACKER IST	HA		52.7	62.3	45.3	53.2	53	47
ZIEL	HA		58.9	68.3	53.2	57.2	59	54
KUEHE IST	STCK		18.1	17.6	18.8	17.6	25	27
ZIEL	STCK		17.9	18.0	22.0	20.6	29	34
UEBR.RINDER IST	STCK		40.4	31.4	39.2	28.8	46	45
ZIEL	STCK		42.9	34.5	41.9	33.1	49	51
SAUEN IST	STCK		5.5	11.0	6.3	13.5	18	18
ZIEL	STCK		7.4	16.4	7.7	17.0	26	24
MASTSCHWEINE IST	STCK		158.8	233.1	164.0	313.8	278	325
ZIEL	STCK		216.2	343.9	196.7	389.1	384	418
ARBEITSKRAEFTE IST	AK		2.7	2.4	2.4	1.8		
ZIEL	AK		2.5	2.2	2.4	1.5		
FREMDKAPITAL IST	TDM		125.5	144.3	104.3	93.8		
ZIEL	TDM		157.0	152.8	141.4	103.3		
ZINSEN U.PACHT IST	DM		10186	9812	8831	9098		
ZIEL	DM		12827	11807	12343	11233		
GEWINN IST	DM		40741	42742	40033	30616		
ZIEL	DM		55257	45719	56255	36764		
INVESTITIONEN LAND	TDM		12.0	34.1	22.0	58.6		
--- WI-GEBAEUDE	TDM		16.4	27.9	21.0	37.3		
--- MASCHINEN	TDM		37.8	49.4	35.4	37.7		
--- VIEH	TDM		7.2	17.1	4.9	11.5		
--- DRAINAGE	TDM		6.3	22.5	3.7	17.6		
--- WOHNHAUS	TDM		6.9	28.6	3.7	18.1		
ZINSVERB. DARLEHEN	TDM		49.0	41.8	48.9	40.3		

1) ERGEBNIS DER VARIANZANALYSE: SIGNIFIKANT BEI 5%=* BEI 1%=**

Mittelwerte ausgewählter Merkmale

			Nicht entwickl. Betriebe	entwicklungsfähige Betriebe
Buchführung	Landw. Nutzfläche	ha	78,5	74,1
	Kühe	Stck.	16,7	19,0
	Änderung Aktiva	DM	−6630 **	18667 **
	" Fremdkap.	DM	14790 **	−7571 **
	Fremdkapital	TDM	202	168
	Gewinn	DM	22484 **	65966 **
	Privatentnahmen	DM	56783 *	45980 *
	Milch / Kuh	kg	4449 **	4876 **
	Getreide / ha	dt	49,3 **	53,1 **
BEP-Ziel	Landw. Nutzfläche	ha	75,5	71,2
	Kühe	Stck.	17,9	22,0
	Fremdkapital	TDM	157	141
	Gewinn	DM	55257	56256
	Investitionen	TDM	86,6	90,7
	Zinsverb. Darlehen	TDM	49,0	48,9

* = sign. bei 5%
** = sign. bei 1%

zichtet werden. Ausdrücklich hingewiesen sei auf die mittlere Flächenausstattung von etwa 75 ha, den Ist-Gewinn von 40.000,-- DM, die schwerpunktmäßigen Investitionen bei Maschinen und den Förderungsumfang von 50.000,-- DM.

Die vorgenommene Gruppierung der Betriebe erlaubt gewisse Hinweise auf mögliche Ursachen unzureichender Unternehmensentwicklung, bzw. auf die Möglichkeiten mittels BEP eine Selektion vorzunehmen. Eine Varianzanalyse zeigt nämlich, daß alle hier erfaßten Merkmale des BEP (untere Hälfte der Übersicht 1) keine signifikanten Unterschiede zwischen den entwicklungsfähigen und nicht entwicklungsfähigen Betrieben zeigen, was natürlich nicht besagt, daß sie keinen Einfluß hätten; vielmehr taugen sie nicht für eine Unterscheidung der Gruppen. Erstaunlicherweise sind die Merkmale des Produktionsumfanges, des Investitions- und Förderungsumfanges und der Gewinn des BEP zwischen den Gruppen nicht unterschiedlich. Bezüglich der Buchabschlüsse (obere Hälfte der Übersicht 1) zeigen sich neben den bei dieser Gruppierung erwartungsgemäß auftretenden Unterschieden im Gewinn und der davon beeinflußten Fremdkapitalentwicklung deutliche Differenzen bei den Entnahmen (nicht entwicklungsfähige Betriebe entnehmen ca. 11.000,-- DM mehr) und vor allem bei den Milchleistungen/Kuh und Getreideerträgen/ha als Indikatoren für die Betriebsleiterfähigkeiten (entwicklungsfähige Betriebe haben ca. 10 v.H. bessere Naturalleistungen). Ferner zeigen die entwicklungsfähigen Betriebe ein kräftigeres Wachstum des Vermögens (Aktiva).

Diese Ergebnisse besagen, daß eine sachgerechte Selektion entwicklungsfähiger Betriebe mittels BEP nur dann vorgenommen werden kann, wenn die produktionstechnischen Größen (Erträge und Aufwand) den Fähigkeiten des Betriebsleiters entsprechend eingesetzt und die voraussichtlichen Entnahmen in realistischer Höhe eingesetzt werden. Eine Entscheidung über die Entwicklungsfähigkeit ausgehend von bestimmten Durchschnittserträgen, Produktionsrichtungen oder -umfängen, von bestimmten Investitions- oder Förderungsumfängen kann aus diesem Material nicht gerechtfertigt werden.

3.2 Übereinstimmung von Buchabschluß und Betriebsentwicklungsplan

Das vorliegende Material erlaubt eine Antwort auf die Frage, inwieweit der BEP eine realistische Vorschätzung der tatsächlichen Entwicklung darstellt, mit anderen Worten ob Landwirte den Plan realisieren konnten oder wollten.

Betrachtet man die jeweiligen Mittelwerte verschiedener Merkmale für das Planungsziel sowie dessen Realisierung und errechnet die mittleren Abweichungen, so erscheint auf den ersten Blick für viele Merkmale eine recht gute Übereinstimmung zu herrschen (vgl. Übersicht 2).

Übersicht 2: Mittlere Abweichungen zwischen Buchabschluß 1974/75 und BEP-Ziel

Merkmal	nicht entwicklungsfähige Betriebe		entwicklungsfähige Betriebe	
	absolut	(v.H.)	absolut	(v.H.)
Landw.Nutzfläche ha	+ 3.1	(4.1)	+ 2.9	(4.1)
Zupacht ha	+ 6.4	(37.4)	+ 2.5	(13.4)
Acker ha	+ 1.3	(2.2)	+ 2.2	(4.1)
Kühe Stck.	- 1.1	(-6.1)	- 3.0	(-13.6)
übriges Rindvieh Stck.	+ 0.3	(0.7)	+ 6.6	(15.8)
Sauen Stck.	- 2.1	(-28.4)	- 2.1	(-27.3)
Mastschweine Stck/J.	- 34.2	(-15.8)	+ 1.4	(0.7)
Arbeitskräfte AK	+ 0.1	(4.0)	+ 0.1	(4.2)
Fremdkapital TDM	+ 45.3	(28.9)	+ 26.6	(18.8)
Zinsen u. Pachten TDM	+ 3.4	(26.7)	+ 1.8	(14.4)
Gewinn TDM	- 32.8	(-59.3)	+ 9.7	(17.3)

Die Flächenziele wurden leicht übertroffen, die Viehzahlen nicht ganz erreicht. Das Fremdkapital sowie Zinsen und Pachten liegen höher als vorgeplant, der Gewinn konnte im Mittel der Betriebe bis auf 910,-- DM erreicht werden. Eine Gruppierung nach entwicklungsfähigen und nicht entwicklungsfähigen Betrieben zeigt keine gravierenden Unterschiede außer einer bedingt durch den niedrigeren Gewinn stärkeren Überschreitung der Ziele für Kredit sowie Zinsen und Pachten. Es fällt allerdings auf, daß unter den entwicklungsfähigen Betrieben viele sind, die die Kühe im Zuge einer Spezialisierung stärker als geplant vermindern, die Rindermast ausbauen und die den Zielumfang bei Mastschweinen auch tatsächlich erreichen. Die nicht entwicklungsfähigen Betriebe pachten bei unveränderter Gesamtfläche wesentlich mehr zu als vorausgesehen.

Die weitaus aussagekräftigere Analyse der Häufigkeitsverteilung der Abweichungen (Abbildung 1 und 2) zeigt, daß einzelne Betriebe durchaus stark von ihren Zielen abweichen. Es ist dabei bemerkenswert, daß bei den Merkmalen bezüglich des Produktionsumfanges (sowie vermutlich der Stallkapazitäten) eine vergleichsweise gute Übereinstimmung herrscht. So liegen etwa 60 - 70 v.H. der Betriebe sehr nahe dem Ziel ($\pm$ 10 v.H.) 1). Daraus kann gefolgert werden, daß Landwirte und Berater bezüglich dieser Merkmale hinreichend genau vorausplanen können und der BEP demnach korrekt ist. Es sind dies Größen, die zum Zeitpunkt der Erstellung des BEP bereits weitgehend festgelegt waren und vollständig in der Hand des Landwirts liegen.

Demgegenüber werden die Fremdkapitalentwicklung sowie die Zinsen und Pachten nur unzu-

---

1) Das Ergebnis der Mastschweine könnte durch Datenfehler, d.h. eine Verwechslung von Beständen und Produktion, bedingt sein.

Abbildung 1: Verteilung der Abweichungen Buchführung – BEP

Landw. Nutzfläche

Sauen

Kühe

Mastschweine

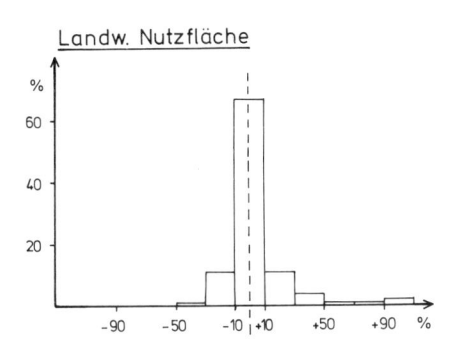

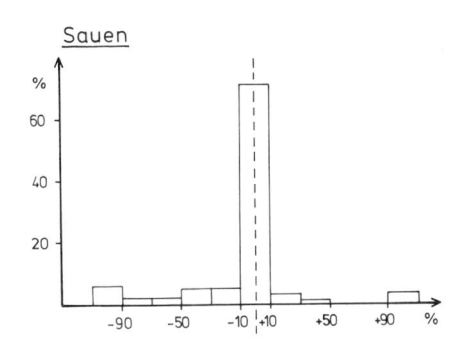

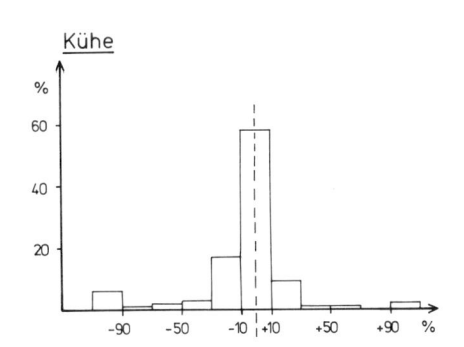

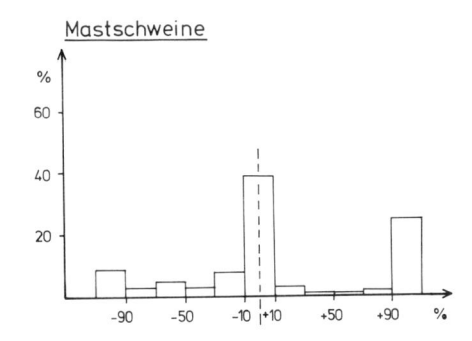

Abbildung 2: Verteilung der Abweichungen Buchführung – BEP

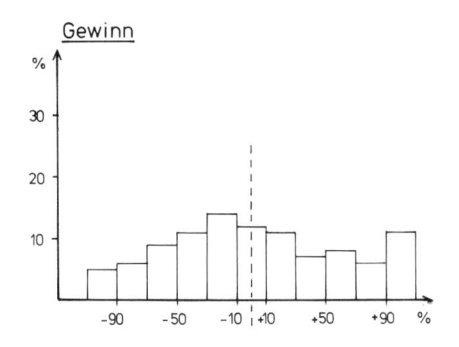

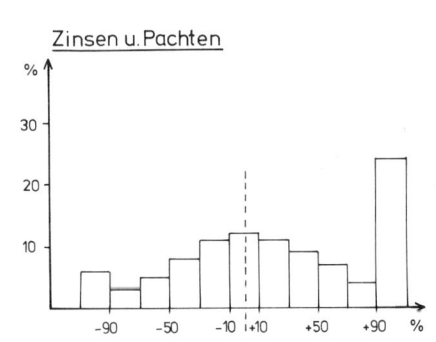

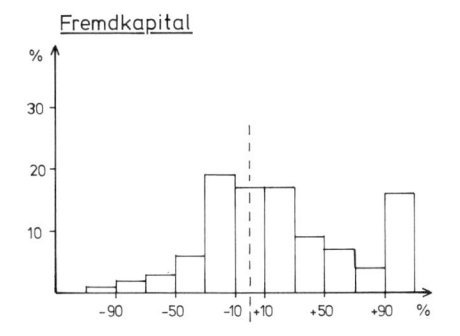

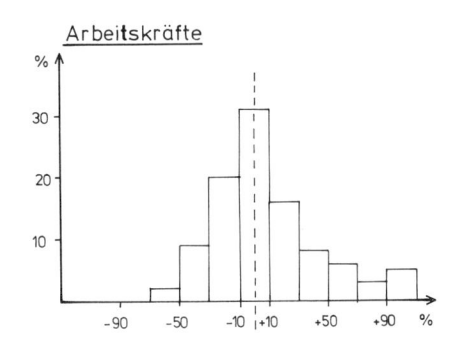

Gewinn

Zinsen u. Pachten

Fremdkapital

Arbeitskräfte

treffend vorausgesehen; die Abweichungen sind beträchtlich. So liegen 48 bzw. 66 v.H. der Betriebe außerhalb ± 30 v.H. der Zielgröße. Der Grund dürfte darin zu suchen sein, daß der BEP nicht alle in Zukunft erforderlichen Investitionen und deren Finanzierung enthält und in vielen Betrieben die Eigenkapitalbildung bedingt durch den methodischen Ansatz überschätzt worden ist. Vermutlich liegen die Privatentnahmen wesentlich höher als vorhergesehen (HÜLSEN, R., 1975).

Die Gewinnentwicklung wird von den meisten Betrieben völlig unzureichend vorausgeschätzt (vgl. Abbildung 2). Die Übereinstimmung der Mittelwerte täuscht darüber hinweg, daß 2/3 der Betriebe (in dem einen Jahr!) das Gewinnziel um mehr als 30 v.H. über - oder unterschreiten. Hier dürfte der Grund neben einer unzutreffenden Annahme über die Ertrags-Aufwandsverhältnisse auch in den methodischen Schwächen des derzeitigen BEP liegen, d.h. insbesondere in seinen Preisannahmen.

4 Schlußfolgerungen für das EFP

Der zuvor empirisch belegte, begrenzte Erfolg einer Selektion entwicklungsfähiger Betriebe mittels BEP erlaubt im wesentlichen die zwei folgenden Alternativen für ein geändertes Planungs- und Prüfungsverfahren; der vom Wissenschaftlichen Beirat (Wiss. Beirat beim BML, 1976, S. 12 ff) vorgeschlagene Ersatz des BEP durch eine einfache "Ertrags-Aufwands-Rechnung" stellt dagegen keine wesentliche Änderung dar.

Die Unsicherheit über die zukünftige Entwicklung der erfolgsbestimmenden Größen sowie die Unvollkommenheit des Planungsansatzes 1) lassen eine sachgerechte Beurteilung der Entwicklungsfähigkeit im Rahmen eines schematisierenden BEP fraglich erscheinen. Bedenkt man darüber hinaus den mit der Erstellung, Bewilligung und Kontrolle verbundenen beachtlichen Aufwand, so kann daraus durchaus der Vorschlag einer Abkehr vom bisherigen Verfahren abgeleitet werden. Die Gefahr, daß Landwirte den für gut befundenen BEP als staatliche Prüfung und Garantie ihrer Zukunftschancen mißverstehen, verstärkt diese Argumente.

Zu ersetzen wäre das jetzige Verfahren durch die Vergabe von Förderungsmitteln unter Wegfall der bisherigen Bedingungen, insbesondere des Nachweises der Entwicklungsfähigkeit. Die Förderung je Betrieb innerhalb eines Zeitraumes müßte nach oben begrenzt sein. Die Investitionsentscheidung läge vollständig beim Landwirt und seinen Kreditgebern, die in manchen Fällen allerdings stärker als bisher die Rentabilität der Maßnahme und des Gesamtbetriebes überprüfen würden. Die mit der Lockerung der Förderungsbedingungen verbundene Gefahr des Anreizes von Fehlinvestitionen ist unbestreitbar vorhanden. Fraglich und bisher nicht quantifizierbar ist nur, wie gravierend er im Vergleich zum jetzigen Verfahren ist. Die jetzige Förderungspraxis läßt die Vermutung zu, daß ein Entschluß eines Landwirtes zur Investition in den meisten Fällen auch ihre Förderung zur Folge hat. Überspitzt formuliert heißt das, daß die "Entwicklungsfähigkeit" bereits durch die Investitionsentscheidung und das Ausfüllen (lassen) des Antrages gegeben ist.

Die bisherigen teilweisen Mißerfolge könnten als 2. Alternative Anlaß sein, das Verfahren wesentlich zu verbessern 2), d.h. zu verschärfen. Dies setzt allerdings eine klare Priorität des Zieles der Struktur- gegenüber der direkten Einkommensverbesserung voraus. Es wären dann weniger Fälle, diese aber präziser, unter Einschaltung eines Expertengremiums zu prüfen. Dabei müßte die Entwicklungsfähigkeit unter Beachtung von Liquidität und Kapitalstruk-

---

1) Von der Möglichkeit der bewußten Täuschung zur Erlangung von Zuschüssen wird hier gänzlich abgesehen.

2) Eine engagierte Verteidigung für die selektive Förderung findet sich bei BLUME, H., 1975.

tur sowie bisheriger Entwicklung festgestellt werden. Es müßte aber auch versucht werden, die alternativen Erwerbsmöglichkeiten vor einer Ablehnung zu prüfen. Neben dem Nachweis der Förderungswürdigkeit, könnte eine realistischere Darstellung der zukünftigen Situation des Landwirtes im eigenen Interesse erfolgen.

Diese restriktivere Handhabung erscheint vertretbar, da beispielsweise für Schleswig-Holstein anhand eines mikroökonomisch orientierten Simulationsmodells (JOCHIMSEN, H., 1975; MELF, S.-H., 1976) geschätzt werden konnte, daß von den etwa 40.000 Betrieben 26 - 28.000 als potentiell entwicklungsfähig im Sinne der Richtlinien anzusehen sind und dies in einem BEP nachweisen könnten. Unter Berücksichtigung der verfügbaren Aufstockungsflächen (Flächenbilanz) und bei gegebenen Marktanteilen verbleiben allerdings je nach den getroffenen Annahmen nur 6.000 bis 12.000 mittelfristig entwicklungsfähige Betriebe im Sinne der Richtlinien. Im Vergleich dazu wurden von Juli 1971 bis Ende 1975 ca. 1.050 Betriebe als Aussiedlung oder bei "baulichen Maßnahmen im Altgehöft" und ca. 7.250 Betriebe mit zinsverbilligten Darlehen gefördert. - Sollten in einzelnen Regionen trotz umfangreicher Förderungsmöglichkeiten bei verschärften Anforderungen nur wenige Haupterwerbsbetriebe verbleiben, dürften auch im Interesse der Betroffenen die Anforderungen (Förderschwelle) nicht gesenkt werden. Vielmehr müßten alle Maßnahmen verstärkt werden, die den aufstockungswilligen und -fähigen Landwirten ein (Flächen)wachstum ermöglichen. Die besondere Förderung von Nebenerwerbslandwirtschaft steht dieser Zielsetzung entgegen.

Die aufgrund der zuvor dargelegten Erörterungen sowie der empirischen Befunde als notwendig erachteten Änderungen beziehen sich auf folgende Punkte:

a) Wenn die mangelhafte Mobilität einzelner Produktionsfaktoren als Begründung für die Investitionsförderung akzeptiert wird, folgt daraus die Beschränkung auf die Förderung von Maschineninvestitionen bei Landaufstockung, Gebäudeum- und -neubau und Meliorationen. Die Investitionen an Umlaufvermögen und Vieh sollten generell nicht förderungsfähig sein. Insbesondere die derzeit übliche teilweise Förderung von Ersatzbeschaffungen bei Maschinen erscheint nicht gerechtfertigt. Die Förderung des Landkaufes erscheint aus verteilungspolitischen Aspekten unangebracht.

Die Investitionsförderung ist wegen ihrer langfristigen Wirkung ein wenig geeignetes Instrument der Marktpolitik, obwohl natürlich von der Förderung in Verbindung mit den jeweiligen Preisverhältnissen Rückwirkungen auf das Marktgleichgewicht ausgehen. Aus diesem Grunde sollte das EFP alle für landwirtschaftliche Haupterwerbsbetriebe bedeutsamen Produkte gleich behandeln. Dadurch wäre die Entscheidung für eine bestimmte Produktionsrichtung stärker als bisher der Verantwortung des Landwirtes und seiner Einschätzung der zukünftigen Rentabilitätsverhältnisse überlassen. Würde man, wie des öfteren vorgeschlagen (Wiss. Beirat beim BML, 1976, S. 9), die Förderung der Milchviehhaltung wegen der Überschüsse ganz einstellen, verblieben als förderungsfähige Investitionen im wesentlichen die Maschinenanschaffungen. Die herausragende Förderung der Futterbaubetriebe sollte allerdings ebenso wie die spezielle Beschränkung bei Schweinen [1] abgebaut werden. Die Wohnraumförderung sollte nur im Rahmen der allgemeinen öffentlichen Förderung ohne Nachweis der Entwicklungsfähigkeit betrieben werden. Die Mindestgrenze für geförderte Investitionen sollte heraufgesetzt werden, um den in Haupterwerbsbetrieben in der Regel erforderlichen erheblichen Nettoinvestitionen Rechnung zu tragen.

---

[1] Die jetzige Regelung könnte Landwirte entweder zu für ihren Betrieb zu geringen Bestandesgrößen, illegalen späteren Erweiterungen oder manipulierten Abrechnungen verleiten.

b) Die in den Förderungsgrundsätzen sowie den unterschiedlichen jeweiligen "Arbeitsrichtlinien" o.ä. der Länder 1) vorgesehenen Vorausschätzungen bei Einkommen, Faktor- und Produktpreisen sowie naturalen Ertrags- und Aufwandsrelationen sind inkonsistent. Die Preise für Faktoren und Produkte werden als konstant angesetzt. Die zulässigen jährlichen Naturalertragssteigerungen von 1 - 2 % führen demnach zu steigenden Deckungsbeiträgen je ha bzw. Tier; in Verbindung mit der Fortschreibung des Arbeitseinkommens (Förderschwelle) um real 2 % p.a. muß dies ebenfalls als reale Änderung interpretiert werden. Wie LANGBEHN und HEITZHAUSEN belegen, war die Vergangenheit durch langfristig real sinkende Deckungsbeiträge bei Getreide und Raps sowie in etwa real konstante bei Milchkühen und Schweinen gekennzeichnet, während allein bei Mastbullen ein Anstieg zu verzeichnen war. Das derzeit übliche Verfahren führt also in der Regel zu einer erheblichen Überschätzung der Entwicklungsfähigkeit (LANGBEHN, C., und HEITZHAUSEN, G., 1976; vgl. auch KÖHNE, M., 1974 b).

Die erforderlichen Verbesserungen sollten umfassen: grundsätzlich nominale Fortschreibung, einheitliche Arbeitsrichtlinien über die voraussichtliche nominale Entwicklung der Deckungsbeiträge (statt einer Prognose aller Einzelpositionen) und Festkosten sowie realistische Steigerungsraten der Privatentnahmen. Zur Absicherung insbesondere von Höhe der Entnahmen sowie naturalen Erträgen und Aufwendungen sollte wie in Niedersachsen die Vorlage von Buchabschlüssen bei Antragstellung gefordert werden.

c) Die in den Ländern recht unterschiedlichen 2), insgesamt aber niedrigen Eigenkapitalzinsansprüche sollten durch einheitliche Bewertungen und Zinsansätze abgelöst werden, die sich stärker an den alternativen Verwendungsmöglichkeiten der Faktoren orientieren. Nur dies gewährleistet einen volkswirtschaftlich sinnvollen Mitteleinsatz.

Bezüglich der - wie oben dargelegten - wichtigen Mindest-Eigenkapitalbildung verfahren die Länder ebenfalls sehr unterschiedlich. Neben der nicht quantifizierten Forderung nach "angemessener" Eigenkapitalbildung werden bestimmte Beträge, Anteile des Reineinkommens oder an den Tilgungen ausgerichtete Werte angesetzt. Trotz erheblicher Schwierigkeiten sollten gewisse Richtwerte in Abhängigkeit von betriebsindividuellen Gegebenheiten (Wachstumsrichtung, kurz- und langfristige Verbindlichkeiten, Konsumsteigerung) erarbeitet und in die Beurteilung der Entwicklungsfähigkeit über das Zieljahr hinaus einbezogen werden 3).

Von KÖHNE wurde vorgeschlagen, in vereinfachender Weise die Mindesteigenkapitalbildung an den Tilgungen zu orientieren (KÖHNE, M., 1970). Dieser Ansatz impliziert, daß (rechnerisch) das anfangs vorhandene Aktivvermögen entsprechend den Tilgungsbeträgen zunehmend mit Eigenkapital und die Nettoinvestitionen völlig mit Fremdkapital finanziert werden. Eine derartige Finanzierungsregel kann bei wechselndem Verschuldungsgrad und Wachstum nur zufällig eine im Sinne von Kosten und Risiko optimale Kapitalstruktur ergeben. Sie ist sachlich nicht zu begründen (vgl. auch MEINHOLD, K., und LAMPE, A., 1976). Allein im Rahmen einer Liquiditätsrechnung erlangen die Tilgungen

---

1) Den folgenden Ausführungen liegen zugrunde: Landwirtschaftskammer Schleswig-Holstein; 1976.

2) Die Bandbreite reicht von 2.000,-- DM/Betrieb bis zu 6 % des Eigenkapitals lt. Bilanz bzw. pauschal 100.000,-- DM/Voll-AK; vgl. WIESE, H., 1974.

3) Eine Beurteilung anhand von Referenzbetrieben, wie vom Wiss. Beirat beim BML vorgeschlagen, erscheint wegen der Orientierung an Durchschnittswerten nicht sachgerecht.

in Verbindung mit den Möglichkeiten und Grenzen erneuter Fremdkapitalaufnahme Bedeutung 1).

d) Die Wirtschaftlichkeit einer geplanten Maßnahme darf allein kein Entscheidungskriterium für die Förderung sein sondern nur in Verbindung mit dem Nachweis, daß der Betrieb insgesamt einen ausreichenden Gewinn erbringt. Die Forderung (KÖHNE, M., 1974 a) nach einem zusätzlichen Nachweis der Wirtschaftlichkeit der Maßnahme ist zwar im Prinzip zu unterstützen, dürfte aber in der Praxis kaum zu realisieren sein. Viele umfangreiche Maßnahmen können nur im Rahmen des Gesamtbetriebes kalkuliert werden - wie z.B. im BEP - und dort sind sie schwer von Änderungen bei Preisen und Produktionsfunktionen zu trennen. Bei korrektem Ansatz von Eigenkapitalzinsanspruch und Abschreibung wäre die Steigerung des Arbeitseinkommen das Maß für die einzelwirtschaftliche Rentabilität der Maßnahme. Volkswirtschaftlich sinnvoll wäre sie aber nur, wenn der Anstieg größer als der Mittelzufluß durch die Zinsverbilligung etc. ist.

e) Zur exakten Vorschätzung von Fremdkapitalaufnahme, Zinsen und Eigenfinanzierungsmöglichkeiten muß der BEP sämtliche Investitionen einschließlich notwendiger Ersatzbeschaffungen sowie Aufstockung des Umlaufvermögens enthalten.

f) Die Ableitung der Anzahl der Arbeitskräfte aus Normwerten für den Jahresarbeitsbedarf und -leistung ist problematisch. Sie vernachlässigt die Tatsache, daß die Anzahl der AK in vielen Betrieben vom saisonalen Bedarf bestimmt ist. Ferner wird das eigentliche Agrarstrukturproblem verschleiert, das ja gerade darin besteht, daß wegen mangelnder Faktormobilität bzw. Ganzzahligkeit mehr AK vorhanden sind und entlohnt werden müssen als den Normwerten entspricht. Die tatsächliche, mittelfristig unveränderbare Anzahl der AK sollte daher ebenfalls angeführt werden.

g) Die sogenannte Prosperitätsklausel schränkt die Förderung für diejenigen Betriebe ein, deren heutiges Arbeitseinkommen die zukünftige Förderschwelle bereits überschreitet. Richtigerweise müßte geprüft werden, ob das Arbeitseinkommen in 4 Jahren bei Verzicht auf Nettoinvestitionen die Förderschwelle erreicht und ob die zweite Bedingung für die Entwicklungsfähigkeit, nämlich die Möglichkeit zur ausreichenden Eigenkapitalbildung, erfüllt ist.

Bei Abwägung aller Argumente erscheint dem Verfasser die zweite Alternative, d.h. die Präzisierung und Verschärfung der Anforderungen, zur Weiterentwicklung des EFP mit dem Ziel einer Einschränkung von Fehlinvestitionen und Fehlentscheidungen am sinnvollsten. Es wäre allerdings zu prüfen, ob evtl. für Investitionen unterhalb einer gewissen Grenze ein vereinfachtes Verfahren entsprechend der ersten Alternative zweckmäßig ist (ROELOFFS in Agra-Europe-Dokumentation, 1975).

---

1) Auf die häufig geforderte Beurteilung der "Stabilität" anhand des Verhältnisses von leicht veräußerbarem Vermögen zu Fremdkapital wurde bereits von KÖHNE eingegangen (KÖHNE, M., 1974 b; BECKER, J., 1974).

Anhang

Ableitung der in Abschnitt 2 verwendeten Formeln für das entnahmefähige Einkommen

Gegeben sei die Konsumgleichung

$$(5) \quad C_t = \left[p_t - i_t \cdot (1 - a_t) \right] \cdot V_t - S_t$$

wobei neben den bereits im Text erläuterten Variablen

$$S_t = \text{Sparsumme des Jahres } t \text{ ist}$$

Wenn a^* der Eigenkapitalanteil der Nettoinvestition I ist und gv das Vermögenswachstum, dann gilt:

$$(6.1) \quad S_t = a^*_t \cdot I_t \qquad \frac{I_t}{V_t} = gv_t$$

$$(6.2) \quad S_t = a^*_t \cdot gv_t \cdot V_t$$

Gleichung (5) lautet dann

$$(7) \quad C_t = \left[p_t - i_t \cdot (1 - a_t) - a^*_t \cdot gv_t \right] \cdot V_t$$

Um die Wachstumsrate gv des Vermögens in Abhängigkeit vom Konsumwachstum f darzustellen, wird Gleichung (5) für Periode t+1 aufgestellt und $C_{t+1} = f \cdot C_t$ gesetzt:

$$f \cdot \left[p_t - i_t \cdot (1 - a_t) \right] \cdot V_t - f \cdot S_t = \left[p_{t+1} - i_{t+1} \cdot (1 - a_{t+1}) \right] \cdot V_t \cdot gv - S_{t+1}$$

$$(8) \quad gv = \frac{f \cdot \left[p_t - i_t \cdot (1 - a_t) \right] \cdot V_t - f \cdot S_t + S_{t+1}}{\left[p_{t+1} - i_{t+1} \cdot (1 - a_{t+1}) \right] \cdot V_t}$$

Unter der Annahme, daß p, i, a sowie die Sparquote konstant sind (KUHLMANN, F., 1971, S. 38 ff), gilt:

$$gv = f$$

und (7) vereinfacht sich zu (vgl. den Text):

$$C_t = \left[p - i \cdot (1-a) - a \cdot f \right] \cdot V_t$$

Literatur

1 Agra-Europe-Dokumentation: Unbehagen über die Förderschwelle - Sachverständige vor dem Bundestags-Ernährungsausschuß, agra-europe, 29/75.

2 Agrarsoziale Gesellschaft: Überlegungen zur Agrarstrukturpolitik, ASG, kleine Reihe, Heft 11, Göttingen 1975.

3 BECKER, J.: Die Vorschrift ist sachgerecht. Hann. Land- und Forstw., Z. 127 (1974), Nr. 8, S. 40.

4 BLOCK, H.-J.: Analyse der Ziele des Einzelbetrieblichen Förderungsprogramms und Gedanken zur Beurteilung aus gesamtwirtschaftlicher Sicht, Göttingen 1976 (als Manuskript vervielfältigt).

5 BLUME, H.: Die Förderschwelle im Einzelbetrieblichen Förderungsprogramm. Innere Kolonisation 24 (1975), S. 210 - 213.

6 EG: Richtlinien des Rates vom 17.4.1972 über die Modernisierung der landwirtschaftlichen Betriebe (72/159/EWG), Amtsblatt der EG Nr. L 96/1 - 96/8.

7 HINRICHS, P., und BRANDES, W.: Einzelbetriebliche Wachstumsmodelle zur Beurteilung der Konsequenzen unterschiedlicher Inflationsraten, Ber. über Landw. 52 (1974/75), S. 361 - 392.

8 HÜLSEN, R.: Beurteilung der Entwicklungsfähigkeit einzelbetrieblich geförderter landwirtschaftlicher Betriebe, Materialsammlung der ASG, Nr. 125, Göttingen 1975.

9 IRWIN, G.D.: A Comparative Review of Some Firm Growth Models, Ag. Econ. Research, vol. 20 (1968), no. 3, S. 82 - 100.

10 JOCHIMSEN, H.: Mikroökonomisch orientierte Simulationsmodelle für die Agrarsektoranalyse, Ber. über Landw. 51 (1974), S. 647 - 679.

11 DERS.: Agrarstrukturentwicklung und einzelbetriebliche Investitionsförderung, Agrarwirtschaft 24 (1975), S. 312 - 322.

12 KÖHNE, M.: Zur Beurteilung der Entwicklungsfähigkeit landwirtschaftlicher Betriebe, Agrarwirtschaft 19 (1970), S. 285 - 297.

13 DERS.: Die Analyse der intrasektoralen Einkommenslage als Informationsgrundlage der Agrarpolitik, Agrarwirtschaft 22 (1973), S. 88 - 95.

14 DERS.: Grundsätzlich zu befürworten, aber ..., Hann. Land- und Forstw. Z. 127 (1974 a), Nr. 3, S. 25.

15 DERS.: Nach Vorschrift, jedoch nicht sachgerecht, Hann. Land- und Forstw. Z. 127 (1974 b), Nr. 3, S. 26 - 27.

16 DERS.: Zum Scheingewinnproblem bei Inflation, Agrarwirtschaft 24 (1975), S. 293 - 302.

17 DERS.: Kritische Anmerkungen zu der neuen Aufstiegshilfe für die Landwirtschaft, Agrarwirtschaft 25 (1976), S. 112 - 114.

18 KOSIOL, E.: Bilanz, in: Handwörterbuch der Sozialwissenschaften, Stuttgart, Tübingen, Göttingen 1959, Band 2, S. 222 - 234.

19 KUHLMANN, F.: Entnahmefähige Einkommen in wachsenden landwirtschaftlichen Unternehmen, Gießener Schriften zur Agrar- und Ernährungswirtschaft, Heft 1, Frankfurt/M. 1971.

20　Landwirtschaftskammer S.-H.: Unterlagen zum "Fortbildungsseminar für Betriebsleiter in der Landwirtschaft", Winter 1975/76, Kiel (als Manuskript vervielfältigt).

21　Landwirtschaftskammer S.-H.: Arbeitsrichtlinien zum Betriebsentwicklungsplan für Berater der LK, Ausgabe I, Februar 1976.

22　LANGBEHN, C.: Personelle und funktionelle Einkommensverteilung, Bemerkungen zu einem Beitrag von M. KÖHNE, Agrarwirtschaft 22 (1973), S. 231 - 232.

23　LANGBEHN, C., und HEITZHAUSEN, G.: Die Entwicklung der Deckungsbeiträge in der Feldwirtschaft und Viehhaltung sowie Veränderungen der Produktionsstruktur landwirtschaftlicher Betriebe Schleswig-Holsteins, Inst. f. landw. Betriebs- und Arbeitslehre der Universität Kiel, Arbeitsbericht 76/1, Juni 1976.

24　LASSEN, P.: Zur Analyse der Entwicklungsfähigkeit landwirtschaftlicher Betriebe - Simulationsmodell für den Naturraum Angeln -, Dissertation Kiel 1976.

25　LECHNER, K.: Scheingewinn und Jahresabschluß, WiSt 5 (1976), Heft 1.

26　LÜTHGE, J.: Einzelbetriebliche Investitionsförderung für Haupterwerbslandwirte in Niedersachsen, Hannover April 1976 (als Manuskript vervielfältigt); vgl. auch: Beauftragter des Landes Niedersachsen für die einzelbetriebliche Förderung: Wirtschaftliche Situation mit Investitionshilfen geförderter landwirtschaftlicher Betriebe in Niedersachsen, - WJ 1974/75 -, Hannover 1976.

27　LUCKAN, E.: Grundlagen der betrieblichen Wachstumsplanung, Wiesbaden 1970.

28　MEINHOLD, K.; LAMPE, A.; BECKER, H.: Alternativen zur Ausgestaltung des Einzelbetrieblichen Förderungsprogramms, Agrarwirtschaft 25 (1976), S. 197 - 206.

29　MEINHOLD, K., und LAMPE, A.: Zur Einzelbetrieblichen Investitionsförderung, Anlage 1 zu: Wiss. Beirat beim BML: Zu aktuellen Problemen der Agrarstrukturpolitik, Landwirtschaft - Angewandte Wissenschaft, Heft 183, Münster-Hiltrup 1976.

30　MELF Schleswig-Holstein: Landwirtschaftliche Entwicklungsanalyse Schleswig-Holstein, Kiel 1976, S. 45 - 68.

31　NEANDER, E.: Zur Kritik an der sogenannten "Förderschwelle", Innere Kolonisation 24 (1975), S. 194 - 197.

32　SIEGEL, T.: Substanzerhaltungsdiskussion und optimale Unternehmensfinanzierung, ZfbF 28 (1976), S. 199 - 215.

33　WIESE, H.: Grundsätze für die Förderung einzelbetrieblicher Investitionen und der ländlichen Siedlung - Die Durchführungsbestimmungen der Länder im Vergleich, Innere Kolonisation 23 (1974), S. 245 - 249.

34　Wiss. Beirat beim BML: Zu aktuellen Problemen der Agrarstrukturpolitik, Landwirtschaft - Angewandte Wissenschaft, Heft 183, Münster-Hiltrup 1976.

ZUR STANDORTGERECHTEN GESTALTUNG VON PRODUKTIONSSYSTEMEN
BEISPIEL: ENTWURFSPLANUNG AUS DEM BEREICH DER MILCHERZEUGUNG

von

Theo Bischoff und L. Gekle, Hohenheim

1	Einleitung und Problemstellung	91
2	Vorstellung einer Entwurfsplanungsmethode (Beispiel)	92
2.1	Vorgehensweise	92
2.2	Ergebnisse	94
3	Besondere Berücksichtigung einiger planungsrelevanter Faktoren	95
3.1	Standortbedingte natürliche und institutionelle Gegebenheiten	95
3.2	Erfassung und Beurteilung technischer Fortschritte	97
4	Beurteilung der verwendeten Methode	98
4.1	Einordnung des methodischen Vorgehens	98
4.2	Gebrauchs- und Aussagewert	99
5	Möglichkeiten der methodischen Weiterentwicklung und Folgerungen	99
6	Zusammenfassung	103

1 Einleitung und Problemstellung

Bei der praktischen Planung von "Gebäude und Technik in der Tierproduktion" wird derzeit meist ein nur einfaches Instrumentarium eingesetzt. Vielfach werden dabei Pläne kopiert und ohne spezifische Vorarbeiten auf standörtlich unterschiedliche Gegebenheiten übertragen. Gemessen an den langfristig wirksamen und wirtschaftlich bedeutsamen Folgen von Planungsentscheidungen ist der Umfang der vorbereitenden Arbeiten oft nicht ausreichend.

Die Planung in der Tierproduktion beinhaltet sowohl technische als auch ökonomische Aspekte. Im technischen Bereich wird das System "Tierproduktionsanlage" mit seinen Elementen und Beziehungen als Grundlage für die Erarbeitung von Planungsalternativen definiert. Im ökonomischen Bereich werden diese dann mit Hilfe der betriebsspezifischen Gegebenheiten selektiert.

Ziel vorliegender Arbeit ist es, eine Entwurfsplanungsmethode und ihre Weiterentwicklung an Hand eines Beispiels aus der Praxis darzustellen. Besonderes Gewicht wird dabei auf die Funktionsplanung und die Einbeziehung betriebsspezifischer Verhältnisse gelegt. Dagegen werden ökonomische Fragestellungen nur insoweit geklärt als sie Voraussetzung für die Planung im technischen Bereich sind.

2 Vorstellung einer Entwurfsplanungsmethode (Beispiel)

Im folgenden wird eine Entwurfsplanungsmethode dargestellt (1). Anlaß zu Planungsüberlegungen waren in dem zugrundeliegenden Betrieb eine Reihe typischer Veränderungen der betrieblichen Faktorausstattung, die in vielen Fällen Entwicklungsmaßnahmen auslösen:

1. Die Veränderung der AK-Ausstattung im Generationswechsel,
2. Die Notwendigkeit einer Gebäudesanierung und
3. Die Möglichkeit der Flächenausdehnung durch Zupacht.

Sie machen Überlegungen zur Entwicklung der bisher praktizierten Rindviehhaltung mit vorhandenen Gebäuden erforderlich. Diese betreffen zunächst die Produktionsrichtung, die Bestandsgröße und den Produktionsablauf und anschließend das Stallsystem, geprägt durch Gebäude und Technik.

2.1 Vorgehensweise

Jede bauliche Planung steht im Zusammenhang mit einer betrieblichen Entwicklung, die bei der Festlegung des Betriebszieles und Produktionsprogrammes mehr oder weniger systematisch ermittelt wird. Gegenstand dieses Planungsabschnittes ist:

1. Die Erhebung der betrieblichen Gegebenheiten wie persönliche Neigungen des Betriebsleiters, Arbeitskräftebestand, Kapitalbeschaffungsmöglichkeiten, Futtergrundlage;
2. Die Zusammenstellung möglicher Nutzungsrichtungen in der Tierhaltung wie reine Milchproduktion, reine Fleischproduktion und kombinierte Formen mit ihren jeweiligen technischen Durchführungsvarianten;
3. Die Selektion aufgrund von einschränkenden betrieblichen Gegebenheiten.

Im vorliegenden Beispiel fiel die Entscheidung durch das Vorhandensein eines größeren Anteils an absolutem Grünland zugunsten der Rindviehhaltung aus, ohne daß zunächst eine endgültige Entscheidung über die Nutzungsform gefällt werden konnte. Deshalb wurde im Anschluß daran eine Selektion aus den technisch möglichen Verfahren der Rindviehhaltung auf der Basis der übrigen betrieblichen Gegebenheiten getroffen. Danach verblieben immer noch vier Alternativen, von denen sich die beiden ersten innerhalb des bisherigen Produktionsumfanges bewegen, während die übrigen eine starke Ausweitung zur Folge haben:

1. 30 Kühe im vorhandenen Anbindestall, zusätzlich Bullenmast beziehungsweise Jungviehhaltung im Anbindestall.
2. 30 Kühe im vorhandenen Anbindestall, zusätzlich Bullenmast beziehungsweise Jungviehhaltung im Ganzspaltenboden-Laufstall.
3. 40 - 50 Kühe mit Nachzucht im Boxenlaufstall.
4. 60 - 70 Kühe ohne Nachzucht im Boxenlaufstall.

Zu Beginn der nunmehr einsetzenden verfahrenstechnischen Planung wurden die Raumprogramme der genannten Alternativen als Grundlage der nachfolgenden Funktionsplanung ermittelt. Am Beispiel der Alternative "60 - 70 Milchkühe ohne Nachzucht" wird diese im folgenden dargestellt. Gegeben sind aufgrund früherer Planungsschritte das Haltungsverfahren (Boxenlaufstall aus arbeitswirtschaftlichen Gründen), ferner die Bestandsgröße (nach Raumprogramm 60 - 70 Kühe) mit der Forderung der Einzeltierfütterung und schließlich auch die Art des Entmistungssystems, für das aus gesamtbetrieblichen Gründen und zur Vermeidung der Stroh-Bergekette Flüssigmist gefordert ist.

Unter diesen Gegebenheiten stehen für eine systematische Funktionsplanung zur Entscheidung (Abb. 1):

1. zunächst Aufstallungssysteme mit getrennten oder mit kombinierten Funktionsbereichen, dann

Abbildung 1: Selektionssystem für Milchviehhaltung im Boxenlaufstall mit 60 – 70 Plätzen und Möglichkeit der Einzelfütterung (Umbau)

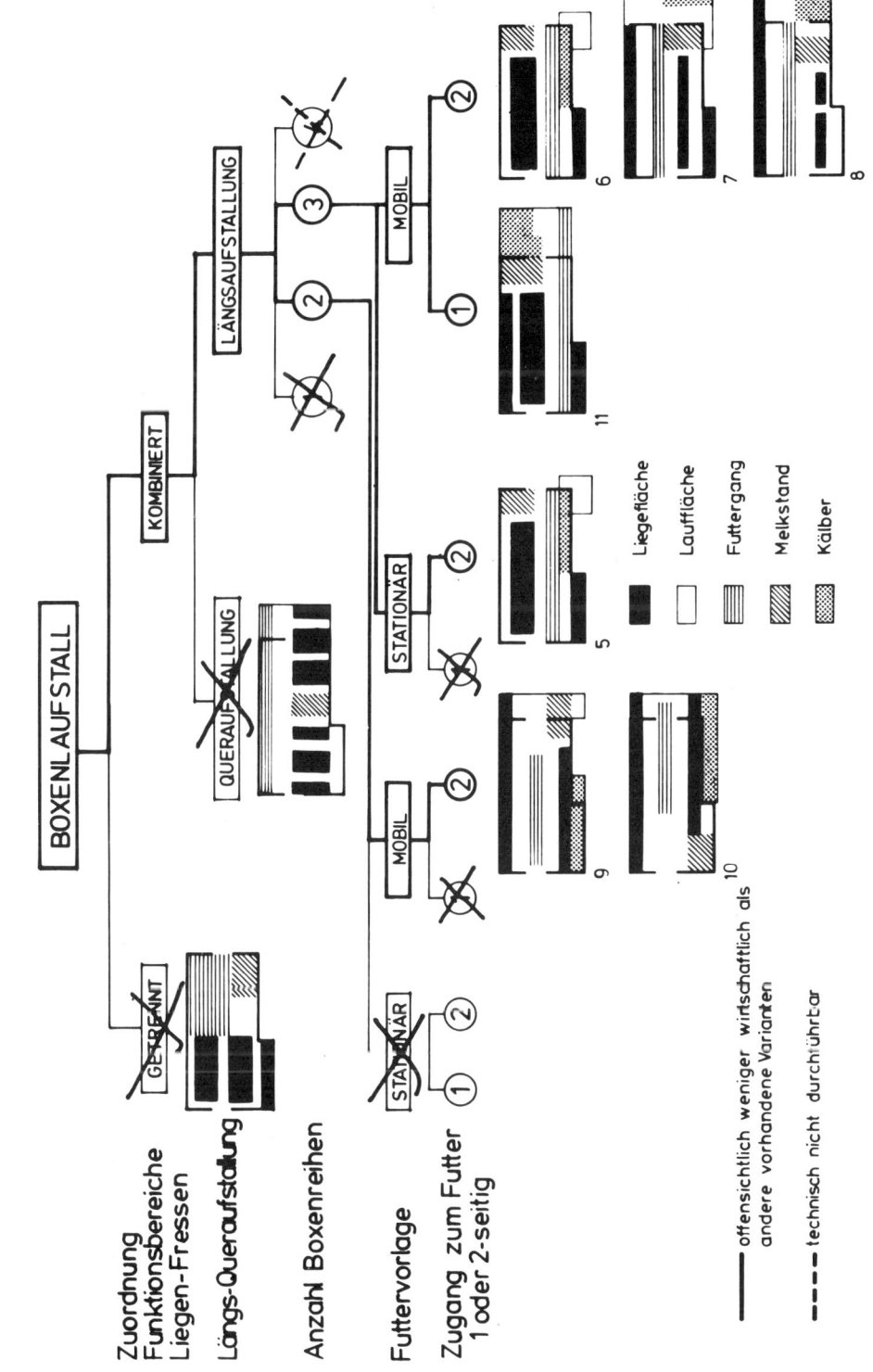

2. die Quer- oder Längsaufstallung der Boxen,
3. die Zahl der Boxenreihen,
4. die Art der Futtervorlage und schließlich
5. der Zugang zum Futtertisch, der ein- oder beidseitig erfolgen kann.

Diese Liste kann für Boxenlaufställe noch um die Zuordnung des Melkstandes zu den übrigen Funktionsbereichen erweitert werden. Auch ist die vorliegende Reihenfolge nicht allgemein bindend. Es empfiehlt sich jedoch aus praktischen Gründen zunächst die eindeutig bestimmten Bereiche zu klären, die vom übrigen Betrieb her zwingend gegeben sind und daran anschließend die weniger weit abgeklärten Bereiche zu prüfen. Im Verlauf der Funktionsplanung ergibt sich die Möglichkeit zu einer Reduktion der Varianten vor ihrer weiteren Bearbeitung. So werden die Varianten mit getrenntem Freß- und Liegebereich unter anderem wegen der nicht ausreichenden Freßstellenbreite nicht weiter verfolgt. Das gleiche trifft für weitere Varianten zu, deren Realisierung infolge von Grundstücks-Grenzschwierigkeiten scheitert. Ausgeschieden werden aber auch alle Lösungen, die offensichtlich weniger wirtschaftlich sind als verbleibende Varianten oder die technisch nicht realisierbar sind. Ein typisches Beispiel für beide Möglichkeiten enthält die Zeile "Zahl der Reihen": Einreihige Ställe nutzen den gegebenen Raum völlig ungenügend und sind daher als unwirtschaftlich nicht mehr weiter zu verfolgen. Andererseits können vierreihige Ställe in dem gegebenen Stall mit begrenzter Breite nicht mehr untergebracht werden. Die weitere Planung kann sich daher auf die zwei- und dreireihigen Ställe beschränken.

2.2 Ergebnisse

Nach diesem Planungsschritt verbleiben für das System Boxenlaufstall 7 Varianten mit typischen Vor- und Nachteilen. Diese können entweder direkt in eine Betriebsplanung eingehen oder wie im Beispiel einer vergleichenden Beurteilung an Hand des erzielbaren Deckungsbeitrages, des Arbeits- und Kapitalbedarfes sowie der spezifischen Arbeits- und Kapitalbedarfswerte (AKh bzw. DM Investitionskapital/1 000,- DM Deckungsbeitrag) unterzogen werden. Als besonders wettbewerbsfähig erweisen sich unter den arbeitsintensiven Lösungen die Varianten 11 und 8 und unter den kapitalintensiven Lösungen die Variante 5 (Abb. 2). Die vor dem

Abbildung 2: Vergleich der Planungsvarianten hinsichtlich ihres Arbeits- und Kapitalbedarfes

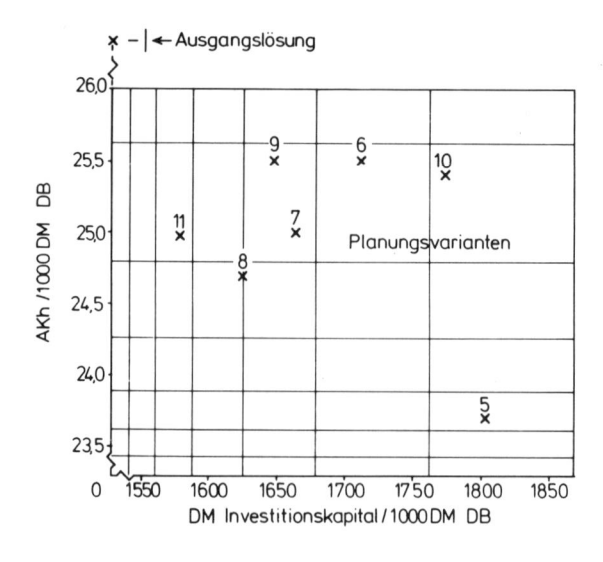

Umbau praktizierte Lösung wird jedoch von allen Planungsvarianten in der Faktorverwertung bei weitem übertroffen.

3 Besondere Berücksichtigung einiger planungsrelevanter Faktoren

3.1 Standortbedingte natürliche und institutionelle Gegebenheiten

Der Ablauf der vorgestellten Planungsmethode beruht auf dem Prinzip der Selektion bestimmter Verfahren aus der Gesamtheit der technischen Möglichkeiten aufgrund verschiedener Gegebenheiten. Sie sind im Betrachtungszeitraum als fixiert anzusehen und wirken daher als Rahmenbedingungen mit Ausschlußcharakter. Unter anderem sind hierzu natürliche und institutionelle Gegebenheiten aufzuführen. Erst im Anschluß an eine derartige Selektion wird eine ökonomische Betrachtung der verbleibenden Lösungen sinnvoll.

Natürliche Gegebenheiten

Von den natürlichen Gegebenheiten gehen im Planungsablauf einerseits Einflüsse des Standortes als Produktionsfaktor und andererseits als Ort der Produktion aus. Als Produktionsfaktor ist er gekennzeichnet durch die Größe und Qualität der landwirtschaftlich genutzten Fläche und als Ort der Produktion durch die Größe und Form der Hoffläche, wobei dieser bei gebäudegebundener Tierproduktion besonderes Gewicht zukommt. Darüber hinaus werden durch den natürlichen Standort indirekt Fähigkeiten und Neigungen bei den Arbeitspersonen erzeugt, die zum Planungszeitpunkt als quasi fix anzusehen sind. Im vorliegenden Fall ist die Flächenausstattung so beschaffen, daß daraus Einflüsse auf die Produktionsrichtung, die Bestandsgröße und in geringerem Maße auch auf die Verfahrenstechnik ausgehen. So sind durch das Vorhandensein eines Großteils von absolutem Grünland Verfahren mit Rauhfutterverwertung unumgänglich. Außerdem ist durch die mögliche Flächenkapazität eine bestimmte obere Bestandsgröße vorgegeben (hier ca. 70 GV). Der verfahrenstechnische Bereich wird dadurch berührt, daß infolge des hohen Grünlandanteils eine eigene Strohversorgung für Haltungsverfahren mit Einstreu nicht möglich ist. Diese Wirkungen des natürlichen Standortes kommen der stark auf Rindviehhaltung ausgerichteten Betriebsleiterqualifikation und -neigung (Zuchtbetrieb) entgegen. Andere Tierhaltungsverfahren scheiden auch aus diesem Grunde weitgehend aus.

Die genannten Verhältnisse bestimmen den Spielraum und die Richtung der betrieblichen Entwicklung in groben Zügen. Innerhalb dieser Entwicklung wird die Hofflächenausstattung wirksam. In der Beispielplanung unterliegt die überbaubare oder in das Produktionsverfahren einzubeziehende Hoffläche umfangsmäßig einer starken Beschränkung, so daß z.B. erdlastige Heulagerräume grundsätzlich ausscheiden und Flachsilos mit ihren vergleichsweise hohen Flächenansprüchen nur bedingt realisierbar sind. Die qualitative Ausstattung mit Hoffläche ist hauptsächlich durch deren Form und die Zuordnung zu angrenzenden Arten der Flächenverwendung wie Wohnung oder Straße gekennzeichnet.

Im besprochenen Fall wird das Hofgrundstück an zwei Seiten von einer Straße begrenzt. Eine weitgehende Festlegung der Zuordnung von Gebäuden und Verkehrsflächen ist damit zwangsläufig erfolgt. Darüber hinaus beschränken weitere Gegebenheiten wie Lage von Wohnhaus oder Hausgarten zu den Wirtschaftsgebäuden die Variationsmöglichkeiten der inneren Gebäudegestaltung. So sind Funktionsbereiche mit verstärkter Emissionsgefahr (Dunglager) so anzuordnen, daß geringstmögliche Belastungen auf den eigenen Betriebs- und Wohnbereich ausgehen, oder es sind die Funktionsbereiche mit den Gebäudeaus- und -eingängen (Futterzufuhr, Milchabholung) so zu legen, daß Behinderungen dieser Funktionen vermieden werden. Einige ausgeschiedene Planungsvarianten sind in Abbildung 3 dargestellt. Dabei ist zu beachten, daß Restriktionen die, wie hier aus vorhandener Bausubstanz hervorgehen, lediglich bei Umbauplanungen auftreten.

Abbildung 3: Beispiele für standortbedingte Restriktionen in der Bauplanung

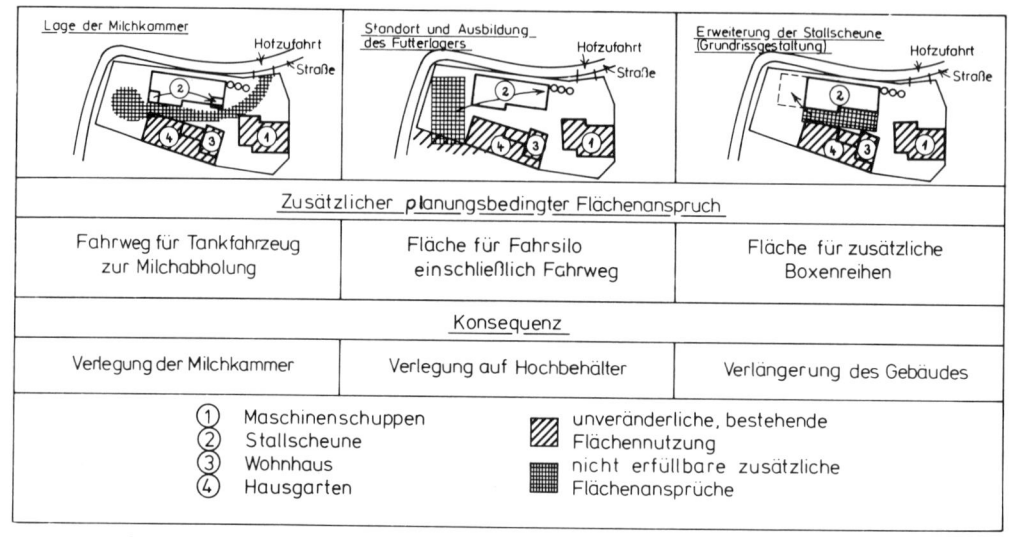

Lage der Milchkammer	Standort und Ausbildung des Futterlagers	Erweiterung der Stallscheune (Grundrißgestaltung)
Zusätzlicher planungsbedingter Flächenanspruch		
Fahrweg für Tankfahrzeug zur Milchabholung	Fläche für Fahrsilo einschließlich Fahrweg	Fläche für zusätzliche Boxenreihen
Konsequenz		
Verlegung der Milchkammer	Verlegung auf Hochbehälter	Verlängerung des Gebäudes

① Maschinenschuppen
② Stallscheune
③ Wohnhaus
④ Hausgarten

▨ unveränderliche, bestehende Flächennutzung
▦ nicht erfüllbare zusätzliche Flächenansprüche

Institutionelle Gegebenheiten

Institutionelle Gegebenheiten in Form von Gesetzen und Verordnungen werden bei der Planung von Systemen der Tierproduktion, vor allem bei der Gestaltung von Hofraum- und Wirtschaftsgebäuden wirksam. Hierzu sind 2 verschiedene Arten zu unterscheiden:

1. Regelung der Abstände, Formen und Beziehungen zwischen baulichen Gegenständen. Diese Regelungen bestehen unter anderem in der Festlegung von Bauabständen, Baulinien und Gebäudehöhen. Außerdem sind hier Einflüsse durch die Straßenverkehrsordnung zu nennen, nach der beispielsweise Hofausfahrten nur mit behördlicher Zustimmung eingerichtet werden dürfen. Im Einzelfall können derartige Gesetze und Verordnungen eine erhebliche Beeinträchtigung der Flächenverwendung bedeuten.

2. Regelung der Verbreitung von nicht gegenständlichen Einwirkungen (Geruch, Schall). Gesetze und Verordnungen auf dem Gebiet des Umweltschutzes haben hier die größte Bedeutung. Sie enthalten Abstufungen von generellen Verboten und Auflagen bis zu Empfehlungen zur Vermeidung von Umweltbelastungen.

Alle genannten Regelungen beeinflussen das Bauen in der Tierproduktion, vor allem in Ortslage wie im vorliegenden Fall. Besonders schwerwiegende Beschränkungen können in Zukunft bei weiterer Vergrößerung der Tierbestände eintreten.

Im Planungsbeispiel resultieren aus der erstgenannten Regelung infolge der relativ günstigen Form der Hoffläche keine substantiellen Beschränkungen. Lediglich eine stärkere Verbreiterung der Stallscheune in nördlicher Richtung ist nicht möglich. Dagegen scheiden alle Formen der Gebäudeanordnung aus, die eine Verlegung der Hofausfahrt voraussetzen. Maßnahmen der Verkehrssicherheit können somit günstige Gebäudeanordnungen verhindern. Beschränkungen, die von der Umweltschutzgesetzgebung ausgehen, kommen nicht zum Tragen, da sich der Planungsbetrieb in Weilerlage befindet und an Bauvorhaben der Rindviehhaltung vergleichsweise wenig strenge Anforderungen gestellt werden. Würde es sich hier jedoch um eine Schweinemastanlage in oder in der Nähe eines Wohngebietes handeln, müßte unter Umständen mit einem langwierigen Genehmigungsverfahren und mit aufwendigen Maßnahmen der Geruchsverhinderung oder -verminderung gerechnet werden, sei es durch Vergrößerung des Bauabstandes zu Wohngebieten, Beschränkung der Bestandsgröße, Wahl einer Aufstallungsform mit Einstreuverwendung oder durch biologischen Abbau der Geruchsstoffe. Außerdem

Abbildung 4: Beispiele für institutionelle Restriktionen in der Bauplanung

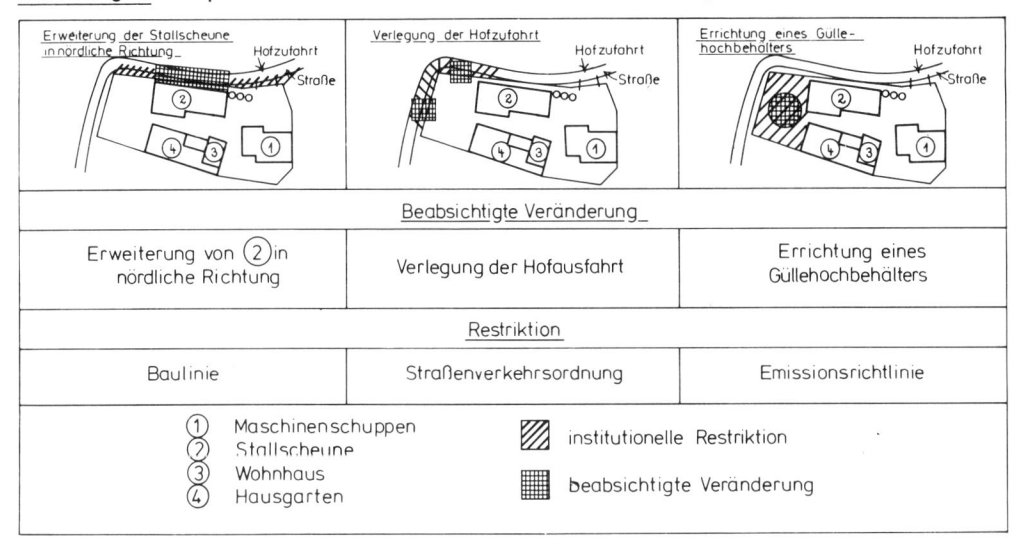

Beabsichtigte Veränderung		
Erweiterung von ②in nördliche Richtung	Verlegung der Hofausfahrt	Errichtung eines Güllehochbehälters
Restriktion		
Baulinie	Straßenverkehrsordnung	Emissionsrichtlinie

① Maschinenschuppen
② Stallscheune
③ Wohnhaus
④ Hausgarten

▨ institutionelle Restriktion
▦ beabsichtigte Veränderung

wird durch die Umweltschutzgesetzgebung auch das Verhältnis von Bestandsgröße und Produktionsfläche begrenzt (z.B. 3 DüGV/ha LF), was sich aber nur bei flächenunabhängiger Tierhaltung auswirkt (2). Im Planungsbeispiel bestehen von dieser Seite keine Beschränkungen. Einige Fälle von vorhandenen oder möglichen Restriktionen aufgrund institutioneller Gegebenheiten sind in Abbildung 4 aufgeführt.

3.2 Erfassung und Beurteilung technischer Fortschritte

Ein systematischer Weg zur Erfassung technischer Fortschritte im Bereich von Bau und Technik in der Tierproduktion führt über die Analyse der Zusammenhänge innerhalb eines Grundsystems zur planmäßigen Synthese neuer Stallsysteme aus deren Elementen. Je nach Grad der Aufgliederung in Elemente und der anschließenden Differenzierung bei der Synthese können auf diese Weise eine große Zahl baulicher Varianten ermittelt werden. Die Erfassung verbesserter Lösungen ist dabei vorgangsimmanent. Schwerpunkte bei der Analyse sind die Offenlegung der Zuordnungsmöglichkeiten der wichtigsten Funktionsbereiche sowie die Ermittlung der technischen Ausführungsmöglichkeiten von Funktionen. Im Planungsbeispiel werden dazu die für diesen speziellen Fall wichtigen Möglichkeiten der Zuordnung von Liege- und Freßbereichen und die anwendbare Technik im Bereich der Futtervorlage einbezogen. Auf dieser Grundlage erfolgt ein systematischer Aufbau neuer Stallsysteme.

Hauptsächlich aus Gründen der großen Zahl bezieht die dargestellte Vorgehensweise eine beschränkte Auswahl von Zuordnungen und technischen Ausführungen in den Planungsprozeß ein. Außerdem finden im Planungsablauf mehrere Selektionsschritte zur Verringerung der Variationsbreite aufgrund technischer und ökonomischer Kriterien statt. Ein Nichterfassen oder ein vorzeitiges Ausscheiden günstiger Lösungen ist damit nicht mehr gänzlich ausgeschlossen.

Die Entwurfsplanung zielt auf die Ermittlung ökonomisch günstiger Lösungen ab. Die dafür erforderlichen Beurteilungsmaßstäbe sind die Betriebswerte der verwendeten Faktoren. Sofern die Entwurfsplanung nicht unmittelbar mit einer gesamtbetrieblichen Entwicklungsplanung verbunden ist, müssen hier partielle Maßstäbe angewandt werden. Dies können sein (3):

1. Vergleich der Faktoransprüche ohne Einbeziehung der Einflüsse auf die Tierleistung. Limitierende Faktoren sind leicht erkennbar.

2. Vergleich der Faktorverwertung mit Einbeziehung der Leistungseinflüsse. Betriebsspezifische Knappheitsverhältnisse der Produktionsfaktoren lassen sich bei der Planung berücksichtigen.

3. Als Grenzfall in diesem Zusammenhang die Verfahrensoptimierung (Kostenminimierung), die in den Bereich der Betriebsplanung hineinreicht.

Im vorliegenden Planungsfall wurden auf der Ertragsseite der Deckungsbeitrag ohne Einbeziehung eventuell vorhandener Milchleistungsunterschiede zwischen den Systemen und auf der Aufwandsseite der erforderliche Investitions- und Arbeitsbedarf ermittelt und an Hand der spezifischen Arbeits- und Kapitalbedarfswerte eine Basis für die Auswahl geschaffen (siehe auch Abb. 2). Es handelt sich hier somit um eine offene Kalkulation. Bei ausreichender Kenntnis der betrieblichen Verhältnisse sind sachgerechte Entscheidungen zu erwarten.

4 Beurteilung der verwendeten Methode

4.1 Einordnung des methodischen Vorgehens

Der Schwerpunkt der dargestellten Methode liegt im Bereich der Planung von Gebäude und Technik der Tierproduktion unter Einbeziehung der standörtlichen Gegebenheiten. Zwangsläufig stehen daher die technischen Aspekte im Vordergrund. Gemeint sind damit neben den eigentlichen Problemen technischer Ausführbarkeit der erforderlichen Funktionen auch solche, die sich aus der Gegenständlichkeit der Planungsteile und ihrer gegenseitigen Beeinflussung durch ihre Zuordnung ergeben. Das Ergebnis führt am Ende zu Entwurfsplänen. Die an diesen technischen Bereich anschließende Auswahl aus verschiedenen Entwürfen aufgrund ökonomischer Kriterien erfolgt in isolierter Betrachtung ohne rechnerische Einbeziehung der betriebsspezifischen Knappheitsverhältnisse bei den Produktionsfaktoren. Somit liegt die Bedeutung des aufgezeigten methodischen Vorgehens hauptsächlich in der Erstellung einer breiten technischen Grundlage für ökonomische Entscheidungen.

Zwischen den verschiedenen Entwurfsplanungsmethoden kann unterschieden werden in:

1. Methoden, welche die funktionalen Zusammenhänge zwischen den Planungselementen wiedergeben. An Hand eines festgelegten Entscheidungsablaufes (Flußdiagramm) (4) können die Erfüllungsmöglichkeiten und Konsequenzen der Wünsche des Planers offengelegt werden. Die Ergebnisse bleiben auf dem Niveau qualitativer Beschreibung. Eine Quantifizierung und ökonomische Bewertung erfolgt nicht.

2. Methoden, welche mit Hilfe eines mehr oder weniger detaillierten und systematisch ablaufenden Suchvorganges zu einem vergrößerten Angebot an Planungsvarianten führen (5). Die quantitativen Ausmaße der Varianten werden berechnet und diese einer auf den verfahrenstechnischen Bereich beschränkten ökonomischen Wertung unterzogen. Oben beschriebene Planungsmethode ist bei den relativ gering differenziert und wenig systematisch ablaufenden Vorgehensweisen einzuordnen. Eine weiterentwickelte Methode mit quantitativ und qualitativ verbesserten Ergebnissen wird unten beschrieben.

3. Methoden, welche mit Hilfe eines geschlossenen, zwangsläufig zu einem Optimum führenden Rechenablaufes den Bereich Gebäude und Technik allein oder innerhalb gesamtbetrieblicher Planungsrechnungen behandeln (z.B. lineare Programmierung) (6, 7). In beiden Fällen ist allerdings zu beachten, daß gegenseitige Beziehungen, die von den Funktionen, Größen und Formen der Flächen ausgehen, nur mit großem Programmier- und Rechenaufwand berücksichtigt werden können. Dies ergibt sich daraus, daß es sich hier um einen Verfahrensablauf zur bestmöglichen Kombination fixierter Einheiten handelt, bei dem notwendige rückwirkende Korrekturen vorhergehender Entscheidungen nur schwer möglich sind (z.B. Zahl der Liegeboxen in einer Reihe bei Änderung der Reihenzahl).

4.2 Gebrauchs- und Aussagewert

Die vorgestellte Planungsmethode eignet sich aufgrund der pragmatischen Vorgehensweise für wenig komplizierte Einzelplanungsfälle. Ihre Wiederverwendbarkeit beschränkt sich damit auf das in Abbildung 1 gezeigte allgemeine System zur Ermittlung technischer Alternativen und den zum Teil parallellaufenden und zum Teil nachfolgenden Selektionsprozeß. Es ist daher beim jeweiligen Anwendungsfall erforderlich, die Planung von Anfang an nach vorgegebenem Ablauf durchzuführen, die Entscheidung (Selektion) jedoch in Abhängigkeit von den speziellen Umständen zu treffen. Auf die Dauer resultiert daraus ein beträchtlicher Planungsaufwand, vor allem durch den hohen Handarbeitsaufwand. Ein bestimmter Ausgleich ergibt sich jedoch dadurch, daß qualifizierte Hilfsmittel kaum erforderlich sind.

Der genannte hohe Arbeitsaufwand zwingt zur frühzeitigen Selektion im Planungsablauf. Es entsteht damit die Gefahr einer verminderten Aussagesicherheit, die nur bei guter Fachkenntnis in notwendigem Maße verbessert werden kann. Hinsichtlich der Aussagegenauigkeit unterscheidet sich die vorgestellte Planungsmethode nicht wesentlich von anderen, da diesbezüglich die Methoden zur Ermittlung und Bewertung des Faktorbedarfes entscheidend sind.

5 Möglichkeiten der methodischen Weiterentwicklung und Folgerungen

Im Planungsbeispiel wurde gezeigt, daß mit dargestellter Methode ein Ergebnis erzielbar ist, das in seiner Qualität über die üblichen Planungsergebnisse hinausreicht. Trotzdem bestehen hinsichtlich Gebrauchs- und Aussagewert offensichtlich noch Möglichkeiten der Weiterentwicklung (8), ohne daß der Planungsvorgang grundsätzlich verändert werden müßte.

Ein wichtiger Ansatzpunkt dazu ist die Speicherung einerseits der zu untersuchenden Zuordnungsmöglichkeiten von Funktionsbereichen sowie deren jeweiliger gegenseitiger Beeinflussung (Liegebereich zu Freßbereich, bzw. Zahl der Reihen zu Länge des Futtertisches) und andererseits der möglichen Formen technischer Ausführung von Funktionen sowie deren Auswirkungen auf Form und Größe der berührten Funktionsflächen (z.B. setzt mobile Entmistungstechnik Öffnungen an Gebäudeaußenwänden voraus und bedingt eine Mindestbreite von Entmistungsgängen je nach verwendeter Technik). Auf diese Weise (Abb. 5) wird die Information über die gesamten technischen Abhängigkeiten innerhalb der Stallsysteme in funktionaler Form gespeichert. Im Anwendungsfall kann diese Information mit Hilfe eines von der Sache her bedingten systematischen Abfrageablaufes bei Eingabe der betriebsspezifischen Datengrundlage (z.B. Bestandsgröße) abgerufen werden. Standortbedingte Restriktionen für die Planung können entweder während des Planungsablaufes durch eine Abfrage oder am Ende durch einen entsprechenden Selektionsvorgang berücksichtigt werden. Eingriffe in den vorgegebenen Rechenvorgang sind nicht mehr möglich und erforderlich. Damit ist ein Schritt auf eine technisch perfektere Entwurfsplanung hin getan, die nunmehr bei gleichen Gegebenheiten auch gleiche Ergebnisse liefert. Durch diese Weiterentwicklung verbessert sich sowohl die Wiederverwendbarkeit der Methode als auch die Arbeitsproduktivität bei der Planung, denn der Programmieraufwand ist einmalig und das Programm beliebig oft einsetzbar. Darüber hinaus entfällt durch den Einsatz eines EDV-Programmes der Zwang zu einer frühzeitigen Reduzierung der Varianten durch Selektion sowie die Tendenz zu einer gewissen Vergröberung bei der Erfassung der funktionalen Zusammenhänge. Entsprechend verringert sich das Risiko für Aussagesicherheit und Aussagerichtigkeit.

Aus Arbeiten in dieser Richtung liegen erste Ergebnisse vor, von denen im folgenden einige exemplarisch dargestellt werden (Tabellen 1 und 2). Es lassen sich daraus Folgerungen zu Planungsproblemen ziehen wie Einfluß von veränderten Tiermaßen oder Bewegungsräumen auf den baulichen Aufwand. Auch kompliziertere Fragestellungen sind in gleicher Vorgehensweise zu lösen.

Abbildung 5: Vorgehensweise beim Aufbau eines Programmes zur Funktionsplanung in der Tierproduktion

Erwägungen beim Programmaufbau	Beispiele
1. Welches sind die Elemente (Funktionsbereiche) des Stallsystems	Freßbereich, Liegebereich
2. Wie können die Funktionsbereiche gestaltet sein bei Berücksichtigung a) der Restriktionen, die von den Tieren und Arbeitspersonen ausgehen b) der Einflüsse, die von der verwendeten Technik ausgehen	Liegeboxenmaße, Laufgangbreite
3. Welche Zuordnungen zwischen den Funktionsbereichen sind vom funktionalen Zusammenhang her möglich	kombiniert, getrennt
4. Welche Rückwirkungen ergeben sich aus verschiedenen Zuordnungen der Funktionsbereiche auf ihre innere Gestaltung	Zahl der Liegeboxenreihen wirkt auf die Freßplatzbreite pro Tier
5. Welche Auswirkung haben die verschiedenen Zuordnungen auf Art und Umfang der zu erfüllenden Funktionen	Flachsiloselbstentnahme ergibt Wegfall des Futtertransportes
6. Wer sind die möglichen Träger der erforderlichen Funktionen bei verschiedener Zuordnung und Gestaltung der Funktionsbereiche	Geräte, bauliche Anlagen
7. Welche Rückwirkungen ergeben sich auf die Gestaltung der Funktionsbereiche durch die Art der verwendeten Technik, oder welche Technik wird bei gegebener Gestaltung der Funktionsbereiche überhaupt verwendbar	Breite des befahrbaren Futtertisches
8. Welche Folgen für den Faktorbedarf ergeben sich aus dem nunmehr vorliegenden Funktionsplan (Weiterbearbeitung in der Faktorbedarfsermittlung)	

Um die Möglichkeiten der vorgestellten methodischen Weiterentwicklung voll ausschöpfen zu können, ist auch eine Weiterentwicklung der vorhandenen Datengrundlage erforderlich. Das betrifft auf der Aufwandsseite insbesondere die Grundlagen für die Gebäudekosten- und Arbeitsbedarfsermittlung. Auf der Ertragsseite wirft der durch geänderte Funktionsplanung nun realisierbare und quantifizierbare Minderaufwand Fragen der leistungsmäßigen Reaktion der Tiere auf. Als Beispiel wäre in diesem Zusammenhang das Problem "Leistungsverhalten von Milchkühen" infolge Verkleinerung des Freßstellen : Tier - Verhältnisses durch veränderte Aufstallungsform bei gleichzeitig veränderter Futtervorlagetechnik zu nennen. Derartige Fragestellungen treten bei Anwendung differenzierter Planungsmethoden verstärkt auf. Eine diesbezüglich intensivierte Forschung ist daher unumgänglich.

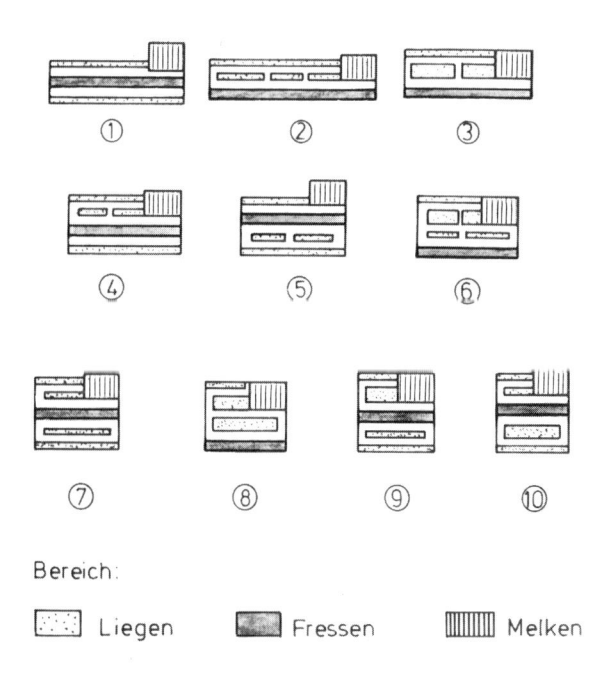

Tabelle 1: Naturale und monetäre Gebäudebedarfswerte bei unterschiedlicher Zuordnung der Funktionsbereiche

Tierzahl und Gebäudemaße		Grundriss Nr.									
		1	2	3	4	5	6	7	8	9	10
Tierzahl	Stück	59	61	60	62	62	59	60	61	60	62
Gesamte Länge	m	40.60	50.40	37.20	33.60	31.20	30.00	25.20	24.00	22.80	21.60
Gesamte Breite	m	18.00	12.90	13.80	18.00	22.10	17.90	22.10	20.00	23.00	24.20
Freßplatzbreite/Tier	m	1.33	0.83	0.62	1.03	0.95	0.51	0.78	0.39	0.70	0.64
Grundfläche	m^2	572	603	513	577	581	537	540	480	524	510
Grundfläche/Tier	m^2	9.70	9.88	8.56	9.31	9.38	9.10	8.99	7.87	8.74	8.64
Lauffläche/Tier	m^2	3.81	4.00	3.24	3.99	4.19	4.10	4.07	3.25	3.95	3.89
Außenwandtläche	m^2	376	407	340	357	367	338	351	327	355	355
Unbauter Raum	m^3	2221	2271	1986	2366	2333	2255	2357	2083	2350	2295
Unbauter Raum/Tier	m^3	37.67	37.23	33.11	38.16	37.63	38.22	39.29	34.15	39.67	37.02
Gebäudekapitalbedarf/Tier	DM	3188	3140	2683	2912	2812	2718	2774	2393	2703	2568

① ② ③

④ ⑤ ⑥

⑦ ⑧ ⑨ ⑩

Bereich:

▨ Liegen ▬ Fressen ▥ Melken

Tabelle 2: Naturale Gebäudebedarfswerte bei variierten Eingabegrößen

variierte Größe		Liegeboxenmaße [1]				Bewegungsräume [2]				Bestandsgröße				
Tierzahl	Stück	63	62	62	64	61	62	62	63	40	53	62	71	81
Gesamte Länge	m	30,00	31,90	33,60	36,40	32,40	33,60	33,60	34,80	24,00	30,00	33,60	37,20	42,00
Gesamte Breite	m	17,90	18,00	18,10	18,20	15,20	18,00	19,20	20,50	18,00	18,00	18,00	18,00	18,00
Freßplatzbreite	m	0,90	0,97	1,03	1,08	1,01	1,03	1,02	1,04	1,11	1,08	1,03	1,01	0,99
Grundfläche	m^2	508	547	585	646	469	577	616	679	416	517	577	638	719
Grundfläche/Tier	m^2	8,07	8,83	9,44	10,09	7,68	9,31	9,93	10,78	10,40	9,75	9,31	8,99	8,88
Lauffläche/Tier	m^2	3,51	3,81	4,00	4,23	2,38	3,99	4,61	5,48	4,38	4,25	3,99	3,87	3,84
Außenwandfläche	m^2	331	346	359	380	322	357	616	679	299	335	357	379	407
Umbauter Raum	m^3	2116	2283	2445	2702	1877	2405	2609	2928	1741	2157	2405	2659	2990
Umbauter Raum/Tier	m^3	33,59	36,82	39,44	42,22	30,78	38,79	42,09	46,47	43,52	40,70	38,79	37,45	36,91

1) Boxenmaße: 2.0/1.0; 2.1/1.1; 2.2/1.2; 2.3/1.3 m
2) verändert sind Breite der Laufgänge sowie Zahl und Breite der Quergänge

6 Zusammenfassung

Die Planung von Gebäude und Technik in der Tierproduktion wird in der derzeitigen Praxis mit vergleichsweise gering entwickeltem Instrumentarium durchgeführt. Die Entscheidungsgrundlage ist damit gemessen an der Tragweite vieler Planungsfolgen zu schmal. Daraus leitet sich die Forderung nach verbesserten Planungsmethoden ab. An Hand einer Fallstudie in der Milchproduktion wird eine Entwurfsplanungsmethode dargestellt. Dabei werden aus der Gesamtheit der technisch möglichen Funktionsvarianten diejenigen selektiert, die aufgrund standort- und betriebsspezifischer Gegebenheiten ausscheiden. Die verbleibenden Varianten werden mit Hilfe der spezifischen Faktorbedarfswerte verglichen.

Die dargestellte Methode stellt gegenüber den gängigen Planungsverfahren insofern eine Verbesserung dar, als durch das Errechnen und Vergleichen mehrerer Varianten eine sicherere Entscheidung ermöglicht wird. Trotzdem weist auch diese Methode einen hohen Anteil intuitiver Entscheidungen, besonders bei der Selektion, auf. Damit bleibt der Aussagewert in gewissem Maße eingeschränkt.

Eine Weiterentwicklung dazu stellt die Vorgehensweise dar, bei der die Informationen über Elemente und Beziehungen eines Stallsystems einmalig gespeichert und nach einem sachgerechten, automatisierten Ablauf abgerufen werden. Die Durchsetzung intuitiver Entscheidungen mit Hilfe von Eingriffen in den Rechenablauf entfallen dadurch und Planungsvorgänge führen bei gleichen Gegebenheiten zu gleichen Ergebnissen.

Literatur

1 BISCHOFF, Th.; M. ADAM und G. KNECHT: Ein System zur funktionellen Stallplanung. Landtechnik, 30 (1975), H. 5, S. 238 - 243.

2 Bundesabfallbeseitigungsgesetz, § 15, BGB I.S. 873.

3 BISCHOFF, Th.: Zur relativen Vorzüglichkeit von Stallsystemen in der Milchviehhaltung. Der Tierzüchter, 25 (1973), H. 1.

4 SCHÜLLER, R.: Das Raum- und Funktionsprogramm. Mitteilungen der DLG, H. 43 (1971).

5 BISCHOFF, Th.; M. ADAM; L. GEKLE: Methoden der Vorentwurfsplanung im Stallbau. Grundlagen der Landtechnik, 26 (1976), Nr. 3.

6 BLASCHKE, D.: Optimierung der Stallplanung und Arbeitsverfahren in der Rindviehhaltung. ALB-Schriftenreihe, Nr. 29, Frankfurt 1967.

7 SCHLÜTER, R.: Die Ermittlung optimaler Planungsaktivitäten der Ferkelerzeugung und Schweinemast als Grundlage gesamtbetrieblicher Planung. Diss., Kiel 1968.

8 GEKLE, L.: Erarbeitung einer integrierten Methode zur Planung von Rindviehproduktionsanlagen. Forschungsbericht des Sonderforschungsbereiches 141 der TU München-Weihenstephan, Juni 1976.

ZUR STANDORTGERECHTEN PLANUNG DES EINZELBETRIEBLICHEN ABSATZES - BEISPIEL: DIREKTVERKAUF VON TRINKMILCH

von

Werner Warmbier, Gießen

1	Die Behandlung des landwirtschaftlichen Marketing in der Literatur	106
2	Zum methodischen Vorgehen der Studie	107
2.1	Der Marketingbegriff der Studie	107
2.2	Zur Methodik der Feasibility-study	108
3	Beschreibung des Untersuchungsbetriebes und seines Marktes	108
4	Die Marktforschungen	109
4.1	Sekundär- und Primärmarktforschung	109
4.2	Methodisches zu den eigenen Marktforschungen	110
4.3	Einige Marktforschungsergebnisse	110
5	Das Simulationsmodell	113
5.1	Der Gesamtaufbau des Modells	113
5.2	Darstellung einer Marketingalternative: Direktverkauf an den Haushalt	114
6	Ausblick	115

In THÜNENs Isoliertem Staat sind die Milchproduzenten bezüglich Lage ihrer Betriebe und Absatzform ihrer Produkte eindeutig auf den - seinerzeit praktizierten - Direktabsatz aus dem ersten Kreis in die zentrale Stadt festgelegt. Die vorliegende Untersuchung widmet sich der veränderten Situation eines heutigen Milchviehbetriebes, der im Vergleich zum - mittlerweile geläufigen - Vertrieb an die Molkerei weitere Absatzmöglichkeiten sucht. War die Studie als Teil eines für den angesprochenen Betrieb zu errichtenden Management-Informations-Systems zunächst auch eine Frage der methodischen Vervollständigung des Systems, so erhält sie mit der aktuellen Diskussion um die Neuordnung des Milchmarktes zunehmend auch überbetriebliche Relevanz, falls der Erlös aus der Molkereimilch durch marktpolitische Belastungen in Zukunft geschmälert wird. Wenn sich durch die Witterungsverhältnisse des laufenden Jahres für manchen Betrieb im Produktionsbereich Kostensteigerungen ergeben, wie sie ähnlich überraschend in jüngerer Zeit wiederholt durchschlugen (Sojapreise, Energiekosten), dann erfährt die Suche nach relativ günstigeren Absatzmöglichkeiten für den einzelnen Erzeuger zusätzliche Impulse.

1 Die Behandlung des landwirtschaftlichen Marketing in der Literatur

Den Ausführungen über die Studie müssen zunächst einige methodische Positionen zum landwirtschaftlichen Marketing vorangestellt werden. Hervorzuheben ist, daß hier einzelbetriebliches Marketing behandelt wird, Betrachtungen zur Koordination des Absatzes (vgl. BORCHERT, K., REICHERT, J., 15; STRECKER, O., 19; THIMM, H.U., 20) jedoch nur am Rande Erwähnung finden.

In der Literatur zum landwirtschaftlichen Marketing sind derartige Ansätze äußerst selten (zu den Forschungsbemühungen der marktbezogenen Agrarökonomie vgl. REICHERT, J., 15), zum Marketing des einzelnen landwirtschaftlichen Betriebs ist z.B. im deutschen Sprachraum keine Monographie nachgewiesen. Allenfalls behandeln die Autoren den Absatz landwirtschaftlicher Produkte unter mikroökonomischen Aspekten oder aber im Rahmen von Marktlehren. In den Konzepten des "Agribusiness" oder der "Nahrungswirtschaft" findet der umfassende Anspruch dieser Vorgehensweisen seinen Ausdruck. Die darin beschriebenen Marktkonstellationen lassen wenig Raum für Marketingsysteme der landwirtschaftlichen Unternehmung, ist doch deren Rolle die eines Anpassers (vgl. BESCH, M., 1; ELI, M., 7; GROSSKOPF, W., 8; SCHMITT, G., 17), dessen Unternehmenspolitik sich in übergeordnete Systeme ein- oder ihnen unterordnet.

Zu dieser Vorgehensweise ist zweierlei zu sagen. Zum einen verbergen sich hinter ihr leicht normativistische Ansprüche, die, wenn sie in Situationsbeschreibungen eingehen, ohne explizit genannt zu sein, eine profunde Diskussion des landwirtschaftlichen Marketing verhindern. Zum anderen können sie von einem einseitigen Marketingverständnis zeugen. Zwar dürften die Mittel des landwirtschaftlichen Betriebs (Umsatz, Finanzkraft, Informationsverarbeitungskapazitäten, Marktmacht, etc.) in vielen Fällen nicht ausreichen, um ein marktgestaltendes Marketing zu betreiben, womit den Möglichkeiten des landwirtschaftlichen Betriebs strikte Grenzen gesetzt sind. Doch erschöpft sich die Marketingphilosophie nicht im Primat gestaltender Marketingaktivitäten, noch sind bei wesentlich größeren Wirtschaftseinheiten als dem landwirtschaftlichen Betrieb immer eindeutige Wirkungsbeziehungen zwischen dem Einsatz einzelner Marketinginstrumente und den Reaktionen der Marktpartner nachweisbar.

Wenn also auch Anpassung als Marketingstrategie verstanden wird, dann ist diese Auffassung zu differenzieren. Es gilt, wie es in der Literatur bisher nicht ausgeprägt genug getan wurde, zwischen passiver und aktiver Anpassung zu unterscheiden. Das soll an zwei Beispielen verdeutlicht werden. Erinnert sei an die Lage auf dem Kartoffelmarkt vor nicht allzu langer Zeit, als ein undifferenziertes Angebot um die Abnehmer konkurrierte. Mit eintretendem Preisverfall und allgemeinem Konsumrückgang sowie einem zunehmenden Trend zu vorgefertigten Produkten geriet mancher Kartoffelanbauer in Absatzschwierigkeiten. In dieser Situation traten einige Unternehmen der kartoffelverarbeitenden Industrie, insbesondere Hersteller von Pommes Frites, am Markt auf, die ausgeprägte Präferenzen für spezielle Sorten und Anbauverfahren haben. Als Verhandlungspartner standen diesen nun eine Reihe von Betrieben zur Verfügung, aus denen die industriellen Unternehmungen sich den nach ihren Kriterien gewünschten späteren Geschäftspartner aussuchen konnten; eine Entwicklung, die fast ausnahmslos in der Vertragslandwirtschaft endet.

Im anderen Beispiel entdecken Gersteproduzenten bei der Brauindustrie Ansprüche an einzelne Qualitäten ihres Produktes, die bisher noch nicht ausreichend berücksichtigt wurden. Da Sorten der geforderten Leistungsausprägungen verfügbar sind, können über spezielle Anbauprogramme in den Verhandlungen mit der Brauindustrie bessere Positionen eingenommen werden.

In beiden Beispielen ist es einzelnen landwirtschaftlichen Anbietern und wohl auch ihrem

Gesamt unmöglich, die Präferenzstruktur auf der Abnehmerseite zu ändern. Insofern bleibt ihnen als generelles Marketingprogramm nur die Anpassung. Der Unterschied zwischen aktiver und passiver Anpassung liegt in der Vorgehensweise. Während es die Kartoffelproduzenten versäumten, nach bedienbaren Marktsegmenten zu suchen und sie schließlich auf die Konzepte der weiterverarbeitenden Industrie eingehen mußten, suchten die Gerstenanbauer selbst nach konkreten Nachfrageansprüchen, deren Erfüllung es ihren Verhandlungspartnern erleichterte, die Positionen der Anbieter anzuerkennen.

Im Gegensatz zu mancher neueren landwirtschaftlichen Marktlehre und von ihr vertretener Ansätze verfolgt bereits v. THÜNEN die Taktik der aktiven Anpassung der Betriebspolitik an den Markt. Dies nicht nur auf seinem Gute Tellow, wo er durch flexible Planung die Periode des zu seiner Zeit eintretenden Getreidepreisverfalls besser übersteht als seine Nachbarn, sondern auch im Isolierten Staat. Der Markt steht nicht nur bildlich im Mittelpunkt des Modellstaates, er hat auch bei den Entscheidungen im Produktionssystem des landwirtschaftlichen Betriebs ausschlaggebende Bedeutung, denn "es muß das Wirtschaftssystem den durch die Absatzmöglichkeiten des Gutes geschaffenen besonderen Verhältnissen angepaßt werden" (GUTENBERG, E., 9, S. 17).

LEITHERER nennt vier Ansätze der Absatzforschung, die sich auch im landwirtschaftlichen Marketing aufzeigen lassen. "Den ältesten Ansatz in der Absatzlehre bildet die Institutionen- oder Organanalyse, ..." (LEITHERER, E., 14, S. 13). Er findet seine Entsprechung in Marktregulierungsstellen, die in ihren Markttätigkeiten Gebilden auf den zwischen Produzenten und Konsument liegenden Stufen ähneln. Die Funktionalanalyse ist in konzeptionellen Ansätzen wie dem Agribusiness zu finden, während der Commodity approach z.B. dem Marktstrukturgesetz unterliegt.

Die vorliegende Untersuchung wählt als Ansatz die Aktivitätenanalyse, wobei insbesondere unternehmerische Aspekte einer einzelwirtschaftlichen Marketingphilosophie berücksichtigt werden. Wenn damit der Landwirt als Marketingmanager in den Mittelpunkt der Betrachtungen rückt, so sind sein Entscheidungsverhalten und die ihm zur Verfügung stehenden Informationsverarbeitungskapazitäten zu berücksichtigen. Dabei sollte bedacht werden, daß das Ausbildungsangebot für landwirtschaftliches Marketing unvergleichlich kleiner als dasjenige für die Produktion ist. "Es ist daher konsequent und sachgerecht, daß die Wissenschaft sich um die Bereitstellung von Entscheidungshilfen zur Gestaltung des einzelbetrieblichen Marketings des direkt vermarktenden Landwirts bemüht, sofern die Wahl dieses Absatzweges für ihn ökonomisch sinnvoll ist" (REICHERT, J., 15, S. 280). Einer Erweiterung dieser Forderung auf den indirekt vermarktenden Bereich steht nichts im Wege. Bei der gegenwärtig noch geringen Zahl aktiv marketingtreibender landwirtschaftlicher Unternehmen und realitätsnaher Modelle und Methoden bieten sich Forschung und Lehre zukünftig weite Betätigungsfelder.

2 Zum methodischen Vorgehen der Studie

Die Studie geht analog zur Methodik des Isolierten Staates vor: am Beispiel eines realen Betriebs werden Handlungsmöglichkeiten und deren Konsequenzen aufgezeigt.

2.1 Der Marketingbegriff der Studie

Marketing als wissenschaftliche Disziplin "has taken on the character of an applied behavioral science that ist concerned with understanding buyer and seller systems involved in the marketing of goods and services" (KOTLER, Ph., 12, S. 46). Die Käufer und Verkäufer bilden Verhaltenssysteme, sobald zwischen ihren Elementen informative Beziehungen bestehen. Input-Outputbeziehungen zwischen Subsystemen begründen sich im Normalfall auf Verhandlungen, deren Ergebnisse zumindest das auf den Verhandlungsgegenstand bezogene Verhalten der Beteiligten regeln. Aus der Sicht der entscheidungsorientierten Betriebswirtschaftslehre erhält die Ausrichtung auf Aktivitäten eine Dimension, die die Aktivitäten zur Herbeiführung eines gewünschten Ergebnisses umfaßt und eine weitere der Abstimmung späterer Aktivitäten mit den Verhandlungsübereinkünften.

Relevante Subsysteme der Realisierung von Marketing sind in den Unternehmen zu sehen, eine Abgrenzung, die durchaus erweitert werden kann. Das gesamte Marketingfeld wird in der Regel in einzelne Klassen von Aktivitäten gegliedert, um deren planerische und kostenmäßige Erfassung zu erleichtern. Eine geläufige Unterteilung des Marketing-Mix gliedert in die Bereiche Kommunikations-, Distributions-, Kontrahierungs- und Produkt-Mix. Aufgrund der vielfältigen Wechselwirkungen zwischen den Submixbereichen und deren alternativen Handlungsmöglichkeiten lassen sich in der Realität Aktivitäten kaum isolieren, vielmehr werden sie zu Strategien und Programmen zusammengefaßt.

2.2 Zur Methodik der Feasibility-study

Den Rahmen für die Untersuchung bildet eine Feasibility-study. Die Feasibility-study ähnelt in ihrer Methodik der Fallstudie, nämlich Problemlösungsschritte eines konkreten Projekts darzustellen und gegebenenfalls zu erläutern. Ist die Fallstudie jedoch in der Regel eine ex post Beschreibung eines weitgehend abgeschlossenen Vorgangs, so entwickelt die Feasibility-study ex ante eine oder mehrere Lösungsalternativen für eine offene Frage. Wegen dieser Vorgehensweise findet sie daher des öfteren bei der Projektevaluierung Anwendung.

Die Feasibility-study löst ihre Aufgaben in folgenden Schritten, deren Aufteilung und Reihenfolge sich als praktikabel erwiesen haben. Im ersten Arbeitsgang werden die Ziele der Studie (und der Veranlasser) und sich ergebende Erfordernisse an den weiteren Untersuchungsgang dargestellt. Er beginnt mit der Beschreibung der Ist-Situation, der die evtl. noch nicht exakt formulierte Soll-Situation gegenübergestellt wird. Danach werden die aus der Überwindung des Ist-Zustandes auf dem Wege zum Soll-Zustand erwachsenden Konsequenzen aufgezeigt und untersucht.

Der nächste Komplex befaßt sich mit der Identifikation des Gesamtsystems und aller beteiligten Elemente. Die voranzustellende Erfassung der Gesamtsituation erforderte im vorliegenden Fall eingehende Marktforschungsuntersuchungen. In einer Analyse der Systemaktivitäten werden erwünschter und unerwünschter Output sowie kontrollierbare und unkontrollierbare Inputs identifiziert und die Handlungsmöglichkeiten beeinflussende Parameter beschrieben. Die Definition des Problems schließlich zeigt konkrete Ansprüche an das zu entwickelnde System.

Im nun folgenden Schritt sind alternative Konzepte zu entwerfen, von denen vermutet wird, daß sie nach den bisher gemachten Erkenntnissen in Richtung Soll-Zustand führen.

Schließlich werden die Konzepte auf ihre physische, ökonomische und finanzielle Realisierbarkeit hin untersucht. Für diesen Zweck wurde hier ein Simulationsmodell konstruiert.

Als Zusammenfassung kann eine abschließende Bewertung nach zusätzlichen Kriterien, etwa in Form einer Risikoanalyse oder eines Managementgutachtens folgen oder es können weitere die Durchführung unterstützende Voraussetzungen aufgezeigt werden.

3 Beschreibung des Untersuchungsbetriebes und seines Marktes

Die Studie wurde für das betriebswirtschaftliche Lehr- und Versuchsgut M a r i e n b o r n der Justus Liebig-Universität Gießen durchgeführt. Der Betrieb verfolgt das Unternehmensziel (unter einigen Nebenbedingungen) "Maximierung des entnahmefähigen Einkommens". Er sucht nach einer Alternative für den Milchabsatz, die zu diesem Ziel beitragen kann. Vom Produkt her wird diese Alternative in der Vorzugsmilch gesehen. Organisatorisch wird das

Absatzsystem als Profit Center begriffen, dessen Produktivität und Effizienz unter einem methodischen Einzelziel zu messen sind. Kalkulatorisch kauft das Absatzsystem Produkte vom Produktionssystem und Leistungen vom Gesamtsystem, hierzu sind "die Erzeugnisse so lange zum Absatz zu zählen, wie ein potentieller Verkauf durchführbar ist" (SEUSTER, H., 18, S. 60).

Die Milchviehherde umfaßt 80 schwarzbunte Kühe. Zur Zeit wird die gesamte Produktion einer Molkerei als Qualitätsmilch angedient. Ein betriebseigenes Untersuchungslabor gestattet die laufende Überprüfung der Hygienevorschriften für Vorzugsmilch.

Der Betrieb liegt in ländlicher Umgebung, die in unmittelbarer Nähe keinen nennenswerten Direktabsatz erwarten läßt. Daher wurden zunächst unter Berücksichtigung des zu leistenden Distributionsaufwandes bei Direktverkauf die 20 - 30 km entfernt liegenden Wohnschlafstädte des Maingebietes auf ihre Marktfähigkeit hin untersucht. Für die Wahl dieser Siedlungen sprachen hauptsächlich zwei Gründe. Zum einen befinden sich hier zahlreiche Gebäude mit hoher Geschoßzahl, die weit überdurchschnittlich viele Haushalte beherbergen. Zum anderen sind sie zumeist verkehrsmäßig besser angebunden und problemloser zu erreichen als vergleichbare Objekte inmitten der Großstädte. Über den direkten Bezug als Absatzgebiet für den Betrieb M a r i e n b o r n hinaus war ihre Untersuchung von grundsätzlichem Interesse, da sie bisher in Marktforschungen noch nicht gezielt bearbeitet wurden und - wie eine Umfrage unter Vorzugsmilcherzeugern ergab - von dieser Seite auch noch keine Vermarktungserfahrungen vorlagen.

Im Zuge des Neubaus einer Bundesautobahn wird sich die Marktlage des Betriebes in absehbarer Zeit ändern, der dann in geringer Entfernung eine Zufahrt zu der Schnellstraße benutzen kann. Damit rücken auch entlegenere Absatzmöglichkeiten näher, die in der Universitätsstadt Gießen vermutet wurden. Mit der Untersuchung von ausgewählten Verwaltungseinheiten der Justus-Liebig-Universität und deren Mensa wurde somit ein zu den Haushalten unterschiedlicher möglicher Bedarfsplatz des Trinkmilchkonsums ausgewählt.

4 Die Marktforschungen

4.1 Sekundär- und Primärmarktforschung

Über die Einstellung der Konsumenten zur Vorzugsmilch sind bisher nur wenige Daten bekannt. Die CMA befaßt sich nicht mit diesem Produkt, da Direktvermarkter von der Beitragspflicht ausgenommen sind. Außer einer früheren bedingt verwendbaren Umfrage des Versuchsgutes M a r i e n b o r n unter Vorzugsmilcherzeugern und einer auf Hamburg begrenzten Untersuchung (vgl. Hamburger Abendblatt, 10) stand daher kein Material zur Verfügung. Ein erster Zugang zu dem Problemkreis war jedoch über das ziemlich umfangreiche Material der CMA möglich (vgl. CMA, 3, 5, 6), das sich mit Trinkmilch befaßt und manchen Analogschluß zuließ. Die Abstimmung von Betrieb und Markt schränkte jedoch die Repräsentativitätskriterien der CMA-Daten ein. Unter dem Einfluß der umgebenden und nicht repräsentativ geschichteten sondern aufgrund ihrer Lage zu M a r i e n b o r n ausgewählten Verhaltenssysteme waren ausgeprägte Häufungen von Konsumentenpräferenzen zu erwarten, die in Art und Ausmaß nicht denjenigen zu entsprechen brauchten, die unter z.B. bundesweiten Repräsentativitätskriterien erhoben wurden.

Unter diesen Voraussetzungen waren Marktforschungen des Betriebes unerläßlich, wenn er das Vermarktungsrisiko in erträglichen Grenzen halten wollte. Einerseits wurden Fragen der CMA-Untersuchungen wiederholt, um mögliche kleinräumliche Abweichungen von deren Ergebnissen feststellen zu können. Da Vorzugsmilch im Direktverkauf in den Umfragegebieten unbekannt war, konnte sie als Innovation aufgefaßt werden, mit deren möglicher Diffusion sich ein weiterer Teil der Fragen befaßte. Schließlich wurden Möglichkeiten des Einsatzes betrieblicher Marketingaktivitäten als Grundlagen zur Erstellung von Marketingprogrammen untersucht.

4.2 Methodisches zu den eigenen Marktforschungen

Alle drei Umfragen (Haushalte in Hochhäusern, Mensa und Arbeitsplätze der Justus Liebig-Universität) wurden im standardisierten Interview durchgeführt. Bei der Haushaltsumfrage las der Interviewer die Fragen vom Formblatt ab und notierte die - sowohl offenen als auch geschlossenen - Antworten. In 22 Gebäuden mit jeweils 7 Stockwerken und mehr, die 1583 Wohnungen enthielten, wurden an zwei aufeinander folgenden Tagen von 8 Interviewern 100 Probanden erfaßt.

Da die persönliche Umfrage am Arbeitsplatz wegen der Störung kaum durchzuführen war, wurden hierzu die Fragebögen an die zuständigen Sekretärinnen mit der Bitte um Weitergabe an alle Mitarbeiter ausgehändigt. Insgesamt wurden 147 Mitarbeiter in 14 Organisationseinheiten der Justus Liebig-Universität erfaßt. Die fehlende Möglichkeit, alle Mitarbeiter persönlich ansprechen zu können, erklärt eine Ausfallsquote von 25 %. Auswahlkriterien der Organisationseinheiten waren: Lage des Arbeitsplatzes und umgebende Infrastruktur sowie Größe und Arbeitsbereich der Einheit.

Ein interessantes Untersuchungsobjekt war auch die Mensa, da hier seit geraumer Zeit im Milchsortiment ausschließlich Vorzugsmilch angeboten wurde. Diesen hohen Marktdurchdringungsgrad konnte ein Erzeuger in Verhandlungen mit der Mensaleitung erreichen, die die Vorzugsmilch zu gleichen Konditionen abgab wie zuvor die Trinkmilch und nach ihren Angaben an der Spanne nichts eingebüßt haben will. Interessant war das Umfragegesamt der Mensabesucher besonders deshalb, weil mit dem ausschließlichen Angebot von Vorzugsmilch unter den Milchtrinkern ein gewisser Anteil von erzwungenem Konsum zu erwarten war. Verweigerer der Vorzugsmilch sind allerdings nicht erfaßt, da nur Käufer interviewt wurden. Die Zahl der Verweigerer scheint auch nicht allzu hoch zu sein, da nach Auskunft der Mensaleitung die Umstellung auf Vorzugsmilch keinen Absatzrückgang nach sich zog. Bei 60 Probanden und 280 verkauften Packungen wurden 21 % der am Umfragetag auftretenden Käufer befragt.

4.3 Einige Marktforschungsergebnisse

An dieser Stelle können nur einige der umfangreichen Marktforschungsergebnisse aufgezeigt werden. Im methodischen Sinne der Aktivitäten-Analyse ist ihre Darstellung nach den Bereichen des Marketing-Mix gegliedert.

Im Bereich des Kommunikations-Mixes sind, insbesondere bei der Diffusion von Innovationen, sowohl offiziöse als auch persönliche Kommunikationen Grundlagen der Verhaltensabstimmung. Betriebliche Informationspolitik am Arbeitsplatz ist ohne Mithilfe des Arbeitgebers zumindest ohne dessen Zustimmung unmöglich. Eine Zustimmung zum Verteilen offiziöser Informationen dürfte sich aber nur auf einige wenige Aktionen beschränken. Am Arbeitsplatz ist daher die Ausbreitung der Neuerung "in die Nähe des Arbeitsplatzes gelieferte Vorzugsmilch" weitgehend auf persönliche Kommunikationen angewiesen. Sie kann über die explizite Deklaration von statements zum Produkt oder über einen Demonstrationseffekt ablaufen.

Letzterer ist bei den beobachtbaren Gewohnheiten des Getränkekonsums am Arbeitsplatz stark begrenzt, denn 69 % der Befragten schlossen Milch als Getränk am Arbeitsplatz aus. Wenn bei einer Umfrage der CMA 14 % der im Büro Beschäftigten angaben, am Arbeitsplatz Milch zu trinken (CMA, 3, S. 10), dann weicht das Verhalten der Beschäftigten der Justus Liebig-Universität von dem der übrigen Gesamtheit ab, da bei der eigenen Umfrage immerhin 31 % als Milchtrinker verbleiben. Allerdings nimmt die Bedeutung der Milch als ein Hauptgetränk am Arbeitsplatz stark ab, da nur 4,4 % der Befragten angaben, regelmäßig Milch zu trinken, insgesamt 1,4 % kauften Vorzugsmilch als Hauptgetränk. Wegen der fehlenden Unterscheidung zwischen Milch als mit gewisser Regelmäßigkeit gewähltem Getränk und als von Fall zu Fall gewähltem Getränk in der Umfrage der CMA sind die beiden Untersuchungen jedoch nur bedingt vergleichbar.

Einer ausreichend lückenlosen Verbreitung von Informationen über die zu vermarktende Vorzugsmilch im Universitätsbereich stehen - vorausgesetzt Milchtrinker sind Kommunikanten zu diesem Thema - die Strukturen der informellen Kommunikationssysteme entgegen. Sie wird durch die Aufteilung der Arbeitsplätze weiter behindert. Sitzen 44 % der Mitarbeiter allein und weitere 31 % mit nur einem Mitarbeiter zusammen in einem Raum, so sind die Möglichkeiten informeller Kontakte während der Arbeit relativ beschränkt. Dienstlich bedingte Kontakte finden zu 48 % der Fälle in gleichen Gebäuden statt, darüberhinaus in weiteren 37 % der Fälle zwischen Mitarbeitern, deren Arbeitsplatz sich auf dem gleichen Stockwerk befindet. Könnten die Pausen Möglichkeiten zu persönlichen Kontakten über den Arbeitsraum hinaus bieten, so werden diese nur spärlich genutzt. In der Frühstückspause verlassen 72 % der Mitarbeiter ihren Arbeitsraum nicht oder besuchen doch höchstens den Nachbarraum. Weiter übergreifende informelle Kontakte könnten dagegen von 43 % der Mitarbeiter wahrgenommen werden, die in der Mittagspause eine Kantine besuchen. Inwieweit dies tatsächlich der Fall ist und ob sich diese Kontakte zur Verbreitung von Informationen über Vorzugsmilch nutzen lassen, konnte nicht geklärt werden. Insgesamt sind die Kommunikationsstrukturen am untersuchten Arbeitsplatz als nach innen strukturiert zu bezeichnen.

Für eine eigene Informationspolitik des Vorzugsmilcherzeugers in der Mensa dürften sich wenige Ansätze bieten. Zum einen wird sie wahrscheinlich wenige Effekte zeitigen, zum anderen bedarf sie der jeweiligen Abstimmung mit den Marketingzielen der Mensapächter. Dagegen kann gegenüber den Haushalten sowohl mit persönlicher Kommunikation gerechnet, als auch offiziöse Informationspolitik betrieben werden. Bei der Haushaltsumfrage stellte sich heraus, daß die Kommunikationsstrukturen weitaus weniger nach innen bezogen sind als am Arbeitsplatz. Gesprächspartner kommen zwar zum größeren Teil aus dem eigenen Haus und erst dann aus dem Nachbarhaus, aber innerhalb des Hauses wird häufiger mit den Bewohnern anderer Flure gesprochen als mit denen der eigenen Etage. Da auch gegenseitige Besuche unter Bewohnern benachbarter Häuser nicht selten sind, ist mit dem Auftreten von Nachfrage aus dem Umfeld der untersuchten Objekte zu rechnen, sobald Vorzugsmilch nicht unerwünscht ist und vorausgesetzt, daß sie Gesprächsthema ist. Der Direktbezug vom Landwirt wurde als Gesprächsthema von 21 % der Haushalte bewußt erinnert.

Zu einer positiven Meinungsbildung kann bei den Haushalten die offiziöse Informationspolitik herangezogen werden. Aus der Vielzahl möglicher Werbeträger scheint sich die Direktwerbung per Drucksachen am besten zu eignen. Dies nicht nur, weil sich allein über sie die Streukosten in einem mit verschiedensten regionalen und überregionalen Zeitungen gut versorgten Gebiet in erträglichen Grenzen halten lassen, sondern auch, weil sie bei der geringen Informiertheit der Verbraucher über die Milchsorten aufklärerisch-informative Darstellungen zulassen (zur Eignung von Drucksachen für Werbungen vgl.: Intratest, 11).

Die Ausführungen zum Kontrahierungs-Mix können kurz gefaßt werden. Die Ergebnisse zeigen, daß die Einstellungen der Verbraucher zu rationellen Zahlungsmethoden wie dem Abbuchungsverfahren im Verkehr mit dem Landwirt deren breiten Einsatz kaum erlauben. Erstaunlich scheint, daß nur 67 % der Haushalte glauben, daß zwischen einem gelieferten und einem beim Kaufmann geholten Produkt preisliche Unterschiede bestehen und lediglich 35 % das gelieferte Produkt teurer schätzten als das geholte. Hier wären also der Aufwand des liefernden Landwirts und der Vorteil des beziehenden Haushalts bei Direktlieferung noch zu verdeutlichen.

Die Gestaltung des Distributions-Mix bereitet im Verkehr mit der Mensa natürlich die geringsten Probleme, da eine relativ große Liefermenge an einen einzigen Ort gebracht wird. Bei der verstreuten Lage der Arbeitsstätten der Justus Liebig-Universität und gleichzeitig schwachem Milchverbrauch sowie der geringen Bedeutung zentraler Plätze ist dagegen die Lieferung an diesen Arbeitsplatz problematisch, an Campus-Universitäten oder Bürozentren zum Beispiel könnte sich gerade aus diesem Aspekt eine völlig veränderte Lage ergeben. Die untersuchten Wohnhäuser zeigen zwar eine genügende Verbrauchsdichte, sind aber bezüglich der Auswahl rationeller Liefermöglichkeiten differenziert zu behandeln.

Die wohl aufwendigste, wenn auch gebräuchlichste Form der Direktlieferung wäre das Abstellen vor der Wohnungstür oder zumindest doch im Hausflur. Allerdings wollten sich 50 % der Befragten nicht damit abfinden, daß die Waren im Hausflur abgestellt werden, als möglichen Grund hierfür nannten wiederum 50 % der Haushalte Diebstahlsfurcht. Diese in Gebäuden mit geringerer Bewohnerzahl doch übliche Lieferform entfällt bis auf zwei Gebäude in allen übrigen Objekten. In weiteren zwei Gebäuden waren Abstellmöglichkeiten vorhanden, die ein zentrales Abstellen der Ware in zu den Haushalten gehörende Abstellkästen erlaubten. In allen übrigen Fällen sind demnach, um den zeitraubenden Vertrieb bis an die Wohnungstür zu vermeiden, entsprechende Abstellmöglichkeiten einzurichten oder Koordinatoren (Bewohner, Hausmeister) einzusetzen, die die endgültige Übergabe vollziehen. Hierzu können auch wegen des ersparten eigenen Verteilaufwandes finanzielle Anreize geboten werden. Dies umso mehr, als die von den Haushalten gewünschte Lieferzeit nur eine kurze Spanne zur Verfügung stellt. Gegen 8 Uhr wollten nämlich 50 % der Haushalte ihr Produkt entgegennehmen, eine Zeit, die in engem Zusammenhang mit den Frühstücksgewohnheiten der Familien und dem Verlassen der Wohnung durch deren Mitglieder steht.

Derzeit ist Vorzugsmilch hinsichtlich Distributionsgrad und Marktanteil im Vergleich zu den übrigen Milchsorten nahezu unbedeutend. Es waren daher Möglichkeiten zu suchen, wie Vorzugsmilch im Rahmen des Produkt-Mix zu profilieren ist.

Unterscheidungen zwischen den drei Sorten Trinkmilch, H-Milch und Vorzugsmilch werden von fast allen Haushalten getroffen, aber nicht sehr scharf. Gaben 80 % der Befragten an, daß zwischen den drei Sorten Unterschiede bestünden, so wußte keiner der Probanden die Preisunterschiede aller drei Produkte. Ähnliches zeigte sich in der Frage zum Fettgehalt, ein Unterschiedsmerkmal, das von 24 % der Befrägten genannt wurde. Dennoch wußten 30 % von ihnen keinen einzigen Fettgehalt und lediglich 17 % machten Angaben zu allen drei Milchsorten. Es zeigen sich somit wenig Ansätze, um bei einer eventuellen Hauslieferung die bisher vertretene Trinkmilch durch Vorzugsmilch zu verdrängen, soweit sie sich aus Präferenzen der Konsumenten gegenüber den Produktqualitäten ergeben (zum Verhalten der Verbraucher gegenüber Nahrungsmitteln bezüglich ihrer Herkunft oder ihres Beitrages zur gesunden Ernährung vgl. CMA, 4 bzw. 6, speziell zur Milch vgl. CMA, 5).

Bei genügendem Bekanntheitsgrad wird dagegen zwischen Vorzugsmilch und Trinkmilch differenziert, ohne daß dies zu einem reinen Verdrängungswettbewerb beider Sorten in der Einstellung des Konsumenten führt, sondern eher zu einer Erweiterung seiner Bedarfspalette, wie die Antworten der Mensaumfrage zu ergeben scheinen. Ein Drittel der Studenten machte trotz der Bekanntschaft mit Vorzugsmilch keinen Unterschied zwischen ihr und der Trinkmilch. Wollten 9 % der Befragten lieber Trinkmilch statt Vorzugsmilch angeboten haben, so führte das ausschließliche Angebot von Vorzugsmilch bei 5 % von ihnen zu einem Rückgang des Milchkonsums in der Mensa. Insgesamt 20 % der Studenten jedoch will seit Einführung der Vorzugsmilch in der Mensa im Verlauf des Tages mehr Milch verzehren als zuvor. Sollte sich dies Ergebnis bestätigen lassen, so wären Folgerungen für die Milchmarktpolitik und die bisher zurückhaltende Einstellung der Molkereien gegenüber der Vorzugsmilch wünschenswert.

Unter Einhaltung entsprechender Lieferzeiten bietet das gewünschte Frühstückssortiment der Haushalte dem landwirtschaftlichen Betrieb Möglichkeiten, sein Produkt durchzudrücken. In 18 % der Haushalte wurde Milch als im Rahmen einer Hauslieferung gewünschtes Produkt genannt. Bei 10 % der Grundgesamtheit war der Wunsch nach Milch mit demjenigen nach Brötchen verbunden. In der gleichzeitigen Lieferung von Brötchen könnte demnach ein zusätzlicher Anreiz für den Verbraucher bestehen, eventuelle Vorbehalte gegenüber der Vorzugsmilch abzubauen. Gleichzeitig ergibt sich dann die Möglichkeit, durch die Lieferung von Brötchen an weitere 34 % der Haushalte die Distributionskosten zu senken. Inwiefern die kürzlich erfolgte Öffnung des Handelsgesetzbuches für den Landwirt die Gründung von eigenständigen Vertriebsorganisationen erleichtern hilft, soll hier nicht erörtert werden. Der Hinweis, daß in Essen und einigen anderen Städten bereits Firmen mit der Lieferung von Trinkmilch und Brötchen kommerziell agieren, mag genügen.

Die knappen Ausführungen zur Marktforschung konnten nur einige Ergebnisse zeigen. Nicht deutlich genug wurden die zum Teil gravierenden Abweichungen der Ergebnisse in dem unter betrieblichen Gesichtspunkten abgegrenzten Markt zu denen der CMA und weiterhin zwischen einigen Teilmärkten des Befragungsgebietes, ja zwischen einzelnen Hochhäusern. Die Repräsentativitätskriterien der CMA erwiesen sich als zu groß kalibriert, als daß sie für den Landwirt angemessen sein konnten. Hier gilt es, eine Typologie von Märkten zu entwickeln, die soweit als möglich mit Tabellen von Grunddaten auszufüllen ist, zu denen für Risikoanalysen und andere Erwartungswerte Schwankungsbreiten der Ausprägungen anzugeben sind. Die Aufgabe des praktischen Landwirts für seine eigenen Marktforschungen wird sich dann auf die Spezifizierung weniger Werte anhand einer nach seinen Bedürfnissen und Fähigkeiten zu entwickelnden Methodik beschränken, denn "das Hauptinteresse der landwirtschaftlichen Marktforschung wird sich zunehmend auf die entscheidungsorientierte landwirtschaftliche Marktforschung verlagern" (SCHMIDT, E., 16, S. 126). Über die Erstellung der Markttypen und den Entwurf der Methodik hinaus kann die Wissenschaft tätig sein, wenn sie in die laufende Auswertung der anfallenden Daten engagiert ist.

5 Das Simulationsmodell

Eine Möglichkeit, Daten des Marketings landwirtschaftlicher Betriebe aufzubereiten, um konkrete Informationen zu Entscheidungstatbeständen des Landwirts zu erhalten, besteht in der Handhabung formalisierter Simulationsmodelle. Simulieren "heißt das Feststellen von Konsequenzen, die sich im Zeitablauf für den Zustand und die Entwicklung von Systemen ergeben können, ..." (KUHLMANN, F., 13, S. 317). Berücksichtigt man den systemtheoretischen Aspekt dieser Definition, dann sind in derartigen Modellen in zwei Systemen relevante Beziehungen und Effekte zu berücksichtigen, im Markt und dessen Segmenten, Nischen usw. und im landwirtschaftlichen Betrieb.

5.1 Der Gesamtaufbau des Modells

Diesem Aufbau entspricht das hier vorzustellende Modell, das aus zwei miteinander verknüpften Teilmodellen besteht. Sein Marktmodell entwirft auf der Grundlage der Theorien zur Diffusion von Innovationen Nachfrageentwicklungen als Reaktionen auf Stimuli der Marketingaktivitäten und als Prozeß interpersoneller Verhaltensabstimmungen. Mit Markt ist das Gesamt der als Zielgruppe ausgewählten Verbraucher bezeichnet. In der Übernahme zerfällt dieses Gesamt in Gruppen potentieller Kunden oder Verweigerer sowie Übernehmer oder Rückfälliger, die nach einer Anzahl von Versuchen sich einem anderen Produkt zuwenden. Wenn hinsichtlich der Darstellung von Stimulus-Reaktionsbeziehungen den Parametern Werte zugewiesen werden, die zu einem Teil auf Annahmen und Unterstellungen beruhen, so ist dies ein Nachteil, der allen Marktsimulationsmodellen anhaftet. Der Makel allzu formalistischer Lösungen kann in dem Moment behoben werden, wo genügend verläßliche Beobachtungsreihen zum tatsächlichen Absatzverlauf vorliegen.

Der zweite Teil des Gesamtmodells, das Betriebsmodell, reagiert entsprechend der Zielvorgabe mit Marketingaktivitäten auf das Verhalten der Marktteilnehmer, insofern unterliegen seine Ergebnisse dem Einfluß des Marktmodells. Um dennoch ausreichend gesicherte Daten für die betrieblichen Kalkulationen zu erhalten, können an denjenigen Teilen, die Kosten verursachende Tätigkeiten zur Beeinflussung und Bedienung der Nachfrage enthalten, die Teilmodelle getrennt und an Stelle einer dynamischen Simulation im stabilen Rückkoppelungssystem komparativ-statische Zustände bewirkt werden.

5.2 Darstellung einer Marketingalternative: Direktverkauf an den Haushalt

Im folgenden ist näher auf eine der Vermarktungsalternativen einzugehen. Wegen der erwähnten problematischen Bedienung des untersuchten Arbeitsplatzes und der Präferenzen der Mensaleitung, die bei einem Abgabepreis von DM -,65 für den halben Liter Vorzugsmilch einen kaum lohnenden Preiskampf mit dem derzeitigen Anbieter erfordern würde, wird der Direktverkauf an die Haushalte gewählt. Tabelle 1 zeigt die Belastungen des Absatzbereiches je Liter verkaufte Milch für einen Tagesumsatz von 200 Litern, einer Menge, bei der unter den für das Versuchsgut Marienborn erkannten Bedingungen die Gewinnschwelle zu suchen ist.

Tabelle 1: Literkosten des Absatzbereichs bei einem Tagesumsatz von 200 Litern

Kostenart	Kosten in DM
Einstandspreis	-,60
Distribution	-,41
Verpackung	-,11
Mehraufwand zur Produktion von Vorzugsmilch	-,06
Verlust	-,03
Werbung	-,01
	DM 1,22

Die Länge der Tour beträgt 57 km, die Fahrtkosten je km berechnen sich mit DM 0,56, der Fahrer ist auch mit der Verteilung der Milch beschäftigt, bei einem täglichen Arbeitsaufwand von 5 Stunden zu einem Stundenlohn von DM 10,--, geliefert wird an 6 Tagen in der Woche. Der Einstandspreis entspricht dem Molkereiabgabepreis, enthält also die opportunity costs, Verluste wurden mit 5 % auf die fertig verpackte Ware kalkuliert, eine für die Einführungsphase bewußt hoch gegriffene Quote. Bei einem Verkaufspreis von DM 1,30, der sich nach den Ergebnissen der Marktforschungen wird durchsetzen lassen, ergibt die Kalkulation einen Jahresüberschuß von DM 4.608,--. Dieser muß aber noch die Abschreibungen aus Maschineninvestitionen tragen. Bei linearen Abschreibungsraten über 5 Jahre verbleibt ein Überschuß von DM 608,--.

Der hohe Anteil der Distributionskosten erinnert unwillkürlich an THÜNENs Überlegungen. Im konkreten Fall kann er durch eine Verlagerung des Produktionssystems natürlich nicht reduziert werden. Eine Verminderung der Distributionskosten ergibt sich jedoch, wenn das Fahrzeug nicht ausschließlich für den Milchtransport verwendet und mit Fixkosten nur entsprechend der anteiligen Nutzung am Arbeitstag zu 5/8 belastet wird. In diesem Fall betragen die Distributionskosten je Liter lediglich DM -,38, der Überschuß des Absatzsystems beläuft sich auf DM 2.336,--.

Mit zunehmender Nachfragedichte ergeben sich weitere Möglichkeiten einer Kostenreduktion in diesem Bereich. Im vorliegenden Modell bestimmt sich der Anteil der Käufer an den Haushalten aus den Marktforschungsergebnissen. Dieser ist über gewisse Schwellenwerte hinaus nur sehr bedingt steuerbar, da den Reaktionen des Verbrauchers auf den Einsatz einzelner Marketinginstrumente relativ enge Grenzen gesetzt sind. So wird der Verkaufspreis für eine flexible Marketingpolitik ungeeignet erachtet, die Werbereaktion als weitgehend unelastisch.

Der Fahrtkostenanteil kann daher nur dann gesenkt werden, wenn ohne eine wesentliche Verlängerung der Tourstrecke zusätzliche Häuser erreichbar sind. Aufgrund der Diffusion im Umfeld der zunächst punktuell belieferten Hochhäuser ist mit dem Auftreten zusätzlicher Nachfrage zu rechnen, für die Höhe der Bedienungskosten ist über den Fahrtaufwand hinaus auch der übrige Distributionsaufwand zu berücksichtigen.

Neben den Fahrzeugkosten ist der Arbeitsaufwand des Verteilens ein wesentlicher Kostenfaktor. Wo es möglich ist, die Ware an einem zentralen Ort zu deponieren, entfallen die Laufzeiten von Tür zu Tür. Bei einem Kundenbesatz in einem mit Fahrstuhl ausgerüsteten Hochhaus von 10 Haushalten sollen allein für das Verbringen der Ware an die Wohnungstür 6 Minuten gerechnet werden. Dies belastet den Liter Milch mit DM -,10. Können dagegen für alle Abnehmer Bewahrkästen aufgestellt werden, so entfällt der Weg im Haus. Bei wiederum 5-jähriger Nutzungsdauer und einem Preis von DM 20,-- sind als Aufwand 1,4 Pfennige je Liter verkaufter Vorzugsmilch an Abschreibungen zu verbuchen. Der Überschuß beläuft sich nun auf DM 6.944,--.

Schließlich sei noch vermerkt, daß sich die Distributionskosten wesentlich senken lassen, wenn sie auf andere Lieferleistungen abgewälzt werden können. Diese Möglichkeit ergibt sich bei denjenigen Haushalten, die neben Milch weitere Produkte wünschen, hier wären insbesondere Brötchen zu nennen. Für das Versuchsgut Marienborn entfällt allerdings diese Alternative aus unternehmensrechtlichen Erwägungen, da es weder als Vertreter einer anderen Firma handeln, noch eine - eigene oder gemeinschaftliche - Vetriebsgesellschaft gründen kann.

6 Ausblick

Die in dieser Abhandlung an einem konkreten Betrieb entwickelte Marketingstrategie ist zunächst nur auf diesen zugeschnitten. Der Betrieb Marienborn ist jedoch typisch für eine Klasse landwirtschaftlicher Unternehmen, die die als "punktuelles selektives Marketing auf Basis sozialer Verhaltenssysteme" bezeichnete Methode (vgl. WARMBIER, W., 21, S. 278 f) anwenden können. Ob und wie diese Methodik in die Praxis des Landwirts eingeht, hängt von dessen Entscheidungsverhalten ab. Einige Untersuchungen scheinen zu ergeben, daß Landwirte eher geneigt sind, konkrete Lösungsvorschriften anzunehmen, als von ihrem Realbezug losgelöste theoretische Lösungsmethoden. Den Ansprüchen der Landwirte auf eine Konkretisierung von der Wissenschaft zu erarbeitender Lösungsvorschläge steht allerdings der Aufwand entgegen, der sich aus der Unzahl der spezifischen Entscheidungssituationen ergibt. Der praktikable Weg, praxisnahe und -gerechte Alternativen zur Gestaltung des landwirtschaftlichen Marketings zu entwickeln, muß daher den formal-methodischen mit dem aktivitätsbezogenen Weg verbinden. In diesem Sinne wurden das methodische Vorgehen der Strategieentwicklung und einige beispielhafte Marketingaktivitäten gezeigt, die in ein Manual landwirtschaftlichen Marketings aufzunehmen wären. Allerdings ist bei einem breiten Klientel von Landwirten zunächst auch deren allgemeines Entscheidungsfeld dahingehend zu beeinflussen, daß sie das Marketingdenken übernehmen. An diesem planned social change könnten sich Forschung und Lehre im Rahmen der landwirtschaftlichen Betriebslehre maßgeblich beteiligen.

Literatur

1. BESCH, M.: Vertikale und horizontale Koordination als Instrument zur Anpassung des landwirtschaftlichen Angebots an die Anforderungen des Lebensmittelmarktes in der Bundesrepublik Deutschland - Empirische Befunde und Entwicklungstendenzen. In: Die zukünftige Entwicklung der europäischen Landwirtschaft - Prognosen und Denkmodelle, München, Wien 1973, S. 249 - 271.

2. BORCHERT, K.: Möglichkeiten und Grenzen koordinierten Anbieterverhaltens in der Landwirtschaft. Agrarwirtschaft, Heft 40, 1970.

3. CMA: Trinkgewohnheiten in der BRD. Bonn - Bad Godesberg 1973, Kennziffer 102.

4. CMA: Einstellung und Verhalten der Verbraucher zur "Gesunden Ernährung". Bonn - Bad Godesberg 1973, Kennziffer 501.

5. CMA: Einkaufsgewohnheiten bei Milch. Bonn - Bad Godesberg 1974, Kennziffer 141.

6. CMA: Das Einkaufsstättenverhalten deutscher Privathaushalte bei Agrarprodukten. Bonn - Bad Godesberg 1975, Kennziffer 351.

7. ELI, M.: Die Nachfragekonzentration im Nahrungsmittelhandel. Berlin, München, 1968.

8. GROSSKOPF, W.: Landwirtschaft und Ernährungsindustrie - Entwicklung der Wettbewerbsbeziehungen. In: Die künftige Entwicklung der europäischen Landwirtschaft - Prognosen und Denkmodelle -. München, Wien 1973, S. 225 - 248.

9. GUTENBERG, E.: THÜNENs Isolierter Staat als Fiktion. München, 1922.

10. Hamburger Abendblatt: Test-Aktion Muku, Marketing-Studie für Muku-Vorzugsmilch. Hamburg 1965.

11. Infratest: Werbedrucksachen - Grundlagenstudie zur Ermittlung qualitativer Daten. München, 1971.

12. KOTLER, Ph.: A Generic Concept of Marketing. In: Journal of Marketing, 1972, Vol. 36, Heft 2, S. 46 - 54.

13. KUHLMANN, F.: Die Verwendung des systemtheoretischen Simulationsansatzes zum Aufbau von betriebswirtschaftlichen Laboratorien. In: Berichte über Landwirtschaft, 1973, Band 51, Heft 2, S. 314 - 351.

14. LEITHERER, E.: Absatzlehre, 2. Aufl. Stuttgart, 1969.

15. REICHERT, J.: Modelle der zukünftigen Gestaltung eines kooperativen Absatzmarketings. In: Die zukünftige Entwicklung der europäischen Landwirtschaft - Prognosen und Denkmodelle. München, Wien, 1973, S. 279 - 293.

16. SCHMIDT, E.: Zukünftige Forschungsaufgaben im Bereich der landwirtschaftlichen Marktforschung. In: Forschung und Ausbildung im Bereich der Wirtschafts- und Sozialwissenschaften des Landbaues. München, Wien, 1975.

17. SCHMITT, G.: Erzeugergemeinschaften im Lichte der Preistheorie - Eine kritische Analyse der Entwürfe zu einem Marktstrukturgesetz. In: Agrarwirtschaft, 1966, 15. Jg., Heft 1, S. 1 - 14.

18. SEUSTER, H.: Landwirtschaftliche Betriebslehre, Stuttgart, 1966.

19. STRECKER, O.: Die Landwirtschaft und ihre Marktpartner - Neue Formen der Zusammenarbeit. In: Landwirtschaft - Angewandte Wissenschaft, Hiltrup, 1963, Heft 118.

20. THIMM, H.U.: Koordination für den landwirtschaftlichen Absatz. Hamburg, Berlin, 1966.

21. WARMBIER, W.: Ansätze einer verhaltenswissenschaftlichen Betrachtungsweise einzelbetrieblichen Marketings. In: Agrarwirtschaft, 1975, Heft 10, S. 273 - 280.

ZUR PLANUNG IM LÄNDLICHEN RAUM
BEISPIEL: DER AGRARLEITPLAN
NIEDERBAYERN: FREYUNG-GRAFENAU

von

Hans Moser, München

1	Gesellschaftspolitische Stellung der Agrarleitpläne (ALP) in Bayern	117
2	Rechtliche Stellung der ALP	118
3	Zielsetzung nach dem Bayerischen Landesplanungsgesetz	118
4	Planungsschritte	119
4.1	Bestandsaufnahme standortkundlicher Gegebenheiten nach Nutzungseignung, Ertragsklasse und Gefällstufe	119
4.2	Wertung der kartierten Flächen	120
4.3	Technisches Planungsinstrumentarium	120
4.4	Sozioökonomische Bestandsaufnahme	121
4.5	Verknüpfung standortkundlicher und sozioökonomischer Daten, Zonierung	121
4.6	Betriebsmodelle	122
5	Motivation für die Agrarleitplanung	122
5.1	Mitwirkung der Landwirtschaft im Planungsgeschehen	122
5.2	Regionaldifferenzierte Förderung	123
5.3	Entscheidungshilfe für Beratung und Einzelbetrieb	123
6	Durchsetzbarkeit der Agrarleitpläne	123

Berlin liegt nicht in Bayern, Freyung-Grafenau ist kein Stadtteil von Berlin. Natürlich weiß jedermann, wo Berlin und - ich erwähne es nur der Vollständigkeit halber - wo Freyung-Grafenau liegt: der niederbayerische Landkreis füllt das Dreiländereck, das von Bayern, Österreich und der Tschechei gebildet wird. Vielleicht fragen Sie, warum ich gerade Berlin und Freyung-Grafenau zueinander in Beziehung setze? Beide haben etwas gemeinsam.

1 Gesellschaftspolitische Stellung der Agrarleitpläne (ALP)

Sowohl Berlin als auch Freyung-Grafenau sind Standorte, an deren östlichen Grenzen sich Welten in der Auffassung darüber scheiden, was Agrarplanung nach unserem Verständnis sein soll und sein kann - und zwar Agrarplanung im überbetrieblichen Sinne. Überbetriebliche

Agrarplanung kann in unserem Gesellschaftssystem nicht bedeuten, daß die einzelbetrieblichen Entscheidungen des Betriebsleiters durch staatlichen Planungsdirigismus einer Gängelung unterworfen werden. So soll auch der Agrarleitplan nur den Rahmen abstecken, innerhalb dessen die Zielvorstellungen und Einzelmaßnahmen der Betriebe ihre Absicherung erfahren. Er kann und will die standortgerechte einzelbetriebliche Agrarplanung nicht ersetzen, dieser aber Orientierungshilfen geben. Es wird unseres ständigen Bemühens bedürfen, einerseits die Leitfunktion der Agrarleitpläne für die Landwirtschaft unseres Landes zu wahren, andererseits den Freiraum für einzelbetriebliche Entscheidungen nicht zu sehr zu beschneiden.

Die Agrarleitpläne werden flächendeckend für ganz Bayern erstellt. Entsprechend dem Bayerischen Landesplanungsgesetz wird für jeden einzelnen Regierungsbezirk ein eigener Agrarleitplan erarbeitet. Da wir sieben Regierungsbezirke haben, gibt es sieben Agrarleitpläne für Bayern. Aus administrativen Gründen und aus fachlich-sachlichen Überlegungen sind die Aussagen unserer Agrarleitpläne auch abgestimmt auf den Planungsraum der Region - davon haben wir 18 in Bayern. Daß es uns möglich ist auf Landkreisebene herunter zu deklinieren, können Sie aus dem Thema meines Vortrages ersehen, der sich mit dem Gebiet eines einzelnen Landkreises befaßt. Bestünde die Notwendigkeit, Aussagen auch über eine einzelne Gemeinde oder gar für einen Einzelbetrieb - ähnlich wie im Berghöfekataster der Österreicher - zu machen, wären wir von der Konzeption des Agrarleitplans her dazu in der Lage. Aber: damit hätten wir bereits den Grenzfluß überschritten, der staatliches Planen und Handeln von der Initiative und Risikoübernahme des Einzelnen trennt. Und das wollen wir nicht!

2   Rechtliche Stellung der ALP

Um diese ganze Problematik zu verstehen, muß man wissen, daß es sich bei den Agrarleitplänen nicht um irgendwelche experimentelle Glasperlenspiele landwirtschaftlicher Planung handelt. Zum ersten Mal in der Geschichte der Agrarplanung Bayerns werden nicht nur unverbindliche Planungsaussagen gemacht, sondern mit der Aufstellung von Zielen in den Agrarleitplänen rechtlich verbindliche Planungsaussagen zur Landwirtschaft getroffen. Die Agrarleitpläne sind nämlich sogenannte fachliche Programme und Pläne im Sinne des Bayerischen Landesplanungsgesetzes. Sie sind daher gemäß § 5 Abs. 4 des Raumordnungsgesetzes vom 8.4.1965 von den Trägern öffentlicher Belange bei ihren raumbedeutsamen Planungen und Maßnahmen zu beachten. Die Bindungswirkung der Agrarleitpläne erstreckt sich also unmittelbar auf die Behörden, nicht aber auf den einzelnen landwirtschaftlichen Betrieb. Wenngleich also die Ziele der Agrarleitpläne den Bürger und Bauern nicht unmittelbar bei seinen Entscheidungen binden, ergibt sich aber doch eine mittelbare Bindungswirkung zum Beispiel, wenn er zur Verwirklichung seiner Pläne einer behördlichen Genehmigung bedarf oder gegebenenfalls eine öffentliche Förderung in Anspruch nehmen will.

Es schien mir unabdingbar, diese gesellschaftspolitischen und rechtlichen Aspekte der Agrarleitpläne zu beleuchten, vor allem auch deswegen, weil Bayern meines Wissens damit Vorreiter für ähnliche Entwicklungen in anderen Ländern der Bundesrepublik Deutschland ist.

3   Zielsetzung nach dem Bayerischen Landesplanungsgesetz

Nun zu der Frage, was ist der Agrarleitplan und was wollen wir damit?

In knappster Form findet man eine Antwort auf diese Frage im "Landesentwicklungsprogramm Bayern", das am 1. Mai 1976 als behördenverbindliches Programm der Staatsregierung in Kraft getreten ist. Hier lautet die Zielformulierung für die Agrarleitpläne folgendermaßen:

"Um die Belange der Land- und Forstwirtschaft, sowie der Landeskultur auf den verschiedenen Planungsebenen sicherzustellen und Förderungsmaßnahmen gezielt und regional differenziert durchführen zu können, ist eine Landnutzungsplanung, bestehend aus Agrarleitplänen und Waldfunktionsplänen, durchzuführen."

Wenn es hier heißt: " die Belange der Landwirtschaft", so kann kein Zweifel bestehen, daß damit alle Bereiche der Landwirtschaft, also Betriebsstruktur, Marktstruktur, Sozialstruktur, Flurbereinigung, Dorferneuerung usw. gemeint sind. Der Thematik unseres Tagungsprogrammes und der gegebenen Zeit entsprechend, werde ich mich vor allem auf die Fragen der Betriebsstruktur beschränken müssen und auch hier nur exemplarisch anhand des Landkreises Freyung-Grafenau einige Grundzüge darstellen können.

4 Planungsschritte

Wie bei allen Planungen üblich, gehen auch wir in folgenden Schritten vor: Bestandsaufnahme, Wertung und schließlich Fixierung der Planungsvorstellungen.

Im "Landesentwicklungsprogramm Bayern" heißt es dazu:

"In den Agrarleitplänen sind landesplanerische Ziele für die Entwicklung der Landwirtschaft und für die Nutzung des von ihr bewirtschafteten Landes aufzustellen. Zur Erfassung des landwirtschaftlichen Erzeugungspotentials sind großflächige Bestandsaufnahmen und die Wertung der landwirtschaftlichen Nutzflächen durchzuführen. Dabei sind für das ganze Land auszuweisen:

- landwirtschaftliche Flächen mit günstigen Erzeugungsbedingungen,
- landwirtschaftliche Flächen mit durchschnittlichen Erzeugungsbedingungen,
- landwirtschaftliche Flächen mit ungünstigen Erzeugungsbedingungen."

4.1 Bestandsaufnahme standortkundlicher Gegebenheiten nach Nutzungseignung, Ertragsklasse und Gefällstufe

Von besonderem Interesse mag es dabei sein, nach welchen Kriterien die Bestandsaufnahme der landwirtschaftlich genutzten Flächen erfolgt, meine ich doch, damit einiges zu unserem Tagungsthema "Standortgerechte Agrarproduktion" beitragen zu können. Wir übernehmen nicht - wie man vielleicht vermuten könnte - unbesehen die Daten der Reichsbodenschätzung, sondern haben eigene Kriterien entwickelt, nach denen unsere gesamte landwirtschaftliche Nutzfläche eingestuft und kartiert wird. Es handelt sich hierbei um die Kriterien

- Nutzungseignung,
- Ertragsklasse und
- Gefällstufe.

Einige Anmerkungen zu diesen drei Hauptkriterien:

Zur Nutzungseignung:
Ich hebe ausdrücklich hervor - das Wort Eignung besagt es -, daß hier nicht etwa die derzeitige Nutzung des Bodens aufgenommen, sondern dessen Eignung für eine bestimmte Nutzung beurteilt wird. Dies geschieht unabhängig von vielleicht zufälligen betrieblichen oder örtlichen Gegebenheiten, wie z.B. Kartoffelanbau für eine Brennerei.

Dabei werden insgesamt sieben Grünland- und Ackerstandorte, sechs Ertragsklassen und sechs Gefällstufen unterschieden.

Zum zweiten Hauptkriterium, der Ertragsklasse:
Auch hier wird nicht simpel eine Bestandsaufnahme, sozusagen eine Ernteermittlung vorgenommen, sondern von der Vorstellung ausgegangen, der Boden werde in einer über dem allgemeinen Durchschnitt liegenden Wirtschaftsweise genutzt.

Nun zum dritten Hauptkriterium, der Gefällstufe:
Dies ist von besonderem Interesse, da es flächenbezogene Aussagen hierüber landesweit, auch bei der Reichsbodenschätzung, nicht gibt. Welchen Einfluß die Hängigkeit eines Geländes

auf Mechanisierung und Bewirtschaftung ausübt, brauche ich hier wohl nicht näher zu erläutern.

Für den Alpenraum haben wir aufgrund der bewegten Topographie und zur genaueren Erfassung der Alm-/Alpwirtschaft die Kriterien zum Teil weiter differenziert. Im einzelnen verweise ich auf die Anlage 1.

Bei den Erhebungen werden homogene Flächen abgegrenzt, die in sich gleiche Nutzungseignung, gleiche Ertragsklasse und gleiche Gefällstufe aufweisen. Jede Flächeneinheit - die kleinste beträgt ca. 5 ha - wird mit einem entsprechenden Flächenbeschrieb versehen. Als Kartengrundlagen dienen die topographische Karte 1:25 000 bzw. Luftbildpläne der Geotruppe der Bundeswehr in gleichem Maßstab. Als Beispiel einer Erhebungskarte ist die Anlage 2 beigefügt.

Zur Veranschaulichung will ich sie erläutern: Wenn z.B. für eine Fläche die Bezeichnung t 3.2 angegeben ist, so bedeutet dies: nach der Nutzungseignung handelt es sich um einen Ackerstandort, und zwar für die Leitfrucht Weizen; aufgrund der Ertragsklasse werden Erträge von 35 bis 40 dt/ha erzielt und die Fläche weist eine Neigung zwischen 13 und 17 % auf.

Die Arbeiten zur Bestandsaufnahme der landwirtschaftlich nutzbaren Flächen laufen seit 1974. Bis jetzt sind etwa 70 % der LN Bayerns von eigens dafür geschaffenen Projektgruppen an den Ämtern für Landwirtschaft erfaßt und kartiert worden.

4.2 Wertung der kartierten Flächen

Im nächsten Schritt werden die kartierten Flächen gewertet. Mit den in den Erhebungskarten festgehaltenen Daten und mit Hilfe einer diesen Daten zugeordneten Wertung können nun die einzelnen Flächen eingestuft und planerisch aussagekräftiger gemacht werden.

Anlage 3 zeigt unser schematisiertes Wertungsdiagramm. Anlage 4 ein Beispiel einer Wertungskarte.

Während die in den Erhebungskarten fixierten Ergebnisse von standortkundlich hohem Wert sind, stellt ihre Umsetzung in die Wertungskarte eine plakative Aussage vor allem für die Planung dar. Wie sehr hierfür ein echtes Bedürfnis besteht, ergibt sich daraus, daß z.B. die Werte der Reichsbodenschätzung - so gut sie sein mögen - landwirtschaftsfremden Berufsgruppen im buchstäblichen wie auch im übertragenen Sinne oft wenig zugänglich sind.

4.3 Technisches Planungsinstrumentarium

Die Umsetzung und Wertung der Erhebungsdaten erfolgt aus verschiedenen Gründen nicht mehr vor Ort, d.h. die Ämter für Landwirtschaft, welche die Erhebungen durchgeführt haben, sind davon entlastet. Nachdem sie die Erhebungskarten abgeliefert haben, erfolgt die Weiterbehandlung und Wertung der Karten auf dem Wege der automatisierten graphischen Datenverarbeitung. Einer der wesentlichen Gründe hierfür ist neben der Rationalisierung die Tatsache und Erwartung, daß die derzeitige Wertvorstellung für landwirtschaftliche Flächen entsprechend dem technischen und wirtschaftlichen Fortschritt eine rasche Änderung erfahren kann. So können z.B. Flächen, die heute mit durchschnittlichen Erzeugungsbedingungen, also als D-Flächen eingestuft sind, in Zukunft bereits als landwirtschaftliche Flächen mit ungünstigen Erzeugungsbedingungen, also als U-Flächen angesehen werden müssen. Sollte sich die Notwendigkeit der Umpolung ergeben, wird es aufgrund der elektronischen Speicherung der Daten ohne weiteres möglich sein, durch die Verschiebung der "kritischen Schwelle" im Wertungsdiagramm den einzelnen Flächen eine zeitgerechte Zuordnung zu geben.

Die Art der Erhebung und Weiterverarbeitung der Daten und deren kartographische, tabellarische und graphische Aufbereitung hat über die Grenzen unseres Landes hinaus Aufmerksamkeit gefunden. Es wäre reizvoll, näher darauf einzugehen. Aus Mangel an Zeit kann ich das nur im Telegrammstil tun: Nach der Bestandsaufnahme von ca. 80 Mio. Daten aus ca. 600 topographischen Karten wird die Digitalisierung dieser Flächen und die Datenübernahme auf Lochkarten vorgenommen. Die Umrechnung dieser Daten auf Gauß-Krüger-Koordinaten und die Erstellung flächendeckender Reproduktionen aus dem Computer (sogenannte Plot-Programme) ist der nächste Schritt. Die Aufbereitung aller Daten wird in der Datenbank (BALIS) vorgenommen. Die Speicherung in den Datenbanken und die Auswertung über Rechenprogramme und Datenstationen wie aktive Bildschirme gibt die Möglichkeit, die Daten planerisch zu verändern.

Für das Kürzel BALIS, das ich eben verwendet habe, bin ich Ihnen eine kurze Erklärung schuldig: BALIS ist die Abkürzung für Bayerisches Landwirtschaftliches Informationssystem, in dem zentral alle für die bayerische Landwirtschaft wichtigen Daten gespeichert werden. BALIS besteht aus mehreren Fachdatenbanken, u.a. auch aus der Fachdatenbank Agrarleitplan. Die Fachdatenbanken sind untereinander durch eine Führungsdatenbank verknüpft. Die im BALIS gespeicherten Daten aus der Bestandsaufnahme der landwirtschaftlichen Nutzfläche (und weitere sozioökonomische Daten) können für jede Gebietseinheit (Gemeinde, Nahbereich, Landkreis, Region, Regierungsbezirk, Bayern) unmittelbar abgerufen werden. Das Datenmaterial ist so aufbereitet, daß es nicht nur in Tabellenform zur Verfügung steht, sondern auch auf elektronischem Wege unmittelbar in übersichtlichen Graphiken und Diagrammen (Banddiagramme, Stabdiagramme, Stabdiagramme mit Gruppenunterteilung, Kreisdiagramme und Baukastendiagramme) dargestellt werden kann.

Diese in ihrem Stand ziemlich entwickelte Planungstechnik stellt das Ergebnis einer engen Kooperation von staatlicher Landwirtschaftsverwaltung 1), Technischer Universität in München-Weihenstephan - Lehrstuhl für Angewandte landwirtschaftliche Betriebslehre 2) - und der Firma Messerschmidt-Bölkow-Blohm - Abteilung "Systemtechnik" - in München-Ottobrunn dar.

4.4 Sozioökonomische Bestandsaufnahme

Damit möchte ich meine Darlegungen über die Erhebung und Weiterverarbeitung der Werte für die natürlichen Standortbedingungen abschließen. Diese stellen selbstverständlich eine wesentliche Komponente für eine Agrarplanung dar, aber eben nur eine.

Der Bestandsaufnahme und Wertung der landwirtschaftlich genutzten Flächen folgt die der Lebens- und Arbeitsbedingungen für die Landwirtschaft. Dies geschieht durch die sogenannte "Agrarstrukturelle Rahmenplanung". Der Begriff ist irreführend. Es handelt sich um keine Planung, sondern um die Erfassung und Wertung agrarrelevanter Daten im sozioökonomischen Bereich. Dabei werden Ergebnisse in großem Umfang aus der Primärstatistik z.B. aus der im 10jährigen Turnus stattfindenden Volks- und Landwirtschaftszählung sowie aus der Fachstatistik übernommen und in das BALIS eingespeist. Soweit es erforderlich ist, werden in begrenztem Maße noch weitere Daten durch unsere Verwaltung erhoben, z.B. Angaben über die Produktströme oder über den Zustand landwirtschaftlicher Gebäude.

4.5 Verknüpfung standortkundlicher und sozioökonomischer Daten, Zonierung

Sinn all dieser Arbeiten ist es, die Grundlagen für die Formulierung entsprechender Zielvorstellungen, der eigentlichen Planungsaussagen, zu schaffen. Wissenschaftliches Hilfsmittel

---

1) Bayer. Staatsministerium f. ELF, Bayer. Landesanstalt für Bodenkultur und Pflanzenbau, Amt für angewandte landwirtschaftliche Betriebswirtschaft.
2) SIMMELBAUER, HANS: Zum Problem der Abgrenzung homogener Zonen in Bayern - Untersuchung mit agrarwirtschaftlichen Landkreisdaten unter Verwendung der Faktorenanalyse, Diss. 1975 an der TU München-Weihenstephan; SITTARD, MICHAEL: Integrierte Planung - Planungspartner Landwirtschaft - Manuskript 1976 (in Vorbereitung).

dazu stellt die Zusammenfassung von Gemeinden mit gleichen Standorts- und Strukturvoraussetzungen zu homogenen Zonen dar. Zu diesem Zwecke werden die Daten aus den Flächenerhebungen und aus der agrarstrukturellen Rahmenplanung miteinander verknüpft und gewertet. Grundlage für diesen Schritt bilden die Arbeiten von SIMMELBAUER, die für unsere Zwecke weiterentwickelt wurden. Wir arbeiten hierbei mit 41, für die Gesamtbeurteilung der landwirtschaftlichen Situation repräsentativen statistischen Kenndaten, sogenannten Variablen. Die entsprechende Faktorenanalyse wird auf Gemeindeebene vorgenommen, wobei das im BALIS gespeicherte Datenmaterial in direktem Zugriff erfaßt werden kann.

Am Ende dieses Arbeitsschrittes stehen dann Karten, in denen für die hinsichtlich ihrer natürlichen Voraussetzung, ihrer Betriebsstruktur usw. zonenhaft zusammengefaßten Gemeinden gleichgelagerte Aussagen gemacht werden können (Anlage 5). Damit wird das Planungsgeschehen transparent, eindeutig, überprüfbar und klar. Es können überschaubare Zielvorstellungen formuliert werden, so daß die von der Planung Betroffenen sich mit deren Ergebnissen identifizieren können.

4.6 Betriebsmodelle

Der nächste Arbeitsschritt besteht darin, daß für die vorher ermittelten Zonen regional differenzierte Betriebsmodelle unter Berücksichtigung der jetzigen möglichen Betriebsstrukturen errechnet werden. Die Rechenarbeiten werden mit Hilfe der linearen Optimierung und Simulation durchgeführt. Endergebnis sind Betriebsmodelle, die eine Flächenbewertung aus betriebswirtschaftlicher Sicht ermöglichen. Wichtigste Ergebnisgrößen sind dabei der Grenznutzen bzw. Grenzverlust einer Fläche. Davon kann z.B. abgeleitet werden, welche Flächen für eine landwirtschaftliche Nutzung im ökonomischen Sinne noch lohnend sind und für welche landwirtschaftlichen Nutzflächen eine Gefährdung besteht, aus der Bewirtschaftung auszuscheiden.

Diese von mir skizzierten Arbeiten zu den Agrarleitplänen werden, nachdem wir ihre Durchführung zunächst "en miniature" im Landkreis Freyung-Grafenau erprobt haben, für ganz Bayern angewendet. Im breiten Umfange wurde in diesem Jahr damit begonnen.

5   Motivation für die ALP

Meine Ausführungen blieben bruchstückhaft, würde ich nicht aufzeigen, welche Motive uns bewegen, die Agrarleitplanung in Bayern durchzuführen. Im wesentlichen kann man drei Gründe angeben:

5.1 Mitwirkung der Landwirtschaft im Planungsgeschehen

Es bedurfte nicht erst der "Grenzen des Wachstums" vom M.I.T., um zu erkennen, daß unsere Ressourcen nicht unbegrenzt sind. Die Zeiten des Booms der 50iger und 60iger Jahre sind vorbei. Unsere Naturgüter, vor allem auch das unvermehrbare Naturgut Boden, bedürfen der sorglichen Behandlung. Planung ist Vorsorge. Planung erfolgt jedoch nicht im luftleeren Raum, sondern in der Fläche. Spätestens bei der Realisierung der Planungen sind ihre Folgen zu verspüren. 90 % der Fläche Bayerns werden von land- und forstwirtschaftlicher Nutzfläche eingenommen. Dies bedeutet, daß Planungen fast stets auf dem Rücken der Land- und Forstwirtschaft ausgetragen werden. Deren Einflußnahme war bisher von Passivität gekennzeichnet. Es war mehr ein Reagieren auf Planungen anderer als ein aktives Agieren. Nicht umsonst sind in Bayern in den letzten Jahrzehnten täglich über 50 ha den Planungen anderer Bereiche zum Opfer gefallen. Mit den Agrarleitplänen unternehmen wir den Versuch, aus der Lethargie bisheriger landwirtschaftlicher Planung offensiv in das Planungsgeschehen einzugreifen, indem wir eigenständige Planungsvorstellungen entwickeln.

5.2 Regionaldifferenzierte Förderung

Der Landwirtschaft wird häufig der Vorwurf gemacht, ihre Förderung erfolge in Form der Gießkanne. Wie man auch dazu stehen mag, - angesichts des ungeheuren Strukturwandels, dem die Landwirtschaft in den letzten drei Jahrzehnten ausgesetzt war, sollte man darüber etwas ausgewogener urteilen - das System der staatlichen Förderung bedarf einer weiteren regionalen Differenzierung. Nachdem im nationalen Bereich Schrittmacherdienste geleistet wurden - ich erwähne z.B. das Bayerische Grünlandprogramm - hat auch die EG das Prinzip der regionalen Schwerpunktbildung in der Förderung nachvollzogen. Sie hat anerkannt, daß für bestimmte Gebiete die Landbewirtschaftung ohne Direktsubventionen nicht aufrechtzuerhalten ist. Es muß befürchtet werden, daß der Anteil dieser Gebiete bei fortschreitender Entwicklung mehr und mehr zunehmen wird. Umso wichtiger wird es für die Zukunft sein, objektive Kriterien zu finden, nach denen regional differenzierte Hilfen gegeben werden können. Die Agrarleitpläne stellen die Grundlage für diese Differenzierung dar.

5.3 Entscheidungshilfe für Beratung und Einzelbetrieb

Im Grunde genommen stellt dieses Ziel mehr oder minder ein "Abfallprodukt" unserer Planungstätigkeit dar, da der Agrarleitplan nach seinem Charakter und seiner Zielsetzung nicht auf örtliche und einzelbetriebliche Ziele ausgerichtet ist. Aufgrund seiner Strukturierung sind wir jedoch in der Lage, Aussagen bis hin zum Einzelbetrieb zu machen. Damit bietet die Agrarleitplanung bereits jetzt Hilfestellung für Beratung und Einzelbetrieb. So kann beispielsweise dem einzelnen Betriebsleiter durch Aussagen über die Weiterbewirtschaftung von Grenzertragsböden oder durch die Ausweisung von Aufforstungsgewannen eine gewisse Sicherheit in der Bewirtschaftung seines Betriebes geboten werden.

6 Durchsetzbarkeit der Agrarleitpläne

Lassen Sie mich zum Schluß noch etwas über die Durchsetzbarkeit der Agrarleitpläne reflektieren.

Um hier unsere gesunde Realitätsbezogenheit zu dokumentieren, möchte ich ein Bonmot gebrauchen: Wenn Agrarpolitik als Pendeln zwischen reiner Utopie und schierer Freude am Untergang zu bezeichnen ist, um wieviel mehr muß dies dann für die Agrarplanung zutreffen. Ungeachtet dieser Schwierigkeiten, die wir kennen, hoffe ich aber, Ihnen deutlich gemacht zu haben, daß die bayerische Landwirtschaftsverwaltung versucht, bei dem ihr vom Gesetzgeber übertragenen Auftrag "Agrarleitplan" das Optimum zu erreichen. Grundgedanke dieser Planungsarbeit ist dabei das Bemühen, die ausformulierten und für verbindlich erklärten Planungsziele durch objektive Fakten, vor allem aus dem Bereich der Landbauwissenschaft und der Sozioökonomie abzusichern und zu stützen. In einer gemeinsamen Bekanntmachung aller raumrelevanten Ressorts unseres Landes ist das Abstimmungs- und Aufstellungsverfahren für die fachlichen Pläne nach dem Bayerischen Landesplanungsgesetz bis hin zur Bekanntmachung der verbindlichen Ziele im Gesetz- und Verordnungsblatt geregelt.

Bei allem Streben nach sogenannter Objektivierung der Planung sollten wir uns jedoch des einen bewußt sein: Die Landwirtschaft ist eingebettet in den Regelkreis des gesamten Planungsgeschehens. Ihre Entwicklungsrichtung wird von vielen anderen Gegebenheiten beeinflußt, z.B. der infrastrukturellen Ausstattung des Raumes, der ökonomischen Situation anderer Wirtschaftszweige, auch der Tradition und Zukunftserwartung der Landbevölkerung, also letztlich von der Gesellschaftspolitik schlechthin. Dies bedeutet: keine noch so gute Planungsaufbereitung wird jemals in der Lage sein, ein politisches Ziel und erst recht nicht einen fehlenden Grundkonsens hinsichtlich der wichtigsten, von einem Wirtschaftszweig oder Gemeinwesen zu verfolgenden Zielsetzung zu liefern. In der Konfliktsituation wird es der politischen Willensbildung und -äußerung bedürfen. Planung hat hier die Aufgabe, Helfer auf dem Wege der Zielfindung zu sein.

Wir sind sicher, daß die Agrarleitpläne bei diesem Prozeß eine hervorragende Hilfe für Politik und Verwaltung darstellen werden. Die beste Planung ist aber wertlos, wenn sie von den Betroffenen nicht angenommen wird. Planung kann und darf daher nicht über deren Köpfe hinweg erfolgen. Aus diesem Grunde haben wir die Aufstellung der Agrarleitpläne auf die Ebene der Bezirksregierungen verlagert. Sie haben für alle Lebensbereiche ihres Gebietes eine Bündelungs- und Ausgleichsfunktion, auch sind sie bürgernäher als es eine Zentralbehörde bei der Größe unseres Landes sein kann. Die Rückkoppelung mit dem Staatsministerium für Ernährung, Landwirtschaft und Forsten ist im Prozeß der Zielfindung und Zielgewichtung jedoch gewährleistet.

Abschließend meine ich sagen zu können, daß mit den Zielen, die in den Agrarleitplänen Bayerns verfolgt und behördenverbindlich festgeschrieben werden, der bayerischen Landwirtschaft auch in ihrem Bemühen um eine standortgerechte Produktion eine wesentliche Hilfe gegeben wird.

Zusammenstellung der Kriterien und Bezeichnungen in den Erhebungskarten (Anlage 1)

Nutzungseignung

a	Grünlandstandort absolut	– beweidbar (<u>a</u>rrhenatheretalia)
b	Grünlandstandort	– <u>b</u>edingt ackerfähig
h	Ackerstandort	– Gerste (<u>h</u>ordeum)
m	Grünlandstandort absolut	– nicht beweidbar (<u>mol</u>inietalia)
s	Ackerstandort	– Kartoffel (<u>s</u>olanum), Roggen (<u>se</u>cale)
t	Ackerstandort	– Weizen (<u>t</u>riticum)
v	Weinbaulage (<u>v</u>inetum)	

Ertragsklassen

Ertrags-klasse	t, h	s	a, m
1.	< 30 dt/ha	< 200 dt/ha	< 2500 kStE/ha
2.	30 – 35 dt/ha	200 – 250 dt/ha	2500 – 3100 kStE/ha
3.	35 – 40 dt/ha	250 – 300 dt/ha	3100 – 3700 kStE/ha
4.	40 – 45 dt/ha	300 – 350 dt/ha	3700 – 4400 kStE/ha
5.	45 – 50 dt/ha	350 – 400 dt/ha	4400 – 5000 kStE/ha
6.	> 50 dt/ha	> 400 dt/ha	> 5000 kStE/ha

Für b ist die Ertragsklasse nach der überwiegenden Nutzung zu bestimmen.

Statt der Einordnung in die Ertragsklassen wird angegeben:
B für <u>B</u>rachflächen
F für Hutungen (<u>F</u>estuco – Brometea)
P für Streuwiesen (<u>P</u>hragmitetea)
Z für alle Sonderkulturen

Gefällstufen

Gefällstufe	1	2	3	4	5	6
Geländeneigung	$\leq$ 12 %	13 – 17 %	18 – 24 %	25 – 35 %	36 – 50 %	> 50 %

Flächen ohne landwirtschaftliche Nutzung erhalten die Bezeichnungen:

A Wasserflächen (<u>A</u>qua)
E Entnahmestellen von Kies, Lehm etc.
M Moortlächen (nicht kultiviert)
N Sonstige nicht landwirtschaftlich genutzte Flächen
O Ortsbereich
R Verkehrsflächen
W Wald
X Ödland, Unland
Y Militärisches Gelände

Flächenwirksame Planungen werden mit einer arabischen Ziffer gekennzeichnet und in einer Legende erläutert.

Erhebungskarte (Beispiel) Anlage 2

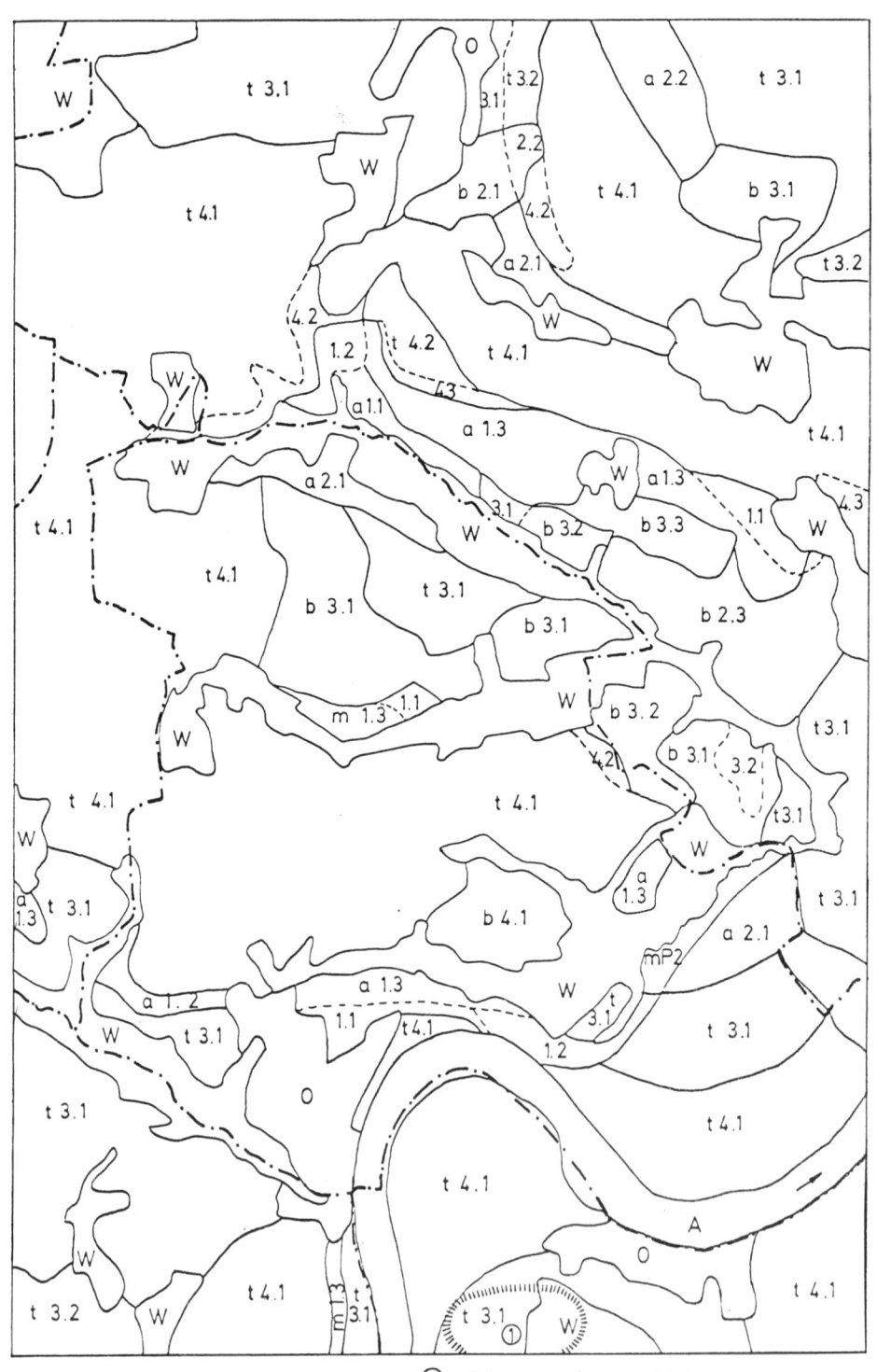

① = Wasserschutzgebiet

Wertungsdiagramme   Anlage 3

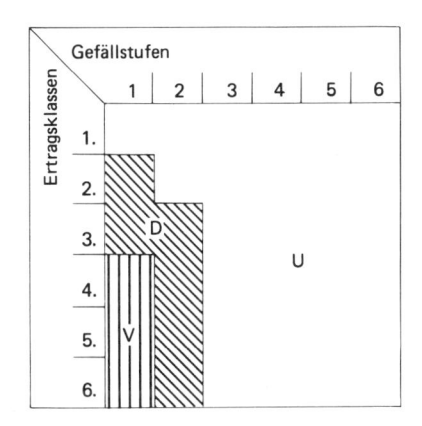

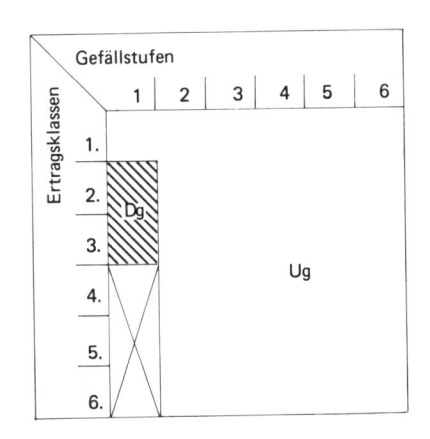

t, h, s   Ackerstandorte
          (auch ackerfähiges Grünland)

b   Acker – Grünland
          (bedingt ackerfähiges Grünland)

a   Grünland absolut
          – beweidbar –
          Wertung: Vg, Dg, Ug

Z   Sonderkulturen sind mit V
          zu werten

m   Grünland absolut
          – nicht beweidbar –

Anlage 5

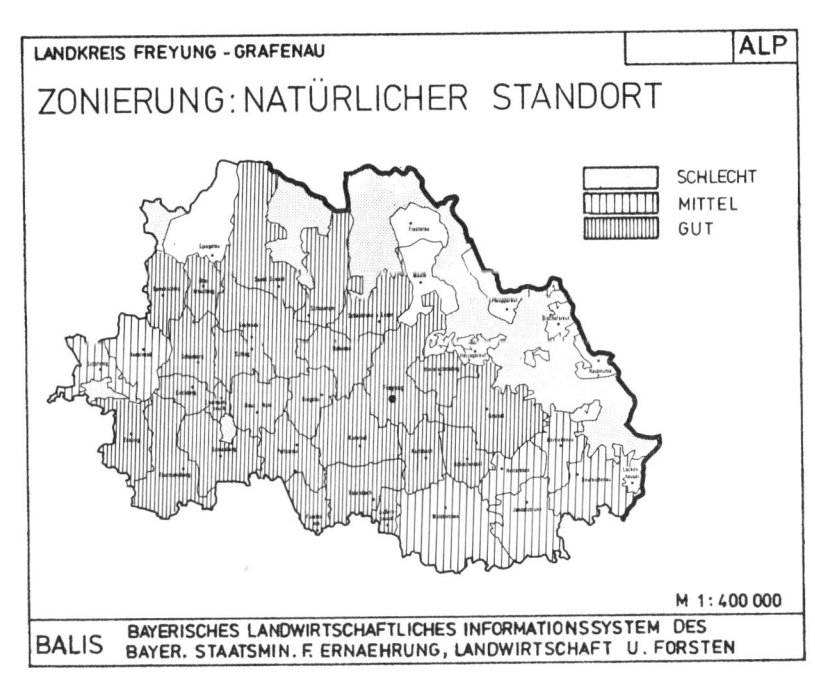

LANDKREIS FREYUNG – GRAFENAU   ALP

ZONIERUNG: NATÜRLICHER STANDORT

SCHLECHT
MITTEL
GUT

M 1 : 400 000

BALIS   BAYERISCHES LANDWIRTSCHAFTLICHES INFORMATIONSSYSTEM DES
        BAYER. STAATSMIN. F. ERNAEHRUNG, LANDWIRTSCHAFT U. FORSTEN

Wertungskarte (Beispiel) Anlage 4

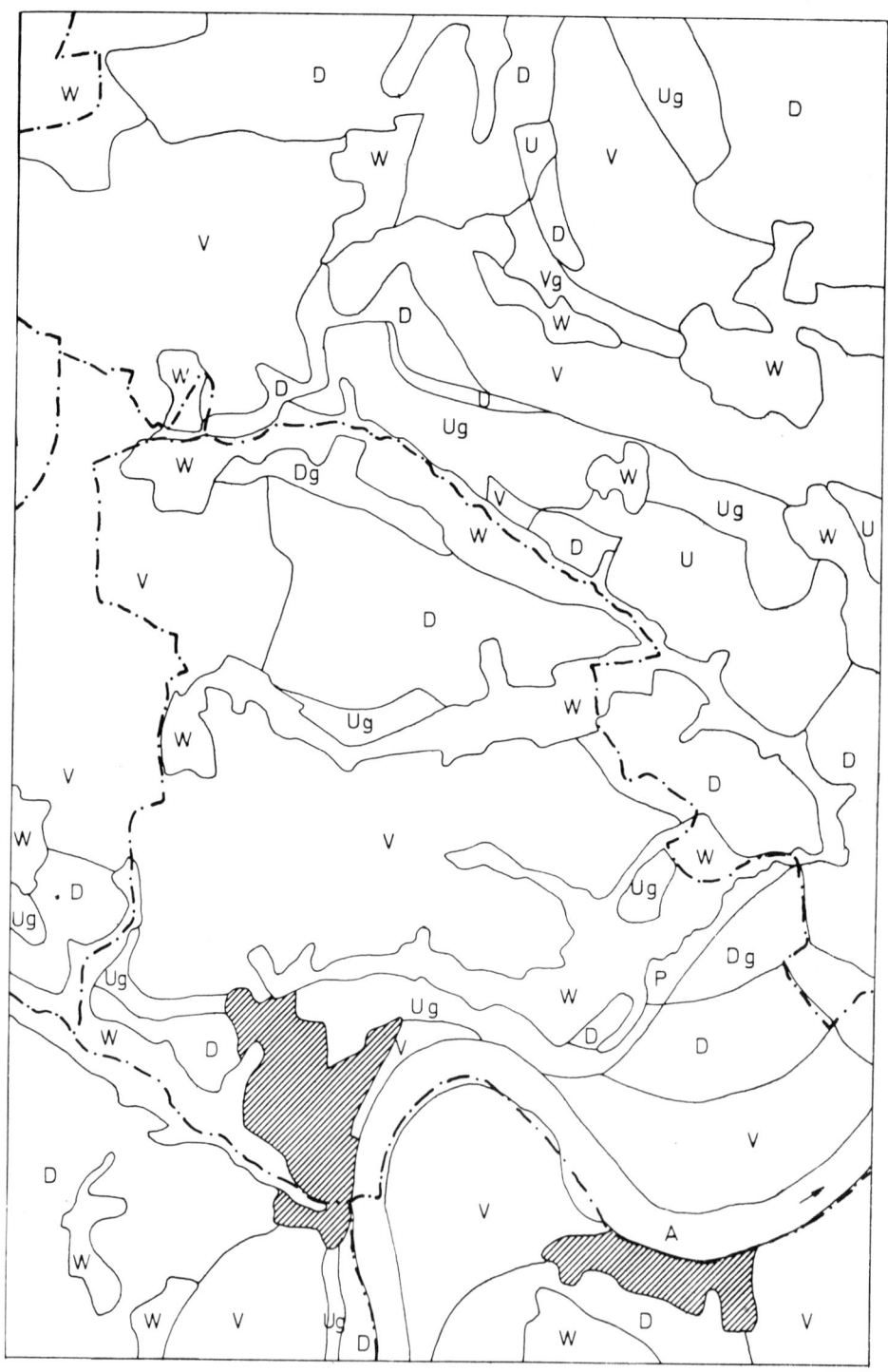

ZUM INTERREGIONALEN WETTBEWERB UND STRUKTURELLEN WANDEL DER LANDWIRTSCHAFTLICHEN PRODUKTION

von

Wilhelm Henrichsmeyer, Bonn

1	Johann Heinrich von Thünens Werk als Ausgangspunkt und Grundlage	129
2	Linien der theoretischen und methodischen Forschung	131
3	Zum Stand der empirischen Forschung	134
4	Schlußfolgerungen für die künftige Forschungsausrichtung	138

Vor nunmehr 10 Jahren fand in Kiel eine methodisch ausgerichtete WISOLA-Tagung statt, auf der unter anderem die neuen methodischen Ansätze der landwirtschaftlichen Standortforschung vorgestellt wurden, über deren Anwendungen unter diesem Programmpunkt zu berichten ist. Eines läßt sich heute schon unbesehen feststellen: Das junge Pflänzchen ist auf jeden Fall gut ins Kraut geschossen. Die Kataloge der Dokumentationsstellen weisen eine fast unübersehbare Fülle von Titeln über landwirtschaftliche Standortmodelle aus, und auch synoptische Darstellungen und Übersichtsartikel tun sich immer schwerer, einen vollständigen Überblick über das Fachgebiet zu geben. Aber es wird zu prüfen sein, ob die junge Pflanze auch gute Früchte trägt. Die Anlagen erscheinen nach einer Ausreifungszeit von 10 Jahren vielversprechend, aber es wird voraussichtlich nochmals eines ebenso langen Zeitraumes bedürfen, bis alle Früchte gereift sind und vollständig beurteilt werden können.

1 Johann Heinrich von Thünens Werk als Ausgangspunkt und Grundlage

Doch wichtiger erscheint an diesem Tage und insbesondere für diesen Forschungsbereich der Bezug zu dem Gedächtnistag, der den Anlaß der diesjährigen Tagung abgibt: der einhundertfünfzigste Jahrestag des Erscheinens des "Isolierten Staates". Johann Heinrich von Thünens Werk ist auf dieser Tagung in verschiedener Hinsicht gewürdigt worden. Eine der Würdigungen mag in dem Hinweis auf die anfangs genannte lange Liste von Forschungsarbeiten bestehen, die in aller Welt durchgeführt werden. Nichts zeigt deutlicher, wie aktuell die Thünenschen Fragestellungen auch heute noch sind, und der kurze Abriß zum Stande der Forschung, der hier gegeben werden soll, wird zeigen, daß mit dem "Isolierten Staat" ein tragfähiges Fundament für diese Forschungsrichtung gelegt wurde und daß auch nach den theoretischen und methodischen Fortentwicklungen der letzten Jahrzehnte eine Rückbesinnung auf Thünensche Denkvorstellungen von großem Nutzen sein kann.

Es ist zu fragen, weshalb es in den letzten Jahren zu einem so starken Aufschwung der landwirtschaftlichen Standortforschung gekommen ist. Eine Voraussetzung waren sicherlich die theoretischen und methodischen Arbeiten der fünfziger und sechziger Jahre. Die Nutzbarmachung der Erkenntnisse der allgemeinen Gleichgewichtstheorie erlaubte eine weitgehend allgemeine Darstellung von räumlichen Gleichgewichtsproblemen, die Entwicklung neuer mathematischer Methoden eine operationale Formulierung der Ansätze, und der Ausbau der Computertechniken und -kapazitäten schuf die Voraussetzungen für die Lösung größerer empirischer Probleme. Aufgrund dieser Fortschritte wurde es prinzipiell möglich, das Thünen-Problem oder – wie man heute sagt – das Problem des räumlichen Gleichgewichts der landwirtschaftlichen Produktion weitgehend realitätsnah abzubilden und einer empirischen Verifizierung zugänglich zu machen. Diese Möglichkeiten waren und sind verlockend für junge Forscher, und es ist daher kein Wunder, daß sie in fast allen Ländern der Welt aufgegriffen wurden und zu der anfangs genannten Flut von Arbeiten auf diesem Gebiet geführt haben.

Es wäre jedoch wohl falsch, das zunehmende Interesse an umfassenderen sektoralen Standort- und Strukturfragen allein mit dem Ausschöpfen neuer methodischer Möglichkeiten erklären zu wollen. Es scheint sich vielmehr allgemein die Erkenntnis durchzusetzen, daß für das Verständnis vieler agrar- und regionalpolitischer Probleme eine umfassendere Kenntnis der Zusammenhänge agrarwirtschaftlichen und regionalen Strukturwandels notwendig ist: In zunehmendem Maße werden partiale Marktanalysen in den Zusammenhang betrieblichen und regionalen Strukturwandels gestellt, werden die Ergebnisse einzelbetrieblicher Fallstudien vor dem Hintergrund gesamtsektoraler Entwicklungen gesehen und werden bei globalen sektoralen Analysen auch die sich hinter den Aggregaten vollziehenden Anpassungsprozesse mit in die Überlegungen einbezogen. Die Arbeiten im Bereich der sektoralen Struktur- und Regionalanalyse werden daher stimuliert und getragen von den Beiträgen der verschiedenen agrarökonomischen Disziplinen. Oder wir können auch sagen: Von verschiedenen Ausgangspunkten aus wird das Thünen-Problem neu angegangen.

Man mag fragen, inwieweit sich die angesprochenen Fragestellungen noch von Thünen zuordnen lassen. Die Beantwortung hängt davon ab, welche Aspekte des Thünenschen Werkes man als die entscheidenden ansieht. Wenn man in von Thünen im wesentlichen einen Vertreter der landwirtschaftlichen Standorttheorie sieht, der den Untersuchungen Ricardos über den Einfluß der natürlichen Standortbedingungen auf die räumliche Verteilung der landwirtschaftlichen Produktion und die Bodenrente die Untersuchung eines weiteren Faktors, der Verkehrslage, hinzufügte, wird der Bezug sicherlich zu eng sein. Der Thünensche Ansatz läßt sich jedoch wesentlich allgemeiner verstehen: als ein Sektormodell auf mikroökonomischer Grundlage, in dem explizit die betriebliche Ebene und die Ebene der Produkt- und Faktormärkte zusammengeführt werden und das weite Möglichkeiten der Verallgemeinerung zuläßt.

In diesem Beitrag kann und soll nicht versucht werden, die Linien der theoretischen und methodischen Arbeiten nachzuzeichnen und einen Überblick über die verschiedenen Bereiche empirischer Anwendungen zu geben. Diese Dinge lassen sich besser in systematisierenden Übersichtsdarstellungen nachlesen (siehe etwa: WEINSCHENCK und HENRICHSMEYER, 1968; BUCHHOLZ, 1969; TAKAYAMA und JUDGE, 1972; WEINSCHENCK, HENRICHSMEYER, ALDINGER, 1973; HENRICHSMEYER, 1976).

Im folgenden soll stattdessen nach einer kurzen theoretischen und methodischen Übersicht, die im wesentlichen der Einordnung der folgenden Referate dienen soll, eine kritische Zwischenbilanz unter bestimmten Blickwinkeln gezogen werden: Was haben die bisherigen Arbeiten zum Verständnis sektoraler Entwicklungen und als Entscheidungshilfe für die Wirtschafts- und Agrarpolitik beigetragen? Was versprechen sie beim gegenwärtigen Stand unserer Erkenntnisse und Erfahrungen? Welche Konsequenzen sind daraus für die künftige Forschungsausrichtung zu ziehen?

2 Linien der theoretischen und methodischen Forschung

Ausgehend von Thünens "Isoliertem Staat" hat es nicht an Versuchen gefehlt, die abstrahierenden Grundannahmen in verschiedener Hinsicht zu modifizieren und realitätsnäher zu fassen: durch die Berücksichtigung von mehreren Absatz- und Bezugszentren, durch die Vorgabe von bestimmten Verkehrsnetzen, durch die Berücksichtigung unterschiedlicher natürlicher Bedingungen und innerbetrieblicher Zusammenhänge und dergleichen (siehe u.a.: HEADY, 1952, KEHRBERG/REISCH, 1969).

Weiterhin wurden Versuche unternommen, das Thünen-Problem formal geschlossener zu formulieren und produktionstheoretisch zu basieren (DUNN, 1954; ISARD, 1956). Diese Erweiterungen und Formalisierungen haben einige ergänzende Einsichten in die grundsätzlichen Bestimmungsgründe der räumlichen Verteilung der landwirtschaftlichen Produktion gebracht, konnten die empirische Forschung jedoch nicht wesentlich befruchten, da sie nicht zu operationalen Forschungsansätzen führten. Das liegt vor allem darin begründet, daß eine kontinuierliche Raumbetrachtung es nicht erlaubt, die Erkenntnisse der für Raum-Punkte konzipierten traditionellen Produktionstheorie auszunutzen und die für diskrete Probleme formulierten mathematischen Optimierungsmethoden anzuwenden.

Räumliches Gleichgewicht der landwirtschaftlichen Produktion

Der entscheidende Schritt auf dem Wege zu einer allgemeineren Formulierung des räumlichen Gleichgewichtsproblems und zur Entwicklung von operationalen empirischen Ansätzen bestand daher in dem Übergang zu einer diskreten Raumbetrachtung. An die Stelle von Thünens Vorstellung einer homogenen Ebene, über die er sich sein Gut Tellow kontinuierlich verschoben dachte, trat das Konzept von "Regionshöfen", die das Produktionspotential eines Erzeugungsgebietes beschreiben und durch diskrete Punkte im Raum repräsentiert werden. Auf diese Weise ist es gelungen, die restriktiven Annahmen homogener Flächen und gleichmäßiger Faktorausstattungen fallen zu lassen und die spezifischen Produktionsbedingungen der einzelnen Regionen und Betriebsgruppen zu berücksichtigen. Für die einzelnen Teilregionen und Gruppen sind dann zwar weiterhin strenge Homogenitätsvoraussetzungen zu machen, zwischen ihnen können jedoch alle denkbaren Unterschiede der Produktionsfunktion und Faktorausstattung bestehen. Den tatsächlichen Verhältnissen kann man sich prinzipiell beliebig annähern, wenn man nur die Regionen beliebig klein wählt.

Weiterhin läßt sich von Thünens Vorstellung einer zentralen Stadt durch eine Hierarchie von (punktförmigen) Orten ersetzen, die entsprechend der tatsächlichen Verteilung der Bevölkerung und Industrien über den Raum verteilt sind, und das Transportsystem durch ein weitgehend den realen Gegebenheiten entsprechendes Verkehrsnetz beschreiben.

Insgesamt wird somit prinzipiell eine annähernd realitätsnahe Abbildung des Thünen-Problems möglich, das eine simultane Lösung der Standorts-, Intensitäts- und interregionalen Austauschprobleme sowie die Ermittlung der zugehörigen Schattenpreise, insbesondere der Bodenrenten, umfaßt.

Das räumliche Gleichgewichtsproblem ist auf verschiedenen Ebenen und für verschiedene Teilbereiche des Agrarsektors formuliert worden. Hinsichtlich der Betrachtungsebene sind zu unterscheiden:
1. Räumliche Gleichgewichtsmodelle auf der Grundlage von regionalen Güterangebots- und Güternachfragefunktionen und
2. räumliche Gleichgewichtsmodelle auf der Grundlage von regionalen Produktionsmodellen.

Räumliche Gleichgewichtsmodelle des ersten Typs setzen voraus, daß die Angebotsreaktion einer Region durch ökonometrisch geschätzte oder aus betrieblichen Stichproben abgeleitete Güterangebotsfunktionen beschrieben werden kann. Das Modell selbst beschränkt sich dann im wesentlichen auf die Ermittlung des Güteraustauschgleichgewichts. Als Spezialfall ist das

Transportproblem anzusehen, bei dem die Güterangebots- und Güternachfragemengen vorgegeben werden.

Die beiden folgenden Referate von ALVENSLEBEN und WEINDLMAIER liefern eindrucksvolle Beispiele für die vielfältigen Analyse- und Auswertungsmöglichkeiten auf der Grundlage derartiger Ansätze.

Bei räumlichen Gleichgewichtsmodellen des zweiten Typs tritt an die Stelle der regionalen Angebotsfunktion das Modell eines "Regionshofs", das implizit die Angebotsreaktion abbildet, die durch die herrschende Technologie (Produktionsprozesse), die Faktorbestände, die Absatz- und Bezugsbedingungen für Produkte und Faktoren sowie die wirtschaftlichen Zielsetzungen und Verhaltensweisen der Produzenten bestimmt wird. Die Modelle dieser Art können sich auf engere oder weitere Teile der landwirtschaftlichen Produktion beziehen und gegebenenfalls auch die nach- oder vorgelagerten Handels- und Verarbeitungsstufen umfassen. Bei umfassender Formulierung des räumlichen Gleichgewichtsproblems wird der gesamte Agrarsektor erfaßt. Die Entwicklung eines solchen Modells läuft dann auf die Erstellung eines nach Produkten, Faktoren und Betriebsgruppen disaggregierten Sektormodells hinaus, das zusätzlich noch regional untergliedert ist.

Die Unterscheidung von Teilbereichs- und Sektormodellen ist insofern bedeutsam, als sich in den geschlossenen Sektormodellen die Beziehungen zwischen Produktion, Faktoreinsatz und Einkommen abbilden lassen, die weitergehende Möglichkeiten der Analyse eröffnen. Überhaupt sei schon jetzt bei der Systematisierung der Ansätze angemerkt, daß die Konzepte verschiedener derartiger Sektormodelle wesentlich umfassender angelegt sind, als unter dem Stichwort "Räumliches Gleichgewichtsmodell" verstanden werden mag.

In einem der folgenden Referate wird BAUERSACHS einen speziellen Teilaspekt des räumlichen Gleichgewichtsproblems, der dieser Thünen-Tagung besonders gemäß erscheint, mit Hilfe eines solchen Sektormodells untersuchen: die Quantifizierung des Einflusses der verschiedenen Standortfaktoren und ihrer Auswirkungen auf das Gefüge der Bodenrenten in der Bundesrepublik.

Agrarstruktureller Wandel in Raum und Zeit

Das räumliche Gleichgewicht bezieht sich auf einen gegebenen Satz gesamtwirtschaftlicher und technologischer Bedingungen. Im Zuge der Industrialisierung und des wirtschaftlichen Wachstums sind jedoch Kräfte am Werk, die auf ständige Veränderungen hinwirken, und gleichzeitig sind Hemmnisse wirksam, die dem Wandel entgegenstehen.

Diese dynamischen Aspekte sind bereits von Theodor Brinkmann (1922) in die landwirtschaftliche Standortlehre eingeführt worden, und von verschiedenen Richtungen agrarökonomischer Forschung wurden Teilelemente weiter ausgebaut. Zu denken ist an die Beiträge zur Theorie der Faktorproportionen und -kombinationen (HERLEMANN und STAMER, 1958), zur Theorie der quasifixen Produktionsfaktoren (JOHNSON, 1960; WEINSCHENCK, 1964), zur Theorie des induzierten technischen Fortschrittes und institutionellen Wandels (HAYAMI, RUTTAN, 1971) sowie an verhaltenstheoretische Ansätze. Eine Integration derartiger Theorieelemente mit der landwirtschaftlichen Standorttheorie ist eine Aufgabe, die im wesentlichen noch zu leisten ist.

In der quantitativen Modellanalyse haben diese Elemente in verschiedener Form ihren Niederschlag gefunden. Einige der von BRINKMANN und HERLEMANN betrachteten Zusammenhänge lassen sich bereits durch komparativ-statische Modellrechnungen untersuchen, bei denen auf einer Zeitachse unterschiedliche gesamtwirtschaftliche und technologische Bedingungskonstellationen angenommen werden. Die Grenzen der komparativ-statischen Analyse sind jedoch erreicht, wenn die wechselseitigen Zusammenhänge zwischen Produktion, Faktoreinkommen und Faktorbestandsänderungen betrachtet werden sollen: Preise, Produktionsfunktion und Faktorkapazitäten eines Standorts in einer Periode bestimmen das Produktionsprogramm, den Faktoreinsatz und damit auch die Faktoreinkommen dieser Periode. Die Faktorentlohnungen haben dann ihrerseits einen Einfluß auf die Planungen zur Veränderung der Faktorkapazitäten (Investitionen, Arbeitseinsatz) in der folgenden Periode, die ihrerseits wiederum die Produktionsorganisation dieses Jahres mitbestimmen. Wechselseitige Zusammenhänge dieser Art lassen sich nur in dynamischen Modellansätzen beschreiben.

Die Linien der Entwicklung von dynamischen Standortmodellen gehen in zwei Richtungen:

1. Einmal ist versucht worden, im wesentlichen die obengenannten dynamischen Beziehungen abzubilden, um optimale Pfade der Produktions- und Faktorenanpassungen an sich wandelnde gesamtwirtschaftliche und technologische Rahmenbedingungen zu ermitteln. Man kann auch sagen, daß es sich bei diesen Ansätzen um eine dynamische Formulierung des Thünen-Problems handelt, da mit ihm von sicheren Erwartungen und rationalen Verhalten ausgegangen wird. Die bisherigen Versuche in dieser Richtung laufen auf die Formulierung von dynamisch-linearen Optimierungsmodellen hinaus (HENRICHSMEYER, 1967), die bislang allerdings nur begrenzt empirisch geprüft worden sind. Die inhaltliche Ausgestaltung der Ansätze wird entscheidend getragen von Erkenntnissen, die sich aus einer verallgemeinerten Theorie der quasi-fixen Produktionsfaktoren ergeben.

2. Eine andere Linie der Forschung geht dahin, regionale Ablaufmodelle zu erstellen, die auf eine Vorhersage der voraussichtlichen Entwicklung abzielen. Diese Ansätze haben insbesondere zu berücksichtigen, daß die tatsächlichen Verhaltensweisen der Wirtschaftssubjekte durch begrenzte Informationen, unsichere Erwartungen über die Entwicklung der Märkte und technische Fortschritte sowie mehrdimensionale Zielfunktionen geprägt sind. Um diesen Gegebenheiten Rechnung zu tragen, sind Modelle konstruiert worden, die als Teilelemente Erwartungsmodelle und Verhaltensfunktionen enthalten. Entwicklungsabläufe werden dann dadurch beschrieben, daß aufeinander folgende Ein-Perioden-Modelle in rekursiver Weise miteinander verknüpft werden (Ansätze der Rekursiven Programmierung, DAY, 1962). Dynamische Ansätze dieses Typs haben bereits eine breitere Anwendung gefunden, worauf bei der Bestandsaufnahme zur empirischen Forschung einzugehen ist.

Empirische Anwendungen von umfassenden Sektormodellen, die zuletzt beschrieben wurden, können an diesem Vormittag nicht vorgestellt werden, da sie sich nicht für 15-Minuten-Referate eignen. Zu denken wäre etwa an Auswertungen des DFG-Modells (abgesehen von dem speziellen Aspekt im Referat von BAUERSACHS) oder des Korea-Modells (DE HAEN, 1974). Es sei jedoch darauf hingewiesen, daß im Sommer 1977 zum Abschluß des DFG-Schwerpunktprogramms ein mehrtägiges Seminar vorgesehen ist, in dem sowohl die methodischen wie die inhaltlich-agrarpolitischen Erkenntnisse und Ergebnisse diskutiert werden sollen.

Sonstige Forschungsrichtungen

Neben den beschriebenen Linien der Theorieentwicklung, die zu Modellen führen, die in der Tradition von Thünens von mikroökonomischen Entscheidungsmechanismen ausgehen, sind in den letzten Jahren auch andere Forschungsrichtungen mit regionalem Bezug vorangetrieben worden.

Einmal sind Arbeiten zu nennen, die sich auf eine Analyse der Ausprägungen einzelner Standortfaktoren beziehen, also die traditionelle Lehre von den Standortfaktoren fortführen und teilweise auf eine quantitative Basis zu stellen versuchen. Arbeiten dieser Art beziehen sich vor allem auf die natürlichen und strukturellen Bedingungen der landwirtschaftlichen Produktion, auf die ökonomischen, sozialen und institutionellen Rahmenbedingungen der ländlichen Räume sowie auf den Einsatz und die Mobilität der Produktionsfaktoren. Von besonderer Bedeutung für viele Probleme ist dabei der Faktor Arbeit, und das folgende Referat von DE HAEN und von BRAUN ist ein eindrucksvolles Beispiel dafür, wie man mit einfachen methodischen Mitteln wichtige Bestimmungsfaktoren und Zusammenhänge der regionalen Faktormobilität aufdecken kann. Die Ergebnisse sind sowohl als eigenständige problembezogene Aussagen wie als Informationsgrundlage und Teilelement umfassenderer Sektormodelle bedeutsam.

Andere Richtungen der Standortanalyse gehen dahin, die relative Bedeutung und die wechselseitigen Zusammenhänge des gesamten Komplexes von Standortfaktoren zu analysieren. In diesem Zusammenhang sind einmal Untersuchungen mit Hilfe der Faktorenanalyse zu nennen. Diese Arbeiten haben einige Informationen über die Korrelation von Standortfaktoren und agrarpolitisch relevante Merkmalsausprägungen geliefert, können jedoch nur begrenzt zur Erklärung von Wirkungszusammenhängen beitragen und Entscheidungshilfen bei der Konzipierung agrar- und regionalpolitischer Maßnahmen geben (abgesehen von der Frage der Raumabgrenzung). In jüngster Zeit sind stärker produktionstheoretisch basierte ökonometrische Ansätze verfolgt worden, in denen die aus der allgemeinen Standorttheorie ableitbaren Hypothesen einer empirischen Prüfung unterzogen werden. Mit dieser Zielsetzung sind die in dem Referat von SCHRADER vorgetragenen Überlegungen und Untersuchungsergebnisse zu sehen. Die Ergebnisse ermöglichen Aussagen über die Struktur und die Effizienz der regionalen Faktorallokation und können als Groborientierung für die Regional- und Strukturpolitik dienen.

3 Zum Stand der empirischen Forschung

Entlang den aufgezeigten Linien der theoretischen und methodischen Modellentwicklung sind zahlreiche empirische Untersuchungen durchgeführt worden, die sich hinsichtlich der Problemabgrenzung und Zielsetzung unterscheiden. In diesem Referat kann nicht versucht werden, einen Überblick über die verschiedenen Anwendungsfelder zu geben. Vielmehr soll nur etwas genereller beurteilt werden, welchen Erklärungsbeitrag die verschiedenen Ansätze zum Verständnis sektoralen und regionalen Strukturwandels leisten und welche Politikrelevanz die Modellaussagen haben.

Räumliche Gleichgewichtsanalysen auf der Grundlage regionaler Angebots- und Nachfragefunktionen

Ansätze dieser Art lassen sich als eine Weiterentwicklung der traditionellen partialen Marktanalyse verstehen, bei denen Angebot und Nachfrage in regionale Komponenten aufgespalten werden. Diese regionalen Differenzierungen werden dann wichtig,
- wenn regional unterschiedliche Angebots- oder Nachfragereaktionen zu erwarten sind,
- wenn erhebliche Kosten mit der Überwindung der Entfernung verbunden sind und damit entsprechend bedeutsame regionale Preisdifferenzierungen vorliegen und/oder
- wenn für die verschiedenen betrachteten Wirtschaftsräume unterschiedliche Markt- und Preispolitiken betrieben werden, deren Auswirkungen auf den interregionalen (im allgemeinen internationalen) Güteraustausch und die Wohlfahrt der betroffenen Bevölkerungsgruppen zu untersuchen sind.

Es ist daher nicht verwunderlich, daß die lange Liste der Veröffentlichungen vornehmlich Untersuchungen für Länder mit großer Flächenausdehnung (etwa USA, Indien, UdSSR) oder für Ländergruppen mit internationalem Handel umfaßt. Auch die von WEINDLMAIER und von ALVENSLEBEN vorgelegten Untersuchungen beziehen sich auf den Bereich der EG.

Das zentrale Problem für die Anwendung von Modellen dieses Typs sind Schätzungen von regionalen Angebots- und Nachfragefunktionen. Die erheblichen Schwierigkeiten, insbesondere der Schätzung von Angebotsfunktionen, sind aus der Marktanalyse und den Versuchen der Ableitung von aggregierten Angebotsfunktionen aus betrieblichen Stichproben bekannt und brauchen hier nicht weiter diskutiert zu werden. Eine Sichtung der Literatur zeigt, daß bislang nur für bestimmte Produktgruppen, die nicht so sehr in den Gesamtzusammenhang der landwirtschaftlichen Produktion integriert sind, einigermaßen verläßliche Sätze von Angebotsfunktionen für Regionen bzw. Länder ökonometrisch geschätzt werden konnten (bodenunabhängige Veredlung, Sonderkulturen). Es überrascht daher nicht, daß die Analysen und Politik-

Überlegungen WEINDLMAIERS sich auf den Apfelmarkt in der EG beziehen. Insgesamt ist zu sagen, daß sich das Bild im Bereich der ökonometrischen Angebotsanalyse noch nicht wesentlich besser darstellt als vor 10 Jahren und daß dementsprechend auch der räumlichen Gleichgewichtsanalyse auf dieser Basis Grenzen gesetzt sind. Die Aussagen der Modelle können grundsätzlich nicht besser sein als die Informationen, die über die Angebotsreaktion der landwirtschaftlichen Betriebe, die Nachfragereaktionen der Verbraucher und die Einflußnahme von Handel und staatlichen Stellen eingehen.

Dagegen sind im letzten Jahrzehnt insofern Fortschritte erzielt worden, als die räumlichen Gleichgewichtsmodelle auch bei begrenzter Informationsgrundlage problemgerechter und phantasievoller eingesetzt und die Ergebnisse politikbezogener ausgewertet worden sind. So ließen sich vielfach selbst bei mangelnder Kenntnis der Parameter der Angebotsfunktion die problemrelevanten Zusammenhänge durch parametrische Variation und Abschätzung von Streuungsbereichen durchsichtig machen. Ein weiteres Feld wurde im Bereich der sehr kurzfristigen Analyse erschlossen, in dem es weniger auf die Anpassungen der Faktorallokation als auf die Analyse der interregionalen (internationalen) Auswirkungen kurzfristiger exogener Störungen ankommt, die etwa durch Ernteschwankungen, staatliche Lagerhaltungspolitik oder handelsbeschränkende Maßnahmen verursacht sein können. In anderen Studien wurde versucht, im Rahmen eines internationalen räumlichen Gleichgewichtsmodells die in verschiedenen Ländern verfügbaren Informationen über die Entwicklungstendenzen und die Preisreagibilität von Angebot und Nachfrage zusammenzufassen, ähnlich wie das in weniger formalen Konzepten häufig durch Bilanzierungsrechnungen geschieht.

Neben der Erschließung neuer Anwendungsbereiche wurden auch die Auswertungskonzepte für die Ergebnisse von räumlichen Gleichgewichtsmodellen vorangetrieben, indem neben den Marktpreisen und -mengen auch Kosten-Nutzen-Erwägungen und wohlfahrtsökonomische Überlegungen stärker in den Vordergrund rückten.

Ich denke, daß die beiden Referate von WEINDLMEIER und von ALVENSLEBEN einen recht guten Eindruck von den Linien der Entwicklung in diesem Bereich zu geben vermögen.

Für den weiteren Ausbau dieses Forschungsbereichs wird abzuwarten sein, ob sich künftig Fortschritte bei der Schätzung von Angebotsfunktionen erzielen lassen. Insbesondere wird mit Interesse zu verfolgen sein, ob die in jüngster Zeit von verschiedenen Forschungsgruppen in Angriff genommenen Forschungsvorhaben, die auf eine geschlossene Schätzung kurz- und mittelfristiger Angebotsfunktionen unter der Einhaltung sektoraler Nebenbedingungen hinauslaufen, zu brauchbaren Ergebnissen führen. Sollte das der Fall sein, so ließen sich die räumlichen Gleichgewichtsanalysen dieses Typs auf eine breitere Grundlage stellen.

Regional gegliederte Sektormodelle

Wenn man die Folge der in verschiedenen Ländern in Angriff genommenen regionalen Sektormodelle betrachtet, so sind erhebliche Unterschiede in der Bereichsabgrenzung, im Bezug zu der Datenbasis und der Zielsetzung der Analyse festzustellen. Jedes der Projekte läßt sich daher eigentlich nur individuell beurteilen. Wenn man dennoch versucht, einige generelle Aussagen zu machen, so lassen sich nach pragmatischen, aber - wie sich herausgestellt hat - für die Beurteilung bedeutsamen Gesichtspunkten zwei Gruppen von Projekten unterscheiden:

In der ersten Phase der Entwicklung von Sektor-Modellen dieses Typs standen Modellansätze im Vordergrund,
- die im Hinblick auf eine spezielle Fragestellung konzipiert sind,
- für die von vornherein eine bestimmte Modellstruktur festgelegt wird und
- für die die verfügbaren Informationen spezifisch und selektiv aufbereitet werden.

Beispiele für diese Vorgehensweisen sind etwa die ersten Arbeiten von HEADYs Forschungsgruppe in Ames (HEADY, 1964), die Modelle für Schweden (BIROWO und RENBORG, 1965), die Hohenheimer Modelle (BAUERSACHS, 1972), das in Völkenrode erstellte Modell (MÄHLMANN, 1974) sowie zahlreiche ähnlich gelagerte Studien in vielen Ländern der Welt. Diese ersten Modelle waren - obwohl der technische Aufwand meist über die Möglichkeiten einer Einzelperson hinausgeht - typische Promotionsprojekte: Die Modelle wurden mit Daten gefüllt, mit ihnen wurden einige Varianten im Hinblick auf eine Publikation gerechnet, dann wurden sie beiseite gelegt. Eine politikbezogene Auswertung der Ergebnisse, eine Kommunikation mit Entscheidungsträgern, ein wechselseitiger Meinungs- und Informationsaustausch mit datenerhebenden Stellen kam kaum zustande. Bei diesen Projekten standen notgedrungen die Bemühungen um eine datenmäßige Spezifizierung der Modelle und nicht die Lösung von Problemen im Vordergrund. Der Erkenntnisbeitrag dieser Vorhaben dürfte - aus heutiger Sicht betrachtet - vornehmlich in der explorativen Erkundung des Bereichs der methodischen Möglichkeiten, der Identifikation von Informationslücken und der Heranführung von jungen Forschern an die Probleme dieses Forschungsbereichs zu sehen sein.

Ausgehend von den Erfahrungen dieser ersten Arbeiten wurden an den verschiedenen Stellen in der Welt Versuche unternommen, agrarwirtschaftliche Sektoranalysen auf eine breitere Grundlage zu stellen. Das veränderte Konzept der Vorgehensweise läßt sich etwa folgendermaßen kennzeichnen:

- Die Modelle sind nicht auf eine Einzelfragestellung, sondern auf ein Problemfeld, d.h. die zentralen Probleme des Agrarsektors eines Landes ausgerichtet,
- die Datenbasis wird im Hinblick auf das gesamte Problemfeld durch Integration verschiedener Teilstatistiken und gegebenenfalls ergänzende statistische Primärerhebungen aufbereitet,
- das Modellkonzept wird flexibel gehalten und läßt eine alternative Verwendung oder Kombination verschiedener methodischer Teilelemente zu.

Beispiele für Modellkonzepte dieser Art sind etwa das im Rahmen des DFG-Schwerpunktes entwickelte Modellsystem (HENRICHSMEYER und DE HAEN, 1972), das australische Agrarsektor-Modell (MONYPENNY, 1975) oder das Mexico-Modell (GOREUX and MANNE, 1973) sowie Projekte des USDA, die allerdings stärker auf kurzfristige politikbezogene Analysen ausgerichtet sind.

Die grundsätzlichen Vorzüge solcher längerfristig angelegten Sektormodelle liegen vor allem darin, daß die Datenbasis systematisch aufgebaut und weiterentwickelt werden kann, daß man das Modell fortlaufend aktualisieren kann, daß man Modellvarianten oder Modellteile den sich wandelnden Fragestellungen flexibel anpassen kann, daß Teilinformationen aus verschiedenen agrarökonomischen Disziplinen zusammengeführt werden können und eine wechselseitige Kommunikation zwischen statistischen Stellen, Entscheidungsträgern und Modellbauern in Gang kommen kann. Diese Vorzüge umfassender angelegter Projekte sind gleichzeitig aber auch der Grund für Probleme und Schwierigkeiten, die sich vornehmlich aus der langen Ausreifungszeit solcher Projekte und den grundsätzlichen Problemen der Koordination wissenschaftlicher Forschungsarbeiten ergeben. Darauf wird im letzten Abschnitt noch näher einzugehen sein.

Die Anwendungs- und Auswertungsrichtungen der Sektormodelle sind vielfältig, so daß sich die bisherigen Erfahrungen der verschiedenen Forschungsgruppen kaum auf einen gemeinsamen Nenner bringen lassen. In groben Zügen lassen sich die folgenden Anwendungsbereiche unterscheiden.

1. Ein erster Schritt besteht in dem Versuch einer geschlossenen und konsistenten Darstellung der Informationsbasis auf sektoraler und regionaler Ebene. Das bedeutet eine Integration der Daten aus der Strukturstatistik, der Testbetriebsstatistik, der sektoralen Gesamtrechnung und einer Vielzahl von Einzelstatistiken. Die Arbeiten laufen auf die Erstellung eines differenzierten Input-Output-Systems hinaus, das nach Produkten, Faktorleistungen und Produktionsprozessen gegliedert und in Mengen und Preisgrößen definiert ist.

Die vielfältigen Möglichkeiten von Auswirkungen solcher Input-Output-Systeme sind offenkundig, wie z.B. ex-post-Strukturanalysen, Kurzfristprojektionen bei konstantem oder exogen fortgeschriebenem Mengengerüst und dergleichen. Ich verweise in diesem Zusammenhang nur auf die Entwicklung eines Vorausschätzungs- und Simulationssystems, das von dieser Basis ausgehend für das Bundesministerium für Ernährung, Landwirtschaft und Forsten und in enger Zusammenarbeit mit Mitarbeitern dieses Ministeriums für Zwecke der kurzfristigen Preis- und Einkommensanalyse entwickelt wurde (BAUER, BAUERSACHS, GOTTHARDT, HENRICHSMEYER, 1975).

2. Eine zweite Auswertungsrichtung bezieht sich auf die Quantifizierung des Einflusses der verschiedenen Standortfaktoren und damit der Wettbewerbskraft der landwirtschaftlichen Produktion an den verschiedenen Produktionsstandorten. Es handelt sich also um den Versuch einer quantitativen Analyse des Thünen-Problems unter realen Bedingungen. Grundlage hierfür bilden die dualen Lösungen der räumlichen Gleichgewichtsmodelle, die Auskünfte über die internen Bewertungen (Schattenpreise) der Produktionsfaktoren und Produkte geben und damit eine funktionale Einkommenszuordnung erlauben. Derartige Analysen ermöglichen es prinzipiell, den Einfluß der Ertragslage, der regionalen Preisdifferenzierung, der regionalen Arbeitsmarktbedingungen, der unterschiedlichen Faktorausstattung, der technischen Effizienz in verschiedenen Größenklassen und dergleichen sowie der verschiedenen Formen agrarpolitischer Einflußnahme herauszuarbeiten, wie es in dem folgenden Referat von BAUERSACHS für die Bundesrepublik versucht wird. Der empirische Aussagewert derartiger Analysen hängt naturgemäß von der Qualität der regionalen Datenbasis ab, die beim gegenwärtigen Stand in einigen Bereichen (z.B. regionale Ertragsdifferenzierungen) als befriedigend und in anderen Bereichen (z.B. Bedingungen der regionalen Faktormärkte) als ergänzungsbedürftig anzusehen ist.

Die große Bedeutung derartiger Analysen für das Verständnis sektoraler Anpassungen und die Konzipierung agrarpolitischer Maßnahmen ist offenkundig, etwa wenn man an die Probleme der Landnutzung an Grenzstandorten oder an die regionalen Implikationen von Senkungen des Agrarpreisniveaus oder von Veränderungen der Agrarpreisrelationen denkt.

Insgesamt ist diese Auswertungsrichtung als ein Forschungsbereich anzusehen, der in verschiedenen Ländern bereits agrarpolitisch brauchbare Ergebnisse geliefert hat und mit weiterer Absicherung und Differenzierung der Datenbasis noch erhebliche Fortschritte versprechen dürfte.

3. Eine dritte Anwendungsrichtung, die in der ersten Phase der Modellanwendungen ganz im Vordergrund stand, betrifft die Ermittlung von räumlichen Gleichgewichtslagen unter alternativen Bedingungskonstellationen. Auf diese Weise wurden in verschiedenen Ländern etwa Fragen der folgenden Art untersucht:
- die Anpassung der regionalen landwirtschaftlichen Produktion in der Schere zwischen Nachfrage- und Ertragsentwicklung, insbesondere auch unter den Aspekten der extensiven Landnutzung und Flächenstillegung an Grenzstandorten,
- der Einfluß der Mechanisierung und des Wandels der Betriebsstruktur auf die regionale Arbeitskräftefreisetzung, indem ausgehend von der gegebenen Struktur und Mechanisierung die jeweiligen Konsequenzen veränderter Annahmen durchgespielt werden. Die Modellergebnisse geben Auskunft über das Potential der regionalen Arbeitskräftefreisetzung durch die Landwirtschaft,
- die Auswirkungen von Flächenstillegungsprogrammen und der Inanspruchnahme von Flächen für nichtlandwirtschaftliche Zwecke (Verkehr, Erholung und dergleichen),
- die Frage der Nahrungssicherung in Krisensituationen und dergleichen.

Diese Beispiele deuten ein weites Feld von Anwendungsmöglichkeiten derartiger Modelle an. Die Ergebnisse werden naturgemäß stark durch die jeweils unterstellten Annahmekonstellationen bestimmt. Der Nutzen derartiger Modellrechnungen hängt daher in starkem Maße von der problemgerechten Spezifizierung dieser Annahmen ab.

4. Weitergehende Zielsetzungen, die insbesondere bei einigen anfänglichen Anwendungen im Vordergrund standen, richten sich auf die Ermittlung von optimalen regionalen Produktionsstrukturen, die als quantitative regionalpolitische Leitbilder dienen können. So weitgehende Aussagen setzen voraus, daß die eingehenden Daten hinreichend realitätsnah erfaßt, die relevanten Restriktionen berücksichtigt und die Zielvorstellungen adäquat durch Zielfunktionen und gegebenenfalls Nebenbedingungen abgebildet sind. Wohl keines der bisher erstellten Regionalmodelle, das den gesamten Bereich der Agrarproduktion umfaßt, kann diesen Kriterien genügen, so daß sich in dieser Richtung bislang höchstens vorsichtige tendenzielle Aussagen machen lassen.

5. Regionale Entwicklungsmodelle lassen sich - wie bereits ausgeführt wurde - als Weiterentwicklungen der beschriebenen statischen Ansätze verstehen. Die Analyse von Entwicklungsabläufen setzt die Spezifizierung von funktionsfähigen zeitpunktbezogenen Modellen, wie sie für die Auswertungsrichtungen 1. bis 3. beschrieben wurden, voraus und erfordert darüber hinaus weitergehende Analysen in verschiedenen Bereichen: insbesondere eine ablaufbezogene Aufbereitung der Datenreihen und eine Dynamisierung der unter 1. beschriebenen Input-Output-Beziehungen; die Entwicklung von Modellteilen, die sich auf die Bereiche Investition und Liquidität beziehen, sowie die Schätzung von Verhaltensfunktionen oder -modellen in den Bereichen Konsum, Investition, Produktion und Faktormobilität. Für die empirische Anwendung derartiger Modelle gelten daher in noch stärkerem Maße die datenmäßigen Begrenzungen, auf die bereits im Zusammenhang mit den statischen Modellen hingewiesen wurde.

Die bisher vorliegenden dynamischen Versionen von Regionalmodellen haben daher einen mehr explorativen Charakter (siehe etwa: DAY, 1963 und 1973; DE HAEN, 1971). Sie haben eine Reihe von wichtigen grundsätzlichen Einsichten in die Zusammenhänge agrarstrukturellen Wandels geliefert, können bislang aber eher als Simulationsansätze, denn als Vorausschätzungsmodelle angesehen werden. Die Schwierigkeiten der Analyse beziehen sich vor allem auf die modellinterne Erklärung von Veränderungen der betrieblichen Faktorbestände, also des betrieblichen Strukturwandels.

4 Schlußfolgerungen für die künftige Forschungsausrichtung

Die Bestandsaufnahme zum Stande der Forschung orientierte sich zwangsläufig im wesentlichen an den verwendeten Modellansätzen: Was haben sie gebracht? Welche Probleme sind aufgetreten? Was versprechen sie für die Zukunft? Bei Überlegungen zur künftigen Forschungsausrichtung rückt der Bezug zu den zu lösenden Problemen in den Vordergrund: Welche Probleme sind besonders drängend und welche Informationen benötigt man, um diese Probleme sachgerecht beurteilen und gegebenenfalls wirtschafts- und agrarpolitische Entscheidungshilfen geben zu können? Von Bedeutung ist in diesem Zusammenhang vor allem die Frage nach der zweckmäßigen Komplexität von Modellen in diesem Forschungsbereich, die bereits mehrfach angesprochen wurde.

Grundsätzlich sollte man sicherlich von der Maxime ausgehen, ein Modell im Hinblick auf das zu lösende Problem so einfach wie möglich zu strukturieren, um die Analyse klar und durchsichtig zu halten. In diesem Bestreben ist von Thünen ein leuchtendes Vorbild. Bei vielen agrarwirtschaftlichen Standortfragen ist jedoch ein gewisses Mindestmaß an Komplexität unumgänglich, um ein Problem sachgerecht angehen zu können. Gründe hierfür sind vor allem:
- die engen Verflechtungen des Agrarsektors mit anderen Wirtschaftssektoren, insbesondere hinsichtlich des Arbeitsmarktes sowie der landwirtschaftlichen Bezugs- und Absatzmärkte,
- der Verbundcharakter der landwirtschaftlichen Produktion, der unter den mitteleuropäischen Bedingungen besonders ausgeprägt ist und die Möglichkeiten partialer Marktanalyse erheblich einschränkt,

- die enge Verzahnung von landwirtschaftlichem Betrieb und Haushalt, die insbesondere für die Analyse des Faktoreinsatzes eine umfassende Betrachtung erforderlich macht,
- die Differenziertheit der landwirtschaftlichen Produktionsstruktur, sowohl hinsichtlich der Betriebsgröße wie der sozialökonomischen Bedingungen,
- und schließlich die Bedeutung der räumlichen Dimension für die landwirtschaftliche Produktion, die nicht nur einen ergänzenden Problemaspekt ausmacht, sondern für das Verständnis von vielen Problemen auf der Ebene der Märkte und des Sektors von grundlegender Bedeutung ist.

Die lange Aufzählung von Punkten, die für eine umfassendere Betrachtung agrarwirtschaftlicher Standortprobleme sprechen, soll nun keineswegs bedeuten, daß alle diese Differenzierungen in einem "Supermodell" für den Agrarsektor gleichzeitig berücksichtigt werden sollten, um damit gewissermaßen eine Grundlage für die Beurteilung der gesamten Palette agrarpolitischer Probleme zu gewinnen. Nach allen Erfahrungen aus den bisherigen Arbeiten mit Sektormodellen - und auch aus sonstigen Bereichen sozialökonomischer Forschung - wäre ein solcher Weg zum Scheitern verurteilt. Es kommt vielmehr darauf an, jeweils einen solchen Ansatz zu wählen, der die relevanten Aspekte einer Fragestellung zu beleuchten vermag. Dabei haben die Erfahrungen aus verschiedenen Ländern jedoch gezeigt, daß in wichtigen Forschungsbereichen kurzatmige Dissertationsprojekte nicht weiterführen. Es wird daher kontinuierlicher und etwas längerfristig angelegter Arbeiten kleiner Forschungsgruppen bedürfen, um weitere Fortschritte zu erzielen.

Dabei könnte man sich in grober Einordnung die folgenden Bezüge zwischen Problemen und Modellen vorstellen: 1. aggregierte Sektor- und Regionalmodelle (entlang den von THOSS und SCHRADER aufgezeigten Linien) zur Analyse der intersektoralen Aspekte der Faktorallokation, 2. nach Produkten, Faktoren und Betriebsgruppen disaggregierte Sektormodelle zur Analyse des sektoralen Strukturwandels im Zeitablauf und 3. räumliche Gleichgewichtsmodelle, die mehr zeitpunktbezogen konzipiert sind und einerseits die räumlichen Implikationen von sektoralen Anpassungsprozessen der agrarpolitischen Maßnahmen vor Augen führen sowie andererseits die für sektorale Analysen relevanten Informationen über regionale Differenzierungen liefern.

Diese Skizzierung der Zusammenhänge von Forschungsarbeiten auf verschiedenen Ebenen soll jedoch keineswegs andeuten, daß eine "zentrale Planung" von Forschungsarbeiten über die verschiedenen Bereiche hinweg zu empfehlen sei. Gerade die Zusammenarbeit zwischen den meisten agrarökonomischen Instituten der Bundesrepublik im Rahmen des DFG-Schwerpunktprogramms hat deutlich gemacht, daß bei allem Nutzen wechselseitiger Abstimmung der Forschungsarbeiten und wechselseitigem Informationsaustausch die entscheidende Voraussetzung für wissenschaftlichen Fortschritt - zumindest im sozialökonomischen Bereich - stets die Initiative und der Einfallsreichtum des einzelnen Forschers oder der kleinen Gruppe an den verschiedenen Plätzen ist. Vom Forschungskonzept her ist daher zu empfehlen - nach den Anstößen, die durch das DFG-Schwerpunktprogramm gegeben worden sind - die Arbeiten in einigen Bereichen der Sektor- und Regionalanalyse in kleinen Gruppen weiterzuführen.

Eine weitere Voraussetzung für Fortschritte der empirischen Analyse ist eine Verbesserung der Datenbasis. Diese Forderung wird für fast alle Bereiche der empirischen sozialökonomischen Forschung erhoben und ist auch für den Bereich der Standortforschung verschiedentlich vorgetragen worden. Meines Erachtens reicht es jedoch nicht aus und führt nicht weiter, wenn Lückenkataloge für die verschiedenen Bereiche der Statistik definiert und an die Statistischen Ämter und sonstigen datenerhebenden Stellen weitergereicht werden. Das würde zu uferlosen neuen Ansprüchen an die Statistik führen, ohne daß damit eine problemgerechte Informationsbasis geschaffen würde. Wichtig erscheint, zunächst von den zentralen agrarwirtschaftlichen Problemen ausgehend die Informationsbedürfnisse zu überdenken. Einen geeigneten Bezugspunkt können dabei die Konzepte der beschriebenen Sektormodelle darstellen. Wichtige Fortschritte dürften bereits durch die Zusammenführung und Integration bestehender

Statistiken, etwa der Gesamtrechnungs-, Struktur- und Testbetriebsstatistik, zu erreichen sein. Von einer solchen problembezogenen Sicht aus lassen sich dann Prioritäten für Ergänzungen und auch Vorschläge für Einstellungen statistischer Erhebungen gewinnen. Aus diesen Überlegungen wird deutlich, daß die Weiterentwicklung der statistischen Basis von einer engen wechselseitigen Zusammenarbeit zwischen den wissenschaftlichen Forschergruppen und den Abteilungen der Statistischen Ämter und sonstigen datenerhebenden Institutionen getragen sein sollte, wie sie sich inzwischen etwa mit dem Statistischen Amt der EG, dem Statistischen Bundesamt sowie den zuständigen Abteilungen des Bundesministeriums für Ernährung, Landwirtschaft und Forsten und der EG-Kommission anbahnt.

Aber selbst wenn auf diesem Wege Verbesserungen der regionalstatischen Datenbasis eingeleitet werden, darf man sich keinen Illusionen hinsichtlich der zeitlichen Realisierungsmöglichkeiten hingeben. Wenn man etwa den Bereich der Sektorstatistik zum Vergleich heranzieht: 1953 hat KRELLE den ersten Versuch der Erstellung einer Input-Output-Rechnung für die Bundesrepublik gemacht. Erst in den 60er Jahren wurden diese Arbeiten von den Wirtschaftsforschungsinstituten fortgeführt, und es hat bis Mitte der 70er Jahre gedauert, bis das Statistische Bundesamt Input-Output-Tabellen herausbrachte. Man hat bei der Neuentwicklung komplexer Statistiken diese zeitlichen Größenordnungen ins Auge zu fassen und sollte daher auch schon in der Phase der Bearbeitung wechselseitige Kooperationsvorteile ausnutzen.

Schließlich hat sich in den letzten Jahren bei fast allen Gruppen, die an umfangreicheren Sektormodellen arbeiten, die Erkenntnis durchgesetzt, daß eine wechselseitige Kommunikation mit den administrativen Stellen und politischen Instanzen in den verschiedenen Phasen der Modellerstellung, Ergebnisbeurteilung und Modellverbesserung von erheblichem Nutzen ist. Durch Kontakte mit diesen Gruppen erhalten die Gesichtspunkte der Problem- und Politikrelevanz bei der Modellerstellung größeres Gewicht. Das Interesse verlagert sich von der Anwendung von Lehrbuchmethoden auf akademische Probleme zu Forschungsansätzen, die von den drängenden gesellschafts- und agrarpolitischen Problemen ausgehen. Das ist sicherlich nicht die am geringsten zu veranschlagende Anregung für die Ausrichtung der empirischen Standortforschung im nächsten Jahrzehnt.

Literatur

1. BAUER, S; BAUERSACHS, F.; GOTTHARDT, F.; HENRICHSMEYER, W.: Entwicklung eines kurzfristigen Vorausschätzungs- und Simulationssystems für landwirtschaftliche Betriebsgruppen. Untersuchungsauftrag für das BML. Vervielfältigtes Manuskript. Bonn 1975.

2. BAUERSACHS, F.: Quantitative Untersuchungen zum langfristigen räumlichen Gleichgewicht der landwirtschaftlichen Produktion in der Bundesrepublik Deutschland. Hannover 1972.

3. BIROWO, A.T., and U. RENBORG: Interregional Planning of Agricultural Production in Sweden. In: OECD Hrsg.: Inter-Regional Competition in Agriculture, Problems and Methodology. Paris, May 1964.

4. BRINKMANN, T.: Die Ökonomik des landwirtschaftlichen Betriebes. Grundriß der Sozialökonomik. Tübingen 1972, 7, S. 27 - 124.

5. BUCHHOLZ, H.F.: Über die Bestimmung räumlicher Marktgleichgewichte. Meisenheim am Glan 1969.

6. DAY, R.H.: Recursive Programming and Production Response. Amsterdam 1963.

7. DUNN, E.S.jr.: The location of Agricultural Production. Gainesville 1954.

8. HAEN, H. de: Dynamisches Regionalmodell der Produktion und Investition für die Landwirtschaft. Eine Studie zur Entwicklung der niedersächsischen Landwirtschaft. Hannover 1971.

9. DERS.: System models to simulate structural change in agriculture. In: European review of agricultural economics, 1 (4), pp. 367 - 389, 1974.

10. HAYAMI, Yujiro; RUTTAN, Vernon W.: Agricultural Development: An International Perspective, Baltimore-London 1971.

11. HEADY, Earl O.: Economics of Agricultural Production and Resource Use. New York 1952.

12. HEADY, E.O., ed.: Economic Models and Quantitative Methods for Decision and Planning in Agriculture. Ames 1971.

13. HEADY, Earl O.; EGBERT, Alvin C.: Regional Programming of Efficient Agricultural Production Patterns. Econometrica, New Haven, Conn. 32, 1964, S. 374 - 386.

14. HEIDHUES, T.: Modell zur Vorausschätzung des strukturellen Wandels in der Landwirtschaft. Agrarwirtschaft, Hannover, 14, 1965, S. 7 - 81.

15. HENDERSON, James M.: The utilization of Agricultural Land: A Theoretical and Empirical Inquiry. The Review of Economics and Statistics, Cambridge, Mass., 41, 1959, S. 242 - 259.

16. HENRICHSMEYER, W.: Neuere Modelle zur Ermittlung des räumlichen Gleichgewichts der landwirtschaftlichen Produktion. Zeitschrift für die gesamte Staatswissenschaft, Tübingen, 122, 1966, S. 438 - 480.

17. HENRICHSMEYER, W.; HAEN, H. de: Zur Konzeption des Schwerpunktprogramms der Deutschen Forschungsgemeinschaft "Konkurrenzvergleich landwirtschaftlicher Standorte". Agrarwirtschaft, Hannover, 21, 1972, S. 141 - 152.

18. HENRICHSMEYER, W.: Agrarwirtschaft: räumliche Verteilung. Demnächst in: Handwörterbuch der Wirtschaftswissenschaften. Bd. 1.

19 HERLEMANN, H.-H.; STAMER, H.: Produktionsgestaltung und Betriebsgröße in der Landwirtschaft unter dem Einfluß der wirtschaftlich-technischen Entwicklung. Kiel 1958.

20 JOHNSON, G.: The State of Agricultural Supply Analysis. Journal of Farm Economics, Ithaca, 42, 1960, S. 435 - 452.

21 JUDGE, G.; TAKAYAMA, T. (Ed.): Studies in Economic Planning over Space and Time. Amsterdam, London, New York, 1973.

22 KEHRBERG, EARL W.; REISCH, E.: Wirtschaftslehre der landwirtschaftlichen Produktion. München, Basel, Wien, 1964.

23 MÄHLMANN, A.: Standortrelevanz agrarpolitischer Maßnahmen. Braunschweig, 1974.

24 MONYPENNY, J.R.; APMAA 74: Model, Algorithm, Testing and Application. APMMA Report No. 7, Armidale, Australia, Nov. 1975.

25 THÜNEN, J.H. von: Der isolierte Staat in Beziehung auf Landwirtschaft und Nationalökonomie. (Hamburg 1826), Stuttgart 1966.

26 WEINSCHENCK, G.: Die optimale Organisation des landwirtschaftlichen Betriebes. Hamburg, Berlin 1964.

27 WEINSCHENCK, G.; HENRICHSMEYER, W.: Zur Theorie und Ermittlung des räumlichen Gleichgewichts der landwirtschaftlichen Produktion. Berichte über Landwirtschaft, Hamburg, Berlin, NF 44, 1966, S. 201 - 242.

28 WEINSCHENCK, G.; HENRICHSMEYER, W.; ALDINGER, F.: The Theory of Spatial Equilibrium and Optimal Location in Agriculture: A survey. Review of Marketing and Agricultural Economics, New South Wales, 37, 1969, S. 3 - 7o.

ZUR FRAGE DER INTERREGIONALEN AUSTAUSCHBEZIEHUNGEN
- EINE POLITIKBEZOGENE ANALYSE AM BEISPIEL DES
EG-GETREIDEMARKTES

von

Reimar von Alvensleben, Alois Große-Rüschkamp,
Manfred Lückemeyer, Bonn

1	Problem und Zielsetzung	143
2	Modellansatz und Datengrundlage	144
3	Modellalternativen	145
4	Ergebnisse der Modellrechnungen	146
4.1	Kurzfristiges Gleichgewicht	146
4.1.1	Primale Lösung: Versandstruktur, Außenhandel, Intervention, Verfütterung	146
4.1.2	Duale Lösung: Preisrelationen und regionale Preisunterschiede	147
4.2	Langfristiges Gleichgewicht	149
4.2.1	Unveränderte Marktordnungspreise	149
4.2.2	Veränderter Schwellenpreis für Aufmischweizen	150
4.2.3	Veränderter Schwellenpreis für Mais	151
4.2.4	Senkung des Interventionspreises für Gerste	152
5	Schlußfolgerungen	153
	Anhang: Matrix des LP-Modells	

1 Problem und Zielsetzung

Der EG-Getreidemarkt wird durch eine Marktordnung reguliert, zu deren wichtigsten Instrumenten ein Außenhandelsschutz gegenüber Drittländern sowie Interventionen und Beihilfen auf dem Binnenmarkt gehören. Die Dosierung dieses Instrumenteneinsatzes, d.h. die Festlegung der Schwellen- und Interventionspreise für die einzelnen Getreidearten, ist Gegenstand von jährlich stattfindenden Verhandlungen des EG-Ministerrates. Im vorliegenden Beitrag soll ein interregionales lineares Programmierungsmodell vorgestellt werden, das als Entscheidungshilfe für die EG-Getreidepreispolitik entwickelt wurde.

In seiner ursprünglichen Version [1] stammt das Modell aus dem Jahre 1974. Es wurde in nach-

---

[1] R. v. ALVENSLEBEN und M. LÜCKEMEYER: Kosten-Nutzen-Analyse der EG-Getreidepolitik. Als Manuskript vervielfältigt (92 S.). Bonn, Dezember 1974.

folgenden Untersuchungen 1) verfeinert und zur Beantwortung verschiedener getreidepreispolitischer Fragestellungen eingesetzt 2). Der im folgenden verwendete Modellansatz ist eine weitere Variante, die für die Analyse aktueller Probleme der kommenden Getreidepreisverhandlungen - insbesondere für die Analyse der zweckmäßigen Preisabstufung zwischen den Weizensorten in Relation zu den Mais- und Gerstenpreisen - entwickelt wurde.

2 Modellansatz und Datengrundlage

Das Modell stellt den Versuch dar, die Bedingungen des EG-Getreidemarktes zu simulieren. D.h., es sollen unter den Bedingungen des EG-Marktes und alternativer Maßnahmen der Getreidepolitik der zu erwartende Handel mit Drittländern, die interregionalen Warenströme, die Verfütterung und sonstige Verwendung der Getreidearten, der Umfang der staatlichen Interventionen sowie die resultierenden Preise und Preisrelationen für jede Region der EG simultan ermittelt werden. Dabei werden rationales Verhalten der Marktteilnehmer und die Bedingungen eines nach Getreidearten und Regionen gespaltenen aber sonst vollkommenen Marktes unterstellt. Von einer zeitlichen Dimension des Marktes wird abstrahiert. Der Aufbau des Modells ist in Form einer Matrix im Anhang dargestellt.

Die wichtigsten Modellannahmen können wie folgt zusammengefaßt werden:

1. Angebot und Nachfrage der fünf Getreidearten sind vollkommen unelastisch und entsprechen einem für "1980" vorgeschätzten Niveau. Das bedeutet unter Berücksichtigung des aus Qualitätsgründen importierten und durch EG-Getreide nicht substituierbaren Drittlandsgetreides einen leichten rechnerischen Getreideüberschuß.

2. Das inländische Weizenangebot teilt sich in Futter- und Backweizen auf. Im Vergleich zum Backweizen erbringt Futterweizen einen um 10 % höheren Flächenertrag, eignet sich jedoch nicht zur maschinellen Teigbereitung und ist deshalb von den Mühlen nur begrenzt verwendbar. Hierbei wurden folgende Situationen unterschieden:

    a) In der kurzfristigen Betrachtung wird das Mengenverhältnis von Mahl- und Futterweizen als gegeben und nicht veränderbar angesehen. (Unterstellter Futterweizenanteil an der gesamten Weizenfläche: BRD, Frankreich: 10 %; Dänemark, Belgien: 20 %; Großbritannien: 40 %; Niederlande, Irland: 50 %; Italien: 0 %).

    b) In der langfristigen Betrachtung wird unterstellt, daß die Landwirtschaft auf insgesamt begrenzter Weizenfläche die Weizensorten anbaut, die den höchsten Erlös je ha erbringen.

3. Die Weizennachfrage zur Mehlherstellung kann durch eine Mischung von Drittlands-Aufmischweizen, Backweizen und Futterweizen befriedigt werden, wobei der Drittlands-

---

1) R. v. ALVENSLEBEN und M. LÜCKEMEYER: Absatzmethoden und Preisbildung. In: Erfolgreiche Weizensorten - sachgerechte Absatzmethoden. Arbeiten der DLG, Band 146, Frankfurt 1975, S. 50 ff.
M. LÜCKEMEYER: Das interregionale Gleichgewicht auf den Getreide- und Futtermittelmärkten. Diss. Bonn 1976.

2) R. v. ALVENSLEBEN, A. GROSSE-RÜSCHKAMP, M. LÜCKEMEYER: Getreidepreispolitik auf dem Prüfstand. Ernährungsdienst 30, Nr. 105, 1975.
DERS.: Zum Problem der preislichen Bewertung von Mahl- und Futterweizen. Kraftfutter 58, Heft 10, 1975.
R. v. ALVENSLEBEN und A. GROSSE-RÜSCHKAMP: Kosten-Nutzen-Analyse der Getreidepreisvorschläge für das Wirtschaftsjahr 1976/77 (unveröffentlicht). Bonn, März 1976.
DERS.: Auswirkung der Getreidepreisbeschlüsse. Ernährungsdienst 31, Nr. 35, 1976.

Aufmischweizen entweder mit maximal 50 % Futterweizen oder – regional unterschiedlich – mit einem maximalen Anteil von 80 % (Niederlande, Großbritannien) bis 100 % (Frankreich) Backweizen vermischt werden kann. Die Mühlen verwenden eine zwischen diesen Extremen liegende Mischung, die für sie minimale Rohstoffkosten verursacht.

4. Die Getreidearten und importiertes Eiweißfutter (Sojaschrot) sind bei der Verfütterung substituierbar, und zwar entsprechend den Futterwertrelationen, die sich auf Grund des Eiweiß- und Energiegehaltes ergeben. Die Preise für Eiweißfutter werden exogen vorgegeben.

5. Zur Erfüllung handels- und entwicklungspolitischer Verpflichtungen wird ein Mindestexport von 5 Mio. t Backweizen und 1,5 Mio. t Gerste angenommen.

6. Die Weltmarktpreise für Getreide liegen unter EG-Niveau, so daß Drittlandsgetreide zum Schwellenpreis plus Ablaufkosten an jedem Ort der EG angeboten werden kann.

7. Die Schwellen- und Interventionspreise entsprechen in der Ausgangssituation dem Niveau des Wirtschaftsjahres 1976/77. Sie werden in den Modellalternativen variiert, um die Auswirkungen der preispolitischen Alternativen zu untersuchen.

Gegenüber der ursprünglichen Version wurde das Modell in folgender Weise verfeinert:

- Das sogenannte Massenweizenproblem wurde erfaßt
  a) durch die Aufteilung des EG-Weichweizenangebotes in Futter- und Backweizen,
  b) durch die Zulassung von Substitutionsmöglichkeiten zwischen den Weizensorten bei der Befriedigung der Weizennachfrage zur Mehlherstellung.

- Der Futterwert der Getreidearten wurde in eine Stärke- und Eiweißkomponente aufgespalten, um die Abhängigkeit des Getreidefutterwertes von den Eiweißfutterpreisen im Modell zu erfassen.

Die umfangreichen Probleme der Beschaffung regionaler Daten aus neun EG-Mitgliedsländern wurden bereits an anderer Stelle beschrieben [1]), so daß sich eine nähere Behandlung hier erübrigt.

3 Modellalternativen

Der Modellansatz läßt sich dazu verwenden, die Wirkungen verschiedener Maßnahmen der Getreidepolitik auf dem EG-Getreidemarkt zu analysieren. Außerdem lassen sich an Hand des Modells unterschiedliche Marktkonstellationen simulieren. Das geschieht, indem die jeweiligen durch die Getreidepolitik bzw. die Marktverhältnisse beeinflußten Modellkoeffizienten (Schwellenpreise, Interventionspreise, Exportquoten, Denaturierungsprämien, Angebots- und Nachfragemengen) entsprechend verändert werden.

Im einzelnen werden folgende Modellalternativen durchgerechnet:

A) Kurzfristiges Gleichgewicht

Abkürzung	K 1	K 2	K 3
Interventionspreise (RE/t)			
Backweizen	131,0	+ 3	– 3
Futterweizen	116,0		
Roggen	124,0		
Gerste	116,0		

---

1) M. LÜCKEMEYER, a.a.O.

Schwellenpreise (RE/t)	K 1
Aufmischweizen	161,8
Backweizen	149,3
Mais	135,1

B) Langfristiges Gleichgewicht

Abkürzung	L 1	L 2	L 3	L 4	L 5	L 6
Interventionspreise (RE/t)						
Backweizen	131,0					
Futterweizen	116,0					
Roggen	124,0					
Gerste	116,0					- 3
Schwellenpreise (RE/t)						
Aufmischweizen	161,8	- 3	+ 3			
Backweizen	149,3					
Mais	135,1			- 3	+ 3	

Wie gesagt, wird in der kurzfristigen Betrachtung von einem konstanten Anbauverhältnis von Futterweizen zu Backweizen ausgegangen, während in der langfristigen Betrachtung dieses Verhältnis modellintern bestimmt wird. In den Modellalternativen K 1 und L 1 entsprechen die Schwellen- und Interventionspreise dem Niveau des Wirtschaftsjahres 1976/77. In Alternative K 2 und K 3 wird die Auswirkung eines veränderten Interventionspreisniveaus für Backweizen untersucht. In Alternative L 2 und L 3 wird der Schwellenpreis für Aufmischweizen, in Alternative L 4 und L 5 der Schwellenpreis für Mais und in Alternative L 6 der Interventionspreis für Gerste jeweils um 3 RE/t variiert.

4 Ergebnisse der Modellrechnungen

Im folgenden werden zunächst die Ergebnisse der kurzfristigen Analyse (K 1, K 2, K 3) und dann die der langfristigen Analyse (L 1 bis L 6) dargestellt und miteinander verglichen.

4.1 Kurzfristiges Gleichgewicht

4.1.1 Primale Lösung: Versandstruktur, Außenhandel, Interventionen, Verfütterung

Die Ausgangslösung (K 1), in der die derzeitig gültigen Marktordnungspreise unterstellt sind, beschreibt eine hypothetische Marktsituation, die von den prognostizierten Angebots- und Nachfragemengen für das Jahr 1980 ausgeht. Wie Übersicht 1 zeigt, ist sie gekennzeichnet durch
- strukturelle Überschüsse an Backweizen (9,3 Mio. t) und Gerste (3,9 Mio. t)
- bei gleichzeitig hohen Importmengen an Mais (13,1 Mio. t) und Aufmischweizen (2,8 Mio. t).

Die Weizen- und Gersteüberschüsse werden in der Modellrechnung, abgesehen von den exogen vorgegebenen Exportmengen, als Interventionen ausgewiesen. Dies läßt sich in Wirklichkeit durch eine flexible Handhabung des exportpolitischen Instrumentariums (insbesondere im Hauptexportland Frankreich) weitgehend vermeiden, so daß die Überschüsse zumeist ohne Berührung der Interventionsstellen exportiert werden können.

Durch eine Erhöhung des Interventionspreises für Backweizen (Lösung K 2) würde die Konkurrenzfähigkeit des Backweizens im Futtertrog vermindert. Erhöhte Weizenüberschüsse und Maisimporte sowie leicht verminderte Gerstenüberschüsse wären die Folge.

Übersicht 1: Ergebnisse der Modellrechnungen, primale Lösung, Mio. t

	K 1	K 2	K 3	L 1	L 2	L 3	L 4	L 5	L 6
Intervention/ Export									
Weizen	9,3	9,5	6,2	5,0	5,0	5,0	5,0	5,0	5,0
Gerste	3,9	3,8	4,7	5,5	5,5	5,4	6,3	4,7	3,9
Import									
Mais	13,1	13,3	11,0	4,8	3,8	6,4	7,1	-	5,6
Aufmischweizen	2,8	2,8	2,8	6,7	7,6	5,2	5,3	7,1	6,7
Eiweißfutter (Soja)	10,5	10,5	10,2	9,5	9,4	9,7	9,7	13,4	9,4
Verfütterung über den Markt									
Weizen	5,2	4,9	8,3	15,9	13,0	14,1	14,1	16,6	15,9
Gerste	9,7	9,8	9,0	8,2	8,2	8,3	7,4	9,0	9,7

Wird der Interventionspreis für Backweizen dagegen gesenkt (Lösung K 3), so könnten die Weizenüberschüsse deutlicher abgebaut werden. Die Maisimporte würden sich verringern, gleichzeitig würden sich allerdings auch die Gerstenüberschüsse vermehren.

4.1.2 Duale Lösung: Preisrelationen und regionale Preisunterschiede

Die mit der primalen Lösung konsistente regionale Preisstruktur wird in der dualen Lösung ausgewiesen. Übersicht 2 zeigt die Preise für Backweizen, Futterweizen, Roggen, Gerste und Mais in einigen ausgewählten EG-Regionen in der Ausgangslösung K 1. Sie spiegeln die Preisverhältnisse wider, die im Wirtschaftsjahr 1976/77 bei reichlicher Versorgungslage am EG-Markt geherrscht hätten.

Erwartungsgemäß liegen die Preise für Backweizen und Gerste in den marktfernen Überschußgebieten auf Interventionspreisniveau. In den übrigen Regionen orientieren sich die Futtergetreidepreise entsprechend den Futterwertrelationen am Schwellenpreis (+ Frachtkosten) für Mais.

In den meisten Regionen erfolgt die marginale Verwertung des Backweizens über den Futtertrog. Infolgedessen besteht in diesen Regionen kein Preisunterschied zwischen Backweizen und Futterweizen. Der Interventionspreis für Backweizen beeinflußt deshalb nicht nur die Marktpreise für Backweizen sondern auch die der übrigen Futtergetreidearten.

In den Niederlanden, Großbritannien und Dänemark ist der Flächenanteil des Futterweizens allerdings schon jetzt so hoch, daß Backweizen knapp wird und demzufolge ein Preisunterschied zwischen beiden Weizensorten resultiert.

Wird der Interventionspreis für Backweizen erhöht (Lösung K 2), so steigen vor allem in den marktfernen Überschußgebieten und in deren Absatzregionen nicht nur die Marktpreise für Backweizen, sondern auch die für Futterweizen und zum Teil die Marktpreise für Gerste und Mais (Übersicht 3).

Wird der Interventionspreis für Backweizen gesenkt (Lösung K 3), so sinken in den gleichen Regionen die Marktpreise für Backweizen, Futterweizen und Mais - ebenso die Gerstenpreise, sofern sie sich nicht schon auf Interventionspreisniveau befinden (Übersicht 4).

Übersicht 2: Ergebnisse der Modellrechnung K 1 (Marktordnungspreise 1976/77), Preise in RE/t

Region \ Getreideart	Back-weizen	Futter-weizen	Roggen	Gerste	Mais
Niederlande	138,25	134,31	135,22	120,83	134,25
Zentralfrankreich	131,00	131,00	128,96	116,00	127,35
Norditalien	136,92	136,92	129,88	123,16	139,42
Weser-Ems	137,29	137,29	130,20	123,47	131,74
Nordrhein	136,55	136,55	133,65	121,46	137,47
Baden-Württemberg	133,42	133,42	139,82	117,59	133,13
Bayern	131,00	131,00	146,20	116,00	131,55
Mittelengland	140,54	134,59	132,87	121,09	143,16

Übersicht 3: Ergebnisse der Modellrechnung K 2 (Weizeninterventionspreis + 3 RE/t), Preisänderungen gegenüber K 1, in RE/t

Region \ Getreideart	Back-weizen	Futter-weizen	Roggen	Gerste	Mais
Niederlande	0	0	0	0	
Zentralfrankreich	+ 2,988	+ 2,988	0	0	
Norditalien	0	0	0	0	
Weser-Ems	0	0	+ 0,316	0	
Nordrhein	+ 2,988	+ 2,988	0	+ 0,460	+ 0,456
Baden-Württemberg	+ 2,643	+ 2,643	0	+ 0,460	0
Bayern	+ 2,988	+ 2,988	0	+ 2,787	+ 3,361
Mittelengland	0	0	0	0	0

Dem Interventionspreis für Backweizen fällt somit in der kurzfristigen Situation neben dem Schwellenpreis für Mais eine Schlüsselrolle für die Preisbildung der übrigen Getreidearten zu. Erst wenn sich der Futterweizenanbau auf Kosten des Backweizenanbaus soweit ausdehnt, daß Backweizen am Binnenmarkt knapp wird, kann sich die Abhängigkeit der Futtergetreidepreise von den Backweizenpreisen lösen. Diese Situation wird in der nachfolgenden Analyse des langfristigen Marktgleichgewichts dargestellt.

Übersicht 4: Ergebnisse der Modellrechnung K 3 (Weizeninterventionspreis - 3 RE/t), Preisänderungen gegenüber K 1, in RE/t

Region \ Getreideart	Backweizen	Futterweizen	Roggen	Gerste	Mais
Niederlande	0	0	- 0,201	0	0
Zentralfrankreich	- 2,442	- 2,442	- 0,201	0	- 0,172
Norditalien	0	0	0	0	0
Weser-Ems	- 0,201	- 0,201	- 0,259	- 0,172	- 0,201
Nordrhein	- 2,079	- 2,079	- 0,201	- 0,546	- 0,661
Baden-Württemberg	- 1,695	- 1,695	- 0,201	- 0,460	0
Bayern	- 2,988	- 2,988	- 0,230	0	- 3,361
Mittelengland	0	0	- 0,172	0	- 0,201

4.2 Langfristiges Gleichgewicht

4.2.1 Unveränderte Marktordnungspreise (L 1)

In der langfristigen Analyse wird - wie bereits erwähnt - unterstellt, daß die Weizenerzeuger auf insgesamt konstanter Weizenfläche die Weizensorten anbauen, die den höchsten Erlös je ha erbringen. Die kurz- und die langfristigen Gleichgewichtslösungen unterscheiden sich auch bei unveränderten Marktordnungspreisen in einigen wesentlichen Punkten.

Die Ergebnisse der primalen Lösung sind in Übersicht 1 zusammengestellt. Im Vergleich zur Lösung K 1 ergeben sich in Lösung L 1 folgende Änderungen:

- Der Futterweizenanbau wird auf Kosten des Backweizenanbaus ausgedehnt.
- Die Weizenverfütterung (über den Markt) nimmt beträchtlich zu.
- Die Weizenüberschüsse reduzieren sich auf den in der Modellrechnung vorgegebenen Mindestexport.
- Die Gerstenverfütterung nimmt ab, da mehr preisgünstiger Futterweizen zur Verfügung steht. Die Gerstenüberschüsse nehmen entsprechend zu.
- Die Maisimporte gehen stark zurück.
- Aufgrund der verstärkten Weizenfütterung vermindert sich der Importbedarf für Eiweißfutter (Soja).
- Die Importe an Aufmischweizen steigen stark an, da es vor allem für die hafennahen Mühlen vorteilhaft wird, preisgünstigen Futterweizen verstärkt mit Aufmischweizen zu vermischen.

Mit den skizzierten Verschiebungen in der Anbau-, Verwendungs- und Außenhandelsstruktur kommt es gleichzeitig zu einigen Änderungen in den Preisrelationen. Übersicht 5 zeigt die errechneten Marktpreise in der langfristigen Gleichgewichtssituation (Lösung L 1).

Im Gegensatz zur kurzfristigen Gleichgewichtslösung spielen sich jetzt größere Preisunterschiede zwischen Backweizen und Futterweizen ein, die im allgemeinen dem Ertragsunterschied zwischen beiden Weizensorten entsprechen. Backweizen wird so knapp, daß sein Preis über das Interventionspreisniveau ansteigt. Dagegen fallen die Futterweizenpreise vor allem in den hafen- und marktfernen Überschußgebieten, bewegen sich aber ebenfalls oberhalb des

Übersicht 5: Ergebnisse der Modellrechnung L 1 (Marktordnungspreise 1976/77), Preise in RE/t

Region \ Getreideart	Backweizen	Futterweizen	Roggen	Gerste	Mais
Niederlande	145,00	133,90	133,47	120,43	136,37
Zentralfrankreich	140,14	127,04	127,21	116,00	125,60
Norditalien	151,03	136,92	129,88	123,16	139,42
Weser-Ems	149,73	135,63	128,45	121,92	137,87
Nordrhein	146,49	132,58	131,89	119,17	134,68
Baden-Württemberg	144,13	132,01	138,07	116,72	132,67
Bayern	134,42	122,47	144,45	116,00	121,24
Mittelengland	146,14	134,59	130,57	121,09	141,40

Interventionspreisniveaus. Aufgrund der allgemeinen Preisinterdependenz zwischen den Futtergetreidearten sinken gleichzeitig auch die Preise für Roggen, Gerste und Mais. In einigen Regionen wird der Rückgang der Gerstenpreise durch das relativ hohe Interventionspreisniveau verhindert. Wie bereits erwähnt, resultiert hieraus ein verstärkter Druck auf die Interventionsstellen.

Langfristig gesehen kommt also nicht mehr dem Interventionspreis für Weizen sondern verstärkt dem Schwellenpreis für Mais eine Schlüsselrolle für die Preisbildung der Getreidearten zu. Dies gilt besonders für die hafen- und marktnahen Gebiete. In den marktfernen Gebieten hat daneben der Interventionspreis für Gerste eine preisstützende Wirkung, die sich ebenfalls auf die übrigen Getreidearten erstreckt. Aufgrund der größeren Bedeutung der Aufmischweizenimporte hat außerdem noch der Schwellenpreis für Aufmischweizen gewissen Einfluß auf die Marktpreisbildung.

4.2.2 Veränderter Schwellenpreis für Aufmischweizen (L 2, L 3)

Um den Einfluß des Schwellenpreises für Aufmischweizen zu ermitteln, wurde dieser in Modellrechnung L 2 um 3 RE/t gesenkt und in Modellrechnung L 3 um 3 RE/t angehoben. Die Ergebnisse der primalen Lösung finden sich wiederum in Übersicht 1.

Bei einer Senkung des Schwellenpreises für Aufmischweizen würden die Mühlen in einigen hafennahen Zuschußgebieten (Weser-Ems, Nordrhein, Norditalien, Mittelengland) verstärkt Aufmischweizen und weniger EG-Backweizen nachfragen. Es käme zu einem Anstieg der Aufmischweizenimporte, zu einem Rückgang des Backweizenanbaus und zu einer entsprechenden Zunahme der Futterweizenproduktion. Außerdem würde mehr Weizen verfüttert und weniger Mais importiert. Gleichzeitig würden in den betroffenen Regionen die Preise für Backweizen (als Substitut für Aufmischweizen) sinken und dessen Konkurrenzfähigkeit gegenüber Futterweizen würde vermindert. Eine umgekehrte Wirkung ergäbe sich, wenn man den Schwellenpreis für Aufmischweizen erhöht (Lösung L 3).

4.2.3 Veränderter Schwellenpreis für Mais (L 4, L 5)

Eine zentrale Bedeutung für den EG-Getreidemarkt kommt dem Schwellenpreis für Mais zu. Wird dieser Preis um 3 RE/t gesenkt (Lösung L 4), so ist im Vergleich zu Lösung L 1 (unveränderte Preise) eine verminderte Verfütterung von Weizen und Gerste zu erwarten (siehe Übersicht 1). Der Maisimport nähme zu und es würde weniger Futterweizen und mehr Backweizen angebaut. Demzufolge ergäbe sich auch eine geringere Importnachfrage nach Aufmischweizen.

Aufgrund der allgemeinen Preisinterdependenz würde die Preissenkung bei Mais eine Preissenkung bei allen anderen Futtergetreidearten nach sich ziehen (Übersicht 6). Eine Ausnahme bildet die Gerste in den marktfernen Überschußgebieten, deren Preis schon in der Ausgangssituation lediglich auf Interventionspreisniveau lag. Die resultierende Senkung der Futterweizenpreise würde darüber hinaus auch eine Senkung der Mahlweizenpreise zur Folge haben, da in der langfristigen Gleichgewichtssituation der Preisunterschied zwischen beiden Weizensorten konstant dem Ertragsunterschied entsprechen muß. Durch die Senkung der Preise von EG-Backweizen verbessert sich dessen Konkurrenzfähigkeit gegenüber dem Aufmischweizen aus Drittländern, so daß sich die Mühlennachfrage zugunsten des EG-Backweizens verschiebt.

Übersicht 6: Ergebnisse der Modellrechnung L 4 (Maisschwellenpreis - 3 RE/t), Preisänderungen gegenüber L 1, in RE/t

Region	Backweizen	Futterweizen	Roggen	Gerste	Mais
Niederlande	- 2,384	- 2,270	- 2,327	- 2,097	- 2,557
Zentralfrankreich	- 2,758	- 2,270	- 2,327	0	- 2,557
Norditalien	- 2,614	- 2,500	- 2,787	- 2,500	- 3,017
Weser-Ems	- 2,384	- 2,270	- 2,327	- 2,126	- 2,557
Nordrhein	- 2,500	- 2,270	- 2,327	- 2,097	- 2,528
Baden-Württemberg	- 2,586	- 2,384	- 2,327	- 0,747	- 2,557
Bayern	- 2,959	- 2,672	- 2,327	0	- 2,988
Mittelengland	- 2,270	- 2,672	- 0,833	- 2,500	- 2,557

Eine tendenziell umgekehrte Wirkung ist bei einer Erhöhung des Schwellenpreises für Mais zu erwarten. Allerdings zeigt sich bei einer solchen Maßnahme auch die Grenze einer Getreidehochpreispolitik. Wird der Maisschwellenpreis um 3 RE/t erhöht (Lösung L 5), so würde die Energie aus importiertem Mais teurer werden als die Energie aus importiertem Eiweißfutter bei einem unterstellten Sojapreis von 120,66 RE/t cif EG-Hafen. Die Maisimporte würden durch Sojaimporte und durch EG-Futtergetreide ersetzt (Übersicht 1). Mit den Futtergetreidepreisen würden auch die Preise für Backweizen steigen, was wiederum zu einer verstärkten Importnachfrage nach Aufmischweizen führen müßte. In den marktfernen Überschußgebieten (Bayern, Zentralfrankreich) würden die Preise für Gerste weiterhin auf Interventionspreisniveau bleiben (Übersicht 7).

Übersicht 7: Ergebnisse der Modellrechnung L 5 (Maisschwellenpreis + 3 RE/t), Preisänderungen gegenüber L 1, in RE/t

Region \ Getreideart	Back-weizen	Futter-weizen	Roggen	Gerste	Mais
Niederlande	+ 1,034	+ 1,638	+ 1,695	+ 0,460	+ 1,609
Zentralfrankreich	+ 0,862	+ 0,776	+ 1,695	0	+ 1,839
Norditalien	+ 2,873	+ 2,298	+ 2,356	+ 1,609	+ 2,557
Weser-Ems	+ 0,919	+ 1,638	+ 1,695	+ 1,810	+ 1,839
Nordrhein	+ 1,638	+ 1,839	+ 1,724	+ 1,695	+ 2,068
Baden-Württemberg	+ 1,925	+ 1,781	+ 1,724	+ 1,551	+ 1,839
Bayern	+ 2,356	+ 2,298	+ 1,724	0	+ 2,586
Mittelengland	+ 0,460	+ 1,695	+ 0,804	+ 1,580	+ 1,839

4.2.4 Senkung des Interventionspreises für Gerste (L 6)

Wie die vorhergehenden Rechnungen gezeigt haben, werden die Gerstenüberschüsse durch eine weitere Anhebung des Maisschwellenpreises zwar vermindert, jedoch können sie in den marktfernen Gebieten nicht völlig abgebaut werden. Deshalb wurde in einer weiteren Modellrechnung der Interventionspreis für Gerste um 3 RE/t gesenkt (Lösung L 6).

Wie die primale Lösung zeigt (Übersicht 1), könnte durch eine solche Maßnahme noch mehr Gerste in den Futtertrog gelenkt werden. Die Gerstenüberschüsse und die Maisimporte würden zurückgehen. Allerdings wäre für einen vollständigen Abbau der Gerstenüberschüsse eine weitere Preissenkung (um insgesamt ca. 7 RE/t) erforderlich.

Übersicht 8: Ergebnisse der Modellrechnung L 6 (Gersteninterventionspreis - 3 RE/t), Preisänderungen gegenüber L 1, in RE/t

Region \ Getreideart	Back-weizen	Futter-weizen	Roggen	Gerste	Mais
Niederlande	- 0,201	- 0,316	- 0,316	- 0,287	- 0,345
Zentralfrankreich	- 0,689	- 0,632	- 0,316	- 3,000	- 0,345
Norditalien	0	0	0	0	0
Weser-Ems	- 0,201	- 0,316	- 0,316	- 0,287	- 0,345
Nordrhein	- 0,345	- 0,287	- 0,316	- 0,287	- 0,345
Baden-Württemberg	- 0,230	- 0,201	- 0,316	- 0,287	- 0,517
Bayern	0	0	- 0,316	- 3,000	0
Mittelengland	0	0	- 0,661	0	- 0,345

Die Senkung des Gersteninterventionspreises schlägt in den marktfernen Überschußgebieten voll auf die Marktpreise für Gerste durch. In den übrigen Gebieten und bei den anderen Getreidearten ergäben sich nur sehr geringfügige Preisrückgänge (siehe Übersicht 8).

5 Schlußfolgerungen

Die vorangegangenen Rechnungen zeigen beispielhaft die Verwendungsmöglichkeiten des Modells für die Analyse getreidepolitischer Alternativen. Die Ergebnisse der Modellrechnungen (insbesondere die primalen Lösungen) sind aufgrund der vereinfachenden Annahmen des Modellansatzes und der unterschiedlichen Datenqualität mit Vorsicht zu interpretieren. Der größte Vorteil des Modells ist, daß die komplizierten, schwer überschaubaren Interdependenzen zwischen den Regionen und Getreidearten offengelegt werden. Darüber hinaus können die modellintern ermittelten Preis- und Mengenänderungen als Ausgangsdaten in weiterführende Rechnungen eingehen, mit deren Hilfe man die Auswirkungen der getreidepolitischen Alternativen auf die Erzeugereinkommen und Verbraucherausgaben in den einzelnen Regionen und Ländern, auf die Staatsausgaben und auf die volkswirtschaftlichen Kosten abschätzen kann, um die Interessenlagen der am Getreidemarkt beteiligten Gruppen und Länder transparent zu machen [1].

Nimmt man die Reduzierung der notwendigen staatlichen Eingriffe am Getreidemarkt als Maßstab, so lassen sich die derzeitigen Relationen der Marktordnungspreise aufgrund der angestellten Modellrechnungen folgendermaßen bewerten:

1. Die für das Wirtschaftsjahr 1976/77 vollzogene Ausweitung der EG-Präferenz (= Abstand zwischen dem Schwellenpreis und dem Interventionspreis) für Getreide hat im Vergleich zu den Vorjahren eine wesentliche Verbesserung gebracht. Der Markt erhielt mehr Spielraum und eine Reduzierung der staatlichen Eingriffe (bei Weizen und Gerste) ist ceteris paribus zu erwarten.

2. Die Schaffung von regional einheitlichen Interventionspreisen hat zwar einige Probleme entschärft, die durch einen zu großen Preisunterschied zwischen den französischen Überschußgebieten und den deutschen Zuschußgebieten hervorgerufen wurden. Jedoch sollte auch nicht übersehen werden, daß durch die sogenannte "Abschaffung der Regionalisierung" ein neues Regionalisierungssystem geschaffen wurde, das mit Sicherheit nicht marktgerecht ist und das vor allem den Abfluß der Gerste aus den marktfernen Gebieten erschwert.

3. Das Problem der zu erwartenden Gerstenüberschüsse ist darüber hinaus auf die Gleichsetzung der Interventionspreise für Gerste und Futterweizen zurückzuführen. Eine Abstufung der beiden Interventionspreise nach Maßgabe der Futterwertrelationen wäre marktgerechter und würde die Konkurrenzfähigkeit der Gerste im Futtertrog erhöhen.

4. Eine zu starke Anhebung des allgemeinen Getreidepreisniveaus würde dazu führen, daß die Energie aus Eiweißfutter (Soja) und anderen Getreidesubstituten preisgünstiger als die Energie aus Getreide wird. Ein vermehrter Import von Getreidesubstituten wäre die Folge, der vor allem zu einer Reduzierung der Maisimporte, unter Umständen aber auch zu einer Erhöhung der Getreideüberschüsse führen könnte.

---

[1] Vgl. R. v. ALVENSLEBEN und M. LÜCKEMEYER: Kosten-Nutzen-Analyse ..., a.a.O.;
R. v. ALVENSLEBEN und A. GROSSE-RÜSCHKAMP: Kosten-Nutzen-Analyse der Getreidepreisvorschläge ..., a.a.O.;
DIES.: Auswirkung der Getreidepreisbeschlüsse 1976/77, a.a.O..

Matrix des LP-Modells

Restriktionen (RHS) / Aktivitäten				Anbau von Mahlweizen	Anbau von Futterweizen	Transport von Mahlweizen	Transport von Nichtfutterroggen	Transport von Nichtfuttergerste	Transport von Nichtfuttermais	Transport von Futterweizen	Transport von Futterroggen	Transport von Futtergerste	Transport von Futtermais	Transport von Sonstigem Futtergetreide
Zielfunktionen Min						tiitij tjitjj	tiitij tjitjj	tiitij tjitjj	ittijt jitjj	tiitij tjitjj	tiitij tjitjj	tiitji tjitjj	tiitij tjitjj	tii tjj
Weizenfläche	i	FL_i	=	1	1									
Weizenfläche	j	FL_j	=	··1	··1									
Mahlweizenangebot	i	WA_i^M	=	$-x_i$		1..1								
Mahlweizenangebot	j	WA_j^M	=		$-x_j$	··1..1								
Futterweizenangebot	i	WA_i^2	=	$-y_i$						1..1				
Futterweizenangebot	j	WA_j^2	=		$-y_j$					··1..1				
Roggenangebot	i	RA_i	=			1..1					1..1			
Roggenangebot	j	RA_j	=				·1..1				··1..1			
Gerstenangebot	i	GA_i	=				1..1					1..1		
Gerstenangebot	j	GA_j	=					·1..1				··1..1		
Maisangebot	i	MA_i	=						1..1				1..1	
Maisangebot	j	MA_j	=						·1..1				··1..1	
Angebot "Sonstiges"	i	SA_i	=											1..1
Angebot "Sonstiges"	j	SA_j	=											··1..1
Mahlweizennachfrage	i	WN_i	=			1..1								
Mahlweizennachfrage	j	WN_j	=			··1..1								
Roggennachfrage	i	RN_i	=				1..1							
Roggennachfrage	j	RN_j	=				··1..1							
Gerstennachfrage	i	GN_i	=					1..1						
Gerstennachfrage	j	GN_j	=					··1..1						
Maisnachfrage	i	MN_i	=						1..1					
Maisnachfrage	j	MN_j	=						··1..1					
Stärkenachfrage	i	FN_i	=							1..1	0,95..0,95	0,9..0,9	1,02..1,02	0,85..0,85
Stärkenachfrage	j	FN_j	=							··1..1	0,95..0,95	0,9..0,9	1,02..1,02	0,85..0,85
Eiweißnachfrage	i	PN_i	=							0,1..0,1	0,065..0,065	0,079..0,079	0,065..0,065	0,088..0,088
Eiweißnachfrage	j	FN_j	=							0,1..0,1	0,065..0,065	0,079..0,079	0,065..0,065	0,088..0,088
Weizenimport		IMPW	=											
Futtermaisimport		IMFG	=											
Mahlweizenexport		WX	=											
Gerstenexport		GX	=											
Futterweizenfläche	i	FUW_i	=	$-f_i$	m_i									
Futterweizenfläche	j	FUW_j	=	$-f_j$	m_j									
Aufmischweizenangebot		WAA_i	=											
Aufmischweizenangebot		WAA_j	=											
Aufmischweizenimport		IAW	=											
Weizenmehlnachfrage	i	WMN_i	=											
Weizenmehlnachfrage	j	WMN_j	=											

	Transport von Importmahl-weizen	Transport von Mahlweizen-export	Transport von Gerstenexport	Mahlweizen-intervention	Futterweizen-intervention	Roggen-intervention	Gersten-intervention	Maisinter-vention	Import von Mahlweizen	Import von Futtermais	Füttern von Mahlweizen	Transport von Aufmischwei-zenimport	Import von Aufmischweizen	Mischen von Backweizen	Mischen von Futterweizen
tHj	tHi tHj	tiH..tjH	tiH..tjH	$-PIW_i$ $-PIW_j$	$-PIWF_i$ $-PIWF_j$	$-PIR$	$-PIG$	$-PIM$	PSW	PSM		tHi tHj	PSAW		
		1..1		1							1				
		⋱1..1		⋱1							⋱1				
											-1				-a
					⋱1						⋱-1				⋱-a
						1									
		1..1				⋱1									
		⋱1..1					1								
							⋱1								
	1..1													-a	
	⋱1..1													⋱-a	
9															
..0.9															
0.42															
..0.42	1..1									-1					
		1..1	1..1												
												1		-b	-d
												⋱1		⋱-b	⋱-d
												1..1	-1		
														1	1
														⋱1	⋱1

Erläuterung der Symbole

FL_i ; FL_j	Weizenfläche in Region i bzw. j
WA_iM ; WA_jM	Mahlweizenangebot in Region i bzw. j
WA_i ; WA_j	Futterweizenangebot in Region i bzw. j
RA_i ; RA_j	Roggenangebot in Region i bzw. j
GA_i ; GA_j	Gerstenangebot in Region i bzw. j
MA_i ; MA_j	Maisangebot in Region i bzw. j
SA_i ; SA_j	Angebot "Sonstiges" Getreide in Region i bzw. j
WN_i ; WN_j	Mahlweizennachfrage in Region i bzw. j
RN_i ; RN_j	Nichtfutterroggennachfrage in Region i bzw. j
GN_i ; GN_j	Nichtfuttergerstennachfrage in Region i bzw. j
MN_i ; MN_j	Nichtfuttermaisnachfrage in Region i bzw. j
FN_i ; FN_j	Stärkenachfrage (in 1.000 kg KStE) in Region i bzw. j
PN_i ; PN_j	Eiweißnachfrage (in 1.000 kg Rohprotein) in Region i bzw. j
IMPW	Mahlweizenimport
IMEG	Futtermaisimport
WX	Mahlweizenexport
GX	Gerstenexport
tii ; tjj	Transportkosten innerhalb der Region i bzw. j
tij ; tji	Transportkosten von Region i nach j bzw. von j nach i
tHi ; tHj	Transportkosten vom Importhafen in die Region i bzw. j
tiH ; tjH	Transportkosten von Region i bzw. j in den Exporthafen
P_{IWi} ; P_{IWj}	Interventionspreis Mahlweizen in Region i bzw. j
P_{IWFi} ; P_{IWFj}	Interventionspreis Futterweizen in Region i bzw. j
P_{IR}	Interventionspreis Roggen
P_{IG}	Interventionspreis Gerste
P_{IM}	Interventionspreis Mais

P_{SW}	Schwellenpreis Mahlweizen
P_{SM}	Schwellenpreis Mais
$X_i ; X_j$	Mahlweizenertrag in t/ha
$Y_i ; Y_j$	Futterweizenertrag in t/ha
$FUW_i ; FUW_j$	Futterweizenfläche in Region i bzw. j
$m_i ; m_j$	Anteil der Mahlweizenfläche in der Region i bzw. j in v.H.
$f_i ; f_j$	Anteil der Futterweizenfläche in der Region i bzw. j in v.H.
$a_i ; a_j$	Maximaler Anteil des Backweizens in Mischung I
$b_i ; b_j$	Minimaler Anteil des Aufmischweizens in Mischung I (Mischung I: Aufmischweizen plus Backweizen)
$c_i ; c_j$	Maximaler Anteil des Futterweizens in Mischung II
$d_i ; d_j$	Minimaler Anteil des Aufmischweizens in Mischung II (Mischung II: Aufmischweizen plus Futterweizen)
PSAW	Schwellenpreis für Aufmischweizen
WAA_i	Aufmischweizenangebot in Region i bzw. j
IAW	Import von Aufmischweizen
WMN_i	Weizenmehlnachfrage in Region i bzw. j

ZUR WOHLFAHRTSÖKONOMISCHEN INTERPRETATION DER ERGEBNISSE RÄUMLICHER GLEICHGEWICHTSMODELLE

von

Hannes Weindlmaier, Hohenheim

1	Einleitung	159
2	Das Konzept der Konsumenten- und Produzentenrente	161
2.1	Definition	161
2.2	Voraussetzungen und Probleme der Anwendung	162
2.2.1	Bedingungen für die Messungen der Konsumentenrente	162
2.2.2	Bedingungen für die Messung der Produzentenrente	163
2.2.3	Ermittlung der Wohlfahrtsgewinne oder -verluste	164
3	Wohlfahrtseffekte marktpolitischer Maßnahmen in der europäischen Wirtschaftsgemeinschaft	165
3.1	Das Gleichgewichtsmodell des europäischen Kernobstmarktes	165
3.2	Die wohlfahrtsökonomische Auswertung der Modellergebnisse	169
3.2.1	Wohlfahrtseffekte von Interventionen	170
3.2.2	Wohlfahrtseffekte durch den Wegfall von Importzöllen	173
4	Abschließende Bemerkungen	174

1 Einleitung

Eine vorrangige Aufgabe der in der modernen landwirtschaftlichen Standortforschung eingesetzten räumlichen Gleichgewichtsmodelle besteht darin, unter den jeweils gegebenen Ausgangsbedingungen eine den Prämissen vollkommenen Wettbewerbs genügende Konstellation der Variablen zu ermitteln. Das Konkurrenzgleichgewicht stellt nach den Ergebnissen der Wohlfahrtsökonomik einen Zustand höchster ökonomischer Effizienz dar und dient daher häufig als wirtschaftspolitisches Orientierungskriterium.

In Gleichgewichtsmodellen mit quadratischer Zielfunktion [1] wird dabei in Anlehnung an die Arbeiten von SAMUELSON [2] im allgemeinen von einer Modellformulierung ausgegangen, bei

---

[1] Diese resultieren dann, wenn es möglich ist, Angebot und/oder Nachfrage der verschiedenen Standorte und Regionen mit Hilfe linearer, aggregierter Angebots- und Nachfragefunktionen zu repräsentieren.

[2] Vgl. SAMUELSON (1952, S. 283 ff).

der die Summe des "Net Social Pay-Off" über alle Regionen als Grundlage einer Wettbewerbslösung maximiert wird 1). Diese Größe ist identisch mit der durch den Güteraustausch bedingten Zunahme der Summe der in der angewandten Wohlfahrtsökonomik viel verwendeten Konsumenten- und Produzentenrenten. SAMUELSON bezeichnete jedoch den "Net Social Pay-Off" ausdrücklich als eine Hilfskonstruktion ohne wohlfahrtsökonomische Implikationen. Bei der Modellformulierung desselben Problems ging später SMITH 2) allerdings von dem Konzept der Konsumenten- und Produzentenrenten 3) aus und zeigte, daß die Minimierung dieser Renten ein der Formulierung von SAMUELSON analoges Ergebnis liefert.

Die explizite Verwendung des Konzepts der ökonomischen Renten erlaubt nicht nur eine anschaulichere Interpretation räumlicher Gleichgewichte, wie verschiedene Autoren erwähnten 4). Sofern man dem Zielfunktionswert räumlicher Gleichgewichtsmodelle keine wohlfahrtsökonomische Aussage beimißt, ist der kritische Vergleich und die Beurteilung verschiedener Lösungen der Modelle, die geänderten Ausgangsbedingungen - etwa höheren Transportkosten oder Zöllen - entsprechen, nur beschränkt möglich. Der eigentlichen Zielgröße wird dann nämlich per definitionem keine ökonomische Aussagekraft zugeordnet. Als Beurteilungsgrößen verbleiben dann die veränderten Werte der primalen und dualen Variablen, das sind die Angebots-, Nachfrage- und Transfermengen, die Preise und die Grenzwerte. Eine Übermittlung der Ergebnisse solcher Analysen an die politischen Entscheidungsträger, der Zielgruppen eines Großteils solcher Untersuchungen, erscheint mangels eines eindeutigen Vergleichsmaßstabes schwierig.

Eine Analyse der relevanten Literatur zeigt, daß das Konzept der ökonomischen Renten in anderen qualitativen und quantitativen Modelluntersuchungen für eine ganze Reihe von Fragestellungen, die den in räumlichen Gleichgewichtsmodellen untersuchten verwandt sind, Verwendung findet. Charakteristisch für diese Arbeiten ist:

a) Die überwiegende Anzahl relevanter Studien sind Partialanalysen. Viele Autoren stehen der Wohlfahrtsökonomik als Instrumentarium zur Ermittlung und zum Vergleich gesamtwirtschaftlicher Wohlfahrtssituationen kritisch gegenüber. Auch Skeptiker billigen ihr jedoch eine gewisse Aussagekraft für abgegrenzte Fragestellungen zu 5).

b) Das Instrumentarium ökonomischer Renten wird weniger dazu verwendet, ökonomische Optima zu ermitteln, sondern um Abweichungen vom Optimum zu beurteilen.

c) Mit Hilfe wohlfahrtsökonomischer Maßstäbe werden nicht nur Gesamtänderungen der Wohlfahrt als Folgewirkung bestimmter Aktionen gemessen - diese sind häufig relativ unbedeutend -, sondern auch die spezifischen Konsequenzen für die verschiedenen betroffenen Gesellschaftsgruppen, Regionen und Länder.

Entsprechende empirische Arbeiten aus dem agrarökonomischen Bereich liegen etwa für die

---

1) Eine verwandte Zielfunktionsgröße beim empirisch interessanten Fall, in dem an Stelle einer statistischen Angebotsfunktion von einem linearen Produktionsmodell ausgegangen wird, stellt der "Net Social Benefit" dar (vgl. WEINDLMAIER, 1973, S. 29 ff).

2) Vgl. SMITH, 1963.

3) Eine ausgezeichnete Darstellung und Analyse des Konzepts der ökonomischen Rente ("economic surplus") sowie der wesentlichsten Anwendungsbereiche findet sich in dem Übersichtsartikel von CURRIE, MURPHY und SCHMITZ, 1971.

4) Vgl. HENRICHSMEYER, 1966, S. 449; BUCHHOLZ, 1969, S. 59.

5) Vgl. etwa WEBER und JOCHIMSEN, 1965, S. 356.

Beurteilung der Konsequenzen von Markteingriffen auf Agrarmärkten 1) oder für die Bewertung der Wohlfahrtseffekte des internationalen Handels bzw. von Eingriffen in den Freihandel vor 2).

Im folgenden Beitrag soll gezeigt werden, daß auch für die Interpretation und Beurteilung der Ergebnisse räumlicher Gleichgewichtsmodelle, insbesondere für Vergleiche alternativer Modellösungen, die Verwendung des Konzepts der ökonomischen Renten in vielen Fällen ein durchaus brauchbares und nützliches Konzept darstellt 3).

Im Anschluß an eine allgemeine Diskussion des Konzepts der ökonomischen Renten wird an einem Modell des europäischen Kernobstmarktes deren Verwendung für die Interpretation der Ergebnisse einer Simulation marktpolitischer Maßnahmen demonstriert.

2 Das Konzept der Konsumenten- und Produzentenrente

2.1 Definition

Die Definition und Interpretation der Konsumenten- und Produzentenrente hat in den Wirtschaftswissenschaften eine lange Geschichte und war Basis einer umfangreichen Kontroverse 4). In empirischen Arbeiten wird bezüglich der Konsumentenrente häufig auf die Definition von MARSHALL zurückgegangen, der Konsumentenrente als den Betrag bezeichnete, den ein Mensch über den effektiv zu zahlenden Betrag hinaus eher zu entrichten bereit ist als auf die Sache zu verzichten 5). In bezug auf die Produzentenrente geht man zumeist von der Definition des "producer surplus" als ökonomische Rente aus und bezeichnet sie als jenen Betrag, der für einen Produktionsfaktor über das Minimum, das notwendig ist um ihn in der Produktion zu halten, bezhalt wird. MISHAN weist auf die Symmetrie zur Konsumentenrente hin, da beide die Änderung der individuellen Wohlfahrt bei Preisänderung messen, wobei sich die Konsumentenrente auf Nachfragepreise und die Produzentenrente auf Angebotspreise bezieht.

Als monetäre Größe für die Konsumentenrente wird die Fläche zwischen der Nachfragekurve und der Preisgeraden und für die Produzentenrente die Fläche zwischen der Angebotskurve und dem Preis gemessen 6).

Neben dieser Definition wird teils auch von den etwas allgemeineren Definitionen von HICKS bzw. MISHAN ausgegangen, die die Größe der Konsumenten- und Produzentenrente in Beziehung zur notwendigen Einkommensvariation setzten, die eine Veränderung der Wohlfahrtsposition bei Preisänderung kompensieren würde. In empirischen Arbeiten wird dabei vor allem von der Größe der "kompensierenden Variation" ausgegangen. Diese mißt jenen Betrag, der, wenn von ihm bezahlt oder empfangen, den Konsumenten oder Faktoreigner bei einem Steigen oder Sinken des Preises in seiner ursprünglichen Wohlfahrtsposition belassen

---

1) Vgl. etwa NERLOVE, 1958, S. 222 ff; WALLACE, 1962; JOHNSON, 1965; MASSELL, 1969; HUSHAK, 1971; TURNOVSKY, 1974; SUBOTNIK und HOUCK, 1976 und REUTLINGER, 1976.

2) Vgl. etwa JOHNSON, 1960; DARDIS, 1967 und JOSLING, 1969.

3) Vgl. als Beispiele solcher Anwendungen DEAN und COLLINS, 1966; ZUSMAN, KATZIR und MELAMED, 1969; MARTIN und ZWART, 1975; KUNKEL, GONZALES und HIWATIG, 1976 sowie WEINDLMAIER und TARDITI, 1976.

4) Vgl. dazu CURRIE, MURPHY und SCHMITZ, 1971.

5) Zitiert bei MISHAN, 1966, S. 140.

6) Für die entsprechenden mathematischen Formulierungen vgl. den empirischen Teil dieser Arbeit, Abschnitt 3.2.

würde. Dabei kann die Menge, die aufgrund einer Preisänderung gekauft bzw. verkauft wird, frei gewählt werden 1). Soweit bei der empirischen Messung ökonomischer Renten vom Konzept der "kompensierenden Variation" ausgegangen wird, erfolgt diese jedoch im allgemeinen ebenfalls durch die Quantifizierung der oben beschriebenen Flächen, da unter später noch zu diskutierenden Bedingungen beide Maßstäbe übereinstimmen.

2.2   Voraussetzungen und Probleme der Anwendung

In einer ausführlichen Auseinandersetzung mit den Einwänden gegen die Verwendung des Konzepts der ökonomischen Renten nannte HARBERGER (1971, S. 785) drei Postulate, bezüglich welcher bei Verwendung dieses Konzepts Übereinstimmung erzielt werden muß.

Diese sind:
a) der Wettbewerbspreis der Nachfrage für eine gegebene Einheit
   mißt den Wert dieser Einheit für den Nachfrager
b) der Wettbewerbspreis des Angebots für eine gegebene Einheit
   mißt den Wert dieser Einheit für den Anbieter
c) bei der Ermittlung der Nettonutzen und -kosten, die den Mitgliedern der relevanten Gruppen (z.B. einer Nation) durch ein gegebenes Projekt, Programm oder eine politische Maßnahme erwachsen, sollen diese, ohne Rücksicht darauf, wem sie erwachsen, addiert werden.

2.2.1   Bedingungen für die Messung der Konsumentenrente

Das Postulat der Übereinstimmung von Nachfragepreis und dem Wert, den das Gut für den Nachfrager, aber auch für die Gesellschaft hat, stimmt mit der üblichen Interpretation aggregierter Nachfragefunktionen, wie sie in räumlichen Gleichgewichtsmodellen Verwendung finden, überein.

Um Marktnachfragefunktionen der oben beschriebenen Messung von Wohlfahrtsänderungen der Konsumenten zugrunde legen zu können, wird jedoch für eine exakte Erfassung derselben darüber hinaus gefordert, daß ein zu vernachlässigender Einkommenseffekt von Preisänderungen vorliegt 2).

Ein geringer Einkommenseffekt ist im allgemeinen dann gewährleistet, wenn
- die Einkommenselastizität des untersuchten Produktes oder der Produktgruppe niedrig ist
oder
- wenn der Anteil der Ausgaben für das untersuchte Produkt oder die Produktgruppe unbedeutend ist.

Die Bedingung niedriger Einkommenselastizitäten mit weiterhin abnehmender Tendenz trifft für die meisten landwirtschaftlichen Produkte zu. Nach den Untersuchungen von WÖHLKEN und MÖNNING (1973, S. 213) lagen diese für landwirtschaftliche Produkte 1970 zwischen -0.5 und +0.8, mit relativ niedrigen Werten für wichtige Produktgruppen (Getreideerzeugnisse insges. -0.4, Zucker +0.2, Milch 0, Fleisch insg. +0.4, Gemüse insg. +0.4,

---

1) Während MARSHALL die Nutzenänderung in Geld mißt, wird mit HICKS "kompensierender Variation" die Änderung des Geldeinkommens in Geld gemessen, wobei die gemessene Geldmenge der Summe entspricht, die die postulierte Nutzenänderung aufhebt. (WINCH, 1965, S. 421). Obwohl letzterer Maßstab durch die direkte monetäre Messung theoretisch unproblematischer ist, da das Problem des interpersonellen Nutzenvergleichs nicht auftritt, geht dieses Konzept davon aus, daß Kompensation tatsächlich bezahlt wird.

2) In diesem Fall stimmen die "normale" Nachfragekurve und die als Ausgangspunkt der Messung der "kompensierenden Variation" verwendete "kompensierte" Nachfragefunktion überein. Vgl. CURRIE, MURPHY und SCHMITZ, 1971, S. 750.

Obst +0.2). Unter diesem Gesichtspunkt erscheint daher eine relativ exakte Messung der Konsumentenrente auf der Basis der in Gleichgewichtsmodellen landwirtschaftlicher Produkte verwendeten Nachfragefunktionen möglich. Darüber hinaus wird jedoch im allgemeinen auch die Bedingung niedriger Ausgabenanteile erfüllt. Aufgrund der für den Preisindex der Lebenshaltung aller privaten Haushalte verwendeten Gewichtung zur Basis 1970 beträgt der Anteil der Ausgaben für Nahrungsmittel etwa 22 % (Brot und Backwaren 2,54 %, Zucker und Süßwaren 1,47 %, Milch, Käse und Butter 3,4 %, Frischgemüse 0,92 %, Frischobst 1,31 %) [1].

Wie bereits erwähnt, handelt es sich jedoch - zumindest bei den bisher empirisch verifizierten Modellen - zumeist um Partialuntersuchungen, die sich nur auf Teilbereiche der landwirtschaftlichen Produktion beziehen. Ferner werden im allgemeinen in solchen Studien nicht die Konsequenzen globaler Preisniveauänderungen, sondern von Preisänderungen bei einzelnen Produkten untersucht. Insofern betreffen die relevanten Ausgabenänderungen meist nur relativ kleine Teile des Gesamtbudgets. Je umfassender Modellanalysen werden, umso stärker wird bei gegebener Einkommenselastizität der Einkommenseffekt, sodaß dann mit Verzerrungen der Schätzgröße der Konsumentenrente zu rechnen ist.

2.2.2 Bedingungen für die Messung der Produzentenrente

Unter der Voraussetzung, daß auf der Angebotsseite Wettbewerb herrscht, repräsentiert die Angebotsfunktion die Nutzungskosten der Ressourcen für die Anbieter. Die Bedingung vollkommenen Wettbewerbs scheint für die meisten Anwendungen von Gleichgewichtsmodellen im Agrarbereich gegeben, bzw. hängt die Anwendbarkeit dieser Modelle selbst von der Erfüllung dieser Voraussetzungen ab.

Wie MISHAN (1968, S. 1278) zeigte, läßt sich jedoch die Produzentenrente nur auf der Basis der in Partialmodellen verwendeten kurzfristigen Angebotsfunktionen, die den jeweiligen Grenzkostenkurven entsprechen, schätzen [2]. Die Produzentenrente ist dann gleichzusetzen der Rente der Faktorbesitzer für die fixen Faktoren (z.B. Land) bzw. dem Gewinn, den Betriebsleiter in der Produktion des entsprechenden Gutes machen. Inwieweit diese Voraussetzung in Gleichgewichtsmodellen erfüllt ist, ist im Einzelfall zu prüfen - in der Mehrzahl der Fälle entspricht die verwendete Angebotsfunktion jedoch dem Typ einer Grenzkostenfunktion. Dies gilt auch für Entwicklungsanalysen mit rekursiven Verknüpfungen von Gleichgewichtsmodellen, da auch dort für die zugrunde liegenden Teilperioden kurzfristige Angebotsreaktionen erfaßt werden [3].

Desweiteren ist eine korrekte Messung der Produzentenrente natürlich nur solange möglich, als die durch die Angebotsfunktionen im Partialmodell repräsentierten Nutzungskosten unverändert bleiben. Diese Forderung steht in engem Zusammenhang mit dem Problem der Konkurrenz um die im untersuchten Bereich eingesetzten Faktoren, d.h. es handelt sich auch hier um Fragen, die nicht spezifisch für eine wohlfahrtsökonomische Interpretation, sondern die auch für die Anwendbarkeit partieller Gleichgewichtsmodelle bedeutsam sind [4].

---

1) Vgl. Statistisches Bundesamt, 1975, S. 446.

2) Langfristige Angebotsfunktionen hingegen entsprechen der Situation, in der alle Faktoren variabel sind. Sie repräsentieren daher die Entlohnung aller Faktoren und daher auch Renten.

3) Die Änderung der Produzentenrente als Konsequenz einer Politiksimulation würde sich in diesem Fall als (diskontierte) Summe der Renten der Teilperioden ergeben.

4) HARBERGER (1971, S. 791) vertritt die Auffassung, daß es in den meisten empirischen Anwendungen durchaus möglich ist, nicht nur die direkten Wohlfahrtswirkungen einer Maßnahme im explizit erfaßten Bereich zu erfassen, sondern darüber hinaus die wesentlichsten Wirkungen in anderen Bereichen zu quantifizieren.

Eine vereinfachte Messung der Produzentenrente ergibt sich, wenn die Angebotsfunktion gleich ist der Kapazitätslinie der Produktion. Bei einer Änderung des Preises ist in diesem Fall die Veränderung der Produzentenrente identisch mit der Einnahmenänderung der Produzenten, nämlich dem Produkt von Preisänderung mal Produktmenge 1). Besondere Messungsprobleme bestehen in diesem Fall nicht.

2.2.3 Ermittlung der Wohlfahrtsgewinne oder -verluste

Die übliche Vorgehensweise bei der wohlfahrtsökonomischen Beurteilung von Preis- und Mengenänderungen infolge bestimmter Aktionen mittels des Konzepts ökonomischer Renten ist die, daß zunächst die Veränderung der Konsumenten- und Produzentenrente einerseits und die Konsequenzen der Aktion für die Staatskasse andererseits aufsummiert werden. Hierauf erfolgt eine Bilanzierung und es wird untersucht, ob per Saldo Wohlfahrtsgewinne oder -verluste resultieren.

In einem weiteren Schritt kann analysiert werden, welche Veränderungen sich für die jeweils beteiligten Gruppen und Regionen ergeben.

Die Hauptprobleme dieser Vorgehensweise sind folgende:
a) Die Wohlfahrtsgewinne bzw. -verluste, die als Ergebnis einer bestimmten Maßnahme eigentlich den Einzelindividuen einer Gruppe erwachsen, werden als interpersonell voll vergleichbar und addierbar unterstellt. Je homogener die Gruppe ist, auf die sich die als Ausgangspunkt verwendeten aggregierten Verhaltensfunktionen beziehen, umso unproblematischer dürfte diese Gleichsetzung und Aggregation sein.
b) Es erfolgt eine Bilanzierung der Wohlfahrtsgewinne bzw. -verluste, die verschiedenen Gruppen erwachsen, d.h. eine DM Änderung an Konsumentenrente wird gleich bewertet wie eine gleich große Veränderung an Produzentenrente bzw. an Staatseinnahmen oder -ausgaben. Die in dieser Vorgehensweise implizierte Gewichtung mit dem Faktor 1 ließe sich zwar im Einzelfall verändern - in der Mehrzahl der Fälle dürfte dies dennoch den sowohl einfachsten aber auch einleuchtendsten Gewichtungsfaktor darstellen 2).

Ein zusätzliches, ergänzendes Kriterium zur Beurteilung einer Aktion wird von WINCH (1965, S. 407) vorgeschlagen. Sofern der wesentliche Effekt einer Maßnahme in einer Redistribution von Einkommen zwischen verschiedenen Gruppen besteht und die Verlierer von den Gewinnern nicht kompensiert werden, ist zusätzlich zum Wohlfahrtsgewinn bzw. -verlust zu berücksichtigen, wie die Gesellschaft diese Redistribution bewertet.

Dieser Aspekt spielt bei der Beurteilung von Maßnahmen, die mit Gleichgewichtsmodellen des Agrarsektors untersucht werden, etwa der Konsequenzen von Preisstützungsmaßnahmen oder von Außenhandelsrestriktionen, eine gewichtige Rolle. Viele dieser Maßnahmen werden durch die besondere Rolle, die politisch aus verschiedenen Gründen der Landwirtschaft einer Region oder eines Landes zugeordnet wird, begründet. Wohlfahrtsverluste einer Maßnahme müssen daher in solch einem Fall nicht notwendigerweise zu einer Ablehnung führen. Die Eindeutigkeit wohlfahrtsökonomischer Auswertungen nimmt damit natürlich ab. Auch in solch einer Situation besteht eine wertvolle Entscheidungshilfe darin, für verschiedene mögliche Maßnahmen zur Erreichung desselben Zieles mittels Vergleichs der Nettoverluste die günstigste zu ermitteln 3).

---

1) Vgl. dazu den empirischen Teil, Abschnitt 3.2.

2) In den zitierten empirischen Arbeiten wurde generell von dieser Gewichtung ausgegangen. HARBERGER (1971, S. 787) weist darauf hin, daß auch bei Wohlfahrtsüberlegungen auf der Basis der volkswirtschaftlichen Gesamtrechnung implizit von dieser Gewichtung ausgegangen wird.

3) Vgl. etwa NERLOVE (1958), der verschiedene Preisstützungsprogramme verglich.

3 Wohlfahrtseffekte marktpolitischer Maßnahmen in der europäischen Wirtschaftsgemeinschaft

In diesem Abschnitt wird anhand eines interregionalen Modells des europäischen Kernobstmarktes versucht, unter Verwendung des Konzepts ökonomischer Renten die Wohlfahrtswirkungen relevanter marktpolitischer Maßnahmen aufzuzeigen. Da das zugrunde liegende Modell und die verwendeten Daten und Ergebnisse bereits an anderer Stelle beschrieben und diskutiert wurden 1) soll das Modell in diesem Zusammenhang nur kurz skizziert werden. Der Schwerpunkt wird auf die Auswertung und Interpretation der Wohlfahrtskonsequenzen folgender Maßnahmen gelegt:

a) die in den EG-Staaten in Überschußjahren erfolgenden und von den Einzelstaaten finanzierten Marktinterventionen von Kernobst und

b) die mit der Erweiterung der EG von 6 auf 9 Mitgliedsstaaten verbundene Zollsenkung.

3.1 Das Gleichgewichtsmodell des europäischen Kernobstmarktes

Es wurde versucht, die auf dem europäischen Markt für Kernobst (Äpfel und Birnen) wirksamen Kräfte der Preisbildung und des Ausgleichs von Angebot und Nachfrage zwischen den verschiedenen Produktions- und Nachfrageregionen durch ein räumliches Gleichgewichtsmodell zu erfassen.

Die wesentlichsten Charakteristika des Modells sind folgende:

1. Das Modell ist ein statisches, räumliches Gleichgewichtsmodell, in dem nur kurzfristig relevante Interdependenzen zwischen Produktions- und Nachfrageregionen berücksichtigt werden. Es wird davon ausgegangen, daß Tafeläpfel und -birnen homogene Produkte sind, die einen mehr oder minder unabhängigen Markt bilden, der ohne simultane Berücksichtigung anderer Substitute bzw. von komplementären Gütern analysiert werden kann.

2. Der untersuchte europäische Markt umfaßt jene 12 Länder Europas, die für den internationalen Handel von Äpfel und Birnen in Europa die wesentlichste Bedeutung haben, und deren internationaler Handel überwiegend durch Marktkräfte gesteuert wird. Aus Gründen der Modellgröße wurden dabei sowohl Großbritannien und Irland als auch Schweden und Norwegen jeweils zu einer Region zusammengefaßt.

3. Da die Angebotsmenge eines Jahres im wesentlichen durch die kurzfristig nur geringfügig beeinflußbare Erntehöhe bedingt ist, wurde von regional fixen Angebotsmengen ausgegangen. Die Angebots- und die Interventionsmengen der beiden untersuchten Jahre 1969/70 und 1970/71 sowie der Projektionsperiode 1977/78 sind in Tabelle 1 zusammengefaßt.

4. Für jedes Land wurden unter Variation der Spezifikation und der Länge der Referenzperiode verschiedene lineare Preisbestimmungsfunktionen unter expliziter Berücksichtigung der Substitutsbeziehung zwischen Äpfel und Birnen geschätzt. Wie aus Tabelle 2 hervorgeht, konnten signifikante Kreuzpreiselastizitäten jedoch nur für einen Teil der Länder geschätzt werden. Bei der Auswahl der für das Modell verwendeten Schätzfunktionen wurde neben den üblichen Kriterien vor allem auf einigermaßen gesicherte Preis-Mengenbeziehungen Wert gelegt, da diese wesentlichen Einfluß auf die Ergebnisse des quadratischen Modells haben.

5. Das Gleichgewicht des aufgrund der beschriebenen Ausgangssituation formulierten Modells läßt sich mittels quadratischer Programmierung ermitteln. Bei der Formulierung des Modells wurde von folgenden Symbolen ausgegangen:

---

1) Vgl. WEINDLMAIER und TARDITI (1976).

Tabelle 1: Angebots- und Interventionsmengen in den Untersuchungsregionen (1 000 t)

Region	Äpfel					Birnen				
	1969/70		1970/71		1977/78	1969/70		1970/71		1977/78
	Angebot	Intervention	Angebot	Intervention	Angebots-projektionen	Angebot	Intervention	Angebot	Intervention	Angebots-projektionen
Belgien u. Luxemburg	283	17.6	221	4.7	259	55		92	12.7	86
Frankreich	1 457	63.0	1 454	85.4	1 740	403		447	20.0	444
BRD	2 047		1 299	4.8	1 450	337		528	0.2	510
Italien	1 082	80.0	1 203	41.6	970	1 594	148.8	1 842	554.3	2 457
Niederlande	375	22.9	375	43.7	410	85	0.2	154	55.8	96
Dänemark	110		105		100	10		14		11
Großbrit. u. Irland	239		250		194	55		70		62
Österreich	230		219		150	55		54		43
Schweiz	188		155		200	45		42		42
Schweden u. Norwegen	200		184		150	38		33		27

Tabelle 2: Ausgewählte Preisbestimmungsfunktionen für Äpfel und Birnen in nationalen Währungen

Land	Referenz-Periode	Konstante	Äpfel kg/Kopf	Birnen kg/Kopf	Trend oder andere 3)	R^2
a) Tafeläpfel						
Belgien u. Luxemburg	1956-71	9.728	- 0.203^{xx}	- 0.096		0.49
Frankreich	1956-71	1.460	- 0.05^{xx}			0.63
BRD	1961-71	1.322	- 0.016^{xx}		- 0.290T^{xx}	0.87
Italien	1961-71	110.686	- 4.447			0.46
Niederlande	1956-71	0.872	- 0.025^{xx}	- 0.013	+ 0.010T^{x}	0.87
Dänemark	1965-71	3.255	- 0.124		+ 1.2270	0.55
Großbrit. u. Irland 1)	1956-71	17.954	- 0.693^{x}			0.25
Österreich	1962-71	9.031	- 0.056		- 0.317T^{x}	0.39
Schweiz	1956-71	1.194	- 0.099^{xx}		- 0.066QAE^{xx}	0.49
Schweden 2)	1956-71	1.869	- 0.024			0.23
Norwegen 2)	1956-71	2.015	- 0.043^{x}		- 0.305LT^{x}	0.34
b) Tafelbirnen						
Belgien u. Luxemburg	1961-71	5.021		- 0.428^{xx}	+ 2.073LT	0.59
Frankreich	1956-71	1.290		- 0.097^{x}		0.85
BRD	1961-71	1.744	- 0.007^{xx}	- 0.041^{xx}	- 0.669LT^{xx}	0.90
Italien	1956-71	123.462	- 0.350	- 4.447^{xx}	+28.965LT	0.83
Niederlande	1956-71	0.767	- 0.007	- 0.412^{xx}		0.81
Dänemark	1965-71	3.268	- 0.049	- 0.329	- 0.896QPE	0.91
Großbrit. u. Irland 1)	1956-71	16.816		- 0.940		0.72
Österreich	1962-71	10.637		- 0.408	- 0.275T^{x}	0.47
Schweiz	1956-71	0.450		- 0.019	+ 0.173LT^{x}	0.32
Schweden 2)	1956-71	2.197		- 0.103		0.11
Norwegen 2)	1956-71	1.591		- 0.217^{xx}	+ 0.216LT^{x}	0.87

xx Signifikant mit einer Irrtumswahrscheinlichkeit von 1 %
x Signifikant mit einer Irrtumswahrscheinlichkeit von 5 %
1) Die verwendete Funktion entspricht der Schätzfunktion für Großbritannien
2) Die Schätzfunktionen wurden durch Gewichtung mit der Bevölkerung aggregiert
3) Folgende exogene Variablen wurden verwendet:
    T   bezeichnet einen linearen Trend
    LT   bezeichnet einen logarithmischen Trend
    D   bezeichnet eine Dummy Variable (1 in Jahren mit überdurchschnittlichen Erträgen, sonst 0)
    QAE bezeichnet die gesamte europäische Apfelproduktion mit Ausnahme jener der Schweiz (Mio. t)
    QPE bezeichnet die gesamte europäische Birnenproduktion mit Ausnahme jener Dänemarks (Mio. t)

i, j	bezeichnen Angebots- und Nachfrageregionen, $i, j = 1, \ldots, 10$
k	bezeichnet die Kernobstart, $k = 1, 2$
f	bezeichnet exogene Variable in den Preisbestimmungsfunktionen
x_i^k	bezeichnet die fixe Angebotsmenge von Frucht k in Angebotsregion i
x_{ij}^k	bezeichnet die Menge von Frucht k, die von der Angebotsregion i in die Nachfrageregion j transportiert wird
t_{ij}^k	bezeichnet die konstanten Transportkosten je Einheit von Frucht k für den Transport von der Angebotsregion i in die Nachfrageregion j
π_{ij}^k	bezeichnet den Einfuhrzoll je Einheit von Frucht k beim Import von Angebotsregion i in die Nachfrageregion j
$\bar{p}_i^k$	bezeichnet den Gleichgewichtspreis von Frucht k in Nachfrageregion i
$\bar{p}^{ik}$	bezeichnet den Gleichgewichtspreis von Frucht k in Angebotsregion i

Die Preisbestimmungsfunktionen haben folgende Form:

(1) $\quad p_i^k = \alpha_i^k - \Sigma_k \beta_i^k y_i^k - \Sigma_f \gamma_{if}^k z_{if}^k$

Der Preis von Kernobst k in Nachfrageregion i ist eine Funktion der nachgefragten Mengen y_i^k, $k=1,2$ und der f exogenen Variablen z_{if}^k. α, β und γ sind Parameter mit α und $\beta \geq 0$. Durch die Zusammenfassung der exogenen Variablen mit den konstanten Gliedern entstehen folgende transformierte Funktionen:

(2) $\quad p_i^k = \alpha_i^{*k} - \Sigma_k \beta_i^k y_i^k$

Da die Koeffizientenmatrix, die sich aufgrund der geschätzten Preisbestimmungsfunktionen ergibt, nicht symmetrisch ist, wurde als Zielfunktionsgröße des Modells die Maximierung des "Net Social Monetary Gain" 1) verwendet:

(3) $\quad \text{Max } F(y_i^k, x_{ij}^k, \bar{p}_i^k) \quad$ = Maximiere:

$\Sigma_i \Sigma_k (\alpha_i^{*k} - \Sigma_k \beta_i^k y_i^k) y_i^k \quad$ Den sich am Markt ergebenden Gesamtwert (social revenue) von Kernobst aller Regionen

$-\Sigma_i \Sigma_j \Sigma_k (t_{ij}^k + \pi_{ij}^k) x_{ij}^k \quad$ minus der Summe aus Transportkosten und Zöllen.

unter Einhaltung der Restriktionen für die Gewährleistung vollkommener Konkurrenz.

(4) $\quad \alpha_i^{*k} - \Sigma_k \beta_i^{k-} y_i^k \leq \bar{p}_i^k \quad$ Der Preis der Nachfragemenge von Frucht k in Region i ist kleiner oder gleich dem Gleichgewichtspreis (kein Profit)

für alle i und k

---

1) Vgl. TAKAYAMA und JUDGE, 1971, S. 250 ff.

(5) $\bar{p}_i^k - \bar{p}^{ik} \leq t_{ij} + \pi_y^k$

für alle i, j und k

Der Preisunterschied von Frucht k zwischen dem Nachfragestandort j und dem Angebotsstandort i ist kleiner oder gleich der Summe aus Transportkosten und Zöllen, die beim Transfer von i nach j anfallen

(6) $y_j^k \leq \Sigma_i x_{ij}^k$

für alle j und k

Die Nachfragemenge von Frucht k in Region j ist kleiner oder gleich der verfügbaren Menge

(7) $\Sigma_j x_{ij}^k \leq x_i^k$

für alle i und k

Die Summe der aus einer Angebotsregion i in die Nachfrageregionen gelieferten Mengen von Frucht k ist kleiner oder gleich der Angebotsmenge

(8) $y_j^k, x_{ij}^k, \bar{p}_i^k \geq 0$

für alle i, j und k

Das Niveau der Variablen ist größer oder gleich Null.

3.2 Die wohlfahrtsökonomische Auswertung der Modellergebnisse

Für die beiden untersuchten Vermarktungsperioden 1969/70 und 1970/71 und für die Projektionsperiode 1977/78 wurde zunächst das Konkurrenzgleichgewicht unter den Annahmen ermittelt, daß
a) keine Interventionen stattfanden und
b) daß die Zölle von Großbritannien, Irland und Dänemark auf dem Niveau vor deren EG-Beitritt stehen.

Diese Lösungen wurden dann mit Alternativlösungen verglichen, bei denen einerseits von den Interventionsmengen der Untersuchungsjahre ausgegangen wurde und andererseits die Zölle eliminiert wurden 1). Aufgrund der veränderten Gleichgewichtsmengen und -preise der einzelnen Regionen wurde dann die Veränderung der drei Komponenten der Wohlfahrtsmessung, Konsumentenrente, Produzentenrente und Staatsausgaben (im Fall der Interventionen) bzw. Staatseinnahmen (im Fall der Zölle), errechnet.

Die Veränderung der Produzentenrente (PR) errechnet sich aus der Preisänderung mal der konstanten Angebotsmenge.

Bei der Kalkulation der Veränderung der Konsumentenrente wurde folgendermaßen vorgegangen:

Da in einem Teil der Preisbestimmungsfunktionen (Gleichung (2)) die Nachfragemengen beider Produkte erscheinen, wurden diese insofern modifiziert, als das konstante Glied der Funktion entsprechend der jeweiligen Menge des Substituts verändert wurde. Die modifizierte Funktion für Gut 1 in Region i ist dann

(2') $p_i^1 = (\alpha_i^{*1} - \beta_i^2 \bar{y}_i^2) - \beta_i^1 y_i^1$ oder $p_i^1 = \alpha_i^{o1} - \beta_i^1 y_i^1$

---

1) Dabei handelt es sich um rein komparativ-statische Vergleiche. Mögliche Folgewirkungen der Maßnahmen wie Strukturveränderungen, Spezialisierungseffekte und dergleichen blieben unberücksichtigt.

Die Konsumentenrente (KR) einer Region i ist dann gleich der Summe der Konsumentenrenten beider Güter

(9) $\quad KR_i = \Sigma_k \left[\left(\int_0^{\bar{y}_i^k} (\alpha_i^{ok} - \beta_i^k y_i^k) \, dy_i^k \right) - \bar{p}_i^k \bar{y}_i^k \right]$

Abbildung 1: Ermittlung der Konsumentenrenten zweier Substitute

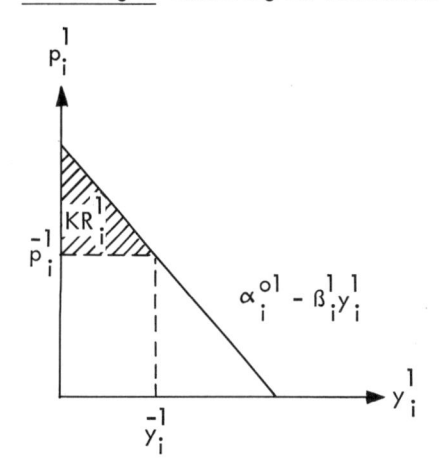

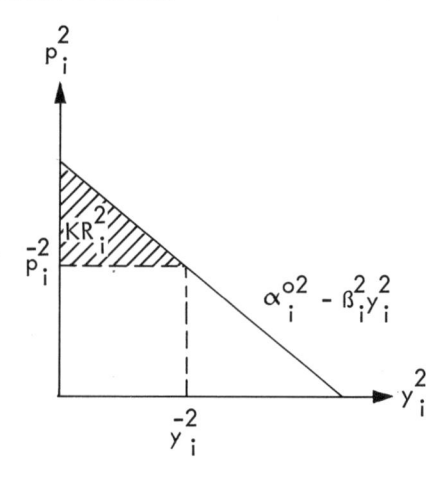

Die Veränderung der Konsumentenrente eines Gutes einer bestimmten Region kann daher sowohl durch Preisänderungen als auch - bei konstantem Preis - durch eine Verschiebung der Preisbestimmungsfunktion infolge veränderter Konsummenge des Substituts verursacht werden.

Die in Abschnitt 2.2 diskutierte Bedingung eines niedrigen Einkommenseffektes von Preisänderungen kann im vorliegenden Fall als im wesentlichen gegeben unterstellt werden. Die Einkommenselastizität von Äpfeln und Birnen liegt in den Untersuchungsländern im Bereich zwischen 0.3 und 0.7 und der Anteil an den Konsumausgaben zwischen 0.1 % und 0.3 %.

3.2.1 Wohlfahrtseffekte von Interventionen

Die Veränderungen des Niveaus der einzelnen Maßstäbe der Wohlfahrtsmessung für den Fall staatlich finanzierter Interventionen sind in Abbildung 2 dargestellt. Wir gehen davon aus,

Abbildung 2:

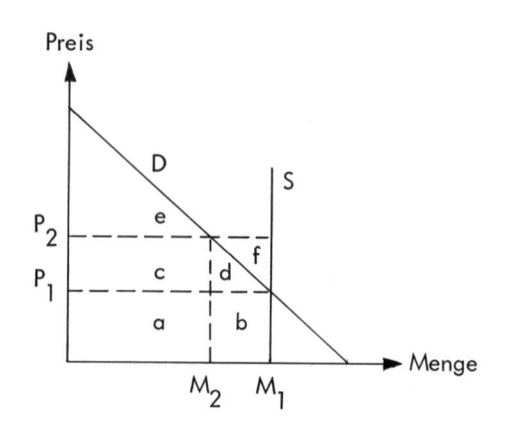

Veränderungen der Wohlfahrtsmaßstäbe im Fall von Interventionen

daß für eine beliebige Region D die modifizierte Preisbestimmungsfunktion und S die unelastische Angebotsfunktion eines der beiden Produkte repräsentieren. Sofern keine Interventionen erfolgen, ergibt sich eine Produzentenrente gleich den Flächen a + b. Die Konsumentenrente ist dann gleich c + d + e. Falls nun die Menge M_1-M_2 zum Preis P_2 aus dem Markt genommen wird, führt dies zu folgenden Konsequenzen: für den Staat ergeben sich Ausgaben in der Höhe von b + d + f, die Produzentenrente steigt um c + d + f und die Konsumentenrente sinkt um c + d. Der Wohlfahrtsverlust beträgt somit b + d 1).

Die Höhe dieses Wohlfahrtsverlustes ist in Tabelle 3 mit 35 Mio. US-Dollar für 1969/70 und mit 67 Mio. US-Dollar für 1970/71 ausgewiesen. Zu berücksichtigen ist bei der Beurteilung dieses Nettoverlustes allerdings, daß das Ziel der Marktentnahmen darin liegt, zu verhindern, daß die Einnahmen der Produzenten in Überschußjahren eine bestimmte Grenze unterschreiten. Mit anderen Worten bedeutet dies, daß diese Maßnahme eindeutig auf einen Einkommenstransfer zugunsten der Produzenten abzielt.

Ohne auf das Problem näher einzugehen, ob nicht die Erreichung dieses Zieles durch andere Maßnahmen geringere Verluste verursachen würde, besteht eine Mindestvoraussetzung für die Anwendung dieser Maßnahme darin, daß die Staatsausgaben unter dem Einkommenseffekt für die Produzenten liegen 2). Aufgrund der Ergebnisse wurde diese Bedingung in den Jahren 1969/70 und 1970/71 für die EG-Staaten insgesamt erfüllt. Die Relation beträgt etwa 1:1.8 bzw. 1:3.2, wobei 1970/71 die Erhöhung der Produzenteneinkommen in wesentlich stärkerem Ausmaß zu Lasten der Konsumenten ging 3).

In bezug auf die einzelnen Länder errechnet sich allerdings für Italien 1969/70 eine um 2.2 Mio. Dollar höhere Belastung für die Staatsfinanzen. Direkte Einkommenszahlungen an die Erzeuger wären daher in diesem Land mit geringeren Staatsausgaben verbunden gewesen. Einen ähnlichen Effekt niedrigerer Staatsausgaben hätte auch eine gleichmäßigere Verteilung der Interventionsmengen auf die Überschußproduzenten der EG gehabt. Dies ist auch aus einem anderen Gesichtspunkt von Interesse: Während nämlich die Marktinterventionen nur in einem Teil der EG-Staaten und in stark variierendem Ausmaß erfolgten, profitierten auch die Produzenten der übrigen Regionen von dieser Maßnahme. So stiegen 1969/70 die Produzenteneinkommen in der BR Deutschland als Folge der Marktentnahmen anderer EG-Länder um etwa 13.2 Mio. Dollar.

Als Konsequenz daraus ist zu folgern, daß die Finanzierung der Marktentnahmen durch einen gemeinsamen EG-Fonds erfolgen sollte. Das Instrumentarium der Intervention sollte allerdings nur dann eingesetzt werden, wenn es sich um temporäre, im wesentlichen durch Witterungseinflüsse bedingte Überschüsse, handelt. Für den Fall struktureller Überschußproduktion sind andere Maßnahmen notwendig um eine Wiederherstellung des Marktgleichgewichts zu erreichen.

---

1) Bei dieser Berechnung wird sowohl von den Durchführungskosten der Interventionen als auch von einer möglichen Verschiebung der Marktnachfragefunktion durch inferiore Verwertung der intervenierten Mengen abstrahiert. Beides wirkt tendenziell auf eine weitere Erhöhung des Nettoverlustes, dürfte absolut jedoch zu vernachlässigen sein.

2) Wie aus Abbildung 2 hervorgeht, ist dies nur im unelastischen Bereich der Nachfragefunktion der Fall.

3) Fläche c in Abbildung 2 kann als Transfer der Konsumenten an die Erzeuger interpretiert werden.

Tabelle 3: Geschätzte Wohlfahrtsänderungen marktpolitischer Maßnahmen am Kernobstmarkt der EG (Mio. US-Dollar)

Land	Konsequenzen der Marktinterventionen[1] 1969/70				Konsequenzen der Marktinterventionen[1] 1970/71				Konsequenzen der EG-Erweiterung Schätzungen für 1977/78			
	Erzeuger-einkommen	Konsumen-tenrente	Staats-finanzen	Nettogewinne oder -verluste	Erzeuger-einkommen	Konsumen-tenrente	Staats-finanzen	Nettogewinne oder -verluste	Erzeuger-einkommen	Konsumen-tenrente	Staats-finanzen	Nettogewinne oder -verluste
Belgien u. Luxemb.	+ 2.6	- 2.8	- 1.3	- 1.5	+ 3.1	- 1.8	- 0.9	+ 0.4	+ 4.5	- 2.1		+ 2.4
Frankreich	+ 9.7	- 8.0	- 4.5	- 2.8	+ 6.3	- 12.1		- 5.8	+ 32.9	- 26.2		+ 6.4
BRD	+ 13.2	- 16.1	- 17.8	- 2.9	+ 26.3	- 32.0	- 0.2	- 5.8	+ 35.6	- 36.6		- 1.0
Italien	+ 15.6	- 17.5	- 1.6	- 19.7	+ 85.1	- 93.0	- 33.6	- 41.5	+ 46.3	- 33.3		+ 13.0
Niederlande	+ 4.3	- 3.4	- 0.1	- 0.7	+ 7.4	- 6.3	- 5.3	- 4.2	+ 5.0	- 3.1		+ 1.9
Dänemark	+ 0.1	- 0.2	- 2.2	- 0.2	+ 0.6	- 0.7	- 0.2	- 0.3	- 0.7	+ 2.2	- 0.3	+ 1.2
Großbrit. u. Irl.	+ 1.1	- 1.4		- 2.5					- 4.8	+ 39.1	-13.3	+ 21.0
Österreich	+ 0.6	- 0.9	- 0.1	- 0.4	+ 4.6	- 5.9	- 0.7	- 2.0	+ 1.7	- 2.3	- 0.4	- 2.0
Schweiz	+ 0.8	- 1.0	- 0.6	- 0.8	+ 1.6	- 1.9	- 1.7	- 2.0	+ 0.7	- 1.5	- 1.1	- 1.9
Schweden u. Norw.	+ 2.5	- 2.8	- 2.7	- 3.0	+ 3.5	- 4.3	- 5.1	- 5.9	+ 1.7	- 4.7	- 2.8	- 5.9
Untersuchungs-gebiet	+ 50.5	- 54.1	- 30.9	- 34.9	+138.5	-158.0	-47.7	-67.2	+122.9	-68.8	-17.9	+36.2

1) Für die Menge der Marktinterventionen vgl. Tabelle 1.

3.2.2 Wohlfahrtseffekte durch den Wegfall der Importzölle

In Abbildung 3 ist aufgezeigt, inwiefern sich das Niveau der Wohlfahrtsmaßstäbe in Export- und Importregionen durch den Wegfall eines Importzolls verändert.

Abbildung 3: Veränderung der Wohlfahrtsmaßstäbe bei einem Wegfall von Importzöllen

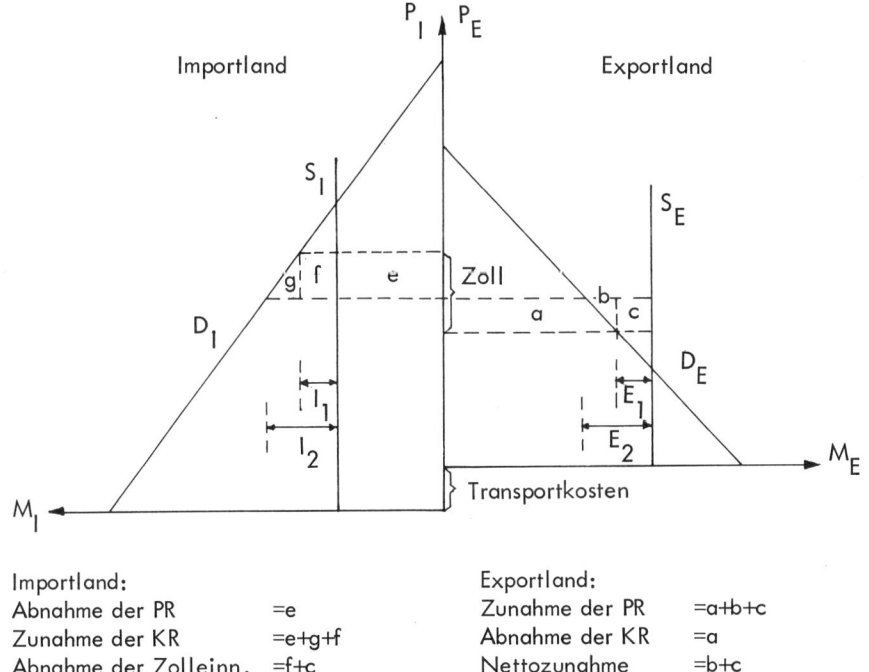

Importland:
Abnahme der PR   = e
Zunahme der KR   = e+g+f
Abnahme der Zolleinn.   = f+c
Nettozunahme: g-c

Exportland:
Zunahme der PR   = a+b+c
Abnahme der KR   = a
Nettozunahme   = b+c

Nettowohlfahrtsgewinn insgesamt = b+g

Der durch die Flächen b + g repräsentierte Nettowohlfahrtsgewinn beträgt für die im Modell berücksichtigten europäischen Staaten durch den Wegfall der Zölle für Importe Großbritanniens, Irlands und Dänemarks 36.2 Mio. Dollar, sofern von einem Modell für das Projektionsjahr 1977/78 ausgegangen wird (Tabelle 3). Diese Nettozunahme setzt sich aus einem Anstieg der Produzentenrenten um 122.9 Mio. Dollar, einer Abnahme der Zolleinnahmen um 17.9 Mio. Dollar und einer Abnahme der Konsumentenrenten um 68.8 Mio. Dollar zusammen.

Mit Ausnahme der drei Beitrittsstaaten kommt es in allen Regionen zu einem Anstieg der Produzenteneinkommen. Nur in Belgien-Luxemburg, Italien und den Niederlanden kompensiert jedoch der Anstieg der Erzeugereinkommen die korrespondierenden Abnahmen der Konsumentenrenten. Andererseits führt der Wegfall der Zölle in den drei Beitrittsländern zu einem etwa doppelt so starken Anstieg der Konsumentenrente als die Summe aus abnehmenden Erzeugereinkommen und Zollmindereinnahmen dieser Länder beträgt. In allen übrigen Staaten nehmen die Konsumentenrenten ab.

Das Ergebnis dieser Analyse zeigt somit für den Kernobstsektor erhebliche Gesamtvorteile durch die EG-Erweiterung. Diese verteilen sich einerseits auf die Konsumenten in den Beitrittsländern, da sie billigeren Zugang zu den Produkten haben und andererseits auf die Produzenten der Exportländer, für die sich eine Erleichterung der Exportmöglichkeiten ergibt.

Diese Analyse macht jedoch auch die erheblichen Umverteilungswirkungen als Konsequenz der Zollsenkung deutlich, die sowohl zwischen Konsumenten und Produzenten als auch zwischen den beteiligten Staaten stattfinden.

4 Abschließende Bemerkungen

In der vorliegenden Arbeit wurde das Konzept der ökonomischen Renten als Wohlfahrtsmaßstab für Partialuntersuchungen diskutiert und seine Einsatzmöglichkeit für die Ergebnisanalyse räumlicher Gleichgewichtsmodelle gezeigt.

Soweit die Verwendung der Konsumenten- und Produzentenrente für wohlfahrtsökonomische Aussagen überhaupt akzeptiert wird, wird in dieser Analyse deutlich gemacht, daß die Voraussetzungen für ihren Einsatz im wesentlichen identisch sind mit jenen, die auch für die Anwendbarkeit partieller Gleichgewichtsmodelle gefordert werden.

Sofern von der Erfüllung dieser Bedingungen ausgegangen werden kann, ist es durch die Errechnung und Gegenüberstellung der jeweiligen Konsumenten- und Produzentenrenten sowie der Auswirkungen auf die Staatskasse möglich, die Ergebnisse einer mit räumlichen Gleichgewichtsmodellen durchgeführten Simulation politischer Maßnahmen oder von Marktentwicklungen wesentlich differenzierter zu analysieren und darzustellen. Die Vorteile liegen zum einen darin, daß bestimmte Maßnahmen oder Entwicklungen aus dem wichtigen Gesichtspunkt möglicher Wohlfahrtskonsequenzen beurteilt werden können. Darüber hinaus ermöglichen es diese Maßstäbe auch, die Verteilungswirkungen einer Maßnahme einer genaueren Analyse zu unterziehen, d.h. Aussagen über die spezifischen Wirkungen für die Marktpartner und den Staat, aber auch für die einzelnen Regionen zu machen.

Literatur

1. BUCHHOLZ, H.E.: Über die Bestimmung räumlicher Marktgleichgewichte. Meisenheim am Glan, 1969.

2. CURRIE, J.M., J.A. MURPHY und A. SCHMITZ: The Concept of Economic Surplus and Its Use in Economic Analysis. The Economic Journal, Vol. 81, 1971, S. 741 - 799.

3. DARDIS, R.: Intermediate Goods and the Gain from Trade. Review of Economics and Statistics, Vol. 49, 1967, S. 502 - 509.

4. DEAN, G.W. und N.R. COLLINS: Trade and Welfare Effects of EEC Tariff Policy: A Case Study of Oranges. Journal of Farm Economics, Vol. 48, 1966, S. 826 - 846.

5. HARBERGER, A.C.: Three Basic Postulates for Applied Welfare Economics: An Interpretive Essay. Journal of Economic Literature, Vol. 9, 1971, S. 785 - 797.

6. HENRICHSMEYER, W.: Neuere Modelle zur Ermittlung des räumlichen Gleichgewichts der landwirtschaftlichen Produktion. Zeitschrift für die gesamte Staatswissenschaft, Bd. 122, 1966, S. 438 - 480.

7. HUSHAK, L.J.: A Welfare Analysis of the Voluntary Corn Diversion Program, 1961 to 1966. American Journal of Agricultural Economics, Vol. 53, 1971, S. 173 - 181.

8. JOHNSON, H.G.: The Cost of Protection and the Scientific Tariff. Journal of Political Economy, Vol. 63, 1969, S. 327 - 345.

9. JOHNSON, P.R.: The Social Cost of the Tobacco Program. Journal of Farm Economics, Vol. 47, 1965, S. 242 - 255.

10. JOSLING, T.: A Formal Approach to Agricultural Policy. Journal of Agricultural Economics, Vol. 20, 1969, S. 175 - 191.

11. KUNKEL, D.E.; L.A. GONZALES und M.H. HIWATIG: Application of Mathematical Programming Models Simulating Competitive Market Equilibrium for Agricultural Policy and Planning Analysis. XVI. International Conference of Agricultural Economists, Nairobi. Contributed Paper, Group 1. 1976, S. 1 - 22.

12. MARTIN, L. und A.C. ZWART: A Spatial and Temporal Model of the North American Pork Sector for the Evaluation of Policy Alternatives. American Journal of Agricultural Economics, Vol. 57, 1975, S. 55 - 66.

13. MASSELL, B.F.: Price Stabilization and Welfare. Quaterly Journal of Economics, Vol. 83, 1969, S. 285 - 297.

14. MISHAN, E.J.: What is Producer's Surplus? American Economic Review, Vol. 58, 1968, S. 1269 - 1282.

15. NERLOVE, M.: The Dynamics of Supply. Baltimore, 1958.

16. REUTLINGER, S.: A Simulation Model for Evaluating Worldwide Buffer Stocks of Wheat. American Journal of Agricultural Economics, Vol. 58, 1976, S. 1 - 12.

17. SAMUELSON, P.A.: Spatial Price Equilibrium and Linear Programming. American Economic Review, Vol. 42, 1952, S. 283 - 303.

18. SMITH, V.L.: Minimization of Economic Rent in Spatial Price Equilibrium. Review of Economic Studies, Vol. 30, 1963, S. 24 - 31.

19. Statistisches Bundesamt: Statistisches Jahrbuch für die Bundesrepublik Deutschland. Stuttgart und Mainz, 1975.

20 SUBOTNIK, A. und J.P. HOUCK: Welfare Implications of Stabilizing Consumption and Production. American Journal of Agricultural Economics, Vol. 58, 1976, S. 13 - 20.

21 TAKAYAMA, T. und G.G. JUDGE: Spatial and Temporal Price and Allocation Models. Amsterdam, 1971.

22 TURNOVSKY, St.: Price Expectations and the Welfare Gains from Price Stabilization. American Journal of Agricultural Economics, Vol. 56, 1974, S. 706 - 716.

23 WALLACE, T.D.: Measures of Social Costs of Agricultural Programs. Journal of Farm Economics, Vol. 44, 1962, S. 589 - 594.

24 WEBER, W. und R. JOCHIMSEN: Wohlstandsökonomik. In: Handwörterbuch der Sozialwissenschaften, Band 12, 1965, Stuttgart.

25 WEINDLMAIER, H.: Zur Anwendung von Gleichgewichtsmodellen mit quadratischer Zielfunktion für die Analyse von Agrarmärkten. Agrarwirtschaft, Sonderheft 54, 1973.

26 WEINDLMAIER, H. und S. TARDITI: Trade and Welfare Effects of Various Market Policies and Developments in the European Economic Community. An Investigation of the European Market for Apples and Pears. European Review of Agricultural Economics, Vol. 3-1, 1976, S. 23 - 52.

27 WINCH, D.M.: Consumer's Surplus and the Compensation Principle. American Economic Review, Vol. 55, 1965, S. 395 - 423.

28 WÖHLKEN, E. und B. MÖNNING: Entwicklungstendenzen der Nachfrage nach Nahrungsmitteln in der BRD und EWG. In: WEINSCHENCK, G. (Hrsg.). Die künftige Entwicklung der europäischen Landwirtschaft. Prognosen und Denkmodelle. München, 1973, S. 203 - 223.

29 ZUSMAN, P., A. MELAMED und I. KATZIR: Possible Trade and Welfare Effects of EEC Tariff and Reference Price Policy on the European-Mediterranean Market for Winter Oranges. Giannini Foundation Monograph, 24, 1969.

INTERREGIONALER WETTBEWERB DER PRODUKTIONSSTANDORTE:
EIN VERSUCH ZUR QUANTIFIZIERUNG DER WIRKUNG DER
STANDORTFAKTOREN IN DER BUNDESREPUBLIK DEUTSCHLAND

von

Friedrich Bauersachs [1], Bonn

1	Abbildung des Thünen-Problems in einem Standortmodell für die Bundesrepublik	178
2	Standortfaktoren und Einkommensentstehung	181
2.1	Differenzierung der Standortfaktoren	181
2.2	Regionale Einkommensentstehung	185
3	Interregionaler Wettbewerb und funktionale Einkommensverteilung	185
3.1	Produkt- und betriebsgruppenspezifische Ausprägungen der "Grundrente"	187
3.2	Einfluß alternativer Mobilitätshypothesen von Arbeit und Kapital auf das regionale Niveau der Grundrente	189
3.3	Einfluß des Agrarpreisniveaus auf den interregionalen Wettbewerb der Landbewirtschaftung	192
4	Zusammenfassung	196

Einleitung

Kenntnisse über den interregionalen Wettbewerb in der Landwirtschaft sind eine wichtige Voraussetzung zum Verständnis räumlicher Strukturen und zum gezielten Einsatz agrarpolitischer Maßnahmen. Im Rahmen sektoraler Analysen können standortspezifische Probleme nicht explizit erfaßt werden. Bei einzelbetrieblichen oder produktbezogenen Untersuchungen ist

---

[1] Die vorliegende Arbeit wurde durch die Deutsche Forschungsgemeinschaft gefördert. Die Rechenarbeiten wurden am Regionalen Hochschulrechenzentrum der Universität Bonn durchgeführt. Wertvolle Unterstützung erhielt der Verfasser durch die Mitarbeiter des DFG-Schwerpunktprogrammes "Konkurrenzvergleich landwirtschaftlicher Standorte". Umfangreiches Datenmaterial wurde freundlicherweise vom Statistischen Bundesamt, Wiesbaden, dem Bundesministerium für Ernährung, Landwirtschaft und Forsten, Bonn, und der Forschungsgesellschaft für Agrarpolitik und Agrarsoziologie, Bonn, zur Verfügung gestellt.

der Blickwinkel räumlich oder objektspezifisch stark eingeengt, so daß teils bedeutende ökonomische Interdependenzen außer acht bleiben müssen. Die geschlossene räumliche Gesamtbetrachtung, die schon J.H. von THÜNEN (8) in seinem "Isolierten Staat" benutzt, ist daher für agrarpolitische Zwecke von Bedeutung.

Im vorliegenden Beitrag soll unter diesem gesamträumlichen Aspekt die Differenzierung und Wirkung der landwirtschaftlichen Standortfaktoren am Beispiel der Bundesrepublik Deutschland untersucht werden. Die Aufgabe entspricht nach Betrachtungsweise und Prinzip der klassischen Fragestellung Thünens, in der er unter verschiedenen Standortbedingungen die Entstehung der Grundrente erklärt [1].

Der methodische Ansatz Thünens ist jedoch zu erweitern, um eine größere Realitätsnähe im Hinblick auf Zahl und Art der Standortfaktoren zu erreichen. Interregionale Prozeßanalysemodelle sind aufgrund ihrer Struktur grundsätzlich geeignet, den stärker differenzierten Anforderungen Rechnung zu tragen (WEINSCHENCK und HENRICHSMEYER, 9). Es soll versucht werden, das Thünen-Problem in einem solchen Modell für das Bundesgebiet abzubilden.

1 Abbildung des Thünen-Problems in einem Standortmodell für die Bundesrepublik

Inhaltlicher und formaler Ausgangspunkt für die schrittweise Ableitung einer Grundrentenstruktur für das Bundesgebiet ist eine Version (1970/72) des interregionalen Prozeßanalysemodells des DFG-Schwerpunktprogrammes "Konkurrenzvergleich landwirtschaftlicher Standorte" (HENRICHSMEYER, 3; BAUERSACHS, 1).

Das Modell geht von verschiedenen hierarchischen Ebenen der regionalen Gliederung aus. In der hier verwendeten Version ist die BRD in 42 Wirtschaftsgebiete (vgl. Karte 1) untergliedert, die nach dem Homogenitätsprinzip auf der Grundlage von Kreisen abgegrenzt sind [2].

In jeder Region werden vier Betriebsgruppen (Gruppenhöfe) nach Größe der landwirtschaftlichen Nutzfläche unterschieden (0 - 10, 10 - 20, 20 - 50, über 50 ha LF). Ferner wird eine Differenzierung nach den wichtigsten Produktgruppen des Marktfrucht- und Futterbaues sowie der Viehhaltung (verschiedene Arten des Getreidebaues, Zuckerrüben, Kartoffeln, Feldfutter, Grünland, Milch, Rind- und Kalbfleisch u.a.) vorgenommen (BAUERSACHS, 1). Bei der vorliegenden Auswertung, die nur auf die Ableitung der Grundrente hinzielt, wird jedoch nur die bodenabhängige Agrarproduktion (einschließlich Milch und Rindfleisch), allerdings ohne Sonderkulturen, explizit einbezogen.

Die regions-, betriebsgruppen- bzw. produktspezifischen Einflüsse, die von den Standortfaktoren in der Bezugsperiode ausgehen, werden
- in den unterschiedlichen physisch-technischen Ertrags-Aufwandsbeziehungen der Produktionsprozesse,
- den regional differenzierten Ortspreisen für Produkte und Betriebsmittel sowie
- in der individuellen Faktorausstattung der Gruppenhöfe
berücksichtigt.

Die Erstellung eines geschlossenen regionalen Modells für den Agrarbereich ist naturgemäß

---

[1] Einen ähnlichen Blickwinkel für seine Untersuchung wählt SCHRADER (6). SCHULDT (7) unternimmt den Versuch einer Grundrentenmessung für den Marktfruchtbau in Schleswig-Holstein.

[2] Die regionale Aufteilung wird mit Ausnahme Schleswig-Holsteins seit einigen Jahren auch im Agrarbericht verwendet. Eine weitergehende Untergliederung auf der Ebene von Gemeinden umfaßt 150 Gebietseinheiten, die in diese Betrachtung nicht einbezogen werden können.

Karte 1: Ackerfläche pro 100 ha Landwirtschaftliche Nutzfläche in den 42 landwirtschaftlichen Wirtschaftsgebieten der Bundesrepublik Deutschland
Quelle: Landwirtschaftszählung 1971

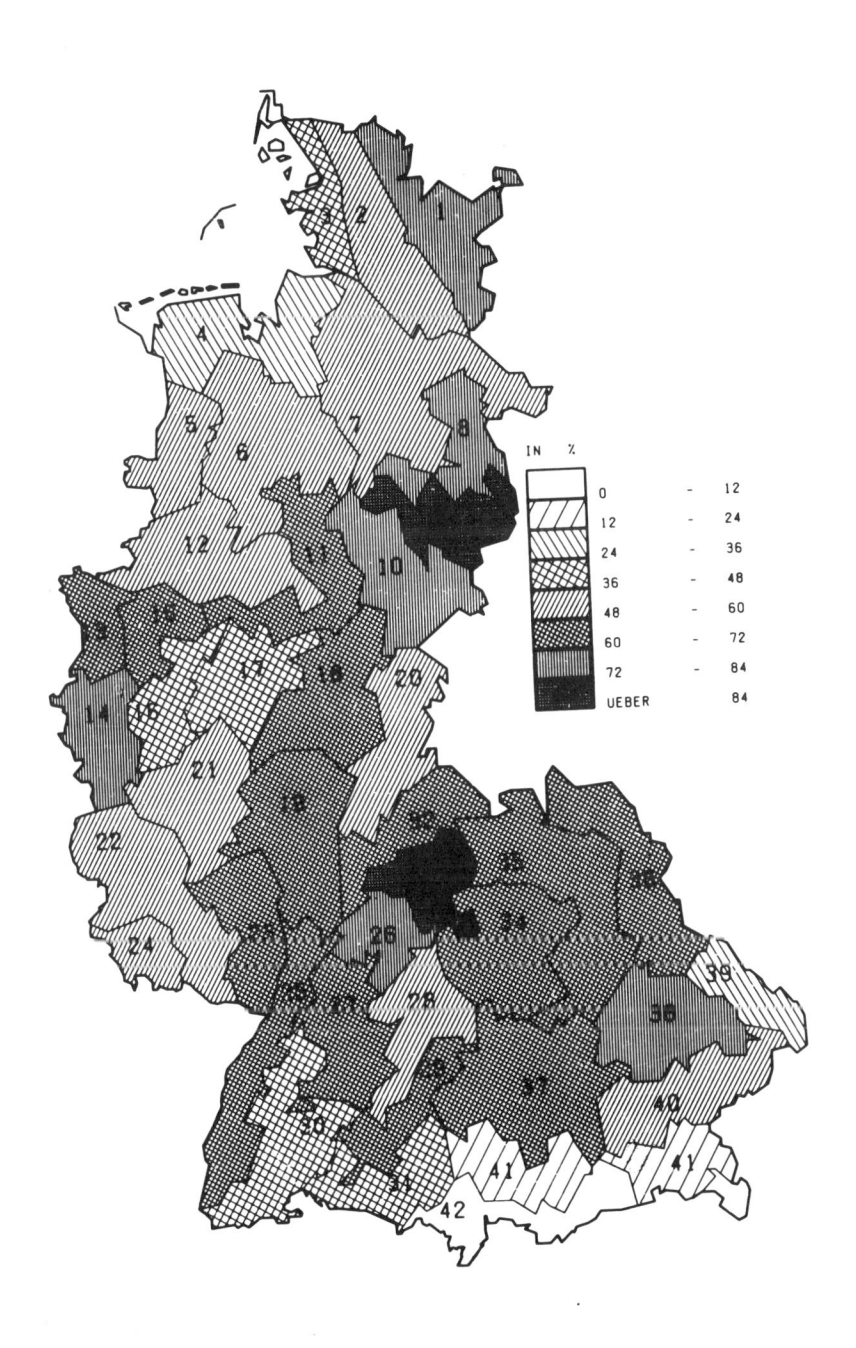

mit einer Reihe von Problemen verbunden, von denen hier nur die folgenden erwähnt werden sollen 1):
- Integration des Datenmaterials unterschiedlicher Qualität und Herkunft (Regional- und Sektorstatistik, mikroökonomische Durchschnittswerte usw.)
- Abbildung konsistenter produktionsökonomischer Beziehungen im physischen und monetären Bereich auf mehreren Ebenen (Betriebe, Regionen, Sektor)
- Ermittlung von Schattenpreisen zur Komplettierung des Preisgerüstes (Zwischenprodukte und Faktoren, für die keine Marktpreise vorliegen).

Die erstgenannten Probleme fallen in den technisch-statistischen Bereich. Beim gegenwärtigen Stand der Datenverfügbarkeit ist es unvermeidlich, daß durch die Verwendung von sektoralen und mikroökonomischen Ersatzinformationen eine Reihe nivellierender oder überhöhender Effekte bei einzelnen Variablengruppen in Kauf genommen werden müssen 2). Durch die starke Differenzierung nach Betriebs- und Produktgruppen dürften die typischen regionalen Ausprägungen jedoch nicht zu stark beeinträchtigt werden. Im übrigen sind die hochgerechneten Einzeldaten der Regionen, Betriebsgruppen und Produkte im Preis- und Mengengerüst weitgehend konsistent mit Ausweisungen der sektoralen Agrarstatistik (Landwirtschaftliche Gesamtrechnung).

Einige besondere Annahmen sind bezüglich der Arbeitskräfte- und Kapitalkapazität der Betriebe erforderlich, weil sich die differenzierten Verhältnisse in den Einzelbetrieben (Auslastung, alternative Beschäftigungsmöglichkeiten) im Aggregat nicht präzise abbilden lassen (WEINSCHENCK, 10). Unterschiedliche Bedingungen bezüglich der Faktormobilität werden wie folgt berücksichtigt:

Bei Alternative I werden mangelnde Auslastung bzw. völlige Immobilität der Faktoren Arbeit und Kapital angenommen.
Bei Alternative II wird von vollständiger Auslastung bzw. Mobilität der Faktoren ausgegangen. Es werden Opportunitätskosten für Arbeit und Kapital unterstellt, die sich aus den regionalen bzw. sektoralen Knappheitsverhältnissen (Industrielöhne, Marktzinsen) der nichtlandwirtschaftlichen Sektoren ergeben.

Zur ex-post-Betrachtung, die hier im Vordergrund steht, ist die übliche Anwendung eines interregionalen Programmierungsmodells zu modifizieren (HENRICHSMEYER, 3). Die primale Lösung (Umfang der Produktionsprozesse) ist im wesentlichen durch gesonderte Restriktionen vorgegeben. Lediglich zum Ausgleich von physischen Inkonsistenzen im Bereich der Futter- und Viehwirtschaft verbleibt ein geringer Anpassungsspielraum.

Das wesentliche Ziel einer Modellösung richtet sich unter diesen Bedingungen auf die Ermittlung der Dual-Lösung, aus der die Schattenpreise für Zwischenprodukte und fixe Produktionsfaktoren entnommen werden können.

---

1) Zum derzeitigen Stand der Basisversion des Modells vergleiche die zahlreichen Vorlagen der speziellen Diskussionsgruppe A im Anschluß an diese Tagung. Probleme der Datenbeschaffung und -aufbereitung sowie Operationalisierung und Fortschreibung sind an anderer Stelle zusammengefaßt (BAUERSACHS, 1; Materialien, 4).

2) Durch die Geschlossenheit des Ansatzes wird es andererseits möglich, alternative Datenkonstellationen bezüglich ihres Einflusses auf das Ergebnis der engeren Fragestellung zu testen und zu beurteilen, was bei isolierter Betrachtung der Daten häufig nicht möglich ist. Der stetigen Verbesserung und Erweiterung der Datengrundlage trägt das formale Modellkonzept durch entsprechende flexible Anlage Rechnung (Konkurrenzvergleich landw. Standorte, 4).

Nach Durchführung dieser Berechnungen liegt ein in sich konsistentes, vollständiges Mengen- und Preisgerüst vor, das die oben beschriebene Differenzierung nach Produkten, Betriebsgruppen und Regionen aufweist und die innerlandwirtschaftlichen Verflechtungen einbezieht. Die Einzelkomponenten lassen sich in verschiedener Weise für die einzelnen Aggregate zusammenfassen und zu einer differenzierten landwirtschaftlichen Gesamtrechnung entwickeln. In dieser Gesamtrechnung kann prinzipiell die Einkommensberechnung von zwei Seiten her erfolgen:
a) aus der üblichen Perspektive über den Beitrag der Produkte zur Faktorentlohnung (Einkommensentstehung) und
b) aus der Sicht der eingesetzten Produktionsfaktoren (funktionale Einkommensverteilung).

Damit ergibt sich für den gesamten Wirtschaftsraum eine sehr detaillierte Informationsbasis, die als Grundlage für die nachfolgende Analyse zur Quantifizierung der Wirkung der Standortfaktoren auf das Grundrentenniveau in der westdeutschen Landwirtschaft herangezogen werden kann.

2   Standortfaktoren und Einkommensentstehung

In der klassischen Standortökonomie werden die landwirtschaftlichen Standortfaktoren isoliert behandelt: Thünen klammert bewußt die natürlichen Verhältnisse aus und untersucht den Einfluß der Verkehrslage auf die Wettbewerbskraft der Agrarproduktion. Ricardo erklärt die Grundrentendifferenzierung als Resultat der natürlichen und technologischen Verhältnisse. Die moderne landwirtschaftliche Standorttheorie stellt demgegenüber den Wirkungszusammenhang einer ganzen Reihe von Standortfaktoren heraus wie z.B. natürliche Bedingungen, agrarstrukturelle Verhältnisse, Bedingungen auf den Produkt- und Faktormärkten, wirtschaftspolitische Einflußnahme sowie institutionelle und soziale Bedingungen einschließlich des Unternehmerverhaltens. Sie schlagen sich in unterschiedlicher Stärke teils bei der Einkommensentstehung nieder und nehmen Einfluß auf die funktionale Einkommensverteilung.

2.1   Differenzierung der Standortfaktoren

Im folgenden wollen wir uns auf die explizite Darstellung der "klassischen" Standortfaktoren natürliche Verhältnisse (Ertragsdifferenzierung) und Verkehrslage (Preisdifferenzierung) beschränken, da sie auf der Seite der Einkommensentstehung den größeren differenzierenden Einfluß besitzen [1].

Natürliche Verhältnisse: Die elementaren Einflußfaktoren Klima, Bodenqualität und Oberflächengestaltung schlagen sich im regionalen Acker-Grünlandverhältnis (vgl. Karte 1) und Ertragsniveau der verschiedenen Produkte nieder. Für die produktspezifische Wettbewerbsbetrachtung ist als wesentlicher Indikator die Ertragsdifferenzierung anzusehen, die in Schaubild 1 für die 42 Regionen abgebildet ist. Die Konturen in der Graphik zeigen an, daß es nur bei starker Vergröberung möglich ist, generelle Aussagen zu machen. So heben sich beispielsweise bei den Getreideerträgen die Börden stärker ab, im Zuckerrübenbau weisen dagegen die süddeutschen Regionen eine höhere Abstufung gegenüber dem Bundesdurchschnitt auf. Bei den Milchertragen je Kuh liegt das Leistungsniveau in den norddeutschen Regionen beträchtlich höher.

Verkehrslage: Die regionalen Unterschiede in den Ortspreisen der Produkte sind ein Resultat der regionsspezifischen Verkehrsaufschließung, Transportkosten, Organisation des Vermarktungssystems sowie die Verhaltensweise der Händler. Die für die Basisperiode zugrundegeleg-

---

[1] Der Vorleistungsaufwand steht im Modell in enger Beziehung zu den regionalen Ertragsverhältnissen.

Schaubild 1: Die regionale Differenzierung von Erträgen in der Agrarproduktion 1)

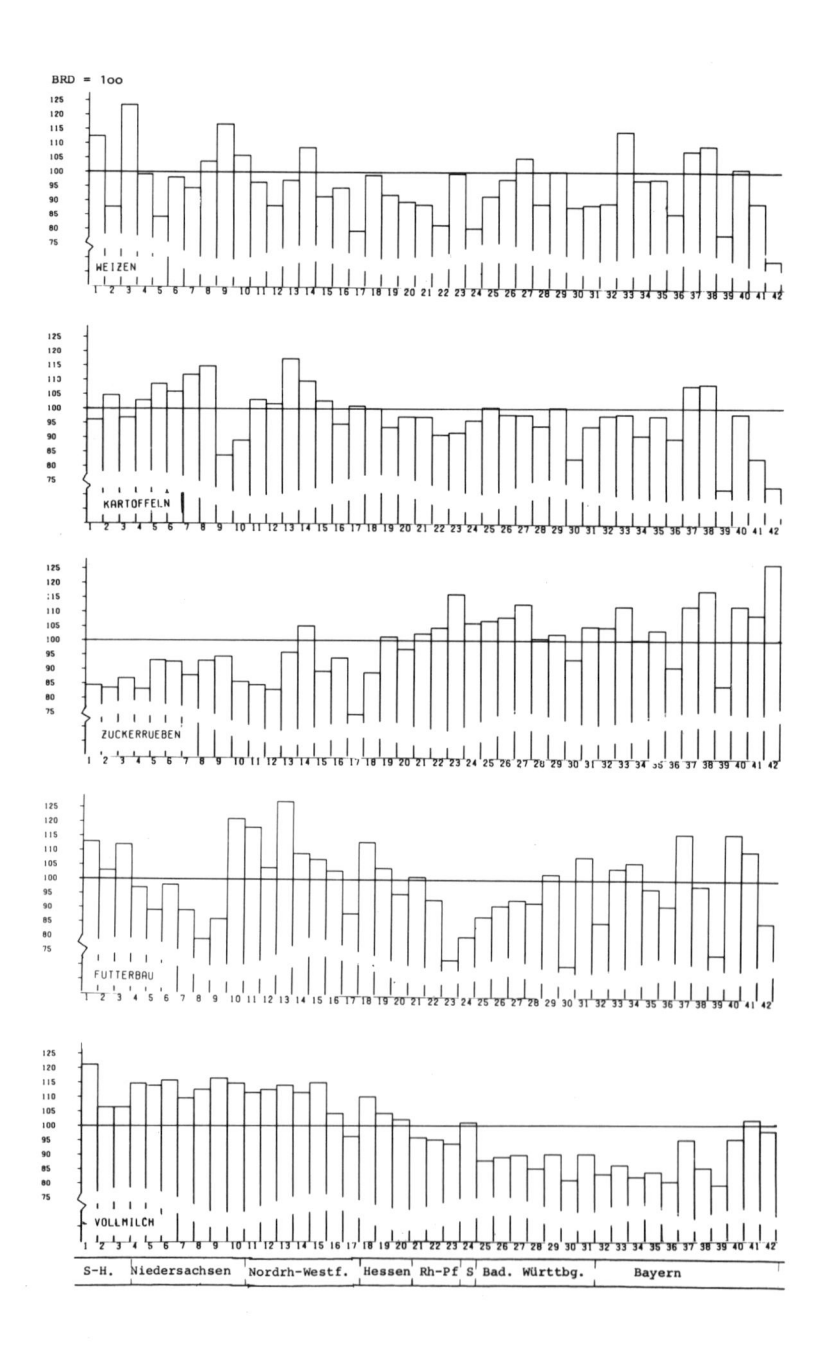

1) Die Regionen sind in laufender Reihenfolge von Nord nach Süd auf der Abszisse aufgetragen (zur geographischen Lage vgl. Karte 1).

Schaubild 2: Die regionale Differenzierung ausgewählter Produktpreise

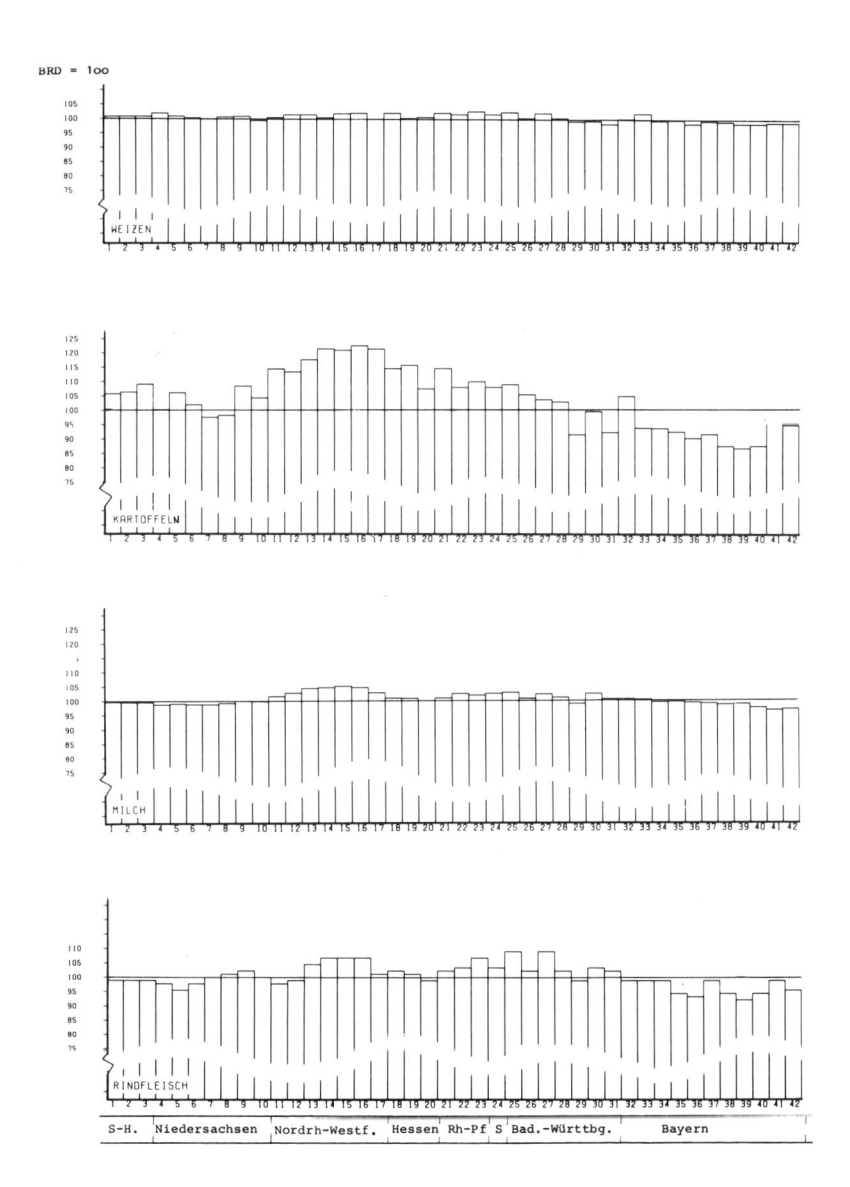

Schaubild 3: Der zusammengefaßte Einfluß von natürlichen Verhältnissen und Verkehrslage dargestellt am Beispiel des Kartoffelbaues (Bruttoproduktionswert)

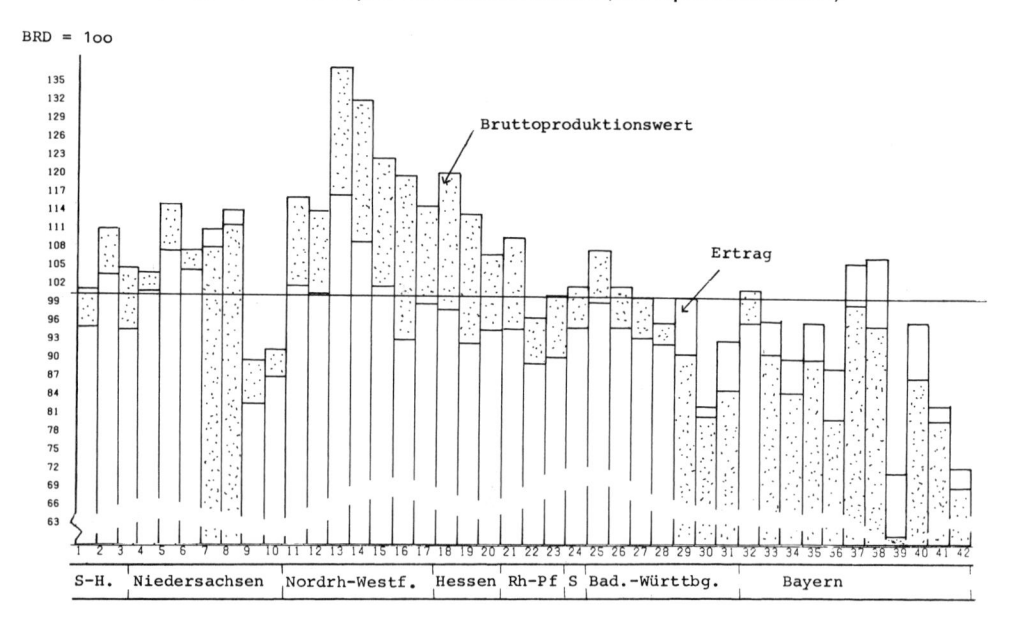

ten Werte sind vorläufige Schätzungen für die gewählte regionale Gliederung 1) und zeigen folgendes Bild (vgl. Schaubild 2):

Die relativen Abstufungen für Getreide sind vergleichsweise niedrig. Bei Kartoffeln heben sich die Gebiete um die Verbrauchszentren deutlich von den peripheren Lagen ab. In der großregionalen Gliederung wird die Milchpreisdifferenzierung teils nivelliert; dennoch bleiben die Hochpreisgebiete um die Ballungszentren erkennbar. Die Ausprägung der regionalen Preisdifferenzierung bei Rindfleisch fällt dagegen sehr deutlich aus.

Der Überlagerungseffekt von Preisdifferenzierung und Ertragsniveau: Der gemeinsame Einfluß von Verkehrslage und Ertragsniveau schlägt sich im Bruttoproduktionswert der Betriebszweige nieder. Auftretende Überlagerungen sind exemplarisch für Kartoffeln in Schaubild 3 dargestellt. In den marktfernen Lagen Süddeutschlands verliert der Kartoffelanbau in zweierlei Hinsicht an relativer Wettbewerbskraft. Dort kummulieren die Effekte der Verkehrslage und der Ertragsdifferenzierung, so daß der Bruttoproduktionswert um 15 bis 20 v.H. vom Bundesdurchschnitt absinkt. Dagegen steigt die Wettbewerbskraft der Gebiete, die in günstiger Lage zu den Hauptabsatzmärkten liegen an, so daß sich der Differenzierungsgrad enorm erhöht.

Im folgenden sind zur Beurteilung der relativen Bedeutung von Ertrags- und Preiseinfluß auf den Bruttoproduktionswert die Variationskoeffizienten für einige Produkte dargestellt.

---

1) Weitergehende regionale Differenzierungen und qualitative Unterscheidungen sind bei den künftigen Modellrechnungen möglich. Einerseits liegen neue Beobachtungen von Einzelmärkten vor (GROTE, 2). Zum anderen können künftig bei alternativen Modellrechnungen Transportmodelle eingesetzt werden, aus denen bei veränderter Tauschstruktur die zugehörige Preisdifferenzierung ermittelt werden kann (HENRICHSMEYER und de HAEN, 3).

Übersicht 1: Relative Bedeutung von natürlichen Verhältnissen und Verkehrslage

Produkte	Erträge	Preisdiffe- renzierung	Bruttoproduk- tionswert
Weizen	11,7	1,3	12,1
Kartoffeln	10,0	12,3	15,6
Zuckerrüben	11,7	- 1)	19,7
Vollmilch	12,5	2,1	13,0
Rindfleisch	- 1)	4,4	4,4

1) Im Modell ist z.Zt. keine regionale Differenzierung unterstellt.

Die Verkehrslage hat bei Kartoffeln und Rindfleisch einen zusätzlich differenzierenden Effekt, während bei den übrigen Produkten mehr die natürlichen Verhältnisse das Ausmaß der regionalen Differenzierung bestimmen.

2.2 Regionale Einkommensentstehung

Aus dem Bruttoproduktionswert ergibt sich nach Abzug der gewerblichen und landwirtschaftlichen Vorleistungen 1) der Beitrag einzelner Produkte zum Bruttoinlandsprodukt. In ihm schlagen sich die einkommensbeeinflussenden Effekte der vorgenannten Standortfaktoren in zusammengefaßter Form nieder. Aus dem Bruttoinlandsprodukt berechnet sich nach den ökonomischen Knappheitsverhältnissen die funktionale Einkommensverteilung, die im nächsten Abschnitt Ausgangspunkt für die Ableitung der Grundrente ist 2).

In Schaubild 4 sind für einige ausgewählte Produkte die regionalen Differenzierungen der Einkommensbeiträge dargestellt, die einen intra- und interregionalen Überblick (vertikale bzw. horizontale Blickrichtung) erlauben. Ohne die Verhältnisse im einzelnen zu beschreiben, läßt sich deutlich die absolute Überlegenheit des Zuckerrübenbaues gegenüber den anderen Produkten und das deutliche Abfallen der Futterproduktion ersehen; Kartoffeln und Getreide nehmen dagegen eine Mittelstellung ein. Der interregionale Differenzierungsgrad ist beim Getreidebau am geringsten, während die Streuungen bei den übrigen Produkten vergleichsweise hoch sind.

Die dargestellten produktspezifischen Beiträge zum regionalen Faktoreinkommen erlauben noch keine generelle Aussage über die komparative Wettbewerbskraft in intra- und interregionaler Hinsicht. Sie wird bestimmt durch die unterschiedlichen physischen Faktorinputs und deren Markt- oder Schattenpreise.

3 Interregionaler Wettbewerb und funktionale Einkommensverteilung

Die komparative Wettbewerbskraft landwirtschaftlicher Produktionsstandorte kommt in den Schattenpreisen bzw. Renten für die eingesetzten Produktionsfaktoren zum Ausdruck. Gäbe es keine technischen, ökonomischen oder institutionellen Restriktionen, wären im Gleichgewicht

---

1) Ertragssteigernder Aufwand, Unterhaltung von Maschinen und Gebäuden sowie sonstige diverse Posten. Bei landwirtschaftlichen Vorleistungen ist der Saldo aus Ertrag und Aufwand berücksichtigt.

2) Wird nach Alternative I keine Knappheit der Faktoren Arbeit und Kapital unterstellt, fiele das gesamte Bruttoinlandsprodukt dem Boden als Grundrente zu.

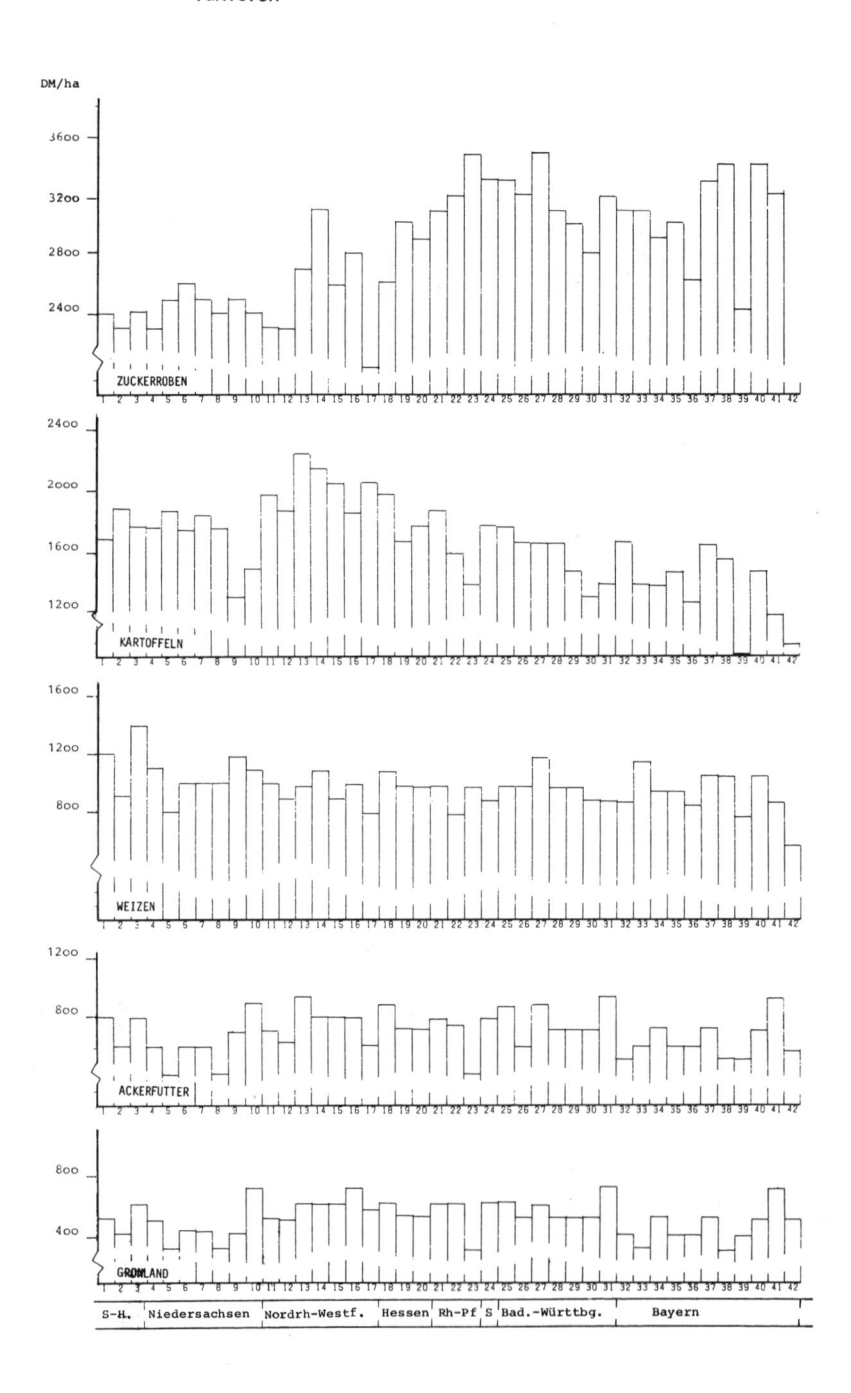

Schaubild 4: Der monetäre Beitrag pflanzlicher Produkte zur Entlohnung der Produktionsfaktoren

die Grenzproduktivitäten der mobilen Faktoren zwischen den Sektoren und Regionen gleich. Bei der gegebenen Produktionsstruktur in der Ausgangsperiode soll nunmehr untersucht werden, welches Faktoreinkommen sich für den immobilen Faktor Boden in Regionen, Betriebsgruppen und Produktionsprozessen bei den gewählten Annahmen ergibt.

Eine umfassende Analyse des komparativen Wettbewerbs um den Einsatz des Faktors Boden hätte unter verschiedenen Blickwinkeln zu erfolgen:
- aus betriebsgruppenspezifischer Sicht: die Konkurrenz der einzelnen Produkte untereinander
- aus intraregionaler Sicht: die Konkurrenz zwischen den Betriebsgruppen um die Faktorverwendung in der Produktion
- aus interregionaler Sicht: die Konkurrenz von Betriebsgruppen und Produkten.

Es liegt auf der Hand, daß hier nur einige grundsätzliche Zusammenhänge aufgezeigt werden können [1]. Dabei werden drei verschiedene Blickrichtungen ausgewählt, um Aspekte der regionalen Grundrentendifferenzierung zu erörtern:
- Einfluß unterschiedlicher Hypothesen über die Mobilität von Arbeit und Kapital
- Effekte der Betriebsgrößendifferenzierung
- Effekte der Preisniveaupolitik.

Bevor wir zu einer Gesamtbetrachtung der regionalen Grundrentenstruktur übergehen, scheint es zweckmäßig, beispielhaft einige produkt- und betriebstypische Aspekte zu beleuchten, die später nicht mehr explizit betrachtet werden können.

3.1 Produkt- und betriebsgruppenspezifische Ausprägungen der "Grundrente"

In einem simultanen Überblick soll in Schaubild 5 vor allem auf die betriebsgruppenspezifischen Effekte an verschiedenartigen Standorten hingewiesen werden. Die regionalen Unterschiede in den Einkommensbeiträgen der Betriebszweige wurden bereits im vorhergehenden Abschnitt (vgl. Schaubild 4) behandelt.

Wie sich bei einer Unterscheidung nach Betriebsgruppen zeigt, treten intraregional Streuungen auf, die keine generelle Tendenz erkennen lassen. Die betrieblichen Differenzen resultieren aus unterschiedlichem Einsatz gewerblicher Vorleistungen (Unterhaltung von Maschinen und Gebäuden) und werden durch den Anteil landwirtschaftlicher Vorleistungen verstärkt bzw. abgeschwächt. Ermittelt man die funktionale Einkommensverteilung nach der Mobilitätshypothese von Alternative II (volle Entlohnung von Arbeit und Kapital), treten bei der Grundrente über die Produkte hinweg eindeutige Tendenzen hervor: Die Grundrente steigt mit zunehmender Betriebsgröße an. Dies verdeutlicht den Einfluß von Scale-Effekten, die sich produkt- und regionsspezifisch unterschiedlich in abnehmenden Einkommensanteilen von Kapital und Arbeit niederschlagen.

In Schaubild 5 wird noch ein weiterer Effekt demonstriert. Bei Alternative II reicht das Faktoreinkommen der Grünlandnutzung in den kleineren Betriebsgrößenklassen nicht aus, um die Einkommensansprüche der Produktionsfaktoren voll zu befriedigen, so daß sich hypothetisch eine negative Grundrente ergibt. Das gleiche ist bei allen Betriebsgruppen der Region 39 im Kartoffelbau zu beobachten.

---

[1] Dazu ist es erforderlich, jeweils unterschiedliche Aggregationsgrade zu wählen, da eine mehrdimensionale Darstellung nicht möglich ist. Weitergehende Auswertungen der regionalisierten landwirtschaftlichen Gesamtrechnungen sind nur unter speziellen Fragestellungen detailliert durchzuführen.

Schaubild 5: Funktionale Einkommensverteilung in der Agrarproduktion. Dargestellt am Beispiel von zwei Beispielsregionen und ausgewählten Produkten (Alternative II) 1)

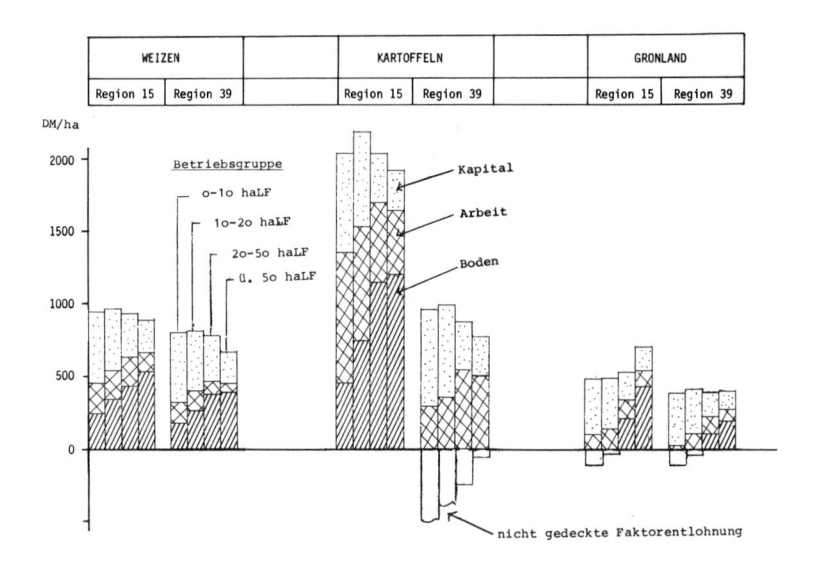

1) Zur geographischen Lage der Regionen vgl. Karte 1.

Schaubild 6: Regionales Niveau und betriebsgrößenbedingte Differenzierung der Grundrente in den Betriebszweigen. Dargestellt am Kartoffelbau (Betriebsgruppe 20 - 50 ha LF)

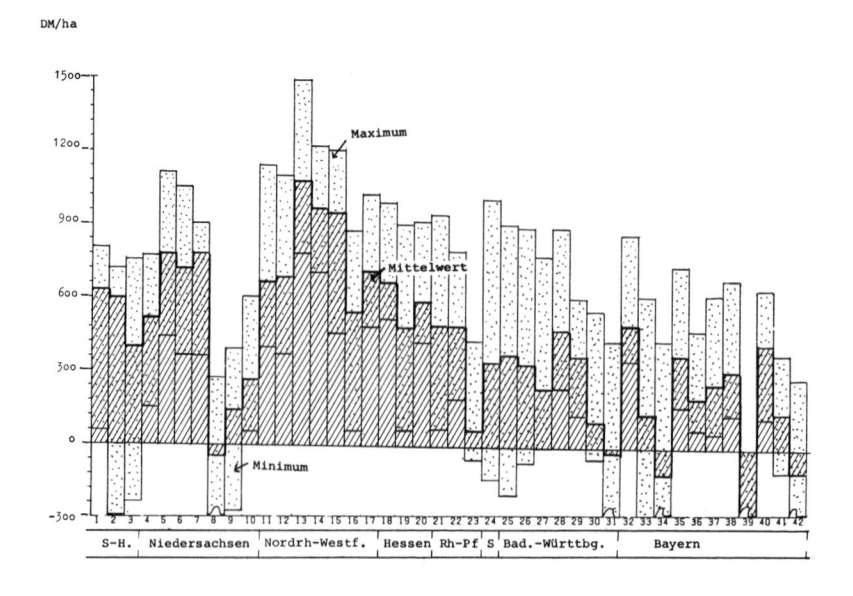

Die interregionalen produktspezifischen Wettbewerbsverhältnisse werden am Beispiel des Kartoffelanbaues in Schaubild 6 gezeigt. Unter den Bedingungen der Alternative II zeichnet sich eine regional stark differenzierte Grundrentenstruktur mit einem generellen Nord-Süd-Gefälle ab. Neben Regionen, in denen die Grundrente in den negativen Bereich sinkt, stehen Gebiete mit Grundrenten von beträchtlicher Höhe. Auch intraregional ergeben sich beachtliche Differentialrenten, wie die Streuungen innerhalb der Regionen aufzeigen. Das Bild des interregionalen Wettbewerbs im Kartoffelbau wird weiterhin von der Erscheinung geprägt, daß mit wenigen Ausnahmen Betriebsgruppen über die Regionen hinweg miteinander in Konkurrenz stehen können. Von daher wird deutlich, wie stark strukturelle Effekte den Einfluß der natürlichen Verhältnisse und Verkehrslage überdecken können. Dies gilt auch für andere Produkte.

3.2 Einfluß alternativer Mobilitätshypothesen von Arbeit und Kapital auf das regionale Niveau der Grundrente

Zur Untersuchung des regionalen Effektes der Mobilitätsalternativen I und II, die extreme Grade der Knappheit von Arbeit und Kapital unterstellen, gehen wir von der Produktionstechnik und den jeweiligen Faktorproportionen der Betriebsgruppen 20 - 50 ha LF, also dem größten Teil der Vollerwerbslandwirtschaft, aus. Es interessiert, welcher Spielraum sich bei alternativen Faktorknappheiten für die Grundrente in der regionalen Dimension ergibt [1].

Als Vergleichsmaßstäbe sind im Schaubild 7 abgebildet: als Obergrenze die regionalen Faktoreinkommen für alle Produktionsfaktoren (Bruttoinlandsprodukt) bezogen auf 1 ha LF, als Untergrenze die Grundrente der Fläche, die sich bei voller Mobilität von Arbeit und Kapital aus der funktionalen Einkommensaufteilung ergibt.

Geht man von der Betrachtung der jeweiligen Durchschnitte aus, so zeigt sich, daß im Bundesgebiet bei Alternative I ca. 1 200 DM je ha LF im Basiszeitraum als Faktorentlohnung anfielen [2]. Bei Schattenpreisen von Null für Arbeit und Kapital wäre dieser Betrag voll als Grundrente zu interpretieren. Bei Alternative II entfällt im Bundesdurchschnitt auf die Faktoren Arbeit und Kapital ein funktionaler Einkommensanteil von ca. 900 DM/ha, so daß sich eine durchschnittliche Grundrente von knapp 300 DM je ha LF ergibt. Die regionalen Differenzierungen sind jedoch erwartungsgemäß sehr unterschiedlich: Zwar tritt in den meisten Fällen die regionale Kontur des gesamten Faktoreinkommens bei grober Betrachtung wieder zu Tage. Die Regionen mit starker Rindviehhaltung und relativ hohen Schattenpreisen für Arbeit verzeichnen jedoch überproportional niedrige relative Anteile der Grundrenten am Einkommensbeitrag (Ostheide, Voralpen), was auf relativ hohe funktionale Einkommensansprüche der Faktoren Arbeit und Kapital schließen läßt.

Neben dem Differenzierungsgrad sind jedoch auch die Niveaus der aufgeführten Einkommensmaßstäbe von ökonomischem Interesse: Das gesamte Faktoreinkommen [3] je Flächeneinheit ist der Orientierungsmaßstab für einkommenspolitische Überlegungen, während die Grundrente die Betrachtung von Allokationsproblemen erlaubt. Selbst bei dem hier gewählten groben Raster der räumlichen Gliederung lassen sich in Schaubild 7 einige prinzipielle Allokationseffekte in der Betriebsgruppe mit 20 - 50 ha LF erkennen.

Bei voller Entlohnung von Arbeit und Kapital würde sich bei dem Preisniveau der Bezugsperiode in 5 bis 7 Regionen in der Gruppe der kleineren Vollerwerbsbetriebe bereits im Durch-

---

[1] Es handelt sich um die gewogene Grundrente aus allen Betriebszweigen ohne bodenunabhängige Produktion und Sonderkulturen.

[2] Ohne bodenunabhängige Produktion und Sonderkulturen.

[3] Im Agrarbericht entspricht in etwa das Betriebseinkommen dem hier gewählten Maßstab.

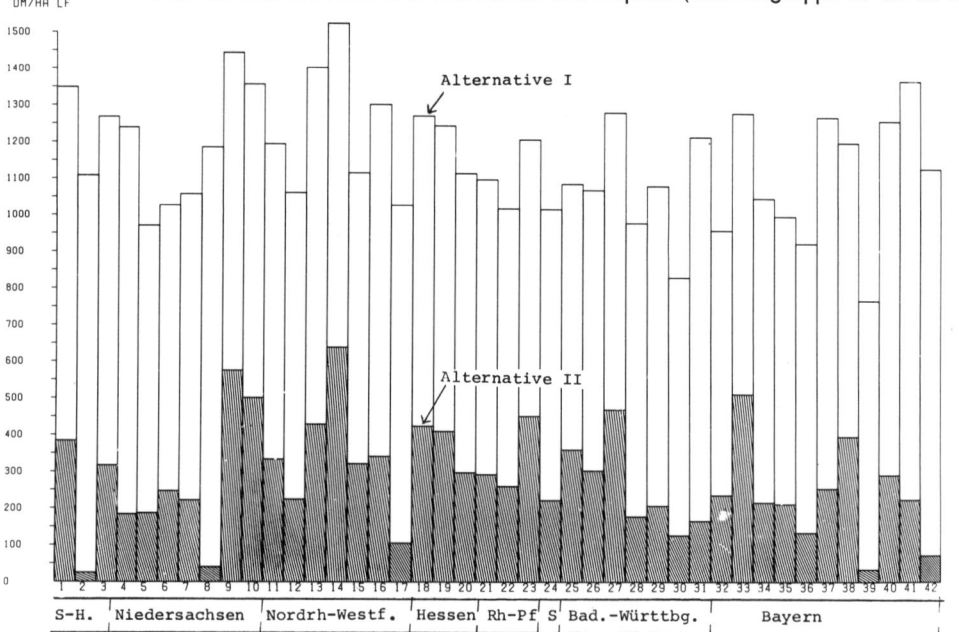

Schaubild 7: Die regionale Grundrentenstruktur im Bundesgebiet bei unterschiedlichen Annahmen über die Mobilität von Arbeit und Kapital (Betriebsgruppe 20-50 ha LF)

schnitt eine Tendenz der Grundrente gegen Null abzeichnen. Betroffen wären im einzelnen die Geest in Schleswig-Holstein, Ostheide, Sauerland, Schwarzwald, Ostbayern und die Alpenregion. Diese Regionen befinden sich dann an der Grenze der betrieblichen Wachstumsmöglichkeiten, wenn die Produktionsfaktoren auf Dauer voll entlohnt werden sollen.

Daneben bestehen jedoch hohe Differentialrenten zwischen den genannten Regionen und den extremen Ackerbaustandorten, die sich bei Alternative II teils sogar erhöhen.

Die hier im regionalen Querschnitt aufgezeigten Konturen der Grundrentendifferenzierung werden von Betriebsgrößeneffekten überlagert, wie in Schaubild 8 veranschaulicht wird. Sie zeigen in Ergänzung zum vorhergehenden Schaubild 7 an, daß bei voller Mobilität von Arbeit und Kapital die Agrarproduktion im Durchschnitt in weit mehr Regionen aufgrund der Betriebsgrößeneffekte weder eine Entlohnung des Bodens noch eine vollständige Entlohnung der übrigen Produktionsfaktoren gewährleistet.

Aus sektoraler Sicht ergäben sich etwa die folgenden quantitativen Verhältnisse (vgl. Übersicht 2) der funktionalen Einkommensverteilung.

Bei einer funktionalen Einkommensverteilung nach Alternative II erzielen 44 % der LF in der BRD eine Grundrente die kleiner als Null ist. Fast 60 % der Fläche übersteigen nicht das Niveau von 200 DM/ha. In diesen Kategorien liegen vor allem die kleineren Betriebsgruppen. Die Betriebsgruppe mit 20 - 50 ha erzielt mit einem Viertel ihrer Fläche nur Grundrenten bis 200 DM/ha. Für knapp über 40 v.H. der LF ergibt sich eine Grundrente von über 200 DM/ha wobei mit ca. 14 % der Fläche in den beiden größeren Betriebsgruppen die Schwelle von 400 DM/ha überschritten wird. Bei dieser Betrachtung wird der in der regionalen Dimension dargestellte Überlagerungseffekt auch dem Umfang nach deutlich. Die Flächennutzung in den kleineren Betriebsgruppen unterliegt mit regional unterschiedlicher Ausprägung einem starken ökonomischen Druck, der bei Mobilitätsalternativen der übrigen Faktoren langfristig Allokationswirkungen haben muß.

Schaubild 8: Die Streuung von Faktoreinkommen und Grundrente bei unterschiedlichen Annahmen über die Mobilität von Arbeit und Kapital

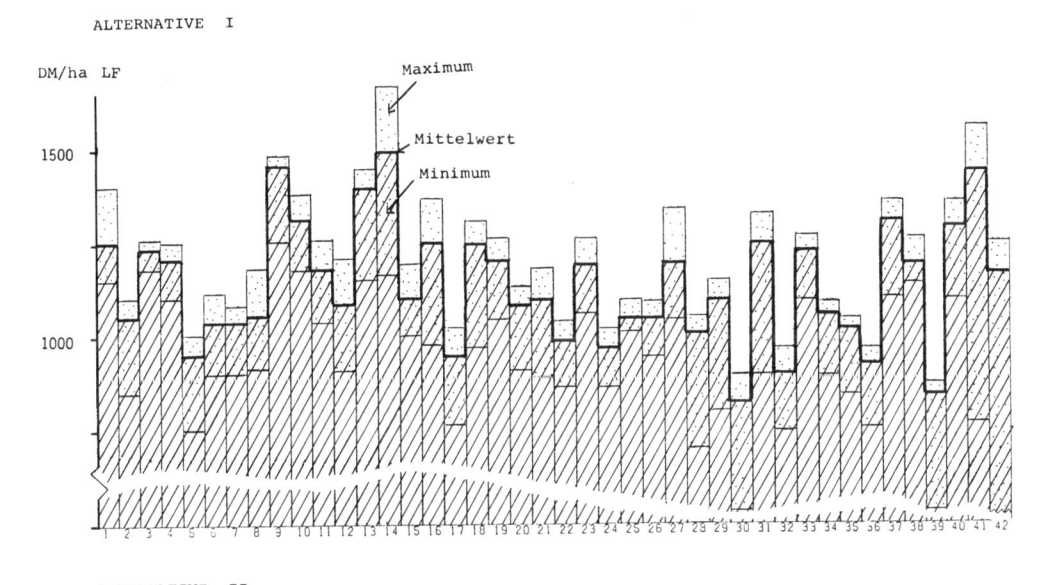

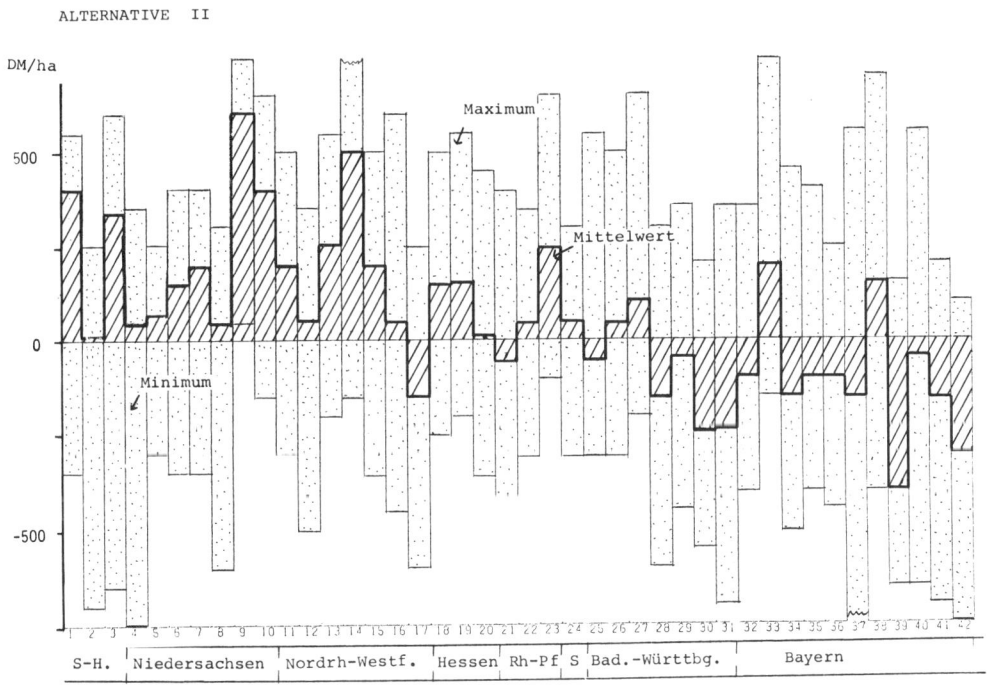

Übersicht 2: Verteilung der Landwirtschaftlichen Nutzfläche (LF) nach dem Grundrentenniveau im Sektor (Alternative II)

Betriebsgruppen	ha LF 1) in den Grundrentenklassen von ... DM/ha				ha LF 1) insgesamt
	0	0 - 200	200 - 400	400	
0 - 10 ha LF	2333	12	0	0	2345
10 - 20 ha LF	2958	549	30	0	3537
20 - 50 ha LF	0	1223	2636	800	4669
50 ha LF	19	12	734	847	1612
LF insgesamt	5310	1796	3400	1647	12163

Betriebsgruppen	... Prozent der gesamten LF entfallen auf die Grundrentenklasse von ... DM/ha				LF in Prozent
	0	0 - 200	200 - 400	400	
0 - 10 ha LF	19,2	0,0	0,0	.	19,3
10 - 20 ha LF	24,3	4,5	0,0	.	29,1
20 - 50 ha LF	0	10,1	21,7	6,6	38,4
50 ha LF	0,2	0,0	6,0	7,0	13,3
LF insgesamt	43,7	14,8	28,0	13,5	100,0

1) in Tausend

In welcher Richtung die Reallokation des Bodens verlaufen wird ist generell nicht zu beantworten, sondern kann aufgrund des hohen Differenzierungsgrades nur regionsspezifisch entschieden werden. Agrarpreisniveau und -preisrelationen bestimmen dabei in Zusammenwirken mit den übrigen Standortfaktoren, ob überhaupt und in welcher Form Landnutzung in der Agrarproduktion mit positiven Grundrenten betrieben werden kann. Im folgenden soll kurz die Wirkung einer Senkung des Agrarpreisniveaus geprüft werden, wobei unter Ausschaltung des Betriebsgrößeneffektes der Blickwinkel im Thünen'schen Sinne auf die Grundrentenveränderung bei durchschnittlichem, unverändertem Produktionsprogramm der Landbewirtschaftung gerichtet werden soll.

3.3 Einfluß des Agrarpreisniveaus auf den interregionalen Wettbewerb der Landbewirtschaftung

Es wird von einer hypothetischen Senkung des Agrarpreisniveaus um 10 % ausgegangen 1) und die Technologie der Betriebsgruppe 20 - 50 ha LF unterstellt. Außerdem beschränken wir unsere Betrachtung auf einen Vergleich unter den Bedingungen der Alternative II, also volle Entlohnung der Faktoren Arbeit und Kapital. In den Karten 2 und 3 sind für die Regionen im Bundesgebiet die sich ergebenden Grundrentenstrukturen vor und nach der hypothetischen Senkung des Preisniveaus bei konstantem Produktionsprogramm abgebildet.

Unter den Verhältnissen der Ausgangsperiode hätte eine 10 %ige Senkung des Preisniveaus eine 72 %ige Verringerung der Grundrente im Bundesdurchschnitt zur Folge gehabt, so daß

1) Die Preisrelationen der Basisperiode bleiben unverändert.

Karte 2: Wirkung einer 10 %igen Senkung des Agrarpreisniveaus auf die regionale Grundrentenstruktur (Alternative II) – Ausgangssituation

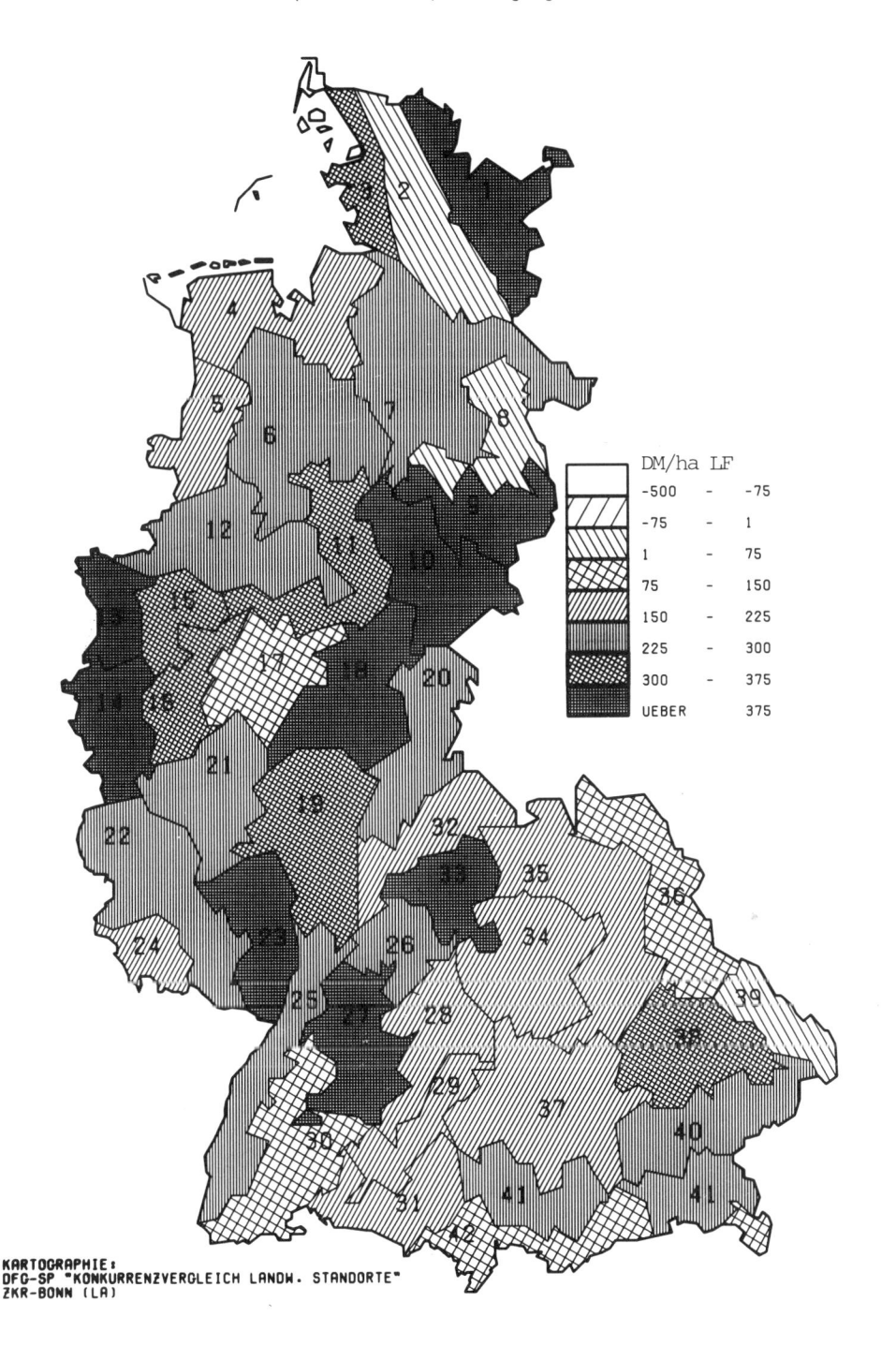

DM/ha LF	
-500	-75
-75	1
1	75
75	150
150	225
225	300
300	375
UEBER	375

KARTOGRAPHIE:
DFG-SP "KONKURRENZVERGLEICH LANDW. STANDORTE"
ZKR-BONN (LA)

Karte 3: Wirkung einer 10 %igen Senkung des Agrarpreisniveaus auf die regionale Grundrentenstruktur (Alternative II) - veränderte Situation

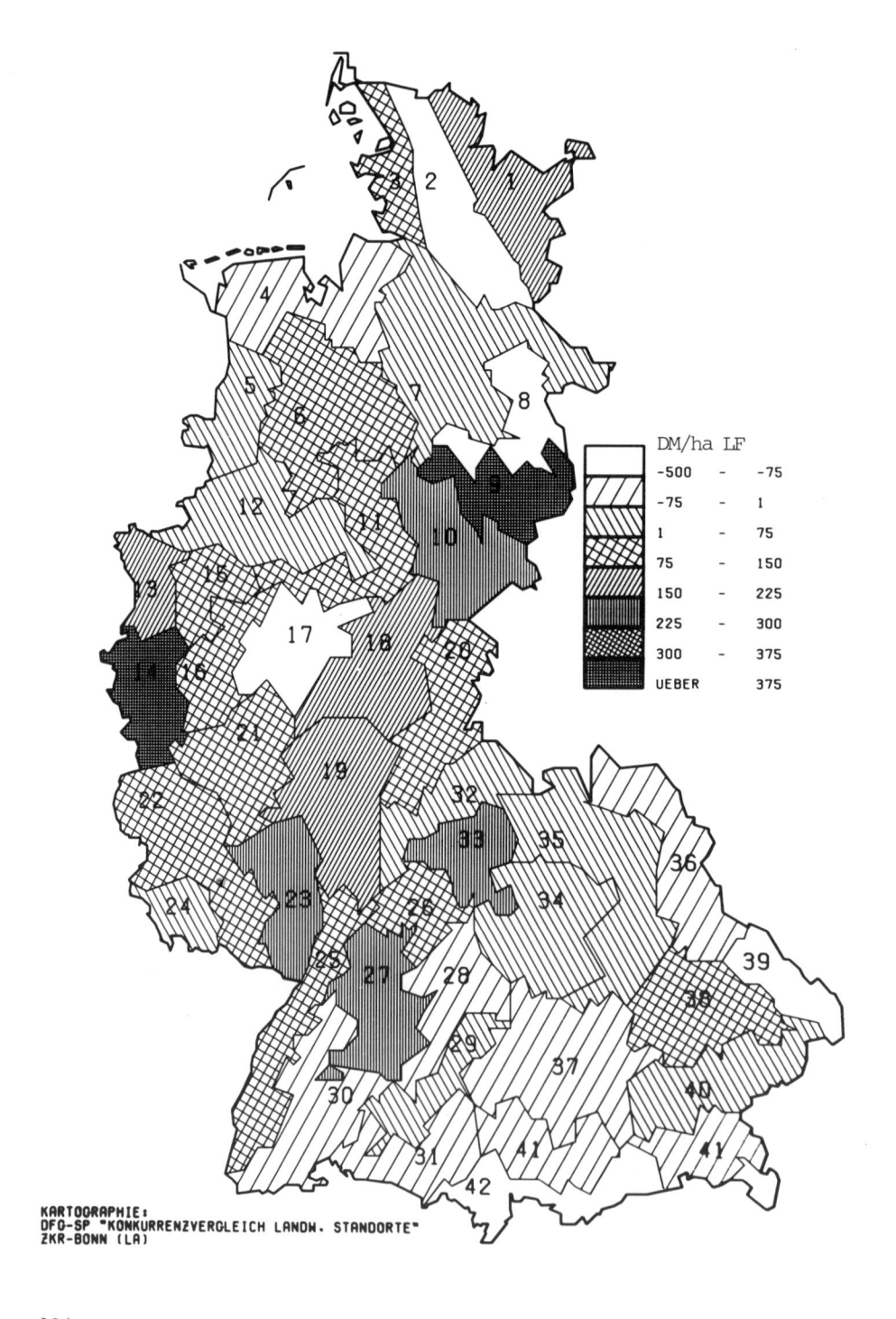

DM/ha LF	
-500	-75
-75	1
1	75
75	150
150	225
225	300
300	375
UEBER	375

KARTOGRAPHIE:
DFG-SP "KONKURRENZVERGLEICH LANDW. STANDORTE"
ZKR-BONN (LA)

nur noch ein absoluter Betrag von 74 DM/ha als funktionales Einkommen des Bodens verblieben wäre.

11 Regionen, vornehmlich die Grünlandgebiete und Regionen, die in der Ausgangssituation bereits keine höhere Grundrente als 200 DM aufzuweisen hatten, erscheinen dann als Regionen, in denen die Grundrente absolut unter Null fällt. Die Zahl der Regionen erhöht sich um mindestens weitere sechs Regionen, in denen die Grundrente stark gegen Null tendiert. In der Vorstellung des Thünen-Modells hieße dies, daß bei der genannten Variation der Preisniveaupolitik fast die Hälfte der Regionen aus dem Raum rentabler Landbewirtschaftung herausfiele, weil der Einfluß der unabhängigen Standortfaktoren die Entstehung einer positiven Grundrente bei durchschnittlicher Technologie nicht zuließe. Es würde also eine durchgreifende Veränderung der interregionalen Wettbewerbssituation in der Landnutzung eintreten. Eine Reallokation des Bodens in Richtung höherer Technologie (Wanderung in größere Betriebseinheiten), Übergang auf andere Produktionsverfahren oder Rückzug aus der landwirtschaftlichen Produktion wären unter solchen Bedingungen die ökonomischen Konsequenzen. Sie können im Modell im einzelnen nur Schritt für Schritt unter Variation verschiedener Parameter simuliert werden.

Aus dem gesamträumlichen Zusammenhang läßt sich jedoch für agrarpolitische Zwecke folgendes herauslesen: Eine Senkung des Agrarpreisniveaus führt insgesamt zu einer Veränderung des Wettbewerbsgefüges in der Landnutzung, wie hier abstrahierend am Modell gezeigt wurde. Es ergibt sich ein ökonomischer Druck, der in den Regionen insgesamt sehr unterschiedlich ausfällt und von ungünstigen strukturellen Bedingungen noch verstärkt werden kann. Wie Einzelauswertungen zeigen, werden die kleineren Betriebsgrößenklassen sowie Regionen mit geringem Marktfruchtanteil am stärksten betroffen.

Im Zusammenhang mit einer Senkung (bzw. unterbliebenen Erhöhung) des Agrarpreisniveaus werden Maßnahmen zur Kompensation der Einkommensausfälle diskutiert (vgl. z.B. PRIEBE, 5).

Es sind prinzipiell zwei verschiedene Ansätze zu unterscheiden:
- Kompensationszahlungen, die eine alternative Verwendung des Bodens nur in einigen ausgewählten Gebieten verhindern sollen (wie z.B. im Bergbauernprogramm) sowie
- Kompensationszahlungen, bei denen von Preisniveausenkungen ausgehende Allokationseffekte prinzipiell nicht tangiert werden sollen.

Bei der erstgenannten Maßnahme entsprechen die Kompensationszahlungen einer Stützung oder Anhebung der Grundrente in den Fördergebieten. In unserem Beispiel wäre in den ausgewählten Regionen durch entsprechende direkte Stützungen das Ausgangsniveau der Grundrenten mindestens bei Null zu halten, so daß die Preisniveausenkung keinen Allokationseffekt für die Landwirtschaftliche Nutzfläche hätte. Um Allokationswirkungen zur Erzielung von Marktgleichgewichten zu erreichen, wären folgende Konsequenzen erforderlich:

- Die Preissenkung müßte stärker ausfallen, um außerhalb der Fördergebiete die positiven (höheren) Grundrenten in anderen Regionen abzubauen.
- Die Grundrentenstützungen in den Fördergebieten müßten entsprechend erhöht werden.

Aus gesamträumlicher Sicht ergibt sich dann eine andere interregionale Rangfolge in der komparativen Wettbewerbskraft der Regionen, da die Fördergebiete aus dem regionalen Wettbewerbsgefüge herausragen. Insofern verlagert sich der Zwang zur Anpassung an andere Standorte, die dann die Konsequenzen zu tragen hätten.

Wird zur Kompensation der negativen Wirkungen einer Agrarpreisniveausenkung die Auszahlung nicht an einen Verbleib des Bodens in der Landnutzung geknüpft, sondern die Fläche nur als Verteilungskriterium benutzt, dann schlagen sich die Veränderungen der regionalen Grundrentenstruktur in der aufgezeigten Form nieder (vgl. Karten 2 und 3). Das interregionale Wettbewerbsgefüge wäre in diesem Fall nach der Rangfolge in Karte 3 unverändert. Inwieweit aus anderen Gründen der interregional sehr unterschiedliche relative Einkommensausgleich zu Veränderungen im Faktoreinsatz führen könnte, soll hier nicht untersucht werden.

4 Zusammenfassung

Mit Hilfe eines interregionalen Prozeßanalysemodells läßt sich der Einfluß der Standortfaktoren auf die Einkommensentstehung und funktionale Einkommensverteilung formal abbilden. Trotz einiger abstrahierender Annahmen kann somit das Thünen-Problem unter vergleichsweise realistischen Annahmen für das Bundesgebiet untersucht werden.

Das regionale Grundrentenniveau wird bei unausgelasteter Arbeits- und Kapitalkapazität vorrangig von den natürlichen Verhältnissen bestimmt. Bei einzelnen Produkten besitzt jedoch auch die Verkehrslage einen merklichen Einfluß. Unterstellt man volle Arbeits- und Kapitalmobilität, dominieren die mit der Betriebsgröße verbundenen Scale-Effekte und unterstellten Vergleichslöhne.

Im interregionalen Vergleich zeigt sich daher unter den Verhältnissen der Basisperiode die bekannte Überlegenheit der Ackerbaustandorte, die erhebliche Differentialrenten gegenüber anderen Regionen beziehen. Es wird auch deutlich, in welchen Räumen die komparative Wettbewerbskraft der Landbewirtschaftung sehr niedrig liegt.

Bei Betrachtung des Thünen-Problems unter realitätsnäheren Bedingungen stellt sich deshalb der interregionale Wettbewerb der Landbewirtschaftung in der Bundesrepublik als ein sehr differenziertes Beziehungsgefüge zwischen Regionen, Betriebsgruppen und Produkten dar.

Literatur

1. BAUERSACHS, F.: Die formale Strukturierung und inhaltliche Ausgestaltung von empirischen Ansätzen für interregionale Prozeßanalysemodelle des Agrarsektors in der BRD, Forschungsbericht 107 des DFG-SP, Bonn 1973, Mimeographie.

2. GROTE, H.: Umfang und Bestimmungsgründe des Direktabsatzes von Eiern und Speisekartoffeln in den Regionen der BRD. Manuskript, Bonn 1976.

3. HENRICHSMEYER, W., und DE HAEN, H.: Zur Konzeption des Schwerpunktprogramms der Deutschen Forschungsgemeinschaft "Konkurrenzvergleich landwirtschaftlicher Standorte". Agrarwirtschaft, Jg. 21, Heft 5 (Mai), S. 141 - 152.

4. Konkurrenzvergleich landwirtschaftlicher Standorte: Materialien, Forschungsberichte sowie Vorlagen für die Diskussionsgruppe A dieser Tagung. Erhältlich beim Autor, Bonn, Nußallee 21.

5. PRIEBE, H., und Mitarb.: Probleme eines Preis- Beihilfen-Systems für die Landwirtschaft, Frankfurt, 1976, Mimeographie.

6. SCHRADER, H.: Regionale Faktorallokation in der Landwirtschaft - Quantitative Analyse der regionalen Unterschiede des Faktoreinsatzes und Konsequenzen für die Agrar- und Regionalpolitik. Referat GEWISOLA Berlin, 1976, in diesem Band.

7. SCHULDT, V.: Versuch einer Grundrentenmessung im landwirtschaftlichen Marktfruchtbau in Schleswig-Holstein. In: Berichte über Landwirtschaft, Bd. 51, 1973.

8. THÜNEN, J.H. von: Der isolierte Staat in Beziehung auf Landwirtschaft und Nationalökonomie (Hamburg, 1926), Stuttgart, 1966.

9. WEINSCHENCK, G., und HENRICHSMEYER, W.: Zur Theorie und Ermittlung des räumlichen Gleichgewichts der landwirtschaftlichen Produktion, Berichte über Landwirtschaft, N.F., Band XLIV, Heft 2, S. 201 - 242, 1966.

10. WEINSCHENCK, G.: Marktwirtschaft und Betriebswirtschaft, Möglichkeiten und Grenzen der Verknüpfung von Makro- und Mikroanalyse in der quantitativen Forschung. In: Landwirtschaftliche Marktforschung in Deutschland, München, Basel, Wien, 1967, S. 51 - 84.

REGIONALE FAKTORALLOKATION IN DER LANDWIRTSCHAFT
- QUANTITATIVE ANALYSE DER REGIONALEN UNTERSCHIEDE DES
FAKTOREINSATZES UND KONSEQUENZEN FÜR DIE AGRAR- UND
REGIONALPOLITIK

von

Helmut Schrader, Bonn

1	Einleitung	200
2	Kennzeichnung der Vorgehensweise	200
2.1	Empirische Fragestellung im Hinblick auf agrar- und regionalpolitische Relevanz	200
2.2	Zur Art der Betrachtungsweise: Zentralität als Maßstab der räumlichen Dimension	200
2.3	Untersuchungsmethode und Datengrundlage	202
2.4	Messung der Standorteinflüsse	202
3	Standorttheoretische Hypothesen als theoretische Bezugsbasis der empirischen Analyse	204
3.1	Von-Thünen-Hypothese	204
3.2	Ricardo-Hypothese	204
3.3	Schultz-Hypothese	204
4	Landwirtschaftlicher Faktoreinsatz in Abhängigkeit von den Standorteinflüssen	205
4.1	Statistische Abhängigkeit der Standortvariablen	205
4.2	Faktoreinsatzrelationen und -produktivitäten unter dem Einfluß der unabhängigen Standortvariablen	205
4.3	Faktoreinsatzrelationen und -produktivitäten bei simultaner Betrachtung der wesentlichen Standortvariablen	207
5	Schlußfolgerungen für die Agrar- und Regionalpolitik	211
5.1	Hinweise zur Gestaltung der Agrarpolitik	211
5.2	Hinweise zur Gestaltung der Regionalpolitik im Hinblick auf den landwirtschaftlichen Faktoreinsatz	212

1   Einleitung

Der wissenschaftliche Beitrag JOHANN-HEINRICH VON THÜNENs für die ökonomische Theorie im allgemeinen und die agrarökonomische Forschung im besonderen wird auf der diesjährigen WISOLA-Tagung in vielfältiger Art und Weise gewürdigt. Bei der vorliegenden empirischen Analyse regionaler Unterschiede im Einsatz landwirtschaftlicher Produktionsfaktoren wird abstrahierend im Sinne VON THÜNENs versucht, eine Quantifizierung der Standorteinflüsse mit Blickrichtung auf die landwirtschaftlichen Faktormärkte vorzunehmen. Während sich Einflüsse unterschiedlicher Produktmärkte und räumliche Wettbewerbsbeziehungen zwischen landwirtschaftlichen Produktionsprozessen eher durch disaggregierte interregionale Gleichgewichtsanalysen auf der Basis von Prozeßanalysemodellen (BAUERSACHS, 5) operational darstellen lassen, können bei aggregierter Betrachtung der Landwirtschaft unter Vernachlässigung der Besonderheiten in der Produktionszusammensetzung (Annahme einer regional gegebenen Produktmischung) ergänzende Informationen über die Unterschiede im Arbeits-, Kapital- und Vorleistungseinsatz bei der landwirtschaftlichen Raumnutzung gewonnen werden. Damit wird zugleich eine Brücke zu detaillierten Untersuchungen einzelner Faktormärkte geschlagen (vgl. beispielsweise DE HAEN und v. BRAUN, 14).

2   Kennzeichnung der Vorgehensweise

2.1 Empirische Fragestellung im Hinblick auf agrar- und regionalpolitische Relevanz

Im einzelnen werden folgende Fragen am Beispiel der Bundesrepublik Deutschland empirisch untersucht:

a) In welchem Ausmaß verändern sich die Faktorproportionen und Faktorproduktivitäten unter zeitlichen und räumlichen Einflüssen? Bei den räumlichen Einflüssen wird hinsichtlich der Lage zu den Zentren im Sinne VON THÜNENs (Bezugs- und Absatzbedingungen) und den natürlichen Gegebenheiten (Bodenfruchtbarkeit) im Sinne RICARDOs unterschieden.

b) In wieweit lassen sich die partiellen Einflüsse einzelner Standortfaktoren auf die regionalen Faktoreinsatzrelationen und -produktivitäten bei simultaner Betrachtung isolieren?

c) Welche Schlußfolgerungen können im Hinblick auf die Faktorallokation in der Landwirtschaft für die Gestaltung des agrar- und regionalpolitischen Instrumenteinsatzes gezogen werden?

2.2 Zur Art der Betrachtungsweise: Zentralität als Maßstab der räumlichen Dimension

Bei der Analyse werden die regional ausgewiesenen Werte der Agrarstatistik als regionale Merkmalsausprägungen in einem räumlichen Kontinuum mit fließenden Übergängen interpretiert. Diese Art der Betrachtungsweise, die kennzeichnend für Arbeiten von ISARD (18), v. BÖVENTER (6) und anderen ist, führt ohne allzu großen Informationsverlust zu einer Vereinfachung der Darstellung und erlaubt generalisierende Tendenzaussagen über die räumlichen Verteilungen der betrachteten Variablen.

Als Meßgröße für die Entfernung von einem idealtypisch gedachten Zentrum wird ein Indikator "Zentralität der Lage" berechnet (siehe dazu die Definition im Anhang). Dadurch wird jeder Raumeinheit ein Indexwert der Nähe zu den Verdichtungsgebieten, gewogen mit der Bevölkerung im jeweiligen Verdichtungsgebiet, zugeordnet. Dieser Zentralitätsindex soll in erster Linie die Absatzmöglichkeiten einer Region für Agrarprodukte im potential-theoretischen Sinne beschreiben (vgl. ISARD, 17). Darüber hinaus stellt er einen Maßstab für die Erreichbarkeit bzw. Abgelegenheit eines Gebietes im gesamträumlichen Gefüge der Bundesrepublik dar und wirkt indirekt auf die Ausprägung von Produkt- und Faktormarktbedingungen, die sich zum Teil nicht explizit messen lassen (sozio-kultureller und wirtschaftlicher Integrationsgrad,

Karte 1: Index der großräumlichen Zentralität = Lage zu den Verdichtungsräumen
(Mittelwert der BRD = 100)

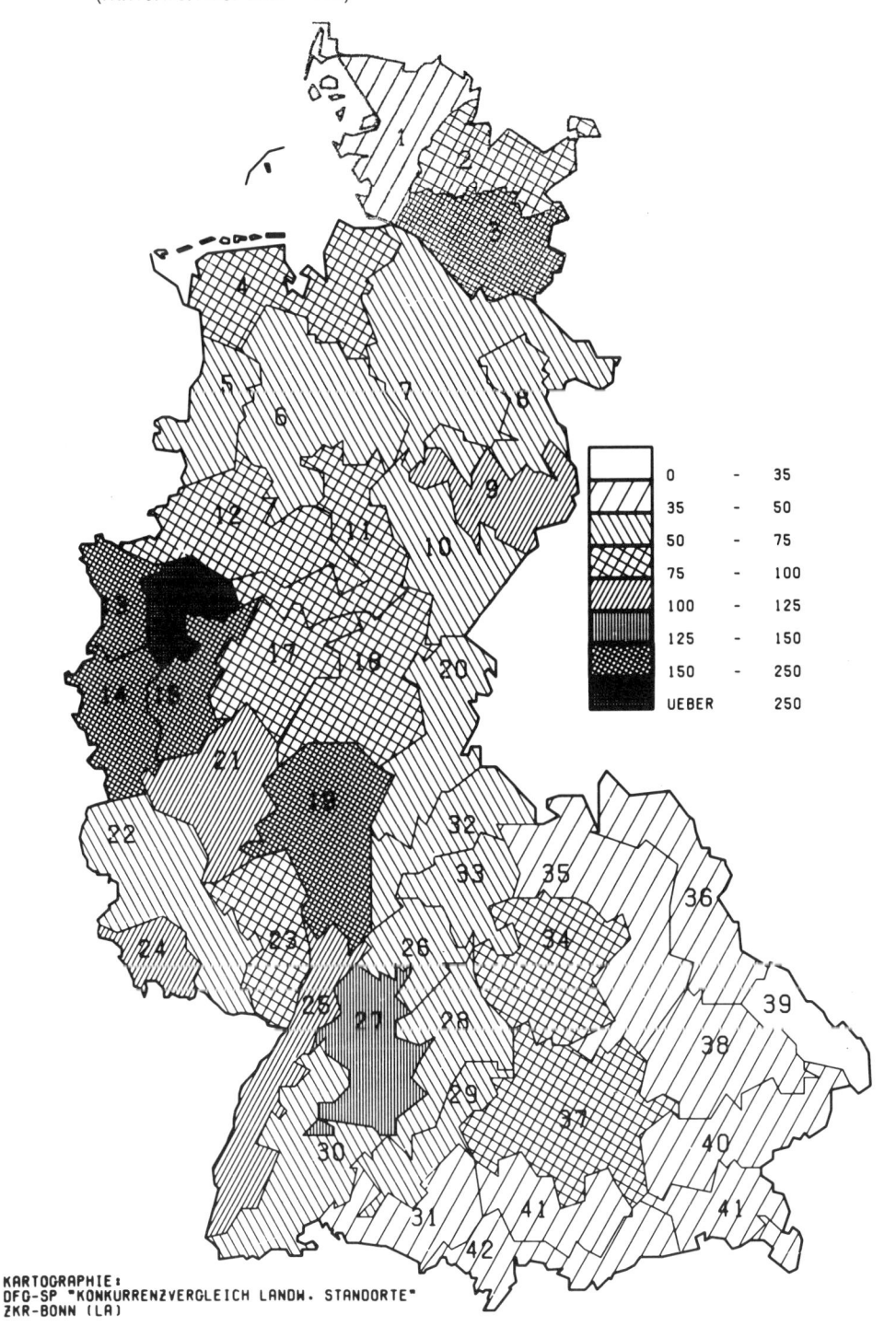

	0 – 35
	35 – 50
	50 – 75
	75 – 100
	100 – 125
	125 – 150
	150 – 250
UEBER	250

KARTOGRAPHIE:
DFG-SP "KONKURRENZVERGLEICH LANDW. STANDORTE"
ZKR-BONN (LA)

traditionsverpflichtete Verhaltensnormen). Die Karte 1 zeigt deutlich die Abstufung des Zentralitätsgefälles vom Ruhrgebiet in südöstlicher Richtung bis zum Bayerischen Wald und in nordöstlicher Richtung bis zum Norden Schleswig-Holsteins.

2.3 Untersuchungsmethode und Datengrundlage

Die Analyse der agrar- und regionalstatistischen Kennziffern wird in Form der kombinierten Zeitreihen- Querschnittsanalyse durchgeführt, so daß räumliche Strukturunterschiede und zeitliche Veränderungen der Technologiebedingungen und Verhaltensweisen simultan berücksichtigt werden können. Als Datengrundlage dient im wesentlichen die Testbetriebsstatistik des BML, gegliedert nach 42 Wirtschaftsgebieten 1) für die Wirtschaftsjahre 1968/69 bis 1974/75, ergänzt durch regionalstatistische Materialien, die der amtlichen Kreisstatistik entnommen und für die 42 Wirtschaftsgebiete aggregiert wurden.

Unter den multivariaten statistischen Methoden wird häufig die Faktoranalyse ausgewählt, um die Vielzahl der Informationen der regionalen Agrar- und Wirtschaftsstatistik auf wenige Einflußgrößen (hypothetische Faktoren) zurückzuführen, die aber nicht zwingend in einem logischen Zusammenhang stehen müssen (ALTMANN, 2; PETERS, 22). Dadurch erreicht man in erster Linie eine Reduktion der Daten ohne großen Informationsverlust und kann zum Zwecke der Beschreibung für verschiedene Fragestellungen beispielsweise Gebiete abgrenzen und typisieren (STRUFF, 29). Um den Kausalzusammenhang zwischen Standortgegebenheiten und Faktoreinsatz in der Landwirtschaft etwas aufzuhellen, werden statt der Faktorenanalyse multiple Regressionsrechnungen durchgeführt. Aufgrund der Monokausalität der Beziehungsrichtung zwischen Standortbedingungen und Faktoreinsatzmengen ist die Spezifikation der Schätzmodelle als Eingleichungsmodelle unproblematisch.

2.4 Messung der Standorteinflüsse

Schrittweise werden im einzelnen die landwirtschaftlichen Faktorproportionen und Faktorproduktivitäten mit den folgenden quantifizierten Standorteinflüssen, den sogenannten "Standortvariablen" in Beziehung gesetzt (vgl. dazu Übersicht 1):

a) Zentralität der Lage im Raum: gemessen durch den oben angegebenen Index.
b) Natürliche Bedingungen: gemessen durch den Einheitswert in DM je ha landwirtschaftlich genutzter Fläche und den Ackerlandanteil in v.H. der landwirtschaftlich genutzten Fläche.
c) Zeitliche Veränderungen: gemessen in Form von Trendvariablen.
d) Agrarstrukturbedingungen: gemessen durch die Betriebsgröße in ha landwirtschaftlich genutzter Fläche und die Teilstückgröße in ha landwirtschaftlich genutzter Fläche.
e) Determinanten der Opportunitätskosten: Industrialisierungsgrad, Lohnniveau und Arbeitslosigkeit in den Regionen.

---

1) Die Aufteilung des Bundesgebietes in 42 landwirtschaftliche Produktionsregionen erfolgte nach dem Homogenitätsprinzip unter Berücksichtigung der landwirtschaftlichen Standortbedingungen und ist deshalb für die folgende Analyse besonders geeignet. Vgl. BAUER-SACHS (4) und DE HAEN (13). Korrelationsrechnungen zwischen Variablen der Landwirtschaftszählungen und Durchschnittswerten der Testbetriebsstatistik zeigten auf der Ebene der 42 Regionen eine hohe Übereinstimmung bei der Bodenklimazahl, beim Einheitswert je ha und bei den Erträgen, so daß man bezüglich der natürlichen Bedingungen von weitgehender Repräsentanz der Daten ausgehen kann.

Übersicht 1: Systematik der Standorteinflüsse im Hinblick auf die Quantifizierung

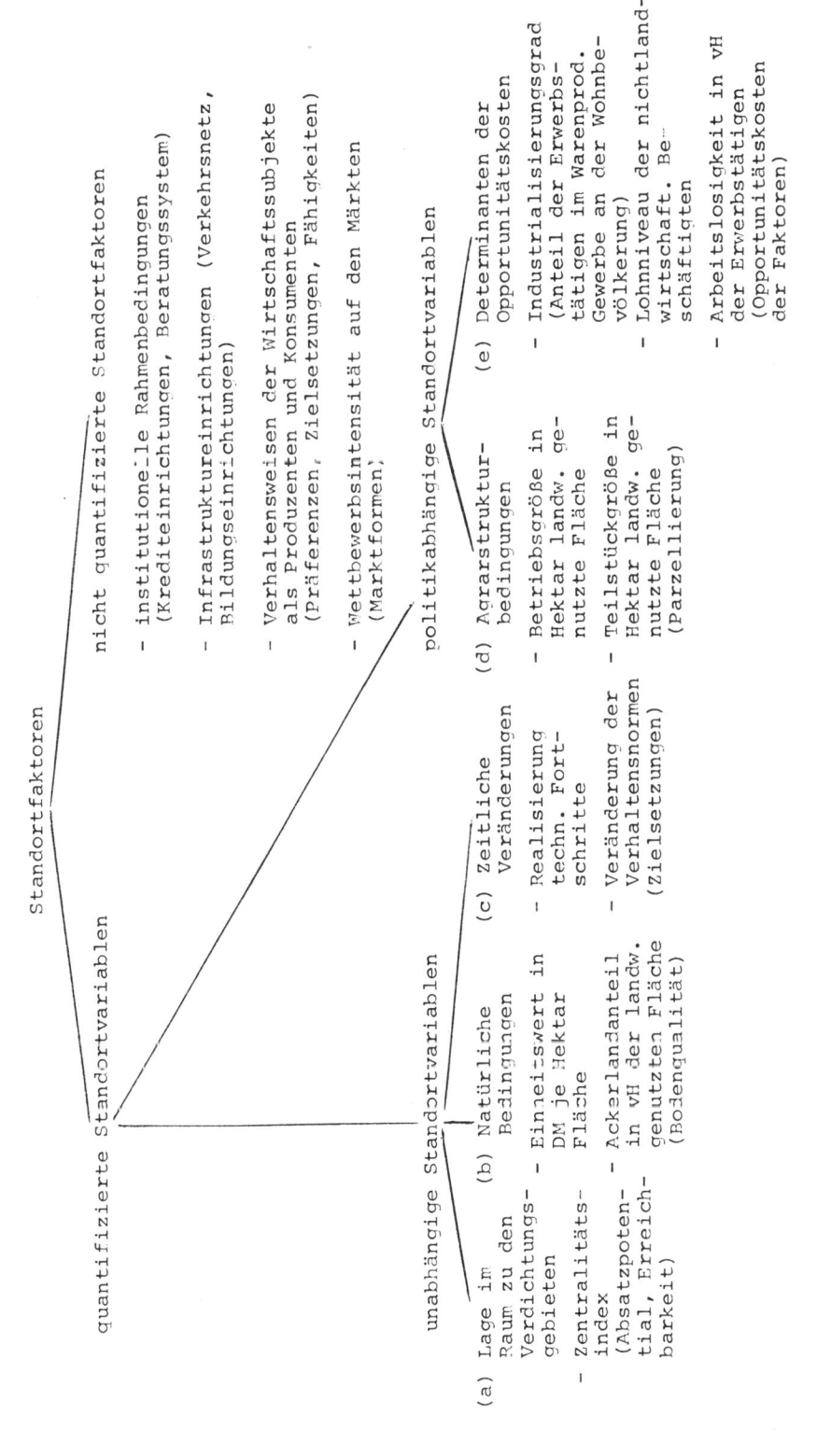

Standortfaktoren

quantifizierte Standortfaktoren

unabhängige Standortvariablen

(a)
- Lage im Raum zu den Verdichtungsgebieten
- Zentralitätsindex (Absatzpotential, Erreichbarkeit)

(b) Natürliche Bedingungen
- Einheitswert in DM je Hektar Fläche
- Ackerlandanteil in vH der landw. genutzten Fläche (Bodenqualität)

(c) Zeitliche Veränderungen
- Realisierung techn. Fortschritte
- Veränderung der Verhaltensnormen (Zielsetzungen)

politikabhängige Standortvariablen

(d) Agrarstrukturbedingungen
- Betriebsgröße in Hektar landw. genutzte Fläche
- Teilstückgröße in Hektar landw. genutzte Fläche (Parzellierung)

(e) Determinanten der Opportunitätskosten
- Industrialisierungsgrad (Anteil der Erwerbstätigen im Warenprod. Gewerbe an der Wohnbevölkerung)
- Lohnniveau der nichtlandwirtschaftl. Beschäftigten
- Arbeitslosigkeit in vH der Erwerbstätigen (Opportunitätskosten der Faktoren)

nicht quantifizierte Standortfaktoren

- institutionelle Rahmenbedingungen (Krediteinrichtungen, Beratungssystem)
- Infrastruktureinrichtungen (Verkehrsnetz, Bildungseinrichtungen)
- Verhaltensweisen der Wirtschaftssubjekte als Produzenten und Konsumenten (Präferenzen, Zielsetzungen, Fähigkeiten)
- Wettbewerbsintensität auf den Märkten (Marktformen)

3 Standorttheoretische Hypothesen als theoretische Bezugsbasis der empirischen Analyse

Für die Beurteilung der nachfolgenden empirischen Analyse sollen die Theorieaussagen der klassischen und neueren Standorttheorie (HENRICHSMEYER, 16) in drei zentrale Hypothesen zur Erklärung der landwirtschaftlichen Bodennutzung und Faktorverwendung eingeteilt werden.

3.1 Von Thünen-Hypothese

Von THÜNEN abstrahiert durch die Annahme einer homogenen Ebene bewußt von unterschiedlichen natürlichen Bedingungen und versucht die Intensität der Landnutzung und Ausbildung unterschiedlicher Bodenrenten durch die Nähe zu einer zentralen Stadt, d.h. durch die unterschiedliche Erreichbarkeit eines Bezugs- und Absatzzentrums für die Landwirtschaft zu erklären. Dieser Gesichtspunkt soll durch die Quantifizierung des Index der Zentralität der Lage seinen Niederschlag finden. Da bei der aggregierten Betrachtung von einem homogenen Sektorprodukt ausgegangen wird, läßt sich die Analyse als eine Untersuchung der Faktoreinsatzbedingungen innerhalb eines großräumigen von Thünen-Rings, der sich bis in die Peripherie hinein erstreckt, interpretieren.

In Übereinstimmung mit den beobachtbaren Verhältnissen wird davon ausgegangen, daß mit abnehmender Zentralität die Produktpreise fallen, die Löhne fallen, die Zinsen und Vorleistungspreise weitgehend konstant bleiben, da die landwirtschaftliche Komponente der Betriebsmittel im Preis mit den Produktpreisen fällt, während die Betriebsmittel gewerblichen Ursprungs im Preis leicht ansteigen. Demzufolge müßte zur Peripherie hin der Kapital- und Vorleistungseinsatz je ha ebenfalls abnehmen.

3.2 Ricardo-Hypothese

Im Gegensatz zu von THÜNEN versucht RICARDO die unterschiedlichen Bodenrenten und Faktorintensitäten auf die Unterschiede in den natürlichen Standortbedingungen (Bodenfruchtbarkeit) und die Einflüsse veränderter Technologien (technischer Fortschritt) zurückzuführen. Anstelle einer Lage- bzw. Intensitätsrente ergibt sich bei ihm eine Differential- bzw. Qualitätsrente. Es wird erwartet, daß mit besseren natürlichen Bedingungen die Bewirtschaftungsintensität zunimmt, d.h. der Einsatz von Kapital, Vorleistungen und Arbeit je ha landwirtschaftlicher Nutzfläche steigt an, da bessere natürliche Verhältnisse wie eine Vermehrung des Faktor Bodens zu interpretieren sind bzw. wie eine geringere Bodenknappheit. Bei regional gegebenen Faktorpreisen wird es ökonomisch sinnvoll, den Einsatz der Produktionsfaktoren je Flächeneinheit zu steigern. In gleicher Richtung wirken tendenziell autonome technische Fortschritte, sofern sie nicht faktorgebunden auftreten.

3.3 Schultz-Hypothese

Unter diesem Namen wurde eine im angelsächsischen Sprachgebiet dominierende These durch SCHMITT und PETERS (25) im deutschsprachigen Raum bekanntgemacht. Danach werden die landwirtschaftlichen Faktormärkte durch die unterschiedliche städtisch-industrielle Entwicklung, die nur punktuell im Raum auftritt, weitgehend geprägt. Mit zunehmender Integration der industrienahen Agrargebiete werden die Bezugsmöglichkeiten für landwirtschaftliche Betriebsmittel verbessert, die Mechanisierung und Einführung technischer Neuerungen bei zunehmender Kapitalausstattung je Flächeneinheit begünstigt, durch Schaffung besserer Erwerbsmöglichkeiten die Abwanderungstendenzen landwirtschaftlicher Arbeitskräfte verstärkt und der strukturelle Wandel beschleunigt. Damit sind höhere landwirtschaftliche je Kopf Einkommen in den industrialisierten Gebieten zu erwarten. Das umgekehrte gilt als "retardation"-Hypothese (SCHULTZ, 27) für die industriearmen ländlichen Gebiete (vgl. zur "industrial-urban"-Hypothese auch RUTTAN, 24; NICHOLLS, 21, und KATZMAN, 19, der für Brasilien Übereinstimmungen und Gegensätzlichkeiten der von Thünen- und Schultz-Hypothese herausgearbeitet und empirisch geprüft hat). Die Schultz-Hypothese wird durch die Opportunitätskostenbedingungen - Industrialisierungsgrad, Lohnniveau und Arbeitslosigkeit - empirisch getestet.

4 Landwirtschaftlicher Faktoreinsatz in Abhängigkeit von den Standorteinflüssen

4.1 Statistische Abhängigkeit der Standortvariablen

Zielsetzung der empirischen Analyse ist es, die Streuung der zu untersuchenden Strukturgrößen auf partielle Standorteinflüsse zurückzuführen. Dazu ist eine wesentliche Vorbedingung, daß die Standortvariablen nicht durch zu hohe Multikollinearität statistisch voneinander abhängig sind. Wie ein Blick auf die Korrelationsmatrix in Übersicht A2 im Anhang zeigt, sind die Einfachkorrelationen zwischen den einzelnen Variablen im großen und ganzen sehr niedrig und überschreiten nur selten den Wert $r = 0.5$. Insgesamt zeigt sich ein sehr unterschiedliches Zusammentreffen verschiedenartiger Standortbedingungen, so daß man erwarten kann, daß sich die einzelnen Standorteinflüsse bei der folgenden ökonometrischen Analyse gut separieren lassen.

4.2 Faktoreinsatzrelationen und -produktivitäten unter dem Einfluß der unabhängigen Standortvariablen

Im folgenden werden die Faktorproportionen und partiellen Produktivitäten in ihrer Abhängigkeit von den klassischen Standortbedingungen im Sinne VON THÜNENs und RICARDOs dargestellt. Die Übersichten enthalten die partiellen Regressionskoeffizienten und zur statistischen Prüfung

Übersicht 2: Faktorproportionen in Abhängigkeit von Zentralität der Lage, zeitlichem Einfluß und natürlichen Bedingungen

Abhängige Variablen[1]	ZG Zentralität	T Zeit	N_1 Einheitswert je ha LF	$\bar{R}^2$ (N = 294)
Arbeit/Boden	-.056 x (.026)	-.068 x (.006)	.014 (.044)	.346
Kapital/Boden	.157 x (.026)	.033 x (.006)	-.253 x (.045)	.186
Vorleistungen/ Boden	.112 x (.027)	.001 (.006)	.251 x (.046)	.266
Vieh/Boden	.073 (.041)	.045 x (.009)	-.064 (.071)	.079
Kapital/Arbeit	.213 x (.028)	.101 x (.006)	-.267 x (.048)	.519
Vorleistungen/ Arbeit	.168 x (.037)	.069 x (.008)	.236 x (.064)	.346
Vieh/Arbeit	.125 x (.037)	.078 x (.008)	-.383 x (.064)	.282

x signifikant mit einer Irrtumswahrscheinlichkeit von $P = .05$
[1] Doppelt-logarithmische Beziehung, Zeit linear.

in Klammern die Standardfehler. Das korrigierte Bestimmtheitsmaß ist jeweils mit angegeben, um anzuzeigen, inwieweit die jeweiligen Größen bereits durch räumliche, zeitliche und natürliche Bedingungen determiniert werden.

Die Ausprägung der Faktorproportionen entspricht im wesentlichen sowohl den Aussagen VON THÜNENs als auch RICARDOs. Aufgrund steigender Löhne zum Zentrum hin ist der abnehmende Arbeitseinsatz je Flächeneinheit leicht erklärbar. Auffallend ist, daß der Viehbesatz lediglich im Zeitablauf steigt aber weder von den natürlichen Bedingungen noch von der Zentralität statistisch gesichert beeinflußt wird. Hinsichtlich des Anlagekapitals zeigt sich zum Zentrum hin steigende Intensität, jedoch die umgekehrte Ausprägung ist bezüglich der natürlichen Bedingungen festzustellen. Je besser der natürliche Standort ist, umso mehr Vorleistungen, aber umso weniger Anlagekapital (Maschinen und Gebäude) wird eingesetzt bei nahezu gleichbleibendem Arbeitseinsatz. Das ist vorwiegend auf arbeitsintensivere Produktionsverfahren mit hoher Rentabilität (Hackfruchtbau) in den von der Natur begünstigten Gebieten zurückzuführen.

Wenden wir uns nun den partiellen Produktivitäten zu. Entsprechend der zunehmenden Kapitalintensität zum Zentrum hin und im Zeitablauf steigt auch die Bruttoarbeitsproduktivität. Die Bodenproduktivität bleibt zum Zentrum hin konstant, während mit der Intensivierung die Kapital- und Vorleistungsproduktivitäten sinken. Dagegen führt die Kapitalisierung im Zeitablauf nicht zu einem Absinken, sondern sogar zu einem leichten Anstieg der Kapital- und Vorleistungsproduktivität bei gleichzeitiger Zunahme der Boden- und Arbeitsproduktivität, was auf die Realisierung technischer Fortschritte zurückzuführen ist. Mit günstigeren natürlichen Verhältnissen erhöhen sich ebenfalls die partiellen Produktivitäten. Lediglich die Vorleistungsproduktivität bleibt nahezu konstant.

Übersicht 3: Partielle Faktorproduktivitäten in Abhängigkeit von Zentralität der Lage, zeitlichem Einfluß und natürlichen Bedingungen

Abhängige Variablen[1]	ZG Zentralität	T Zeit	N_1 Einheitswert je ha LF	$\bar{R}^2$ (N = 294)
Bruttoertrag/ Arbeit	.073 x (.029)	.082 x (.006)	.217 x (.049)	.454
Bruttoertrag/ Boden	.017 (.019)	.014 x (.004)	.232 x (.033)	.252
Bruttoertrag/ Kapital	-.140 x (.028)	.019 x (.006)	.485 x (.048)	.262
Bruttoertrag/ Vorleistungen	-.095 x (.013)	.013 x (.003)	-.019 (.022)	.282
Nettoertrag/ Arbeit	-.034 (.023)	.096 x (.005)	.207 x (.040)	.583
Nettoertrag/ Boden	-.090 x (.019)	.028 x (.004)	.221 x (.032)	.260
Nettoertrag/ Kapital	-.247 x (.025)	.005 (.005)	.474 x (.042)	.327

x signifikant mit einer Irrtumswahrscheinlichkeit von P = .05
1) Doppelt-logarithmische Beziehung, Zeit linear.

Die geringe Erhöhung der Arbeitsproduktivität bei relativ starker Zunahme der Kapitalausstattung je Arbeitskraft läßt insgesamt eine leichte Abnahme der globalen Faktorproduktivität zum Zentrum hin erwarten. Um dieser Frage nachzugehen, wird im folgenden die Faktorproduktivität aus dem Effizienzparameter einer aggregierten Produktionsfunktion abgeleitet. Die Parameter der Funktion werden aus einer doppelt logarithmischen Schätzgleichung (Cobb Douglas-Hypothese) mit einer Zeitvariablen zur Berücksichtigung autonomer technischer Fortschritte ermittelt. Auf die Formulierung komplizierterer Funktionstypen wie CES- oder VES-Funktionen wird an dieser Stelle verzichtet, da bei einer vorausgehenden Analyse mit ähnlichem Datenmaterial gezeigt werden konnte (SCHRADER, 26, S. 139), daß sich bei Annahme einer CES-Funktion keine wesentlich bessere Erklärung des Zusammenhangs zwischen Produktion und Faktoreinsatz ergibt. Wie aus Übersicht 4 zu ersehen ist, sind die Produktionselastizitäten mit Ausnahme des Kapitals in Gleichung (1) statistisch gesichert [1]. Bei expliziter Berücksichtigung der natürlichen Bedingungen und der Zentralität zur Erfassung regionaler Unterschiede des Effizienzparameters in der Funktion in Gleichung (3) und (4) tritt der partielle Einfluß des Kapitals als limitierender Produktionsfaktor deutlich sichtbar hervor. Hier bestätigt sich die oben geäußerte Erwartung, daß mit zunehmender Zentralität der Lage die Effizenz des Faktoreinsatzes in der Landwirtschaft c.p. abnimmt. In den zentral gelegenen Gebieten ist die Effizienz nur bei günstigeren Bodenverhältnissen besser als im Durchschnitt. Auf die daraus sich ergebenden Konsequenzen für die Agrar- und Regionalpolitik wird später noch einzugehen sein. Als These läßt sich festhalten, daß die zentralen Gebiete offensichtlich relativ zum Durchschnitt überkapitalisiert sind oder durch geringere Kapitalauslastung gekennzeichnet sind. Auf der anderen Seite scheinen die peripheren Gebiete bei gleichen natürlichen Bedingungen gegenüber dem Durchschnitt insgesamt produktiver zu sein.

4.3 Faktoreinsatzrelationen und -produktivitäten bei simultaner Betrachtung der wesentlichen Standortvariablen

Neben den unabhängigen Standortvariablen, die durch Politikmaßnahmen wenig oder nicht beeinflußbar sind, werden in diesem zweiten Abschnitt die Agrarstrukturbedingungen und explizite formulierte Faktormarktbedingungen zusätzlich in die Analyse einbezogen. Die Ergebnisse sind in den Übersichten 5 und 6 zusammengestellt. Sie führen zu folgenden Thesen:

(1) Die unabhängigen Standortvariablen behalten ihren weitgehend gesicherten Einfluß auf Faktorproportionen und Faktorproduktivitäten.

(2) Durch die ergänzenden Variablen der Agrarstruktur- und Faktormarktbedingungen werden die Determinationskoeffizienten der Schätzgleichungen mehr als verdoppelt. Die Variablen leisten also zusätzliche Erklärungsbeiträge.

(3) Gebiete mit höherem Ackerlandanteil sind durch höhere Kapital- und Vorleistungsintensität und ebenfalls im wesentlichen höhere Produktivitäten gekennzeichnet.

(4) Bei den Agrarstrukturvariablen zeigt sich deutlich, daß mit größeren Teilstücken (geringerer Flurzersplitterung) Einsparungen im Faktoreinsatz verbunden sind. Durchschnittsproduktivi-

---

[1] Die Instabilität einzelner Koeffizienten, das gilt insbesondere hinsichtlich der Produktionselastizität der Arbeit, deutet darauf hin, daß die Variablen im Raum nicht genügend homogen sind. Detailliertere Schätzungen, die hier den Rahmen der Darstellungsmöglichkeiten sprengen würden, zeigten, daß bei Berücksichtigung von Strukturunterschieden im Arbeitseinsatz, z.B. Anteil der Familien-AK oder der männlichen AK, der Einfluß der Arbeit als Produktionsfaktor gesichert blieb. Die hier wegen der besseren Vergleichbarkeit präsentierten Funktionen sind daher zur Berechnung des regionalen Abwanderungspotentials weniger geeignet.

Übersicht 4: Produktionsfunktionen zur Ermittlung der globalen Faktorproduktivität für 42 Regionen (N = 294 Beobachtungen)

Variablen / Alternativen	A Arbeit	B Boden	C Kapital	V Vorleistungen	T Zeit	N_1 Natürl. Beding.	ZG Zentralität	$\bar{R}^2$ (SSE)	SK Skalenelastizit.
(1) Bruttoertrag = $f(A,B,C,V,T)$ $a_0 = 3.522$	.143x (.031)	.174x (.025)	.012 (.018)	.647x (.015)	.025x (.002)			.974 (.057)	.975
(2) Nettoertrag = $f(A,B,C,T)$ $a_0 = 7.001$	.419x (.071)	.559x (.052)	.103x (.042)		.053x (.005)			.820 (.132)	1.081
(3) Bruttoertrag = $f(A,B,C,V,T,N_1,ZG)$ $a_0 = 2.231$	.049 (.030)	.169x (.024)	.064x (.017)	.645x (.015)	.017x (.002)	.108x (.014)	-.063x (.008)	.980 (.050)	.927
(4) Nettoertrag = $f(A,B,C,T,N_1,ZG)$ $a_0 = 4.007$	.144x (.069)	.563x (.046)	.192x (.039)		.035x (.005)	.298x (.031)	-.112x (.017)	.862 (.116)	.900

Schätzfunktion = $\ln Y_{rt} = a_0 + a_1 \ln X_{1,rt} + \ldots + a_n \ln x_{n,rt}$ (Regionen: $r = 1, \ldots, 42$; Jahre: $t = 1, \ldots, 7$) Unter den Regressionskoeffizienten (Produktionselastizitäten) stehen die Standardfehler in Klammern. $\bar{R}^2$ ist das Bestimmtheitsmaß korrigiert mit der Zahl der Freiheitsgrade. Darunter in Klammern steht der Standardfehler der Schätzung SSE.

x signifikant mit einer Irrtumswahrscheinlichkeit von P = .05

Übersicht 5: Faktorproportionen und partielle Produktivitäten unter dem Einfluß der Standortvariablen

Abhängige Variablen[1]	Unabhängige Standortvariablen				Politikabhängige Standortvariablen		Faktormarktbedingungen			$\bar{R}^2$ (N = 294)
	Zentralität ZG	Zeit T	Natürliche Bedingungen N₁	Natürliche Bedingungen N₂	Agrarstruktur AS1	AS2	I	L	AL	
(1) Arbeit/Boden	-.038 x (.019)	-.033 x (.011)	.195 x (.025)	-.031 x (.013)	-.453 x (.034)	-.014 (.011)	.164 x (.047)	-.149 (.095)	-.026 x (.010)	.834
(2) Kapital/Boden	.152 x (.033)	.042 x (.019)	-.122 x (.043)	.052 x (.024)	-.402 x (.058)	-.054 x (.019)	-.197 x (.080)	.003 (.165)	.057 x (.018)	.418
(3) Vorl./Boden	.089 x (.029)	-.021 (.016)	.111 x (.038)	-.188 x (.021)	-.480 x (.051)	.240 x (.016)	-.414 x (.071)	.402 x (.144)	-.077 x (.016)	.619
(4) Kapital/Arbeit	.189 x (.037)	.075 x (.020)	-.317 x (.048)	.083 x (.026)	.050 (.064)	-.041 x (.021)	-.361 x (.089)	.152 (.181)	.084 x (.020)	.633
(5) Vorl./Arbeit	.127 x (.030)	.012 (.017)	-.081 x (.038)	.219 x (.021)	-.027 (.052)	.254 x (.017)	-.579 x (.072)	.550 x (.148)	.050 x (.016)	.814
(6) Bruttoertrag/Arbeit	.023 (.024)	.029 x (.013)	-.026 (.031)	.171 x (.017)	.003 (.042)	.117 x (.014)	-.385 x (.059)	.479 x (.120)	-.013 (.013)	.826
(7) Bruttoertrag/Boden	-.014 (.022)	-.004 (.012)	.169 x (.028)	.140 x (.016)	-.449 x (.038)	.163 x (.012)	-.220 x (.052)	.331 x (.107)	-.040 x (.012)	.581
(8) Bruttoertrag/Kapital	-.166 x (.032)	-.046 x (.018)	.291 x (.041)	.088 x (.023)	-.047 (.056)	.218 x (.018)	-.024 (.077)	.328 x (.158)	-.097 (.017)	.573
(9) Bruttoertrag/Vorleist.	-.104 x (.014)	.017 x (.008)	.058 x (.019)	-.047 x (.010)	.031 (.025)	-.077 x (.008)	.194 x (.035)	-.071 (.071)	.037 x (.008)	.596

x signifikant mit einer Irrtumswahrscheinlichkeit von P = .05.
[1] Doppelt-logarithmische Beziehung, zeit linear. Definitionen der Standortvariablen: ZG = Großräumige Zentralität der Lage, T=Zeiteinfluß, N₁=Einheitswert je ha, N₂=Ackeranteil in vH der LF, AS1=Betriebsgröße in ha, AS2=Teilstückgröße in ha, I=Industrialisierungsgrad (Erwerbst. Prod.Gewerbe/Wohnbev. 1970), L=Lohn u. Gehalt/Besch., AL=Arbeitslose/Erwerbstätige.

Übersicht 6: Globale Produktivitäten (trendbereinigt), Wertgrenzprodukte der Faktoren und Reineinkommen je Familienarbeitskraft unter dem Einfluß der Standortvariablen

Abhängige Variablen [1])	Unabhängige Standortvariablen				Politikabhängige Agrarstruktur		Standortvariablen Faktormarktbedingungen			$\bar{R}^2$
	Zentralität ZG	Zeit T	Natürliche Bedingungen N_1	N_2	AS1	AS2	I	L	AL	(N=294)
(1) Bruttoproduktivität	-.054 x (.007)		.078 x (.013)	.020 x (.007)	-.035 x (.017)	.012 x (.006)	.043 (.023)	-.001 (.015)	.009 (.005)	.201
(2) Nettoproduktivität	-.094 x (.015)		.195 x (.027)	.090 x (.016)	-.234 x (.037)	.088 x (.012)	-.007 (.050)	.065 x (.032)	-.002 (.011)	.313
(3) W.grenzpr. d.Arbeit	.112 x (.023)	.061 x (.013)	-.080 x (.029)	.135 x (.016)	.037 (.039)	.138 x (.013)	-.435 x (.055)	.480 x (.112)	-.007 (.012)	.882
(4) W.grenzpr. d.Bodens	.075 x (.022)	.028 x (.012)	.115 x (.029)	.103 x (.016)	-.416 x (.039)	.124 x (.013)	-.270 x (.053)	.334 x (.109)	-.033 x (.012)	.669
(5) W.grenzpr. d.Kapitals	-.077 x (.034)	-.014 (.019)	.237 x (.044)	.051 x (.024)	-.014 (.059)	.178 x (.019)	-.074 (.081)	.329 x (.165)	-.090 x (.018)	.499
(6) W.grenzpr. d.Vorleist.	-.014 (.011)	.049 x (.006)	.004 (.015)	-.084 x (.008)	.064 x (.020)	-.117 x (.006)	.144 x (.028)	-.070 (.056)	.044 x (.006)	.829
(7) Reineink. je Fam.AK	-.085 x (.040)	.019 (.022)	.206 x (.052)	.076 x (.029)	.271 x (.070)	.077 x (.023)	-.191 x (.098)	.554 x (.199)	.030 (.021)	.670

x signifikant mit einer Irrtumswahrscheinlichkeit von P = .05.
[1]) Doppelt-logarithmische Beziehung, Zeit linear. Definitionen der Standortvariablen: siehe Übersicht 5. Die trendbereinigten Globalproduktivitäten ergeben sich aus den Residualgrößen der geschätzten Produktionsfunktionen (1) und (2) von Übersicht 4 . Die Wertgrenzprodukte wurden unter Vorgabe der regionalen Faktoreinsatzmengen aus der Produktionsfunktion (1) der Übersicht 4 abgeleitet.

täten und Grenzproduktivitäten liegen bei allen Faktoren mit Ausnahme der Vorleistungen höher. Nicht so eindeutig sind die Beziehungen hinsichtlich der Betriebsgröße. In größeren Betrieben werden die drei Faktoren Arbeit, Kapital und Vorleistungen bezogen auf die Fläche geringer eingesetzt. Die Kapitalintensität bleibt dabei weitgehend konstant. Hinsichtlich der partiellen Produktivitäten ergeben sich keine eindeutigen Beziehungen. Die Effizienz (globale Produktivität) sinkt sogar in größeren Betrieben, wenn sie unter gleichen natürlichen Verhältnissen wirtschaften wie kleine Betriebe. Insbesondere das Wertgrenzprodukt des Bodens ist niedriger. Hierin drückt sich die Tatsache aus, daß in größeren Betrieben Boden als Produktionsfaktor weniger knapp ist als in kleinen Betrieben.

(5) Industrialisierung, Lohnniveau und Arbeitslosigkeit üben zwar weitgehend gesicherte Einflüsse auf den Faktoreinsatz in der Landwirtschaft aus, allerdings nicht in der erwarteten Richtung, wie sie sich aus der Schultz-Hypothese ableiten ließe. Industrialisierte Gebiete haben, sofern sie nicht zentral gelegen sind wie das Ruhrgebiet, der Hamburger oder der Frankfurter Raum, einen niedrigeren Kapitaleinsatz und einen höheren Arbeitseinsatz in der Landwirtschaft. Das ist mit darauf zurückzuführen, daß der Anteil der Männer am Arbeitseinsatz in der Landwirtschaft in peripher gelegenen Industriegebieten besonders niedrig liegt, d.h. die Landarbeit wird zu größerem Anteil durch Frauen erledigt, da sich alternative Beschäftigungsmöglichkeiten für Frauen (Halbtagsbeschäftigungen) in solchen Gebieten weniger bieten. Hier sollten weitere Untersuchungen anknüpfen, die sich mit dem Zusammenhang zwischen Struktur des landwirtschaftlichen Arbeitseinsatzes und Industrialisierung sowie Arbeitslosigkeit in den Regionen beschäftigen.

Zusammenfassend läßt sich die Erkenntnis ableiten, daß in mehr dezentral besiedelten und heterogen industrialisierten Ländern wie in der Bundesrepublik im Vergleich zu zentral ausgerichteten Industrieländern (USA, Frankreich) und Entwicklungsländern (beispielsweise Brasilien), in denen ähnliche Untersuchungen durchgeführt wurden (KATZMAN, 19), die Schultz-Hypothese keine Bestätigung findet. Die Ergebnisse sind eher konsistent mit einem großräumlichen von Thünen-Einprodukt-Modell mit zur Peripherie sinkenden Löhnen. Den größten Einfluß auf die räumlichen Strukturen üben die natürlichen Bedingungen im Sinne RICARDO's aus. Bei höherer Bodenfruchtbarkeit und Ackerfähigkeit liegen die Produktivitäten im wesentlichen höher. Eine Ausnahme bildet lediglich der Vorleistungseinsatz, der möglicherweise auf guten Ackerbaustandorten etwas zu sehr intensiviert wird. In einem Schlagwort ausgedrückt: Der "Ricardo-Effekt" überwiegt den "von Thünen-Effekt", was sich besonders in der Differenzierung der landwirtschaftlichen Pro-Kopf-Einkommen (Reineinkommen je Familienarbeitskraft) niederschlägt.

5 Schlußfolgerungen für die Agrar- und Regionalpolitik

Das hohe Aggregationsniveau der gewählten Betrachtungsebene erlaubt es nicht, im Detail Instrumentwirkungen von Politikmaßnahmen zu bewerten. Auf der Basis der regionalisiert durchgeführten Untersuchung der Faktor-Produktbeziehungen unter dem Einfluß von Standortvariablen können lediglich Problemfelder aus dem Bereich der Faktormarktpolitik (Beeinflussung der Investitionstätigkeit, Abwanderungsbedingungen) etwas beleuchtet werden, die auf der noch höheren Stufe der Sektoranalyse vernachlässigt sind.

5.1 Hinweise zur Gestaltung der Agrarpolitik

Wenn man die regionale Streuung der landwirtschaftlichen Pro-Kopf-Einkommen, wie sie jährlich im Agrarbericht präsentiert wird, als Ausgangspunkt für die Überlegungen wählt, die Preis- und Einkommenspolitik zur Beeinflussung einer gleichmäßigeren Einkommensbildung im Agrarsektor einzusetzen, dann müßte eine solche Politik vorwiegend bei den unterschiedlichen natürlichen Verhältnissen ansetzen. Denn die geringe Staffelung der administrierten

Preise (Milch, bisher auch Getreide) hat dazu geführt, daß die Einkommen aufgrund unterschiedlicher Zentralität der Lage nicht wesentlich variieren. Mit einer relativen Benachteiligung günstiger Standorte - sei es durch eine höhere Besteuerung der Einheitswerte oder Transferzahlungen an Betriebe mit ungünstigen Produktionsbedingungen - wäre ein volkswirtschaftlicher Verlust verbunden, da günstige Produktionsstandorte eindeutig eine höhere globale Faktorproduktivität aufweisen, die Ressourcen dort also besser genutzt werden. Mit dem kürzlich durchgeführten Abbau der regionalisierten Intervention und der Streichung der Frachtkostenbeihilfe auf dem Getreidemarkt geht die offizielle Agrarpolitik gerade den umgekehrten Weg, die Vorteile günstiger Absatzlage stärker als bisher hervortreten zu lassen. An dieser Stelle sei nur an den dabei auftretenden Zielkonflikt zwischen dem Distributions- und dem Effizienzziel hingewiesen.

Höhere Opportunitätskosten der Arbeit in zentral gelegenen Gebieten, möglicherweise auch höhere Liquidität, Investitionsbereitschaft und günstigere Finanzierungsbedingungen haben vermutlich zu einem überhöhten Kapitaleinsatz und geringerer Kapitalauslastung gegenüber den peripheren Gebieten geführt. In dieser Hinsicht bedarf es einer Überprüfung des einzelbetrieblichen Förderungsprogramms. Agrarstrukturmaßnahmen, die insbesondere zu einer Verminderung der Flurzersplitterung führen, können als besonders sinnvoll betrachtet werden, wenn sie sich mit vertretbarem Aufwand im Sinne gesamtwirtschaftlicher Kosten-Nutzen-Relationen durchführen lassen.

5.2 Hinweise zur Gestaltung der Regionalpolitik im Hinblick auf den landwirtschaftlichen Faktoreinsatz

Neben den Problemfeldern der Umwelt- und Landschaftspolitik, die in der Betrachtung ausgeklammert blieben, gibt es zwei wesentliche Bereiche, in denen sich Agrar- und Regionalpolitik berühren: die Arbeitsmarktpolitik und die Infrastrukturpolitik. Für die Gestaltung der Arbeitsmarktbedingungen (Industrieansiedlung, Schaffung von Arbeitsplätzen in peripheren ländlichen Gebieten) ergeben sich aus der Untersuchung Hinweise dafür, daß eine quantitative Erhöhung des Arbeitsplatzangebots im industriellen Bereich allein kein sinnvoller Ansatzpunkt zur Beschleunigung des landwirtschaftlichen Strukturwandels ist. Wichtiger erscheint es, das Angebot an nichtlandwirtschaftlichen Arbeitsplätzen insbesondere in qualitativer Hinsicht (Arbeitsplatzsicherheit, bessere Verdienstmöglichkeiten) zu erhöhen und im übrigen dafür Sorge zu tragen, daß auch für die weiblichen Beschäftigten in der Landwirtschaft alternative Verdienstmöglichkeiten (Halbtagsarbeit) eröffnet werden. Erst dadurch werden nachhaltige Impulse für Betriebsaufgabe und Arbeitsvereinfachung und damit Produktivitätssteigerung in der Landwirtschaft gegeben. Da sich eine solche Politik nach den Erkenntnissen der "growth-pole"-Theorie nur in städtischen Zentren sinnvoll realisieren läßt, wenn die Gesellschaft nicht auf Wohlfahrtsgewinne durch Ausnutzung von Agglomerationsvorteilen verzichten soll, ist von dem arbeitsmarktpolitischen Ansatz nur ein geringer Impuls für den landwirtschaftlichen Strukturwandel zu erwarten. Über den damit angedeuteten Zielkonflikt sind eingehendere Untersuchungen erforderlich.

Ein weiterer regionalpolitischer Ansatz, nämlich der Ausbau der Infrastruktur, insbesondere die Verbesserungen der Verkehrswege, dürfte insgesamt weniger umstritten sein, wenngleich damit zwei unterschiedliche Wirkungen ausgelöst werden, nämlich einerseits Transportkostensenkung und damit Stärkung der Konkurrenzfähigkeit der peripheren Gebiete. Zum anderen können bei besserer Erreichbarkeit ländlicher Räume Arbeitsplatzmöglichkeiten bei Aufrechterhaltung des Wohnstandorts auch in größerer Entfernung wahrgenommen werden (Berufspendler). Auf weitere Maßnahmen der Infrastrukturpolitik, insbesondere den Ausbau der Bildungseinrichtungen im ländlichen Raum als Voraussetzung der Wahrnehmung attraktiver Erwerbsmöglichkeiten kann hier nur am Rand hingewiesen werden.

Die Überlegungen sollen mit einer wohlfahrtsökonomischen Gleichgewichtsbetrachtung über das Verhältnis zwischen den zentral und peripher gelegenen Regionen mit Blick auf die landwirtschaftliche Raumnutzung abgeschlossen werden: Die Analyse zeigte eine Gegenläufigkeit zwischen zwei für Kosten-Nutzen-Überlegungen wichtige Funktionsverläufe. Die Agrarpreise fallen tendenziell vom Zentrum zur Peripherie hin. Agrarprodukte sind also im Zentrum knapper und haben dort für die Gesellschaft einen größeren Grenznutzen. Die Nutzung der landwirtschaftlichen Ressourcen ist dagegen in der Peripherie effizienter, gemessen an der globalen Faktorproduktivität. Der Produktivitätsvorteil überwiegt sogar gegenüber dem Preisvorteil im Zentrum. Ob in den zentral gelegenen Gebieten die größeren externen Effekte der Landbewirtschaftung, nämlich die Landschaftspflege und Erholungsfunktion, den Effizienzvorteil der peripheren Gebiete unter wohlfahrtsökonomischen Gesichtspunkten ausgleichen können, bleibt hier eine offene Frage.

Literatur

1. ALONSO, W.: A Model of the Urban Land Market. Ph. D., Dissertation, University of Pennsylvania, Philadelphia 1960.

2. ALTMANN, A.: Möglichkeiten und Grenzen der Entwicklungsförderung ländlicher Räume durch landwirtschaftliche Regionalprogramme. Diss. Göttingen 1975.

3. ALVENSLEBEN, R. von: Zur Theorie und Ermittlung optimaler Betriebsstandorte. Meisenheim am Glan 1973.

4. BAUERSACHS, F. (Hrsg.): Zuordnungsschlüssel für Stadt- und Landkreise der Bundesrepublik Deutschland zu 42 landwirtschaftlichen Wirtschaftsgebieten (LEG). Schwerpunktprogramm der DFG "Konkurrenzvergleich landwirtschaftlicher Standorte". Materialien Nr. 303, Bonn 1975.

5. DERS.: Interregionaler Wettbewerb der landwirtschaftlichen Produktionsstandorte - Versuch einer Quantifizierung der Wirkungen der Standortfaktoren in der BRD. Vortrag auf der 17. Jahrestagung der Gesellschaft für Wirtschafts- und Sozialwissenschaften des Landbaues e.V. in Berlin 1976.

6. BÖVENTER, E. von: Towards a United Theory of Spatial Economic Structure. "Papers and Proceedings of the Regional Science Association", Vol. 10 (1962) pp. 163 - 180.

7. BRYANT, W.K.: Causes of Intercounty Variations in Farmers Earnings. "Journal of Farm Economics, Vol. 48 (1966), pp. 557 - 577.

8. BRYANT, W.K., and J.F. O'CONNOR: Industrial-Urban Development and Rural Farm Income Levels. "American Journal of Agricultural Economics", Vol. 50 (1968), pp. 414 - 426.

9. COWLING, K.; D. METCALF and A.J. RAYNER: Resource Structure of Agriculture: An Economic Analysis. Oxford 1970.

10. DUNCAN, O.D. et al.: Metropolis and Region. Baltimore 1960.

11. DUNN, E.S. Jr.: The Equilibrium of Land-Use Pattern in Agriculture. "Southern Economic Journal", Vol. 21 (1954/55), pp. 173 - 187.

12. EGGERS, H.W.: Zur Theorie des landwirtschaftlichen Standorts. "Berichte über Landwirtschaft", Hamburg und Berlin, Bd. 36 (1958), S. 355 - 378.

13. DE HAEN, H.: Räumliche Aufgliederung des Bundesgebietes nach außerlandwirtschaftlichen Beschäftigungsmöglichkeiten. "Agrarwirtschaft", H. 8 (1972), S. 265 - 275.

14. DE HAEN, H., und J.V. BRAUN: Regionale Veränderungen des Arbeitseinsatzes in der Landwirtschaft - demographische Analyse und arbeitsmarktpolitische Schlußfolgerungen. Vortrag auf der 17. Jahrestagung der Gesellschaft für Wirtschafts- und Sozialwissenschaften des Landbaues e.V. in Berlin 1976.

15. HEIDHUES, Th.: Agrarpolitik, I.: Preis- und Einkommenspolitik. Demnächst in: Handwörterbuch der Wirtschaftswissenschaften. Tübingen, Stuttgart, Göttingen 1976.

16. HENRICHSMEYER, W.: Agrarwirtschaft: räumliche Verteilung. Demnächst in: Handwörterbuch der Wirtschaftswissenschaften. Tübingen, Stuttgart, Göttingen 1976.

17. ISARD, W.: Methods of Regional Analysis: An Introduction to Regional Science. Cambridge/Mass. (USA) 1960.

18 ISARD, W.: Social Injustice and Optimal Space-Time Development. "Journal of Peace Science", Vol. 1, No. 1 (1973), pp. 69 - 93.

19 KATZMAN, M.T.: The von Thuenen Paradigm, the Industrial Urban Hypothesis, and the Spatial Structure of Agriculture. "American Journal of Agricultural Economics", Vol. 56 (1974), pp. 683 - 696.

20 MUTH, R.: Economic Change and Rural-Urban Land Conversions. "Econometrica", Vol. 29 (1961), pp. 1 - 22.

21 NICHOLLS, W.H.: Industrialization, Factor Markets, and Agricultural Development. "Journal of Political Economy", Vol. 69 (1961), pp. 319 - 340.

22 PETERS, W.: Ausmaß und Bestimmungsgründe der interregionalen Einkommensverteilung. Diss. Göttingen 1974.

23 RICARDO, D.: On the Principles of Political Economy and Taxation. London 1817.

24 RUTTAN, V.W.: The Impact of Urban-Industrial Development on Agriculture in the Tennessee Valley and the Southeast, "Journal of Farm Economics", Vol. 37 (1955), pp. 38 - 56.

25 SCHMITT, G., und W. PETERS: Interregionale Einkommensunterschiede in der Landwirtschaft. Zur Relevanz der Theorie der Opportunitätskosten für den landwirtschaftlichen Anpassungsprozeß. "Agrarwirtschaft", H. 11 (1973), S. 381 - 392.

26 SCHRADER, H.: Produktionsfunktionen des Agrarsektors - Konzept, Schätzung und Anwendung. Meisenheim am Glan 1973.

27 SCHULTZ, Th.W.: A Framework of Land Economics - the Long View. "Journal of Farm Economics", Vol. 33 (1951), pp. 204 - 215.

28 SISLER, D.G.: Regional Differences in the Impact of Urban-Industrial Development on Farm and Nonfarm Income. "Journal of Farm Economics", Vol. 41 (1959), pp.1100-12.

29 STRUFF, R.: Dimensionen der wirtschaftsräumlichen Entwicklung - Abgrenzung von Gebietstypen zur regionalen und sektoralen Einkommensanalyse in der Bundesrepublik Deutschland, Bonn 1973.

30 TANGERMANN, S.: Entwicklung von Produktion. Faktoreinsatz und Wertschöpfung in der deutschen Landwirtschaft seit 1950/51. "Agrarwirtschaft", H. 6 (1976), S. 154-164.

31 THÜNEN, J.H. von: Der isolierte Staat in Beziehung auf Landwirtschaft und Nationalökonomie (Hamburg 1826) Stuttgart 1966.

32 TWEETEN, L.G.: Discussion: Industrial Urban Development and Rural Farm Income Levels. "American Journal of Agricultural Economics", Vol. 50 (1968), pp. 426 - 429.

33 WILLERS, B., und R.v. ALVENSLEBEN. Die regionalen Erzeugerpreisunterschiede bei Schlachtschweinen in der Bundesrepublik Deutschland. "Agrarwirtschaft", H. 9 (1969), S. 295 - 302.

Statistische Quellen

1 BML (Hrsg.): Agrarberichte der Bundesregierung. Bonn, verschiedene Jahrgänge.

2 BML (Hsrg.): Auswertung der Buchführungsergebnisse der Testbetriebe des Agrarberichts nach 42 Wirtschaftsgebieten für die Jahre 1968/69 bis 1974/75. Vom BML wurde darauf hingewiesen, daß Einzelergebnisse der Wissenschaft nicht zugänglich gemacht werden können.

3 BMBau (Hrsg.): Raumordnungsbericht 1974, Bonn 1975.

4 Forschungsgesellschaft für Agrarpolitik und Agrarsoziologie e.V., Bonn (Hrsg.): Standardauswertung von Datenkollektiven - Programmbibliothek und Datensammlung - bearbeitet von H. KRÜLL). Bonn 1973.

5 Statistisches Bundesamt (Hrsg.): Statistisches Jahrbuch für die Bundesrepublik Deutschland, verschiedene Jahrgänge.

Anmerkung:

Bei der Datenauswertung konnte auf Standardprozeduren zurückgegriffen werden, die freundlicherweise vom DFG-Schwerpunkt "Konkurrenzvergleich landwirtschaftlicher Standorte" bereitgestellt wurden.

Anhang I: Ergänzende Übersichten

Übersicht A 1: Verteilung und Korrelation von Produktion und Faktoreinsatz (doppelt-logarithmische Beziehung)

Bezeichnung der Variablen[1]	Verteilung				Korrelationskoeffizienten								
	Min.	Mittel-wert	Max.	Standardab-weichung	1 BE	2 NE	3 A	4 B	5 C	6 V	7 T	8 N1	9 ZG
1 BE = Bruttoertrag (DM)	10.35	11.32	12.33	.354	1.0	.940	.539	.884	.739	.973	.317	.511	.301
2 NE = Nettoertrag (DM)	9.79	10.59	11.49	.312		1.0	.518	.862	.740	.838	.449	.473	.155
3 A = Arbeit (AK)	.14	.63	1.44	.184			1.0	.636	.325	.600	-.313	.423	.161
4 B = Boden (ha)	2.70	3.33	4.40	.302				1.0	.746	.840	.259	.336	.187
5 C = Kapital (DM)	11.42	12.14	12.98	.303					1.0	.691	.454	.251	.311
6 V = Vorleistungen (DM)	9.52	10.65	11.79	.420						1.0	.206	.508	.382
7 T = Zeit (Jahr)	1.00	4.00	7.00	2.003							1.0	.082	.000
8 N1 = Einheitswert (DM/ha)	6.35	7.11	7.81	.310								1.0	.574
9 ZG = Zentralität	-1.14	-.24	1.45	.529									1.0

1) Zeit nicht logarithmisch. Die übrigen Variablen sind in natürliche Logarithmen transformiert. Die Variablen 1 bis 6 und 8 sind regionale Mittelwerte je Betrieb der 42 Wirtschaftsgebiete von 1968/69 bis 1974/75. Die monetären Größen sind mit Preisen von 1970/71 bewertet. Datenquellen und Definitionen der Variablen werden im Anhang erläutert.

Übersicht A 2: Verteilung und Korrelation der Standortvariablen (doppelt-logarithmische Beziehung)

Bezeichnung der Variablen[1]	Verteilung			Standardabweichung	Korrelationskoeffizienten								
	Min.	Mittelwert	Max.		1 ZG	3 N1	4 N2	5 I	6 L	7 AS1	8 AS2	9 T	10 AL
1 ZG = Zentralität	-1.14	-0.24	1.45	.529	1.0	.575	.287	.150	.394	.187	.036	.000	.017
3 N1 = Einheitswert je ha	6.35	7.11	7.81	.310		1.0	.302	.016	.388	.336	.183	.082	-.006
4 N2 = Ackeranteil v.H.	0.75	4.00	4.56	.543			1.0	.158	.126	.343	-.159	.012	.030
5 I = Industriegrad	-2.15	-1.58	-1.24	.181				1.0	.122	-.488	-.525	.000	-.426
6 L = Lohnniveau	8.55	9.25	9.78	.256					1.0	.357	.098	.871	.190
7 AS1 = Betriebsgröße	2.70	3.33	4.40	.302						1.0	.568	.259	.436
8 AS2 = Teilstückgröße	-0.55	0.89	2.55	.745							1.0	.057	.445
9 T = Zeit	1.00	4.00	7.00	2.003								1.0	.294
10 AL = Arbeitslosigkeit v.H.d.Erwerbst.	-7.42	-5.25	-3.47	.708									1.0

[1] Zeit nicht logarithmisch. Die übrigen Variablen sind in natürliche Logarithmen transformiert. Die Datenquellen und Definitionen der Variablen werden im Anhang erläutert.

Anhang II: Spezifikation der Variablen und Datenquellen 1)

a) Standortvariablen

ZG: Zentralitätsindex zur Kennzeichnung der Lage eines Kreises i = 1...541 zu den Verdichtungsgebieten j = 1...19 mit mehr als 250 000 Einwohnern 1970 (Raumordnungsbericht 1974, S. 25). Der Index wurde folgendermaßen berechnet:

$$ZG_i = 100 \cdot \left[\sum_j P_j : e_{ij} \right] / \left[(\sum_i \sum_j P_j : e_{ij}) / 541 \right]$$

Dabei ist P_j die Bevölkerung des Verdichtungsgebietes j mit $P \geq 250 000$ Einwohnern und e_{ij} die Entfernung vom Mittelpunkt des Kreises i zum Verdichtungsgebiet j. Die Kreiswerte des Zentralitätsindex wurden linear für die 42 Wirtschaftsgebiete des Agrarberichts (Agrarbericht 1974, Materialband, S. 92, und BAUERSACHS, 4) aggregiert.

N1: Einheitswert in DM je ha LF (2)

N2: Ackerlandanteil an der LF in v.H. (2)

AS1: Betriebsgröße in ha LF (2)

AS2: Teilstückgröße in ha LF (2)

I: Industrialisierungsgrad, gemessen Anteil der Beschäftigten im warenproduzierenden Gewerbe an der Wohnbevölkerung 1970 (4)

L: Lohn- und Gehaltssumme je Beschäftigten insgesamt 1970 (2), multipliziert mit dem Index der Bruttoeinkommen aus unselbständiger Arbeit 1968/69 bis 1974/75 (5)

AL: Arbeitslose in v.H. der Erwerbstätigen 1970 (2), multipliziert mit dem Index der Arbeitslosenquote 1968/69 bis 1974/75 (5)

T: Zeitvariable mit T = 1 (1968/69) bis T = 7 (1974/75)

b) Preise und Einkommen

PP: Preisindex für Agrarprodukte insgesamt (BRD 1970/71 = 100) mit regionaler Variation (42 Wirtschaftsgebiete) und zeitlicher Variation (1968/69 bis 1974/75), berechnet als impliziter Index mit Preisangaben für 4 pflanzliche Produkte (Getreide, Kartoffeln, Zuckerrüben, sonst. pflanzl. Produkte) und 4 tierische Produkte (Milch, Schweine, Rinder, sonst. tierische Produkte). Die regionale Preisabstufung wurde der Testbetriebsstatistik (2) und Berechnungen von v. ALVENSLEBEN (33) entnommen.

PI: Preisindex für tierische Produkte (BRD 1970/71 = 100), siehe Preisindex für Agrarprodukte

PF: Preisindex für pflanzliche Produkte (BRD 1970/71 = 100)

RE: Reineinkommen in DM je Familienarbeitskraft (2)

---

1) Die Datenquellen sind als Ziffern in Klammern angegeben. Siehe dazu das Literaturverzeichnis, Statistische Quellen.

c) Produkt- und Faktormengen 1)

BE: Bruttoertrag zu Preisen von 1970/71, abgeleitet aus dem Betriebsertrag in DM (2), deflationiert mit dem Preisindex für Agrarprodukte (siehe PP)

NE: Nettoertrag zu Preisen von 1970/71, abgeleitet aus dem Bruttoertrag abzüglich der Vorleistungen zu Preisen von 1970/71 (entspricht dem Bruttoinlandsprodukt einschließlich Abschreibungen)

A: Arbeitseinsatz, gemessen in Voll-Arbeitskräften (2)

B: Bodeneinsatz, landwirtschaftlich genutzte Fläche in ha je Betrieb (2)

C: Kapitaleinsatz zu Preisen von 1970/71, berechnet aus dem Aktivvermögen für Wirtschaftsgebäude, Maschinen und Ausrüstungen sowie Viehvermögen (2), multipliziert mit einem Korrekturfaktor zur Umrechnung von Aktivvermögen zu jeweiligen Preisen nach dem Konzept von TANGERMANN (30)

V: Vorleistungseinsatz, abgeleitet aus den Komponenten des baren Sachaufwands (2), deflationiert mit impliziten Preisindizes (1) für folgende Betriebsmittel (Saatgut, Pflanzenschutzmittel, Handelsdünger, Futtermittel, Viehzukäufe, sonst. tierische Spezialkosten, Energie, Unterhaltung Maschinen, Unterhaltung Gebäude).

---

1) Die Produkt- und Faktormengen gehen als regionale Mittelwerte pro Betrieb ("Regionshof") in die Analyse ein.

REGIONALE VERÄNDERUNGEN DES ARBEITSEINSATZES IN DER LANDWIRTSCHAFT - DEMOGRAPHISCHE ANALYSE UND ARBEITSMARKTPOLITISCHE SCHLUSSFOLGERUNGEN -

von

Hartwig de Haen und Joachim von Braun, Göttingen

1	Regionale Arbeitsmärkte, demographische Prozesse und Agrarstrukturwandel	221
2	Komponenten der Veränderung des Arbeitseinsatzes in der Landwirtschaft	223
2.1	Regionale Veränderungen des Arbeitseinsatzes	223
2.2	Das Konzept der Kohortenanalyse	225
2.3	Altersstrukturbedingte und ökonomisch bedingte Bestandsänderungen	226
3	Die Mobilität landwirtschaftlicher Arbeitskräfte im Spannungsfeld von Arbeitsmarkt- und Einkommensentwicklung	229
3.1	Erklärungshypothesen und Spezifizierung eines Schätzmodells	229
3.2	Ergebnisse für das Bundesgebiet und die Bundesländer	234
4	Analyse möglicher Auswirkungen der Überalterung auf Agrarstruktur und regionale Arbeitsmärkte	239
5	Schlußbetrachtungen	241

1 Regionale Arbeitsmärkte, demographische Prozesse und Agrarstrukturwandel

Die Realisierung wirtschaftlichen Wachstums in einer Volkswirtschaft erfordert angesichts sektoral und regional unterschiedlicher technischer Fortschritte und sich wandelnder Präferenzen eine laufende sektorale und regionale Reallokation der Resourcen. Diese Vorgänge haben in der Vergangenheit angesichts zunehmend als unbefriedigend empfundener Friktionen und Ungleichgewichte sowie verstärkter staatlicher Eingriffe eine intensive wissenschaftliche Bearbeitung im Rahmen des Gesamtspektrums der Sozialwissenschaften erfahren. Dabei stand der Faktor Arbeit im Mittelpunkt des Interesses.

Ansatzpunkt für eine ökonomische Theorie des allgemeinen Gleichgewichts ist gewöhnlich das Konzept eines interdependenten Systems von räumlichen Teilmärkten für Produkte, Faktornutzungen und Faktoren. Kurzfristige Abweichungen von diesem Gleichgewicht, die auf dem Faktormarkt etwa durch sektoral oder regional unterschiedliche Arbeitslosenquoten,

Lohn- und Zinssätze angezeigt sein können, werden theoretisch durch Wanderungen des Kapitals und der Arbeit ausgeglichen, bis die Identität der um Transportkosten korrigierten Wertgrenzprodukte bzw. Lohnsätze in allen Branchen, Sektoren und Regionen wieder hergestellt ist. Tatsächlich haben sich diese vermeintlich kurzfristigen "Ungleichgewichte" jedoch als dauerhaftes Phänomen einer dynamischen Wirtschaft erwiesen, was zum Teil durch die komplexen, nicht allein einkommensbestimmten individuellen Präferenzsysteme zu erklären ist. Generelle Ursachen für die - in der Regel überlagerten - intersektoralen und interregionalen Abweichungen vom allgemeinen Gleichgewicht sind auf der Arbeitsangebotsseite u.a. Wohnort- und Berufspräferenzen, Risikoscheu und Informationsmangel, auf der Nachfrageseite im wesentlichen sektorale und regionale Unterschiede in Nachfrageentwicklungen und Produktivitätswachstum 1).

Hinsichtlich der Mobilität von landwirtschaftlichen Arbeitskräften sind bei der empirischen Überprüfung dieser lediglich Arbeitshypothesen darstellenden Modellvorstellungen vor allem zwei Aspekte stärker zu berücksichtigen, und zwar zum einen die demographischen Strukturen und deren Interdependenz mit ökonomisch bedingten Mobilitätsprozessen und zum anderen die regionale Dimension des Allokationsproblems. In den meisten bisher vorgelegten empirischen ökonomischen Analysen fehlte eine Disaggregation nach dem Alter. Kausalanalysen wurden häufig für die Gesamtänderung des Arbeitskräftebestandes durchgeführt, was eine Zusammenfassung sehr unterschiedlicher Mobilitätsformen beinhaltet. Nur relativ wenige, vorwiegend in den USA und in Schweden veröffentlichte Arbeiten nehmen eine klare Trennung von demographischer Kohortenanalyse und ökonomischen Erklärungsmodellen vor (TOLLEY, G.S., und HJORT, H.W., 1963; ISAKSSON, N.-I., und LINDQVIST, L., 1972). Für die Bundesrepublik wurden zwar in einigen Arbeiten altersspezifische Änderungsraten geschätzt, aber in ökonomischen Modellen dann nicht weiter verwendet. Eine Übertragung von Altersstrukturen der Betriebsinhaber auf ein Modell des betrieblichen Strukturwandels findet sich in einer neueren Arbeit von MÜLLER (MÜLLER, G.P., 1975).

Der regionalen Untergliederung von Mobilitätsanalysen und -projektionen kommt nicht nur aus Gründen der Verringerung von Aggregationsfehlern bei der Beschreibung der Mobilitätsentscheidungen eine Bedeutung zu. Intersektorale Mobilität findet überwiegend auf regionalen, weitgehend geschlossenen Arbeitsmärkten statt. Interregionale Wanderungen spielen eine geringere Rolle. Bei der Diskussion des Mobilitätsproblems wird immer häufiger auch bezweifelt, daß Wanderungen von Arbeitskräften in größerem Ausmaß überhaupt wünschenswert seien. Dagegen sprächen nicht nur die individuellen Hemmnisse gegen einen Wohnortwechsel (HOFBAUER, NAGEL, 1973), sondern auch die hohen sozialen Kosten des Transfers von Sozialkapital und die Tatsache, daß in Gebieten mit Arbeitskräfteüberschüssen häufig noch steigende Wertgrenzprodukte des investierten privaten Realkapitals zu erzielen seien (MÜLLER, J.H., 1975). Schließlich sprechen auch in neuerer Zeit stärker akzentuierte raumordnerische Ziele dafür, neue Arbeitsplätze in der Nähe der bisherigen Wohnorte der freiwerdenden Arbeitskräfte zu schaffen (Bundesraumordnungsbericht 1974). Diese Überlegungen mögen in Verbindung mit dem agrarspezifischen Phänomen, daß eine Abwanderung sich hier vornehmlich durch sukzessiven Tätigkeitswechsel über den Nebenerwerbsbetrieb vollzieht, genügen, um die Relevanz regionaler Projektionen der Veränderung der Beschäftigtenzahlen und der Freisetzung von Arbeitskräften aus der Landwirtschaft, die letztlich das Ziel der hier mit Zwischenergebnissen vorgestellten Forschungsarbeit sind, aufzuzeigen.

---

1) Auf die zahlreichen Studien, in denen Bestimmungsgründe des Angebots von und der Nachfrage nach landwirtschaftlichen Arbeitskräften analysiert wurden, kann hier nicht eingegangen werden. Stellvertretend sei verwiesen auf GUTH (1973) sowie die Referate der 9. Jahrestagung der GEWISOLA (SCHMITT, 1972).

In der jüngsten Vergangenheit hat sich unter dem Einfluß der besonders ausgeprägten Rezession die Reduzierung des landwirtschaftlichen Arbeitseinsatzes erheblich abgeschwächt. Die Erklärung hierfür liegt insbesondere darin, daß die ländlichen Regionen - und hier speziell die Arbeitsplätze mit besonders geringen Qualifikationsansprüchen - am stärksten von derartigen Konjunktureinbrüchen betroffen werden. Beschränkt man sich in einer makroskopischen Analyse auf die in vielen Untersuchungen herausgestellten ökonomischen Erklärungsgründe der Mobilität, dann erscheint die noch verbliebene Verminderungsrate von ca. 3 v.H. der Voll-AK kaum erklärlich. Die Überalterung der Agrarbevölkerung läßt aber vermuten, daß der überwiegende Teil der derzeit verbleibenden Verminderung auf quasi autonome demographische Prozesse zurückzuführen ist. Eine Bestätigung dieser These und eine regional differenzierte Quantifizierung des Ausmaßes der autonomen Veränderungen des Arbeitskräftebestandes sind Voraussetzung für die Beurteilung der Relevanz mobilitätsfördernder Maßnahmen und die Projektion des regionalen Arbeitsplatzbedarfs.

In der Tat hat der in den zurückliegenden Jahren abgelaufene Agrarstrukturwandel neben den klar erkennbaren Veränderungen der Faktoreinsatzrelationen auch zu einem demographischen Strukturwandel des Arbeitseinsatzes geführt. In den Zeiten günstiger außerlandwirtschaftlicher Beschäftigungsmöglichkeiten haben die Abwanderungsentscheidungen der mobilitätsbereiten jungen Gruppen und die vermehrten Entscheidungen gegen den landwirtschaftlichen Beruf beim Berufsnachfolgepotential die Alterspyramide nachhaltig verändert. Als Folge der entstandenen relativen Überalterung ist auch in Zeiten ohne gesamtwirtschaftlich induzierten Strukturwandel ein spürbarer "Reststrukturwandel" zu erwarten, der hier quantifiziert werden soll.

Trotz der bereits geleisteten Forschungsarbeit existieren immer noch erhebliche Informationslücken hinsichtlich der nach Beschäftigungsverhältnissen, Qualifikation, Alter und Geschlecht differenzierten Mobilitätsformen, ihrer Bestimmungsgründe und ihrer quantitativen Bedeutung in einzelnen Regionen. Das vorliegende Referat soll einen Beitrag zu diesem Problembereich liefern und speziell der Klärung der Frage nach Ausmaß und Bestimmungsgründen der tatsächlichen beruflichen Mobilität dienen, die erst nach Isolierung der demographischen Prozesse der Analyse erschlossen werden kann. Auf diese Weise soll versucht werden, Einsichten zu vermitteln, die der Konkretisierung und - gegebenenfalls - einer nach Regionen und Zielgruppen differenzierenden Dosierung arbeitsmarkt- und agrarstrukturpolitischer Maßnahmen dienen können.

Methodisch wird in zwei Schritten vorgegangen. Zunächst erfolgt mit Hilfe eines demographischen Modells eine Gliederung der Gesamtveränderung des Arbeitseinsatzes in einzelnen Mobilitätsformen. Daran anschließend werden einige der so isolierten Mobilitätsformen durch ökonometrische Modelle zu erklären versucht. Abschließend werden die Auswirkungen der Überalterung auf den Agrarstrukturwandel auf kleinregionaler Ebene analysiert und einige resultierende arbeitsmarktpolitische Überlegungen angestellt.

2 Komponenten der Veränderung des Arbeitseinsatzes in der Landwirtschaft

2.1 Regionale Veränderungen des Arbeitseinsatzes

Der Versuch einer kleinregionalen (z.B. kreisweisen) Zeitreihenanalyse des landwirtschaftlichen Arbeitseinsatzes nach demographischen und ökonomischen Kriterien scheitert am Mangel an geeigneten Daten. Die folgende empirische Analyse bleibt daher zunächst auf die Bundesländerebene beschränkt.

1974 waren in der Landwirtschaft der Bundesrepublik noch etwa 2,5 Mill. Arbeitskräfte beschäftigt. Ein mit der Betriebsgrößen- und Wirtschaftsstruktur der Länder variierender Anteil von durchschnittlich 50 v.H. der Arbeitsleistung wird von vollbeschäftigten Familienarbeitskräften erledigt (siehe Übersicht 1). Betrachtet man die Entwicklung der betrieblichen Arbeits-

Übersicht 1: Regionale Struktur und Entwicklung des Arbeitseinsatzes in der Landwirtschaft

	SH	NS	NRW	HE	RP	BW	BAY	BRD
Arbeitskräfte insgesamt 1974 (in 1 000)	91,3	364,1	289,2	213,7	296,9	464,4	761,3	2499,3
davon vollbesch. Familien-arbeitskräfte (i.v.H.)	35,3	27,5	28,3	20,7	18,6	22,2	30,6	26,1
Betriebl. Arbeitsleistg. insges. 1974 (in 1 000 AK-Einheiten)	57,7	191,4	154,3	96,6	135,8	209,8	404,5	1258,0
davon vollbeschäftigte Fam. AK (in v.H.)	54,5	50,7	51,2	43,1	38,7	46,4	54,8	49,6
AK-Einh./100 ha LF 1972/73	5,1	7,0	8,2	11,4	13,9	12,8	11,3	9,7
Jährliche Änderungsraten der Voll-AK in v.H. 1)								
1964/65 - 66/67	4,8	3,9	4,7	5,2	2,9	4,8	2,1	3,7
1966/67 - 68/69	4,0	4,8	1,8	2,5	3,8	4,2	4,0	3,7
1968/69 - 70/71	7,3	6,1	8,1	6,1	10,1	6,5	6,3	6,9
1970/71 - 72/73	6,7	7,0	8,4	5,6	4,0	7,2	6,8	6,1
1972/73 - 74/75	4,2	5,6	2,9	4,2	3,3	4,7	3,2	3,9

1) Ab 1968/69 - 70/71 gelten die Änderungsraten für die Zeiträume zwischen den Berichtsmonaten Juli bzw. Oktober, 1970/71 - 72/73 für Betriebe über 2 ha LF.

Quellen: Stat. Bundesamt, Fachserie B, Reihe 5, II: Arbeitskräfteerhebung, versch. Jahrgänge, Reihe 6, Ausgewählte Zahlen für die Agrarwirtschaft 1974, S. 140.

leistung im Zeitablauf, so fällt eine weitgehende Parallelität zwischen den Ländern im Auf und Ab der Verminderungsraten bei relativ großen Niveauunterschieden auf: hohe Verminderungsraten in der Aufschwungphase 1968/69 - 72/73, geringe Verminderungsraten in der Rezessionsperiode 1972/73 - 74/75. Die Änderungsraten 1964/65 - 66/67 und 1966/67 - 68/69 sind weniger aussagekräftig, da die mittlere statistische Erhebung gerade in die Rezessionsphase fällt.

Weder aus den angegebenen Verminderungsraten noch aus dem noch verbleibenden Bestand von 2,5 Mill. Arbeitskräften kann auf das Mobilitätspotential geschlossen werden. Eine Unterteilung nach Alter, Beschäftigungskategorie und Geschlecht ist notwendig. Im folgenden wird speziell die Veränderung der Zahl der männlichen vollbeschäftigten Familienarbeitskräfte in einer Kohortenanalyse untersucht. Diese Gruppe erbringt zwar nur etwa 40 v.H. der betrieblichen Arbeitsleistung, stellt aber den wesentlichen Teil des arbeitsmarktrelevanten Abwanderungspotentials und nimmt im Familienverbund außerdem bei der Mobilitätsentscheidung der anderen Gruppen eine Schlüsselstellung ein.

2.2 Das Konzept der Kohortenanalyse

In Kohortenanalysen werden Personengruppen mit gleichen demographischen Merkmalen (z.B. Alter, Geschlecht) im Zeitablauf verfolgt, d.h. Zu- und Abgänge oder Änderungen von qualitativen Merkmalen (z.B. Ausbildung) werden registriert. Kohorten von Beschäftigtengruppen unterliegen im Zeitablauf Veränderungen durch autonome Prozesse (Tod, Invalidität, Erreichen der Altersgrenze) und durch explizite Entscheidungen (Berufseintritt, Berufswechsel, vorzeitige Ruhestandseintritte).

Unterstellt man vereinfachend eine Identität der Länge der Fortschreibungsperioden und der Jahrgangsbereiche pro Kohorte (hier z.B. n = 5 Jahre), dann ergibt sich folgende Beziehung für die Beschäftigtenkohorte $AK_a(t)$ 1) 2):

$$AK_{a+1}(t+n) = AK_a(t) \cdot \eta_{a,a+1} \cdot \varepsilon_{a,a+1} - MAK_{a,a+1}(t,t+n)$$

$$t = t_o, t_o + n, \ldots, t_o + mn$$

mit:

$$a = 1, \ldots, 11$$

$AK_a(t)$ — Zahl der Beschäftigten in der Kohorte des Altersbereichs a im Jahre t

$MAK_{a,a+1}(t, t+n)$ — Nettobestandsänderung (Abgang minus Zugang) einer Kohorte im Übergang von Altersbereich a nach a+1 im Zeitintervall t bis t+n

$\eta_{a,a+1}$ — durchschnittliche Überlebenswahrscheinlichkeit im gesamten Altersbereich a bis a+1

$\varepsilon_{a,a+1}$ — durchschnittliche Erwerbsfähigkeitswahrscheinlichkeit im gesamten Altersbereich a bis a+1

a — Altersbereiche 15 - 20, ..., 70 - 75 Jahre

---

1) Eine Indizierung von Geschlecht, Region und Beschäftigungskategorie unterbleibt zur Vereinfachung der Schreibweise.

2) Stimmen die Kohortenumfänge und Fortschreibungsperioden wie im vorliegenden Fall nicht überein, dann ist eine so geschlossene Darstellung nicht möglich. Die Kohortenanteile müssen in den jeweiligen Altersbereichen berücksichtigt und die Überlebens- bzw. Erwerbsfähigkeitswahrscheinlichkeiten auf die jeweilige Länge der Fortschreibungsperiode umbasiert werden.

Je nach dem jeweils betrachteten Altersbereich kan die Nettobestandsänderung Mobilität des Berufsnachfolgepotentials, Berufswechsel bzw. Übergang zur Teilbeschäftigung oder vorzeitigen Ruhestandseintritt bedeuten. Bei Ex-post-Analysen ist MAK als Differenz der tatsächlich beobachteten Kohortenumfänge und derjenigen, die sich nur unter den altersbedingten autonomen Einflüssen ergeben würden (Tod, Erwerbsunfähigkeit), zu ermitteln. Dabei ist das Berufsnachfolgepotential für den Eintritt in die unterste Altersgruppe gesondert zu berücksichtigen. Bei Projektionen ist MAK entweder gesondert zu schätzen, oder die Projektionen beschränken sich - wie in Abschnitt 4 gezeigt - unter der Annahme MAK = 0 auf autonome Bestandsveränderungen. Auch hierbei sind Annahmen über die Berufsnachfolger für die untersten Altersbereiche notwendig.

2.3 Altersstrukturbedingte und ökonomisch bedingte Bestandsänderungen

Im folgenden werden für Bundesgebiet und Länder für den Zeitraum 1960 bis 1974 Ergebnisse einer demographischen Komponenten-Untergliederung der Bestandsänderungen von männlichen vollbeschäftigten Familienarbeitskräften vorgenommen. Dabei werden folgende Informationsgrundlagen, Annahmen und Definitionen verwandt:

a) Datengrundlagen sind die Landwirtschaftszählungen (LZ) 1960 und 1971 sowie die Arbeitskräfteerhebungen 1964/65 bis 1974 [1]. Die Disaggregation in Fünfjahresaltersgruppen wird aus den Angaben der LZ durch Fortschreibung erreicht.

b) Veränderungen des Arbeitskräftebestandes können in folgende Komponenten untergliedert werden:
1. Erwerbsunfähigkeit und Tod, die durch die durchschnittlichen allgemeinen Überlebens- und Erwerbsfähigkeitswahrscheinlichkeiten in den Fünfjahresaltersbereichen für die männliche Gesamtbevölkerung berücksichtigt werden. Erwerbsunfähigkeit tritt durch Invalidität auf, spätestens aber durch Vollendung des 75. Lebensjahres;
2. Berufliche Mobilität, die definiert ist als Summe der nicht durch Tod und Invalidität hervorgerufenen Nettobestandsänderungen der Kohorten in den Altersbereichen 25 bis 55 Jahren (Wechsel zwischen Teil- und Vollbeschäftigung sowie landwirtschaftlicher und anderen Tätigkeiten);
3. Ruhestandseintritte, die auch die in der Landwirtschaft verbreiteten Übergänge in die Teilbeschäftigung bei frühzeitigem Rentenbezug enthalten. Die Ruhestandseintritte sind nur definitionsgemäß von der beruflichen Mobilität abgegrenzt. Da über 55jährige kaum noch beruflich mobil sind, werden die Nettobestandsänderungen im Altersbereich 55 - 75 Jahre, soweit sie nicht auf Erwerbsunfähigkeit und Tod zurückzuführen sind, als Ruhestandseintritte definiert. Ihre Ableitung aus den Bestandsgrößen der Altersgruppen unterscheidet sich also nicht prinzipiell von der beruflichen Mobilität;
4. Mobilität der potentiellen Berufsnachfolger (Eintritt in Voll- und Teilbeschäftigung oder außerlandwirtschaftliche Tätigkeit). Es wird davon ausgegangen, daß der Berufseintritt bis zum 25. Lebensjahr erfolgt. Die Mobilität der potentiellen Berufsnachfolger setzt sich aus der Nettobestandsänderung der Kohorte im Altersbereich 20 bis 25 Jahre und der Nettoveränderung der Bestände in der Altersgruppe der 15- bis 20-jährigen zwischen den jeweiligen Erhebungszeitpunkten zusammen. Das Berufsnachfolgepotential wird also dem Bestand der 15- bis 20-jährigen in der Vorperiode gleichgesetzt. Bei der so definierten Mobilität im untersten Altersbereich handelt es sich um

---

[1] Die einzelnen Erhebungen datieren auf: Mai 1960, April 1965, April 1967, Juli 1968, Juli 1970, Oktober 1972, Oktober 1974. Die übrigen Einzelstichproben der Erhebung enthalten keine Angaben nach dem Alter.

eine hypothetische Kohortenbetrachtung oder einfacher um die Differenz zwischen
zwei Bestandsgrößen nicht identischer Altersjahrgänge 1).

Die Entwicklung im Bundesgebiet

Der Bestand der vollbeschäftigten männlichen Familienarbeitskräfte hat sich von 1960 bis
1974 um mehr als die Hälfte (ca. 630 000) vermindert. Mehr als 60 % dieser "Abwanderer"
ist aber aus Altersgründen nicht mehr (voll-) beschäftigt. Rund 1/4 Million Männer (ca.
40 % der Verminderung) haben den landwirtschaftlichen Beruf ganz oder teilweise aufgegeben, darin sind rund 100 000 Berufsanfänger enthalten. Auf die Betriebsinhaber bezogen entsprechen diese globalen Relationen in etwa denen, die ISAKSSON und LINDQVIST (a.a.O.
1972) für die männlichen landwirtschaftlichen Unternehmer in Schweden für die Jahre 1961
bis 1965 ermittelt haben. Die einzelnen Komponenten haben sich z.T. recht unterschiedlich
im Zeitablauf entwickelt (siehe Schaubild 1, unten rechts).

Die Abgänge durch Erwerbsunfähigkeit und Tod variieren vorwiegend durch die Jahrgangsstärken der Kohorten in den besonders betroffenen Altersbereichen über 60 Jahren. In den
Konjunkturtiefs (1965 - 67, 1972 - 74) machen sie 60 bis 70 % der gesamten Bestandsvermin-
derung aus.

Die Ruhestandseintritte haben Anfang der sechziger Jahre nur einen geringen Umfang gehabt.
Überwiegend wurde bis zur Erwerbsunfähigkeit weitergearbeitet. Zwischen 1965 und 1967
sind für den Altersbereich 55 bis 75 Jahre Netto-Zugänge zu verzeichnen. In diese Periode
fällt das Konjunkturtief mit hoher Arbeitslosigkeit, insbesondere in ländlichen Regionen, von
der vor allem auch ältere Arbeitnehmer betroffen wurden. Es ist anzunehmen, daß so betroffe-
ne ehemalige Landwirte, wenn sie die Möglichkeit dazu hatten, wieder voll in der Landwirtschaft tätig wurden. Ähnliche, wenn auch abgeschwächte Tendenzen zeigen sich auch in der
jüngsten Rezession. Die Verbesserung der Alterssicherung scheint ab 1967 zu einem sprung-
haften Anstieg der Ruhestandseintritte geführt zu haben. Insbesondere die Einbeziehung der
hauptberuflich mithelfenden Familienangehörigen in das Altershilfegesetz 2) von 1965 und
die seitdem erfolgten kräftigen Anhebungen der Leistungen haben den Zwang zum vollen
Weiterarbeiten bis ins hohe Alter abgebaut.

Die berufliche Mobilität und die Entwicklung der Neueintritte weisen erhebliche Schwankungen auf. Auffällig sind die geringen durchschnittlichen Raten der beruflichen Mobilität
1965 - 67 und 1972 - 74, den Erhebungsperioden, in die die beiden Konjunktureinbrüche
fallen. Zwei Drittel der gesamten Berufswechsel fallen in die Periode 1967 - 72 mit dem bekannten rapiden Strukturwandel.

Über die Bedeutung des sukzessiven Tätigkeitswechsels gibt eine Bilanzierung der beruflichen
Mobilität der Vollbeschäftigten einerseits und Teilbeschäftigten andererseits Aufschluß, die
hier nicht weiter diskutiert werden kann. In den Konjunkturtiefs ist der Saldo der Mobilität
aus beiden Gruppen positiv, obwohl eine - zwar geringe - Vollbeschäftigtenmobilität registriert werden konnte. Arbeitslos gewordene ehemalige Landwirte verbergen sich vermutlich
hinter diesen Nettozugängen bei den Teilbeschäftigten. Während Anfang der siebziger Jahre

---

1) Unter der Annahme, daß landwirtschaftliche Berufsanfänger sich nur aus Familien landwirtschaftlicher Beschäftigter rekrutieren, könnte eine alternative Vorgehensweise in der
   Ableitung des Berufseintrittspotentials aus dem Familiennachwuchs bestehen. Hierzu wären
   aber Informationen über Jahrgangsstärken und Ausbildungsverhalten notwendig, die nicht
   vorliegen.

2) 3. Änderungsgesetz zum Gesetz über eine Altershilfe für Landwirte vom 1. Mai 1965.

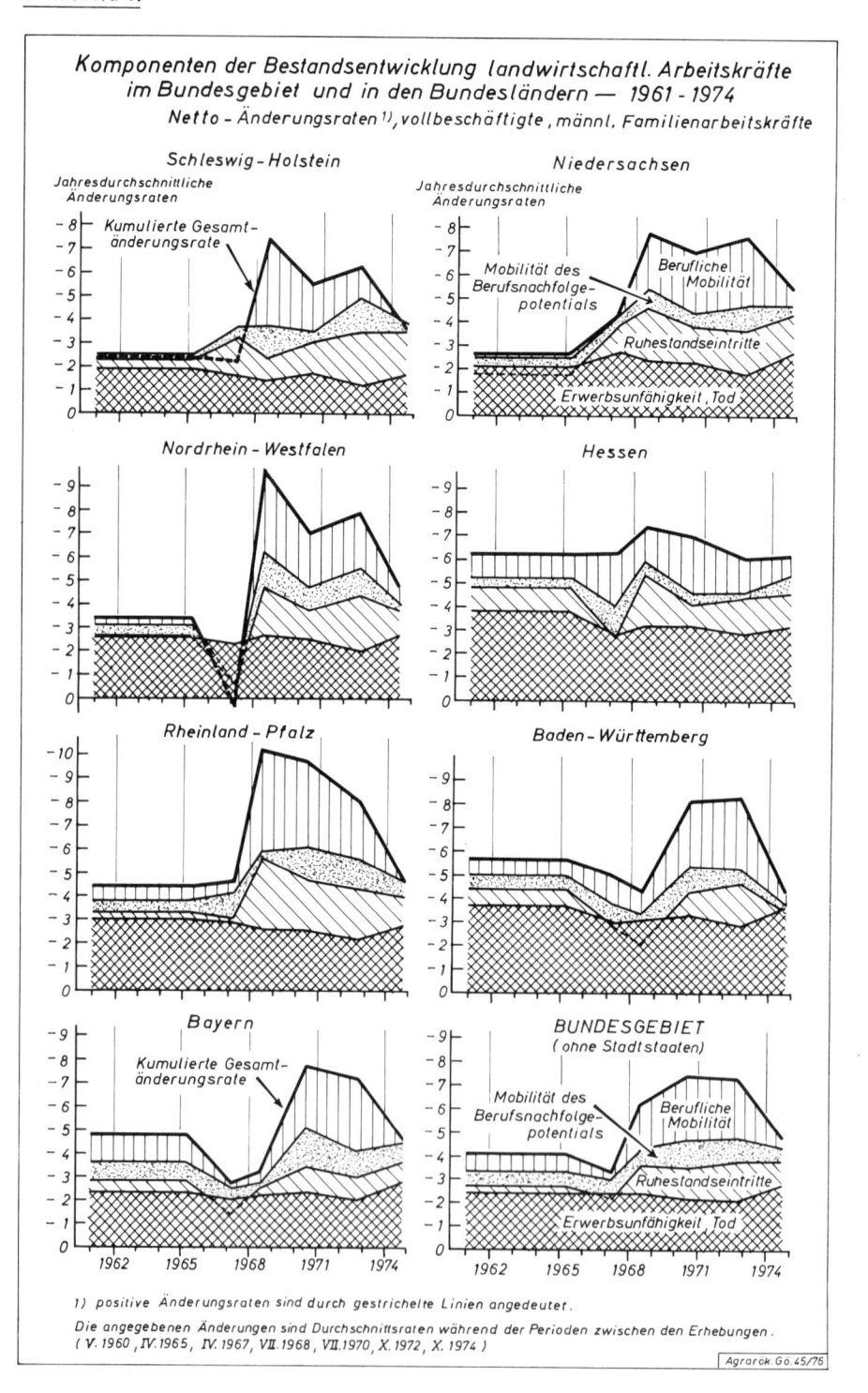

Schaubild 1:

Komponenten der Bestandsentwicklung landwirtschaftl. Arbeitskräfte im Bundesgebiet und in den Bundesländern — 1961-1974
Netto-Änderungsraten[1], vollbeschäftigte, männl. Familienarbeitskräfte

1) positive Änderungsraten sind durch gestrichelte Linien angedeutet.
Die angegebenen Änderungen sind Durchschnittsraten während der Perioden zwischen den Erhebungen.
(V. 1960, IV. 1965, IV. 1967, VII. 1968, VII. 1970, X. 1972, X. 1974)

Agrarök. Gö. 45/76

der sukzessive Tätigkeitswechsel vorgeherrscht hat (die Bilanz ist ungefähr ausgeglichen), ist Ende der sechziger Jahre verstärkt direkt und vollständig aus der Landwirtschaft abgewandert worden (die Salden sind negativ).

Regionale Entwicklungen

Die grobe Aufgliederung des Bundesgebietes in Bundesländer läßt bereits einige regionale Besonderheiten der Entwicklung der altersstrukturbedingten und ökonomisch erklärbaren Bestandsänderungen deutlich werden (siehe Schaubild 1).

Der Sockel der Bestandsminderung durch Erwerbsunfähigkeit und Tod weist erhebliche Unterschiede auf. Er ist in Baden-Württemberg und Hessen ca. doppelt so hoch wie in Schleswig-Holstein. Ursache dieser Unterschiede der autonomen Verminderungsraten sind die regional differierenden Altersverteilungen, die wiederum stark mit den Betriebsgrößenverteilungen korreliert sind: die Länder mit vorherrschender kleinbetrieblicher Struktur weisen mehr auslaufende Betriebe mit älteren Arbeitskräften auf.

Die Ruhestandseintritte zeigen regional überwiegend den typischen Verlauf, der auf der Bundesebene schon beobachtet und diskutiert wurde. Ausgeprägter als in anderen Bundesländern ist die Verminderung der Ruhestandseintritte im Konjunkturabschwung in Nordrhein-Westfalen und Baden-Württemberg.

Die Mobilität der potentiellen Berufsnachfolger hat in den norddeutschen Ländern deutlich auf beide Konjunktureinbrüche reagiert. Während 1965 - 67 die Raten in den süddeutschen Ländern noch zunahmen, zeigt sich in der 1974er Depression auch dort ein Rückgang der Abwanderungsbewegung dieser Gruppe. Die stärker verbreitete Jugendarbeitslosigkeit dürfte sich hier auswirken.

Die berufliche Mobilität ist in den verschiedenen Räumen des Bundesgebietes sehr unterschiedlich gewesen. Sie betrifft sowohl das Niveau als auch die zeitliche Abfolge von hohen und niedrigen Mobilitätsraten.

Die starken Freisetzungen vom Ende der sechziger Jahre bis Anfang der siebziger sind in allen Ländern wiederzufinden. In Bayern setzt dieser Mobilitätsschub mit einer gewissen Verzögerung ein. In Hessen verläuft die Entwicklung der Abwanderungsraten eher stetig, in den übrigen Bundesländern aber außerordentlich sprunghaft. Ein aufgestautes Mobilitätspotential scheint nur auf diese Boomphase "gewartet" zu haben, um den landwirtschaftlichen Sektor verlassen zu können. Eine nähere Analyse der gesamtwirtschaftlichen, sektoralen und regionalen Bestimmungsgründe dieser stark schwankenden Mobilitätsentwicklung erfolgt im nächsten Kapitel.

3 Die Mobilität landwirtschaftlicher Arbeitskräfte im Spannungsfeld von Arbeitsmarkt- und Einkommensentwicklung

3.1 Erklärungshypothesen und Spezifizierung eines Schätzmodells

Mittels der Kohortenanalyse waren Raten der beruflichen Mobilität und Mobilitätsraten der potentiellen Berufsnachfolger aus den Bestandsgrößen der Altersgruppen der vollbeschäftigten männlichen Familienarbeitskräfte für das Bundesgebiet und für die Bundesländer abgeleitet worden. Diese Mobilitätsraten sollen nun in Schätzmodellen erklärt werden 1).

Dabei wird unterschieden zwischen a) der Erklärung der beruflichen Mobilität und b) der Mobilität des Berufsnachfolgepotentials.

Zu a) Zur Erklärung der beruflichen Mobilität finden Variablen Verwendung, die die Verfügbarkeit von Arbeitsplätzen, die landwirtschaftliche Einkommensentwicklung, die nichtlandwirtschaftliche Lohnentwicklung, und die konjunkturelle Entwicklung anzeigen.

Die Lage am Arbeitsmarkt wird durch die Arbeitslosenquote nur unzureichend dargestellt. Eine Berücksichtigung von Angebot (offene Stellen) und Nachfrage (Arbeitssuchende, Arbeitslose) an regionalen Arbeitsmärkten vermittelt ein vollständigeres Bild. Eine Einbeziehung von qualitativen Merkmalen der offenen Stellen und der Arbeitssuchenden muß aus Datenmangel unterbleiben.

Im Schätzmodell wird der um ein Jahr vorgezogene Quotient aus der Zahl der offenen Stellen und der Zahl der Arbeitslosen verwendet, der die Arbeitsmarktanspannung (offene Stellen je Arbeitslosen) widerspiegelt (siehe Schaubild 2 und 3b).

Es ist davon auszugehen, daß Mobilitätsentscheidungen schon dann unterbleiben oder aufgeschoben werden, wenn eine geringere Anspannung 2) des Arbeitsmarktes sich erst abzeichnet (Wendepunktreaktionen). Der Arbeitsmarkt als ganzes reagiert zwar im Konjunkturverlauf traditionell als Gleich- oder z.T. auch als Nachläufer, eine Anzahl von Berufsgruppen reagiert jedoch frühzeitiger mit steigenden Arbeitslosenquoten. Den Wendepunkt zum Konjunktureinbruch 1967 signalisierten z.B. steigende Arbeitslosenquoten (saisonbereinigt) in Gruppen der gewerblichen Berufe bereits im Februar 1966, während die Gesamtreihe der Arbeitslosenquote erst zwei Monate später den Abschwung anzeige (KARR, W., KÖNIG, I., 1972). Da dieses Konjunkturverhalten insbesondere bei den Berufsgruppen zu finden ist, die auch für mobilitätsbereite Landwirte wichtig sind, muß dies auch eine scheinbar vorgezogene Reaktion in den Mobilitätsraten auslösen. Aufgrund ihrer Qualifikationsmerkmale zählen abwanderungsbereite Landwirte vermutlich überwiegend zu den Frühbetroffenen am Arbeitsmarkt.

Die Einkommenslage in der Landwirtschaft wird durch das reale Betriebseinkommen/AK berücksichtigt, wie es aus den Ergebnissen der Testbetriebe des Agrarberichts ermittelt wird. Daten über den für Vergleiche relevanteren Arbeitsertrag stehen in den erforderlichen Zeitreihen nicht zur Verfügung. Die alternativen Verdienstmöglichkeiten werden durch die realen Arbeitnehmerverdienste dargestellt (siehe Schaubild 3b). Beide Größen sind um ein Jahr verzögert, da Reaktionen auf Verschiebungen der landwirtschaftlichen und nichtlandwirtschaft-

---

1) Die aus dem demographischen Modell gewonnenen Raten der beruflichen Mobilität für die Perioden zwischen den sieben Erhebungszeitpunkten wurden anhand der jährlich vorliegenden Raten der Voll-AK-Bestandsentwicklung in 14 jährliche Raten disaggregiert. Die relativen Änderungen der Raten der Voll-AK innerhalb der Perioden wurden auf die durchschnittlichen Raten der beruflichen Mobilität übertragen (siehe dazu auch FRIEDMAN, M., 1962). Die Voll-AK-Werte von 1971/72 - 1974/75 sind noch vorläufig bzw. geschätzt. Statistische Fehler in dieser Referenzreihe können sich auf die letzten Werte in der Reihe der Mobilitätsraten geringfügig auswirken. Von dieser Anlehnung an die Voll-AK Reihe wurde beim Berufsnachfolgepotential abgesehen. Die durchschnittlichen Änderungsraten wurden durch arithmetisch lineare Interpolation der monatsdurchschnittlichen absoluten Bestandsänderungen zwischen den Erhebungen jeweils auf die Jahresmitte bezogen. Bei der Beurteilung der Güte der Schätzergebnisse müssen diese Datenkonstellationen berücksichtigt werden.

2) Je höher die Zahl der offenen Stellen je Arbeitslosen, desto geringer ist die Arbeitsmarktanspannung.

Schaubild 2:

Entwicklung der Arbeitsmarktanspannung in den Bundesländern, 1960-1975

Zahl der offenen Stellen je Arbeitslosen (Männer)

x——x Schleswig-Holstein, einschl. Hamburg
●——● Niedersachsen, einschl. Bremen
▽——▽ Nordrhein-Westfalen
+——+ Hessen
o——o Rheinland-Pfalz einschl. Saarland
▲——▲ Baden-Württemberg
□——□ Bayern

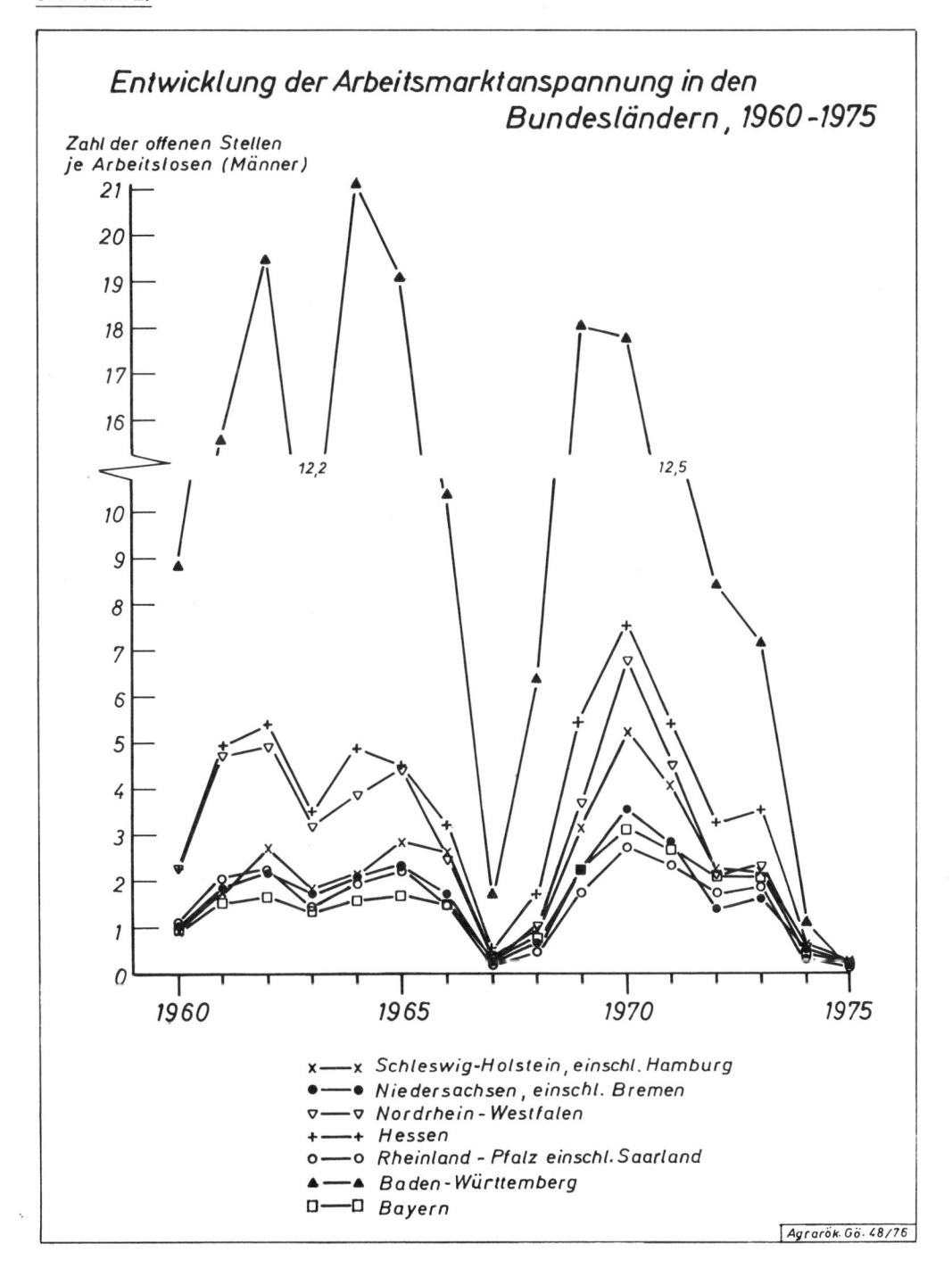

Agrarök. Gö. 48/76

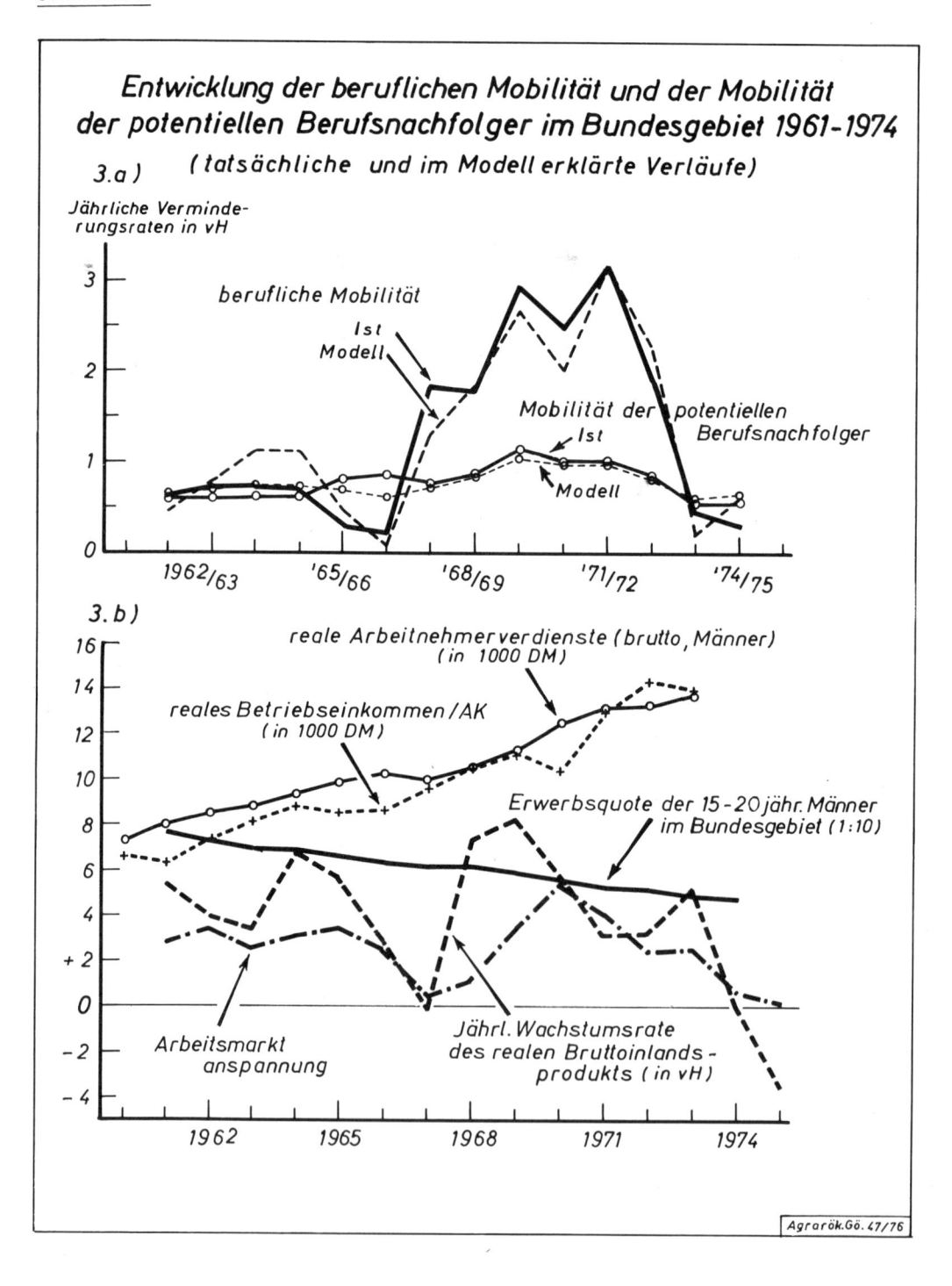

Schaubild 3:

Entwicklung der beruflichen Mobilität und der Mobilität der potentiellen Berufsnachfolger im Bundesgebiet 1961-1974

3.a) (tatsächliche und im Modell erklärte Verläufe)

Jährliche Verminderungsraten in vH

berufliche Mobilität
Ist
Modell

Mobilität der potentiellen Berufsnachfolger
Ist
Modell

1962/63   '65/66   '68/69   '71/72   '74/75

3.b)

reale Arbeitnehmerverdienste (brutto, Männer) (in 1000 DM)

reales Betriebseinkommen/AK (in 1000 DM)

Erwerbsquote der 15-20 jähr. Männer im Bundesgebiet (1:10)

Arbeitsmarktanspannung

Jährl. Wachstumsrate des realen Bruttoinlandsprodukts (in vH)

1962   1965   1968   1971   1974

Agrarök.Gö. 47/76

lichen Einkommens- und Lohnrelationen in der Regel erst mit dem Verzug eines Arbeitssuchprozesses erfolgen 1).

Die Erwartungen an die zukünftige wirtschaftliche Entwicklung und das Vertrauen in die Kontinuität des wirtschaftlichen Wachstums unterliegen konjunkturellen Einflüssen. Diese sollen hier durch die um ein Jahr vorgezogenen Wachstumsraten des realen Bruttoinlandsprodukts ausgedrückt werden (siehe Schaubild 3b). Auf diese Weise verschoben, nähern sich die Extrema des Bruttoinlandsproduktswachstums denjenigen im Kurvenverlauf der wirtschaftlichen Stimmungslage an, wie sie durch das allgemeine Geschäftsklima charakterisiert wird (Wirtschaftskonjunktur, verschiedene Jahrgänge). Mit Jahresdurchschnittswerten kann man dem Konjunkturablauf allerdings nur näherungsweise gerecht werden. Diese Variable wird im folgenden auch bei länderbezogenen Schätzungen als Bundesdurchschnitt gemessen.

Zu b) Die Entwicklung der Zahl der Neueintritte in die landwirtschaftliche Vollbeschäftigung wird langfristig durch die Anzahl von existenzfähigen Betrieben mit ausreichenden Wachstumschancen bzw. Einkommensmöglichkeiten determiniert. Übersteigen die außerlandwirtschaftlichen die landwirtschaftlichen Einkommen, dann sind hiervon mobilisierende Effekte auch bei den potentiellen Berufsnachfolgern zu erwarten.

Die Absorptionsfähigkeit des Arbeitsmarktes spielt für die vor der Berufswahl Stehenden eine ähnlich bedeutsame Rolle wie für die mobilitätsbereiten Berufswechsler.

Die Verlängerung des Bildungs- und Ausbildungssystems hat den Eintritt in die Erwerbstätigkeit immer weiter hinausgeschoben. Die Erwerbsquote der untersten Altersgruppe ist kontinuierlich gesunken. Während 1961 77 v.H. der Männer im Alter von 15 - 20 Jahren einer Erwerbstätigkeit nachgingen, waren dies 1974 nur noch 48 v.H. (siehe Schaubild 3b). Diese Veränderungen dürften sich auch auf die Berufseintritte in die Landwirtschaft ausgewirkt haben.

Zur Erklärung der Mobilität der potentiellen Berufsnachfolger dienen im Modell die Differenz zwischen Betriebseinkommen/AK und Arbeitnehmerverdienst, die Arbeitsmarktanspannung und die Erwerbsquote der 15 - 20 jährigen Männer.

Unter Berücksichtigung der beschriebenen Variablen ergeben sich damit folgende Schätzmodelle für den Gesamtraum bzw. für die einzelnen Bundesländer (mit den erwarteten Vorzeichen):

a) Berufliche Mobilität:

$$BM_t = a_1 + b_1 AMS_{t+1} - b_2 BE_{t-1} + b_3 GL_{t-1} + b_4 WBIP_{t+1} + u_{1,t}$$

b) Mobilität des Berufsnachfolgepotentials

$$NM_t = a_2 + b_5 AMS_{t+1} - b_6 (BE-GL)_{t-1} - b_7 ERQ_t + u_{2,t}$$

---

1) Das Betriebseinkommen bezieht sich auf das Wirtschaftsjahr der Agrarwirtschaft, der Arbeitnehmerverdienst jeweils auf das Kalenderjahr. Die durchschnittlichen Betriebseinkommen/AK in den Bundesländern wurden durch Gewichtung der Ergebnisse der Testbetriebe für die Betriebssysteme in den Bundesländern ermittelt. Grundlage für die Gewichtungen sind die Ergebnisse der LZ 1971 über die Verteilung der Betriebssysteme in den Bundesländern.

Erläuterungen der Abkürzungen:

BM   – Berufliche Mobilität (in v.H. der Gesamtbestände pro Jahr);
NM   – Mobilität der potentiellen Berufsnachfolger (in v.H. der Gesamtbestände pro Jahr);
AMS – Arbeitsmarktanspannung für männliche Beschäftigte;
BE   – reales Betriebseinkommen/AK;
GL   – realer durchschnittlicher Bruttoverdienst männlicher Arbeitnehmer;
ERQ – Erwerbsquote der 15 - 20-jährigen Männer;
WBIP – jährliche Wachstumsrate des realen BIP;
u   – Residualvariable.

3.2 Ergebnisse für das Bundesgebiet und die Bundesländer

Schaubild 3a zeigt die tatsächlichen und die im Modell erklärten Mobilitätsentwicklungen und die Verläufe der erklärenden Variablen für das Bundesgebiet [1]. Die Arbeitsmarkt- und Konjunkturentwicklungen spielen auf Bundesebene für die berufliche Mobilität eine dominierende Rolle. Diese beiden Variablen unterliegen sehr starken Schwankungen, während die Einkommens- und Lohnentwicklung weniger sprunghaft verläuft.

Offensichtlich reagieren die Landwirte stärker auf außerlandwirtschaftliche Lohnschwankungen als auf landwirtschaftliche Einkommensveränderungen, wie die Elastizitäten andeuten.

Die - durch die Schätzung nachvollzogene - Entwicklung der beruflichen Mobilitätsraten ist durch einen kräftigen Anstieg von 1967 - 1969 und einen späteren starken Abfall von 1972 - 1974 gekennzeichnet. Hier wird der generelle Konjunkturverlauf deutlich. Die partiellen Einflüsse der erklärenden Variablen sind, in absoluten Prozentpunkten der Gesamtveränderung gemessen, in der Übersicht 3 zusammengestellt (siehe Übersicht 3, BRD).

Bei angespannter Arbeitsmarktlage und nur zögernd einsetzendem konjunkturellen Aufschwung, der im allgemeinen von Zurückhaltung der Arbeitnehmer im Verteilungskampf (Lohn-lag) gekennzeichnet ist (ABELS, H., KLEMMER, P., SCHÄFER, H., TEIS, W., 1975), führen bereits geringe landwirtschaftliche Einkommensverbesserungen zu einem starken Rückgang der Mobilität. Reale Einkommenssteigerungen in der Landwirtschaft von ca. 15 v.H., wie sie derzeit erwartet werden, können die Abwanderung fast zum Erliegen bringen.

Dieser eher kurzfristige Effekt kann aber auch längerfristige Folgen für den Strukturwandel haben. Die zur Zeit erwarteten anhaltenden Beschäftigungsprobleme und der ungekannt tiefe, jüngste Konjunktureinbruch könnten zu einem Vertrauensschwund in die Stabilität der allgemeinen wirtschaftlichen Entwicklung bei den mobilitätsbereiten Landwirten führen, der erst nach einer längeren Verzögerung wieder abgebaut werden kann. Fallen nun noch in solche Phasen so kräftige Einkommenssteigerungen, wie sie für das Wirtschaftsjahr 1975/76 zu erwarten sind, dann können zusätzlich Betriebsgruppen an der Grenze zur Abstockung zu beschäftigungsintensiven Aufstockungsinvestitionen gereizt werden, was wiederum eine langfristige Bindung von Arbeitskräften in der Landwirtschaft zur Folge hätte.

Dieser Effekt für den Betriebsstrukturwandel kann sich auch auf die Mobilität der potentiellen Berufsnachfolger auswirken. Deren Mobilitätsverhalten wird, wie in den formulierten Hypo-

---

[1] Die geschätzten Koeffizienten und Elastizitäten sind in Übersicht 4, S. 243 zusammengestellt.

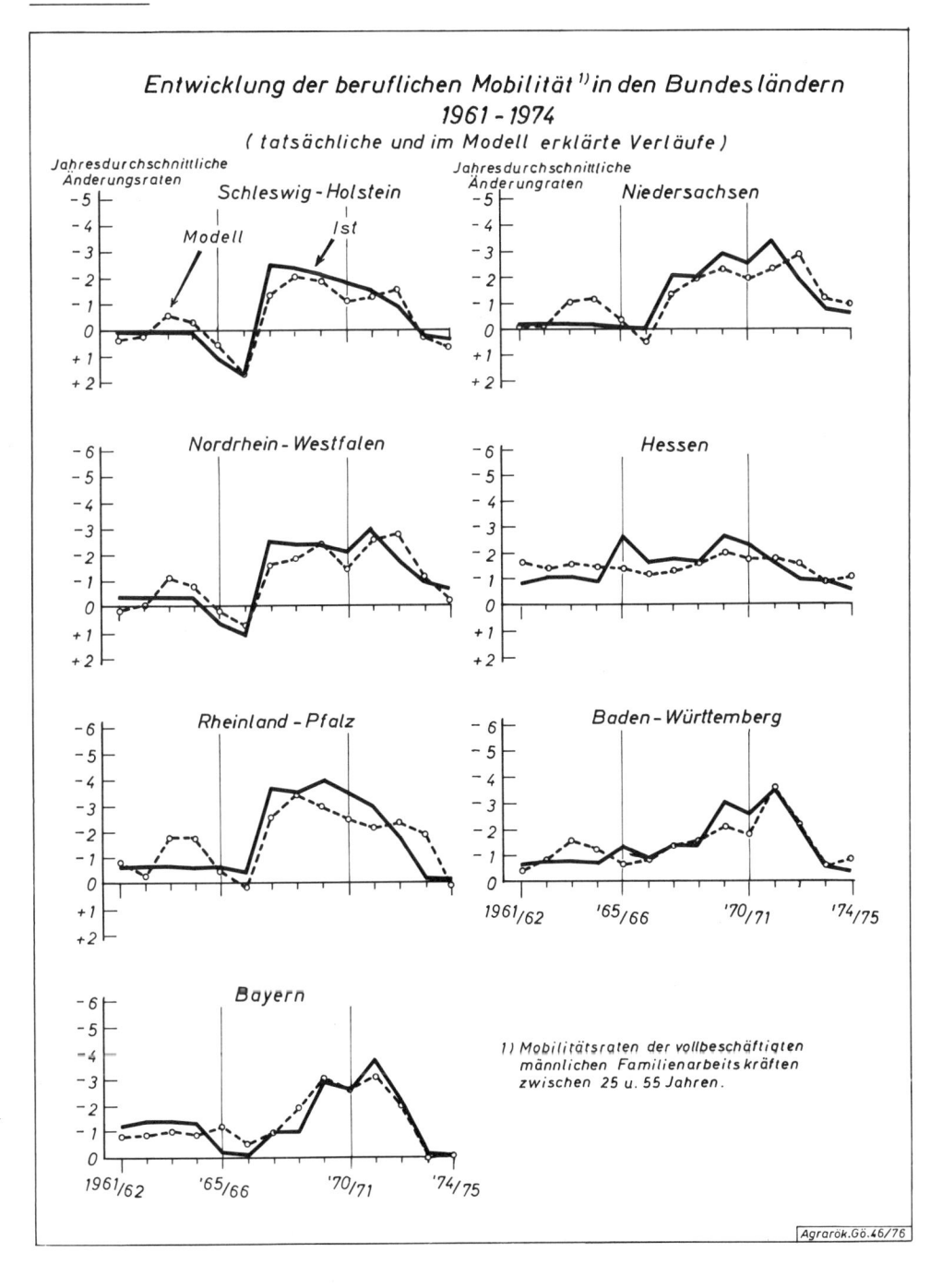

Schaubild 4:

Entwicklung der beruflichen Mobilität[1] in den Bundesländern 1961 - 1974
(tatsächliche und im Modell erklärte Verläufe)

1) Mobilitätsraten der vollbeschäftigten männlichen Familienarbeitskräfte zwischen 25 u. 55 Jahren.

thesen vermutet, maßgeblich durch den Arbeitsmarkt und damit auch durch den Konjunkturverlauf bestimmt 1). Auf die - aus landwirtschaftlicher Sicht - günstige Paritätsentwicklung von Einkommen und Löhnen ist aber ebenfalls ein erheblicher Anteil des Mobilitätsrückganges 1972/74 zurückzuführen (siehe Übersicht 3, BRD). Die Verlängerung des Ausbildungssystems und die damit verbundene Verzögerung der Erwerbstätigkeitseintritte hat auf eine kontinuierliche Verminderung der Eintritte in den untersten Altersbereich hingewirkt. Eine regionale Erklärung der Mobilität der Berufsnachfolger muß im Rahmen dieses Referates unterbleiben.

Die regionalen Entwicklungen der beruflichen Mobilität unterscheiden sich in Niveau und zeitlichem Ablauf (siehe Schaubild 4). Diese Abweichungen können auf Unterschiede in Niveau und Entwicklung der erfaßten Bestimmungsfaktoren zurückgehen, aber auch die Folge divergierender regionaler Verhaltensweisen sein.

Es ist naheliegend, daß die regionalen Unterschiede in den partiellen Mobilitätseffekten maßgeblich von den Niveauunterschieden der erklärenden Variablen bestimmt werden. So ist in Regionen mit relativ günstiger Arbeitsmarktlage (z.B. Baden-Württemberg) die Elastizität der Berufsmobilität in bezug auf Änderungen der Arbeitsmarktanspannung geringer als in Räumen mit dauerhaften Arbeitsmarktproblemen (z.B. Bayern). Hierdurch wird auch die relative Bedeutung der übrigen Bestimmungsfaktoren der Mobilität beeinflußt. Beispielsweise tritt in Räumen mit absorptionsfähigem Arbeitsmarkt die landwirtschaftliche und außerlandwirtschaftliche Einkommensentwicklung in den Vordergrund (Baden-Württemberg, Nordrhein-Westfalen).

In Übersicht 2 ist angegeben, um wieviel Prozentpunkte die Mobilität bei einer partiellen Variation der Bestimmungsvariablen um einen vorgegebenen Betrag verändert würde. Dabei zeigen sich erhebliche regionale Unterschiede. Eine Verbesserung der Arbeitsmarktlage um eine offene Stelle je Arbeitslosen würde im Bundesdurchschnitt zu einer Abwanderung von 0,5 v.H. der vollbeschäftigten männlichen Familienarbeitskräfte führen.

Im arbeitsmarktbelasteten Bayern würde daraus eine Rate von 1,1 v.H. resultieren, in Gebieten mit günstiger Arbeitsmarktstruktur wäre die Wirkung kaum spürbar (z.B. Baden-Württemberg 0,08 v.H.).

Die Bedeutung des - an der Wachstumsrate des BIP im Folgejahr gemessenen - Indikators für das "gesamtwirtschaftliche Klima" ist besonders hoch in Schleswig-Holstein und Nordrhein-Westfalen. Eine Isolierung vom Arbeitsmarkteffekt ist nicht eindeutig möglich. Zu vermuten ist, daß die relativ starke Konzentration der Industrien, branchenspezifische Konjunkturanfälligkeiten (z.B. Schiffbau in Hamburg und Kiel, Krise des Steinkohlenbergbaus in Nordrhein-Westfalen) oder auch der hohe Anteil peripherer Gebiete mit unsicheren Arbeitsplätzen zur Erklärung dafür beitragen, daß die allgemeine Konjunkturentwicklung sich hier stark auf die Mobilitätsentscheidungen auswirkt.

Die Rangfolge der Gebiete hinsichtlich des partiellen Einflusses von Einkommensveränderungen ist etwa umgekehrt derjenigen der Arbeitsmarkt- und Konjunkturlage. So lösen landwirtschaftliche Einkommenssteigerungen in Baden-Württemberg relativ hohe, in Bayern dagegen sehr geringe Verminderung der Abwanderungsraten aus.

Zur Analyse des Gesamteinflusses der erklärenden Variablen auf den tatsächlichen Verlauf der Mobilität werden die beiden besonders auffälligen Phasen aus dem Untersuchungszeitraum

---

1) ALTMANN und PETERS heben für die Mobilität im Generationswechsel die mehr sozialstrukturellen Bestimmungsfaktoren (Erbfolge, Alter des bisherigen Betriebsleiters) und individuellen Präferenzen der Schulabgänger hervor, deren Einfluß auf die Berufswahl sicher vorhanden, im Modell aber schwer zu quantifizieren ist (ALTMANN, A., PETERS, W., 1976).

Übersicht 2: Auswirkungen partieller Variationen der Bestimmungsvariablen auf die berufliche Mobilität in ausgewählten Gebieten 1)

Änderung der jahresdurchschnittlichen Mobilitätsraten in Prozentpunkten				
Gebiet	eine offene Stelle mehr je Arb.-los.	Wachstumsrate d. realen BIP + 2 %	reales Einkommen in der Landwirtschaft + 5 %	realer Arbeitnehmerverdienst + 5 %
Schleswig-Holstein	0,40	0,52	-0,25	0,46
Niedersachsen	0,60	0,32	(-0,10)	0,38
Nordrhein-Westfalen	0,23	0,58	-0,18	0,52
Baden-Württemberg	0,08	0,22	-0,52	0,88
Bayern	1,09	(-0,09)	-0,14	0,22
Bundesgebiet	0,54	0,17	-0,32	0,61

Ergebnisse aus nicht gegen Null gesicherten Koeffizienten in Klammern.

1) Hessen und Rheinland-Pfalz wurden wegen noch unbefriedigender Schätzergebnisse nicht in die vergleichende Analyse einbezogen. Die beiden Länder weisen die niedrigsten Vollbeschäftigtenanteile im Bundesgebiet auf (siehe Übersicht 1) was sich auf die Schätzergebnisse auswirken kann. Eine Einbeziehung der Teilbeschäftigten in das Modell scheint insbesondere für diese Länder geboten.

ausgewählt. Sie sind vom konjunkturellen Aufschwung und Boom einerseits und dem Abschwung und der sich abzeichnenden Depression andererseits gekennzeichnet. In diesen Phasen haben sich unter konjunkturellen und strukturellen Einflüssen Verschiebungen in der relativen Bedeutung der Bestimmungsfaktoren der Mobilität in den verschiedenen Gebieten ergeben (siehe Übersicht 3).

In der regionalen Sicht werden auch bei Berücksichtigung der tatsächlichen Niveauveränderungen der Einflußgrößen zwei Typen von Räumen deutlich. Regionen mit labiler Arbeitsmarktlage, wie Schleswig-Holstein, Niedersachsen und Bayern, zeigen einen vorwiegend arbeitsmarkt- und konjunkturbeeinflußten Zuwachs (1967 - 69) bzw. Abbau (1972 - 74) der erklärten Mobilität. Einkommensveränderungen in und außerhalb der Landwirtschaft haben sich in diesen Ländern während der beiden Perioden weitgehend aufgehoben. Letzteres trifft auch für Nordrhein-Westfalen zu, einem Land, das zwar keine strukturellen Arbeitsmarktprobleme hat, in dem die Mobilität aber besonders im letzten Konjunktureinbruch stark durch den Rückgang des gesamtwirtschaftlichen Wachstums gebremst wurde. Einen wesentlich anderen Verhaltenstypus stellt Baden-Württemberg mit seinem sehr viel aufnahmefähigeren Arbeitsmarkt dar. Hier ist das Mobilitätsverhalten überwiegend einkommensinduziert, und der Arbeitsmarkteinfluß bleibt relativ unbedeutend.

Generell deuten die Ergebnisse an, daß der vermutlich mit erheblichen Strukturwandlungen einhergehende Konjunkturabschwung 1972/74 mit der besonders spürbaren Verschlechterung des Wirtschaftsklimas das Sicherheitsbedürfnis erhöht und die Mobilitätsneigung gesenkt hat. Zu dem "Beinahe-Stillstand" der beruflichen Mobilität hat die verbesserte landwirtschaftliche Einkommensentwicklung ausschlaggebend beigetragen. Die kräftigen nichtlandwirtschaftlichen Lohnsteigerungen Anfang der siebziger Jahre hätten sonst vor allem in den Gebieten mit hoher Lohnelastizität der Mobilität, wie z.B. Schleswig-Holstein und Baden-Württemberg, einen deutlichen Mobilitätsanstieg bewirkt, solange die Aufnahmefähigkeit des Arbeitsmarktes dies noch zuließ.

Übersicht 3: Bestimmungsgründe der Mobilität 1) in verschiedenen Entwicklungsphasen in ausgewählten Ländern (1967/69 und 1972/74)

Änderung der erklärten Mobilitätsraten um ... Prozentpunkte

Gebiet	1966/67 - 1969/70					1972/73 - 1974/75				
	\multicolumn{5}{c}{berufliche Mobilität}						
	Arbeits-markt	Ges.wirt. Wachstum	landw. Einkomm.	Arbeitn. Verdienst	Änd.d.Mobilitätsraten insgesamt 1966/67 - 1969/70	Arbeits-markt	Ges.wirt. Wachstum	landw. Einkomm.	Arbeitn. Verdienst	Änd.d.Mobilitätsraten insgesamt 1972/73 - 1974/75
SH	1,94	1,56	-0,51	0,58	3,58	-0,82	-1,82	-1,85	1,57	-2,90
NS	1,97	0,97	(-0,59)	0,49	2,83	-0,73	-1,13	(-0,52)	1,09	-1,30
NR-W	1,47	1,72	-0,58	0,55	3,15	-0,44	-2,00	-0,98	1,10	-2,35
BA-WÜ	1,24	0,67	-1,69	0,98	1,21	-0,64	-0,78	-3,87	2,59	-2,70
BAY	3,03	(-0,26)	-0,65	0,39	2,50	-2,18	(0,30)	-2,06	0,97	-2,97
BRD	2,67	0,51	-1,31	0,73	2,60	-1,18	-0,60	-2,40	1,65	-2,54

Mobilität der potentiellen Berufsnachfolger

	Arbeits-markt	Jugend-Erwerbs-quote	Einkomm.-parität	Änderung d. Mobilitätsraten insgesamt 1966/67 - 1969/70	Arbeits-markt	Jugend-Erwerbs-quote	Einkomm.-parität	Änderung d. Mobilitätsraten insgesamt 1972/73 - 1974/75
BRD	0,47	0,10	-0,14	0,44	-0,22	0,08	-0,22	-0,35

Aus nicht gegen Null gesicherten Koeffizienten berechnete Werte in Klammern

1) Vollbeschäftigte männliche Familienarbeitskräfte.

4 Analyse möglicher Auswirkungen der Überalterung auf Agrarstruktur und regionale Arbeitsmärkte

Im folgenden werden einige der bisher diskutierten Zusammenhänge auf kleinräumlicher Ebene untersucht. Die Analyse regionaler Arbeitsmärkte ist Voraussetzung für eine realitätsnahe Quantifizierung von Zielen und Instrumenten der regionalen Wirtschafts- und Arbeitsmarktpolitik, deren Ziele letztlich der Ausgleich von Arbeitsangebot und -nachfrage, der Abbau interregionaler Disparitäten und die Stabilisierung der Arbeitsmärkte durch die Förderung der Mobilität und der Schaffung wenig konjunkturanfälliger Arbeitsplätze ist.

Informationsgrundlage einer solchen Politik sind schon bisher regionale Arbeitsmarktbilanzen gewesen (THELEN, 1973). Soll die Arbeitsmarktpolitik besonders in ländlichen Problemgebieten verstärkt auch die Ziele der Agrarstrukturpolitik unterstützen, indem sie genügend an der Qualität landwirtschaftlicher Arbeitskräfte orientierte Arbeitsplätze bereitstellt (siehe dazu MEHRLÄNDER, 1971), dann müssen solche Bilanzen mehr als bisher nach Branchen und Qualifikation 1) gegliedert sein und eine explizite Trennung von autonomer und arbeitsmarktrelevanter Arbeitskräftefreisetzung enthalten. Im Rahmen dieses Referates soll lediglich der zuletzt genannte Aspekt abschließend aufgegriffen werden, indem ausgehend von der bekannten Altersstruktur eine Projektion der autonomen Komponenten vorgenommen wird.

Im folgenden werden Projektionsergebnisse für den Zeitraum 1971 - 1981 auf Kreisebene vorgestellt, die aus dem in Abschnitt 2.2 beschriebenen Kohortenmodell unter der Annahme MAK = 0 resultieren 2). Das heißt, es werden - nach Beschäftigungskategorien getrennt - autonome Verminderungsraten der Zahl der Arbeitskräfte projiziert. Dabei wird unterstellt, daß die Zahl der Neueintritte konstant und gleich dem Bestand der untersten Altersgruppe im Basisjahr ist. Die Ergebnisse sind in AK-Einheiten umgerechnet unter Verwendung der im Basisjahr auf Kreisebene festgestellten Relationen.

Für den landwirtschaftlichen Arbeitseinsatz im Bundesgebiet insgesamt errechnet sich für den Zeitraum 1971 - 1981 eine autonome Verminderung von 226 000 AK-Einheiten bzw. 1,8 v.H. pro Jahr (1971 - 76: 2,0 v.H.). Damit werden die Folgen der Überalterung deutlich, denn für die männlichen Erwerbstätigen in der Gesamtbevölkerung errechnet sich unter denselben Annahmen nur eine autonome Verminderung von 0,2 v.H. pro Jahr.

Kleinregionale Unterschiede der altersbedingten Verminderungsraten sind in der folgenden Karte dargestellt. Sie variieren von 1,2 v.H. in Kreisen Ostbayerns bis 3,6 v.H. im Harzgebiet, wobei allerdings ein sehr großer Teil (48 v.H. der Kreise) im mittleren Bereich von 1,8 - 2,2 v.H. liegt. Die Karte informiert nicht nur über die Höhe der autonomen Freisetzung, sondern auch über den noch vorhandenen Arbeitskräftebesatz pro 100 ha, um auf die agrarstrukturelle Bedeutung eines Abbaus von Arbeitskräften hinzuweisen. Schließlich sind diejenigen Gebiete gekennzeichnet, die besondere Arbeitsmarktprobleme aufweisen. Daraus resultieren sieben in der Legende der Karte näher definierte Gebietstypen.

Eine Bewertung dieser Information und die Ableitung von agrar- und arbeitsmarktpolitischen Schlußfolgerungen ist ohne Kenntnis der Einkommensverhältnisse und Arbeitsmarktbilanzen spezieller Gebiete nicht möglich. Ziel der Darstellung ist es lediglich, die Bandbreite des zu erwartenden autonom ablaufenden Strukturwandels in der Landwirtschaft aufzuzeigen. Generell geben die Verminderungsraten die autonome Wachstumsrate der AK-Flächen-Relation

---

1) Bisher sind die Kenntnisse über die Eignung ehemaliger Landwirte für verschiedene Berufe allerdings noch zu gering, um quantitative Bilanzen nach diesem Kriterium untergliedern zu können.

2) Datenbasis ist die LZ 1971, Vollerhebung Januar - März 1972.

Altersbedingte Veränderungsraten der Arbeitskräfte in der Landwirtschaft (Voll-AK)
1971 - 1981

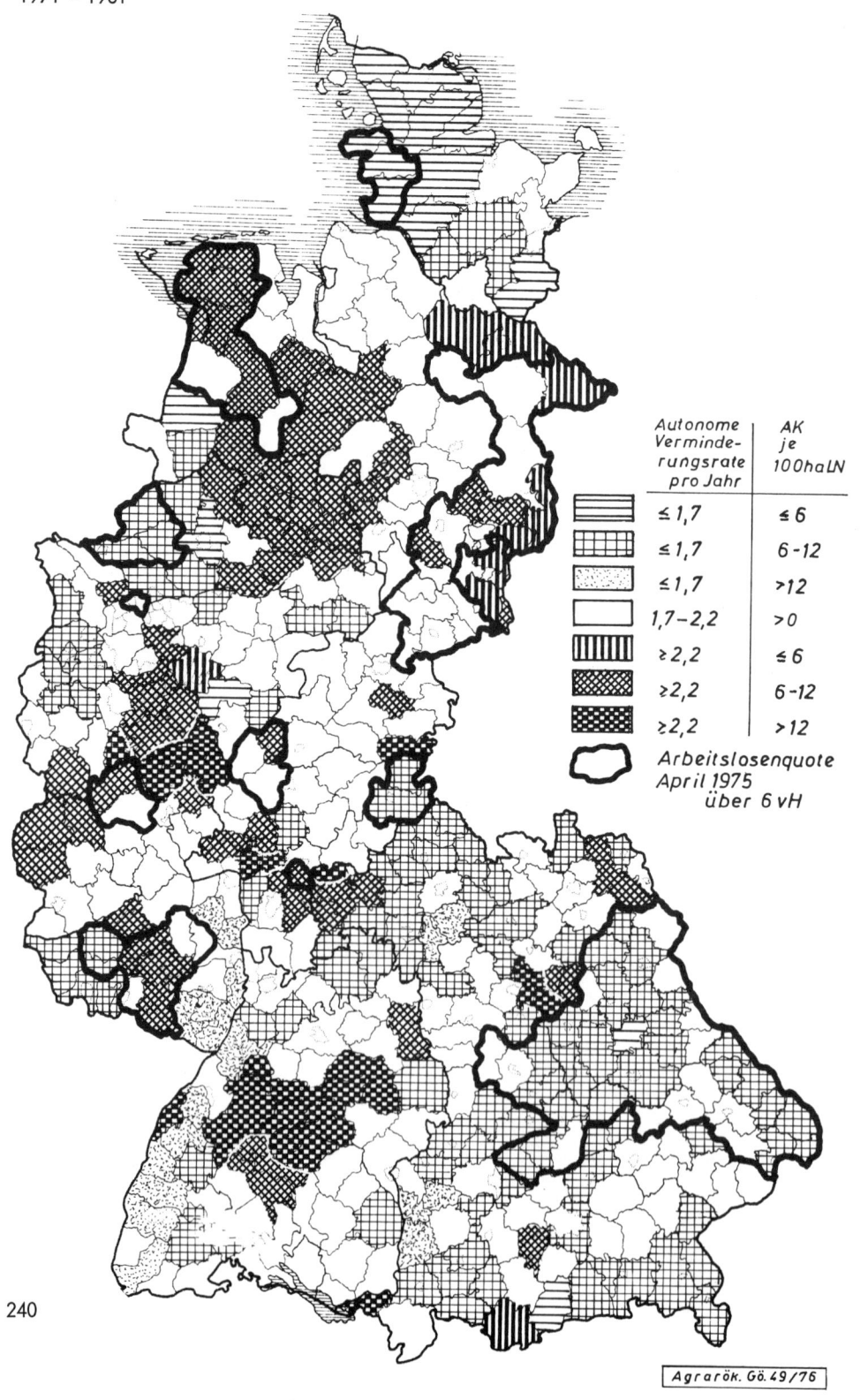

Autonome Verminderungsrate pro Jahr	AK je 100 ha LN
≤ 1,7	≤ 6
≤ 1,7	6 - 12
≤ 1,7	> 12
1,7 - 2,2	> 0
≥ 2,2	≤ 6
≥ 2,2	6 - 12
≥ 2,2	> 12

Arbeitslosenquote April 1975 über 6 vH

Agrarök. Gö. 49/76

(bei konstanter Gesamtfläche) an. Ob der Betriebsstrukturwandel vorwiegend über einen Abbau der betrieblichen Arbeitskapazitäten (bei konstanter Zahl der Betriebe ist die autonome AK-Verminderungsrate gleich der Verminderungsrate der AK/Betrieb-Relation) oder über eine Verminderung der Zahl der Betriebe (bei konstantem AK-Besatz/Betrieb ist die autonome Rate gleich der Änderungsrate der Zahl der Betriebe) ablaufen wird, kann hier nicht untersucht werden. In der Realität ist innerhalb der angegebenen Bandbreite eine Mischung aus beiden Prozessen zu erwarten.

Die gewählte Grobeinteilung nach der autonomen Verminderung führt zur Unterscheidung von drei Gebietstypen. Den ersten Typus stellen Gebiete dar, die schon in der Vergangenheit einen intensiven Strukturwandel durchlaufen haben und die folglich heute eine überdurchschnittliche Überalterung aufweisen. Hier ist die künftig zu erwartende autonome Verminderung relativ groß. Zu dieser Gebietskategorie gehören einerseits ländliche Gebiete Niedersachsens, der Eifelraum und Zonenrandgebiete mit durchschnittlichem bis niedrigem Arbeitskräftebesatz. Trotz der überwiegend wenig aufnahmefähigen Arbeitsmärkte verbleibt hier ein relativ weiter Spielraum für die Dynamik des Agrarstrukturwandels. Zum anderen gehören zu diesem Typ Einzugsbereiche von Ballungsgebieten (Stuttgart, Rhein-Main, Köln-Bonn).

Auch in der zweiten Kategorie, d.h. der großen Gruppe der Gebiete, die eine durchschnittliche autonome Verminderung aufweisen, wird der Strukturwandel unabhängig von der gesamtwirtschaftlichen Entwicklung spürbar weiterlaufen können.

In eine dritte Gruppe fallen Gebiete mit weit unterdurchschnittlichen autonomen Verminderungsraten und heterogenen Agrarstruktur- und Arbeitsmarktbedingungen. Für die Mehrzahl der mit überdurchschnittlichem AK-Besatz ausgewiesenen Gebiete dürften Sonderbedingungen (Wein, Obstbau) vorliegen, die hier nicht untersucht werden können. In den Räumen mit durchschnittlichem oder niedrigem AK-Besatz sind Regionen mit relativ günstigen Einkommensverhältnissen (Schleswig-Holstein, Niederbayern) genauso vertreten wie solche, in denen die ungünstige Einkommenslage künftig einen verstärkten Anpassungsprozeß erforderlich machen dürfte (z.B. Bayrischer Wald). Besonders auffallend ist die geringe Überalterung in großen Teilen Bayerns und Osthessens, d.h. Räumen, die in der Vergangenheit weniger intensiv am Strukturwandel teilgenommen haben. Da die autonome Komponente hier nur ein geringes Maß an Anpassung gewährleistet, wird die Arbeitskräftefreisetzung größtenteils über die berufliche Mobilität erfolgen müssen und damit stark durch die Lage am Arbeitsmarkt bestimmt sein. Einige dieser Gebiete haben aber schon jetzt unter struktureller Arbeitslosigkeit zu leiden.

Regionen, in denen landwirtschaftliche Einkommens- und allgemeine Beschäftigungsprobleme parallel auftreten (z.B. Bayrischer Wald, Saar, Emsland), werden aus der Sicht der landwirtschaftlichen Anpassung prioritäre Einsatzbereiche regionalpolitischer Maßnahmen sein müssen und erfordern eine enge Koordinierung von Arbeitsmarkt- und Agrarstrukturpolitik.

Die Erkenntnis, daß mobilitätsbereite Landwirte hauptsächlich außerhalb von Regionen mit hoher Arbeitsplatzdichte zu finden sind, diese aber eher zum Pendeln als zur Aufgabe des Wohnortes bereit sind, hat sich in der praktischen regionalen Arbeitsmarktpolitik schon niedergeschlagen. Der besonderen Bedeutung der Verbesserung des Bildungs-, Ausbildungs- und Umschulungsangebots zur Förderung der beruflichen Mobilität in solchen Gebieten soll durch das Arbeitsförderungsgesetz verstärkt Rechnung getragen werden (Bundesanstalt für Arbeit 1974).

5 Schlußbetrachtungen

Die vorgetragenen Überlegungen hatten zum Ziel, den Prozeß der Verminderung des Arbeitseinsatzes in der Landwirtschaft in Komponenten zu zerlegen, die einerseits in Erklärungsmodellen den vermuteten Bestimmungsgründen besser zugeordnet werden können und die andererseits detailliertere arbeitsmarkt- und strukturpolitische Schlußfolgerungen ermöglichen.

Die Berechnungen haben gezeigt, daß ein relativ hoher, allerdings regional sehr unterschiedlicher Teil der Gesamtverminderung des Arbeitskräftebestandes auf eine autonome, von gegenwärtigen strukturellen und konjunkturellen Arbeitsmarktlagen unabhängige Komponente zurückzuführen ist. Diese altersbedingte Freisetzung ist besonders in den Gebieten hoch, die schon in der Vergangenheit einen intensiven intrasektoralen Strukturwandel mit Freisetzung von Familienarbeitskräften durchlaufen haben. Gebiete, in denen erst künftig ein verstärkter Anpassungsprozeß zu erwarten ist, weisen großenteils diesen autonomen Reststrukturwandel nur in geringem Maße auf und werden daher in ihrer landwirtschaftlichen Entwicklung stärker von gesamtwirtschaftlichen Faktoren und von Verbesserungen der häufig gerade hier ungünstigen Lage am regionalen Arbeitsmarkt abhängig sein.

Generell ist festzustellen, daß die historisch gewachsenen regionalen Agrarstrukturen und die regionalen bzw. gesamtwirtschaftlichen Entwicklungsabläufe ein noch lange anhaltendes Nebeneinander von solchen Gebieten erwarten lassen, die sich schon auf dem Wege zu einer ausgeglichenen Altersstruktur befinden, und solchen, in denen die Überalterung noch zunimmt (z.B. Bayern). Die Verschiedenartigkeit dieser Räume, die sich in unterschiedlichen Phasen des agrarstrukturellen Wandels befinden, wird künftig eine differenziertere Berücksichtigung seitens der Agrarstrukturpolitik und deren Koordinierung mit der Regional- und Arbeitsmarktpolitik erfahren müssen.

In einigen Räumen mit einem großen Nachholbedarf an Strukturwandel hat die Überalterung in den letzten Jahren überdurchschnittlich zugenommen, so daß auch hier mit einer die Abhängigkeit vom Arbeitsmarkt abschwächenden Erhöhung der autonomen Freisetzung zu rechnen ist. Hinzu kommt, daß die regionalen Unterschiede in den Arbeitslosenquoten in letzter Zeit relativ abgenommen haben.

Eine Fortsetzung dieser, möglicherweise auf regionalpolitische Maßnahmen zurückführenden Konvergenz der regionalen Arbeitsmarkt- und Wirtschaftsbedingungen käme einer Beschleunigung der interregionalen Angleichung agrarstruktureller Divergenzen sicher entgegen. Das setzt allerdings voraus, daß die bisherigen Anstrengungen der Regionalpolitik, soweit sie den Agrarstrukturwandel unterstützen sollen, stärker auf die gekennzeichneten Problemgebiete konzentriert werden.

Übersicht 4: Schätzungen zu den Bestimmungsfaktoren der beruflichen Mobilität und der Mobilität der potentiellen Berufsnachfolger landwirtschaftlicher Familienarbeitskräfte
(Mobilitätsraten der vollbeschäftigten landwirtschaftlichen Familienarbeitskräfte - 25-55 und 15-25 jährige Männer - 1961/62 bis 1974/75 im Bundesgebiet und in Bundesländern)

	Konstante	AMS_{t+1}	BE_{t-1}	GL_{t-1}	$WBIP_{t+1}$	R^2	St.S	F
				berufliche Mobilität				
				Schleswig-Holstein				
b	-5,73	0,404^{xx}	-0,00042^{xx}	0,00086^{xxx}	0,2597^{xxx}	0,800	0,723	9,01
Stf.		(0,184)	(0,00019)	(0,00025)	(0,0859)			
η		1,760	-9,586	18,000	1,874			
				Niedersachsen				
b	-5,94	0,596^{x}	-0,00019	0,00072^{xx}	0,1617^{x}	0,676	0,815	4,70
Stf.		(0,377)	(0,00026)	(0,00036)	(0,1004)			
η		0,803	-1,548	6,045	0,485			
				Nordrhein-Westfalen				
b	-7,41	0,228^{x}	-0,00031	0,00096^{xx}	0,2864^{xxx}	0,775	0,717	7,75
Stf.		(0,139)	(0,00026)	(0,00036)	(0,0789)			
η		0,629	-3,429	9,885	1,017			
				Hessen				
b	0,022	0,191	-0,00032	0,00037	-0,0155	0,191	0,734	0,53
Stf.		(0,159)	(0,00049)	(0,0931)	(0,0931)			
η								
				Rheinland-Pfalz				
b	-2,74	0,197	0,00050	-0,00018	0,3407^{xx}	0,613	1,10	3,56
Stf.		(0,451)	(0,00039)	(0,00046)	(0,1266)			
η					0,791			
				Baden-Württemberg				
b	-6,91	0,077^{x}	-0,00111^{xxx}	0,00171^{xxx}	0,1121^{x}	0,723	0,629	5,86
Stf.		(0,045)	(0,00032)	(0,00041)	(0,0794)			
η		0,604	-7,299	12,247	0,292			
				Bayern				
b	-2,42	1,086^{xxx}	-0,00042^{xx}	0,00062^{xx}	-0,0431	0,804	0,606	9,25
Stf.		(0,242)	(0,00019)	(0,00024)	(0,0765)			
η		1,249	-2,721	4,374				
				Bundesgebiet				
b	-6,06	0,543^{xxx}	-0,00066^{xxx}	0,00117^{xxx}	0,0853^{x}	0,893	0,399	18,90
Stf.		(0,106)	(0,00016)	(0,00020)	(0,0489)			
η		1,043	-5,016	9,455	0,246			
				Mobilität der potentiellen Berufsnachfolger				
				Bundesgebiet				
b	1,38	0,0954^{xxx}	-0,00010^{xx}	-0,0148^{xxx}		0,633	0,128	5,74
Stf.		(0,0258)	(0,00005)	(0,0048)				
η		0,308	0,081	-1,183				

^{x}, ^{xx}, ^{xxx}: Ablehnung der Nullhypothese mit 10, 5, 1 % Irrtumswahrscheinlichkeit

Abkürzungen der Variablen siehe im Text, Kapitel 3.1

b - Regressionskoeffizienten
Stf. - Standardfehler der Regressionskoeffizienten
St.S - Standardfehler der Schätzung
R^2 - Bestimmtheitsmaß
F - F-Wert
η - Elastizitätskoeffizienten, bezogen auf die arithmetischen Mittelwerte: $\eta_i = b_i \cdot \frac{\bar{x}_i}{\bar{y}}$

Literatur

1 ABELS, H., KLEMMER, P., SCHÄFER, H., TEIS, W.: Konjunktur und Arbeitsmarkt. Göttingen, 1975.

2 ALTMANN, A., PETERS, W.: Auswirkungen der Konjunkturentwicklung auf den strukturellen Anpassungsprozeß der Landwirtschaft. Institut für Strukturforschung, FAL Braunschweig-Völkenrode, 1976.

3 Bundesanstalt für Arbeit: Überlegungen zu einer vorausschauenden Arbeitsmarktpolitik. Nürnberg, 1974.

4 FRIEDMAN, M.: The interpolation of time series by related series. Chicago, 1962.

5 GUTH, E.: Analyse des Marktes für landwirtschaftliche Arbeitskräfte. Agrarwirtschaft, Sonderheft 52, Hannover, 1973.

6 HOFBAUER, H., NAGEL, E.: Regionale Mobilität bei männlichen Erwerbspersonen in der Bundesrepublik Deutschland (Aus der Untersuchung des IAB über Berufsverläufe). In: Mitteilungen aus der Arbeitsmarkt- und Berufsforschung, 1973, H. 3, S. 255 - 272.

7 ISAKSSON, N.-I., LINDQVIST, L.: Lantbrukets anpassningsproblem. I. Makroanalyse an förändringar i jordbrukets arbetskraft. In: Lantbrukshögskolans meddelanden, Serie A, Nr. 162, Uppsala, 1972.

8 KARR, W., KÖNIG, I.: Saisonale und konjunkturelle Einflüsse auf die Arbeitslosigkeit in den einzelnen Berufsgruppen. In: Mitteilungen aus der Arbeitsmarkt- und Berufsforschung, 1972, H. 3, S. 258 - 275.

9 MEHRLÄNDER, H.: Gemeinschaftsaufgabe Verbesserung der regionalen Wirtschaftsstruktur. In: H. Ebersheim (Hrsg.): Handbuch der regionalen Wirtschaftsförderung, Köln 1971, Teil A.

10 MÜLLER, G.P.: Entwicklung einer Methode zur Vorschätzung der Erwerbstätigen in der Landwirtschaft unter Berücksichtigung der Betriebsstruktur. Frankfurt, 1975, (unveröffentlichtes Gutachten).

11 MÜLLER, J.H., und Mitarbeiter: Überprüfung der Eignung des Arbeitsplatzes als Zielgröße regionaler Strukturpolitik einschließlich des Problems der Erfassung der Qualität des Arbeitsplatzes. Berlin, 1975.

12 Raumordnungsbericht 1974: Unterrichtung durch die Bundesregierung, Bonn, 1975.

13 SCHMITT, G. (Hrsg.): Mobilität der landwirtschaftlichen Produktionsfaktoren und regionale Wirtschaftspolitik. Schriften der Gesellschaft für Wirtschafts- und Sozialwissenschaften des Landbaues e.V., Band 9; München, 1972.

14 THELEN, P.: Die Ermittlung von Fördergebieten auf der Grundlage von Prognosen regionaler Arbeitsmarktbilanzen für das Jahr 1977. Bonn-Bad Godesberg, 1973, zitiert nach J.H. MÜLLER (11).

15 TOLLEY, G.S., HJORT, H.W.: Age-Mobility and Southern Farmer Skill - Looking Ahead for Area Development. In: Journal of Farm Economics, Vol. 45, No. 1, 1963, S. 31 - 46.

Datenquellen

1. Agrarberichte bzw. Grüne Berichte: Unterrichtung durch die Bundesregierung, Bonn, 1959 - 1976.

2. Bundesanstalt für Arbeit: Amtliche Nachrichten der Bundesanstalt für Arbeit, Nürnberg, 1960 - 1976.

3. Bundesministerium für Arbeit und Sozialordnung: Arbeits- und sozialstatistische Mitteilungen, 1975, H. 4, S. 104 - 105.

4. Institut für Arbeitsmarkt- und Berufsforschung der Bundesanstalt für Arbeit: Arbeitsmarktstatistische Zahlen in Zeitreihenform, a) Jahreszahlen für Bundesländer und Landesarbeitsamtsbezirke - Ausgabe 1974, Bearbeiter: H. KRIDDE, H.U. BACH; b) Jahreszahlen für die Bundesrepublik Deutschland - Ausgabe 1975, Bearbeiter: R. LEUPOLD, K. ERMANN.

5. Ifo-Institut für Wirtschaftsforschung, München: Wirtschaftskonjunktur, Monatsberichte des Ifo-Instituts für Wirtschaftsforschung, Perspektiven, Analysen, Indikatoren (verschiedene Jahrgänge).

6. LÖWE, H.: Neue Invalidisierungshäufigkeiten aus dem Material der deutschen gesetzlichen Rentenversicherung. In: Blätter der deutschen Gesellschaft für Versicherungsmathematik, Bd. VIII, H. 1, 1966.

7. Statistisches Bundesamt Wiesbaden:
   a) Land- und Forstwirtschaft, Fischerei, Reihe 5, II. Arbeitskräfte, 1960/61 - 1974.
   b) Land- und Forstwirtschaft, Fischerei, Reihe 6, Ausgewählte Zahlen für die Agrarwirtschaft 1974.
   c) Land- und Forstwirtschaft, Fischerei, Landwirtschaftszählung vom 31. Mai 1960, Heft 7, Arbeitsverhältnisse.
   d) Land- und Forstwirtschaft, Fischerei, Landwirtschaftszählung 1971, Heft 17.
   e) Preise, Löhne, Wirtschaftsrechnung, Reihe 15, Arbeitnehmerverdienste in Industrie und Handel, Teil I, Arbeiterverdienste, 1960 bis 1973.
   f) Wirtschaft und Statistik, mehrere Jahrgänge
   g) Statistisches Jahrbuch für die Bundesrepublik Deutschland, mehrere Jahrgänge.
   h) Bevölkerung und Kultur, Volks- und Berufszählung vom 6. Juni 1961, Heft 4.
   i) Bevölkerung und Kultur, Reihe 6, Erwerbstätigkeit, I, Entwicklung der Erwerbstätigkeit, 1960 - 1975.

8. WALDMANN, H.: Eine Untersuchung über Umfang und Entwicklung der Invalidität in den letzten Jahren. In: Deutsche Rentenversicherung, Heft 1 und 2, 1968.

GRUNDSÄTZLICHE ÜBERLEGUNGEN ZUR FRAGE EINER STEUERUNG DER AGRARPRODUKTION DURCH STANDORTPLANUNG VON VERARBEITUNGS-INDUSTRIEN

von

Winfried von Urff, Heidelberg

1	Vorbemerkungen	247
2	Theoretische Überlegungen zur Allokation landwirtschaftlicher Verarbeitungsindustrien zwischen Entwicklungsländern und entwickelten Ländern	250
3	Die effektive Protektion der entwickelten Länder als Einflußfaktor für die Allokation von Verarbeitungsindustrien	257
4	Möglichkeiten einer stärkeren Beteiligung der Entwicklungsländer an der Deckung der Weltnachfrage ausgewählter landwirtschaftlicher Verarbeitungserzeugnisse	259
4.1	Zucker	259
4.2	Vieh und Fleisch	262
4.3	Ölsaaten und -verarbeitungserzeugnisse	264
5	Zusammenfassung	266

1 Vorbemerkungen

Die Frage nach einer Steuerung der Agrarproduktion durch Standortplanung von Verarbeitungsindustrien schließt zwei Teilfragen ein:
1. In welchem Maße ist die regionale Verteilung der Agrarproduktion innerhalb eines Landes durch die Standortplanung von Verarbeitungsindustrien beeinflußbar?
2. In welchem Umfang kann eine Steuerung der Agrarproduktion im internationalen Bereich durch die Standortplanung von Verarbeitungsindustrien erfolgen?

Die erste Teilfrage weist eine gewisse Beziehung zu der in der Literatur intensiv behandelten Frage nach dem optimalen Standort und meist auch der optimalen Größe von Verarbeitungsbetrieben landwirtschaftlicher Produkte 1) auf, ohne jedoch mit ihr identisch zu sein. Dies gilt vor allem für Modelle, bei denen die landwirtschaftliche Produktion als gegeben angenommen wird, während Modelle mit preiselastischen Angebotsfunktionen bereits stärker in die Nähe der hier zugrunde gelegten Fragestellung rücken.

Grundsätzlich lassen sich landwirtschaftliche Urproduktion und Verarbeitungsindustrien in räumlichen Gleichgewichtsmodellen so miteinander verbinden, daß die Optima für Umfang und räumliche Verteilung der Urproduktion sowie für Anzahl, Größe und Standorte von Verarbeitungsbetrieben simultan bestimmt werden. Solche Modelle lassen sich etwa konstruieren, indem räumliche Gleichgewichtsmodelle für den Bereich der Verarbeitung 2) um das gesamte Spektrum der landwirtschaftlichen Produktionsentscheidungen oder regionale Gleichgewichtsmodelle für die landwirtschaftliche Produktion 3) um den Bereich der Verarbeitungsindustrien erweitert werden. In den zuletzt genannten Modellen lassen sich die potentiellen Produktionsaktivitäten der "Regionshöfe" leicht um Verarbeitungskapazitäten erweitern, wobei die wichtigste Besonderheit darin liegt, daß in der Verarbeitung die Degression der durchschnittlichen Produktionskosten berücksichtigt werden muß, die zusammen mit der Progression der Transportkosten die optimale Betriebsgröße bestimmt. Daß Modelle, die den Anspruch erheben, ein planerisch relevantes Abbild der Wirklichkeit zu liefern, vom Umfang und der Komplexität des Modellansatzes her sehr bald an die Grenzen der Operationalität stoßen, ist mehr ein praktisches als ein grundsätzliches Problem.

Optimal wäre es, wenn interregionale Gleichgewichtsmodelle um die internationale Dimension erweitert werden könnten, also die Bestimmung der optimalen Verteilung der landwirtschaftlichen Produktion und ihrer Verarbeitung zwischen mehreren Ländern und Regionen in diesen Ländern simultan erfolgen könnte. Abgesehen vom Modellumfang gibt es jedoch einige grundsätzliche Erwägungen, die einen solchen Ansatz kaum als erfolgversprechend erscheinen lassen.

Die oben erwähnten interregionalen Gleichgewichtsmodelle sind in der Regel Partialmodelle, d.h. sie umfassen auf der Produktionsseite nur einen Sektor (mit einer vor- oder nachgelagerten Produktionsstufe) und auf der Nachfrageseite nur die Nachfrage nach den Produkten dieses Sektors. Daher kann mit ihrer Hilfe etwa die räumliche Verteilung der Produktion bestimmt werden, durch die eine räumlich in ihrer absoluten Höhe vorgegebene Nachfrage zu den niedrigsten Gesamtkosten befriedigt werden kann, oder es können bei gegebenen Nachfragefunktionen für die einzelnen Regionen die Gleichgewichtsmengen und die Verteilung ihrer Produktion auf die einzelnen Regionen zusammen mit den Gleichgewichtspreisen bestimmt werden. Mit der Nichteinbeziehung der übrigen Produktionssektoren fehlt jedoch die Möglichkeit, für jede Region das Gleichgewicht zwischen Einkommensentstehung und -verwendung als Bedingung explizit in das Modell aufzunehmen. Eine solche Betrachtung impliziert, daß sich die landwirtschaftliche Produktion (einschließlich der Verarbeitung) nach

---

1) Vgl. hierzu u.a. GROSSKOPF, W.: Bestimmung der optimalen Größe und Standorte von Verarbeitungsbetrieben landwirtschaftlicher Produkte - dargestellt am Beispiel milchverarbeitender Betriebe, Agrarwirtschaft, Sonderheft 45, Hannover 1971; ALVENSLEBEN, R.v.: Zur Theorie und Ermittlung optimaler Betriebsstandorte, Meisenheim am Glan 1973; ALDINGER, F.: Modelle zur Bestimmung der optimalen Marktgebiete und Standorte von Verarbeitungsbetrieben, Agrarwirtschaft, Sonderheft 63, Hannover 1975.

2) Vgl. hierzu BUCHHOLZ, H.E.: Über die Bestimmung räumlicher Marktgleichgewichte, Meisenheim am Glan, 1969.

3) Vgl. hierzu HENRICHSMEYER, W.: Das sektorale und regionale Gleichgewicht der landwirtschaftlichen Produktion, Hamburg und Berlin, 1966.

absoluten Kostenvorteilen im Raum orientiert. Ohne zusätzliche Bedingungen kann dabei nicht ausgeschlossen werden, daß einzelne Regionen ganz aus der Produktion ausscheiden. Dies wiederum setzt voraus, daß intersektorale und/oder interregionale Faktorwanderungen möglich sind.

Da Faktorwanderungen international nur begrenzt möglich sind, müssen sie in einem Modell, das mehrere Länder umfaßt, ausgeschlossen oder auf das zulässige Maß begrenzt werden. Für die verbleibende Faktorausstattung muß eine bestimmte Mindestentlohnung gefordert, d.h. eine absolute Verarmung ausgeschlossen werden. Gleichzeitig muß sichergestellt werden, daß das in jedem Land entstehende Einkommen (nach Berücksichtigung von laufenden Übertragungen und Kapitaltransfers) der inländischen Güterverwendung entspricht. Der weitgehende Ausschluß von Faktorbewegungen und der Ausschluß einer absoluten Verarmung schließt eine internationale Verteilung der Produktion nach absoluten Kostenvorteilen aus und impliziert eine Verteilung nach komparativen Kostenvorteilen.

Für die Formulierung von Modellen bedeutet dies, daß Modelle zur Bestimmung der internationalen Verteilung der Produktion und Verarbeitung von Agrarerzeugnissen nicht als sektorale Partialmodelle konzipiert werden können, sondern alle Sektoren der beteiligten Volkswirtschaften (und sei es auch nur in hochaggregierter Form) umfassen müssen, da nur auf diese Weise die alternativen Einsatzmöglichkeiten für aus der Landwirtschaft ausscheidende Produktionsfaktoren und die Bedingungen des Einkommens- und Außenhandelsgleichgewichtes erfaßt werden können. Damit liegen andere Bedingungen als für die oben skizzierte Form interregionaler Gleichgewichtsmodelle vor, so daß eine Verknüpfung von beiden Modelltypen kaum praktikabel erscheint.

Im folgenden Beitrag wird, wegen der größeren entwicklungspolitischen Relevanz, der Schwerpunkt auf die Frage nach der Verteilung landwirtschaftlicher Verarbeitungsindustrien zwischen entwickelten Ländern und Entwicklungsländern gelegt. Erst in zweiter Linie folgt die Frage nach einer Beeinflussung der Agrarproduktion durch Standortentscheidungen für Verarbeitungsindustrien, eine Frage, zu der sich Aussagen, die über allgemeine Vermutungen hinausgehen, wohl nur aus empirischen Untersuchungen, insbesondere einer systematischen Auswertung einschlägiger Entwicklungsprojekte gewinnen lassen. Eine solche Auswertung lag ebenso außerhalb der Möglichkeiten des Referenten, wie der Versuch, ein Mehrländermodell für die Verteilung der Produktion und Verarbeitung landwirtschaftlicher Erzeugnisse zu erstellen.

Der erste Teil des folgenden Referates ist dem Versuch gewidmet, anhand mehr oder weniger elementarer Variationen der aus der Außenhandelstheorie bekannten Darstellung des internationalen Gleichgewichtes im Zwei-Länder-Zwei-Güter-Fall einige allgemeingültige Aussagen über den Standort landwirtschaftlicher Verarbeitungsindustrien abzuleiten. Da diese Aussagen konditionalen Charakter haben, d.h. eine Anwendung der Ergebnisse auf die Frage der Verteilung landwirtschaftlicher Verarbeitungsindustrien zwischen Entwicklungsländern und entwickelten Ländern von dem Vorhandensein komparativer Kostenvorteile in der Urproduktion bzw. der Verarbeitung abhängt, wird im Anschluß daran auf die effektive Protektion landwirtschaftlicher Verarbeitungserzeugnisse in entwickelten Ländern eingegangen. Schließlich werden für einige ausgewählte landwirtschaftliche Verarbeitungserzeugnisse 1) die Möglichkeiten diskutiert, den Anteil der Entwicklungsländer an der Deckung der Weltnachfrage durch den Aufbau entsprechender Verarbeitungsindustrien zu erhöhen.

---

1) Auf Gartenbauerzeugnisse wurde dabei nicht eingegangen, da hierzu ein eigenes Referat vorliegt. Verwiesen sei außerdem auf folgenden Beitrag: CARLSSON, M., und H.STORCK: Konflikte und Kooperation zwischen Industrieländern und Entwicklungsländern in Produktion und Absatz gartenbaulicher Produkte. Referat gehalten auf dem XIX. Internationalen Gartenbaukongreß, Warschau, 10. - 18. Sept. 1974.

2 Theoretische Überlegungen zur Allokation landwirtschaftlicher Verarbeitungsindustrien zwischen Entwicklungsländern und entwickelten Ländern

Um zu etwas differenzierteren Aussagen über die Allokation landwirtschaftlicher Verarbeitungsindustrien zwischen Entwicklungsländern und entwickelten Ländern zu gelangen, empfiehlt es sich, zunächst eine gewisse Typisierung dieser Industrien vorzunehmen. Im folgenden wird unterschieden zwischen:

1. Verarbeitungsindustrien, deren Rohstoff in beiden Ländergruppen hergestellt, jedoch international nicht gehandelt wird, so daß die Rohstofferzeugung nur in Verbindung mit der Verarbeitung möglich ist (z.B. Zucker),
2. Verarbeitungsindustrien, deren Rohstoffe in beiden Ländergruppen hergestellt werden können, wobei sowohl der Rohstoff als auch das Verarbeitungsprodukt international gehandelt werden (z.B. Obst und Gemüse und ihre Verarbeitungserzeugnisse),
3. Verarbeitungsindustrien, deren Rohstoffe nur in einer Ländergruppe erzeugt werden, deren Verarbeitung jedoch in beiden Ländergruppen erfolgen kann (z.B. Öle aus Ölsaaten der tropischen Zone).

Bei dem erstgenannten Typ von Verarbeitungsindustrien kann sich die Betrachtung auf das Endprodukt beschränken. Dieser Fall läßt sich ohne Änderung oder Erweiterung durch das aus der Theorie des Außenhandels bekannte Modell beschreiben.

Abbildung 1, die jedem einschlägigen Lehrbuch 1) entnommen werden kann, verdeutlicht diesen Fall. Von zwei Ländern habe jedes aufgrund seiner natürlichen Faktorausstattung und seines Entwicklungsstandes unterschiedliche Produktionsmöglichkeiten für zwei Güter (Gruppen von Gütern), wobei Land 1 ein entwickeltes Land, Land 2 ein Entwicklungsland, Gut b Industrieerzeugnisse und Gut a das untersuchte landwirtschaftliche Verarbeitungserzeugnis repräsentieren sollen. Aus den Transformationskurven T_1 und T_2 ist ersichtlich, daß Land 1 komparative Kostenvorteile für die Herstellung von Gut b, Land 2 komparative Kostenvorteile für die Herstellung von Gut a hat. Das Verhalten der Verbraucher kann durch soziale Indifferenzkurven (z.B. I_{11} und I_{12} für Land 1, I_{21} und I_{22} für Land 2) wiedergegeben werden. Ohne Außenhandel erreicht jedes Land die maximal mögliche Wohlfahrt im Punkt M (Tangentialpunkt), in dem die Grenzrate der Transformation von Gut a in Gut b der Grenzrate der Substitution von Gut a durch Gut b in der Wertschätzung der Konsumenten entspricht. Der Tangens des Winkels der gemeinsamen Tangente an die Transformationskurve und die Indifferenzkurve im Punkt M mit der Ordinate gibt das Austauschverhältnis von a zu b bzw. das Preisverhältnis von b zu a wieder.

Wie bereits Ricardo gezeigt hat, können beide Länder ihre Wohlfahrt steigern, wenn sich jedes von ihnen verstärkt derjenigen Produktion zuwendet, für die es komparative Kostenvorteile besitzt. Bei gekrümmten Transformationsfunktionen findet jedoch keine vollständige Spezialisierung statt. Kommt es zu einem Außenhandel zwischen beiden Ländern, so wird sich ein Preisverhältnis einspielen, das zwischen den Preisverhältnissen der beiden Länder bei Verwirklichung ihrer Autarkiepunkte liegt. Eine weitergehende Bestimmung des Preisverhältnisses bei Außenhandel und damit der Verteilung des Handelsgewinnes auf beide Partner konnte jedoch von Ricardo und seinen Nachfolgern zunächst nicht vorgenommen werden. Erst MEADE 2) gelang die Bestimmung eines totalen Gleichgewichtes für den Zwei-Länder-Zwei-Güter-Fall, wobei aus Vereinfachungsgründen von der Existenz von Transportkosten abstrahiert wurde.

---

1) z.B. ROSE, K.: Theorie der Außenwirtschaft, 4. Aufl., München 1972.
2) MEADE, J.E.: A Geometry of International Trade, London 1952.

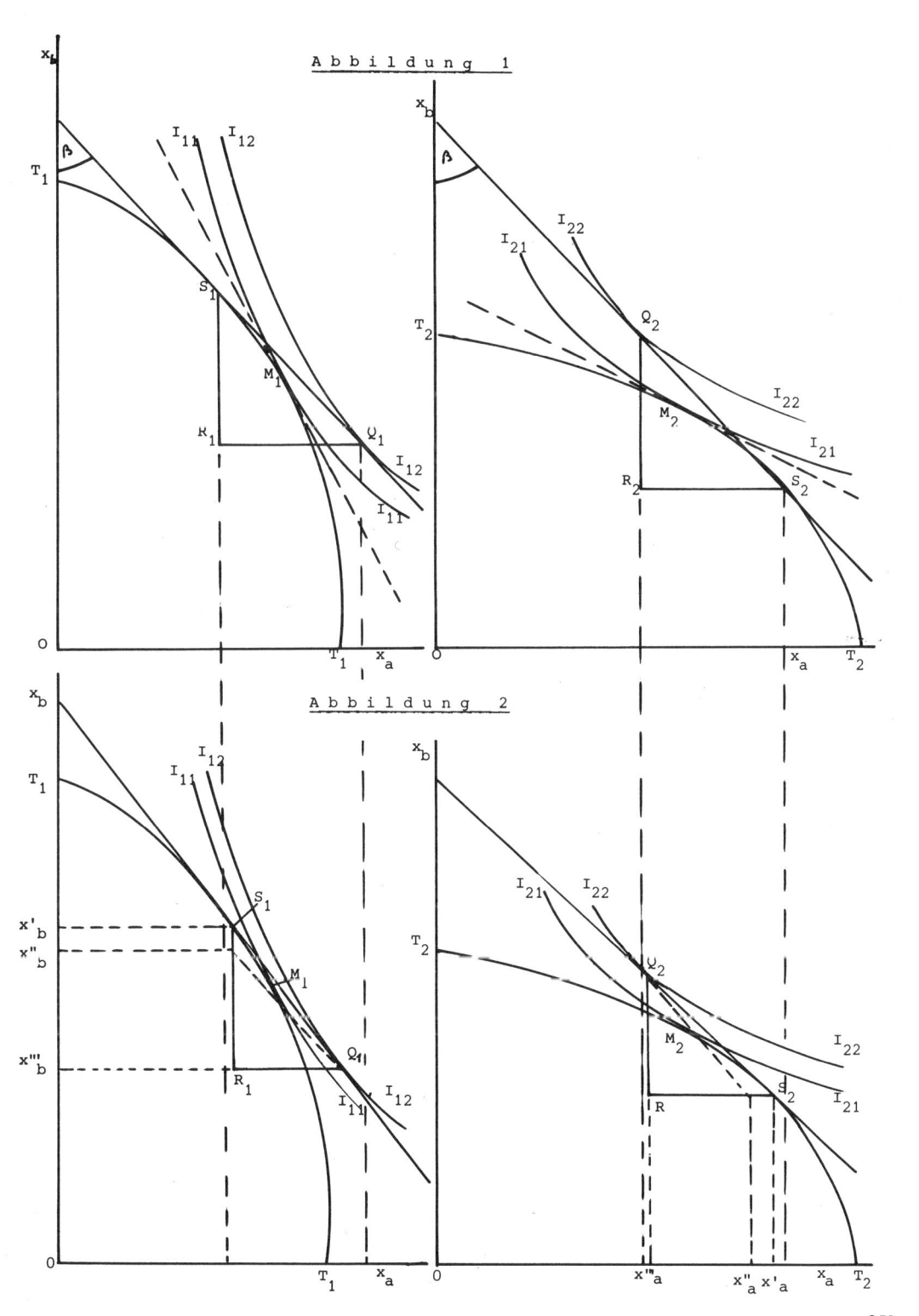

Abbildung 1

Abbildung 2

Auf die Wiedergabe der graphischen Ableitung von MEADE soll hier verzichtet werden. Abbildung 1 enthält lediglich das Ergebnis: eine Preisgerade für die Situation mit Außenhandel, die so bestimmt wurde, daß die zwischen beiden Ländern ausgetauschten Gütermengen einander gleich sind. Land 1 produziert im Punkt S_1 die Menge x_{b1} des Gutes b und die Menge x_{a1} des Gutes a, wobei von der erzeugten Menge des Gutes b die Menge S_1R_1 für die Beschaffung der Menge R_1Q_1 des Gutes a hingegeben wird. Land 2 realisiert den Punkt S_2 und gibt von der produzierten Menge x_{a2} des Gutes a die Menge S_2R_2 für den Bezug der Menge Q_2R_2 des Gutes b hin. Beide Länder erreichen ein höheres Wohlfahrtsniveau als bei Autarkie.

Ein Außenhandelsgewinn entsteht jeweils dann, wenn im Bereich der Autarkiepunkte der beiden Handelspartner die Transformationsfunktionen unterschiedliche Steigungen haben. Dies ist der Fall, wenn jedes der beiden Länder über komparative Kostenvorteile für ein Produkt verfügt und die Nachfragestruktur den komparativen Kostenvorteilen der Produktion nicht vollständig angepaßt ist. Verliefen in Abbildung 1 die gesellschaftlichen Indifferenzkurven für Land 1 flacher und für Land 2 steiler, so könnte der Fall eintreten, daß es trotz des unterschiedlichen Verlaufes der Transformationsfunktionen nicht zu einem Außenhandel kommt oder – im Extremfall – sich sogar ein inverser Außenhandel einstellt.

Die Einbeziehung von Transportkosten in die bisherige Darstellung ändert deren grundsätzliche Aussage nur geringfügig. Am einfachsten ist die Einführung von Transportkosten, wenn man unterstellt, daß Transportleistungen von einem dritten Land erbracht werden, das für seine Dienste durch Gut a oder Gut b entlohnt werden kann, wobei die beiden Güter entsprechend dem Preisverhältnis, das sich ohne Berücksichtigung der Transportkosten einstellen würde, gegeneinander austauschbar sein sollen. Weiterhin sei vereinfachend angenommen, daß die Transportkosten dem Wert der transportierten Güter und der Entfernung proportional sind und sich die beiden handeltreibenden Länder in gleicher Weise an den Transportkosten beteiligen müssen. Jedes Land wird in diesem Fall die von ihm in Anspruch genommene Transportleistung mit dem Gut bezahlen, für dessen Produktion es komparative Kostenvorteile besitzt.

Das Ergebnis ist aus Abbildung 2 abzulesen. Das Austauschverhältnis zwischen beiden Gütern ist nicht mehr für beide Länder identisch. Jedes Land sieht sich nach Berücksichtigung der Transportkosten einer Austauschrelation gegenüber, die zwischen der Austauschrelation ohne Transportkosten und seiner Austauschrelation bei Autarkie liegt. Wie durch einen Vergleich zwischen Abbildung 1 und Abbildung 2 ohne weiteres ersichtlich ist, sind gegenüber der Situation ohne Transportkosten die ausgetauschten Mengen geringer, und beide Länder können nur ein niedrigeres Wohlfahrtsniveau erreichen, da ein Teil des ohne Transportkosten entstehenden Außenhandelsgewinnes nunmehr durch die Transportkosten aufgezehrt wird. Von der Gesamtmenge R_1S_1 des Gutes b, die Land 1 für den Bezug der Menge R_1Q_1 des Gutes a hingeben muß, entfällt die Menge $x'_b - x''_b$ auf die Entlohnung der Transportleistung, von der Menge R_2S_2 des Gutes a, die Land 2 für den Bezug der Menge R_2Q_2 des Gutes b aufwendet, die Menge $x'_a - x''_a$.

Aus der bisherigen Darstellung lassen sich folgende allgemeine Aussagen ableiten:

- Nehmen bei gegebenen Produktionsmöglichkeiten und gegebener Präferenzstruktur die Transportkosten zwischen zwei Ländern mit zunehmender Entfernung zu, so wird schließlich ein Punkt erreicht, bei dem der ohne Transportkosten entstehende Außenhandelsgewinn durch die Transportkosten aufgezehrt wird.

- Zwischen nahe beieinander gelegenen Ländern kann bereits ein Außenhandel stattfinden, wenn sich die Preisverhältnisse zwischen den am Außenhandel beteiligten Gütern in den Autarkiepunkten nur wenig voneinander unterscheiden (die Produktionsverhältnisse und die Verbraucherpräferenzen relativ ähnlich sind).

- Bei weiten Entfernungen und hohen Transportkostenbelastungen kommt ein Außenhandel nur zustande, wenn die Preisverhältnisse zwischen den am Außenhandel beteiligten Gütern in den Autarkiepunkten große Unterschiede aufweisen (jedes Land für ein Gut starke komparative Kostenvorteile besitzt und die Präferenzstruktur den komparativen Kostenvorteilen in der Produktion wenig angepaßt sind).

Der bisher diskutierte allgemeine Fall schließt landwirtschaftliche Verarbeitungserzeugnisse ein, deren Rohstoff international nicht gehandelt wird. Interessanter ist der Fall, in dem sowohl der Rohstoff als auch das Verarbeitungserzeugnis international gehandelt werden, wobei der Einfachheit halber angenommen sei, daß sich die Nachfrage nur auf das verarbeitete Erzeugnis erstreckt.

Für den Verarbeitungsvorgang werden Produktionsfaktoren benötigt, die entweder von der Urproduktion oder von der Produktion des Alternativproduktes abgezogen werden müssen. Vereinfachend sei für den Verarbeitungsvorgang eine lineare Produktionsfunktion unterstellt.

In Abbildung 3a gibt der Tangens des Winkels β die Menge des Gutes b an, auf deren Produktion verzichtet werden muß, wenn eine Einheit des Gutes a zu dem Gut a' (ausgedrückt in Einheiten des Grunderzeugnisses) verarbeitet werden soll. In Abbildung 3b wird eine Transformationsfunktion T' zwischen Gut b und Gut a' abgeleitet, indem von der ursprünglichen Transformationsfunktion zwischen Gut b und Gut a für jede Menge von a die für die Verarbeitung aufzugebende Menge von b abgezogen wird.

Unterstellt man, daß für die Verarbeitung einer Mengeneinheit von Gut a in beiden Ländern die gleiche Menge von Gut b aufgegeben werden muß, so erhält man die in Abbildung 4 dargestellten Transformationskurven T'_1 und T'_2, mit den Optima M_1 und M_2 bei Autarkie sowie Q_1 und Q_2 bei Außenhandel.

Die Betrachtung kann sich in diesem Fall auf den Handel des Verarbeitungserzeugnisses beschränken, wenn man davon ausgeht, daß sein Transport geringere Kosten erfordert als der des Grunderzeugnisses, was als Regelfall anzusehen sein dürfte. Bei Abwesenheit komparativer Kostenvorteile in der Verarbeitung erfolgt diese am Ort der Urproduktion.

Besitzt Land 2 nicht nur für die Produktion des Grunderzeugnisses, sondern auch für die Verarbeitung komparative Kostenvorteile, so ergibt sich die in Abbildung 5 dargestellte Situation. Die Optimalpunkte nach Aufnahme des Außenhandels sind für Land 1 nach links, für Land 2 nach rechts verschoben, d.h. es findet eine stärkere Spezialisierung in beiden Ländern statt. Durch den kumulierten Effekt der komparativen Kostenvorteile in der Produktion des Grunderzeugnisses und in der Verarbeitung in Land 2 werden Produktion und Verarbeitung des Gutes a in Land 1 gegenüber der Situation ohne komparative Kostenvorteile in der Verarbeitung stärker zurückgedrängt, in Land 2 ausgeweitet. Land 1 wird auf ein niedrigeres Wohlfahrtsniveau zurückgeworfen, während Land 2 ein höheres Wohlfahrtsniveau realisieren kann.

Auch in diesem Fall wird jedes Land die von ihm produzierten Mengen des Grunderzeugnisses verarbeiten. Nur wenn in Land 1 für die Verarbeitung einer Mengeneinheit des Gutes a eine größere Menge des Gutes b aufgegeben werden müßte als für den Transport nach Land 2, die Verarbeitung in Land 2 und den Rücktransport des Verarbeitungserzeugnisses nach Land 1, wäre es sinnvoll, die gesamte Verarbeitung in Land 2 zu konzentrieren.

Schließlich soll noch der Fall untersucht werden, daß Land 1 zwar komparative Kostennachteile in der Produktion des Gutes a, jedoch komparative Kostenvorteile in seiner Verarbeitung aufweist. Für diesen Fall läßt sich zeigen, daß gegenüber einem auf das Verarbeitungsprodukt beschränkten Außenhandel, mit den Optimalpunkten Q_1 und Q_2 in Abbildung 6, unter bestimmten Bedingungen für beide Länder ein Wohlfahrtsgewinn erzielt werden kann, wenn das unverarbeitete Produkt gehandelt wird und die Verarbeitung der in Land 1 verbrauchten Mengen auch dort erfolgt. Nimmt man an, daß sich auf dem Außenhandelsmarkt für das

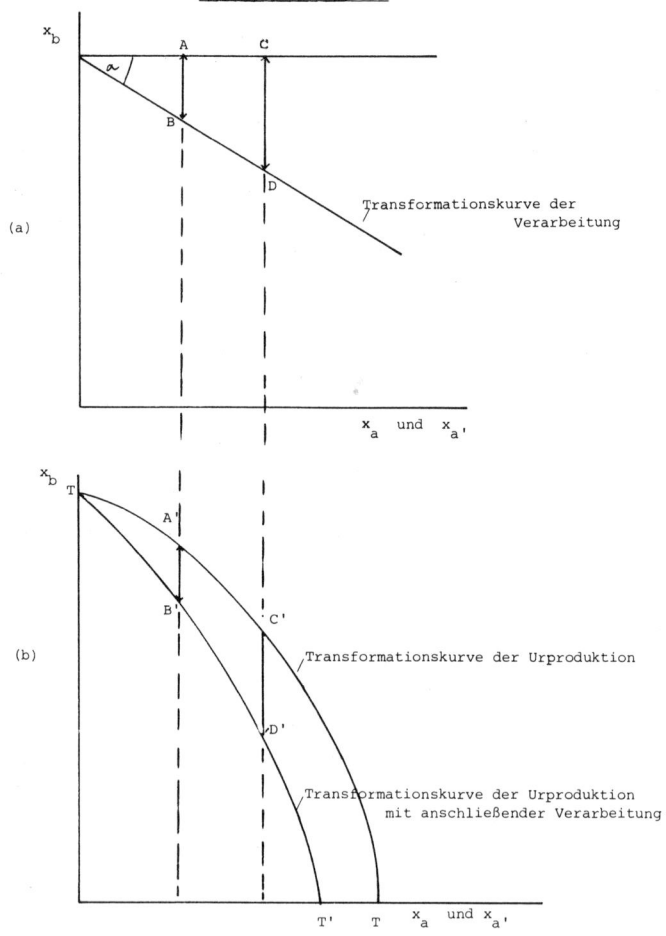

Abbildung 3

(a) *Transformationskurve der Verarbeitung*

(b) *Transformationskurve der Urproduktion*

Transformationskurve der Urproduktion mit anschließender Verarbeitung

Grunderzeugnis ein Preisverhältnis einstellt, das gegenüber dem Außenhandelsmarkt für das Verarbeitungserzeugnis durch einen flacheren Verlauf der Austauschgeraden charakterisiert ist, so läßt sich der Optimalpunkt bei Außenhandel des unverarbeiteten Erzeugnisses wie folgt ableiten:

- Man legt eine Tangente, deren Steigung dem internationalen Austauschverhältnis zwischen Gut a und Gut b unter Berücksichtigung der Transportkosten entspricht, an die Transformationsfunktionen T_1 und T_2 (die unterschiedliche Steigung in Abbildung 6 ist das Ergebnis der Transportkosten);
- man trägt im Schnittpunkt dieser Geraden mit der Ordinate den Winkel ab, der die Kosten der Verarbeitung in Einheiten des Gutes b repräsentiert (gestrichelte Linie in Abbildung 6);
- man bestimmt für jedes Land den Tangentialpunkt dieser Geraden mit einer Indifferenzkurve.

Die Logik, die hinter diesem Verfahren steht, ist folgende: Wird das unverarbeitete Erzeugnis gehandelt, so erweitert sich der Möglichkeitsraum der beiden Länder auf das Dreieck, das durch die beiden Koordinaten und die das Austauschverhältnis im Berührungspunkt mit der Transformationsfunktion zwischen Gut a und Gut b repräsentierende Gerade begrenzt wird. Die Verbraucher fragen jedoch nicht Gut a, sondern Gut a' nach. Da jede Menge des Gutes a durch Aufgabe einer gewissen Menge des Gutes b in das Gut a' überführt werden kann, wird der Möglichkeitsraum für das Verarbeitungserzeugnis entsprechend der in Abbildung 6 eingezeichneten gestrichelten Linie reduziert. Ihr Tangentialpunkt mit einer Indifferenzkurve repräsentiert das höchste erreichbare Nutzenniveau.

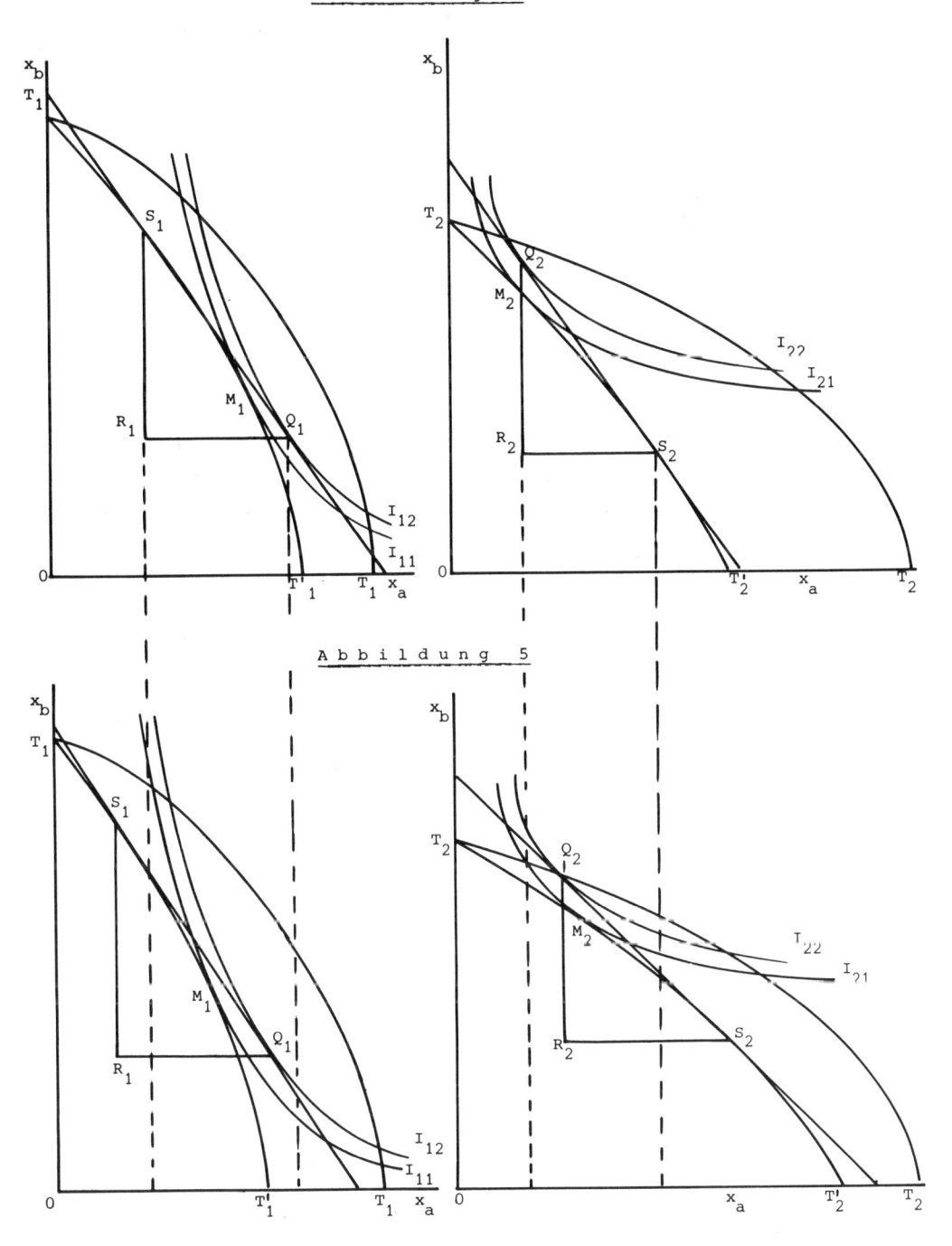

Abbildung 4

Abbildung 5

Abbildung 6

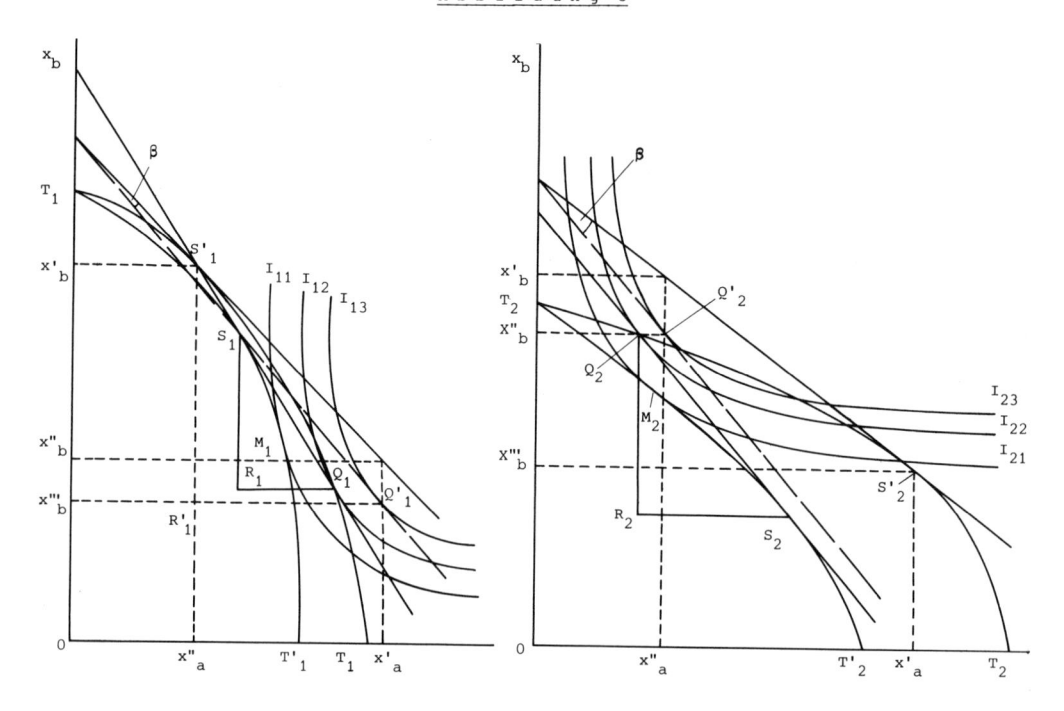

Wie aus Abbildung 6 ersichtlich ist, kann durch den Handel des nicht verarbeiteten Erzeugnisses in beiden Ländern ein höheres Wohlfahrtsniveau erreicht werden. In der Optimallösung produziert Land 1 die Menge x'_b des Gutes b, von der die Menge $x'_b - x''_b$ für den Import der Menge $x'_a - x''_a$ des Gutes a hingegeben und auf die Menge $x''_b - x'''_b$ für die Verarbeitung der Gesamtmenge x'_a des Gutes a verzichtet werden muß. Land 2 produziert die Menge x'_a des Gutes a, von der die Menge $x'_a - x''_a$ im Austausch für den Bezug der Menge $x'_b - x'''_b$ des Gutes b über den Außenhandel hingegeben werden muß. Von der theoretisch verfügbaren Menge x'_b des Gutes b muß die Menge $x'_b - x''_b$ aufgegeben werden, um die Menge x''_a in das von den Verbrauchern nachgefragte Verarbeitungserzeugnis zu überführen.

Unter den hier angenommenen Bedingungen hat, gegenüber der Situation mit einem auf das Verarbeitungsprodukt beschränkten Handel, der Handel mit dem Grunderzeugnis zu einer stärkeren Spezialisierung geführt. In Land 1 wird die Erzeugung des Gutes a zu Gunsten des Gutes b zurückgedrängt, in Land 2 zu Lasten des Gutes b ausgedehnt.

Das in Abbildung 6 abgeleitete Ergebnis ist wiederum von den Transportkosten und damit von der Entfernung zwischen beiden Ländern abhängig. Mit größerer Entfernung würde der zusätzliche Außenhandelsgewinn, der dadurch entsteht, daß statt des Verarbeitungsproduktes das Grunderzeugnis gehandelt wird, allmählich durch die steigenden Transportkosten aufgezehrt werden. Bei gegebenen Transformationsfunktionen und gegebenen Präferenzsystemen erhält man mit zunehmender Entfernung zunächst einen Bereich, in dem es für beide Länder vorteilhaft ist, das Grunderzeugnis zu handeln, sodann einen Bereich, in dem die höheren Transportkosten für das Grunderzeugnis die komparativen Kostenvorteile des Importlandes in der Verarbeitung überkompensieren, ein Außenhandel mit dem Verarbeitungserzeugnis jedoch noch für beide Länder Vorteile mit sich bringt, bis schließlich auch dieser Handel aufgrund der zunehmenden Transportkosten zum Erliegen kommt. Theoretisch ist es denkbar, daß in einem Nahbereich die komparativen Kostenvorteile des Landes 1 in der Verarbeitung so groß sind, daß sie die Kosten für den Antransport des Grunderzeugnisses und den Rücktransport des Verarbeitungserzeugnisses überwiegen, so daß Land 2 auch für die im Inland verbrauchten Mengen auf die Verarbeitung verzichtet und sich ganz auf die Produktion des Grunderzeugnisses spezialisiert.

Kann das landwirtschaftliche Grunderzeugnis nur in einer Gruppe von Ländern (im Zwei-Länder-Beispiel nur in einem Land) produziert werden, so wird die Verarbeitung am Standort der Urproduktion erfolgen, sofern der Transport des Verarbeitungserzeugnisses weniger Kosten verursacht als der des Grunderzeugnisses und das Land der Urproduktion keine komparativen Kostennachteile in der Verarbeitungsindustrie aufweist. Das Importland ist bei Freihandel nur dann der geeignete Standort für die Verarbeitungsindustrie, wenn es über komparative Kostenvorteile verfügt, die groß genug sind die Mehrkosten für den Transport des Grunderzeugnisses zu kompensieren. Sind sie im Extremfall so hoch, daß sie die Kosten eines zweimaligen Transportes kompensieren, kann sich die gesamte Verarbeitung in dem Land konzentrieren, in dem das Grunderzeugnis nicht produziert wird.

3 Die effektive Protektion der entwickelten Länder als Einflußfaktor für die Allokation von Verarbeitungsindustrien

Es versteht sich von selbst, daß die im vorangegangenen Abschnitt an einem stark vereinfachten Modell abgeleiteten Ergebnisse nicht ohne weiteres auf die Realität anwendbar sind. Sobald wir den Zwei-Länder-Zwei-Güter-Fall verlassen und uns der Realität zuwenden, in der wir es stets mit einer Vielzahl von Ländern und mit einer noch größeren Zahl von Produkten zu tun haben, lassen sich keine allgemeinen Aussagen mehr über komparative Kostenvorteile machen.

Wenn in der Argumentation zu dem vorangegangenen Modell angenommen wurde, Land 2 repräsentiere ein Entwicklungsland, so lag dem die Absicht zugrunde, zu zeigen, wo sich unter Freihandelsbedingungen Verarbeitungsindustrien ansiedeln müßten, sofern Entwicklungsländer für bestimmte Agrarprodukte komparative Kostenvorteile besitzen. Es sollte damit keineswegs gesagt werden, daß "die Entwicklungsländer" tatsächlich für die Mehrzahl der Agrarprodukte über komparative Kostenvorteile verfügen. Ob dies der Fall ist, müßte für jedes einzelne Produkt sehr sorgfältig untersucht werden, wobei nur eine Betrachtung, die zwischen den einzelnen Entwicklungsländern differenziert, zu relevanten Ergebnissen führen kann.

Noch weniger als für die landwirtschaftliche Urproduktion lassen sich für den Bereich der Verarbeitung generelle Aussagen über das Vorhandensein komparativer Kostenvorteile in Entwicklungsländern machen. Zu denken gibt jedoch die relativ hohe Protektion, die die meisten entwickelten Länder ihren Verarbeitungsindustrien gewähren. Sie legt die Vermutung nahe, daß Produkte verteidigt werden, deren Produktion ohne diesen Schutz aufgrund komparativer Kostenvorteile tendenziell in andere Länder abwandern würde. Einen gewissen Eindruck von der Höhe der effektiven Protektion [1] landwirtschaftlicher Verarbeitungserzeugnisse bzw. indu-

---

[1] Unter dem realen oder effektiven Zoll (T_i) versteht man die Differenz aus dem Nominalzoll auf das Endprodukt (t_i) und der Summe der in den Vorleistungen enthaltenen Zölle ($\sum a_{ij} t_j$), bezogen auf die Wertschöpfung, die sich ohne jegliche Zollbelastung ergeben hätte ($1 - \sum a_{ij}$). Der effektive Zoll
$$T_i = \frac{t_i - \sum a_{ij} t_j}{1 - \sum a_{ij}}$$
gibt an, um welchen Anteil sich die Wertschöpfung bei der Herstellung eines Produktes gegenüber einer Situation ohne Zölle erhöht. Bei der effektiven Protektion wird nach dem gleichen Muster die Wirkung sämtlicher Abgaben (theoretisch auch die Wirkung mengenmäßiger Eingriffe in den Außenhandel) errechnet (vgl. hierzu auch ROSE, K., a.a.O., S. 427 ff.).

Tabelle 1: Vergleich der nominalen und effektiven Protektion landwirtschaftlicher Verarbeitungserzeugnisse in der Europäischen Gemeinschaft, Japan und den Vereinigten Staaten, 1971 (in Prozent)

Produkt	Europ. Gemeinschaft			Japan		Vereinigte Staaten	
	Zollsätze		Effektive	Nominale	Effektive	Nominale	Effektive
	nominal	real	Protekt.[a]	Protekt.	Protekt.[b]	Protekt.	Protekt.[b]
Fleischwaren	19,5	36,6	165,0	17,9	69,1	5,9	10,3
Konserv. Meeresprodukte	21,5	52,6	52,6	13,6	34,7	6,0	15,6
Konserv. Früchte u. Gemüse	20,5	44,9	74,7	10,5	49,3	14,8	36,8
GETREIDE UND -PRODUKTE							
Korn, gemahlen	12,0	21,8	82,1	25,6	68,7	4,3	0,0
Reis, gemahlen	16,0	70,3	105,9	15,0	49,0	36,2	327,6
Konserv. Lebensmittel	5,6	0,0	-50,0	0,7	-21,2	6,2	7,4
Konserv. Mehl u. Getreide	20,1	48,9	94,7	23,8	75,4	10,9	34,8
Backwaren	12,0	0,9	0,0	20,9	17,3	1,9	0,0
Tabakwaren	87,1	148,5	148,5	339,5	405,6	68,0	113,2
KONSERVIERTE UND VERARBEITETE LEBENSMITTEL							
Essigfrüchte u. Soßen	20,1	25,9	25,9	21,9	59,8	9,4	-26,9
Röstkaffee	15,2	35,7	35,7	35,0	37,1	0,0	0,0
Kakaopulver u. -butter	13,6	76,0	76,0	15,0	125,0	2,6	22,0
Verschiedene Lebensmittel	12,0	6,7	6,7	28,6	58,2	2,7	0,2
LEDER UND LEDERWAREN							
Leder	7,0	21,4	21,4	17,8	57,4	6,2	18,6
Schuhe	9,4	12,0	12,0	22,4	32,5	10,5	15,4
JUTEPRODUKTE							
Jutefabrikate	21,1	57,8	57,8	20,0	54,8	3,0	7,4
Jutesäcke u. -beutel	15,3	9,8	9,8	34,3	75,2	4,1	11,6
HARTFASERPRODUKTE							
Bindfäden	13,0	26,0	26,0	10,5	21,0	0,0	0,0
Sisalseile u. Taue	13,0	26,0	26,0	10,5	21,0	13,2	26,4
GARNE, FÄDEN, GARNPRODUKTE							
Wollgarn u. -fäden	5,4	16,0	16,0	5,0	13,3	30,7	62,2
Wollprodukte	14,0	32,9	32,9	14,7	35,1	46,9	90,8
Baumwollgarn u. -fäden	7,0	22,8	22,8	8,4	25,8	8,3	12,0
Baumwollprodukte	13,6	29,7	29,7	7,2	4,9	15,6	30,7
Baumwollbekleidung	14,0	17,6	17,6	14,7	27,3	20,0	33,6
PFLANZLICHE ÖLE							
Kokosnußöl	11,5	132,9	132,9	9,0	49,2	9,4	16,3
Baumwollsaatenöl	11,0	79,0	79,0	25,8	200,3	59,6	465,9
Erdnußöl	11,3	139,7	139,7	14,2	96,5	15,0	6,7
Sojabohnenöl	11,0	148,1	148,1	25,4	268,3	22,5	252,9
Rapssaatenöl	9,0	57,2	57,2	15,1	22,3	20,8	60,9
Palmkernöl	10,5	141,5	141,5	7,2	49,2	3,8	29,2
BAUHOLZ UND PAPIERPRODUKTE							
Sperrholzprodukte	--	--	--	--	--	13,0	28,0
Papier u. Papierartikel	--	--	--	--	--	5,0	13,0

[a] einschließlich Abgaben und anderer spezieller Kosten

[b] effektiver Schutzzoll

Quelle: UNCTAD, TD/B/C.1/197, Annex S. 2.

strieller Erzeugnisse auf der Basis landwirtschaftlicher Rohstoffe in den wichtigsten Industrieländern vermittelt Tabelle 1.

Bei den Verarbeitungserzeugnissen, deren landwirtschaftliche Grunderzeugnisse mit der Produktion in den Industriestaaten konkurriert, läßt sich keine Aussage darüber machen, ob der Schutz in erster Linie der Urproduktion 1) oder der Verarbeitung dient. Ein über den Schutz des Grunderzeugnisses hinausgehender Schutz liegt jeweils dann vor, wenn auf die Verarbeitungserzeugnisse nicht nur Abschöpfungen oder Zölle erhoben werden, die die Wirkung der unterschiedlichen Kosten des Rohstoffes (Rohstoffinzidenz) ausgleichen sollen, sondern darüber hinausgehende Beträge. Bei Erzeugnissen deren Rohstoffe nicht mit der Inlandsproduktion konkurrieren, handelt es sich ausschließlich um einen Schutz der Verarbeitungsindustrie. Hier drängt sich die Frage auf, ob nicht der berechtigten Forderung der Entwicklungsländer entsprochen werden sollte, ihnen die mit der Weiterverarbeitung ihrer Rohstoffe verbundenen Wertschöpfung zukommen zu lassen.

4 Möglichkeiten einer stärkeren Beteiligung der Entwicklungsländer an der Deckung der Weltnachfrage ausgewählter landwirtschaftlicher Verarbeitungserzeugnisse

4.1 Zucker

Als Beispiel für ein landwirtschaftliches Erzeugnis, das nur in verarbeiteter Form international handelsfähig ist, sei Zucker herangezogen. Für die hier untersuchte Problematik ist Zucker insofern besonders interessant als er zu den Erzeugnissen zählt, bei denen noch am ehesten für viele Entwicklungsländer komparative Kostenvorteile angenommen werden können. Einen Überblick über die Entwicklung der Weltzuckerexporte vermittelt Tabelle 2. Aus der Betrachtung der Mengen wird deutlich, daß die Entwicklungsländer 2) ihre Exporte überproportional steigern konnten, obwohl, vor allem infolge einer Ausdehnung der Exporte Westeuropas, die Exporte der entwickelten Länder im gleichen Verhältnis zunahmen. Ermöglicht wurde dies durch den Rückgang der Exporte aus Ländern mit zentral geplanter Wirtschaft. Wie die Betrachtung der Exportwerte zeigt, konnten entwickelte Länder und Entwicklungsländer etwa gleichmäßig an den außergewöhnlichen Preissteigerungen des Jahres 1974 partizipieren.

Zucker gehört zu der begrenzten Zahl von Produkten, bei denen eine stärkere Beteiligung der Entwicklungsländer an der Weltversorgung möglich erscheint. Von der FAO wurde 1971 ein Weltgleichgewichtsmodell für den Agrarsektor aufgestellt, mit dem die mögliche Verteilung der Weltagrarproduktion unter verschiedenen Annahmen getestet werden sollte. Ausgangspunkt waren die Commodity Projections 1970 - 1980 3), die im Lichte eines regional differenzierten weltweiten Gleichgewichtsmodells überprüft werden sollten. Auf die Annahmen und die Problematik eines solchen Versuchs soll hier nicht eingegangen werden. In Tabelle 3 werden lediglich einige Ergebnisse des Modells für Zucker wiedergegeben.

In den Spalten A sind die Ergebnisse der Commodity Projections für Zucker wiedergegeben, in den Spalten B zunächst die Ergebnisse einer Variante des Weltgleichgewichtsmodells, bei

---

1) Die primär der Urproduktion dienende Protektion geht aus Tabelle 1 nicht hervor, da sie Produkte die in der EG einer Marktordnung unterliegen nicht enthält.

2) Unter ihnen vor allem Kuba, Brasilien, Dominikanische Republik, Argentinien, Peru, Philippinen, Indien, Thailand, Mauritius, Réunion, Swaziland und Mozambique.

3) FAO: Agricultural Commodity Projections 1970 - 1980, CCP 71/20, Vol. I and II, Rome 1971.

Tabelle 2: Weltzuckerexporte 1969 und 1974

	Mengen					Wert				
	in 1 000 t		Anteil in %		1974 in % von	in Mio. $		Anteil in %		1974 in % von
	1969	1974	1969	1974	1969	1969	1974	1969	1974	1969
Welt	19 406	22 994	100	100	118	2 531	8 926	100	100	353
Entwickelte Länder	4 107	5 400	21	23	131	357	1 643	14	18	460
Nordamerika	17	105	0	0	a)	2	48	0	0	a)
Westeuropa	1 448	2 641	7	11	182	178	969	7	11	544
Ozeanien	2 066	1 809	11	8	88	137	339	5	4	247
Sonstige	576	846	3	4	147	40	288	2	3	720
Entwicklungsländer	12 446	16 241	64	71	130	1 446	6 736	57	75	466
Afrika	1 400	1 407	7	6	101	157	551	6	6	351
Lateinamerika	9 260	11 776	48	51	127	1 042	4 852	41	54	466
Naher Osten	260	62	1	0	21	21	28	1	0	133
Ferner Osten	1 204	2 719	6	12	225	182	1 255	7	14	690
Sonstige	322	277	2	1	86	44	50	2	1	113
Länder mit zentral geplanter Wirtschaft	2 854	1 352	15	6	47	227	547	9	6	241
Asien	704	628	4	3	89	60	258	2	3	430
Europa u. UdSSR	2 149	725	11	3	34	167	289	7	3	58

a) = nicht berechnet, da es sich um Zufallsergebnisse handelt.

Quelle: FAO, Trade Yearbook 1974.

der - unter Status-quo-Bedingungen - neben den direkten Preiselastizitäten der Nachfrage auch Kreuzpreiselastizitäten berücksichtigt wurden 1). Ihnen werden die Ergebnisse einer Lösung gegenübergestellt, bei der ein weltweiter Verzicht auf alle Arten des Agrarprotektionismus angenommen wurde.

Wie Tabelle 3 zeigt, würde dies in den entwickelten Ländern zu einem Rückgang der Produktion um etwa 4 Mio. t und eine Zunahme des Imports um etwa 6 Mio. t, in den Entwicklungsländern zu einer Zunahme der Produktion um etwa 5,5 Mio. t und der Export um etwa 6 Mio. t führen.

Vergleicht man die zwischen den drei großen Ländergruppen gehandelten Mengen des Jahres 1974 mit den Ergebnissen der Modellrechnung, so zeigt sich, daß die für 1980 unter Status-quo-Bedingungen projektierten Warenströme in etwa bereits 1974 erreicht waren. Der Importsaldo der entwickelten Länder belief sich auf 9,070 Mio. t, der Exportsaldo der Entwicklungsländer auf 11,436 Mio. t und der Importsaldo der Staatshandelsländer auf 2,524 Mio. t. So-

1) FAO: World Price Equilibrium Model, CCP 72/VP 3, Rome, 11. Nov. 1971.

Tabelle 3: Vorausschätzung des Angebotes und der Nettoexporte von Zucker für 1980 nach Ländergruppen

	entwickelte Länder		Entwicklungsländer		Länder mit zentral geplanten Wirtschaften	
	(A)	(B)	(A)	(B)	(A)	(B)
Angebot (in 1000 t)						
- unter Status-quo-Bedingungen	25.715	26.013	46.090	46.455	20.700	20.834
- bei Fortfall d. Protektion	-	22.330	-	52.937	-	20.916
Nettoexporte (in 1000 t)						
- unter Status-quo-Bedingungen	-9.249	-9.399	10.780	11.418	-2.205	-2.042
- bei Fortfall d. Protektion	-	-15.343	-	17.511	-	-2.372
Veränderungen bei Fortfall der Protektion (in v. H.)						
- Preis	-	-12,4	-	28,5	-	-5,0
- Angebot	-	-14,2	-	14,1	-	0,4
- Nachfrage	-	6,4	-	1,2	-	1,8

(A) = Commodity Projections 1970 - 1980
(B) World Price Equilibrium Model, Version mit Berücksichtigung der Kreuzpreiselastizitäten bzw. nach Fortfall der Protektion

fern die Ergebnisse des Jahres 1974 nicht zu stark von der außergewöhnlichen Situation auf dem Weltzuckermarkt beeinflußt waren, kann aus dem vorliegenden Trend somit geschlossen werden, daß die Entwicklungsländer 1980 stärker an der Belieferung der Weltnachfrage beteiligt sein werden als es den Schätzungen der FAO von 1970 unter Status-quo-Bedingungen entspricht, jedoch keineswegs in dem Umfang, der sich bei einem Fortfall der Protektion aus den Annahmen des Modells ergibt.

Die Frage nach den künftigen Standorten der Zuckerproduktion ist, soweit es sich um die Verteilung zwischen entwickelten Ländern und der Gruppe der für eine Exportproduktion prädestinierten Entwicklungsländer handelt, in erster Linie eine Frage agrarpolitischer Grundsatzentscheidungen in den entwickelten Ländern. Für eine sehr viel größere Zahl von Entwicklungsländern stellt sich jedoch die Frage nach dem Aufbau von Produktionskapazitäten für Zucker zur Deckung des eigenen Bedarfes. Wegen der innerhalb eines breiten ökologischen Bereiches grundsätzlich bestehenden Möglichkeit, über Zuckerrohr oder Zuckerrüben Zucker zu produzieren 1), ist für viele die Inlandsproduktion eine Möglichkeit, die bei den in der Regel beschränkten Investitionsalternativen unter dem Gesichtspunkt komparativer Kostenvorteile nicht ohne weiteres ausgeschlossen werden kann.

Eine Entscheidung über Aufnahme oder Ausdehnung der Zuckerproduktion erstreckt sich im allgemeinen auf die Produktion des Rohstoffes und die Verarbeitung. Vor allem bei der Pro-

---

1) Vgl. hierzu ANDREAE, B.: Zuckerrohr contra Zuckerrübe? Weltwirtschaftspflanzen im Wettbewerb, Zeitschrift für ausländische Landwirtschaft, Jg. 11, 1972, H. 2, S. 90-106.

duktion auf der Basis von Zuckerrohr handelt es sich häufig um integrierte Projekte, die die Rohproduktion und -verarbeitung im Rahmen organisatorisch-wirtschaftlicher Einheiten zusammenfassen. In diesen Fällen kann man somit kaum von einer Beeinflussung der Agrarproduktion durch Standortentscheidungen für die Verarbeitungsindustrie sprechen.

Seltener ist der Fall, daß eine Zuckerrohrproduktion vorhanden ist, die erst durch den Aufbau einer Verarbeitungsindustrie für den überregionalen Absatz erschlossen werden kann. Dieser Fall dürfte in Ländern wie Indien oder Pakistan eine Rolle spielen, wo ein großer Teil des Zuckerrohres noch von den Bauern selbst zu primitiven Zuckerformen verarbeitet wird. Der Aufbau einer Verarbeitungsindustrie kann in diesem Fall dazu führen, daß nicht nur die vorhandene Menge an Zuckerrohr der industriellen Verarbeitung zugeführt wird, sondern darüber hinaus eine zusätzliche Produktion durch die Möglichkeit zur Verarbeitung induziert wird.

Schließlich ist noch der Fall denkbar, daß unter den Landwirten einer Region, etwa im Anschluß an eine Verbesserung der Produktionsmöglichkeiten durch Bewässerung, eine Bereitschaft zur Intensivierung besteht und der Anbau von Zuckerrohr oder Zuckerrüben aufgrund der Faktorausstattung der Betriebe eine geeignete Möglichkeit zur Intensivierung darstellt. In diesem Fall könnte das latent vorhandene Produktionspotential allein durch den Aufbau einer Verarbeitungsanlage erschlossen werden.

4.2 Vieh und Fleisch

Im Gegensatz zu Zucker umfaßt bei Vieh und Fleisch der internationale Handel sowohl verarbeitete als auch unverarbeitete Produkte, d.h. es liegt theoretisch der zweite, der in dem eingangs beschriebenen Modell angenommenen Fälle vor. Praktisch hat jedoch insofern eine weitgehende Annäherung an den Fall 1 stattgefunden, als der Transport von gekühltem oder gefrorenem Fleisch dem Transport von Lebendvieh so eindeutig überlegen ist, daß dieser nur noch über kurze Entfernungen eine Rolle spielt.

Aus Tabelle 4 wird ein rückläufiger Anteil der Entwicklungsländer deutlich. Dies gilt für den Export von Lebendvieh wie auch für den Export von gekühltem und gefrorenem Fleisch, der für die Entwicklungsländer in der Hauptsache ein Export von Rindfleisch ist. Die gleiche Entwicklung läßt sich auch aus der weit unterdurchschnittlichen Steigerung der Exportwerte der Entwicklungsländer ablesen [1]. Der rückläufige Anteil der Entwicklungsländer war zunächst auf ihre begrenzte Lieferfähigkeit, später jedoch mehr und mehr auf die Importpolitik der entwickelten Staaten - nicht zuletzt auf den Importstopp der EG - zurückzuführen. Inwieweit in Zukunft eine stärkere Verlagerung der Rindfleischproduktion in Länder, für die komparative Kostenvorteile vermutet werden können (neben Australien und Neuseeland die Entwicklungsländer Argentinien, Uruguay, Paraguay, Bolivien, Kolumbien, Venezuela und vielleicht auch einige ostafrikanische Länder) ist eine Frage, deren Beantwortung davon abhängt, ob mit der durch staatliche Maßnahmen geschützten Milchproduktion in den westeuropäischen Ländern bereits so viel Rindfleisch als Kuppelprodukt anfällt, daß die Aufnahmefähigkeit des Marktes dadurch erschöpft wird oder nicht [2]. Daß in den genannten Entwicklungsländern, vor allem Lateinamerikas, erhebliche Produktionsreserven bestehen, die mit relativ geringen Mitteln erschlossen werden könnten, dürfte außer Frage stehen [3].

---
[1] Innerhalb der Entwicklungsländer treten die lateinamerikanischen Länder, vor allem Argentinien, Brasilien und Uruguay als Hauptexporteure hervor.
[2] Vgl. hierzu auch GRÜNEWALD, L.: Instrumente der Agrar- und Handelspolitik zur Anpassung der Produktion an die Nachfrage auf dem Weltmarkt für Fleisch, Ifo-Studien zur Agrarwirtschaft 14, München 1975.
[3] Vgl. v. OVEN, R.: Produktionsstruktur und Entwicklungsmöglichkeiten der Rindfleischerzeugung in Südamerika, Zeitschrift für ausländische Landwirtschaft, Materialsammlung H. 18, Frankfurt/M., o.J.. - ANDREAE, B.: Landwirtschaftliche Betriebsformen in den Tropen, Hamburg und Berlin 1972.

Tabelle 4: Weltexporte an Vieh, Fleisch und Fleischwaren 1968 und 1974 in Mio. $

	Vieh, Fleisch und Fleischwaren		Lebendvieh		Frisch-u.Gefrierfleisch		darunter				F., getrockn gesalzen, geräuchert		Fleischkonserven		Fleisch u. Fleischw. (v.H.)	
							Rindfleisch		Schweinefleisch							
	1969	1974	1969	1974	1969	1974	1969	1974	1969	1974	1969	1974	1969	1974	1969	1974
WELT	5532	1805	1280	2342	3052	7265	1630	3874	485	1320	375	556	825	1642	77	80
ENTWICKELTE LÄNDER	3612	8524	683	1301	2123	5668	1020	3030	401	1074	319	509	487	1046	81	85
Nordamerika	341	740	62	195	240	481	47	100	77	119	23	32	16	32	82	74
Westeuropa	2566	5735	612	1061	1213	3276	601	1640	319	938	293	474	448	942	76	82
Ozeanien	676	1975	5	33	649	1888	363	1274	2	14	1	2	21	57	99	98
Sonstige	28	55	4	11	21	28	9	15	3	3	2	1	1	15	.	.
ENTWICKLUNGSLÄNDER	1115	1705	353	478	563	906	459	680	3	17	10	4	189	318	68	72
Afrika	185	293	136	202	26	59	22	50	1	1	2	2	21	30	26	31
Lateinamerika	853	1273	157	211	525	786	435	624	1	7	8	1	163	280	82	83
Naher Osten	52	69	47	46	5	23	1	3	0	-	0	0	0	0	10	33
Ferner Osten	24	67	12	20	7	38	1	3	1	9	1	2	4	7	50	70
Sonstige	0	1	0	0	0	1	0	1	0	-	0	-	0	0	.	.
LÄNDER MIT ZENTRAL GEPLANTER WIRTSCHAFT	804	1575	244	562	365	691	150	164	82	229	46	43	149	279	70	64
Asien	174	424	75	225	71	163	-	-	32	87	9	12	19	24	57	47
Europa u. UdSSR	631	1151	170	337	294	528	150	164	49	142	37	31	130	255	73	71
ANTEIL DER ENTWICKLUNGSLÄNDER (v.H.)	20	14	28	20	18	12	28	18	1	1	3	1	23	19		
Afrika	3	2	11	9	1	1	1	1	0	0	1	0	3	2		
Lateinamerika	15	11	12	9	17	11	27	16	0	0	2	0	20	17		
Naher Osten	1	1	4	2	0	1	0	0	0	-	0	0	0	0		
Ferner Osten	0	1	1	1	0	0	0	0	0	1	0	0	0	0		
1974 in v.H. 1969 Welt				183		238		238		272		148		199		
Entwickelte Länder		236		190		267		297		268		160		215		
Entwicklungsländer		153		136		161		148		567		40		168		
Länder mit zentral geplanter Wirtschaft		196		230		189		109		279		93		187		

Quelle: FAO Trade Yearbook 1974.

Auch in diesem Fall ist also zunächst die Agrarpolitik der entwickelten Länder und die damit verbundene Handelspolitik die für eine Neuorientierung der Produktion im Weltmaßstab entscheidende Komponente. Nur in dem Ausmaß, in dem eine solche Politik eine Neuorientierung der Produktion zuläßt, ist es sinnvoll, die dafür notwendigen technischen Einrichtungen, d.h. Schlachthöfe mit Kühleinrichtungen zu erstellen. Die Erstellung dieser technischen Einrichtungen, bei denen bestimmte, häufig von den Importländern vorgegebene hygienische Mindeststandards einzuhalten sind, ist eine zwar notwendige, aber keineswegs hinreichende Voraussetzung für den Export.

Verglichen mit Zucker ist bei Rindfleisch die organisatorische Verbindung zwischen Urproduktion und Verarbeitung lockerer. Damit ist es tendenziell leichter möglich, allein durch die Standortentscheidung für den Verarbeitungsbetrieb die landwirtschaftliche Produktion zu beeinflussen. Dies gilt insbesondere dann, wenn bereits eine Schlachtrinderproduktion betrieben wird, deren Umfang jedoch durch Intensivierung gesteigert werden kann. Soll die Produktion jedoch in Neulandgebiete vorgetrieben werden, so ist eine integrierte Planung und Implementierung für die Urproduktion und die Verarbeitung Voraussetzung.

Wenn auch grundsätzlich die Errichtung eines Verarbeitungsbetriebes als Initialzündung für eine Ausdehnung der Rinderproduktion wirken kann, so ist keineswegs gesagt, daß diese Wirkung auch immer eintritt. Es müssen dazu nicht nur die technischen Bedingungen und ein wirtschaftlicher Anreiz für eine Ausdehnung der Produktion gegeben sein, sondern auch das Produzentenverhalten muß bekannt sein. Daß hier häufig Fehleinschätzungen unterlaufen, zeigen die vielen von MITTENDORF aufgezeigten Fälle gescheiterter Schlachthofprojekte 1), bei denen es sich allerdings in der Hauptsache um Projekte handelt, die auf die Befriedigung der Inlandnachfrage ausgerichtet waren. Zu den Gründen des Scheiterns kommt in diesem Fall noch eine quantitative und qualitative Fehleinschätzung der Inlandnachfrage hinzu.

4.3 Ölsaaten und -verarbeitungserzeugnisse

Bei Ölsaaten und -verarbeitungserzeugnissen ist die Situation noch komplexer als bei den in den vorangegangenen Abschnitten diskutierten Erzeugnissen, da eine Vielzahl von Grunderzeugnissen, deren Anbaugebiete in unterschiedlichen Ländergruppen liegen, miteinander konkurrieren 2).

Einen Überblick über die Entwicklung der Exporterlöse aus Ölsaaten und -verarbeitungsprodukten vermittelt Tabelle 5. Wie sie zeigt, haben die Entwicklungsländer nur unterproportional an der Ausdehnung der Weltexporte von Ölsaaten und -verarbeitungsprodukten partizipieren können. Die Verdrängung der Exporte der Entwicklungsländer durch Exporte von Industrieländern war verbunden mit einer Verminderung des Anteils der klassischen Ölfrüchte der Entwicklungsländer, Palmkern, Kopra und Erdnuß, an den Gesamtexporten.

Die rückläufigen Exporterlöse der Entwicklungsländer aus Ölsaaten läßt zusammen mit den gestiegenen Exporterlösen aus Ölen bzw. Fetten und Ölkuchen auf eine zunehmende Verar-

---

1) MITTENDORF, H.J.: Marktwirtschaftliche Betrachtungen bei der Planung landwirtschaftlicher Verarbeitungsunternehmen in Entwicklungsländern, Agrarwirtschaft, Jg. 16, 1967, H. 7, S. 217 - 223. - Vgl. hierzu auch den Beitrag von MITTENDORF in diesem Band.

2) Vgl. hierzu MEINUNGER, B.: Instrumente der Agrar- und Handelspolitik zur Anpassung der Produktion an die Nachfrage auf den Weltmärkten für Ölsaaten und -verarbeitungserzeugnisse, Ifo-Studien zur Agrarwirtschaft 13, München 1975.
ANDREAE, B.: Der Weltölfruchtbau im Standorts- und Produktivitätsvergleich, Agrarwirtschaft, Jg. 21, 1972, H. 9, S. 281 - 290.

Tabelle 5: Veränderung der Exporterlöse bei Ölsaaten und -verarbeitungsprodukten nach Ländergruppen von 1961 - 1971

	∅ 1961-63		∅ 1969-71		Jährliche Wachstumsraten %
	Mill. US-$	%	Mill. US-$	%	
Welt	3 619	100	6 118	100	+ 6,6
Ölsaaten	1 335		2 088		+ 5,6
Öle / Fette	1 710		2 725		+ 5,6
Ölkuchen	574		1 305		+ 11,0
Entwicklungsländer	1 552	43	1 924	31	+ 2,6
Ölsaaten	730		554		- 3,4
Öle/Fette	500		732		+ 4,7
Ölkuchen	322		638		+ 9,1
Industrieländer	1 779	49	3 725	61	+ 9,1
Ölsaaten	532		1 404		+ 12,5
Öle/Fette	1 019		1 672		+ 5,4
Ölkuchen	228		649		+ 14,2
Zentralwirtschaftsländer	288	8	469	8	+ 7,2
Ölsaaten	73		131		+ 7,6
Öle/Fette	191		319		+ 8,1
Ölkuchen	24		19		- 2,9

Quelle: FAO: Access to markets and international princing policy: past trends, prospects and problems in oilseeds, oils, fats and oilcakes. CCP:OF/CONS 74/4. Rome 1974. Entnommen aus MEINUNGER, B., a.a.O., Tabelle 019.

beitung in den Entwicklungsländern selbst schließen. Allerdings liegt auch die Zunahme der Entwicklungsländer bei den Verarbeitungserzeugnissen unter dem Weltdurchschnitt, d.h. sie haben nur unterproportional an dem insgesamt expandierenden Markt partizipieren können. Von einer Verlagerung der Verarbeitung in die Entwicklungsländer kann also keine Rede sein. Betrachtet man die hohe effektive Protektion für pflanzliche Öle, die aus Tabelle 1 deutlich wurde, so überrascht dieses Ergebnis keineswegs.

Als typisch für die Ausgestaltung des Außenhandelsschutzes bei Ölsaaten und -verarbeitungsprodukten können die Regelungen der EG-Marktordnung für Ölsaaten gelten. Danach können Ölsaaten, -kuchen und -schrote zollfrei eingeführt werden, während auf die Einfuhr von rohen Pflanzenölen Wertzölle von 5 - 10 %, auf die Einfuhr von raffinierten Pflanzenölen von 10 - 15 % erhoben werden. Die Politik zum Schutz der eigenen Verarbeitungsindustrie erfährt gegenüber den Entwicklungsländern jedoch dadurch eine gewisse Einschränkung, daß einer Reihe von Ländern Präferenzen eingeräumt werden.

Trotz dieser Ausnahme verbleibt die Tatsache, daß einer großen Zahl von Entwicklungsländern die Verarbeitung der von ihnen produzierten Ölsaaten durch die Handelspolitik der entwickelten Staaten vorenthalten wurde. Die den Entwicklungsländern dadurch verloren gegangene Wertschöpfung wird von der FAO für 1964 auf 70 Mio. $ geschätzt 1).

Da im Gegensatz zu den beiden vorangegangenen Beispielen die Verarbeitung von Ölsaaten sowohl im Exportland als auch im Importland erfolgen kann, gewinnt die Frage an Bedeutung, wo komparative Kostenvorteile für die Verarbeitung bestehen. Eine generelle Beantwortung dieser Frage ist nicht möglich. In den absoluten Kosten bestehen in der Regel keine großen Unterschiede, da es sich um einen wenig arbeitsintensiven Fabrikationsprozeß handelt, also nur relativ geringe Einsparungen bei den Arbeitskosten auftreten, die zudem meist durch die höheren Kosten für Abnutzung und Unterhaltung der importierten Anlagen ausgeglichen werden 2).

Ob es gelingt, die Entwicklungsländer in stärkerem Maße als bisher an der Befriedigung der Weltnachfrage nach Pflanzenölen zu beteiligen, ist eine Frage, die in erster Linie von der Agrar- und Handelspolitik der entwickelten Staaten abhängt. Dies gilt vor allem für die USA, deren Produktion und Exporte in nicht geringem Maße von der Preisstützung beeinflußt sein dürften. Die Exporte von Ölsaaten aus den Entwicklungsländern müssen nicht nur mit den kommerziellen Exporten der USA auf den Märkten der entwickelten Staaten konkurrieren, sondern auch auf den Märkten anderer Entwicklungsländer mit nicht kommerziellen Lieferungen im Rahmen des PL 480.

Neben einer Revision der Agrar- und Handelspolitik der entwickelten Länder würde eine stärkere Beteiligung der Entwicklungsländer aber auch Produktionsanstrengungen in diesen Ländern selbst voraussetzen. Dem Ausbau der Verarbeitungsindustrie kommt dabei eine zwar wichtige, jedoch keineswegs eine Schlüsselfunktion zu. Entscheidend ist, daß die Vermarktung allgemein verbessert wird, was vor allem ein organisatorisches Problem ist.

Eine Verarbeitung im Erzeugergebiet ist für die Mehrzahl der von den Entwicklungsländern produzierten Ölsaaten keine Voraussetzung für die Ausdehnung der Produktion. Sofern nicht eindeutige komparative Kostennachteile dagegen sprechen, sollte die Verarbeitung jedoch in den Entwicklungsländern selbst erfolgen, um ihnen die damit verbundene Wertschöpfung zugute kommen zu lassen. Auf keinen Fall sollte die Verarbeitung in Industrieländern geschützt werden. Die dort tatsächlich praktizierte hohe Protektion der Verarbeitung läßt den Verdacht aufkommen, daß im Laufe der Entwicklung eigentlich überholte Industriezweige entgegen den komparativen Kostenvorteilen künstlich am Leben gehalten werden.

Bei Palmkernen ist infolge ihrer begrenzten Transportwürdigkeit eine etwas andere Situation gegeben. Hier findet eine direkte Beeinflussung der Produktion durch die Verarbeitungsindustrie statt. Sie erfolgt in der Weise, daß ein vorhandenes Produktionspotential durch die Verarbeitung für die Befriedigung einer überörtlichen Nachfrage erschlossen wird oder plantagenmäßige Ölpalmanpflanzungen gemeinsam mit einer Ölmühle konzipiert werden.

5 Zusammenfassung

Die Ergebnisse der vorangegangenen Überlegungen lassen sich wie folgt zusammenfassen:

- Anhand des Zwei-Länder-Zwei-Güter-Falles läßt sich zeigen, daß der Außenhandel für alle Beteiligten solange von Vorteil ist, als der unter Vernachlässigung der Transportkosten anfallende Außenhandelsgewinn nicht durch die Transportkosten aufgezehrt wird.

- Verfügt ein Land über komparative Kostenvorteile in der Produktion eines landwirtschaft-

---

1) FAO: Approaches to International Action on World Trade in Oil Seeds, Oils, and Fats, Rome 1971, zitiert nach MEINUNGER, B., a.a.O., S. 48.
2) Vgl. hierzu auch MEINUNGER, B., a.a.O., S. 73 f.

lichen Rohstoffes und ist die Verarbeitung nicht standortgebunden, so spricht die mit der Verarbeitung in der Regel verbundene Verminderung der Transportkosten dafür, auch die Verarbeitung in diesem Land vorzunehmen. Der Handel des unverarbeiteten Erzeugnisses ist nur dann für alle Beteiligten vorteilhafter, wenn das einführende Land über so hohe komparative Kostenvorteile in der Verarbeitung verfügt, daß die höheren Transportkosten des Rohstoffes damit überkompensiert werden. Wächst die Transportkostenbelastung mit der Entfernung, so ist unter diesen Bedingungen innerhalb eines Nahbereiches der Handel mit dem Rohstoff, bei weiterer Entfernung der Handel mit dem Verarbeitungserzeugnis überlegen.

- Der Handel mit landwirtschaftlichen Verarbeitungserzeugnissen zwischen Entwicklungsländern und entwickelten Ländern wird in starkem Maße von der Protektion der entwickelten Länder beeinflußt, die in hohen effektiven Protektionsraten zum Ausdruck kommt.

- Für eine Neuorientierung der Agrarproduktion zwischen entwickelten Ländern und Entwicklungsländern ist die Agrar- und Handelspolitik der entwickelten Länder die entscheidende Einflußgröße.

- Unter den landwirtschaftlichen Erzeugnissen ist Zucker wahrscheinlich dasjenige, für das bei einem weltweiten Verzicht auf Protektion am stärksten eine Abwanderung der Produktion in Entwicklungsländer (eine begrenzte Zahl von Entwicklungsländern) erwartet werden kann. Die Einflußnahme auf die Produktion erfolgt in der Regel durch die Planung und Implementierung von Projekten, die sowohl die Produktion des Rohstoffes als auch die Verarbeitung umfassen.

- Bei Vieh, Fleisch und Fleischwaren ist der Anteil der Entwicklungsländer an den Weltexporten rückläufig. Ob die vor allem in lateinamerikanischen Entwicklungsländern vorhandenen Produktionsreserven für den Export erschlossen werden können, hängt von der Agrar- und Handelspolitik in den entwickelten Ländern ab. Da für den Export in diese Länder nur gekühltes oder gefrorenes Fleisch und Fleischkonserven in Frage kommen, ist der Aufbau entsprechender Verarbeitungskapazitäten eine notwendige Voraussetzung.

- Bei Ölsaaten und ihren Verarbeitungserzeugnissen ist der Anteil der Entwicklungsländer an den Weltexporten ebenfalls zurückgegangen. Durch die in fast allen entwickelten Ländern mit dem Verarbeitungsgrad gestaffelten Zollsätze genießt die Verarbeitung von Ölsaaten eine hohe effektive Protektion; nur bestimmte Entwicklungsländer haben im Rahmen von Präferenzabkommen Zugang zu den geschützten Märkten. Obwohl die Verarbeitung bei den meisten Ölsaaten keine Voraussetzung für den Export ist, sollte die damit verbundene Wertschöpfung, soweit nicht eindeutige komparative Kostennachteile dafür bestehen, den Entwicklungsländern überlassen werden.

Literatur

1. ALDINGER, F.: Modelle zur Bestimmung der optimalen Marktgebiete und Standorte von Verarbeitungsbetrieben. Agrarwirtschaft, Sonderheft 63, Hannover 1975.

2. ALVENSLEBEN, R.v.: Zur Theorie und Ermittlung optimaler Betriebsstandorte. Schriften zur wirtschaftswissenschaftlichen Forschung, Bd. 49, Meisenheim am Glan 1973.

3. ANDREAE, B.: Zuckerrohr contra Zuckerrübe? Weltwirtschaftspflanzen im Wettbewerb, Zeitschrift für Ausländische Landwirtschaft, Jg. 11, 1972, H.2, S. 90 - 106.

4. DERS.: Weltölfruchtbau im Standort- und Produktivitätsvergleich. Agrarwirtschaft, Jg. 21, 1972, H. 8, S. 281 - 290.

5. DERS.: Landwirtschaftliche Betriebsformen in den Tropen. Hamburg und Berlin 1972.

6. BUCHHOLZ, H.E.: Über die Bestimmung räumlicher Marktgleichgewichte. Schriften zur wirtschaftswissenschaftlichen Forschung, Bd. 28, Meisenheim am Glan 1969.

7. CARLSSON, M., und STORCK, H.: Konflikte und Kooperation zwischen Industrieländern und Entwicklungsländern in Produktion und Absatz gartenbaulicher Produkte. Referat gehalten auf dem XIX. Intern. Gartenbaukongreß Warschau, 10. - 18. Sept. 1974.

8. FAO: Production Yearbook, 1974.

9. FAO: Trade Yearbook 1974.

10. FAO: World Price Equilibrium Model. CCP/VP 3, Rome, 11. Nov. 1971.

11. FAO: Agricultural Commodity Projections 1970 - 1980 CCP 71/20, Vol. I and II, Rome 1971.

12. GROSSKOPF, W.: Bestimmung der optimalen Größen und Standorte von Verarbeitungsbetrieben landwirtschaftlicher Produkte. Agrarwirtschaft, Sonderheft 45, Hannover 1971.

13. GRÜNEWALD, L.: Instrumente der Agrar- und Handelspolitik zur Anpassung der Produktion an die Nachfrage auf dem Weltmarkt für Fleisch. Ifo-Studien zur Agrarwirtschaft 14, München 1975.

14. HENRICHSMEYER, W.: Das sektorale und regionale Gleichgewicht der landwirtschaftlichen Produktion. Hamburg-Berlin 1966.

15. MEADE, J.E.: A Geometry of International Trade, London 1952.

16. MEINUNGER, B.: Instrumente der Agrar- und Handelspolitik zur Anpassung der Produktion an die Nachfrage auf den Weltmärkten für Ölsaaten und -verarbeitungserzeugnisse, Ifo-Studien zur Agrarwirtschaft 13, München 1975.

17. MITTENDORF, H.J.: Marktwirtschaftliche Betrachtungen bei der Planung landwirtschaftlicher Verarbeitungsunternehmen in Entwicklungsländern, Agrarwirtschaft, Jg. 16, 1967, H. 7, S. 217 - 223.

18. OVEN, R. v.: Produktionstruktur und Entwicklungsmöglichkeiten der Rindfleischerzeugung in Südamerika. Zeitschrift für Ausländische Landwirtschaft, Materialsammlung H. 18, Frankfurt/M., o.J..

19. ROSE, K.: Theorie der Außenwirtschaft. 4. Aufl., München 1972.

STANDORTPLANUNG VON SCHLACHTHÄUSERN IN ENTWICKLUNGS-
LÄNDERN - SCHLACHTUNG IM ERZEUGER- ODER VERBRAUCHERGEBIET?

von

Hans-Joachim Mittendorf, FAO, Rom

1	Vorbemerkung	269
2	Optimale Standorte von Schlachthäusern in Industrieländern	269
3	Faktoren, die die Standorte von Schlachthäusern in Entwicklungsländern beeinflussen	270
3.1	Vergleich der Transportkosten: Lebendvieh-Fleisch	271
3.2	Schlachtkostenvergleich Erzeugergebiet-Verbrauchergebiet	272
3.3	Übrige Faktoren	272
3.4	Verwertung von Häuten, Fellen und Nebenprodukten	272
4	Hinweis auf einige Studien	272
5	Schlußbemerkungen	276

1 Vorbemerkung

Die Forderung nach der Verlagerung von Schlachthäusern aus den Verbraucher- in die Erzeugergebiete wird auch in den Entwicklungsländern im wachsenden Maße erhoben. Die Vorteile, die man sich davon verspricht, sind zusätzliche Einkommensmöglichkeiten für die ländliche Bevölkerung aus der Tätigkeit des Schlachtens und der Verarbeitung von Nebenprodukten, hauptsächlich Häuten und Fellen. In wieweit diese Erwartungen realistisch sind, hängt von einer genauen Nutzen-Kostenanalyse ab. Da die wirtschaftlichen Rahmendaten in den Industrie- und Entwicklungsländern unterschiedlich sind, ist es angebracht, die derzeitige Auffassung über optimale Standorte für Schlachthäuser in Industrieländern kurz zusammenzufassen.

2 Optimale Standorte von Schlachthäusern in Industrieländern

Mit der Entwicklung von effizienten Kühlketten und vor allem mit der weiten Verbreitung des Kühllastwagens während der letzten drei Jahrzehnte in den Industrieländern, begleitet von einem weiteren Ausbau des Kommunikationswesens (Telefon, Telex), ist es immer vorteilhafter geworden, das Schlachten von den Verbrauchsgebieten in die Erzeugungsgebiete zu verlagern. Die Vorteile, die mit der Verlagerung der Schlachthöfe verbunden sind, sind von BÖCKENHOFF (1) und anderen (5) Anfang der 50er Jahre in Deutschland dargelegt worden und sollen daher hier nur kurz zusammengefaßt werden:

a. Die Transportkosten sind beim Fleischversand wesentlich niedriger als beim Lebendversand, da die Ladekapazität beim Fleischversand besser ausgenutzt wird und außerdem die Transportverluste, die beim Lebendversand entstehen (Gewichts- und Qualitätsverluste), fortfallen.

b. Die Schlacht- und Verarbeitungskosten sind in rationell geführten Schlachthöfen in Erzeugergebieten niedriger als in Verbrauchsgebieten, vor allem gegenüber schlecht ausgenutzten kommunalen Schlachthöfen. In den USA versuchten die Fleischverarbeitungsbetriebe durch die Verlagerung den Forderungen der stark organisierten Gewerkschaften in den Großstädten zu entkommen.

c. Die Beurteilung der Fleischqualität wird durch den Übergang von der Lebendviehvermarktung zur Fleischvermarktung erleichtert, da die Güte des Fleisches im geschlachteten Zustand besser zu erkennen ist als am lebenden Tier.

d. Die Bezahlung der Schlachttiere nach Schlachtgewicht und Qualität fördert die Qualitätserzeugung.

e. Große Verbrauchsgebiete lassen sich mit Fleisch gleichmäßiger versorgen als mit Lebendvieh, was zu einer Reduzierung des kurzfristigen Absatzrisikos führt (Reduzierung der kurzfristigen Preisschwankungen).

f. Der Übergang zum Fleischversand erleichtert den Handel mit Teilstücken, der die Gesamtverwertung des Schlachtviehs verbessert. Der Fleischeinzelhandel bezieht nur die Teilstücke, die er frisch verkaufen kann, während die übrigen Teilstücke direkt der weiteren Verarbeitung zugeleitet werden, die organisatorisch mit den Schlachtbetrieben eng verbunden ist (1, s. S. 151).

Auf Grund der Vorteile, die die Fleischvermarktung gegenüber dem Lebendversand mit sich bringt, haben die Schlachtungen in den Versandschlachtunternehmen in den letzten 15 Jahren erheblich zugenommen. Während Mitte der 50er Jahre erst 5 % aller von den Landwirten verkauften Schweine in privaten oder genossenschaftlichen Versandschlachthäusern geschlachtet wurden, ist dieser Anteil bis 1974 auf fast 43 % gestiegen (2, S. 121). Schließlich hat auch die Konzentration des Nahrungsmitteleinzelhandels während der letzten 20 Jahre, die sich in Form des Aufbaues von Supermärkten und Nahrungsmittelketten vollzogen hat, den Aufbau von Versandschlachthäusern in den Erzeugungsgebieten wesentlich gefördert, da die Versandschlachthäuser sich durch ihre rationelle Fleischverarbeitung besser auf den Bedarf der Supermärkte einstellen konnten als die kommunalen Schlachthöfe.

3 Faktoren, die die Standorte von Schlachthäusern in Entwicklungsländern beeinflussen

Das in den Industrieländern allgemein vorherrschende Konzept, nämlich des Aufbaues von Schlachthöfen in Erzeugergebieten, hat auch in den Entwicklungsländern einen starken Einfluß auf die Standortplanung von Schlachthöfen gehabt. Berater mit ausschließlicher Erfahrung in Industrieländern haben in Entwicklungsländern für den Aufbau von Schlachthöfen in Erzeugergebieten plädiert, ohne sich genau über die vergleichbaren Kosten/Nutzen der Schlachtung im Erzeuger- oder Verbrauchergebiet im klaren zu sein. Eine Reihe von Schlachthöfen, die unter der Annahme eines vergleichsweise kostengünstigeren Fleischversandes aufgebaut wurden, haben die in sie gestellten Erwartungen später nicht erfüllt und stehen zum Teil heute noch ungenutzt. Es sei hier nur auf einige Beispiele hingewiesen: die Schlachthäuser in Bolgatanga (Nord-Ghana), in Gao (Mali), Bamako (Mali) - was seine Export-Kapazität anbelangt -, Bamenda (Kamerun) - ein kleines Schlachthaus für Versuchssendungen -, Soroti (Uganda) und Shashamani (Äthiopien).

Der hauptsächliche Fehler in der Planung dieser Schlachthöfe bestand in der mangelhaften oder fehlenden Analyse der komparativen Kosten des Lebendvieh oder Fleischversandes vom Erzeugergebiet bis zum Endverbraucher oder zumindest bis zum Großhandel im Verbrauchergebiet.

Aufgrund vorliegender Untersuchungen und Beobachtungen des Verfassers in Entwicklungsländern kommt man zu folgenden Schlußfolgerungen:

3.1 Vergleich der Transportkosten: Lebendvieh-Fleisch

Ein Vergleich der Transportkosten Lebendvieh-Fleischversand muß eine genaue Analyse der Gewichts- und Qualitätsverluste von Lebendvieh während des Transportes einschließen. Die Kosten des Fleischversandes in Kühllastwagen ist im allgemeinen in Entwicklungsländern wesentlich höher als in Industrieländern wegen höherer Amortisierungskosten, höherer Reparaturkosten, höheren Risikos im Falle des Aussetzens der Kühlanlage, da schnelle Reparaturdienste kaum zur Verfügung stehen. Außerdem entfällt vielfach die Möglichkeit der Nutzung des leeren Transportraumes während der Rückfahrt, ein Problem, das bei normalen Lastwagen einfacher zu lösen ist.

Große Unkenntnis besteht immer noch über die Kosten der Gewichts- und Qualitätsverluste des Lebendviehs, das entweder getrieben oder auf Lastwagen oder per Bahn in die Verbrauchsgebiete versandt wird. Die Gewichtsverluste während des Treibens hängen im wesentlichen von der Art und Weise, hauptsächlich der Geschwindigkeit ab, mit der die Tiere getrieben werden, bzw. der Länge der Reise bei Bahn oder Lkw Verfrachtung, und von der Verfügbarkeit an Futter und Wasser während des Treibens bzw. der Reise. Es gibt eine ganze Reihe von Gebieten in den Entwicklungsländern, wo die Gewichts- und Qualitätsverluste gering gehalten werden können, vor allem in der Regen- und unmittelbaren Nachregenzeit, wenn genügend Futter vorhanden ist. Dagegen dürften die Gewichtsverluste am Ende der Trockenzeit höher sein.

Bei den Gewichtsverlusten muß man zwischen Nüchterungsverlusten, die eigentlich keinen Wertverlust darstellen, da sie im wesentlichen auf die Abnahme des Magen- und Darminhaltes (excretory shrinkage) zurückzuführen sind, und Substanzverlusten (tissue shrinkage) unterscheiden. Die Substanzverluste stellen einen echten Verlust an Fleisch dar und hängen von Art und Länge der Transporte ab. Die Untersuchungen von BÖCKENHOFF (1) in Deutschland über Gewichtsverluste bei Transporten von Schlachtrindern zeigten, daß bei einem Transport von 400 km etwa 1,5 % des Schlachtgewichtes verloren gingen, welches im Erzeugergebiet angefallen wäre. Exakte Versuche mit ähnlicher Fragestellung in Entwicklungsländern sind dem Verfasser nicht bekannt [1]. Lediglich das staatliche Fleischamt in Südafrika hat in den 50er Jahren eine Untersuchung über den Substanzverlust beim Lebendversand von Schlachtrindern aus Walvis Bay (Namibia) nach Capetown (Südafrika), eine Entfernung von über 2500 km, angestellt (6). Der Bahntransport auf dieser Strecke nimmt gewöhnlich 4 Tage in Anspruch, wobei die Tiere zweimal zur Fütterung und Wasserverabreichung abgeladen werden. Der Substanzverlust wurde mit 1,5 % des Schlachtgewichts ermittelt, lag also in der Höhe der Ergebnisse, die von BÖCKENHOFF (1) ermittelt wurden. Eine genaue Nutzen/Kostenanalyse im Vergleich des Lebendviehtransportes mit dem Fleischversand auf der Strecke Walvis Bay - Capetown ergab, daß es nicht wirtschaftlich war, die Gewichtsverluste durch den Einsatz einer geschlossenen Kühlkette beim Fleischversand einzusparen. Mit anderen Worten: der Wert des Fleischverlustes von etwa 3 kg je Tier (1,5 % x 200 kg Schlacht-

---

[1] Es erscheint dringend erforderlich, systematische Untersuchungen über Gewichtsverluste bei Transporten von Schlachttieren und deren Ursachen zu fördern; als Beispiel möge auf derartige Untersuchungen in den USA (8) hingewiesen werden. B.L. PANDER (7) hat in Zambia begonnen, die Verluste beim Lebendtransport zu ermitteln, ohne jedoch die Frage Substanzverlust und Nüchterungsverlust zu erörtern.

gewicht) war wesentlich kleiner als die Kosten des Kühltransportes betragen hätten. Es wurde statt dessen empfohlen, die Transportzeit durch den Einsatz von schnelleren Diesellokomotiven zu reduzieren. Es ist aus diesen Versuchen und anderen Beobachtungen zu schließen, daß die Substanzverluste beim Lebendviehtransport in Entwicklungsländern gering gehalten werden können. Wo sie höher sind als oben angegeben, sollte zunächst die Ursachen untersucht werden, um geeignete Mittel zur Reduzierung der Verluste ergreifen zu können.

3.2 Schlachtkostenvergleich Erzeugergebiet - Verbrauchergebiet

Während man in den Industrieländern von der Verlagerung der Schlachthöfe aus den Verbrauchsgebieten in die Erzeugergebiete eine erhebliche Senkung der Schlachtkosten erwartete, wegen niedriger Arbeitslöhne in ländlichen Gebieten und besserer Ausnutzung der Anlagen, so trifft dieser Kostenvorteil nur in geringem oder gar keinem Maße für Entwicklungsländer zu. Die Arbeitskosten dürften zwischen ländlichen und städtischen Gebieten nicht stark unterschiedlich sein, da die Arbeitslosigkeit in den meisten Städten sehr hoch ist. Die übrigen Betriebskosten wie Abschreibung, Gehälter für leitendes Personal, Reparaturen und anzurechnende Kosten der Infrastruktur dürften dagegen in ländlichen Gebieten wesentlich höher sein.

3.3 Übrige Faktoren

Die übrigen oben angeführten Faktoren, die in den Industrieländern für den Fleischversand sprechen, wie verbesserte Qualitätsübersicht, Förderung der Qualitätserzeugung, gleichmäßigere Versorgung und bessere Fleischverwertung, haben unter den gegenwärtig vorherrschenden Verhältnissen in Entwicklungsländern keinen wesentlichen Einfluß auf die Entscheidung über Lebend- oder Fleischversand.

3.4 Verwertung von Häuten, Fellen und Nebenprodukten

Sehr oft wird auf die Möglichkeit zusätzlicher ländlicher Einkommen aus der Verwertung der Häute, Felle und anderer Nebenprodukte hingewiesen, die mit einer Schlachtung der Tiere in Erzeugergebieten verbunden wäre. Die Nachfrage von Fleisch- und Knochenmehl konzentriert sich erfahrungsgemäß in der Nähe der großen Verbrauchszentren, wo sich intensive Hühner- und Schweinehaltung entwickeln, während in den entfernt gelegenen extensiven Rinder- und Schafhaltungsgebieten kaum ein Absatz von Fleisch und Knochenmehl vorhanden ist. Das hat sich als sehr nachteilig bei den Schlachthäusern in der Sahelzone in Westafrika erwiesen. Auch die Verarbeitung von Häuten und Fellen in den Erzeugergebieten gegenüber Verbrauchsgebieten hat Nachteile, da die Kosten infolge Verarbeitung von geringen Mengen häufig wesentlich höher sind (höhere Energiekosten, höhere Kosten der Chemikalien). Außerdem ist die Angebotspalette von Leder gegenüber einer konzentrierten lederverarbeitenden Industrie sehr begrenzt.

4   Hinweise auf einige Studien

Die folgenden Untersuchungen bestätigen die obigen Überlegungen:

Madagaskar. M. LACROUTS und J. TYC (4) fanden in ihren Untersuchungen über die Kosten von Lebendviehtransport und Fleischversand im Jahre 1962, daß die Kosten des Fleischversandes unter den dortigen Verhältnissen etwa doppelt so hoch sind wie der Lebendversand, selbst bei der Annahme relativ hoher Substanzverluste (siehe Übersicht 1).

Bolgatanga (Ghana). Auch die Untersuchungen von E. REUSSE (9) über die Wirtschaftlichkeit des gebauten Schlachthofes von Bolgatanga in Nord-Ghana ergaben, daß der Fleischversand mit dem Lebendviehtransport nicht konkurrieren kann, da er keine Kosteneinsparung zum Ausgleich des Mindererlöses für Innereien beiträgt. Diese Innereien bestehen fast ausschließlich aus (in West-Afrikanischen Gebräuchen) verzehrbaren Teilen und tragen in frisch-geschlach-

Übersicht 1: Vergleich der Transportkosten von Schlachttieren und Fleisch über eine Entfernung von 250 km in Madagaskar

Kostenart	Transportkosten	
	von Schlachttieren	Kühlfleisch
	CFA/kg Schlachtgewicht	
Kühlung	0	5
Transport	6.70 a)	10.5
Gesamt Kosten	6.70	15.5

a) Einschließlich eines Lebendgewichtsverlustes von 18 kg je Tier, der vom Verfasser als sehr hoch angenommen wird.

Quelle: M. LACROUTS, I. TYC, S. BERTRAND, I. SARNIGUET: Etude des problèmes posés par l'Elevage et la Commercialisation du Bétail et de la Viande à Madagaskar. Paris 1962, S. 33.

tetem Zustand etwa ein Sechstel des gesamten Einzelhandelsverkaufserlöses bei. Diese Produkte verlieren zwischen 25 - 50 % ihres Verkaufswertes durch die transportbedingte Einfrierung. Nicht berücksichtigt in der Transportkostenkalkulation (siehe Übersicht 2) sind die zusätzlichen Kühllagerkosten am Versende- und Bestimmungsort, welche unter tropischen Bedingungen im Fleischtransport unvermeidlich sind. Obwohl die Verbrauchervorliebe für Frischgeschlachtetes auch für Fleisch gilt, ist hier die Wertminderung nicht so augenfällig, da die Schlachthälften, im Gegensatz zu den Nebenprodukten, nicht für den Transport eingefroren werden müssen, sondern gekühlt auf 2 - 7° C. den Transport und die Zwischenlagerung durchstehen.

Gao (Mali). Der Schlachthof in Gao wurde in den Jahren von 1962 bis 1965 mit einer Schlachtkapazität von 1 900 t. pro Jahr erbaut, um Fleisch per Flugzeug in die Küstengebiete Westafrikas zu versenden. Der Schlachthof wurde nie in Betrieb genommen. Eine spätere Analyse des Kostenvergleichs Lebend-Fleischversand durch FENN (3) hat gezeigt, daß der Fleischversand viel zu teuer kommen würde, als daß er mit dem derzeitigen Lebendviehtransport konkurrieren könnte (siehe Übersicht 3). Es wurde daraufhin empfohlen, den Schlachthof für andere Zwecke nutzbar zu machen und Maßnahmen zu ergreifen, den derzeitigen Viehtransport zu verbessern. Als sehr nachteilig erwies sich der hohe Devisenanteil an den Investitionen beim Fleischversand (siehe Übersicht 3), z.B. enthalten in Energiekosten, Flugtransportkosten, Schlacht- und Kühlanlagen, der wegen der Überwertung der inländischen Währung nicht stark genug zum Ausdruck kommt.

N'Jamena (Chad). Der dortige Schlachthof wurde Ende der 50er Jahre errichtet mit dem Ziel, Fleisch nach Duala (Kamerun), Kinshasa (Zaire) und Libreville (Gabon) per Flugzeug zu exportieren. Der Schlachthof wurde in diesem Falle genützt, da der Luftweg die einzige Transportmöglichkeit bot, entfernte Marktgebiete mit großer Fleischnachfrage und entsprechend hohen Marktpreisen zu beliefern.

Übersicht 2: Vergleich von Fleisch- und Lebendviehversandkosten Bolgatanga-Kumasi (Ghana), 1968

1. Kosten des Lastwagens in Bolgatanga

Type	Ladefähigkeit	Preis (N¢)
(i) MAN 405 für Lebendvieh mit örtlich gebautem Aufbau	4,5 t oder 12 Rinder	9 000
(ii) MAN 405 komplett importiert m.automat. gekühltem Isolier-Aufbau	3,5 - 4 t oder 12 Schlachthälften mit Nebenprodukten = 2 - 2,5 t	16 000
(iii) MAN 405 kompl.importiert m.automat.gekühltem Isolier-Aufbau (Sattelschlepper)	6 - 7 t oder 30 Schlachthälften mit Nebenprodukten	32 000

2. Kostenvergleich Fleisch-Lebendversand

Fleischversand a) b)		Lebendversand	
Kosten pro Ladung	N¢		N¢
Abschreibung	210		
Verzinsung des Kapitals	36		
Vers. einschl. Ladung	80		
Wartung, Reparatur	100		
Reifen	50		
Kraftstoff	75		
Fahrer und Beifahrer	20		
Verwaltung	20		
Insgesamt:	591		
pro Tier (591 : 30) zuzüglich Wertverlust an Innereien	19,70	pro Tier	10,00
	9,00	Verluste 1,5 %	1,80
Bolgatanga/Accra =	28,70	Auf- u. Abladen	0,60
" / Kumasi 2/3 of 28,70		Kommunalsteuer	0,10
		" holding ground	0,50
	19,00		13,00

a) Ausschließlich Kühlkosten am Schlachthof und am Markt in Kumasi.
b) Annahme: Lebensdauer des Lastwagens 3 Jahre, wöchentlich eine Fahrt nach Accra = 150 x 1 200 Meilen, 180 000 Meilen, Ladung 30 geschlachtete Rinder.

Quelle: E. REUSSE, Ghana's Food Industries, FAO, 1968.

Übersicht 3: Vergleich der Verwertungskosten und -spannen beim Export von Schlachtvieh und Fleisch von Gao (Mali) nach Kumasi/Accra – für ein erstklassiges Rind, 170 kg Schlachtgewicht, März 1971 in Mali Franken

Schlachttierexport			Fleischexport		
Preise und Kosten	tatsächlich	Exportpreis abzüglich Devisenanteil	Preise und Kosten	tatsächlich	Exportpreis abzüglich Devisenanteil
I. Angenommener Verkaufspreis			Verkaufswert der Schlachthälften in		
Verkaufswert des Bullen in Ghana (Kumasi)	81.500		Ghana (Accra)	94.400	
Minus Ghana Einfuhrzoll	11.500		Minus Einfuhrzoll	24.700	
Nettoverkaufswert	70.000		Nettoverkaufswert	69.700	
II. Hauptsächliche Kosten					
Angen. Einkaufspreis	35.000	–	Angenommener Einkaufspreis	35.000	–
Aufkauf	1.500	–	Schlachtkosten und Kühlung b)	5.100	3.000
Impfung	300	150	Transportkosten Schlachthof zum		
Exportzoll	1.500	–	Flughafen b)	800	500
Treibgebühren	4.000	2.000 a)	Luftfracht b)	25.700	21.800
Transport in Ghana	5.550	5.550	Verkaufskosten in Accra	700	700
Transitzoll in Obervolta	1.000	1.000	Verluste einschl. Qualitätsabschlag	1.300	1.300
Ghana Veterinärsteuer	250	250	zuzügl. Wert der Haut u. örtlich		
andere Kosten in Ghana	3.000	3.000	verkaufter Nebenausbeute	-1.300	-1.300
Verlustschätzung (5 % der Kosten)	3.100	3.100			
Kosten insgesamt	55.200	15.050		67.300	26.000
III. Überschuß oder Verlust (I minus II)	14.800	54.950		2.400	43.700

a) Annahme, daß 50 v.H. der Ausgaben außerhalb Mali entstehen.
b) Annahme: 60 v.H. der Kühlkosten, 60 % der Transportkosten, 85 % der Luftfracht müssen in harter Währung bezahlt werden.

Quelle: M.G. FENN (3), S. 40.

5 Schlußbemerkungen

Zusammenfassend läßt sich feststellen, daß die Frage des optimalen Standortes von Schlachthäusern im wesentlichen eine Frage der vergleichsweisen Transportkosten ist, nämlich solcher von Fleischversand oder Lebendversand von Schlachttieren. Während es in den Industrieländern im allgemeinen vorteilhafter ist, Schlachthäuser in den Erzeugergebieten aufzubauen, zeigen Untersuchungen in den Entwicklungsländern, daß die derzeitigen Bedingungen den Bau von Schlachthäusern in Verbrauchsgebieten begünstigen, da der Fleischversand im allgemeinen wesentlich teurer kommt als der Lebendversand. Die Betriebskosten einer geschlossenen Kühlkette vom Schlachthof im Erzeugergebiet bis zum Verbraucher liegen in den Entwicklungsländern wesentlich höher als in den Industrieländern, während die Fleischpreise in den Entwicklungsländern im allgemeinen niedriger sind als in Industrieländern. Die unterschiedliche Preis-Kostenrelation (Fleischpreise : Kühlkosten) erlaubt daher wirtschaftlich nicht den Einsatz kapitalintensiver Technik.

Literatur

1. BÖCKENHOFF, E.: Das Vermarktungssystem bei Schlachtvieh und Möglichkeiten zu seiner Rationalisierung. Agrarwirtschaft, H. 10, 1960.

2. DERS.: Vom Vieh zum Fleisch, Wandel der Vermarktungsformen, in: Lebendiges Fleischerhandwerk. Frankfurt 1975.

3. FENN, M.G.: Commercial Prospects for the Industrial Abattoir at Gao, Republic of Mali. FAO, März 1971, interner Bericht.

4. Ministère de la Coopération, France: Etude des problèmes posés par l'elevage et la commercialisation du bétail et de la viande a Madagascar. By M. LACROUTS, I. TYC, S. BERTRAND und I. SARNIGUET. Paris, 1962, 2 vol.

5. MITTENDORF, H.J., und E. BÖCKENHOFF: Wie hoch sind die Substanzverluste beim Versand lebender Schlachtschweine? Agrarwirtschaft, Jg. 6 (1957), S. 187 ff.

6. MITTENDORF, H.J., and S.G. WILSON: Livestock and Meat Marketing in Africa. FAO, Rome, 1961.

7. PANDER, B.C.: A Field Study to determine the Causes and the Magnitude of Losses in Weight and Grade of Cattle due to Movement from Saleyards to Slaughterhouses within Zambia, Lusaka, Dec. 1975 (interner Bericht des Cold Storage Board of Zambia.).

8. RAIKES, R. und TILLEY, B.S.: Weight Loss of Fed Steers during Marketing. American Journal of Agr. Economics, vol. 57 (1975), S. 83 - 89.

9. REUSSE, E.: Ghana's Food Industries 1968. FAO Project Report (EA:SF/GHA/68).

ERFOLGE UND MISSERFOLGE BEIM AUFBAU EINES EXPORT-
ORIENTIERTEN GARTENBAUES IN ENTWICKLUNGSLÄNDERN

von

H. Storck und D.M. Hörmann, Hannover

1	Einleitung	279
2	Vertikale Produktions- und Absatzsysteme als Untersuchungseinheiten	281
2.1	Zur Abgrenzung	281
2.2	Merkmale vertikaler Produktions- und Absatzsysteme im exportorientierten Gartenbau	281
3	Kriterien zur Erfolgsbeurteilung	283
4	Beispiele zum Aufbau einer exportorientierten Produktion nicht-traditioneller Gartenbauerzeugnisse in Entwicklungsländern	284
5	Schlußfolgerungen	297

1 Einleitung

Der Welthandel mit Gartenbauerzeugnissen expandierte während des vergangenen Jahrzehntes weiterhin mit beachtlichen Wachstumsraten. Bei frischem und verarbeitetem Obst und Gemüse nahm er von 1962 mit rd. 3,4 Mrd. US-$ auf 1973 mit rd. 9,4 Mrd. US-$ um fast das Dreifache zu (fob-Werte) 1). Bei Schnittblumen wuchs er von 1960 mit rd. 30 Mio. US-$ auf 1974 mit rd. 450 Mio. US-$ (cif-Werte) 2). Die Gruppe der Entwicklungsländer 3) leistete zu der starken Zunahme des Welthandels mit frischem und verarbeitetem Obst und Gemüse einen erheblichen Beitrag. Ihren prozentualen Anteil, der 1962 29 % und 1973 32 % betrug, konnten sie jedoch nur gering ausweiten. Im internationalen Handel mit Schnittblumen treten Entwicklungsländer erst seit Mitte der sechziger Jahre als Anbieter auf. Hier belief sich ihr Anteil 1974 auf 8,5 %.

Neben den Bananen, die nahezu ausschließlich aus Entwicklungsländern geliefert werden, stellen Zitrusfrüchte traditionell die wichtigste Erzeugnisgruppe des internationalen Handels mit Gartenbauerzeugnissen dar, wobei sich dieser überwiegend auf die Belieferung der euro-

---

1) FAO-Trade Yearbooks, Vol. 17, 28.
2) AIPH-Statistik, Heft 9 und 23, U.S. Foreign Agricultural Trade by Countries, Fiscal Year 1974.
3) Lt. Definition FAO-Trade Yearbook, Vol. 27, S. X-XI.

päischen Länder konzentriert, da sich die USA und Japan hauptsächlich aus ihrer eigenen Zitrusproduktion versorgen. Im internationalen Wettbewerb mit Zitrusfrüchten hat unter den Entwicklungsländern nur Marokko eine zentrale Bedeutung erlangt. Entwickelte Länder mit entsprechenden natürlichen Voraussetzungen, wie Israel und Spanien, dominieren auf diesem Markt. Beachtliche Ausmaße erreichte auch der Handel mit "off-season"-Früchten (Äpfel, Birnen, Tafeltrauben etc.) aus Ländern der südlichen Hemisphäre, wobei entwickelte und Entwicklungsländer in Qualitäts- und Preiskonkurrenz stehen.

Der internationale Handel wurde aber auch mit solchen konkurrierenden Gartenbauerzeugnissen stark ausgeweitet, die in den Verbraucherländern selbst angebaut werden, wie Wintergemüse, Schnittblumen und Schnittgrün, Grünpflanzen, Stecklinge etc. Als neuartige Produkte werden darüber hinaus zunehmend tropische Früchte und Gemüse geliefert, die bei uns meist unter dem Begriff "Exoten" geführt werden. Wir fassen diese Erzeugnisse als nicht-traditionelle Gartenbau-Exportprodukte zusammen und werden uns im folgenden vornehmlich mit dieser Gruppe beschäftigen. Eine außerordentliche Steigerung weist ferner der internationale Handel mit verarbeitetem Obst und Gemüse auf.

In der Vergangenheit hat sich nun gezeigt, daß die Erfolge der Entwicklungsländer im Bemühen um Anteile am internationalen Markt sehr unterschiedlich waren. Einmal stehen die Entwicklungsländer in dieser Hinsicht in einem scharfen Wettbewerb mit entwickelten Ländern, die teilweise über ähnliche ökologische Bedingungen verfügen, wie z.B. Israel, Südafrika, die USA und andere. Zum anderen ist auch ein scharfer Wettbewerb der Entwicklungsländer untereinander zu verzeichnen. Unter den Entwicklungsländern treten als erfolgreiche Exporteure von frischem und verarbeitetem Obst und Gemüse insbesondere hervor: Marokko, Ägypten, Elfenbeinküste, Kenia, Türkei, Taiwan, Hongkong, Philippinen, Mexiko, Argentinien, Brasilien, Ecuador 1), Honduras 1), Costa Rica 1), Panama 1). Der Blumen- und Pflanzenexport hat aus Kenia, Kolumbien, Thailand, Singapur, der Elfenbeinküste und Brasilien Bedeutung erlangt.

Im folgenden soll versucht werden, den Ursachen näher nachzugehen, die in manchen Fällen beim Aufbau eines exportorientierten Gartenbaues zu erstaunlichen Erfolgen und in anderen Fällen zu Mißerfolgen geführt haben. Wir halten diese Frage für bedeutungsvoll, da derzeit große Anstrengungen unternommen und erhebliche finanzielle Mittel eingesetzt werden, um den Export von Gartenbauerzeugnissen aus Entwicklungsländern zu fördern. Ohne Zweifel könnte der Mitteleinsatz oft rationeller erfolgen, wenn mehr Klarheit über die Bedingungen für einen erfolgreichen Gartenbauexport bestünde. Wir sind uns dabei durchaus bewußt, daß die Ursachenketten für Erfolg und Mißerfolg von derartigen Projekten außerordentlich vielgestaltig und verwickelt sind und wir mit den uns derzeitig vorliegenden Informationen hierzu nur gewisse Hinweise und Anhaltspunkte geben können.

Wenn wir zu erklären versuchen wollen, warum in einigen konkreten Fällen die Bemühungen um den Aufbau einer exportorientierten Gartenbauproduktion erfolgreich waren und in anderen nicht, ist es zunächst notwendig abzuklären,
- welche Einheiten wirtschaftlicher Aktivität jeweils beschrieben und beurteilt werden sollen – damit ist die Frage nach dem Aggregationsniveau angeschnitten – (Abschnitt 2);
- was bei dieser Fragestellung unter Erfolg zu verstehen ist und welche Kriterien zur Erfolgsbeurteilung herangezogen werden sollen und können (Abschnitt 3).

---

1) überwiegend Bananen.

2 Vertikale Produktions- und Absatzsysteme als Untersuchungseinheiten

2.1 Zur Abgrenzung

In unseren Überlegungen gehen wir davon aus, daß eine Beurteilung von exportorientiertem Gartenbau weder allein an den einzelnen Funktionen, die in Produktion und Absatz zu bewältigen sind, ansetzen kann, noch an den einzelnen beteiligten Institutionen, sondern daß eine Koordination der Funktionen zwischen den Funktionsträgern eine entscheidende Bedeutung für den Erfolg hat.

Grundsätzlich kommen deshalb als Untersuchungs- und Beurteilungseinheiten unterschiedliche Aggregationsstufen in Frage. Sie müssen jedoch alle Funktionen auf sich vereinen, die im Zusammenhang mit dem Aufbau eines exportorientierten Gartenbaues notwendig sind. Eine isolierte Analyse, etwa allein der Erzeugungs- oder Marketingaktivitäten oder des Transportsystems, ist für unsere Fragestellung ungeeignet.

Wir verwenden deshalb für unsere Untersuchung das Konzept der vertikalen Marketingsysteme 1), das wir, um die Einbeziehung der Produktion in das System deutlich zu machen, als vertikales Produktions- und Absatzsystem bezeichnen 2). Dabei ist nach den Umständen des Einzelfalles festzulegen, ob eine einzelne Firma als System aufgefaßt wird, wie sich dies z.B. bei Unternehmen des Types "United Brands" anbieten würde, oder ob die aggregierte Exportproduktion und -vermarktung einer Volkswirtschaft als System behandelt wird, wie es beim Vorhandensein eines mit einem staatlichen Exportmonopol ausgestatteten Marketing-Board nahe liegt. Auch Systeme auf regionaler oder Projektebene können in diesem Zusammenhang zweckmäßige Einheiten darstellen.

2.2 Merkmale vertikaler Produktions- und Absatzsysteme im exportorientierten Gartenbau

Als wichtige Merkmale der untersuchten Systeme sind zu beachten
- die ausgeübten Funktionen
- die Systemstrukturen
- die ausgelösten physischen, monetären und informatorischen Ströme
- die Beziehungen zur Systemumwelt.

Die ausgeübten Funktionen vertikaler Produktions- und Absatzsysteme des exportorientierten Gartenbaues setzen sich vereinfacht dargestellt aus der bekannten Funktionskette zusammen, die beinhaltet: Produktionsmittelbeschaffung, Produktion, Transporte in verschiedenen Stufen, Sortierung, Aufbereitung, Lagerung, Verarbeitung, Grenzabfertigung, Verteilung und Marketing. Parallel zu dieser Funktionskette tritt die Finanzierungsfunktion auf.

Die Struktur des Systems ist gekennzeichnet durch
- die Systemelemente 3), die an der Ausübung der Funktionen beteiligt sind, sowie
- den Grad der institutionellen Koordination zwischen den Systemelementen.

In realen Systemen des exportorientierten Gartenbaues werden oft einzelne Funktionen von einer Vielzahl von selbständigen und auf einer Ebene stehenden Entscheidungseinheiten ausgeübt. Das ist in der Produktion besonders häufig, aber auch in Transport, Verarbeitung und Vermarktung der Fall. Eine horizontale Koordination kann in diesen Fällen die Funktionsfähigkeit des Gesamtsystems verbessern. Als Koordinator treten meist nachgelagerte Elemente

---

1) Vgl. BUCKLIN, L.P. (5), S. 2; - ROSENBERG und STERN (27), S. 41.
2) GOLDBERG et al. (14) verwenden in diesem Zusammenhang den Begriff "Agribusiness System".
3) Als Systemelemente werden hier die selbständigen Entscheidungseinheiten innerhalb des Gesamtsystems definiert, also die im Produktions- und Absatzsystem tätigen Unternehmen.

des Systems auf, wie etwa das Marketing Board "Agrexco" in Israel, das den Export von Obst und Gemüse für eine Vielzahl von Produktionsunternehmen organisiert.

In Abhängigkeit von seiner vertikalen Ausdehnung können von einem Systemelement mehr oder weniger Funktionen ausgeübt werden. Der stärkste Grad institutioneller Koordination ist gegeben, wenn alle oder ein großer Teil der Systemfunktionen in einem zentralisierten Unternehmen vereinigt sind. In der Mehrzahl der Fälle werden die verschiedenen Funktionen zumindest teilweise von verschiedenen selbständigen Systemelementen übernommen, die ihrerseits vertraglich oder kapitalmäßig in unterschiedlichem Maße integriert sein können.

Die Systemelemente sind untereinander und das System ist mit der Systemumwelt verbunden durch physische, monetäre und informatorische Ströme [1].

Die physischen Ströme betreffen die Produktionsmittel, die von der Systemumwelt bezogen werden, die Zwischenprodukte und die fertigen Erzeugnisse, die an die Systemumwelt abgegeben werden. Logistische Probleme des physischen Warenflusses werfen im vertikalen System exportorientierter Gartenbauerzeugung besondere Probleme auf, da Transport- und Lagerkosten wichtige Kostenstellen darstellen und da die Systemleistungen von einer raschen und reibungslosen Abwicklung der Transportfunktion wesentlich abhängen. Beim physischen Warenfluß der Exportprodukte sind, wie Befragungen von Importeuren aus Entwicklungsländern ergaben, vor allem Qualität sowie Lieferbereitschaft und -zuverlässigkeit wesentliche Voraussetzungen für sichere und expandierende Marktanteile in den Abnehmerländern [2].

Bei den monetären Strömen, die den Warenströmen entgegengesetzt fließen, muß angesichts der im nächsten Abschnitt dargestellten Zielkriterien zwischen inländischer Währung und Devisen unterschieden werden. Es ist vielfach ein besonders schwieriges Unterfangen, die den physischen Warenströmen entsprechenden monetären Ströme voll zu erfassen, da in vielen Fällen davon ausgegangen werden muß, daß die am System beteiligten Unternehmen Interesse daran haben, einen Teil der Devisenströme nicht in das Produktionsland fließen zu lassen. Als monetäre Ströme von der Systemumwelt sind die im Rahmen der Kapitalhilfe und als Kredite gewährten Zahlungen von außen zu beachten.

Besondere Beachtung verdienen die Informationsströme, da sie für die Funktionsfähigkeit des vertikalen Systems eine große Bedeutung haben. Ein exportorientierter Gartenbau in Entwicklungsländern setzt zunächst in aller Regel voraus, daß das erforderliche know how und technologische Wissen über Produktion und Vermarktung der Erzeugnisse auf den internationalen Märkten in diese Länder transferiert wird. Der Transfer kann durch Direktinvestitionen oder durch technische Hilfe der Entwicklungsinstitutionen erfolgen.

Ein ständiger Informationsfluß ist für die rechtzeitige Reaktion des Systems auf Störvariable, z.B. das plötzliche Auftreten von Pflanzenkrankheiten, ebenso wichtig wie für seine Adaption an Veränderungen in der Technologie, in der Nachfrage, im Wettbewerb u.a.. Dabei kann es für einzelne Systemelemente außerordentlich wichtig sein, ob und wieweit für sie Informationen von außerhalb des Systems zugänglich sind. Neutrale und systemunabhängige Informationsinstanzen können die Abhängigkeit der Systemglieder voneinander verringern und die Produzenten und/oder Exporteure in den Entwicklungsländern zu mehr ebenbürtigen Partnern der nachgelagerten Systemelemente machen.

Die Beziehungen von System zu Systemumwelt sind schon verschiedentlich als Kennzeichen der Systemstruktur und der charakteristischen Flußgrößen angeklungen. Auch wird deutlich geworden sein, daß die Systemgrenzen bei der Ausübung bestimmter Funktionen, wie Finan-

---

[1] Vgl. CARLSSON, M., und H. STORCK (9).

[2] HÖRMANN, D.M. (17).

zierung, Transport u.a. unterschiedlich verlaufen können. Transportfunktionen können z.B. von außerhalb des Systems vorfindlichen unabhängigen Transportunternehmen oder von in das System integrierten Transportabteilungen oder Transportunternehmen ausgeübt werden. Darüber hinaus werden mit den Beziehungen von System zur Umwelt zwei Gegebenheiten angesprochen, nämlich
- die vorfindlichen infrastrukturellen Gegebenheiten im weitesten Sinne; – damit sind die Verkehrs- und Kommunikationsbedingungen ebenso angesprochen wie die Verwaltungsstruktur des Kreditwesens, die Wirtschaftsordnung u.a. –, sowie
- die Möglichkeiten für das System, auf die Umwelt aktiv Einfluß zu nehmen. Das geschieht nicht selten durch personelle Verflechtungen mit einflußreichen Persönlichkeiten des Gastlandes oder aber durch entsprechende Einordnung in die Entwicklungstrends und die offizielle Entwicklungspolitik 1).

3 Kriterien zur Erfolgsbeurteilung

Das allgemein große Interesse in Entwicklungsländern am Aufbau einer exportorientierten Gartenbauproduktion hat insbesondere folgende Gründe:

- Gartenbaukulturen sind in der Regel arbeitsintensiv und können deshalb zur Lösung der Beschäftigungsprobleme beitragen. Sie lassen hohe komparative Vorteile bezüglich des Faktors Arbeit erwarten;
- viele Entwicklungsländer verfügen für die Erzeugung von bestimmten Gartenbauerzeugnissen und für bestimmte Liefersaisons über besonders günstige natürliche Standorte;
- Kulturen mit hohen Flächenerträgen sind als cash crops für kleinbäuerliche Betriebsstrukturen besonders geeignet und können deshalb zur Beseitigung des Dualismus und zur Transformation der Subsistenzwirtschaften beitragen 2);
- die Deviseneinnahmen aus den Exporten tragen zum Ausgleich der Zahlungsbilanz bei;
- von einer Diversifizierung der Agrarausfuhren wird eine Stabilisierung der Deviseneinnahmen erwartet;
- von der Beherrschung der empfindlichen Kulturen und deren Vermarktung verspricht man sich wichtige Lerneffekte auf produktionstechnischem und organisatorischem Gebiet;
- mit dem Aufbau von Packstationen, Verarbeitungsindustrien u.a. werden Ansätze zu einer weitergehenden Industrialisierung geschaffen.

Diese Erwartungen müssen sich in den Kriterien zur Beurteilung des Erfolges einer wirtschaftlichen Aktivität widerspiegeln. Unter Erfolg soll dabei der Beitrag verstanden werden, den die betreffende Aktivität zur wirtschaftlichen Entwicklung der Volkswirtschaft des Produktionslandes ganz allgemein leistet.

Der im folgenden aufgestellte unvollständige Katalog von Erfolgskriterien, der an die oben genannten Erwartungen der Entwicklungsländer an eine exportorientierte Gartenbauproduktion anknüpft, macht deutlich, wie schwierig bereits die Identifikation von "Erfolg" im Sinne einer Volkswirtschaft ist, selbst wenn man sich auf die partielle Betrachtung einer wirtschaftlichen Aktivität beschränkt und die Interdependenzen zwischen alternativer Allokation der Ressourcen weitgehend außer acht läßt 3). Derartige Effekte lassen sich nur im Rahmen gesamtwirtschaftlicher Planungssysteme sichtbar machen 4).

---
1) In diesem Zusammenhang sind z.B. die Outgrower-Programme verschiedener Direktinvestoren in Entwicklungsländern zu sehen.
2) Vgl. KEBSCHULL, P., FASBENDER, K., und A. NAINI (19), S. 36 f.
3) In diesem Zusammenhang sei hier auch auf die besondere Problematik hingewiesen, die eine Verwendung knapper natürlicher Ressourcen für die Erzeugung von Luxuskonsumgütern für Industrieländer bei gleichzeitiger Unterversorgung der eigenen Bevölkerung mit Grundnahrungsmitteln in sich birgt.
4) Vgl. LITTLE, I.M.D., und G.A. MIRRLESS (23).

Zur Erfolgsbeurteilung exportorientierter Gartenbauprojekte werden insbesondere folgende Kriterien herangezogen:

- Stetigkeit und Geschwindigkeit der Ausweitung des Exportvolumens;
- die Devisenbelastung durch Einfuhren von Produktionsmitteln 1);
- der offene oder verdeckte Gewinntransfer;
- der Beschäftigungseffekt;
- die Beteiligung von Kleinbauern an der Erzeugung;
- die Beteiligung von Inländern am Management;
- die Kapitalintensität und ihre Beeinflussung durch arbeitssparende Technologien;
- die volkswirtschaftliche Kapitalrentabilität;
- die Auswirkungen auf die Steuereinnahmen;
- der Beitrag zur Diversifikation des Exportangebotes 2);
- Linkage- und Multiplikatorwirkungen 3).

4 Beispiele zum Aufbau einer exportorientierten Produktion nicht-traditioneller Gartenbauerzeugnisse in Entwicklungsländern

In den folgenden Texttabellen haben wir uns bemüht, das Produktions- und Absatzsystem einiger typischer Fälle von exportorientiertem Gartenbau in seinen wichtigsten Zügen systematisch zu beschreiben. Eine zusammenfassende Bewertung von für den Erfolg verantwortlichen Faktoren sowie der wichtigsten Engpässe und Anpassungsschwierigkeiten schließt die einzelnen Fallstudien ab. Die Auswahl der Fälle erfolgte zum einen aufgrund der vorliegenden Informationen. Zum anderen repräsentieren sie unterschiedliche Erzeugnisse und Länder mit verschiedenem Entwicklungsstand sowie verschiedenem kulturellem und politischem Hintergrund.

Unsere ursprüngliche Absicht, in unsere Analyse auch gescheiterte oder steckengebliebene Bemühungen einzubeziehen, konnten wir nur bedingt realisieren, da große Schwierigkeiten bei der Beschaffung verläßlicher Informationen über die Ursachen des Scheiterns auftraten.

---

1) BRUNO verwendet als Kriterium für die Wirksamkeit einer Exportindustrie die Kosten in nationaler Währung je zusätzlichen US-$ Devisenertrag (BRUNO, M. (4)). Vgl. auch CHENERY, H.B. (10).
2) Vgl. WILHELMS, CH., und D.W. VOGELSANG (32), S. 169 f.
3) Bei diesen Kriterien tritt das Problem der Meßbarkeit allerdings mit besonderer Schärfe hervor.

Fall 1: Exportorientierte Gemüsekonservenindustrie in Taiwan

Funktionsbereiche / Merkmale	
1. Produktion	
– Natürliche Bedingungen	keine ausschlaggebenden Vorteile; Spargelanbau auf Flußsanden ohne alternative Nutzungsmöglichkeiten
– Produktionsumfang	um 1969: 7,5 Mio m^2 Champignonkulturräume, 8–9 000 ha Spargel
– Erträge	bei Spargel ($\sim$90 dz/ha), bei Champignon niedrig ($\sim$4 kg/m^2)
– Produktionsverfahren	Spargel mit langer Erntesaison (April–November); Herbsternte von minderer Qualität. Champignon kapitalintensiv; keine Ernte im Sommer; Saison Dezember–Mai
– Betriebsstrukturen	Anbau auf kleinsten Flächen in kleinbäuerlichen Familienbetrieben; keine spezialisierten Betriebe; Champignon: 35 000 Anbauer mit Ø 200 m^2, Spargel: 12 000 Anbauer mit Ø 0,5 ha
– Kostenstruktur	Einsatz von Familienarbeitskräften; Land nach Landreform Eigentum der Bauern; geringer Mechanisierungsgrad
2. Sammelfunktionen	Einrichtung von ca. 200 Sammelstationen durch Bauerngenossenschaften, die auch Sortierung übernehmen; vereinzelt Sammelstationen der Verarbeiter
3. Verarbeitung	
– Unternehmensstruktur	1963 ca. 75 Unternehmen mit Gemüseverarbeitung; 1969 ca. 140 Unternehmen mit Gemüseverarbeitung; überwiegend kleinere Familienunternehmen; Unternehmen mit > 10 Mio 1/1 Dosen Export stellen nur 3 % der Anzahl und 16 % der Exportproduktion; in Wachstumsphase Schaffung von Überkapazitäten; Neugründungen heute staatlich unterbunden
– Kostenstruktur	Rationalisierung durch Betriebsstrukturen behindert; Löhne niedrig aber rasch steigend; sie stiegen von 1961 bis 1971 um 200 %, zwischen 1973 und 1974 um 50 %
– Kooperation, horizontal	wenig ausgeprägt, durch Unternehmereinstellung behindert
– Koordination mit der Rohwarenerzeugung	früher freier Einkauf und Einkauf über Zwischenhandel; seit 1972 Beschaffung staatlich geregelt. Regionale Anbaukontingente werden über Bauerngenossenschaften auf Anbauer verteilt; Preise für Rohware staatlich fixiert
4. Vermarktung	
– Binnenmarkt	geringe Nachfrage
– Export	Verarbeiter übernehmen Exportfunktion, teils Einschaltung von Agenten; Zwangskartell für Spargelkonservenexport (TACEC) seit 1972; Zwangskartell für Champignonkonservenexport (TMPUEC) seit 1962/63; Abwicklung des Exportes über Zusammenschluß der Verarbeiter
– Import	Agenten in Importländern; teilweise direkte Kontakte mit Verteilerhandel im Importland
5. Warenströme	
Exportmengen	1969 rd. 130 000 t Dosen, davon 24 % Champignon und 53 % Spargel, 1974 rd. 193 000 t Gemüsekonserven
– Richtung	kein nennenswerter Binnenmarktabsatz; Spargel: 90 % Europa; Champignon: je 50 % Europa und Nordamerika, wachsender Anteil Nordamerikas
– Wettbewerb	Weltmarktanteil: bei Spargel 85–90 %, bei Champignon 30 %; das Anbieterverhalten Taiwans bei Spargel (Mengen- und Preispolitik, Quotenzuteilung an Agenten) läßt bei diesem Produkt zunehmende Konkurrenz erwarten; bei Champignon in den letzten Jahren Verluste von Marktanteilen an die VR China und an Südkorea
– Mengenkontingentierung, Exportland	staatliche Exportkontingente zur Marktstabilisierung; Exportquoten auf Hersteller verteilt; Importagenten erhalten Mengenquoten
– Mengenkontingentierung, Importländer	EG führte 1974 für Champignonkonserven Referenzquoten ein; für Spargel keine Mengenbeschränkungen in der EG

	1965	1970	1972	1973	1974
Spargelkonserven	14 975 t	74 648 t	70 133 t	70 398 t	69 254 t
Champignonkonserven	27 229 t	39 798 t	63 091 t	62 590 t	48 708 t

Funktionsbereiche Merkmale	Taiwan
– Qualität	Qualitätspolitik durch Preisverfall behindert; Anreiz zur Qualitätspolitik durch Exportkontingentierung vermindert Lieferbereitschaft der Konkurrenz aus Industrieländern
– Betriebsmittelbeschaffung	keine Probleme der Betriebsmittelbeschaffung aus inländischer Produktion bekannt
6. Monetäre Ströme	
– Exportwerte	1969 ca. 75 Mio US-$ (25 % der Agrarexporte, 6,7 % der Gesamtexporte); 1974 ca. 156 Mio US-$
– Kapitalzufluß	bis 1965 massive Kapitalhilfe aus den USA; über ausländische Beteiligung an der Industrie ist nichts bekannt
– Kredite	Kredite für Ernährungs- und Exportindustrie zur Durchsetzung der staatl. 4-Jahrespläne verfügbar; Kreditaufnahme durch mittelständische Struktur der Verarbeitungsindustrie erschwert
– Betriebsmittelimporte	unbekannt, vermutlich auf Ausrüstungen beschränkt
– Gewinntransfer	entfällt
– Gewinne der Verarbeiter	zeitweilig Preisverfall durch Überangebot; durch Kontingentierung wurden Preiserhöhungen durchgesetzt; bei Spargel von 1972 bis 1974 Anstieg der fob-Preise um 100 %
– Gewinne der Anbauer	Rohwarenpreise niedrig; offenbar keine volle Entlohnung der Familienarbeitskräfte
7. Informationsströme	
– Technologietransfer	Transfer und Entwicklung der Technologie mit Hilfe der Joint Commission on Rural Reconstruction; Verbreitung und Beratung der Anbauer durch Bauerngenossenschaften
– Marktinformationen	Exportmärkte werden durch Exportorganisation beobachtet; Angebotssteuerung durch Mengenkontingente

Zusammenfassende Beurteilung

1. In Taiwan gelang es, innerhalb weniger Jahre eine exportorientierte Gemüseverarbeitungsindustrie aufzuziehen, die
   - einen wichtigen Beitrag zum Außenhandel Taiwans leistete;
   - einer großen Zahl von landwirtschaftlichen Familienbetrieben zusätzliche Beschäftigung und Einkommen bietet;
   - zahlreiche Verarbeitungsbetriebe mit entsprechenden Arbeitsplätzen und Möglichkeiten zur unternehmerischen Initiative entstehen ließ;
   - einen Beitrag zur Diversifizierung der Landwirtschaft und zur Industrialisierung leistet.

2. Folgende Faktoren haben diese Entwicklung begünstigt:
   - das Vorhandensein einer initiativen, durch die Landreform mobilisierten landwirtschaftlichen Bevölkerung;
   - die Entwicklung angepaßter Technologien und deren Implementierung durch vorhandene Institutionen (JCRR, Bauerngenossenschaften);
   - günstige natürliche Bedingungen für einen Spargelanbau mit langer Erntesaison;
   - die reichlich verfügbaren Arbeitskräfte;
   - das Vorhandensein unternehmerischer Initiative in der Verarbeitungsindustrie und im Exporthandel;
   - die massive Kapitalhilfe der USA;
   - ein allgemeiner Entwicklungsstand, der die Beschaffung von Betriebsmitteln für die Rohwarenerzeugung und Verarbeitung ohne Schwierigkeiten erlaubt;
   - günstige Infrastrukturen und Verkehrsanschlüsse (Häfen).

3. Folgende Engpässe und Anpassungsschwierigkeiten treten hervor:
   - Zersplitterung und geringe Spezialisierung der Rohwarenerzeugung:
     - erhöht die Erzeugungskosten,
     - erschwert die Adaption technischer Fortschritte,
     - verteuert die Rohwarenbeschaffung,
     - erschwert eine Stabilisierung und Kontrolle der Qualität;
   - klein- und mittelbetriebliche Struktur der Verarbeitungsindustrie:
     - behindert Rationalisierung und Kostensenkung,
     - beschränkt den Aktionsraum der Unternehmen für Marketingaktivitäten,
     - verschärft Preiswettbewerb auf Beschaffungs- und Absatzmärkten;
   - staatliche Eingriffe in den Rohwaren- und Exportmarkt (Kontingentierung, Zwangskartellierung):
     - behindern Ertragssteigerungen in der Rohwarenerzeugung,
     - verhindern Verwertung überdurchschnittlicher Erträge,
     - konservieren unzweckmäßige Strukturen der Verarbeitungsindustrie,
     - behindern private Initiativen für eine Neuorientierung der Marketingstrategie;
   - die unsichere und schwache außenpolitische Lage des Landes schwächt die Stellung als Verhandlungspartner mit den Absatzgebieten;
   - die Einführung von Referenzquoten für Champignonkonserven in die EG.

Funktionsbereiche Merkmale	Fall 2: Wintergemüseerzeugung für den Export in Westmexiko	Fall 3: Schnittblumenerzeugung für den Export in Kolumbien
1. Produktion		
– Natürliche Bedingungen	ab den 50er Jahren wurden umfangreiche Bewässerungsgebiete in Westmexiko geschaffen (projektierte Gesamtfläche 792 000 ha, davon 1969 415 000 ha fertig) (Sinaloa, Sonora); Klimatische Vorteile: Teilgebiete absolut frostfrei, für Winteranbau verringertes Risiko gegenüber Florida; Böden überwiegend tiefgründiger schwerer Lehm, auch Sandböden; teilweise Versalzungsprobleme	erhebliche Standortvorteile gegenüber westeuropäischen Erzeugerländern und den USA; Nelkenanbau vor allem in der Gegend um Bogota in rd. 2 600 m Höhe; hohe Sonneneinstrahlung, rd. 320 Sonnentage im Jahr; Temperaturen gleichmäßig, Jahresdurchschnitt 14°C; günstige Böden und Wasser ausreichend verfügbar; Anbau von Chrysanthemen auch an etwas niedrigeren Standorten (Medenilla)
– Produktionsumfang	Gemüsefläche 1965/66: 22 500 ha 1972/73: 30 000 ha (?) Hauptkulturen: Tomaten, Gurken, Paprika	Nelken: 225 ha (1975) Chrysanthemen, einblumig: 144 ha (1975) Chrysanthemen, mehrblumig: 72 ha (1975); daneben Anbau von Anthurien, Agapanthus, Freesien, Heliconien, Orchideen, Poinsettien, Gladiolen etc.; Anbaufläche insgesamt: 500 – 600 ha (1975)
– Erträge	früher niedriger als in Florida; heute in guten Betrieben auf gleichem Niveau	hohe Mengenerträge in guten Qualitäten (bei Nelken im Jahr 14 Blumen je Pflanze)
– Produktionsverfahren	Verfahren aus Florida übernommen, teils etwas geringerer Mechanisierungsgrad; Anbautermine auf günstigste Liefertermine ausgerichtet (Mitwinterlieferung)	Schnittblumenkultur ganzjährig möglich; Anbau in Folienhäusern ohne Heizung; Nelkenkultur zwei- bis zweieinhalbjährig
– Arbeitskräfte		rd. 20 000 AK
– Betriebsstrukturen	fast ausschließlich große Produktionseinheiten; Privatunternehmer und Genossenschaften; Gemüseflächen je Betrieb bis zu 300 – 400 ha; 1968 hatten 165 Personen Lizenz zum Anbau von Gemüse für den Export in Sinaloa; Zahl der Produktionseinheiten liegt niedriger, da mehrere Lizenzträger teils gemeinsam wirtschaften; Ansätze zur Integration von kleinbäuerlichen Anbauern noch unbedeutend, aber staatlich stark unterstützt; Ejidos (Dorfgenossenschaften) an der Westküste für Gemüsebau unbedeutend, in anderen Gebieten an Erdbeer- und Melonenerzeugung beteiligt	überwiegend Einzelunternehmen; von rd. 75 Schnittblumenbetrieben weisen 12 ausländische Kapitalteilhaber auf; Betriebsgröße zwischen 0,5 und 10 ha; kleine Betriebe haben geringen Exportanteil; 23 % der Betriebe mit über 5 ha bewirtschaften 70 % der Anbauflächen
– Kostenstruktur	niedrige Löhne und reichlich vorhandene Arbeitskräfte. 1973 Landarbeiterlohn Mexiko $ 2,80/Tag, Florida $ 2,45/Stunde; Lohnquote bei Stabtomaten in Westmexiko 20 %, in Florida ∿ 40 %; laufende Betriebsmittel werden teilweise und Ausrüstung meist aus den USA importiert; ihre Preise sind höher als in den USA; Probleme der Ersatzteilbeschaffung; drei erzeugereigene Düngemittel- und Pflanzenschutzmittelfabriken; Erzeugerorganisationen bei Betriebsmittelbeschaffung eingeschaltet; Kosten für Produktion, Ernte und Verpackung 50 – 60 % der Kosten in Florida (1971/72)	Lohnkosten niedrig; sie betragen in der Nelkenkultur etwas über 10 % der Gesamtkosten (in der BRD 30 %); Landarbeiterlöhne (1975) 50 Pesos plus 35 % Sozialausgaben per 8 Stunden-Tag (100 Pesos = 2,95 US-$); Arbeitsproduktivität rd. 1/4 der niederländischen Produktivität; hohe Betriebsmittelpreise; Jungpflanzenzukauf bis 40 % der Kosten; Kapitalkosten trotz vergleichsweise geringem Investitionsaufwand 25 – 30 %
– horizontale Koordinierung	starke, mit rechtlichen Kompetenzen ausgestattete Erzeugerorganisation	

Funktionsbereiche Merkmale	Mexiko	Kolumbien
2. Sortierung und Verpackung	60 erzeugereigene Sortier- und Verpackungsstationen; kleinere Erzeuger verkaufen über die Stationen der größeren; einige Packstationen in Händen von US-Importeuren; Fabrik zur Eisherstellung im Erzeugergebiet	in den einzelnen Unternehmen
3. Transport		
– Verkehrslage	ca. 1 000 km zum Grenzort Nogales/Arizona; moderne Autobahnverbindung; modernisierte Bahnverbindung mit Piggibacks	Entfernung zum Flughafen Bogota selten über 20 km
– Transportmittel	in Mexiko 80 % Trucks, 20 % Piggibacks, in USA 95 % Trucks; Umladung an Grenze erforderlich, da keine grenzüberschreitenden Lizenzen; teils erzeugereigene Fahrzeuge, teils Spediteure; Spediteure meist nationale Firmen; einige Unternehmen arbeiten in beiden Ländern mit Fahrzeugparks; Broker übernehmen die Transportplanung	Transport der Blumen vom Betrieb bis zum Flughafen oft durch Speditionen; Flugfracht in Linienmaschinen, nach Europa häufig über Miami/USA
– Transportzeiten	Trucks: 15 Stunden bis Nogales; weitere 3 Tage bis New York Bahn: 17.00 bis 9.00 Uhr nach Nogales; 6 weitere Tage bis New York	Bogota – Frankfurt rd. 13 bis 15 Stunden
– Transportkosten	in Mexico 1970/71 ~ 3–3,5 US-cts/kg, in den USA 2–3 US-cts/kg; Transport von Nogales in Nordoststaaten teurer, in Weststaaten billiger als von Florida	Spezialfrachtraten Bogota – Amsterdam (1974) bei 100 kg Fracht 4,18 DM/kg, bei 500 kg Fracht 3,60 DM/kg, d. h. 11 bzw. 8 Dpf per Nelke
4. Vermarktung		
– Binnenmarkt	wichtig, insbesondere für schwächere Qualitäten	zunehmende Bedeutung
– Export	durch Erzeuger; Nogales wichtigster Umschlagmarkt mit Abfertigungs-, Lager- und Umladeeinrichtungen; Erzeugerorganisation stellt Qualitäts- und Herkunftszertifikate aus	fast alle Betriebe exportieren selbst; geringe Konzentration des Exportangebotes
– Import	Mexikanische Zollagenten übernehmen mexikanische Grenzabwicklung; US-Zollagenten erledigen Zollabwicklung in USA; ca. ~45 Empfangshändler (Agenturen) mit Sitz in Nogales als wichtigstes Koordinationsglied zwischen mexikanischen Erzeugern und US-Käufern; sie übernehmen Lagerung, Kühlung und Betreuung der Ware und Verkauf; 10 Händler schlagen ca. 50 % der Ware um; wichtigste Kunden: Agenten, Handelsketten und Supermärkte (60–70 %), Verteilergroßmärkte; einige Handelsketten haben einige Büros in Nogales; Empfangsagenturen; teils Unternehmen der mexikanischen Erzeuger; teils kontrollieren Empfangsagenten die Erzeuger durch Beteiligung oder Finanzierung; Empfangshändler ohne Beteiligung haben Lieferverträge mit Erzeugern; insgesamt enge vertikale Kooperation	Empfangsgroßhandel in den USA und in Westeuropa; z. T. Niederlassungen in Importländern
5. Warenströme		
– Exportmengen	Exporte von frischem Gemüse in die USA: Gemüse insgesamt (1 000 t), davon Tomaten (in %) 1956 49,3 64 1960 149,5 77 1965 180,4 67 1970 453,9 64 1972 453,7 58 1975 417,0 58	Exporte von Schnittblumen und Schnittgrün 1970 735 t 1972 2 197 t 1973 5 595 t 1974 8 799 t

Funktionsbereiche Merkmale	Mexiko	Kolumbien
– Saison	Wintergemüse; in den ersten Jahren Lieferungen von Wintergemüse während Angebotslücken; dann zunehmend verbreiterte Saison	USA: Westeuropa: Winterhalbjahr; bei Nelken auch geringe Lieferungen im Sommer
– Richtung	Binnenmarkt für abfallende Qualitäten wichtig, bei Tomaten bis 40 %; Exporte bis vor kurzem fast ausschließlich für USA; Kanada mit zunehmender Bedeutung; Bemühungen im europäischen Markt (kleine Mengen bisher); Importanteil in den USA 90 %; Marktanteil in den USA bei Winterlieferungen von Tomaten, Gurken, Gemüsepaprika zusammen 58 % (1973)	Binnenmarkt zunehmende Bedeutung USA: 40 % (1974) der Exporte Westeuropa: 60 % (1974) der Exporte; Chrysanthemen gelangen überwiegend in die USA; nach Europa werden vor allem Nelken exportiert; in den USA erreichten die Lieferungen bei Nelken und Chrysanthemen 1974 einen Marktanteil von 10 – 20 %; in Europa erreichten die Nelken 1975 einen 7 %igen Anteil am Außenhandelswert dieser Schnittblumenart
– Wettbewerb		Zunahme des Wettbewerbes mit anderen Lieferländern in den USA und in Europa zu erwarten; in der EG Wettbewerbsnachteil durch Zollbelastung der Ware (1. November bis 31. Mai 17%), die bei AKP-Ländern entfällt
– Mengenkontingentierung, Exportland	Erzeugerorganisation vergibt Quoten für den Export	keine
– Mengenkontingentierung, Importländer	Druck auf freiwillige Exportbeschränkung	in den USA Bestrebungen zur Einführung von Kontingenten; in der EG bei Marktstörungen möglich (Lizenzsystem)
– Qualität	Kontrolle durch Exportorganisationen; gewisse Präferenzen der Abnehmer in USA für inländische Produkte	Nelken ausgezeichnet; besonders lange Haltbarkeit
– Betriebsmittelbeschaffung	Beschaffung von Material und Maschinen teils aus den USA	weitgehend auf Importe angewiesen (Stecklinge, Folie etc.)
6. Monetäre Ströme		
– Exportwerte	1956 8,6 Mio US-$ 1960 27,5 Mio US-$ 1965 40,3 Mio US-$ 1970 136,9 Mio US-$ 1972 131,2 Mio US-$ 1975 99,1 Mio US-$	Exporte von Blumen und Schnittgrün 1968 0,3 Mio US-$ 1970 3 Mio US-$ 1974 15 Mio US-$ 1975 25 Mio US-$ (vorläufig)
– Exportsubventionierung		15 % Exportsubvention unter Druck der US-Erzeuger eingestellt
– Kapitalzufluß	Beteiligung an Erzeugung und Packstationen von US-Firmen, insbesondere von Vermarktern	ausländische Beteiligung an 12 Unternehmen; lt. Gesetz dürfen diese 20 % nicht übersteigen
– Kredite	Bankkredite für Investitionen mit 3-5 Jahren Laufzeit werden von 25 – 30 % der Erzeuger beansprucht; kurzfristige Kredite durch US-Kunden	Finanzierung der Investitionen und der Exporte im Rahmen von Diversifizierungsprogrammen
– Betriebsmittelimporte	Umfang unbekannt	Umfang unbekannt
– Gewinntransfer		offener Gewinntransfer gesetzlich stark eingeschränkt; Unterfakturierung von Exporten und Ausgleichszahlungen an US-Tochtergesellschaften üblich; Bedeutung unbekannt
7. Informationsströme		
– Technologietransfer	US-Unternehmer als Teilhaber und Manager; private und staatliche Beratungsinstanzen; Technische Beratung durch Kreditanstalten (FONDO) ist Voraussetzung für Kreditgewährung	in Betrieben arbeiten amerikanische, japanische, deutsche und niederländische Spezialisten; technische Hilfe; Jungpflanzenlieferanten liefern Know How

Funktionsbereiche Merkmale	Mexiko	Kolumbien
– Marktinformationen	Erzeugerorganisation betreibt intensive Marktforschung als Grundlage für Anbau- und Exportquotierungen; Informationsfluß zwischen Marktpartnern über Umschlagsort Nogales; Vereinigung der Empfangshändler (WMVDA) in Nogales bringt täglich für ihre Mitglieder sowie für assoziierte Erzeuger Marktberichte auch über Konkurrenzgebiete in den USA heraus; Angebotssteuerung durch Anbauquoten der Erzeugerorganisationen	durch Geschäftspartner, Firmenvertreter in Importländern und Tochtergesellschaften
8. <u>Zusammenfassende Beurteilung</u>	1. Der Export von Frischgemüse aus Westmexiko konnte im letzten Jahrzehnt kräftig ausgeweitet werden und stellt heute einen wichtigen Wirtschaftsfaktor der Region dar – hinsichtlich der Beschäftigung von Landarbeitern; – hinsichtlich der Nutzung des bewässerten Landes; – hinsichtlich der Beschäftigung in vor- und nachgelagerten Bereichen wie Handels- und Transportunternehmen, Betriebsmittelherstellung und -verteilung, Beratung, Verbände u. a.; – der Export von Frischgemüse stellt einen erheblichen Beitrag zur Außenhandelsbilanz; – die (marginalen) Kosten (in inl. Währung) je US-$ Exporterlös lagen 1967/69 nach DULOY und NORTEN (1973) mit 3,31 Pesos/US-$ für Tomaten und 5,89 Pesos/US-$ für Gurken weit unter dem offiziellen Wechselkurs von 12,5 Pesos/US-$. 2. Folgende Faktoren haben diese Entwicklung begünstigt: – günstige klimatische Bedingungen für Wintergemüsebau ohne Frostrisiko; – Schaffung von großen Bewässerungsgebieten; – Erstellung der erforderlichen Infrastrukturen, wie Verkehrswege zur Grenze, Einrichtungen des Umschlagplatzes; – im Überfluß verfügbares Arbeitskräftepotential; – Mobilisierung von Initiative und Know How durch Unternehmer aus den USA; – rationelle Anbauverfahren auf großen Flächen; – ausreichende Kreditversorgung durch Banken und Geschäftspartner in den USA; – Kapitalbeteiligung von US-Firmen; – straffe Organisation der Erzeuger durch mit erheblichen Kompetenzen ausgestattete Vereinigung (CAADES), die zahlreiche Funktionen in Beschaffung, Anbauregelung, Kontrolle und Marktinformation übernimmt; – enge vertikale Koordination mit Empfangshandel in USA durch Kapitalverflechtungen, Kredite, gute Kommunikationssysteme u. a.; – gute horizontale Koordination des Empfangshandels durch örtliche Konzentration und organisatorischen Zusammenschluß; – intensive Beobachtung der Exportmärkte und Konkurrenzgebiete; – Absatzmarkt für mindere Qualitäten im Inland.	1. Der exportorientierte Schnittblumenanbau in Kolumbien hat sich in wenigen Jahren zu einem beachtenswerten Sektor entwickelt. Als Erfolge sind hervorzuheben: – der Beitrag zu Zahlungsbilanz des Landes; – die Beschäftigung von Arbeitskräften (ca. 20 000 AK); – Diversifizierung von Landwirtschaft und Agrarexport. 2. Folgende Faktoren haben diese Entwicklung begünstigt: – hervorragende natürliche Standorteignung; – reichlich verfügbares Arbeitskräftepotential; – unternehmerische Initiative von in- und ausländischen Investoren; – Anschluß an das internationale Flugverkehrsnetz; – staatliche Förderung des Sektors.

Funktionsbereiche Merkmale	Mexiko	Kolumbien
	3. Folgende Engpässe und Anpassungsschwierigkeiten treten hervor: – Überangebot führte bei einigen Erzeugnissen zu Preisverfall; – starke Exportexpansion führt zu Abwehrreaktionen der Erzeuger in den USA, wie Bemühungen um Zollerhöhungen, Mengenbeschränkungen u. a.; – einseitige Orientierung des Exportes auf die USA vermindert künftige Wachstumschancen; – weite Exportentfernungen zu anderen Exportmärkten (Europa); – zwangsweise Abstimmung des Angebotes auf mutmaßlichen Bedarf und gegebenenfalls auf US-Importquoten durch Anbaukontingentierung kann Konkurrenzstandorten zugute kommen; – Integration von kleinbetrieblichen Erzeugern aus politischen Gründen zweckmäßig, wobei deren Einfluß auf die Effizienz des Systems nicht bekannt ist.	3. Folgende Engpässe und Anpassungsschwierigkeiten treten hervor: – Exportausweitung ruft Widerstand und Handelshemmnisse in Empfangsländern hervor; – geringes Maß an Koordinierung der Produktion und des Exportes verstärkt Gefahr von Überproduktion und Preisverfall; – unzureichende Verfügbarkeit von Flugfrachtkapazitäten; – weite Entfernung vom europäischen Markt verursacht hohe Transportkosten; – geringe Konzentration des Exportangebotes schwächt Anbieterposition und verhindert weitgehend den Einsatz von Charterflugzeugen; – Ware aus AKP-Ländern gelangt im Gegensatz zu kolumbianischen Lieferungen zollfrei in die EG.

Funktionsbereiche / Merkmale	Fall 4: Ausländische Direktinvestition: DCK-Production Company Kenya Ltd – exportorientierte Produktion von Schnittblumen, Schnittgrün und Stecklingen –	Fall 5: Ausländische Direktinvestition vom Typ "Joint Venture": BUD Senegal S.A. – exportorientierte Produktion von Wintergemüse –
1. Produktion		
– Natürliche Bedingungen	erhebliche Standortvorteile gegenüber westeuropäischen Erzeugerländern; Lake Naivashe: Nelkenanbau in 1 800 m Höhe (hohe Lichtintensität); Temperaturen bei Tag 23–26° C, bei Nacht 12–14° C; Tageslichtdauer ganzjährig 12 Std.; Wasser ausreichend. Masongaleni: Asparagus plumosus-Schnittgrün- und Chrysanthemenstecklingeproduktion in 900–1 200 m Höhe; Temperaturen 34–45° C	Anbaugebiete um Dakar; noch günstigere klimatische Voraussetzungen als die konkurrierenden Mittelmeeranrainer Israel, Tunesien, Marokko und Spanien; kein Frost; monatliche Durchschnittstemperaturen zwischen 23,3° C und 27,6° C; günstiger Wechsel von Tages- und Nachttemperaturen; geeignete Böden; Wasserprobleme
– Produktionsumfang	Gründung 1969 Nelken: 500 000 qm (Saison 1974/75) Asparagus plumosus: 450 000 qm (1975) Chrysanthemenstecklinge: 180 000 qm (1975) Versuchsbetrieb mit Rosen, Alstromerien, Orchideen etc., 50 000 qm; Expansion der Nelkenproduktion und Aufnahme neuer Schnittblumen geplant	Gründung 1972 1974 575 ha 1977/78 lt. ursprünglichem Plan 3 600 ha lt. revidiertem Plan 1 425 ha Hauptkulturen: Gemüsepaprika, Grüne Bohnen, Honigmelonen, ferner Auberginen, Erdbeeren, Tomaten und Eisbergsalat
– Erträge	Exportproduktion: Nelken 1975: 90 Mio Blumen; Asparagus 1975: 2,2 Mio Bunde à 50 Stiele	am internationalen Standard gemessen noch unter dem Durchschnitt; 1974 noch hoher Anteil nicht exportfähiger Ware
– Produktionsverfahren	Nelken: Freiland Asparagus plumosus: Schattenhallen mit Saran Chrysanthemenstecklinge: Schattenhallen mit Saran und Zusatzbeleuchtung	Freilandkulturen; hoher technischer Standard; Tröpfchenbewässerung; umfangreiche Anbauversuche als Grundlage für die Produktion
– Arbeitskräfte	6 000 AK (davon dürfen 2 % Ausländer sein)	bei Vollproduktion (geplant für 1978) sollen 400 ständige AK und 6 500 Saison-AK Beschäftigung finden
– Betriebsstruktur	Großbetriebe mit eigenen Siedlungen für die AK's, eigenen Ärzten, Kindergärten, Schulen, Geschäften, Sicherheitskräften mit Polizeigewalt auf dem Betriebsgelände etc.	straff organisierte Großbetriebe
– Kostenstruktur	Löhne: für Arbeiter 2,10 DM/Tag; nach DCK-Angaben ist für Sozialleistungen, Steuer etc. derselbe Betrag hinzuzurechnen. Produktion ist ausgesprochen arbeitsintensiv; Effizienz afrikan. Arbeiter wird im Vergleich mit europäischen mit 3,5–4 : 1 angegeben; hohe Gehälter und soziale Leistungen für ausländisches Management; Produktionsmittel: geringe Investitionen bei Nelkenkultur, höhere bei den anderen Kulturen; hohe Investitionen für Meliorationen, Elektrizitätswerke, Packstationen, Kühllager, Kühlfahrzeuge, Arbeitersiedlungen, Wohnhäuser für Europäer etc.	Löhne: festangestellte senegalesische AK's 4 700 DM Jahresdurchschnittslohn (1973); Saisonarbeitskräfte 0,62 DM/Std.; hohe Gehälter und Sozialleistungen für ausländisches Management; erheblicher Aufwand für Bewässerung; Produktionsmittel weitgehend teure Importe
– Kooperation, horizontal	DCK versorgt im Rahmen eines FAO Pilot-Projektes Kleinbauern, die auf 50–100 m² Fläche Nelken erzeugen, mit Pflanzmaterial etc. und übernimmt den Export der Blumen; bei Planung dieses Projektes wurde zugrundegelegt, daß eine Produktionsfläche von insgesamt 500 000 qm erreicht werden kann, d.h. Nelken als Cash Crop für rd. 5 000 Subsistenzbetriebe mit je 100 qm Anbaufläche; Erfolge bei den ersten 17 Kleinbauern sind gut	BUD ist vertraglich verpflichtet, die Regierungspolitik zur Intensivierung des Gemüsebaues von Kleinbauern zu unterstützen; Beratung in pflanzenbaulichen und Vermarktungsfragen; Vermarktung exportfähiger Produkte soll über BUD unter Markenname Senegold erfolgen; Planziel, bis 1980 5 000 ha, dürfte nicht erreicht werden, da gegenwärtig dieses Projekt erst in Anlaufphase steht

Funktionsbereiche Merkmale	Kenia	Senegal
2. Sortierung und Verpackung	arbeitsintensive Sortierverfahren	teilweise arbeitsintensive Verfahren; Übernahme dieser Funktion auch für "Outgrower"-Produkte
3. Transport		
– Verkehrslage	Produktionsstätten liegen 100 bzw. 200 km vom Flughafen Nairobi entfernt	Betriebe liegen zwischen 35 und 70 km Entfernung verkehrsgünstig zum Flughafen bzw. Seehafen in Dakar. Alle Betriebe unweit ausgebauter Hauptstraßen
– Transportmittel	von den Packstationen zum Flughafen Kühlfahrzeuge (Kühlkette; Kühllager in den Packstationen und am Flughafen); Charter- und Linienflugzeuge; Saison 1974/75 150 Charterflüge nach Frankfurt	mit LKW (z.T. Kühlfahrzeuge) zum Flug- bzw. Seehafen); Aufbau einer Kühlkette; Charterflugzeuge und Kühlschiffe; Wahl dieser Transportmittel in Abhängigkeit von der Verderblichkeit der Produkte und der erzielbaren Exporterlöse (z.B. Grüne Bohnen ausschließlich und Melonen überwiegend als Luftfracht; Paprika, Tomaten weitgehend als Seefracht geplant); Beiladung zu Bananendampfern möglich; Linienschiffe, Charterung kleinerer Kühlschiffe
– Transportzeiten	Flug Nairobi – Frankfurt rd. 9–10 Stunden	Charterflug Dakar–Amsterdam rd. 9 Stunden, Linienschiffe Dakar–Marseille rd. 7 Tage Fahrt, 1 Tag zum Löschen, 2 Tage für Weitertransport; Charterschiffe erheblich kürzerer Fahrzeit
– Transportkosten	Flugfrachtkosten Nairobi – Frankfurt: Spezialfrachtrate rd. 1,70 DM/kg Charterflug rd. 1,30 DM/kg	(1973/74) Flugfracht Dakar – Amsterdam Spezialfrachtraten 1,35 DM/kg Charterflüge 1,- bis 1,50 DM/kg Kühlschiffe 0,40 DM/kg
4. Vermarktung		
– Binnenmarkt	keine Absatzmöglichkeiten	Schwierigkeiten bei der Vermarktung nicht exportfähiger Ware; Gefahr für die Existenz vieler Kleinbauern, wenn große Mengen von BUD auf den lokalen Markt gelangen
– Export	durch die DCK	durch BUD Senegal
– Import	Schnittblumen und -grün überwiegend durch Tochtergesellschaft Kenia Flowers GmbH in Frankfurt, an welcher ein großer deutscher Blumenimporteur beteiligt ist	exklusiv durch eigene Vertriebsgesellschaft, die BUD Holland, in Delft; dieses Unternehmen importiert auch Produkte anderer Herkünfte
5. Warenströme		
– Exportmengen	Exporte von Blumen und Schnittgrün in die BRD (t) 　　　Nelken　Asparagus　Insgesamt 1970　　–　　　1,7　　　1,7 1972　　10,1　　212,0　　222,1 1973　198,5　　589,0　　787,5 1974　476,1　　783,6　1 259,7 1975　1 622,9　566,7　2 189,6 geringe Mengen werden in andere westeuropäische Länder geliefert	1972/73　　　　　　2 015 t 1977/78 lt. Plan　25 000 t
– Saison	Nelken: Oktober – Mai; Asparagus-Schnittgrün: nahezu ganzjähriger Export, Schwerpunkt von Oktober – Mai; Stecklinge: ganzjährig	Gemüsepaprika: Dezember – Mai Honigmelonen: Februar – Juni Grüne Bohnen: Dezember – Mai Auberginen: Januar – Mai Erdbeeren: November – April Tomaten: Dezember – April Eisbergsalat: November – Mai
– Richtung	Schnittblumen und -grün überwiegend in die BRD; Stecklinge zu 60 % in's Vereinigte Königreich	1973/74　Frankreich　40 % 　　　　　Niederlande　25 % 　　　　　BRD　　　　18 %

Funktionsbereiche Merkmale	Kenia	Senegal
- Wettbewerb	Zunahme des Wettbewerbes mit anderen außereuropäischen Ländern zu erwarten; Vorteil der Zollfreiheit bei Exporten in die EG (AKP-Staat); während ersten acht Jahren vertraglicher Schutz, der Aufbau von Konkurrenzunternehmen in Kenia unterbindet	gute Absatzchancen für Wintergemüse in Westeuropa; bei manchen Produkten jedoch starker Wettbewerb mit anderen Lieferländern (z. B. Gemüsepaprika), der Exporterlöse zunehmend schmälert
- Mengenkontingentierung, Exportland	keine	keine
- Mengenkontingentierung, Importländer	in der EG bei Marktstörungen möglich (Lizenzsystem)	in der EG Referenzpreissystem für Tomaten (wirksam von 1. April - 20. Dezember)
- Qualität	Nelken: mittlere Asparagus plumosus: sehr gut bis zufriedenstellend Chrysanthemenstecklinge: meist sehr gut	zufriedenstellende Beurteilung durch deutsche Importgroßhändler, die von BUD Holland beziehen; Markenpolitik wird von BUD Senegal konzipiert
- Betriebsmittelbeschaffung	weitgehendst teuere Importe aus Industrieländern; hohe Importsteuer auf technische Einrichtungen (35 %); virusfreies Pflanzmaterial aus den USA	überwiegend auf teuere Importe aus Westeuropa und den USA angewiesen; Düngemittel teilweise aus inländischer Produktion
6. Monetäre Ströme		
- Exportwerte	Exporte von Blumen und Schnittgrün in die BRD (Mio DM) (cif-Werte) 　　　　Nelken　Asparagus　Insgesamt 1970　　-　　　0,01　　　0,01 1972　　0,1　　1,2　　　1,3 1973　　2,0　　5,0　　　7,0 1974　　4,6　　11,7　　16,3 1975　　14,9　　11,2　　26,1	1973/74 rd. 5 Mio DM (cif-Wert der Lieferungen an BUD Holland)
- Exportsubventionierung		
- Kapitalzufluß	ausländisches Privatkapital; europäische Großbank; bilaterale Kapitalhilfe (Dänemark); günstiges Investitionsklima; DCK-Vertrag mit Regierung für 25 Jahre; Vertrag enthält u. a. Status-quo-Passus z. B. bezüglich Gesetzesänderungen zum Gewinntransfer oder zur Besteuerung ausländischer Investitionen	"joint-venture"-Partner (Stand 1974): House of BUD S.A. Brüssel (mit amerikanischer Beteiligung der BUD Antle Inc., Kalifornien und Beteiligung von niederländischer Beratungsunternehmung), Regierung von Senegal (hält Anteilsmehrheit), International Finance Corporation (IFC), Société Internationale Financière pour les Investissements et Developpement en Afrique (SIFIDA), Nederlandse Financierings-Maatschappij voor Ontwikkelingslanden N.V. (FMO), Caisse Centrale de Coopération Economique (CCCE); günstiges Investitionsklima; BUD Projekt hatte zunächst hohe Priorität bei der senegalesischen Regierung
- Kredite		lokale Geschäftsbanken, House of BUD
- Betriebsmittelimporte	Umfang unbekannt	Umfang unbekannt
- Gewinntransfer	vertraglich zugesicherter Gewinntransfer; Unterfaktorierung bei Exporten in die EG	freier Transfer von Kapital und Gewinnen von und nach Senegal garantiert; Unterfakturierung schwieriger, da Mehrheitsbeteiligung der senegalesischen Regierung

Funktionsbereiche Merkmale	Kenia	Senegal
7. Informationsströme		
- Technologietransfer	europäisches Management; Kooperation mit US-Unternehmen (Züchtung, virusfreies Pflanzmaterial)	erfahrenes Management aus Westeuropa und den USA
- Verbindung zur Administration	Unterstützung durch Horticultural Crops Development Authority (HCDA) möglich; Anteile in Händen des früheren kenianischen Landwirtschaftsministers und weiterer kenianischer Persönlichkeiten	Mehrheitsbeteiligung der senegalesischen Regierung
- Marktinformation	über eigene Vertriebsgesellschaft in der BRD	über BUD Holland

8. Zusammenfassende Beurteilung	1. Die DCK-Production Company Kenya Ltd konnte sich innerhalb eines halben Jahrzehntes zum größten Blumen- und Schnittgrünproduzenten der Welt entwickeln. Sie konnte
	
	  - einen schnell wachsenden Beitrag zum Außenhandel Kenias leisten;
	
	  - dank arbeitsintensiver und kapitalextensiver Produktionsverfahren eine große Zahl von Arbeitskräften beschäftigen;
	
	  - einen erheblichen Beitrag zur Exportdiversifizierung der Landwirtschaft leisten;
	
	  - Kenianer für Aufgaben des unteren und mittleren Managementes ausbilden.
	
	Darüber hinaus könnte die DCK einen erheblichen Beitrag zur Einführung einer exportorientierten Nelkenproduktion in kleinbäuerlichen Subsistenzwirtschaften leisten.
	
	2. Folgende Faktoren haben diese Entwicklung begünstigt:
	
	  - günstige natürliche Bedingungen mit hohen komparativen Vorteilen gegenüber traditionellen westeuropäischen Standorten;
	
	  - im Überfluß verfügbares Arbeitspotential (extrem niedrige Löhne);
	
	  - günstige Investitionsbedingungen der kenianischen Regierung. Vertraglicher Status-quo-Passus, der z. B. rechtliche Veränderungen bezüglich des Gewinntransfers und der Besteuerung dieser ausländischen Investition unterbindet;
	
	  - Exportpolitik Kenias;
	
	  - personelle Verflechtungen mit Politik und Administration;
	
	  - hoher und anhaltender Technologietransfer aus Industrieländern (ausländisches Management, Berater);
	
	  - bilaterale Kapitalhilfe und günstige Kredite;
	
	  - enge Kooperation mit Züchtungsunternehmen in den USA (neue Sorten, virusfreies Elitematerial);
	
	  - vergleichsweise problemlose Importbestimmungen für den Bezug von Produktionsmitteln;
	
	  - geschlossenes System von Produktion bis Importstufe in der BRD; Beteiligung eines großen deutschen Blumenimporteurs an der firmeneigenen Vertriebsgesellschaft.
		1. Die BUD Senegal S.A. konnte ihre in der Projektplanung vorgegebenen Ziele bis zum gegenwärtigen Zeitpunkt nicht erreichen. Ist- und Sollstand liegen weit auseinander. Sollte sich dieses Projekt trotz der aufgetretenen Engpässe noch befriedigend entwickeln, so kann es
		
		  - einen beachtlichen Beitrag zum Außenhandel Senegals leisten (die lt. Plan für 1977/78 erwarteten Deviseneinnahmen beliefen sich auf 50 Mio DM);
		
		  - durch seinen Beitrag zur Diversifizierung der Agrarexporte zu einer Stabilisierung der Exporteinnahmen beitragen (60-70 % der landwirtschaftlichen Produktion sind Erdnüsse);
		
		  - durch die Schaffung einer großen Zahl von Arbeitsplätzen und die Realisierung des "Outgrower"-Programmes einen Beitrag zur Verringerung der Landflucht leisten;
		
		  - bislang weitgehend brachliegendes Land nutzen;
		
		  - landwirtschaftliches Know How an Kleinbauern vermitteln;
		
		  - eine Nutzung der produktionsarmen Zeit in der Landwirtschaft ermöglichen (Produktionszeit für Wintergemüse von November - Mai, von Erdnüssen von Juli - Oktober);
		
		  - einen erheblichen Linkageeffekt auf andere Industrien (Betriebsmittel, Verpackungsmaterial etc.) ausüben.
		
		2. Folgende Faktoren würden diese Entwicklung begünstigen:
		
		  - günstige natürliche Bedingungen mit hohen komparativen Vorteilen gegenüber Lieferländern aus dem Mittelmeerraum und dem westeuropäischen Unterglasanbau;
		
		  - im Überfluß verfügbares Arbeitskräftepotential;
		
		  - hohe Investitionen der Regierung von Senegal zur Verbesserung der Infrastruktur;
		
		  - hoher und anhaltender Technologietransfer aus Industrieländern (ausländisches Management, Berater);
		
		  - geschlossenes System von Produktion bis zur Importstufe in den Niederlanden.

Funktionsbereiche Merkmale	Kenia	Senegal
	3. Folgende Engpässe und Anpassungsschwierigkeiten treten hervor: – hohe Entwicklungskosten führten zu erheblichen Finanzierungsproblemen; – gewisse Schwierigkeiten in der Verfügbarkeit von Flugfrachtkapazitäten; – Elektrizitätsversorgung; – von der Regierung für die ersten acht Jahre des Projektes zugestandene Exklusivitätsrechte in der Exportproduktion behindern Marktzugang konkurrierender Erzeuger; – langfristige Verträge von internationaler Gültigkeit behindern eine Anpassung an volkswirtschaftlich für notwendig erachtete Neuregelungen bezüglich Gewinntransfer, Besteuerung ausländischer Investitionen etc.; – geringe Linkageeffekte; – offener und verdeckter Gewinntransfer, letzterer in Form von Unterfakturierung exportierter Ware; – soziale Probleme; – Gesellschaft strebt nach Kontrolle der gesamten kenianischen Blumenausfuhren.	3. Folgende Engpässe und Anpassungsschwierigkeiten treten hervor: – hohe Entwicklungskosten und Wassermangel (Sahelkatastrophe) führten zu Finanzierungsschwierigkeiten; – Wasserversorgung ist nicht ausreichend gewährleistet; – gewisse organisatorische Schwerfälligkeit durch Mehrheitsbeteiligung des Staates Senegal; – Einführung von Gemüsebau für den Export in kleinbäuerlichen Betrieben ist noch nicht über das Versuchsstadium hinausgekommen; – keine bzw. unzureichende Absatzmöglichkeiten für hohen Anteil nicht exportfähiger Produkte auf dem inländischen Markt; – teilweise Probleme bei der Beschaffung von Investitionsgütern; – Flugtransport belastet Ware mit hohen Kosten; Exportmengen reichen zur Organisation eines regelmäßigen Charterschiffstransportes noch nicht aus.

5 Schlußfolgerungen

Obwohl die stichwortartig dargestellten konkreten Fälle nicht ausreichen, um das eingangs skizzierte theoretische Konzept zu füllen und um einen vollständigen und differenzierten Katalog der Gründe für die Erfolge und Mißerfolge aufzustellen, lassen sich doch einige generelle Schlußfolgerungen aus ihnen ziehen, die abschließend thesenartig zusammengefaßt werden sollen.

A Allgemeine sozio-ökonomische Voraussetzungen

(1) Die Entwicklung des Exportes nicht-traditioneller Gartenbauerzeugnisse fand in allen Fällen in Ländern mit gemischten Wirtschaftsordnungen statt, die unterschiedlich stark in den Marktmechanismus eingreifen. Dabei scheint es entscheidend zu sein, daß die Wirtschaftsordnung ausreichend Entfaltungsmöglichkeiten für unternehmerische Initiativen bietet.

(2) In Ländern mit hohen politischen und wirtschaftlichen Prioritäten für die Exportwirtschaft lassen sich die notwendigen allgemeinen Bedingungen für eine exportorientierte Produktion nicht-traditioneller Gartenbauerzeugnisse offenbar leichter schaffen. Länder mit diesen Voraussetzungen sind häufig gleichzeitig durch eine schwache Rohstoffbasis gekennzeichnet.

(3) Die Fälle verdeutlichen die Bedeutung einer ausreichenden Infrastruktur, insbesondere hinsichtlich des Transportes im Inland sowie des Anschlusses an die internationalen Verkehrswege (ausgebautes Straßennetz, Nähe zum Flugplatz und Seehafen).

B Komparative Vorteile

(4) Als komparative Vorteile erweisen sich als besonders wichtig:
- die vorteilhaften natürlichen Verhältnisse, die eine günstige Angebotssaison erlauben, zur Ertragssicherheit und Qualitätserzeugung beitragen sowie zu Kostenersparnis führen (z.B. keine oder geringe Kosten für Wärmeenergie, keine Investitionen für Gewächshäuser); sowie
- das große Arbeitspotential mit dementsprechend niedrigen Löhnen.

In dem Maße, wie diese Faktoren knapper werden (z.B. Wasserknappheit, Lohnsteigerungen), verringern sich die komparativen Vorteile und damit die Konkurrenzfähigkeit dieser Exportproduktion.

C Das Produktionsvolumen

(5) Besonders auffallend ist in der Mehrzahl der dargestellten Fälle die rasche Steigerung des Exportvolumens nach einer mehr oder weniger langen Anlaufzeit. Auf die expansive Phase von vielfach 6 - 8 Jahren folgen jedoch häufig Stagnation und Preisverfall als Folge von
- starker Produktionsausweitung,
- als Abwehrmaßnahmen in den Empfangsländern eingeführten Einfuhrrestriktionen,
- veränderten wirtschaftspolitischen Prioritäten,
- wachsender Konkurrenz neuer Produktionsstandorte, die die erfolgreichen Aktivitäten zu imitieren suchen.

(6) Eine Ausweitung der Absatzgebiete hat günstige Auswirkungen auf das Exportvolumen, da die Aufnahmefähigkeit eines einzelnen Absatzmarktes in der Regel die Exportmöglichkeiten beschränkt.

(7) Die Pflege des Binnenmarktes ist zwar nicht - wie vielfach vermutet wird - Voraussetzung für den Erfolg. Sie erleichtert aber die Kostendeckung, vor allem wenn höhere Anteile niedriger Qualitäten bei transportempfindlichen Erzeugnissen anfallen.

D   Initiatoren der Entwicklung

(8) Ausländische Direktinvestoren spielten in den meisten Fällen als Initiatoren der Entwicklung eine wesentliche Rolle. Dabei ist zu unterscheiden zwischen Großprojekten wie in Kenia und Senegal, deren Linkagewirkung bisher ganz beschränkt war und die die duale Agrarstruktur bislang verstärkten, sowie Kapitalbeteiligungen kleinerer und mittlerer ausländischer Unternehmen, die inländische Unternehmer unmittelbar einbezogen und zur Nachahmung anreizten.

(9) Staatliche Entwicklungsinstitutionen haben nur in Taiwan eine entscheidende Bedeutung als Initiatoren gehabt, und zwar in Verbindung mit einem aktiven mittelständischen Unternehmertum in der Verarbeitung und im Export.

E   Koordination innerhalb des Produktions- und Absatzsystems

(10) Eine wichtige Voraussetzung für den Erfolg exportorientierter Gartenbauprojekte ist eine effiziente vertikale und horizontale Koordination des Produktions- und Absatzsystems. Besonders straff und weit in die Empfangsmärkte hineinreichend sind die integrierten Großprojekte koordiniert. Bei zersplitterten Produktions- und Absatzstrukturen spielen offenbar als Koordinatoren tatkräftige und mit Kompetenzen ausgestattete Organisationen eine wesentliche Rolle (Mexiko, Taiwan). Allerdings hat sich exportorientierter Gartenbau in Entwicklungsländern bisher kaum auf eine kleinbäuerliche Erzeugung stützen können. Auch die uns bekannten Outgrower-Programme stecken noch in den Anfängen und sind in ihren Erfolgsaussichten ungewiß. Vertikale Koordination kann durch Verträge oder Kapitalbeteiligung gefördert werden. Sie erlaubt, wie am Beispiel Mexikos deutlich wird, eine starke Spezialisierung der beteiligten Unternehmen, die effizienzfördernd wirkt.

(11) Grundlage jeder leistungsfähigen Koordination ist eine ausreichende gegenseitige Information der Systembeteiligten. Darüber hinaus hat eine laufende Verbesserung und Aktualisierung des Informationsniveaus über andere Informationsströme, insbesondere hinsichtlich der Umweltfaktoren und Absatzmärkte, entscheidende Bedeutung.

In diesem Bereich ist eine staatliche Unterstützung meist von hohem Nutzen. Nur große Unternehmen sind auf eine solche Kooperation weniger angewiesen.

F   Engpässe und Anpassungsschwierigkeiten

(12) Als wichtigste Engpässe und Anpassungsschwierigkeiten haben sich herausgestellt:
- die mangelhafte Information über die Marktentwicklung;
- die mangelhafte vertikale Koordination zwischen den Marktpartnern;
- das unzureichend aktive und weitreichende Marketingmanagement;
- die Kosten und Unsicherheiten im Transportsystem;
- die unzureichende Anpassungsfähigkeit an veränderte Produktionsbedingungen und Marktverhältnisse;
- verstärkte staatliche Markteingriffe als Konsequenz von Überproduktion oder Druck aus den Empfangsländern;
- scharfer Wettbewerb unter den Lieferländern, der zu Käufermarktsituationen führt und die Marktstellung der Anbieter schwächt;
- Finanzierungsengpässe, wo das verfügbare Kapital durch hohe Entwicklungskosten aufgezehrt wurde.

Literatur

1 AMIN, M.M., and C.N. SMITH: Competition from Cut Flower Imports. Proceedings of the Florida State Horticultural Society, Vol. 87, 1974, S. 458 - 462.

2 BENNET, G.A.: Agricultural Production and Trade of Columbia. USDA ERS-Foreign 343, 1973.

3 BOON DE, T.: Influence of Trade Barriers: The Florida and Mexico Experience with Winter Cucumbers. Unveröffentlichte Ph. D. Dissertation. University of Florida, 1974.

4 BRUNO, M.: The Optimal Selection of Export-Promoting and Import-Substitution Prospects. In: Planning the External Sector: Techniques, Problems, and Policies. Report on the First Interregional Seminar on Development Planning, United Nations, 1967, S. 88 - 135 (UN Publication Sales No 67. II. B.5).

5 BUCKLIN, L.P.: (Herausg.) Vertical Marketing Systems. Glenview/Ill. and London 1970.

6 CARLSEN, J., and P. NEERSØ: Peru's and Columbia's Policies on Private Foreign Investment and Foreign Technology. Institute for Development Research. Paper A 74.6., Copenhagen 1974.

7 CARLSEN, J.: Danske Virksomheders investeringer i Kenya. Den ny Verden 8, 1973, S. 61 - 103.

8 DERS.: The Different Modes of Technology Transfer. In: C. WIDSTRAND (Herausg.): Multinational Firms in Africa. Uppsala 1975.

9 CARLSSON, M., und H. STORCK: Konflikte und Kooperation zwischen Industrie- und Entwicklungsländern in Produktion und Absatz gartenbaulicher Produkte. Gartenbauwissenschaft, Bd. 40, 1975, S. 145 - 150.

10 CHENERY, H.B.: Comparative Advantage and Development Policy. American Economic Review, Jg. 51, 1961, S. 18 - 51.

11 CENTRO DE ESTUDIOS E INVESTIGATIONES SOBRE MERCADEO AGROPECUARIO: Desarollo y Tendencia del Cultivo de Flores para Exportation en Colombia desde 1970. Informe elaborado a solicitud de FAO (unveröffentlicht). Bogota 1976.

12 DULOY, H.J., and R.D. NORTON: CHAC Results: Economic Alternatives for Mexican Agriculture. In: GOREUX, L.M., and A.S. MANNE (Herausg.), Multi-Level Planning: Case Study of Mexico. Amsterdam, London, New York 1973.

13 FLICINGER, C.J. et al.: Supplying U.S. Markets with Fresh Winter Produce. USDA Agricultural Economic Report, No 154, 1969.

14 GOLDBERG et al.: Agribusiness Management for Developing Countries - Latin America. Cambridge, Mass. 1974.

15 HESSE, K., und W. ISCHINGER: Die Entwicklungsschwelle. Berlin 1973.

16 HÖRMANN, D.M.: Prospects for the Export of Fresh and Canned Asparagus from Lesotho. Report to the FAO. Vervielfältigt, Hannover 1976.

17 DERS.: Marketingaktivitäten und organisatorische Probleme beim Export von Obst und Gemüse aus Drittländern in die BRD. Agrarwirtschaft, Jg. 25, 1976, S. 11 ff.

18 JEE, H.-J.: Die Produktionsbedingungen taiwanesischer Gemüsekonservenindustrie und ihre Absatzverhältnisse. Dissertation. Landw. Fakultät Bonn, 1974.

19 KEBSCHULL, D., FASBENDER, K., und A. NAINI: Entwicklungspolitik. 2. Auflage, Opladen 1975.

20 LABONNE: Trends in the World Mushroom Market. Monthly Bulletin of Agricultural Economics and Statistics. Vol. 22, 1973, S. 12 - 17.

21 LEE, T.H.: Food Supply and Population Growth in Developing Countries: A Case Study of Taiwan. In: N. ISLAM (Herausg.) Agricultural Policy in Developing Countries. London and Basingstoke 1974.

22 LEHMANN, H.: Wirtschaftsordnung und Entwicklungspolitik in Taiwan. Dissertation, Ruhr-Universität Bochum, Abt. für Wirtschaftswissenschaft 1970.

23 LITTLE, I.M.D., and G.A. MIRRLESS: Project Appraisal and Planning for Developing Countries, London 1974.

24 MULDER, A.J.: Bloemisterij in Israel en Kenya. Herausgegeben durch: Coop. Vereinigung Verenigde Bloemenveilingen Aalsmeer. Aalsmeer 1975.

25 REUSSE, E.: A Review of Taiwan's Asparagus Industry: Problems and Solutions. Industry of Free China 1971, S. 18 - 28.

26 DERS.: Turning Point: The Prospects for Taiwan Processed Food Exports. Industry of Free China 1972, S. 13 - 27.

27 ROSENBERG, J., and L.W. STERN: Towards the Analysis of Conflict in Distribution Channels: A descriptive Model. Journal of Marketing, Vol. 34, 1970, S. 40 - 46.

28 SHEEHAN, TH.: Floricultural Potential in Kenya. Technical Report to the FAO. Part I and II. Nairobi 1975.

29 SHIH, CHIN-SHENG: Economic Development in Taiwan after the Second World War. Weltwirtschaftl. Archiv, Bd. 100, 1968, S. 113 - 134.

30 SMITH, C.N.: Shifting Comparative Advantage for Floricultural Products in the Americas. Acta Horticulturae No 55, The Hague 1976.

31 STORCK, H., and D.M. HÖRMANN: Prospects for Cut Flower Exports from Africa into Western Europe. Report to the FAO, Hannover 1976.

32 WILHELMS, CH., und D.W. VOGELSANG: Untersuchungen über Fragen der Diversifizierung in Entwicklungsländern. HWWA-Report Nr. 3, Hamburg 1973.

RÄUMLICHE ORDNUNG IN DER VIELFALT DER TROPISCHEN
LANDWIRTSCHAFT

von

Erich Otremba, Ahrensburg

1	Vorbemerkung	301
2	Allgemeine kulturräumliche Aspekte	301
3	Naturräumliche Aspekte	303
3.1	Die klimazonale Ordnung	303
3.2	Die Höhenstufung in der tropischen Agrarwirtschaft	304
4	Die Individualität der Lage	305
5	Gesichtspunkte der Marktordnung unter wachsender Bevölkerung	306
6	Zielvorstellungen für die räumliche Ordnung der tropischen Landwirtschaft	308

1 Vorbemerkung

Es ist ein nimmermüdes Bemühen aller wissenschaftlichen Disziplinen, auf die Fülle der Beobachtungen und Erkenntnisse gestützt, Ordnungssysteme sachlicher, genetischer und räumlicher Art einzubringen. Die Erkenntnis dieser Ordnungssysteme ändert sich mit den jeweiligen zeitgebundenen Zielvorstellungen.

Bezogen auf das hier zu behandelnde Thema der räumlichen Ordnung der tropischen Landwirtschaft stellt sich das Problem in dreifacher Sicht, nämlich in zeitlicher Sicht im Wandel unserer Vorstellungen, in systematischer Sicht nach den Betriebsformen und Betriebszielen und schließlich nach der naturräumlichen Ordnung, besonders nach den Niederschlagsjahreszeiten und den Höhenzonen. Letzten Endes gibt es eine Intensitätsordnung, nach deren Grundsätzen die Landwirtschaft erfolgt, womit freilich die Landwirtschaft der Tropen aus ihrer naturräumlichen tropischen Gebundenheit in allgemeine Gesetzmäßigkeiten einrückt. Keines der Ordnungsprinzipien ist nur in einem theoretischen Betrachtungsrahmen für sich zu untersuchen. Alle stehen in einem eng verflochtenen System, doch ist eine Analyse in genetischer Sicht notwendig, um zu den Gegenwartsproblemen zu kommen.

2 Allgemeine kulturräumliche Aspekte

Im Erkenntnisbereich der ersten Erkundungsreisen der Europäer in die tropischen Räume steht bereits die Feststellung und Beschreibung höchster räumlicher Differenzierung der Betriebsformen. Nur einige dieser Beobachtungen möchte ich herausgreifen, um zu demonstrieren, daß von Anfang an von keiner tropischen Landwirtschaft schlechthin gesprochen werden kann, sondern von einem ganzen Bündel durch ihre Intensität charakterisierter Betriebsformen. Dazu gehören in flächenhafter Verbreitung die Sammelwirtschaften, die verschiedenen Formen der wandernden Brandrodungswirtschaften, doch auch die Terrassenkulturen Südostasiens, ursprünglich auf Taro, später auf Reis, die Flußbewässerungssysteme längs der großen Ströme Südasiens, die Qanatbewässerungssysteme des mittleren Ostens, die Foggarasysteme Nordafrikas werden bekannt. Auch aus Süd- und Mittelamerika werden die Formen des Terrassenfeldbaus beschrieben. Wohl findet man auch Korrelationen zwischen Bevölkerungsdichte und Agrarintensität, doch wurde die gesetzmäßige Abhängigkeit erst in der Gegenwart bündig festgestellt. Höchste Intensität und große Öde stehen in überfüllten Räumen dicht nebeneinander, nur ein Prinzip wird erkennbar: In der Ebene und mit Wasser vermag man gut zu arbeiten, und wo die Ebene nicht mehr zur Verfügung steht, schafft man sie sich im Terrrassenbau unter dem Zwang des Naßfeldbaus. Aber das reliefierte Land überläßt man sich selbst und der Zerstörung anheimfallen. Eine kombinierte Anbau- und Viehwirtschaft gibt es kaum; sind die Hänge einmal in der wandernden Brandrodungswirtschaft entwaldet, verarmen sie unter den abtragenden Kräften der tropischen Niederschläge. Die Hänge und das Bergland in den Tropen, ja schon in der mediterranen Zone, sind weder ökonomisch noch ökologisch betrachtet agrarisch nutzbar, es sei denn im intensiven Terrassenbau. Jedes Bild aus tropischen Landschaften, gleich aus welchem Erdteil, zeigt den Gegensatz fruchtbarer Ebenen und verödeter Hänge.

Mit der von Europäern eingeleiteten Kolonialwirtschaft entwickelt sich in den tropischen Agrarräumen eine neue typologische Polarität, die bis heute unsere Vorstellungen von der räumlichen Ordnung bestimmt, aber wie alle solche typologischen Versuche maßlos übertreibt und der Korrekturen bedarf.

Es ist wohl richtig, daß die kolonialwirtschaftliche Produktionswirtschaft sich die besten Böden in geeignetem Klima und in bester Verkehrslage, je nach dem Schwerpunkt der Zielvorstellungen, aneignete und auch eigenständigen Betriebsformen ihre Entwicklungschancen unterbaute oder sie zurückdrängte. Doch andererseits kann festgestellt werden, daß die Einflüsse der sogenannten Plantagenwirtschaft auf die sich selbst versorgenden Einheimischenwirtschaften befruchtend wirkten, daß das Wissen um die Produktionsmethoden wuchs und die Marktchancen sich verbesserten. Die beiden Betriebssysteme verflochten sich miteinander und genossen ihren Vorteil aus der Europäisierung. Um nur einige Beispiele zu nennen, gilt dies für die Viehwirtschaft in allen Grasländern Südamerikas, für den kleinbäuerlichen Kaffeeanbau im nördlichen Südamerika, für den Kakaoanbau zunächst in Südamerika, später im tropischen Westafrika, ferner in Afrika durch die Palmölkulturen und auch für die Kokosnußwirtschaft in Ostasien, die zu einem beträchtlichen Anteil in Einheimischenbetrieben für die Exportwirtschaft betrieben wird. Leo WAIBEL hat für Afrika nachgewiesen, welch hoher Exportanteil an agrarischen Produkten aus der einheimischen Wirtschaft stammt, es waren das 1930 rund 70 %, nur 20 % entstammten der Plantagenwirtschaft, der Rest aus dem Bergbau.

Bei dieser Lage ist es zu diskutieren, ob man von einer kolonialen Ausbeutungswirtschaft oder von einer befruchtenden Europäisierung sprechen soll. Doch wollen wir dieses Problem, das sich stark politisieren läßt, nicht weiter verfolgen, es scheint mir aber notwendig zu sein, positive und negative Folgen der Europäisierung und später der Amerikanisierung der Tropen durch die Entwicklungen der Betriebsformen in einer Balance zu sehen. Ohne den entwicklungspolitisch so wirksamen Know-How aus den Industrieländern können die tropischen Entwicklungsländer nicht gedeihen, wobei nebenbei vermerkt sei, in welchem Tempo und in welcher Weise sich Produktionsweise und Konsumgewohnheit, insbesondere in den Städten der Tropen, gegenüberstellen lassen. Der Weizenkonsum und auch der -anbau nehmen zu, die Knollenfrüchteproduktion beschränkt sich vorwiegend auf die marktfernen Bereiche.

3 Naturräumliche Aspekte

In dieser produktions- und konsumentwicklungspolitischen Entwicklung lassen sich in die Tropenzone zwei selbstverständliche, aber doch auch sehr variable Ordnungssysteme einbauen, nämlich nach der Höhenlage und nach der geographischen Breite. Nach der geographischen Breite, d.h. der Abständigkeit vom thermischen Äquator, gibt es entsprechend der regionalen Ordnung der Niederschläge in den Passat- und Monsunjahreszeiten und den Hochständen der Zenitalregen auch eine Anbau-Ernte-Periodizität und einen Wechsel zwischen reichen und armen Jahreszeiten, in denen man mehr sammeln muß, ohne ernten zu können. Diese Rhythmik gilt noch heute in primitiven Versorgungssystemen. In den Zeiten nicht ausreichender Ernten muß die Sammeltätigkeit in helfende Funktion treten.

3.1 Die klimazonale Ordnung

Entsprechend der naturräumlichen Ordnung ist in der Nähe des thermischen Äquators diese gemischte primitive Wirtschaft in der Einheit von Anbau- und Sammelwirtschaft recht ergiebig. Als Beispiel für diese Wirtschaftsweise sei das tropische Südamerika gewählt, wo im Umkreis der Wohnhütte einer Sippe Maniok, ein wenig Mais angebaut wird, vielleicht noch etwas Hirse, alles andere, vor allem die Eiweißnahrung an Fischen und Kleingetier und Früchte aber in weiten täglichen Sammelwanderungen von 20 - 30 km gesammelt wird. Daraus ergibt sich ernährungswirtschaftsbedingt eine nicht überschaubare Bevölkerungsdichte solcher Sammelsysteme. Sie können unter Beibehaltung der Wirtschaftsweise keine Bevölkerungsverdichtung erfahren; da von außen keine neuen Wirtschaftsmethoden einwirken, bleibt nur die Auflösung, das Absterben und schließlich die Abwanderung und damit die Entleerung alter tropischer Selbstversorgungsräume, wie vor allem im tropischen Tiefland Amazoniens. Der Anbau und die Sammeltätigkeit werden im immerfeuchten Klima mit nur wenigen oder keinen ariden Monaten kaum unterbrochen, wogegen mit der geographischen Breite die Niederschlagsjahreszeiten auseinanderrücken, die ariden Perioden länger werden und demzufolge auch die Ernteerträge des schmalen Anbauprogrammes geringer und unsicher werden. Schließlich kann es keinen Anbau mehr geben, und die tropische Viehwirtschaft in Verbindung mit dem Pflanzenbau räumlichen Ordnungsprinzipien zu unterwerfen, ist müßig. Das Schwein und das Geflügel gehören zur seßhaften landwirtschaftlichen Siedlung. Das Schwein ist ein nützlicher Abfallverwerter unter den Pfahlhäusern Südostasiens und Düngerproduzent in China. Aus den Betriebsformen der südostasiatischen Reisbauwirtschaft ist die Haltung des Schweines und die Stellung des Wasserbüffels als Arbeitstier verständlich, wogegen die Rinderhaltung Indiens und deren Hungerhaltung und mangelhafte Ernährungsbasis, die sich auf die Straßenränder und Blumenbeete in den Vorgärten der Städte erstreckt, geben keine Grundlage zur Erkenntnis räumlicher Ordnungsvorstellungen. Das gilt auch für die afrikanische Viehwirtschaft, die in den ostafrikanischen Hochländern den Reichtum der Einheimischen repräsentiert und auch früher in den Herden der Buren Südafrikas sich darbot, aber wo es keine Märkte gibt, keine Viehwirtschaft und Züchtung, sondern nur eine Viehhaltung ohne eine intensitätsgestufte Nutzung, ist auch eine räumliche Ordnung schwer zu erkennen. Die naturräumliche Ordnung der Weidewirtschaft in den südamerikanischen Anden, Lama und Alpacca betreffend, ist im jahreszeitlichen Wechsel mit den Niederschlägen an den Andenhängen von geringer Bedeutung.

Mit dem Übergang von der bodensteten Anbauwirtschaft zur extensiven Weidewirtschaft nomadisierender Daseinsformen wächst die Krisenanfälligkeit, insbesondere wenn nach einigen Jahren oder Jahrzehnten der klimatischen Ruhe sich die Bevölkerung in diesen kritischen Zonen verdichtet hat. Das schlimme Beispiel hierfür ist die Sahelzone, die Randzone der afrikanischen Tropen gegen die Wüstenzone, doch gibt es zahlreiche vergleichbare Gebiete am Rande der wechselfeuchten Tropen gegen die Trockenzone.

Darin liegt die agrarökonomische Problematik der tropischen Randzone, wo zwar Anbau und Viehhaltung naturbestimmt möglich sind, wenngleich auch nur in recht extensivem Maße, aber nicht zu vereinen sind, sondern sich in gegenseitiger Betriebsfremdheit gegenüberstehen. Diese Betriebsfeindlichkeit beruht in Afrika vorwiegend auf den Gegensätzen zwischen den Gruppen der Sudan- und Bantuvölker. Das gilt auch für die Hochländer Ostafrikas. Daß aber eine beträchtliche Einheit von Anbau und Viehwirtschaft möglich ist, zeigen die verschiedenen Kombinationen beider Wirtschaftsformen im tropischen Südostasien und auch in den asiatischen Hochgebirgen auf den Höhenstufen der Landnutzung selbst noch in Regionen der jahreszeitlichen Höhenwanderungen und auch in der bodensteten Landwirtschaft Südamerikas, wo im Gebirge sich die Viehhaltung und der Anbau im Landnutzungswechsel auf schmalen Höhenstufen des Landbesitzes trotz der relativ jungen Entwicklung der Viehwirtschaft, die ja erst mit den Europäern ins Land kam, eingerichtet haben.

3.2 Die Höhenstufung in der tropischen Agrarwirtschaft

Schon beinahe schulbuchreif bildet sich die Höhenstufung der tropischen Landwirtschaft ab. Jeder Kontinent hat hierfür seine eigene Namensserie. Am bekanntesten ist die in Iberoamerika übliche Gliederung in die untere heiße Zone, die tierra caliente, die höhere tierra templada und die tierra fria. Jede der Zonen ist durch spezifische Selbstversorgungsfrüchte und Marktfrüchte charakterisiert, vor allem durch den Kakao und die Kokospalme in der tierra caliente, durch den Kaffee in der tierra templada von etwa 500 - 600 m bis auf 1600 - 1700 m. In der tierra fria mit kühlen Durchschnittstemperaturen und kalten Nächten nähern sich die Anbauverhältnisse jenen der gemäßigten Zone an, in denen das Getreide gedeiht, doch wird selten oder gar kein Fruchtwechsel getrieben, in der Regel nur eine extensive Brachweide eingeschaltet oder man läßt das Feld lange Zeit einfach brachliegen, so daß nur spärliche Erträge erzielt werden können. Doch können durch systematische Intensivierungsmethoden erhebliche Marktgewinne erzielt werden, wie im andinen Kartoffelanbau in den Anden Venezuelas, wo die Kartoffel als Salatkartoffel kultiviert wird. Bemerkenswert ist dort, daß das Saatgut von den eigenen Feldern wenig taugt und Saatkartoffeln aus den Niederlanden und Kanada eingeführt werden.

So einleuchtend, beinahe banal die Höhenzonierung der Landwirtschaft in den Tropen ist, umso schwieriger ist eine Wertskalierung. Ohne Frage ist die tierra caliente im Hinblick auf die Fülle der Produkte, Reis, Zuckerrohr, alle Knollenfrüchte, Ölpalmen und Kokospalmen, Obst und Gemüse, Bananen und viele andere Kulturen für Selbstversorgung und Markt höchst ergiebig und wenig katastrophengefährdet, denn sie liegt unter gleichbleibenden maritimen Klimaeinflüssen der Monsune und Passate und der Flußbewässerung.

Doch hat auch die Höhenzone der tierra templada ihre großen Vorzüge. Wichtig ist hier vor allem die ausgezeichnete Bewohnbarkeit nicht nur für europäische Siedler, sondern auch für die Einheimischen. Diese Gunst beruht auf dem anregenden Wechsel von nächtlicher Kühle und der vegetationsfördernden Wärme des Tages. In diese Zone reicht der Kaffeeanbau und der Anbau der Agrumen, auch noch der der Bananen. Aus der tierra fria herabreichend kann Futteranbau für eine Bewässerungswiesenwirtschaft und daher Milchwirtschaft für eine städtische und die Eigenversorgung betrieben werden, auch der Weizen- und Maisanbau ist klimatisch möglich und kann ertragreich sein. Marktproduktion und bäuerliche Selbstversorgung sind gleichermaßen möglich. Nach oben hin vermindert sich die Mannigfaltigkeit bis zur Monokultur auf Kartoffel und Weizen in den südamerikanischen Hochländern, zur Tiefe hin treten die kolonialen Monokulturen in den Vordergrund, die jedoch bei vergleichsweise geringeren Flächenansprüchen auch einer diversifizierten Anbauwirtschaft noch genügend Raum geben und damit auch einer Siedlungsverdichtung, die dem Arbeitsbedarf tropischer Pflanzungsunternehmungen und der bäuerlichen Selbstversorgungswirtschaft im Neben- oder Haupterwerb gleichermaßen zu gute kommt. Das zeigt z.B. die Entwicklung auf der Insel Ceylon, wo sich sowohl die unterste Kokosanbauregion in demselben Maße diversifiziert, wie sich in der Höhenregion der Teekulturen bäuerliche Siedlungszentren etablieren.

Der Vorzug der Lage in mittlerer Höhe erweist sich auch in den Gebirgen der Trockenzone, so im Hoggar- und im Tibestigebirge inmitten der Sahara, wo die tiefen Randzonen zu trocken, die Gipfel- und Hochlandregionen zu kühl sind, die mittleren Höhen aber am besten beregnet sind, um noch einen Anbau zu erlauben, sei es auch nur ein wenig Gerste und Hirse. Auch in den Gebirgen des östlichen Afrika zeigt jede Landnutzungskarte die Vorzüge der mittleren Höhe. Doch tritt seit Beginn europäischer Pflanzungswirtschaft die Selbstversorgerwirtschaft der Einheimischen mit ihren hergebrachten Bodenansprüchen mit den Fremden in Konkurrenz, was auch auf Java in vergleichbarer Höhenlage der Fall ist.

———

Damit sind, soweit ich es überschaue, alle Ordnungsprinzipien, nach denen die Agrarwirtschaft der Tropen betrachtet werden kann, zusammengestellt. Das ursprüngliche und einfachste System ergibt sich aus der Fruchtbarkeit des gerodeten Bodens und nutzt diesen zeitweilig oder auch gelegentlich dauernd zum Feldbau oder auch in Zusammenhang mit der Viehhaltung, soweit dies die Natur des Raumes und die Wirkungen der natürlichen Risiken erlauben.

In historischer Sicht ergeben sich zwei Polaritäten. Eine dieser Polaritäten ist älterer ethnischer Art und besteht im Gegensatz zwischen Pflanzenbauern und Viehhaltern in nomadischen Lebensformen. Man weiß heute, und das ist wohl verständlich, daß das viehhaltende Nomadendasein keine eigenständige Lebensform ist, sondern ein Zweig des seßhaften Oasenbauerntums. Beide Zweige sind heute einem starken Schrumpfungsprozeß unterworfen. Sie sind ohnehin nur eine Daseinsform der Alten Welt.

Die zweite Polarität ergab sich mit dem Zeitalter der Kolonisation der Europäer in den Tropen. Sie bewegt sich zwischen den beiden Begriffen der Plantage und der Eingeborenenselbstversorgung. In strenger Polarität hat dieser Gegensatz kaum bestanden, und soweit er bestanden hat, ist er im Laufe der Zeit zusammengebröckelt. Das zeigt sich am deutlichsten im iberoamerikanischen Großgrundbesitz, in dessen Gesellschaftsgefüge nicht nur Europäer und Kreolen, sondern eine vielfältige Rassenmischung gegeben war. Die Familiengeschichte Simon Bolivars in Venezuela beweist die Blutmischung von Europäern, Indianern und Negern als ein Beispiel. In der weiteren Auflösung der Besitzformen wirken dann später in der Zeit nach dem Zweiten Weltkrieg Enteignungen, Verstaatlichungen, genossenschaftliche Organisationen und in den kommunistisch dirigierten Staaten die dort propagierten Produktionsgemeinschaften. Deren Funktionieren ist schwer zu beurteilen. Man unterlag wohl dem Irrtum, daß die Großfamilienordnung etwas mit modernen Genossenschaftssystemen zu tun habe.

4 Die Individualität der Lage

Es soll hier nicht versucht werden, aus den bisherigen analytisch behandelten raumwirksamen Kriterien ein synthetisch erscheinendes Raumgefüge abzuleiten. Dazu wäre eine agrarlandschaftliche Bestandaufnahme notwendig, die nur an Ort und Stelle in mühseliger Kartierung möglich ist und doch letzten Endes in der regionalen Deskription stecken bliebe. Diese Aufgabe müssen wir uns hier versagen, denn bei ihrer Lösung wäre es wohl notwendig, die einzelnen, bereits behandelten Kriterien hierarchisch zu ordnen, wobei es sehr schwierig und wissenschaftlich kaum vertretbar wäre, eine Rangordnung zwischen geographischer Breite, Höhenlage, Küstenlage und zentraler Lage oder gar nach Produkten aufzustellen. Das aus einer solchen Synthese entstehende Bild entspräche einem Agrarlandschaftsmosaik, das wohl der regionalen Information, doch zunächst nicht der allgemeinen Erkenntnis von Raumordnungsprinzipien dienen könnte. Erst wenn diese agrarlandschaftskundliche Bestandsaufnahme vorläge, könnte man eine Systematik darauf aufbauen, die mit aller Wahrscheinlichkeit unsere Vorstellungen von den tropischen Agrarlandschaftszonen verflachen und uns zur Erkenntnis der Individualität tropischer Agrarlandschaft führen würde.

5 Gesichtspunkte der Marktordnung unter wachsender Bevölkerung

Es gibt nur von sehr wenigen Tropenländern überzeugende Landnutzungskartierungen, die uns die Grundlage für ein System räumlicher Ordnung zu entwerfen zuließen. Bis zu einem solchen Zeitpunkt, der trotz Afrika-Kartenwerk und world land-use maps noch in weiter Ferne liegt, denn immer mehr Länder sträuben sich gegen europäische kartierende Wissenschaftler in ihren Grenzen, bleibt uns die Anlehnung an Modellvorstellungen, die aber schon einen weitgehenden Verwirklichungsgrad erreicht haben, sodaß man sie als sehr realistische, durchführbare Zielvorstellungen benutzen kann.

Dieses Modell ist sehr einfach, erprobt und in der Planung der tropischen Entwicklungsländer durchführbar. Man weiß, daß jeder Fortschritt auf Arbeitsteilung beruht. In einer homogenen Wirtschaftsstruktur, die auf Selbstversorgung jedermanns eingestellt ist, gibt es keine oder nur gering leistungsfähige Märkte, hinter denen keine arbeitsteilige Wirtschaft steht, sondern höchstens ein geringwertiger Tauschhandel von Früchten und Tieren sowie einigen hausgewerblich erzeugten Gebrauchsgegenständen. Doch darin liegt der Ansatz. Auch im heutigen industriellen Europa und in allen späteren Industrieländern der Erde wurde dieses Prinzip verfolgt. Dabei spielten die räumlichen und arbeitsteiligen Dimensionen eine entscheidende Rolle. Wenn der Fernhandel keine besonderen Leistungen auf große Distanzen erbrachte, war die Abständigkeit der Marktorte im ländlichen Raum durch die Länge des Marktweges für die ländliche Produktion, die über die Eigenversorgung hinaus erzeugt wurde, bestimmt. Für lange Zeiten, bis ins Ende des 19. Jahrhunderts, bis der Welthandel mit Getreide und Fleisch und später mit Ölpflanzenprodukten einsetzte, war auch das Zahlenverhältnis zwischen den Menschen des ländlichen Raumes und den städtischen Bereichen festgelegt, etwa bei 10 % Stadtbevölkerung und 90 % ländlicher Bevölkerung. Erst mit der industriellen Revolution, der immer stärker anwachsenden Arbeitsteilung, ließ sich eine völlige Umkehr der Tätigkeitsfelder bewirken, was letztlich zum Wohlstand der Industrienationen führte.

Bedenkt man dabei, daß dieser Umwandlungsprozeß sich in einem Anfangskreis von 150 - 200 Millionen Menschen vollzog, unter seinem Ablauf auf kaum eine Milliarde anwuchs, wogegen die derzeit laufenden und vorausschaubaren Entwicklungsprozesse in den nächsten 3 - 4 Jahrzehnten schließlich rund 10 Milliarden Menschen erfassen und sich zu einem erheblichen Teil auf die tropischen Regionen und die subtropischen Zonen erstrecken werden. Wir haben zur Zeit bei rund 4 Milliarden Bevölkerung etwa 150 Städte mit über 1 Million Einwohnern. Beachtet man die in allen Erdteilen wachsende Tendenz und nimmt man die freilich nur geschätzten Voraussagen der UNO zur Problemstellung der Umweltkonferenz die Vereinten Nationen in Vancouver 1976 auch mit allen Einschränkungen an, so rechnet man mit der Notwendigkeit von 3.500 neuen Millionenstädten. Da 80 % der Weltbevölkerung dann in den so bezeichneten Entwicklungsländern der Tropen und Subtropen leben werden, fällt auch unsere für heute gestellte Frage ganz und gar in diesen Wachstums-, Entwicklungs- und Verdichtungsprozeß hinein. Das heißt, daß das Problem der räumlichen Ordnung der Landwirtschaft selbstverständlich wie bisher unter den Gesichtspunkten der natürlichen Eignung und Leistung gesehen werden muß, aber nun auch in Voraussicht der zu erwartenden sozialen Problematik.

Das heutige Vortragsthema kann deshalb nicht im naturräumlichen, ethnischen und historischen Beziehungsgefüge stecken bleiben, sondern muß in seiner ganzen sozialen Problematik betrachtet werden.

Von hier an kann nur in Alternativen gesprochen werden, es können Zielvorstellungen dargelegt werden. Wie die Entwicklung in der Wirklichkeit verläuft, im Prestigedenken der jungen Nationen, in Nachahmungen von Ballungsideen nach den Vorbildern amerikanischer, europäischer und japanischer Großstadtballungen oder nach vielleicht noch realisierbaren regionalen Kleinzentrenbildungen in der örtlich gut dosierten Arbeitsteilung zwischen Stadt und Land und den ihr entsprechenden Raumsystemen, bleibt offen.

Eine städtereiche Region, gar eine millionenstadtreiche Region, ist nur denkbar, wenn der Wohlstand eine hinreichende Höhe garantiert. Andernfalls ist die Slumbildung absolut sicher, wenn die Versorgung mit Arbeitsplätzen einkömmlicher Dotierung mit dem Zustrom der Landflucht nicht Schritt halten kann. Dieser Zustand ist von Rio de Janeiro und Caracas bis Manila zu beobachten.

Der fürchterliche Zirkelschluß liegt in all diesen Ländern darin, daß der Wissensstand in der ländlichen Bevölkerung gering ist, bei wachsender Bevölkerung die Abwanderungsneigung in die Stadt beträchtlich ist, ohne daß dort aber wiederum Kapital zur Verfügung steht, um teure Arbeitsplätze zu schaffen, und handarbeitsintensive industrielle Arbeitsplätze nützen nicht allzu viel, denn die Produkte stehen sowohl in der exportorientierten Erzeugung ebenso wie in der Importsubstitution in Konkurrenz auf den Weltmärkten mit den Produkten aus den Industrieländern.

Sucht man in dieser verzweifelten Situation nach tragfähigen Lösungen, so können sie nach unserem Dafürhalten kaum in einer Schutzzollpolitik einerseits oder in Rohstoffgarantiepreisen oder Abnahmegarantien, Rohstofflägern, wie sie z.B. in Nairobi gefordert werden und immer wieder gefordert worden sind, bestehen, sondern es muß auf eine langfristig wirksame Lösung Bedacht genommen werden, in die auch das Problem einer agrarischen Ordnung der Tropenländer mit einzubauen ist.

Räumliche Ordnung der Landwirtschaft in den Tropen kann nicht mehr rückschauend im traditionellen naturgeographischen Rahmen gesehen werden, sondern muß im Rahmen umfassender weitgefaßter sozioökonomischer Raumgliederung bedacht werden.

Dafür kann man natürlich nur allgemeine Zielvorstellungen entwickeln. Die Durchführung setzt die Bereitschaft der tropischen Entwicklungsländer voraus, sich helfen zu lassen, ebenso wie die Bereitschaft der Industrieländer zu helfen.

Eins der wichtigsten Ziele für eine planvolle Ordnung der Landwirtschaft in den tropischen Ländern muß in Verhinderung, zumindest in der Bremsung des Großstadtwachstums bestehen, bis das Gleichgewicht im Arbeitsplatzverhältnis von Land und Stadt hergestellt ist. Wie lange dieser Zeitraum zu bemessen ist, ergibt sich aus dem Vergleich der Herkunft des Sozialproduktes in den heutigen Industrieländern und den tropischen Agrarländern. Die Zeitvorstellungen müssen hierbei gründlich revidiert werden. Alle topographischen, in nervöser Hast geplanten räumlichen Organisationspläne sind sicherlich auf 100 - 150 Jahre anzusetzen. Die Neuschöpfung von Hunderten oder gar von über 3 000 Millionenstädten ist völlig utopisch, d.h. völlig unrealistisch, wenn man bedenkt, daß es vor 100 Jahren 10 Großstädte über eine Million Einwohner gab, heute 152. Der Ansatz einer Lösung des Weltbevölkerungsproblems kann nur in den Bahnen eines Regionalismus gelöst werden. Es wird darauf ankommen, so viele kleine Kerne, d.h. Markt- und Gewerbezentren zu schaffen, die der Raum unter der stärksten Kompression trägt, um alle Menschen in der flächigen Wirtschaft zu halten und die übermäßige Konzentration zu vermeiden. Selbstverständlich ist die Größe der Kerne und die Größe des ihnen zuzuordnenden agrarischen Umlands je nach der natürlichen Tragfähigkeit sehr unterschiedlich, und ebenso selbstverständlich ist die Unterscheidbarkeit im Hinblick auf die Intensität der jeweils betriebenen Landwirtschaft. Man wird aber im groben Durchschnitt davon ausgehen können, daß jeweils auf die Bevölkerungszahl des Kernes noch einmal die gleiche Bevölkerungszahl in der agrarischen Peripherie zu rechnen ist. Dies Verhältnis von 50 zu 50 ist vertretbar, wenn man beachtet, daß durch die Mischung der Einkommensquellen auch in peripheren Bereichen, z.B. durch örtliches Gewerbe und Dienstleistungen, dies Verhältnis auf 90 : 10 variiert werden kann. Dies nur als Zwischenbemerkung über die Dauer eines Prozesses räumlicher Neuorientierung der tropischen Landwirtschaft im Verbund mit der Gesamtwirtschaft und der Bevölkerungsentwicklung. Die einzelnen Wegeabschnitte sind hart und verlangen unendliche Geduld und Verzicht. Geht man davon aus, daß die in der Regionalplanung in der Europäischen Gemeinschaft angewandten Richtzahlen bei

500 000 für die Region liegen, so wird man für die Tropen die Planungs- und Entwicklungsräume für 200 000 Menschen als realistisch ansehen können. Überdies lassen sie sich vereinigen und teilen, je nach der Struktur des Raumes, vor allem der Verkehrsstruktur. Der Sinn einer solchen Raumstruktur ist die Schaffung einer regionalen Arbeitsteilung zwischen ländlicher Produktion und städtischem Gewerbe und der städtischen Dienstleistung. Die Planungsvorstellungen in der Indischen Union liegen in diesen Größenordnungen.

6 Zielvorstellungen für die räumliche Ordnung der tropischen Landwirtschaft

Zur Schaffung eines inneren Marktes bedarf es der Pflege einer entsprechenden Differenzierung der Produktion. Je vielseitiger ein Markt beschickt wird, umso größer ist seine Wirkung, seine Befruchtung im Tauschverkehr mit gewerblichen Produkten. Eine Intensivierung der Agrarproduktion der agrarischen Güterproduktion kann auf verschiedene Weise erfolgen: Durch Spezialisierung weniger oder auf ein Produkt, innerhalb einer Region oder innerhalb eines Betriebes, oder durch Erhöhung der Mannigfaltigkeit in der Region oder in dem einzelnen Betrieb. Vor diese Entscheidung gestellt, ist sicherlich die Pflege der Mannigfaltigkeit in der Region die empfehlenswerteste Form, denn durch sie kann die Arbeitsteilung und die Wirkung des Marktes am ehesten gefördert werden, auch im Prozeß der Rationalisierung und Mechanisierung der Agrarproduktion.

Drei Diversifizierungsmöglichkeiten stehen zur Diskussion:

1. Eine Diversifizierung und damit die Intensivierung der pflanzlichen Produktion je nach der regional unterschiedlichen Eignung. Das bedeutet, daß die agrarischen Planungsräume nicht nach dem Homogenitätsprinzip ermittelt werden sollten, sondern nach einem binnenmarktorientierten Vielseitigkeitsprinzip, um innere Märkte zu entwickeln.

2. Eine regionale Kombination von Anbau- und Viehwirtschaft, die in großen Teilen der Tropenländer möglich ist, sich aber heute noch vordringlich auf Ziegen- und Geflügelhaltung beschränkt. Mit Hilfe der Ölpalmen- und Kokospalmenwirtschaft ist auch eine Viehhaltung und es sind auch erste Industrialisierungsstufen möglich.

3. Ein dritter Schritt zur binnenmarktorientierten Entwicklung ist eine regional zu bestimmende Lokalisierung von Marktpflanzen und Selbstversorgungspflanzen. Im Rahmen der weltmarktorientierten tropischen Agrarproduktion bis hin zur Holzproduktion zeigt sich im naturgeographischen Eignungsrahmen ein kräftiger interkontinentaler Austausch. Es ist in diesem Kreise nicht notwendig, dies durch Beispiele zu belegen.
Agrarmonopolstrukturen sind nicht zu begründen und zu rechtfertigen. Mit ihrem Abbau können zugleich Kartellbildungen vermieden werden, denn je mehr Länder an einer Produktion beteiligt sind, umso weniger funktioniert die Kartellisierung, umso mehr gewinnt der Weltmarkt an den Möglichkeiten der liberalen Marktwirtschaft. Dies ist freilich schon eine Meinungsäußerung, die nur solange Gültigkeit hat, so lange nicht eine Weltplanwirtschaft das Gegenteil beweist.

Wir meinen, daß mit der Regionalisierung der tropischen Landwirtschaft sich ein ähnlicher Prozeß vollziehen möge, der sich in Europa vollzogen hat, von dem gesagt worden ist, daß "hier überall Markt sei", und daß sich demzufolge auch die Intensivierung des Anbaus und der Viehhaltung unter gleichermaßen obwaltenden Marktbedingungen abspielen sollte. Darin sah die damalige und sieht z.T. noch die jüngste Agrarwirtschaftsforschung in den Tropen das naturräumliche Gestaltprinzip, das in Wirklichkeit häufig gar keins ist, sondern eine historische Erscheinung.

Rücken wir nunmehr in der heutigen Problemstellung regionale ökonomische Gesichtspunkte in den Vordergrund, so kann erst die rechte Einheit in der tropischen Landwirtschaft zwischen den Produktionsmöglichkeiten und den vielseitigen Konsummöglichkeiten gefunden werden. Man kann natürlich dem gesamten hier entwickelten regionalwirtschaftlich diversifizierten Raumsystem entgegenhalten, daß es vielen Erkenntnissen einer hochentwickelten Agrarwirtschaft widerspricht, wie sie z.B. in Nordwesteuropa oder in Kalifornien betrieben wird. Doch wird man an die unterschiedlichen Zielvorstellungen denken müssen. Im letzteren Falle hat man es mit hohem Lohnniveau und hohen Bodenpreisen zu tun, im ersteren Falle mit einer wachsenden Agrarbevölkerung in einem bisher extensiv genutzten Raum, der nicht eher in die Slums der großen Städte abwandern sollte, ehe nicht durch eine intensive Landwirtschaft alle Möglichkeiten der Wertschöpfung auf der größeren Fläche ausgenutzt sind.

Es bleibt zum Schluß noch über eine Überlegung zur Intensivierung der Aufnahmefähigkeit des tropischen Agrarraumes nachzudenken. Wir wissen aus der Entwicklung der intensiven Landwirtschaft in den Industrieländern, daß mit zunehmender Verstädterung ländlicher Räume eine Diversifizierung der Einkommen Platz greift. Mit dem Eintritt der Kinder ins Erwerbstätigenalter gliedert sich in der Regel in den stadtnahen Gebieten das Familieneinkommen nach den Einkommensquellen in Landwirtschaft, Gewerbe und in den Dienstleistungen. Sinnvoll erscheint eine solche Einkommensmischung aber erst mit der Auflösung der Großfamilien tropisch-afrikanischen Stils, in denen die Einkommen aus verschiedenen Quellen zusammenfließen, eine gerechte Verteilung erschweren und zu Ungerechtigkeiten führen können, versteckte Arbeitslosigkeiten mitfinanziert werden müssen. Das Beispiel zeigt sehr deutlich, wie stark gesellschaftliche und ökonomische Probleme miteinander in Einklang zu bringen sind.

Doch ist die gesamte Problematik nicht in eine ferne Zukunft zu verweisen, denn schon heute sind viele Fälle bekannt, in denen jugendliche Großfamilienangehörige in städtische Berufe abwandern, aber im Falle der Arbeitslosigkeit in den Großfamilienverband zurückkehren, ohne dort eine Beschäftigung mit dem entsprechenden Beitrag zum Sozialprodukt zu finden.

Ich habe versucht, in meinem Vortrag einige über hundert Jahre reichende Erfahrungen aus den Industrieländern auf die tropischen Länder zu übertragen und einige eigene Erfahrungen im tropischen Südamerika einzuarbeiten. Ob dieses Verfahren erlaubt ist, wie weit es durch die Mentalität der Bevölkerung variiert werden muß und wie weit sich der Sinn des homo oeconomicus als Gestaltprinzip durchsetzen wird, vermag auch ich nicht zu sagen. Worauf es ankommt, ist eine marktwirtschaftliche Konzeption der tropischen Landwirtschaft in ihrer räumlichen Ordnung gegenüber einer bisher weitgehend geruhsamen naturräumlich gesehenen Ordnung.

Ein solches Konzept zur räumlichen Gestaltung der tropischen Landwirtschaft ist nur zu halten unter der Vereinigung von Erfahrungen in den Ländern der Erde, die diesen Prozeß miterlebt haben, unter der Erkenntnis der besonderen Verhältnisse in den Tropenländern und unter der Beachtung aller synchron wahrzunehmenden Maßnahmen im Verstädterungsprozeß und in der Intensivierung und Diversifizierung der ländlichen Produktionswirtschaft. Je schneller sich die Bevölkerung vermehrt, umso schwerer sind die Grundprinzipien der wirtschaftlichen Synchronisierung einzuhalten.

Der Synchronisierungsmaßstab für die räumliche Ordnung der Agrarwirtschaft in den Tropen liegt in der Ausgewogenheit des Bevölkerungswachstums insgesamt in Verbindung mit der Entwicklung gewerblicher Arbeitsplätze. Die räumliche Ordnung der tropischen Landwirtschaft rückt damit aus der Problematik der auf die Industriestaaten bezogenen Rohstoffversorgungspolitik in eine eigenständige regionale Entwicklungspolitik. Das ist ein sehr schwierig zu beschreitender Weg, aber er muß beschritten werden, um die sozio-ökonomischen Gegensätze zwischen den Klimazonen zu überwinden.

INTENSITÄTEN DER BODENNUTZUNG IN ÖLPALMEN-MANIOK-BETRIEBEN
OSTNIGERIAS - DAS PRINZIP DER INNERBETRIEBLICHEN DIFFERENZIERUNG

von

Johannes Lagemann, Hohenheim [1]

1	Einleitung	311
1.1	Problemstellung	311
1.2	Das Untersuchungsgebiet	312
2	Die Organisation der Bodennutzung	312
2.1	Räumliche Verteilung der Bodennutzung	312
2.2	Hofgrundstücke	313
2.2.1	Kulturartenkombination	313
2.2.2	Anbaumethoden und Düngung	314
2.3	Außenfelder	314
2.3.1	Kulturartenkombination	314
2.3.2	Anbaumethoden und Düngung	315
3	Bodenfruchtbarkeit und Erträge	315
3.1	Bodenfruchtbarkeit	315
3.2	Physische Erträge pro ha	317
3.3	Geldrohertrag pro Betrieb von Baum- und Ackerkulturen	318
4	Ertragsbeziehungen auf den Außenfeldern	319
5	Zusammenfassung	320

1   Einleitung

1.1 Problemstellung

Die Entwicklung der Landwirtschaft in Ostnigeria hat ähnliche Stufen durchlaufen wie andere Gebiete in den feuchten Tropen. Unter wachsendem Bevölkerungsdruck fand ein Übergang von der Urwechselwirtschaft (shifting cultivation) zu semi-permanentem und teilweise permanentem Ackerbau statt. Die Entwicklung zeigt deutlich die Gefahren, die mit zunehmender Bebauungsperiode und abnehmender Brachezeit verbunden sind (GROVE, 13). Sinkende Bodenfruchtbarkeit und Erträge veranlassten die Landwirte zu zunehmender innerbetrieblicher

---

[1] Die Ausführungen sind Ergebnisse von Erhebungen, die in Zusammenarbeit mit dem International Institute of Tropical Agriculture (IITA) in Ibadan, Nigeria durchgeführt wurden.

Differenzierung, die durch unterschiedliche Intensitäten in der Bodennutzung charakterisiert ist.

Ziel der vorliegenden Arbeit ist es, das Bodennutzungssystem in der kleinbetrieblichen Landwirtschaft Ostnigerias im Hinblick auf ihren Beitrag zur Produktion zu untersuchen. Ein Erfassen und Verstehen des Systems soll Hinweise für relevante Forschungsaufgaben geben 1).

1.2 Das Untersuchungsgebiet

Im Jahre 1974/75 wurden Betriebserhebungen 2) bei 75 Bauern in drei Orten Ostnigerias durchgeführt, die in Gebieten mit unterschiedlicher Bevölkerungsdichte liegen, jedoch ähnlich im Hinblick auf Bodenart, Klima und Zugang zu Märkten sind. Die Charakteristika der Betriebe sind in Tabelle 1 zusammengefaßt.

Die Niederschläge betragen durchschnittlich 2 300 mm verteilt von März bis November mit den höchsten Werten im Juli und September.

Tabelle 1: Charakteristika der kleinbäuerlichen Betriebe in drei Orten in Ostnigeria, 1974/75

	Bevölkerungsdichte		
	Hoch (H)	Mittel (M)	Niedrig (N)
Personen/km^2	750 - 1000	350 - 500	100 - 200
Familiengröße	8 - 9	7 - 8	8 - 9
Bewirtschaftete Fläche pro Betrieb (in ha)	0,23	0,27	0,40
Felder pro Betrieb	6 - 7	4 - 5	4 - 5
Hofgrundstücke	intensiv bewirtschaftet		nicht intensiv
Felder:			
a) Bebauungsjahre	1 - 2	1 - 2	1 - 2
b) Brachejahre	1 - 2	3 - 4	5 - 6

Quelle: LAGEMANN, J., FLINN, J.C., und RUTHENBERG, H. (15).

2 Die Organisation der Bodennutzung

2.1 Räumliche Verteilung der Bodennutzung

Wenn Landwirte der humiden Tropen unter wachsendem Bevölkerungsdruck wirtschaften, dann tendieren sie zu einer räumlichen Konzentration der Produktion. Auf einem Teil der verfügbaren Fläche wird Bodenfruchtbarkeit akkumuliert, während die übrigen Felder Nährstoffe abgeben (BENNEH, 3; BOURKE, 5).

Es entwickelt sich in Ostnigeria eine innerbetriebliche Differenzierung, die, ähnlich der "Thünen'schen Ringe", Felder mit unterschiedlich intensiver Bewirtschaftung aufweist. Entsprechend der Entfernung der Produktionszonen zum Haus wird zwischen den Hofgrundstücken, den nahe gelegenen und den entfernt gelegenen Feldern unterschieden:

---

1) Eine detaillierte Analyse des Bodennutzungssystems in Ostnigeria ist gegeben bei LAGEMANN, J. (14).

2) Die Betriebe sind in der Regel Nebenerwerbsbetriebe. Das außerlandwirtschaftliche Einkommen steigt mit zunehmender Bevölkerungsdichte.

Die Hofgrundstücke liegen in unmittelbarer Nähe der Häuser und werden intensiv mit einer stockwerkartig organisierten Kombination von Baum- und Ackerkulturen bebaut. Die Größe dieser Flächen variiert von etwa 200 bis 1000 m^2 und ist umso größer je höher die Bevölkerungsdichte ist.

Die nahe gelegenen Felder sind in der Regel mit Ölpalmen und anderen Bäumen bewachsen, unter denen Ackerkulturen in einem intensiven Brachesystem angebaut werden.

Die entfernt gelegenen Felder mit einer geringeren Baumbestandsdichte produzieren innerhalb eines extensiven Brachesystems einen wesentlichen Anteil der stärkehaltigen Früchte.

Außer den jährlich angebauten Feldern verfügen die Bauern über Bracheland, das nicht nur der Regenerierung der Bodenfruchtbarkeit dient, sondern auch direkt Produkte zur Verfügung stellt: Bäume liefern Palmöl, Palmwein und verschiedene andere Früchte, Baumaterial, Feuerholz und Mulchmaterial für die Hofgrundstücke.

2.2 Hofgrundstücke

Die intensive Bewirtschaftung der unmittelbar an den Häusern gelegenen Parzellen beruht - ähnlich wie auch in anderen Gebieten der feuchten Tropen 1) - auf einer Kombination von Baum- und Ackerkulturen, die in Mischkultur mit einer hohen Pflanzendichte angebaut und reichlich mit organischem Material (Hausabfälle, Ziegendünger, Mulchmaterial) und Asche gedüngt werden.

Mit zunehmender Entfernung vom Haus nimmt die Intensität der Düngung ab und die Hofgrundstücke gehen langsam in die nahe gelegenen Felder über.

2.2.1 Kulturartenkombination

Im stockwerkartigen Anbau wachsen die Ackerkulturen im Schatten von Bäumen und Sträuchern 2). Die Blattmasse wird umso größer und dichter, je näher sie am Boden ist und verhindert dadurch Erosion, beschattet den Boden und reguliert die Bodentemperatur und -feuchtigkeit. Nährstoffe werden durch herabfallende Blattmasse dem Boden wieder zurückgeführt und erhöhen den Humusanteil im Boden.

Stärkehaltige Ackerkulturen, wie Cocoyam und Yam sind die am meisten angebauten Pflanzen, die sich durch eine relative Schattentoleranz (PHILLIPS, 21; OKIGBO, 19) im Vergleich zu anderen Kulturen, wie Mais und Maniok, auszeichnen.

Neben den Wurzelfrüchten werden auf dem gleichen Feld Mais, Bohnen, Pfeffer, Gemüse und bodenbedeckende Früchte wie Melonen und Erdnüsse angebaut. OKIGBO (19) identifizierte die angebauten Baum-, Strauch- und Ackerkulturen von vier Hofgrundstücken in den Orten mit mittlerer und hoher Bevölkerungsdichte. Die durchschnittliche Zahl pro Feld lag bei 47 Sorten. Die Anzahl der verschiedenen Kulturen wie auch die Pflanzendichte ähneln den Busch- oder Waldbedingungen und stellt ein Ökosystem mit ausgeprägter Stabilität dar (OKIGBO, 19).

Die Pflanzendichte nimmt mit größerer Landknappheit zu und ist während der Hauptregenzeit (Mai - September) am höchsten.

---

1) Intensivierung des Anbaus in der Nähe der Häuser und Dörfer taucht vor allem dort auf, wo Landknappheit ein Ausweichen in bisher unbekannte Gebiete nicht mehr zuläßt. Siehe: BENNEH, G. (3); FRIEDRICH, K.H. (11) und BOURKE, R.M. (5).

2) Ölpalmen, Raffiapalmen, Kokosnuß, Kolanuß, Mango, Orangen, Bananen u.a..

Neben dem System der Mischkultur (intercropping) sorgen versetzte Pflanztermine bei verschiedenen Kulturen (phased planting) für einen ganzjährigen Anbau. Die Hofgrundstücke sind daher ständig mit einer voll entwickelten photosynthetisch aktiven Blattmasse ausgestattet und aus diesem Grunde effektive Umwandler von Sonnenenergie in Produkte, die von den Familien nachgefragt werden.

2.2.2 Anbaumethoden und Düngung

Vor dem Pflanzen der Ackerkulturen werden sämtliche Bäume gelichtet damit mehr Sonnenlicht die Kulturen am Boden erreichen kann.

Yams, der vorgekeimt ist, wird in Löcher gepflanzt, die vorher mit organischem Dünger gefüllt wurden. Andere Ackerkulturen werden unregelmäßig - jedoch in Anpassung an die natürlichen Bodenverhältnisse - auf der Parzelle verteilt. Es wird dabei nicht die gesamte Fläche tief gelockert, wie z.B. beim Pflügen, sondern eine Art "minimum tillage" ist die Regel, bei der überdies nur die unmittelbare Umgebung der Pflanze bearbeitet wird.

Eine Mulchschicht aus Zweigen, Blättern und Pflanzenrückständen vom Hofgrundstück selbst wie auch vom Brachland, bedeckt anschließend den Boden und erhöht damit den Humusanteil [1].

Intensive Düngung wird somit die Basis für eine erfolgreiche permanente Bewirtschaftung des Bodens. Der Export von Nährstoffen ist sehr gering. Sämtliche Pflanzenrückstände werden dem Boden wieder zugeführt und große Mengen organischen Materials werden von den Außenfeldern, dem Brachland und durch Zukäufe vom Haushalt importiert. Die Bodenfruchtbarkeit wird systematisch aufgebaut und erhöht sich von Jahr zu Jahr. Die Intensität der Düngung scheint im Ort mit der mittleren Bevölkerungsdichte am größten zu sein, da dort die Hofgrundstücke am kleinsten sind und von den Außenfeldern mehr Rückstände abfallen.

In Gegenden mit relativ niedriger Bevölkerungsdichte (100 - 200 Personen/km^2) ist eine ähnlich intensive Bewirtschaftung der am Haus gelegenen Flächen nicht üblich, da die Felder nach der Anbauzeit für 5 - 6 Jahre brachliegen und daher die Erträge relativ hoch sind.

2.3 Außenfelder

Die Intensität des Anbaues auf den Außenfeldern nimmt ab je weiter sie vom Haus entfernt liegen. Wesentlich größere Unterschiede - vor allem in der Pflanzenbestandsdichte - bestehen zwischen den Gebieten, die mit dem Produktionsfaktor Boden unterschiedlich ausgestattet sind. Je größer die Landknappheit und umso kürzer die Brachezeiten (siehe Tabelle 1) umso höher ist die Dichte der Baum- und Ackerkulturen.

2.3.1 Kulturartenkombination

Die Landwirte passen die Pflanzenart und -sorten der Fruchtbarkeit des Bodens an, die im wesentlichen durch die Länge der Brachezeit bestimmt wird, da Mineraldünger bisher noch nicht bekannt ist. Infolgedessen nehmen Ackerkulturen, wie z.B. Maniok, die geringe Ansprüche an die Bodenfruchtbarkeit stellen, jedoch relativ große Mengen an Kalorien liefern, an Bedeutung zu, je unproduktiver die Böden im Zeitablauf geworden sind. Die Anzahl der auf einem Feld gepflanzten Kulturen nimmt zu, je niedriger die Bodenfruchtbarkeit ist und zwar aus folgenden Gründen:

---

[1] Eine Quantifizierung der aufgebrachten Düngermengen konnte nicht durchgeführt werden; die Angaben beruhen auf Beobachtungen während der 18-monatigen Erhebungszeit.

- der Boden wird früher von der Pflanzenmasse bedeckt und reduziert somit die Auswaschung der vorhandenen Nährstoffe wie auch die Bodenerosion.
- eine Kombination von verschiedenen Pflanzen nützt die verfügbaren Nährstoffe effektiver aus und bestimmte Kulturen können sich gegenseitig positiv im Wachstum beeinflussen (z.B. stickstoffsammelnde Leguminosen und Mais).

Wie in den Hofgrundstücken wird auch auf den Außenfeldern die Pflanzzeit den Bedürfnissen der Kulturen angepaßt. Allerdings ist der Zeitraum der Feldbestellung kürzer, da die Baumdichte weitaus niedriger auf den Außenfeldern ist und damit die Böden eine niedrigere Wasserabsorptionskraft besitzen. Der Pflanztermin beginnt auf den Feldern erst nach Eintreffen von regelmäßigen Niederschlägen. Danach wird versucht, sämtliche Pflanzen innerhalb von 4 - 6 Wochen anzubauen, um die Regenzeit von etwa 8 Monaten optimal auszunutzen.

2.3.2 Anbaumethoden und Düngung

In den ersten drei Monaten des Jahres wird der Busch gerodet und gebrannt. Sämtliche Bäume und größere Äste des während der Brachezeit herangewachsenen Buschholzes bleiben stehen und dienen später verschiedenen Pflanzen (Yams, Bohnen) als Kletterstangen. In Gegenden mit sehr kurzen Brachezeiten (1 - 2 Jahre) findet man anstatt der Buschbrache eine Grasbrache, die im wesentlichen aus Imperata cylindrica besteht.

Die meisten Ackerkulturen werden auf flachem Boden oder auf kleinen Hügeln angebaut. Eine Ausnahme wird beim Yams gemacht, der in der Regel in größere Hügel gepflanzt wird.

Gedüngt werden die Pflanzen nur im Ort mit der kürzesten Brachezeit.

Der Boden wird nach der Pflanzung mit Mulchmaterial (in erster Linie Gras von der vorhergehenden Brache) bedeckt, das den Pflanzen Nährstoffe zuführt. Wesentlicher ist noch die Düngung mit Asche und Ziegenmist, der den Pflanzen während der ersten Wachstumsperiode verabreicht wird.

Die Bewirtschaftung auf den Außenfeldern wird keineswegs so sorgfältig durchgeführt wie auf den Hofgrundstücken. Anstatt organisches Material von außen zu importieren liefern die Felder große Mengen an die Hofgrundstücke und erhöhen damit deren Produktionspotential auf Kosten des eigenen. Die Interaktion zwischen den unterschiedlich entfernt liegenden Parzellen sind ausgeprägt und bedürfen einer Berücksichtigung bei der Interpretation der erhobenen Daten über Bodenfruchtbarkeit und Erträge.

3 Bodenfruchtbarkeit und Erträge

3.1 Bodenfruchtbarkeit

Kontinuierlicher Anbau von Ackerkulturen unter den Bedingungen der humiden Tropen ist verschwenderisch (MACARTHUR, 16), da die Bodenfruchtbarkeit in der Regel von Jahr zu Jahr abnimmt, wenn nicht große Mengen organischen Düngers dem Boden jährlich wieder zugeführt werden. Mineraldünger und Zwischenfrüchte (Gründünger) reichen nicht aus, die Produktivität des Bodens auf gleichem Niveau zu halten (EGWUONWU, 8).

Die Erfahrungen der Landwirte in Ostnigeria zeigen, daß sie diese Zusammenhänge kennen, denn das System tendiert zu intensiver Wirtschaftsweise, soweit sie im Rahmen der traditionellen Methoden möglich ist.

Die Parzellen direkt am Haus erhalten das ganze Jahr über organischen Dünger, der besonders im Ort mit mittlerer Bevölkerungsdichte in großen Mengen verabreicht wird. Die Hofgrundstücke sind hier im Durchschnitt nur etwa 300 m^2 groß und damit nur halb so groß wie im anderen Ort.

Tabelle 2: Mittelwerte und Variationskoeffizienten der Bodenfruchtbarkeitsindikatoren auf Hofgrundstücken, nahen und entfernten Feldern in drei Orten in Ostnigeria, 1974/75

	Bevölkerungsdichte					
	Niedrig (N)[1]		Mittel (M)		Hoch (H)	
Hofgrundstücke			n = 25		n = 63	
			$\bar{x}$	VC in %	$\bar{x}$	VC in %
Org. C %			2,06	49,9	1,06	40,7
pH			5,06	8,5	5,06	11,5
Ca+Mg me/100 g			3,50	57,2	2,77	71,2
K me/100 g			0,14	54,2	0,17	72,5
P me/100 g			36,18	74,1	19,18	72,8
N me/100 g			0,168	41,9	0,085	41,7
Nahe Felder	n = 33		n = 32		n = 81	
	$\bar{x}$	VC in %	$\bar{x}$	VC in %	$\bar{x}$	VC in %
Org. C %	2,35	17,7	2,30	42,0	1,20	52,8
pH	4,59	8,8	4,71	7,7	4,5	9,1
Ca+Mg me/100 g	1,65	124,1	1,90	73,1	1,28	101,9
K me/100 g	0,09	60,0	0,06	46,3	0,11	82,0
P me/100 g	25,01	99,0	10,58	123,1	9,77	46,9
N me/100 g	0,178	32,0	0,170	32,1	0,092	50,8
Entfernte Felder	n = 33		n = 44		n = 17	
	$\bar{x}$	VC in %	$\bar{x}$	VC in %	$\bar{x}$	VC in %
Org. C %	2,37	19,8	1,94	47,4	1,00	14,0
pH	4,47	9,9	4,71	6,9	4,26	5,4
Ca+Mg me/100 g	0,89	127,6	1,61	59,3	0,69	55,6
K me/100 g	0,08	61,4	0,05	22,6	0,08	32,3
P me/100 g	9,78	107,1	8,03	48,4	9,98	43,0
N me/100 g	0,169	25,9	0,151	28,0	0,067	100,8

1) Der Ort mit niedriger Bevölkerungsdichte hat keine intensiv bewirtschafteten Hofgrundstücke.

Quelle: Bodensurvey unter Leitung von F.R. MOORMANN, Pedologist am IITA. Analysen wurden durchgeführt beim Analytical Services Laboratory, IITA.

Die Daten in Tabelle 2 zeigen zwei wesentliche Ergebnisse:
- die Hofgrundstücke sind fruchtbarer als die nahe gelegenen Felder und diese wiederum fruchtbarer als die weiter entfernten Felder. Dünger und Baumkulturen, letztere besonders wegen ihres tiefen Wurzelsystems, beeinflussen die Bodenfruchtbarkeit positiv.
- die Außenfelder in den drei Orten zeigen wesentliche Unterschiede in der Bodenfruchtbarkeit. Je höher die Bevölkerungsdichte und damit je kürzer die Brachezeit umso niedriger sind die Werte für Org. C., Stickstoff und Phosphor.

Es scheint somit, daß "mulching" auf den Außenfeldern mit nur sehr kurzer Brachezeit nicht ausreicht, die auf ein niedriges Niveau abgesunkene Bodenfruchtbarkeit zu erhöhen. Die Maßnahmen müssen anscheinend von starker Intensität sein, um eine Wirkung zu zeigen.

3.2 Physische Erträge pro ha

Die Unterschiede in der Intensität der Bewirtschaftung der verschiedenen Felder spiegeln sich in den Erträgen wider und sind damit konsistent mit den Bodenfruchtbarkeitsindikatoren. In Figur 1 wird gezeigt, daß
- die Erträge auf den gleichen Feldtypen fallen je höher die Bevölkerungsdichte ist, und
- innerhalb der drei Orte fallen die Erträge je weiter die Felder vom Haus entfernt sind.

Figur 1: Durchschnittliche Gesamterträge in kg Trockengewicht pro ha auf verschiedenen Feldern in drei Orten in Ostnigeria, 1974/75

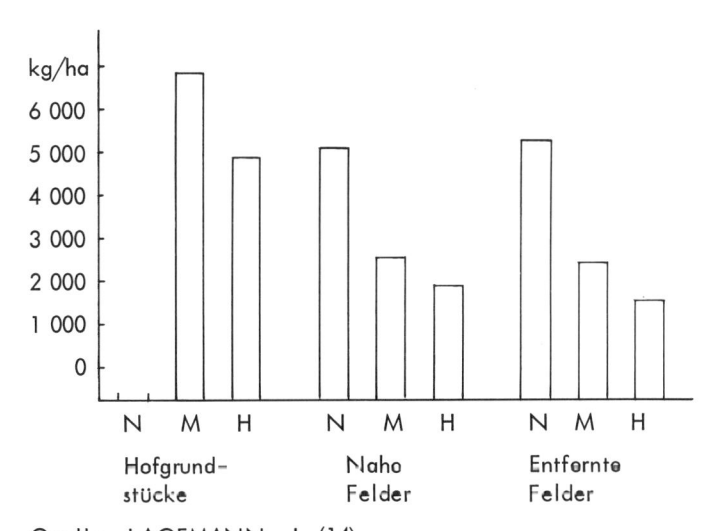

Quelle. LACEMANN, J. (14).

Die Erträge auf den Außenfeldern im Ort mit relativ niedriger Bevölkerungsdichte (N) sind etwa doppelt so hoch wie in den anderen beiden Orten. Dieses höhere Produktionspotential ist ein wesentlicher Grund dafür, daß innerhalb des Ortes kaum unterschiedliche Intensitäten vorzufinden sind. Ganz anders sieht es aus, wenn die Bevölkerungsdichte zunimmt.

Die Hofgrundstücke produzieren pro ha ein mehrfaches von dem was auf den Außenfeldern geerntet wird. Eine hohe Intensität in der Bewirtschaftung scheint somit eine Voraussetzung für kontinuierlichen Anbau ohne Ertragsabfall zu sein. Die Intensität auf den Außenfeldern ist nicht ausreichend, um die negativen Wirkungen einer verkürzten Brachezeit auszugleichen.

Noch wesentlich größer sind die Ertragsunterschiede der Ackerkulturen zwischen den Orten wie auch innerhalb der Dörfer. Tabelle 3 zeigt deutliche Ertragsabfälle je höher die Bevölkerungsdichte und je weiter die Felder von den Häusern entfernt sind. Die Variationen der Erträge sind, wie auch in anderen Gebieten Afrikas (ATTEMS, 1; ROTENHAN, 23), sehr hoch und bewegen sich zwischen etwa 40 % und 70 %.

Tabelle 3: Durchschnittliche Erträge der gesamten Ackerkulturen in kg Trockengewicht pro ha auf verschiedenen Feldern in drei Orten in Ostnigeria, 1974/75

Bevölkerungs-dichte	Hofgrundstücke		Nahe Felder		Entfernte Felder	
	$\bar{x}$	VC in %	$\bar{x}$	VC in %	$\bar{x}$	VC in %
Niedrig	-	-	4676,5	45,6	4436,4	39,5
Mittel	4539,7	59,1	1944,6	58,4	1762,5	69,3
Hoch	3348,2	44,8	1041,9	42,2	948,9	50,0

Quelle: LAGEMANN, J. (14).

3.3 Geldrohertrag pro Betrieb von Baum- und Ackerkulturen

Die gesamte Produktion von Baum- und Ackerkulturen wird auf den Hofgrundstücken, den Außenfeldern und auf den Brachefeldern (hier in erster Linie Früchte von Bäumen) durchgeführt.

Tabelle 4: Durchschnittliche Produktion von Baum- und Ackerkulturen in DM pro Betrieb auf Hofgrundstücken, Außenfeldern und Brachefeldern in drei Orten in Ostnigeria, 1974/75

Bevölkerungs-dichte	Hofgrund-stücke	Außenfelder	Brachefelder	Gesamt
Niedrig	-	1076	680	1756
Mittel	368	344	416	1128
Hoch	396	280	196	872

Quelle: LAGEMANN, J. (14).

Tabelle 4 zeigt die Gesamtproduktion auf den verschiedenen Feldertypen:

- die kleinen Hofgrundstücke produzieren mehr als 50 % der Gesamtproduktion von der bewirtschafteten Fläche (Brachefelder ausgeschlossen).

- die Intensität der Produktion auf den Hofgrundstücken ist im Ort mit mittlerer Bevölkerungsdichte am höchsten. Dort werden auf 11 % der bewirtschafteten Fläche 52 % des monetären Outputs produziert, während im Ort mit der höchsten Bevölkerungsdichte auf 26 % der bewirtschafteten Fläche 59 % des monetären Outputs produziert wird.

- die Brachefelder sind nicht nur produktiv durch die Regenerierung der Bodenfruchtbarkeit sondern auch durch die Erzeugung von Produkten der Baumkulturen.

Die innerbetriebliche Differenzierung ist ein ausgeprägtes Merkmal in Regionen mit großer Landknappheit. Obwohl die Produktion auf den nahe am Haus gelegenen Parzellen durch intensive Düngung und stockwerkartigen Anbau von Baum- und Ackerkulturen um ein vielfaches erhöht werden konnte, reicht die Gesamtproduktion nicht aus, um die Familien zu ernähren. Zusätzliches Einkommen erhalten die Landwirte durch Nebenerwerb, der mit zunehmender Bevölkerungsdichte an Bedeutung gewinnt.

4 Ertragsbeziehungen auf den Außenfeldern

Die wesentlichen Variablen wie Brachezeit, Bodenfruchtbarkeitsindikatoren und Managementfaktoren wurden in einem Regressionsmodell einbezogen, um die beobachteten Ertragsunterschiede und die relative Bedeutung der einzelnen Faktoren zu erklären.

Tabelle 5 zeigt die geschätzten Werte für 5 unabhängige Variable:
- Calcium + Magnesium
- Phosphor
- Brachezeit in Jahren
- Baumdichte
- Pflanztermin (Monat).

Die Einbeziehung des Arbeitseinsatzes erhöhte nicht das Bestimmtheitsmaß der Funktion.

Tabelle 5: Ertragsbeeinflussende Faktoren auf Außenfeldern in Ostnigeria, 1974/75

Variable		Lineare Funktion	
		b_i	t-test
x_0	Absolutionsglied	398,44	1,15
x_1	Ca + Mg	-162,99	-2,37 *
x_2	P	19,43	2,57 *
x_3	Brachezeit	620,41	13,71 **
x_4	Baumdichte	0,20	1,47
x_5	Pflanztermin	-48,95	-0,87
R^2		0,50	
F-Wert $n_1 = 6$, $n_2 = 261$		51,56 **	
S_{yx} (kg Trockengewicht/ha)		1373,61	

y = geschätzter Ertrag der Ackerkulturen in kg Trockengewicht pro ha.

Quelle: LAGEMANN, J. (14).

Die lineare Funktion ergab den höchsten Erklärungswert. Aus statistischem Blickwinkel erscheint die Funktion nicht sehr eindrucksvoll, denn die Hälfte der Ertragsvariationen ist nicht in dem Modell erklärt. Die Werte zeigen jedoch wesentliche ertragsbeeinflussende Faktoren, aus denen die Brachezeit als bedeutendster Faktor heraussticht. Innerhalb der Beobachtungsbreite erhöht jedes Brachejahr die Erträge der Ackerkulturen um 620 kg Trockengewicht pro ha. Umgerechnet in frische Maniokwurzeln bedeutet dies eine Erhöhung um etwa 1 700 kg pro ha und zeigt damit die Bedeutung der Brachezeit im traditionellen Anbausystem in Ostnigeria.

5 Zusammenfassung

Aufgrund steigender Bevölkerungsdichten haben sich in den Ölpalmen - Maniok Betrieben Ostnigerias unterschiedliche Intensitäten in der Bodennutzung entwickelt. Sinkende Bodenfruchtbarkeit veranlasste die Bauern zu zunehmender Intensivierung der Parzellen in unmittelbarer Nähe der Häuser. Mit weiterer Entfernung nehmen die Intensitäten der Bewirtschaftung und damit Bodenfruchtbarkeit und Erträge ab.

Die Erträge auf den Außenfeldern werden wesentlich durch die Länge der Brachezeit beeinflußt. Mit zunehmender Bevölkerungsdichte (einhergehend mit kürzerer Brachezeit) setzt ein Verarmungsprozeß ein, der trotz größerer Bewirtschaftungsintensität nicht von den Bauern aufgehalten werden kann.

Ein Ansatzpunkt für die Überwindung dieses Prozesses ergibt sich aus den Anbaumethoden der Hofgrundstücke, die durch eine stockwerkartige Kombination von Baum- und Ackerkulturen wie auch durch intensive Düngung gekennzeichnet sind.

Literatur

1. ATTEMS, M.: Bauernbetriebe in tropischen Höhenlagen Ostafrikas, Afrikastudien Nr. 25, München, 1967.

2. BASDEN, G.T.: Niger Ibos, Frank Cass & Co. Limited, 1966.

3. BENNEH, G.: Small-Scale Farming Systems in Ghana, Geographical Research Institute, Budapest, Dec. 1971.

4. BOSERUP, E.: The Conditions of Agricultural Growth, The Economics of Agrarian Change under Population Pressure, London, G. Allen & Unwin LTD, 1965.

5. BOURKE, R.M.: Food Crop Farming Systems Used on the Gazelle Peninsula of New Britain, in: Proceeding 1975 P.N.G. Food Crops Conference, pp. 82 - 110.

6. CLARK, C., and HASWELL, M.: The Economics of Subsistence Agriculture, MacMillan, London 1970.

7. COLLINSON, M.P.: Farm Management in Peasant Agriculture, A Handbook for Rural Development Planning in Africa, New York, Washington, London, 1972.

8. EGWUONWU, J.A.: Soil Fertility Studies at Umudike since 1923, Memorandum No. 12, Umudike - Umuahia, 1966.

9. FLOYD, B.: Eastern Nigeria, MacMillan, London, 1969.

10. FOGG, C.D.: Ökonomische und soziale Faktoren bei der Entwicklung kleinbäuerlicher Landwirtschaft in Ost-Nigeria, in: Zeitschrift für ausländische Landwirtschaft, Jahrgang 4, Heft 4, 1965.

11. FRIEDRICH, K.-H.: Coffee-Banana Holdings at Bukoba: The Reasons for Stagnation at a Higher Level, in: Smallholder Farming and Smallholder Development in Tanzania, ed. H. Ruthenberg, Munich, Weltforum Verlag, 1968.

12. GOULD, P.R.: Toward a Model of Population - Land Relationships, in: Prothero, R.M.: People and Land in Africa South of the Sahara, Oxford University Press, London, 1972.

13. GROVE, A.T.: Land Use and Soil Conservation in Parts of Onitsha and Owerri Provinces, Geological Survey of Nigeria, Bulletin No. 21, 1951.

14. LAGEMANN, J.: Traditional African Farming Systems in Eastern Nigeria: An Analysis of Reaction to Increasing Population Pressure, Afrika Studie Nr. 98, IFO-Institut, Weltforum Verlag, München.

15. LAGEMANN, J., FLINN, J.C., and RUTHENBERG, H.: Land Use, Soil Fertility and Agricultural Productivity as Influenced by Population Density in Eastern Nigeria, in: Zeitschrift für Ausländische Landwirtschaft, Heft 2, 1976.

16. MACARTHUR, J.D.: The Economic Study of African Small Farms: Some Kenya Experiences, in: Journal of Agricultural Economics, 19, 1968.

17. NORMAN, D.W.: Methodology and Problems of Farm Management Investigations: Experiences from Northern Nigeria, African Rural Employment Study, Zaria, Nigeria, 1973.

18. OBI, J.K., and TULEY, P.: The Bush Fallow and Ley Farming in the Oil Palm Belt of South-East Nigeria, Foreign and Commonwealth Office, Overseas Development Administration, Miscellaneous Report 161, 1973.

19 OKIGBO, B.N.: Fitting Research to Farming Systems: Based on Observations and Preliminary Studies of Traditional Agriculture in Eastern Nigeria, IITA, Ibadan, Nigeria, 1974.

20 PENNY, H.D.: Hints for Research Workers in the Social Sciences, New York, 1973.

21 PHILLIPS, T.A.: An Agricultural Notebook, Longman, Nigeria, second edition, 1975.

22 REHM, S.: Landwirtschaftliche Produktivität in regenreichen Tropenländern, in: Umschau 73, Heft 2.

23 ROTENHAN, D., von: Bodennutzung und Viehhaltung im Sukumaland/Tanzania, Ifo-Institut, München, 1966.

24 RUTHENBERG, H.: Farming Systems in the Tropics, Clarendon Press, Oxford, 1976.

25 STOLPER, W.F.: Planning Without Facts, Harvard University Press, 1966.

26 THÜNEN, J.H., von: Der isolierte Staat in Beziehung auf Landwirtschaft und Nationalökonomie, I. Teil, 1. Aufl., Hamburg 1826, in: Sammlung sozialwissenschaftlicher Meister, Bd. 13, Jena 1910.

NASSREIS VERSUS TROCKENREIS IN WESTAFRIKA - EXTENSIVIERUNG VERSUS INTENSIVIERUNG UNTER DEN BEDINGUNGEN DER HUMIDEN TROPEN

von

Harald Lang, Stuttgart-Hohenheim

1	Das Problem	323
2	Reisanbauformen und deren Verbreitung	324
3	Einzelbetriebliche Analyse	324
3.1	Der traditionelle Anbau	324
3.2	Probleme der Intensivierung des bewässerten Reis	326
3.3	Die Problematik der Mechanisierung des Trockenreisanbaus	326
4	Reisanbauverfahren aus gesamtwirtschaftlicher Sicht	328
4.1	Der Einfluß auf natürliche Produktionsbedingungen	328
4.2	Ökonomische Beurteilung aus gesamtwirtschaftlicher Sicht	329
5	Zusammenfassung und Schlußfolgerungen	332

1 Das Problem
=============

Afrika ist bisher ein noch relativ unbedeutender Reisproduzent: der Anteil an der Weltproduktion liegt bei 2 v.H., davon entfallen 0,7 bis 0,8 v.H. auf Westafrika (FAO, 8). Dennoch hat Reis in den vergangenen Jahren in Westafrika erheblich an Bedeutung gewonnen. In fast allen Ländern wächst der Konsum wesentlich schneller als die Produktion; Reis muß in zunehmendem Maße importiert werden (WARDA, 33). Die hohen Weltmarktpreise in den Jahren 1974/75 haben dieses Importproblem drastisch verschärft 1).

Reis ist ein bevorzugtes Nahrungsmittel, insbesondere der städtischen Bevölkerung, mit relativ hoher Einkommenselastizität der Nachfrage. Bei fortschreitender wirtschaftlicher Entwicklung und zunehmender Urbanisierung ist daher in den nächsten Jahren eine Steigerungsrate der Nachfrage zu erwarten, die das Bevölkerungswachstum weit übertrifft (DE BOER, 4). Die Steigerung der Reisproduktion bzw. das Erreichen der vollen Selbstversorgung wurde ein vorrangiges Ziel der landwirtschaftlichen Entwicklungspolitik westafrikanischer Länder (WARDA, 33). In vielen Gebieten Westafrikas sind günstige natürliche Produktionsbedingungen sowohl

---

1) Die Importpreise pro Tonne Reis (5 % Bruch) cif westafrikanischer Küste stiegen von 1971/72 mit 300 - 500 DM auf 1 200 - 1 600 DM 1974/75.

für die Trockenreis- als auch die Naßreiskultur 1) anzutreffen. Es stellt sich daher die Frage, ob und unter welchen Bedingungen bewässerte oder unbewässerte Anbauformen gefördert werden sollen.

2   Reisanbauformen und deren Verbreitung

Ursprünglich wurde der Reisanbau in Westafrika vorwiegend als Naßkultur betrieben (PORTERES, 22). Heute allerdings überwiegt der unbewässerte Reis und nimmt über die Hälfte der Anbaufläche Westafrikas ein (WARDA, 33). Übersicht 1 zeigt eine Systematik der verschiedenen Kulturformen und deren Hauptverbreitungsgebiete. Die Übergänge zwischen den Verfahren sind dabei fließend und in der Praxis haben sich eine Fülle von Zwischenformen herausgebildet, die sich nicht immer einer Anbauform dieses Schemas eindeutig zuordnen lassen.

3   Einzelbetriebliche Analyse

3.1   Der traditionelle Anbau

Trockenreisanbau wird in Westafrika meist im Rahmen des Wanderfeldbaus oder der Umlagewirtschaft betrieben (MOHR, 19), d.h. die Felder werden gerodet und für ein bis drei Jahre mit Reis und anderen Nahrungskulturen bebaut; darauf folgt eine Busch- oder Waldbrache von 3 bis 15 Jahren.

Im Vergleich zu den umliegenden "Uplands" erfordert die Inkulturnahme der feuchten Tallagen einen relativ hohen Arbeitsaufwand für Rodung und Bodenvorbereitung. Insbesondere in Gebieten mit hohen Niederschlägen ist der Reisanbau auf solchen Arealen bei unzureichender Wasserkontrolle oft risikoreicher als der Trockenreisanbau. Werden traditionelle Sorten verwendet, so sind die Ertragsunterschiede zwischen bewässertem und unbewässertem Anbau häufig nicht ausreichend, um Investitionen für Bewässerung zu rechtfertigen (VAN SANTEN, 32, S. 50). Der Übergang vom Trocken- zum Naßreis erfolgt in der Regel erst dann, wenn Landknappheit spürbar wird (DOZON, 6, S. 145).

In allen traditionellen Anbauverfahren ist der Arbeitsaufwand der dominierende Kostenfaktor, da außer Saatgut (30 - 80 kg/ha) und Handwerkzeugen (5 - 10 DM/ha) keine weiteren Produktionsmittel verwendet werden. Die Angaben über den Arbeitsbedarf schwanken in weiten Grenzen und liegen für Trockenreis einschließlich Rodung und Abbrennen der Felder (30 - 80 Tage/ha) bei 150 - 250 Tagen/ha. Die Erträge sind niedrig und liegen bei 0,8 - 1,5 t/ha an ungeschältem Reis (Paddy), können allerdings unmittelbar nach der Rodung in klimatisch günstigen Jahren durchaus 2 - 2,5 t/ha erreichen.

---

1) Die Terminologie im Bereich des Reisanbaus ist nicht einheitlich. Ich verwende hier die Bezeichnung "unbewässerter Reis" oder "Trockenreis" für die im Deutschen gebräuchlichen Begriffe wie "Bergreis", "Regenreis" oder auch "Reis im Regenfeldbau", die als Übersetzungen der englischen Begriffe "upland rice" oder "rainfed rice" bzw. des französischen "riz pluvial" gebildet wurden. Bewässerter oder Naßreisanbau bezeichnet im Gegensatz hierzu alle Anbauformen, bei denen Vorkehrungen irgendwelcher Art getroffen werden, um die Wasserversorgung der Pflanze gezielt so zu gestalten, daß die verfügbare Wassermenge die Niederschlagsmenge übersteigt. Anbauformen, bei denen die Wurzeln Anschluß an das Grundwasser finden (rainfed rice, riz pluvial sur nappe) oder die Reispflanzen zeitweise im Wasser stehen (riz pluvial avec submersion) stellen daher streng genommen schon eine Art bewässerten Anbau dar, sollen allerdings hier der Terminologie LE BUANECS (18, S. 358 f.) folgend, noch unter den Begriff "unbewässerter Reisanbau" subsumiert werden.

Übersicht 1: Reisanbauformen und deren Verbreitung in Westafrika

Anbauform	Merkmale	Verbreitung
1. Naßreis		
Bewässerungsreis (irrigated rice, riz irrigué)	vollständige Kontrolle der Wasserzufuhr und Drainage, Anbau ein- bis zweimal pro Jahr je nach Wasserverfügbarkeit (Speicherkapazität), meist Monokultur, Umpflanzmethode vorherrschend, Erträge 2 - 8 t/ha, Ø 3 - 4 t/ha, sehr risikoarm	keine gebietsmäßige Konzentration, über die gesamte Sudansavanne verbreitet, Kleinbewässerungsprojekte auch in der Regenwaldzone
Mangrovenreis (mangrove rice, riz de mangrove)	Anbau auf eingepolderten Mangrovensümpfen oder in Mündungsgebieten großer Flüsse (Süßwasserüberstau), Monokultur vorherrschend, meist Umpflanzmethode, Erträge 0,5 - 3 t/ha, Ø 1,5 - 2 t/ha, risikoarm auf eingedeichten Flächen	Küste zwischen Gambia und Sierra Leone
Flutreis (floating rice, riz flottant)	Anbau im Überschwemmungsbereich großer Flüsse, Reis wächst mit der steigenden Flut (bis zu 10 cm pro Tag), Monokultur, Direktsaat zu Beginn der Regenzeit, Erträge 0,5 - 3 t/ha, Ø bei 1,5 t/ha, sehr risikoreich	Oberlauf und Binnendelta des Niger, Gambia und Senegal
Sumpfreis (swamp rice, valley bottom rice, riz de bas-fond)	Anbau in Bodenvertiefungen mit unzureichender Drainage, in Talmulden oder an Uferstreifen entlang von Flüssen, je nach Wasserverfügbarkeit eine oder zwei Reisernten pro Jahr oder Anbau einer Zusatzfrucht (Pataten, Zwiebeln etc.) nach dem Reis, Direktsaat noch weit verbreitet, Umpflanzmethode gewinnt an Bedeutung, Erträge 0,5 - 5 t/ha und Ernte, Ø bei 2 t/ha, entsprechend den Wasserkontrollmöglichkeiten risikoarm bis sehr risikoreich	über ganz Westafrika verbreitet, keine gebietsmäßige Konzentration
2. Trockenreis		
Zeitweise überschwemmter Regenreis (rainfed rice, riz pluvial avec submersion)	Anbau auf Arealen, die meist gegen Ende der Vegetationsperiode überschwemmt werden (bis etwa 40 cm hoch), Monokultur, Direktsaat zu Beginn der Regenzeit, Erträge 1 - 4 t/ha, Ø 1,5 - 2 t/ha, risikoreich	südlicher Senegal, Nordghana, Sierra Leone und nördliche Elfenbeinküste
Regenreis (rainfed rice, riz pluvial sur nappe)	Anbau auf Arealen, wo die Wurzeln der Reispflanzen Anschluß an das Grundwasser finden, Fruchtfolge mit Trockenlandfrüchten (Hirse, Erdnuß, Baumwolle etc.) vorherrschend, Direktsaat zu Beginn der Regenzeit, Erträge 0,5 - 3 t/ha, Ø bei 1,5 t/ha, risikoreich	Senegal
Reis im Regenfeldbau, Bergreis (upland rice, riz pluvial strict)	Anbau auf gut drainierten Böden, meist im Rahmen des Wanderfeldbaus, oft Mischkultur, Fruchtfolge aus phytosanitären Gründen zwingend, Direktsaat zu Beginn der Regenzeit, Erträge 0,5 - 2,5 t/ha, Ø 1 - 1,5 t/ha, Risiko bei günstiger Niederschlagsverteilung mäßig, sonst sehr hoch	Guinea, Sierra Leone, Liberia, Elfenbeinküste, Nigeria

Quelle: Vom Autor zusammengestellt nach (18), (19), (31) und (33)

Die Durchschnittserträge im traditionellen Naßreisanbau liegen zwischen 1 und 2 t/ha und können auf guten Standorten 2,5 - 3 t/ha betragen. Der Arbeitsaufwand entspricht etwa dem bei Trockenreisanbau und beläuft sich auf 150 - 300 Tage/ha. Investitionen für Rodung, Nivellierung und Wasserkonstrollmaßnahmen treten nur zu Beginn auf. Der Arbeitsaufwand hierfür beträgt 150 - 400 Tage/ha, je nach Vegetation, topographischen Gegebenheiten und dem gewünschten Grad der Wasserkontrolle.

3.2 Probleme der Intensivierung des bewässerten Reis

In Tälern und Senken, die schon traditionell genutzt werden, kann der Übergang zu modernisierten Anbauformen ohne größere Schwierigkeiten vollzogen werden. In regenreichen Gebieten mit bimodaler Niederschlagsverteilung ist es möglich, durch relativ geringe Investitionen für Wasserspeicherung zwei Ernten pro Jahr zu erzielen. Durch die Übernahme der Saatgut-Dünger-Technologie (Sorten mit hohem Ertragspotential und Mineraldünger) und der Anwendung von Insektiziden und verbesserten Anbaumethoden werden Durchschnittserträge von 3,5 - 4 t/ha und Ernte erreicht.

Die Kosten für ertragssteigernde Produktionsmittel (Saatgut, Mineraldünger und Insektizide) belaufen sich in der Elfenbeinküste z.B. auf 650 kg Paddy, also ungefähr 1/6 des Wertes des Naturalertrages. Der Arbeitsaufwand liegt mit 160 - 260 Tagen/ha nicht höher als bei traditionellen Verfahren. Der erhöhte Bedarf des intensiven Anbaus kann durch technische Fortschritte bei verschiedenen Arbeitsgängen teilweise wieder ausgeglichen werden (effektive Unkrautbekämpfung durch kontrollierte Überflutung, Verwendung von Sichel anstatt des Messers zur Ernte, Pedaldreschmaschinen und Windfegen zur Weiterverarbeitung etc.). In Ländern wie der Elfenbeinküste, Liberia oder Sierra Leone, wo Investitionen in Bewässerungsanlagen vom Staat subventioniert oder gar vollständig übernommen werden und wo den Landwirten für Wasserbereitstellung und Beratung keine Kosten entstehen, gehört der Naßreis zu den wirtschaftlichsten Kulturen, sowohl in Bezug auf die Verwertung des Faktors Boden als auch des Faktors Arbeit. In den Waldgebieten und Regionen, wo der im Regenfeldbau erzeugte Reis die Nahrungsgrundlage der Bevölkerung darstellt, stehen diesen günstigen ökonomischen Bedingungen eine Reihe von Problemen entgegen, die eine schnelle Verbreitung des Naßreisanbaus hemmen.

- Die Böden vieler Niederungen in Westafrika sind flachgründig und nur mäßig fruchtbar, sodaß die Erträge ohne Düngung schon nach wenigen Jahren absinken.
- Feuchte Tallagen werden aus gesundheitlichen Gründen (Bilharziose, Malaria) gemieden.
- Auch nach der Rodung ist Handarbeit in den bewässerten Feldern (Bodenbearbeitung, Verpflanzung der Setzlinge) erheblich anstrengender und unangenehmer (Stehen im Wasser oder Schlamm) als im Regenfeldbau.
- Bei manchen Ethnien gilt der Reisanbau in Tallagen als typische Frauenarbeit und wird von Männern gemieden (MOHR, 19, S. 91).
- Reissorten, die für den bewässerten Anbau empfohlen werden, unterscheiden sich geschmacklich häufig von den bisher angebauten Sorten und werden daher abgelehnt.
- Geldeinnahmen können durch den Anbau von Kaffee, Kakao, Ölpalmen oder Hevea mit weniger Anstrengung erzielt werden.

Diese Probleme können durch Mechanisierung z.T. gelöst werden. Es liegen allerdings bisher noch wenig Erfahrungen über den Einsatz von Einachsschleppern und Traktoren im Naßreisanbau in Westafrika vor, um verallgemeinernde Schlußfolgerungen zu ziehen. Tierische Anspannung wird bei Bewässerungskultur kaum angetroffen.

3.3 Die Problematik der Mechanisierung des Trockenreisanbaus

In den traditionellen Trockenreis-Gebieten stößt die Intensivierung des unbewässerten Anbaus in der Regel auf weniger Widerstände bei den Bauern. Rustikale, den jeweiligen Standort-

und Anbauverhältnissen angepaßte Sorten sind verfügbar, die im Rahmen des Wanderfeldbaus in Verbindung mit einer bescheidenen Mineraldüngung Ertragssteigerungen zwischen 40 und 100 % im Vergleich zum traditionellen Anbau erbringen (VAN SANTEN, 31, S. 52). In der Elfenbeinküste betragen die Kosten für verbessertes Saatgut (70 kg) und Dünger (30N-20P-20K) etwa DM 280,-- pro ha oder 350 kg Paddy. Die erzielbaren Ertragssteigerungen betragen im Durchschnitt 0,5 - 1 t/ha; modernisierter Anbau ist für den einzelnen Landwirt demnach lohnend, wenn das klimatisch bedingte Ertragsrisiko gering ist. Dies trifft für die traditionellen Anbaugebiete meist zu.

Die Mechanisierung des unbewässerten Reisanbaus erfordert den Übergang vom Wanderfeldbau zum permanenten Ackerbau. Trockenreis muß aus phytosanitären Gründen in eine Fruchtfolge mit anderen Kulturen einbezogen werden. Die Problematik der Mechanisierung ergibt sich daher in den meisten Fällen nicht speziell durch den Reis (obwohl er häufig den größten Flächenanteil einnimmt), sondern betrifft das Fruchtfolgesystem insgesamt. Die Einführung der Teilmotorisierung 1) ist in der Regel leichter möglich als die der Ochsenspannung, da in der Regenwaldzone und im Übergangsbereich zur Feuchtsavanne Rinderhaltung kaum praktiziert wird. Der Handarbeitsbedarf wird durch Mechanisierung auf etwa 100 - 150 AK-Tage/ha reduziert. Die Unkrautbekämpfung wird zum Hauptproblem (MOODY, 20, S. 2) und erfordert etwa 40 - 70 Arbeitstage pro ha. Die Erträge liegen im Westen der Elfenbeinküste in Kleinbetrieben bei 2 - 2,5 t/ha, die Rodungskosten werden vom Staat getragen; teilmechanisierter Anbau ist dem traditionellen Verfahren damit wirtschaftlich überlegen. Die Schwierigkeit liegt häufig darin, unter den gegebenen Preisverhältnissen andere Kulturen zu finden, welche die zur Aufrechterhaltung der Bodenfruchtbarkeit notwendigen Maßnahmen (Erosionskontrolle, Mineraldüngung, effektive Unkrautbekämpfung etc.) lohnen. Sollen Futterpflanzen wie z.B. Stylosanthes gracilis in die Fruchtfolge einbezogen werden, so stellt sich das Verwertungsproblem, da die Landwirte sich im allgemeinen widersetzen, Gründüngung zu betreiben.

Versuche auf landwirtschaftlichen Forschungsstationen in Westafrika zeigen (10, 15, 18), daß im Rahmen des permanenten mechanisierten Regenfeldbaus ohne kostspielige Investitionen sowohl die Erosion kontrolliert als auch die Bodenfruchtbarkeit aufrechterhalten werden kann, wenn
- die Inkulturnahme von Arealen mit einer Hangneigung über 3 - 7 % vermieden wird,
- die Bodenbearbeitung entlang der Höhenlinien durchgeführt und Erosionsschutzstreifen angelegt werden oder durch Mulchtechnik eine dauerhafte Bodenbedeckung geschaffen wird,
- der Nährstoffentzug durch die Kulturen dem Boden durch Mineraldünger wieder ersetzt wird,
- durch eine ausreichende Zufuhr von organischer Masse der Humusgehalt des Bodens aufrechterhalten wird, und wenn
- Unkräuter, Krankheiten und Schädlinge wirksam kontrolliert werden.

In der Praxis jedoch werden diese Bedingungen selten eingehalten (LANG, 16), wodurch der Erfolg mechanisierter Anbausysteme langfristig gefährdet ist. Dies geschieht aber nicht, oder zumindest nicht ausschließlich, aus Unwissenheit der Landwirte, sondern solche Entwicklungen werden in erheblichem Maße von sozio-ökonomischen Einflüssen mitbestimmt, wie JANZEN (11, S. 1212) bemerkt: "It is widely believed in temperate zone countries that tropical countries disregard the rules of sustained-yield agroecosystems out of ignorance. This condescending evaluation is sometimes correct of certain aspects of the desision-making process. However, there are many more situations in which a key-manager is deliberately maximising short-term returns at the expense of long-term returns."

---

1) Teilmotorisierung bedeutet, daß Bodenvorbereitung und Aussaat mit Schleppern, Pflege- und Erntearbeiten von Hand durchgeführt werden.

4 Reisanbauverfahren aus gesamtwirtschaftlicher Sicht

4.1 Der Einfluß auf natürliche Produktionsbedingungen

Trockenreisanbau im Rahmen des Wanderfeldbaus oder der Umlagewirtschaft hat einen großen Bodenbedarf und kann nur bei relativ niedrigen Bevölkerungsdichten aufrechterhalten werden (GREENLAND, 9, S. 5). Bevölkerungszuwachs und zunehmende Marktorientierung führen zu einer Ausdehnung der Anbauflächen auf Kosten der Bracheperiode. Die Folgen einer solchen Entwicklung sind bekannt: Der Waldbestand, in gewissem Umfang notwendig zur Erhaltung des ökologischen Gleichgewichts einer Region, wird reduziert und das Produktionspotential eines Standorts wird vermindert, sofern die erforderlichen Maßnahmen zur Erhaltung der Bodenfruchtbarkeit nicht getroffen werden, was meist der Fall ist. Betriebssysteme "tend to drift into a low-output steady state. Extended areas of the tropics show that this mechanism is a most powerful one, the more powerful the warmer and more humid the climate" (RUTHENBERG, 26, S. 50) 1).

Studien aus der Elfenbeinküste (SODEFOR, 27) z.B. zeigen, daß in der Zeit von 1956 - 1966 jährlich etwa 280.000 ha an "forêt dense" in einen "forêt dégradée" 2) überführt wurden. Im folgenden Zeitraum bis 1974 stieg dieser Wert auf 440.000 ha/Jahr an. Sicher sind an dieser Entwicklung noch andere Faktoren beteiligt, aber gerade in den traditionellen Anbaugebieten hat die Ausdehnung des unbewässerten Reisanbaus einen wesentlichen Einfluß (JORDAN, 12; MOHR, 19). MOUTON (21, S. 31) hat dieses Phänomen in der Westregion der Elfenbeinküste untersucht und stellt fest: "La forêt disparait lentement faute de régénération convenable, les pluies favorables à l'agriculture diminuent, la saison sèche s'accentue en intensité et en durée ...".

Im Gegensatz hierzu hat der bewässerte Reisanbau in weiten Teilen Asiens eine solche Entwicklung verhindert (CASTILLO, 2; WHYTE, 34). In Regionen, in denen das Ertragspotential durch bodenzehrende Wirtschaftsweise soweit absank, daß über den Regenfeldbau die erreichte Bevölkerungsdichte nicht mehr ernährt werden konnte, entwickelte sich ein intensiver Bewässerungsfeldbau und es entstanden ausgeprägte "Kulturlandschaften". Bewässerter Reis wird in Asien schon seit Jahrhunderten z.T. in Monokultur mit mehreren Ernten pro Jahr angebaut, ohne daß ein Absinken der Bodenfruchtbarkeit oder gar die völlige Zerstörung des Produktionsstandortes durch Erosion festgestellt werden konnte (RUTHENBERG, 24, S. 140; ANDREAE, 1, S. 207). Intensiv genutzten Tälern steht eine extensive Nutzung oder gar eine Busch- oder Waldvegetation an den Hängen gegenüber.

Es ist ein erstaunliches Phänomen in der Regenwaldzone Westafrikas, daß die feuchten Tallagen selbst bei hohen Bevölkerungsdichten von den Landwirten kaum genutzt werden (KARR et al., 13; LAGEMANN, 14). In fast allen Ländern der Region besitzt jedoch die Förderung des bewässerten Reisanbaus einen hohen Stellenwert in der landwirtschaftlichen Entwicklungspolitik (WARDA, 33), und zwar aus folgenden Gründen:

- Es wird erhofft, daß in den traditionellen Trockenreisanbaugebieten dadurch die erwähnten ökologischen Probleme gelöst werden.

---

1) Vgl. hierzu LAGEMANN (14).

2) Als "forêt dense" wird ein Waldbestand bezeichnet, der
   a) einen Baumbestand von mehr als 10 m Höhe auf mindestens 10 % der Fläche aufweist, und
   b) der so definierte Bestand auf einer Fläche von mindestens 100 ha homogen ist.
   Trifft die Bedingung b nicht zu, so spricht man von einem "forêt dégradée".

- Eine erprobte Technologie liegt bereits vor (neue Sorten mit hohem Ertragspotential, chemische Inputs, manuelle sowie mechanisierte Anbauverfahren), und kann ohne großen Forschungsaufwand übernommen werden.
- Durch eine stetige Produktion kann die Versorgung der Bevölkerung mit Reis langfristig gesichert werden.

4.2 Ökonomische Beurteilung aus gesamtwirtschaftlicher Sicht

Die Intensivierung des bewässerten sowie des unbewässerten Anbaus erfordert Investitionen, insbesondere in die Landentwicklung. Übersicht 2 zeigt eine Aufstellung des Kapitalbedarfs sowie der laufenden Kosten und Erträge am Beispiel der Elfenbeinküste. Die Investitionen pro Hektar liegen beim Naßreis zwischen 2.000 - 3.000 und 12.000 - 14.000 DM entsprechend dem Grad der Wasserkontrolle und der Mechanisierung und betragen 700 - 3.000 DM für den teilmechanisierten Trockenreisanbau. In der Feuchtsavanne liegen diese Werte für den Naßreis meist höher, da eine größere Speicherkapazität aufgrund des höheren Wasserbedarfs erforderlich ist, beim Trockenreis dagegen niedriger, da der Rodungsaufwand geringer ist. Rechnet man zu diesen Investitionen die Kosten der Beratung noch hinzu, die insbesondere in der Anfangsphase sehr hoch sind, so wird deutlich, daß Kleinbauern ohne staatliche Subventionierung, zumindest eines Teils dieser Kosten, kaum zu intensiven Anbauformen übergehen werden. In der Elfenbeinküste werden in der Regel nur die Kosten für Produktionsmittel und für die Mechanisierung von den Landwirten getragen. Die Erledigung der Handarbeiten erfolgt meist durch Familienarbeitskräfte.

Um Anhaltspunkte zur Beurteilung verschiedener Reisanbauformen in der Elfenbeinküste aus gesamtwirtschaftlicher Sicht zu bekommen, wurden Kosten-Ertrags-Analysen für die einzelnen Anbauverfahren durchgeführt, wobei folgende Annahmen gelten:

- Alle Aufwands- und Ertragsposten werden mit konstanten Inlandspreisen des Wirtschaftsjahres 1974/75 bewertet.
- Die Nutzungskosten für Familienarbeitskräfte werden mit dem Lohnsatz für Landarbeiter bewertet.
- Der Zeithorizont beträgt 20 Jahre.
- Die Hektarerträge aller modernisierten Verfahren steigen im Betrachtungszeitraum beim Trockenreis um 20 - 30 und beim Naßreis um 40 - 60 %. Die Erträge des traditionellen Anbaus bleiben konstant.
- Die durchschnittliche Anzahl der Reisernten pro Jahr steigt im modernisierten Bewässerungsreis nach fünf Jahren von 1,0 auf 1,5, bei vollständiger Wasserkontrolle nach weiteren fünf Jahren auf 2,0. Bei Trockenreis ist nur eine Ernte pro Jahr möglich.

Das Ergebnis der Analyse ist in Übersicht 3 dargestellt [1]. Ein Vergleich von unbewässertem und bewässertem Anbau zeigt eine deutliche Überlegenheit des Naßreis [2]. Trockenreisanbau mit Ochsenanspannung erreicht zwar eine sehr hohe interne Verzinsung, reagiert aber auf Kosten- und Ertragsvariationen wesentlich sensibler als alle anderen Verfahren. Bei Handarbeitsverfahren im Rahmen des Wanderfeldbaus und beim traditionellen Naßreis ist der interne

---

[1] Eine Rechnung auf der Basis von Weltmarktpreisen ergab keine wesentlichen Änderungen der Relationen zwischen den Verfahren. Die absoluten Werte waren dagegen weit geringer, was auf den hohen Inlandspreis für Paddy zurückzuführen ist.

[2] Externe Kosten (Verbreitung von Krankheiten wie Bilharziose, Malaria u.ä.) und Erträge (Verminderung von Überschwemmungsrisiken, Schaffung von "Kulturlandschaften"), die insbesondere für den Naßreis von Bedeutung sind, bleiben unberücksichtigt und dürften auch das Ergebnis kaum verändern.

Übersicht 2: Kosten und Erträge modernisierter Reisanbauverfahren in der Westregion der Elfenbeinküste (in DM pro Hektar für die Produktionsperiode 1974/75)

	bewässert			unbewässert		
	ohne Wasserkontrolle (Handarbeit)	mit vollst. Wasserkontrolle und Landentwicklung		Ochsenanspannung Rodung manuell mit Seilwinde	Teilmotorisierung	
		von Hand	mechanisiert			mech. Rodung
Investitionen						
Rodungsarbeiten	350 - 650	350 - 650	2400 - 3200	250 - 400		1600 - 2000
Nivellierung, Bewässerungs- und Drainagekanäle	1350 - 1650	1650 - 2200	4200 - 4800	-		-
Anlagen zur Wasserspeicherung	-	4000 - 4500[a]	3800 - 4200	-		-
Infrastrukturmaßnahmen (Pisten, Lagerschuppen etc.)	300 - 450	300 - 450	250 - 400	50 - 100		100 - 150
Maschinenausstattung	100 - 150[b]	100 - 150[b]	550 - 750[c]	450 - 600[d]		800 - 950[e]
Overheads	150 - 200	150 - 200	150 - 200	10 - 50		10 - 50
Laufende Kosten						
Produktionsmittel (Saatgut, Dünger, Insektizide etc.)	400 - 450	420 - 480	420 - 480	310 - 380		290 - 350
Kosten der Mechanisierung[f]	30 - 50	30 - 50	290 - 340	130 - 160		270 - 320
Handarbeitsaufwand[g]	580 - 780	610 - 800	410 - 610	330 - 390		360 - 410
Kosten der Beratung[h] (einschließlich Overheads)	630 - 120	630 - 120	580 - 110	190 - 20		120 - 10
Erträge						
Durchschnittliche Anzahl der Reisernten pro Jahr	1,0 - 1,5	1,3 - 2,0	1,5 - 2,0	1,0		1,0
Reiserträge (t Paddy/ha)[h]	2,5 - 3,5	3,0 - 4,0	3,0 - 4,5	2,0 - 2,5		2,0 - 2,5

a) mechanisiert
b) Pedaldreschmaschine und Windfege ("Winnower")
c) ein Einachsschlepper (10 - 15 PS) pro 20 ha
d) einschließlich Zugochsen (6 ha pro Ochsenpaar)
e) ein Schlepper (60 - 70 PS) einschließlich Bearbeitungsgeräten und Schuppen für 120 ha
f) einschließlich Abschreibungen
g) Ernteverarbeitung mit Pedaldreschmaschine und Windfege eingeschlossen (Lohnansatz 2,75 DM pro Arbeitstag)
h) zu Beginn der Einführung der Neuerung und bei voller Entwicklung

Quelle: Vom Autor zusammengestellt nach (3), (28), (29) und (30).

Übersicht 3: Interne Verzinsung und Kapitalwerte bei einem Kalkulationszinsfuß von 12% für verschiedene Reisanbauformen in der Elfenbeinküste zu Nominalpreisen
(Interne Verzinsung in % und Kapitalwerte in DM)

Verfahren	Interne Verzinsung	Kapitalwert pro Hektar	Kapitalwert pro 100 DM Investitionskosten
Naßreis Regenwaldzone			
- ohne Wasserkontrolle, Handarbeit u. Dünger	33	7.800	300
- mit Wasserkontrolle, Handarbeit u. Dünger	31	13.600	190
- mit Wasserkontrolle, Einachsschlepper	24	12.200	100
- Traditioneller Anbau	-a)	8.400	800
Trockenreis Regenwaldzone			
- Trad. Reis, 3 Jahre Anbau, 5-10 Jahre Brache	-a)	1.040-1.300	740 - 930
- Handarbeitsverfahren mit Düngeranwendung	-a)	1.000-1.250	710 - 890
- Teilmotorisierung (permanenter Anbau, 67% Reis in der Fruchtfolge)	22	1.400	50
Naßreis Feuchtsavanne			
- mit Wasserkontrolle, Handarbeit, kleine Dämme	22	9.600	80
- mit Wasserkontrolle, Handarbeit, große Dämme	31	13.500	180
Trockenreis Feuchtsavanne			
- Ochsenanspannung, (permanenter Anbau, 50% Reis in der Fruchtfolge)	>50	1.800	190
- Teilmotorisierung, (permanenter Anbau, 50% Reis in der Fruchtfolge)	17	650	30

a) Kein interner Zinsfuß berechenbar, da auch in der Anfangsphase die Erträge die Kosten übersteigen

Quelle: Vom Autor berechnet

Zinsfuß als Beurteilungskriterium nicht anwendbar, da auch in den Anfangsjahren die Summe der Erträge die Kosten übersteigt. Der Kapitalwert pro ha ist nur relevant, wenn die Flächen für einzelne Anbauformen begrenzt sind. Bezieht man den Kapitalwert auf das Investitionskapital, so sind der traditionelle Naßreis und der Trockenreis im Rahmen des Wanderfeldbaus die wirtschaftlichsten Alternativen. Selbst wenn gesamtwirtschaftliche Kosten für die Zerstörung des Waldes von 200 DM/ha berücksichtigt werden, bleibt Trockenreisanbau im Handarbeitsverfahren mit Kapitalwerten zwischen 200 und 300 DM pro 100 DM Investitionskapital den übrigen Verfahren gegenüber wettbewerbsfähig und ist der Mechanisierung überlegen. Es sei jedoch darauf hingewiesen, daß die Wirtschaftlichkeit einer Investition zur Entwicklung des Trockenreisanbaus auch von der gewählten Fruchtfolge mit beeinflußt wird. Solange aber im mechanisierten Anbau die Durchschnittserträge unter 3 t/ha liegen, sind Handarbeitsverfahren und der bewässerte Reisanbau gesamtwirtschaftlich lohnender.

5 Zusammenfassung und Schlußfolgerungen

Reis hat in den vergangenen Jahren in Westafrika erheblich an Bedeutung gewonnen, da die Produktion in den meisten Ländern hinter dem ständig ansteigenden Verbrauch zurückblieb und über Importe gedeckt werden mußte. Die Steigerung der Reiserzeugung wurde daher ein vordringliches Ziel der landwirtschaftlichen Entwicklungspolitik. Viele westafrikanische Länder besitzen geeignete natürliche Produktionsbedingungen sowohl für den bewässerten als auch für den unbewässerten Reisanbau und sehen sich vor die Frage gestellt, ob Produktionssteigerungen über die Förderung des Trocken- oder des Naßreisanbaus erreicht werden sollen.

Im Gegensatz zur Betrachtung auf einzelbetrieblicher Ebene, in der sich die modernisierten den traditionellen Anbauformen als wirtschaftlich überlegen erwiesen - und zwar sowohl beim Trocken- als auch beim Naßreis -, zeigt die Analyse auf volkswirtschaftlicher Ebene am Beispiel der Elfenbeinküste, daß die traditionellen Reisanbauverfahren gesamtwirtschaftlich sehr lohnende Alternativen darstellen. Eine Ausdehnung der Anbauflächen beim Trockenreis führt jedoch im Wanderfeldbau zu einer Reduktion des Waldbestandes, die das ökologische Gleichgewicht gefährdet. Die feuchten Tallagen hingegen blieben selbst bei hohen Bevölkerungsdichten bisher weitgehend ungenutzt und bieten ein großes Produktionspotential für den bewässerten Reisanbau.

Im Rahmen traditioneller Betriebssysteme erfolgt die Erschließung dieses Potentials nur sehr langsam. Eine Beschleunigung dieses Prozesses durch die Förderung modernisierter Anbauverfahren erfordert von staatlicher Seite einen hohen Kapitalaufwand für Landentwicklung und Beratung, da die Subventionierung zumindest eines Teils dieser Kosten erforderlich wird, damit Landwirte in die Lage versetzt bzw. stimuliert werden, solche Verfahren zu übernehmen. Kapital ist aber meist nur begrenzt verfügbar. Eine Intensivierung des unbewässerten Anbaus erscheint daher zweckmäßiger, wenn eine rasche Produktionssteigerung erreicht werden soll, da der Kapitalbedarf je produzierter Tonne Reis beim unbewässerten Anbau in der Regel niedriger liegt als beim Naßreis.

Langfristig betrachtet ist der bewässerte Reis dem unbewässerten gesamtwirtschaftlich überlegen, und es kann erwartet werden, daß dem Naßreis der Vorzug eingeräumt werden wird - auch in Afrika -, obwohl das asiatische Beispiel gewiß nicht ohne weiteres übertragen werden kann. Für die künftige Entwicklung des Trockenreisanbaus ergibt sich ein Potential in Regionen, in denen ein hohes Ertragsniveau bei geringem Anbaurisiko erreicht wird und wo sich aufgrund der klimatischen Bedingungen eine starke Wettbewerbskraft gegenüber Baum- und Strauchkulturen (Kaffee, Kakao, Ölpalmen etc.) herausbildet. Da Trockenreis anderen Akkerkulturen gegenüber sehr wettbewerbskräftig ist, dürfte er in Westafrika auf absehbare Zeit eine - wenn auch abnehmende - Bedeutung behalten und wird bei der Entwicklung von Betriebssystemen mit permanentem Regenfeldbau in den humiden Tropen einen wichtigen Platz einnehmen.

Literatur

1. ANDREAE, B.: Formen des Reisanbaus im internationalen Vergleich. Strukturen und Prozesse aus betriebswirtschaftlicher Sicht. In: Zeitschrift für ausländische Landwirtschaft, Jg. 10, Heft 3, 1971, S. 194 - 215.

2. CASTILLO, G.T.: All in a grain of rice. Southeast Asian Regional Center for Graduate Study and Research in Agriculture, o.O., 1975.

3. CIDT: Rapport annuel 1974 - 75 - Modernisation des exploitations de savane. Projet FED-BSIE riz-coton (C. Pretot), Bouaké 1975, mimeo.

4. DE BOER, P.G.: Rice Development in West Africa, WARDA/PMM/74/8, Monrovia 1974, mimeo.

5. DOBELMANN, J.-P.: Plaidoyer pour le riz sec. In: L'Agronomie Tropicale, Vol. 21, No. 10, 1966, S. 1118 - 1125.

6. DOZON, J.P.: Autochtones et allochtones face au développement de la riziculture irriguée dans la région de Gagnoa. Rapport provisoire, Abidjan 1974, mimeo.

7. FAO: Report on the FAO/SIDA/ARCN Regional Seminar on Shifting Cultivation and Soil Conservation in Africa, Rom 1974.

8. FAO: Production Yearbook 1974, Rom 1975.

9. GREENLAND, D.J.: Bringing the Green Revolution to the Shifting Cultivator, IITA, Ibadan 1975, mimeo.

10. HADDAD, G.; SEGUY, L.: Le riz pluvial dans le Sénégal méridional. Bilan de quatre années d expérimentation (1966 - 1969). In: L'Agronomie Tropicale, Vol. 27, No. 4, 1972, S. 419 - 461.

11. JANZEN, D.H.: Tropical Agroecosystems. In: Science 182, 1973, S. 1212 - 1219.

12. JORDAN, H.D.: Upland Rice - Its Culture and Significance in Sierra Leone. In: International Rice Commission Newsletter, 13, No. 2, 1964, S. 26 - 29.

13. KARR, G.L.; NJOKU, A.O.; KALLON, M.F.: Economics of the upland and the inland valley swamp rice production systems in Sierra Leone. In: Illinois Agricultural Economics, January 1972, S. 12 - 17.

14. LAGEMANN, J.: Traditional African Farming Systems under Condition of Increasing Population Pressure - examined for the case of Eastern Nigeria. Diss., Universität Hohenheim 1975.

15. LAL, R.: Role of Mulching Techniques in Tropical Soil and Water Management, IITA Technical Bulletin No. 1, Ibadan 1975.

16. LANG, H.: Semi-Mechanized Upland Cultivation in African Small-Scale Farms - Experiences of the Ivory Coast. In: Zeitschrift für ausländische Landwirtschaft, Jg. 15, Heft 2, 1976, S. 220 - 233.

17. LE BUANEC, B.: Dix ans de culture motorisée sur un bassin versant du Centre Côte d'Ivoire. In: L'Agronomie Tropicale, Vol. 27, No. 11, 1972, S. 1191 - 1211.

18. LE BUANEC, B.: La riziculture pluviale en terrain drainé. Situation, problèmes et perspectives. In: L'Agronomie Tropicale, Vol. 30, No. 4, 1975, S. 359 - 381.

19 MOHR, B.: Die Reiskultur in Westafrika. Verbreitung und Anbauformen, IFO Afrika-Studien Nr. 44, München 1969.

20 MOODY, K.: Weed Controll Systems for Upland Rice Production. Expert Consultation Meeting on the Mechanization of Rice Production, IITA June 10 - 14, 1974, mimeo.

21 MOUTON, J.A.: Riziculture et déforestation dans la région de Man, Côte d'Ivoire. In: L'Agronomie Tropicale, Vol. 19, No. 2, 1959, S. 225 - 231.

22 PORTERES, R.: Vieilles Agricultures de l'Afrique inter-tropicale, centres d'origine et de diversification variétale primaire et berceau d'agriculture antérieurs au XVI siècle. In: L'Agronomie Tropicale, Vol. 5, No. 9/10, 1950, S. 489 - 507.

23 RÜDENAUER, M.: Zur Anwendung diskontierter Erfolgsmaßstäbe bei der Beurteilung landwirtschaftlicher Entwicklungsprojekte, unveröffentlichte Diplomarbeit, Universität Hohenheim 1975.

24 RUTHENBERG, H.: Farming Systems in the Tropics, Oxford 1971.

25 RUTHENBERG, H.; JAHNKE, H.E.: Ein Rahmen zur Planung und Beurteilung landwirtschaftlicher Entwicklungsprojekte. Zeitschrift für ausländische Landwirtschaft, Materialsammlung Heft 24, Frankfurt 1973.

26 RUTHENBERG, H.: Farm Systems and Farming Systems. In: Zeitschrift für ausländische Landwirtschaft, Jg. 15, Heft 1, 1976, S. 42 - 45.

27 SODEFOR: Approche d'une actualisation des résultats des inventaires de 1966, Abidjan 1975, mimeo.

28 SODERIZ: Projet BIRD-CCCE, Côte d'Ivoire - Zone forrestière 1975 - 1978, 2 Vol., Abidjan 1974.

29 SODERIZ: Addendum à l'étude de factibilité SODERIZ: Projet de développement de la riziculture de bas-fonds en zone forrestière, o.O., o.J.

30 SODERIZ: Rapport annuel 1974, Abidjan 1975.

31 USAID: Le riz en Afrique de l'Ouest, Washington 1968.

32 VAN SANTEN, C.E.: Selected Economic Aspects of Expanding Rice Production in Liberia, FAO, Rom 1974.

33 WARDA: Rice in West Africa, March 1974, mimeo.

34 WHYTE, R.O.: Land and land appraisal, The Hague 1976.

AGRARRÄUMLICHE DIFFERENZIERUNG IM UMLAND EINER OSTAFRIKANISCHEN INDUSTRIESTADT

von

Hartmut Brandt, Berlin

1	Einleitung	335
2	Problemstellung und Argumentationsgang	336
3	Bodennutzungssysteme im weiteren Hinterland Jinjas	338
4	Wandel der Betriebsorganisation unter dem Einfluß der wachsenden Stadt	339
4.1	Entwicklungstendenzen von Betriebsfläche und Arbeitskräftebesatz	339
4.2	Landwirtschaftliche Arbeitsleistung der bäuerlichen Familie	340
4.3	Die Allokation von Boden und Arbeit	341
5	Zusammenfassung und Ausblick	344

1 Einleitung

In den Ländern der Dritten Welt finden seit 25 Jahren Wandlungsprozesse statt, die u.a. in Form einer beständigen Land-Stadt-Drift der Bevölkerung und Urbanisationsraten von mehr als dem Doppelten der natürlichen Bevölkerungszuwachsraten sichtbar werden (FORD FOUNDATION, 4). Obwohl hiermit nach natürlichem Bevölkerungszuwachs, Weltmarkteinfluß, Agrarpolitik, technischem Fortschritt und Ausbau der ländlichen Infrastruktur ein sechster über die Zeit variabler Standortfaktor zunehmend Bedeutung für die landwirtschaftliche Produktion gewinnt, liegen bisher aus Entwicklungsländern kaum empirische Studien über den Einfluß rasch wachsender Städte auf die Landwirtschaft in ihrem Umland vor.

Dies ermutigt uns, hier die Ergebnisse einer Fallstudie aus Uganda vorzustellen, die im Jahre 1971 im Kontext eines interdisziplinären Forschungsvorhabens fertiggestellt wurde 1). Die

---

1) Das Vorhaben stand unter der Leitung von Herrn Prof. P. von BLANCKENBURG. Es untersucht den Einfluß der wachsenden Stadt Jinja auf ihr Hinterland aus soziologischer, agrarvermarktungsökonomischer und agrarbetriebswirtschaftlicher Sicht. Die Ergebnisse liegen im Rahmen einer Gemeinschaftsveröffentlichung vor: H. BRANDT, B. SCHUBERT, E. GERKEN: The Industrial Town as Factor of Economic and Social Development. The Example of Jinja/Uganda. In: IFO-Afrika-Studien, No. 77, München 1972.

Studie ist in ihrem Ansatz in erster Linie auf die Erfassung der räumlichen Variation des Systems "bäuerlicher Betrieb und Haushalt" im engeren Einflußbereich einer Mittelstadt mit weniger als 60 000 Einwohnern zum Untersuchungszeitpunkt angelegt. Die Konzeption zielt darauf ab, aus einem statisch-räumlichen Vergleich zu Rückschlüssen hinsichtlich des zeitlichen Wandels des Systems Betrieb-Haushalt unter dem Einfluß einer schnell wachsenden Stadt zu gelangen. Die konzeptionelle Problematik - Raumvergleich ersetzt Zeitvergleich -, die Stichproben- und Repräsentanzfrage und der Mangel an ähnlichen Studien legen eine behutsame Interpretation der Ergebnisse nahe.

2 Problemstellung und Argumentationsgang

Bis zum Jahre 1948 war die Stadt Jinja, die am Auslauf des Victoria-Sees in den Nil liegt, ein mittlerer Marktflecken mit vorwiegender Verwaltungs- und Handelsfunktion. Zu diesem Zeitpunkt belief sich die Zahl ihrer Gesamtbevölkerung auf nur 17 000 Personen, deren jährliches Geldeinkommen etwa 10 Mio. Shs. betrug. Seit 1949 führten zunächst der Bau eines Wasserkraftwerkes und danach die 1952 beginnende Ansiedlung von Industrie zu einer schnellen Zunahme der Einwohnerzahl sowie der persönlichen Einkommen. Bis 1967 waren die Bevölkerung Jinjas um 230 % und ihr reales Geldeinkommen um 900 % angewachsen (BRANDT, 2, S. 157 ff).

Nachfolgend werden bezüglich des Einflusses dieser Stadtentwicklung auf das landwirtschaftliche Umland drei Fragekomplexe diskutiert [1]):

- Tendenzen der Veränderung der Faktorausstattung landwirtschaftlicher Betriebe in Abhängigkeit von der Stadtentwicklung.
- Tendenzen der Veränderung "organisationsrelevanter Verhaltenselemente" (Verfügung über Zeit, Güter, Geld) aus dem Bereich der bäuerlichen Familie in Abhängigkeit von der Stadtentwicklung.
- Einfluß der Marktlage auf die Allokation der Faktoren Boden und Arbeit.

Die beiden erstgenannten Fragestellungen erforderten einen vertikalen Betriebsvergleich über eine Reihe von Jahren. Es ist jedoch denkbar, daß ein horizontaler Vergleich zwischen einem stadtnahen und einem stadtfernen Dorf die Tendenzen der Entwicklung aufzeigen kann, wenn räumliche Homogenität der über die Zeit variablen Standortfaktoren in der Ausgangslage gegeben ist (KUHNEN, 7, S. 12), und wenn intervenierende, von der speziellen Stadtentwicklung unabhängige Einflüsse späterhin nicht dazukommen (LUCEY, KALDOR, 8, S. 89 ff).

Beide Bedingungen sind in unserem Falle nur z.T. erfüllt. Das stadtnahe Dorf hatte 1950 bereits die ersten Siedler, während das stadtferne noch unbesiedelt war. Darüber hinaus kam es im gesamten Stadtumland bis 1960 zu einer schnellen, weltmarktinduzierten Ausdehnung der Kaffeeproduktion.

Der räumliche Vergleich fußt auf Primärmaterial aus 2 Dörfern gleicher natürlicher und ethnischer Bedingungen in einer Entfernung von 5 - 8 km bzw. 16 - 19 km vom Stadtzentrum [2]).

Vor die Präsentation der Ergebnisse stellen wir zum besseren Verständnis eine Systematik der Bodennutzungsformen im weiteren Hinterland Jinjas.

---

[1]) Dies geschieht im Sinne der Reinterpretation der Brinkmannschen Standortlehre aus der Sicht einer normativ weitgefaßten neoklassischen Mikroökonomik. Vgl. hierzu: G. WEINSCHENCK, W. HENRICHSMEYER: Zur Theorie und Ermittlung des räumlichen Gleichgewichts in der landwirtschaftlichen Produktion. In: Berichte über Landwirtschaft, Sonderheft 180, Hamburg und Berlin 1965.

[2]) Primärmaterial aus zwei weiteren Dörfern mit anderen natürlichen und ethnischen Bedingungen bleibt hier unberücksichtigt.

Karte 1: Bodennutzungssysteme im Großraum Jinja - Uganda

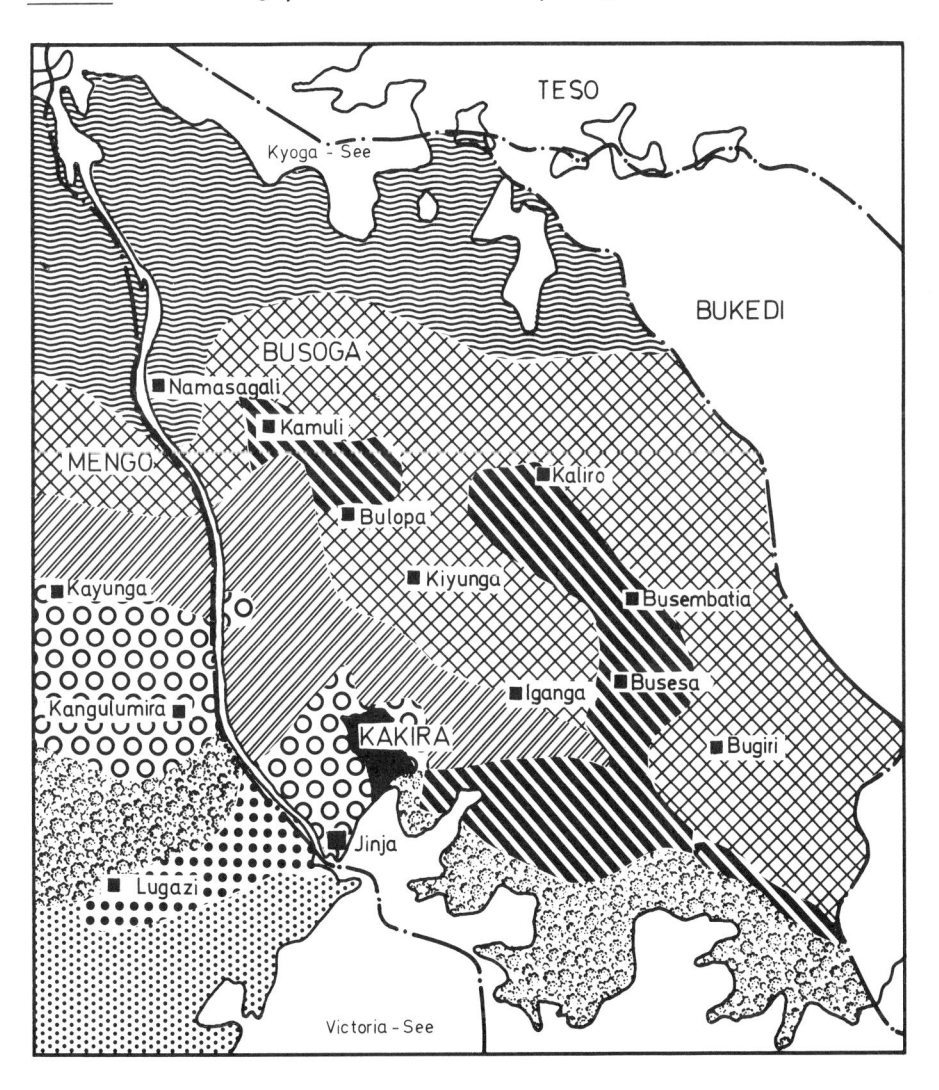

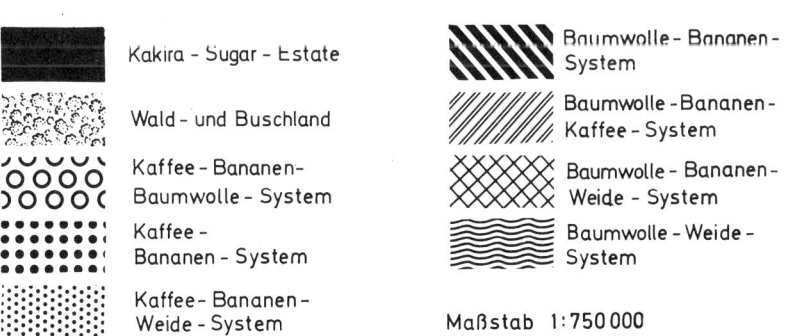

Symbol	Legende
▬	Kakira - Sugar - Estate
(Punkte)	Wald- und Buschland
○○○○	Kaffee - Bananen - Baumwolle - System
●●●●	Kaffee - Bananen - System
(feine Punkte)	Kaffee - Bananen - Weide - System
▨	Baumwolle - Bananen - System
▥	Baumwolle - Bananen - Kaffee - System
✕✕✕	Baumwolle - Bananen - Weide - System
≈≈≈	Baumwolle - Weide - System

Maßstab 1:750 000

3 Bodennutzungssysteme im weiteren Hinterland Jinjas

Das Raumbild der Bodennutzung in Südwest-Uganda läßt sich bei gemeindeweiser Aggregation einzelbetrieblicher Flächendaten weitgehend auf die Variation der natürlichen Standortfaktoren Boden, Klima und Tse-Tse-Vorkommen zurückführen (PARSONS, 11; OTHIENO, 10; HALL, 5; BRANDT, 1). Auf einzelbetrieblicher Ebene bestehen erhebliche Unterschiede der Betriebsorganisation nach Maßgabe der Ausstattung mit Boden und Arbeit. Nach dem ungewogenen Kulturflächenverhältnis als Klassifikationskriterium lassen sich 6 Bodennutzungssysteme unterscheiden (Karte 1, Tabelle 1). Die Fruchtfolgeglieder des neben den Dauerkulturen betriebenen semipermanenten Ackerbaus finden sich gleichermaßen in allen sechs Systemen (Übersicht 1). Mit zunehmender Gunst der natürlichen Verhältnisse steigt der Dauerkulturanteil, tritt späte Baumwolle an die Stelle der frühen und sinkt der Bracheanteil. Die allgemeine Intensität der Betriebe steigt also erwartungsgemäß mit zunehmender Gunst der natürlichen Verhältnisse an. Ackerbau und Viehhaltung stehen weitgehend unverbunden nebeneinander.

Tabelle 1: Bodennutzungssysteme in den Distrikten Busoga und Ostmengo, Uganda, 1965

System	Anbaufläche in % der Kulturfläche 1)			Kopf Rindvieh pro ha Gesamtfläche	R 2)
	Baumwolle	Kaffee	Bananen		
Kaffee-Bananen-Baumw.	20-30	30-50	25-40	0,00	0,70-0,90
Kaffee-Bananen-Weide	0-10	35-65	20-50	0,25-0,50	0,50-0,60
Baumw.-Bananen-Kaffee	30-60	10-20	10-40	0,00-0,25	0,25-0,50
Baumw.-Bananen-Weide	30-70	0	20-70	0,25-1,00	0,10-0,35
Baumwolle-Bananen	30-50	0- 7	30-70	0,00-0,25	0,20-0,50
Baumwolle-Weide 3)	80	0	0	-	-

1) Deckkulturen in der 2. Saison; - 2) Relation von Kultur- zu Nutzfläche;
3) Mittelwert lediglich einer Gemeinde.

Quelle: Nach Urmaterial des Uganda Census of Agriculture von 1965/66.

Die nachfolgende Untersuchung fußt wie bereits erwähnt, auf Primärmaterial aus 2 Dörfern des Kaffee-Bananen-Baumwolle Systems, die auf dem rechten Nilufer gelegen sind.

Übersicht 1: Fruchtfolgeglieder des semipermanenten Ackerbaus in Südost-Uganda

Stellung	1. Saison	2. Saison
eröffnend	Rodung der Brache	späte Baumwolle (Bohnen, Mais) 4)
mittel	Hirse 1) oder Erdnüsse (Mais)	späte Baumwolle 2) (Bohnen, Mais)
mittel	frühe Baumwolle 3) (Bohnen, Mais)	
	Hirse oder Erdnüsse (Mais)	
abtragend	Süßkartoffeln oder Cassava	Cassava in Brache

1) Eleusine - 2) Aussaat im Juni - 3) Aussaat im April - 4) beigemischt.
Quelle: H. BRANDT: Die Organisation ..., a.a.O., S. 6 ff.

4 Wandel der Betriebsorganisation unter dem Einfluß der wachsenden Stadt

4.1 Entwicklungstendenzen von Betriebsfläche und Arbeitskräftebesatz

Unsere Primärerhebungen 1) ergeben, daß sowohl die Flächen als auch die Arbeitskräfteausstattung der Betriebe mit zunehmender Stadtentfernung anwachsen (vgl. Tabelle 2). Zahlenmäßig ergibt sich dabei ein Abfall des Arbeitskräftebesatzes um etwa 20 % über eine Entfernung von 11 km 2). Der Kapitalbesatz in Form von Dauerkulturen und Vieh bleibt demgegenüber fast unverändert. Zieht man weiteres Sekundärmaterial heran, so zeigt sich, daß in einem suburbanen Gürtel um die Stadtgrenze die mittlere Betriebsgröße etwa 1,5 ha beträgt, während sie sich auf dem flachen Land durchwegs auf 2,5 ha bis 3,0 ha beläuft. HASSELMANN (6) fand 1967 bei einer Erhebung in einigen Industriebetrieben Jinjas, die 2 800 Arbeiter und Angestellte erfaßte, daß 83 % der Befragten in einem etwa 8 km breiten Gürtel außerhalb der Stadtgrenzen wohnten, 25 % auf eigenen landwirtschaftlichen Betrieben, 75 % vorwiegend in unmittelbar am Stadtrand gelegenen Wohngemeinden. Unsere Erhebungen ergaben, daß 32 % der Betriebsleiter des stadtnahen Dorfes einem außerlandwirtschaftlichen Vollerwerb nachgingen gegenüber nur 1,5 % im stadtfernen Dorf.

Tabelle 2: Bodenausstattung und Arbeitskräftebesatz 119 bäuerlicher Betriebe bei unterschiedlicher Stadtentfernung, gemeindeweise arithmetisches Mittel, 1967/68

	Buwenda 1)	Kibibi 2)
Betriebsfläche (in ha)	1.51	2.80
Familienarbeitskräfte (in AK) 3)	1.88	3.02
Fremdarbeitskräfte (in AK)	0,57	0.57
Arbeitskräftebesatz (in $\frac{AK}{ha}$)	1.62	1.28

1) n = 53, Entfernung vom Stadtzentrum 5 - 8 km
2) n = 66, Entfernung vom Stadtzentrum 16 - 19 km
3) AK nach Collinson korrigiert, d.h. Betriebsleiter mit außerlandwirtschaftlichem Vollerwerb bleiben unberücksichtigt, erwachsene Frauen erhalten das Gewicht 1.0.

Quelle: Eigene Erhebungen.

Die Bodennachfrage der Industriearbeiterschaft innerhalb eines suburbanen Nebenerwerbsgürtels führt zu einer Verknappung des Bodens bezogen auf den AK-Besatz und zu einer absoluten und relativen Verteuerung des Bodens im Vergleich mit dem flachen Land (vgl. Tabelle 3). Zu Beginn der Industrialisierung Jinjas waren die Bodenpreise in beiden Gemeinden noch etwa gleich.

Antrieb dieser Entwicklung sind die im Vergleich zum Lohn des durchschnittlichen Industriearbeiters sehr hohen Lebenshaltungskosten in der Stadt, die zur Selbstversorgung mit Wohnung und Nahrung auf dem Lande in der Nähe des Arbeitsplatzes zwingen (VORLAUFER, 13, S. 54; NIELÄNDER, 9; RICHTER, 12, S. 222 ff; BRANDT, 1, S. 85, IV/10 ff). Die Boden-

---

1) Die hier unter 4.1 vorgelegten Ergebnisse beruhen auf einer Zufallsauswahl aus einer Freiwilligenliste, die 50 % der Gesamtpopulation umfaßte.

2) AK nach dem Umrechnungsschlüssel Collinsons berechnet, die erwachsene Frau erhält jedoch das Gewicht 1.00. Vgl. M.D. COLLINSON: Farm Management Survey No. 3, Ministry of Agriculture, Tanzania, 1962/63, S. 21.

Tabelle 3: Marktpreise der Faktoren Boden und Arbeit bei unterschiedlicher Stadtentfernung, gemeindeweise arithmetisches Mittel, 1967/68

	Buwenda	Kibibi
Bodenpreis (in Shs/ha) 1)	1764	923
Lohnniveau (in Shs/Std.) 2)	0.45	0.45
Preisrelation (Std./ha)	3920	2051

1) Arithmetisches Mittel der Jahre 1964 - 67.
2) Ein geringer Anstieg des Lohnniveaus mit zunehmender Stadtnähe bleibt hier unberücksichtigt.

Quelle: Eigene Erhebungen.

nachfrage der Industriearbeiterschaft, nicht die Grundrente der landwirtschaftlichen Marktproduktion, treibt die Bodenpreise in die Stadtnähe hinauf. Der auf den Boden bezogene durchschnittliche Residualwert der Produktion nach Abzug von Vorleistungen, Löhnen und Lohnanspruch beläuft sich auf etwa 100 Shs. pro ha im stadtnahen gegenüber 150 Shs. im stadtfernen Dorf.

4.2 Landwirtschaftliche Arbeitsleistung der bäuerlichen Familie

Die landwirtschaftliche Arbeitsleistung 1) pro Kopf der Bevölkerung im stadtnahen Dorf bleibt um gut 30 % hinter derjenigen des stadtfernen Dorfes zurück (Tabelle 4).

Tabelle 4: Betriebliche und außerbetriebliche Arbeitsleistung in zwei Dörfern bei Jinja, 1967/68

Personengruppe	Arbeitsbereich 2)	Buwenda		Kibibi		Differenz
Männer, 20-50 Jahre	BA	691	(9) 1)	991	(15)	- 300 *
	AA	679	(9)	259	(15)	+ 420 **
Frauen, 20-50 Jahre	BA	734	(16)	1090	(24)	- 356 ***
	AA	9	(16)	5	(24)	+ 4

1) Anzahl der Beobachtungen pro Dorf und Personengruppe.
2) BA: betriebliche Arbeitsleistung; AA: außerbetriebliche Arbeitsleistung.

Quelle: Eigene Erhebungen.

Der Abfall der persönlichen Arbeitsleistung überkompensiert also den Anstieg des rechnerischen AK-Besatzes. Die Ursache dieser Entwicklung liegt in der Aufnahme außerlandwirtschaftlichen Nebenerwerbs durch die Männer des stadtnahen Dorfes:

$Y = 1103 - 0.76 x$; $r = - 0.66$; $n = 24$
Y : landwirtschaftliche Arbeit des Mannes
x : nichtlandwirtschaftliche Arbeit des Mannes.

---

1) Die hier unter 4.2 vorgelegten Ergebnisse beruhen auf Betriebstagebüchern landwirtschaftlicher Vollerwerbsbetriebe. Lediglich 1 Betriebsleiter im stadtnahen Dorf ging außerlandwirtschaftlichem Vollerwerb nach.

Die landwirtschaftliche Arbeitsleistung der Ehefrau(en) fällt mit der des Mannes:

$Y_1 = 94 + 0.85 \, x_1$; $r = 0.59$; $n = 40$;

Y_1 = landwirtschaftliche Arbeitsleistung der Frau(en)

x_1 = landwirtschaftliche Arbeitsleistung der Männer.

Dies geschieht, ohne daß die Frauen in nennenswertem Umfang außerbetrieblich tätig werden. Die Ursachen hierfür liegen in der Doppelbelastung der Frauen in Betrieb und Haushalt und der außerordentlichen Härte manueller Arbeit im Hackbau. Die günstige Arbeitsentlohnung im außerbetrieblichen Nebenerwerb der Männer (Tabelle 5) schafft die einkommensmäßige Voraussetzung zur Entlastung der Frauen des stadtnahen Dorfes Buwenda.

Tabelle 5: Entlohnung der Arbeit in Jinja und Umgebung, 1967/68, in Shs. pro Stunde

Arbeitsform	Buwenda	Kibibi
landwirtschaftliche 1) Lohnarbeit	0.45	0.45
Roheinkommen pro Familienarbeitsstunde	0.58	0.61
Entlohnung bei außerbetr. Nebenerwerb	0.81	0.97 3)
Mittlerer Industriearbeiterlohn in Jinja	0.75-0.90	- 2)

1) Ein geringfügiger Anstieg mit zunehmender Stadtnähe bleibt hier unberücksichtigt.
2) Im stadtfernen Kibibi besteht kaum Möglichkeit zur Aufnahme industrieller Lohnarbeit.
3) Bedingt durch ein Straßenbauprojekt.

Quelle: Eigene Erhebungen.

Dieser relative Abfall der landwirtschaftlichen Arbeitsleistung der Familien im urbanen Nebenerwerbsgürtel wird aus Gründen mangelnder Liquidität nicht durch die Beschäftigung von Fremdarbeitskräften ausgeglichen, da der monetäre Konsum der Familie im stadtnahen Dorfe (Zukauf lokaler Nahrungsmittel, Zucker, Tee, Zigaretten, alkoholische Getränke) lediglich 7,3 % des Bareinkommens für landwirtschaftliche Betriebsausgaben übrigläßt und das gesamte Bareinkommen der "Familien ohne außerlandwirtschaftlichen Vollerwerb" in beiden Dörfern etwa 1 700 Shs. beträgt. Hiermit liegt eine kulturspezifische Reaktion vor, die sich woanders nicht in gleicher Richtung und/oder Stärke wiederholen muß.

1.3 Die Allokation von Boden und Arbeit

Die arbeitswirtschaftliche Organisation der Betriebe erfolgt im wesentlichen nach Maßgabe der Boden- und Arbeitsverfügbarkeit. Relativ landreiche Betriebe konzentrieren ihre Arbeitsleistung auf Kaffee und Bananen, die eine vergleichsweise hohe Arbeitsproduktivität erbringen, landarme Betriebe hingegen auf saisonale Kulturen, die bei ungünstiger Arbeitsverwertung sich durch eine relativ hohe Flächenproduktivität auszeichnen (BRANDT, 1, S. 85). Der relativ höhere Arbeitsaufwand für saisonale Kulturen im stadtferneren Dorf (Schaubild 1) ist auf unterschiedliche Relationen der Faktoren Boden und Arbeit zueinander zurückzuführen, also nur mittelbar auf den Einfluß der Marktlage. Der Koeffizient der Variablen "Stadtentfernung" weist zwar auf eine abnehmende allgemeine Arbeitsintensität bei zunehmender Stadtnähe hin (vgl. Tabelle 6) ein signifikanter direkter Einfluß der Stadtentfernung auf die Arbeitsallokation in bezug auf die Betriebszweige war demgegenüber jedoch nicht nachweisbar.

Schaubild 1: Einfaches arithmetisches Mittel des monatlichen Arbeitsaufwandes von 25 bäuerlichen Betrieben aus zwei Dörfern bei Jinja, Februar 1968 bis Januar 1969, Arbeitsaufwand der Betriebszweige in % des betrieblichen Arbeitsaufwandes

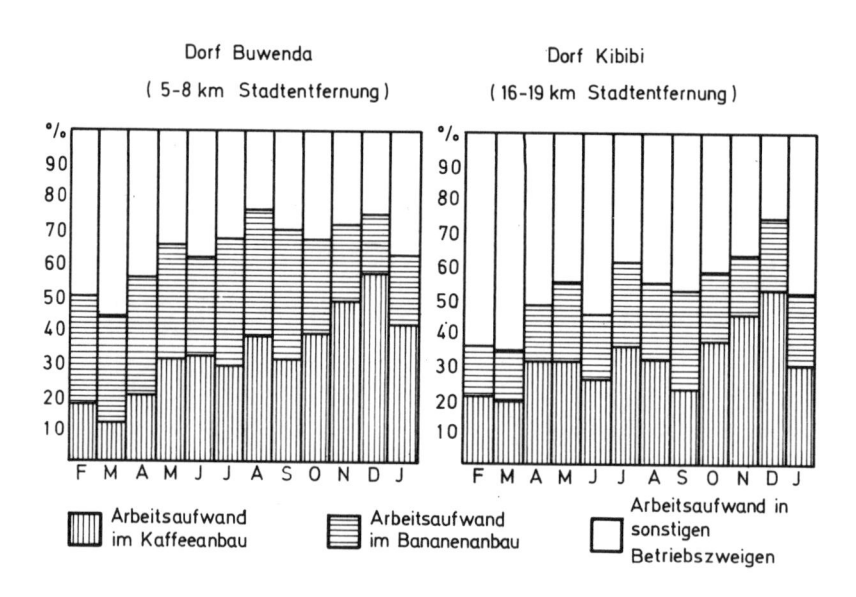

Dorf Buwenda (5-8 km Stadtentfernung)

Dorf Kibibi (16-19 km Stadtentfernung)

Arbeitsaufwand im Kaffeeanbau
Arbeitsaufwand im Bananenanbau
Arbeitsaufwand in sonstigen Betriebszweigen

Quelle: Eigene Erhebung

Tabelle 6: Bestimmungsgründe der Arbeitsallokation, für 25 bäuerliche Betriebe aus zwei Dörfern bei Jinja, 1968/69

Abhängige Variablen (in Std.)	Konstante	Unabhängige Variablen			R^2
		Distanz 1) (0-1)	Betriebs- fläche (in ha)	Gesamtarbeit (in Std.)	
Gesamtarbeit	1178(*) 3)	1066(*) (0.13) 2)	1045*** (0.58)		0.58
Arbeit-Kaffee	-170	-	286(*) (0.49)	0.20* (0.64)	0.55
Arb.-Bananen	14	-	252* (0.55)	0.11(*) (0.43)	0.54
Arb.-Saisonale Kulturen	163	-	-538** (-0.68)	0.69*** (1,59)	0.67

1) Dummy-Variable; - 2) Elastizitätskoeffizienten; - 3) signifikant bei 90 %

Quelle: Eigene Erhebung.

Tabelle 7: Betriebsflächenverhältnis von 119 Betrieben bei Jinja, 1967/68, in %

Kulturen 1)	1. Saison			2. Saison		
	Buwenda	Kibibi	Diff.	Buwenda	Kibibi	Diff.
Kaffee 2)	33.2	34.5	-1.3	33.1	34.5	-1.4
Bananen 2)	32.2	22.7	+9.5	35.6	25.2	+10.4
sais. Kulturen	16.3	26.7	-10.4	18.2	22.2	-4.0
sais. Kulturen als Beimischung	25.5	41.6	-16.1	38.5	45.9	-7.4
Brache	15.0	12.8	+2.2	9.6	14.9	-5.3

1) Hauptkulturen;
2) Kaffee-Bananen-Mischkultur wurde entsprechend der Dominanz einer der beiden Kulturen als Hauptkultur gewertet.

Quelle: Eigene Erhebung.

Tabelle 8: Bestimmungsfaktoren der Bodennutzung in der 1. Saison von 119 Betrieben bei Jinja, 1967/68

Abhängige Variablen (in ha)	Konstante	Distanz (0-1) 1)	Betriebsminus Kaffeefläche (in ha)	Erwachsene Familienmitglieder	Fremd-AK	Kinder	R^2
sais. Kultur als Hauptkultur	-0.33	0.66$^{(*)2)}$ (0.40) 3)	0.18*** (1.53)	–	–	0.18*** (0.57)	0.37
sais. Kultur als Beimischung	-0.31	2.75*** (0.34)	0.33*** (0.59)	–	1.13*** (0.13)	–	0.59
Bananen als Hauptkultur	-0.55	-0.81* (-0.14)	0.28*** (0.64)	0.65*** (0.54)	0.80* (0.12)	–	0.68

1) Dummy Variable; -2) signifikant bei 90 %; - 3) Elastizitätskoeffizient.
Quelle: Eigene Erhebung.

Ein Vergleich der durchschnittlichen Betriebsflächenverhältnisse zeigt, daß der Flächenanteil des Kaffeeanbaus in beiden Dörfern gleich hoch ist, und daß im stadtfernen Dorf der Flächenanteil des Bananenanbaus niedriger, derjenige saisonaler Kulturen in Reinkultur und Mischanbau dagegen höher ausfällt (vgl. Tabelle 7). Dieser Befund bestätigt sich auch dann, wenn zusätzlich zur Stadtentfernung die Flächenausstattung, die Familienstruktur und der Fremd-AK-Besatz zur Erklärung der Bodenallokation herangezogen werden (vgl. Tabelle 8).

Mit zunehmender Stadtentfernung geht der Flächenanteil des Bananenanbaus c.p. zurück, und derjenige des Anbaus saisonaler Kulturen als Hauptfrucht und besonders im Mischanbau steigt an. Über die Distanzdifferenz zwischen den beiden untersuchten Dörfern von 11 km liegt eine Lagerentendifferenz zwischen Getreide- und Bananenanbau von etwa 170 Shs./ha zugunsten des Bananenanbaus vor. Es ist also in der Tendenz eine kurzfristig korrekte Reaktion der Bodenallokation der Betriebe nach Maßgabe ihrer Marktlage zu verzeichnen. Diese Reaktion erfolgt jedoch im Rahmen des relativ zur Bodenverfügbarkeit verknappten Faktors Arbeit bzw. im Rahmen einer abnehmenden allgemeinen Arbeitsintensität.

5 Zusammenfassung und Ausblick

Der Vergleich zwischen einem in bezug auf die Stadt Jinja stadtnahen und einem stadtfernen Dorf zeigt, daß in Stadtnähe unter dem Einfluß der wachsenden Stadt die mittlere Betriebsfläche schneller zurückgeht als der Arbeitskräftebesatz. Der resultierende Anstieg des Arbeitskräftebesatzes pro ha wird jedoch überkompensiert durch Rückgang der landwirtschaftlichen Arbeitsleistung der Familienmitglieder aufgrund außerlandwirtschaftlichen Nebenerwerbs. Dieser Rückgang der subjektiven Arbeitskapazität der Familie in Stadtnähe wird aus Liquiditätsmangel nicht durch die Einstellung von Fremd-AK ausgeglichen. Daraus ergibt sich in der Tendenz ein Abfall der allgemeinen Arbeitsintensität der Betriebe bei zunehmender Marktnähe, ein Phänomen, das sich auch in anderen Arbeiten andeutet (NIELÄNDER, 9, S. 45 ff; RICHTER, 12, S. 222 ff).

Die Ergebnisse in bezug auf den Einfluß der Marktlage auf Arbeits- und Bodenallokation bleiben widersprüchlich. Ein direkter Distanzeinfluß auf die Arbeitsallokation war nicht nachweisbar, während sich bei der Bodennutzung mit der Substitution des Flächenanteils saisonaler Kulturen durch den transportkostenfälligen Bananenanbau eine "korrekte" Reaktion auf die Marktlage zeigt, wenn auch im Rahmen einer bei Annäherung an die Stadt abnehmenden allgemeinen Arbeitsintensität der Betriebe.

In einem suburbanen Nebenerwerbsgürtel von etwa 8 km Breite jenseits der Stadtgrenze, in dem die Industriearbeiterschaft Jinjas landwirtschaftlichen Nebenerwerb treibt und die Bauernschaft verstärkt außerlandwirtschaftlichem Nebenerwerb nachgeht, ist eine geringere allgemeine Arbeitsintensität der Bodennutzung zu verzeichnen als weiter draußen auf dem flachen Lande. Dieses "Paradoxon" wird sich in dem Maße abschwächen, in dem im Zuge der Entwicklung die mittlere Betriebsfläche aufgrund der Bodennachfrage der Industriearbeiterschaft und der Zuwanderung vom flachen Land in den suburbanen Bereich weiter zurückgeht.

Abschließend einige Anmerkungen über den engen Fall hinaus. Die Abstraktion des Thünenschen Raummodells scheint uns im konkreten agrargeographischen Raumbild der Entwicklungsländer weit seltener sichtbar zu werden als in Nordamerika und Europa, weil in Entwicklungsländern
- der wirtschaftsgeschichtliche Hintergrund der Entstehung urbaner Zentren ein anderer ist;
- die natürlichen Produktionsbedingungen, Agrargeschichte und Weltmarkteinfluß häufig ein einseitiges Produktionssystem begünstigen,
- der Weltmarkteinfluß in bezug auf Exportkulturen wie Kakao, Kaffee, Gummi etc. (modifiziert, d.h. transportkostenneutralisiert durch Agrarpreispolitik) den differenzierenden Einfluß der Binnennachfrage nach Nahrungsmitteln überdeckt,
- die Nahrungsmittelnachfrage der urbanen Zentren in vielen Fällen zu einem guten Teil aus Importen befriedigt wird,
- und das Phänomen der "demographischen Urbanisierung" dazu führt, daß die urbane Nahrungsmittelnachfrage in vielen Fällen als Subsistenznachfrage bereits im Stadtumland beginnt.

Es wäre gewagt, aus dem Fall Jinja Schlußfolgerungen genereller Art zu ziehen, wenn auch nach unseren Eindrücken ähnliche Verhältnisse im Hinterland rasch wachsender Mittelstädte keineswegs die Ausnahme sein dürften. Er mag sich dort wiederholen, wo bei anfänglicher Urbanisierung in bequemer Nähe der städtischen Arbeitsplätze gutes Land zu einem günstigen Preis zu haben ist.

Literatur

1. BRANDT, H.: Die Organisation bäuerlicher Betriebe unter dem Einfluß der Entwicklung einer Industriestadt. Der Fall Jinja/Uganda. In: Materialsammlung der Zeitschrift Für Ausländische Landwirtschaft, Frankfurt 1971, H. 16.

2. BRANDT, H., GERKEN, E., SCHUBERT, B.: The Industrial Townas Factor of Economic and Social (Development. The Exemple of Jinja/Uganda. In: IFO-Afrika-Studien, No. 77, München 1972.

3. COLLINSON, M.D.: Farm Management Survey No. 3, Ministry of Agriculture, Tanzania, 1962/63, S. 21.

4. FORD FOUNDATION: International Urbanisation Survey (Country Surveys and Special Studies).

5. HALL, M.: Agricultural Development in the Coffee Banana Zone of Uganda - A Linear Programming Approach, Diss. Cambridge 1971.

6. HASSELMANN, K.-H.: Soziogeographische und sozioökonomische Prozesse in Entwicklungsländern. Ein Beitrag zur geographischen Strukturforschung in Uganda, Diss. Berlin 1970.

7. KUHNEN, F.: Landwirtschaft und anfängliche Industrialisierung: West-Pakistan, Sozialökonomische Untersuchung in fünf pakistanischen Dörfern. In: Schriften des Deutschen Orient-Instituts, Opladen 1968, S. 12.

8. LUCEY, D.I.F., and KALDOR, D.R.: Rural Industrialization. The Impact of Industrialization on Two Rural Communities in Western Ireland. London 1969, S. 89 ff.

9. NIELÄNDER, W.: Regionale Industrialisierung und landwirtschaftliche Märkte - Das Beispiel von Rourkela. In: Zeitschrift für ausländische Landwirtschaft. Jg. 8, H. 1.

10. OTHIENO, T.M.: An Economic Study of Peasant Farms in Two Areas of Bukedi District, Diss. Kampala 1967.

11. PARSONS, D.J.: The Plantain-Robusta-Coffee Systems with a Note on the Plantains-Millet-Cotton-Areas. Uganda Protectorate, Dept. Agr. Kampala 1960.

12. RICHTER, G.: Das Umland von Lourenco Marques - Wandlung in der Agrarlandschaft unter dem Einfluß einer afrikanischen Großstadt. In: Braunschweiger Geographische Studien, H. 3, Wiesbaden 1971, S. 222 ff.

13. VORLAUFER, K.: Die Funktion der Mittelstädte Afrikas im Prozeß des sozialen Wandels. Das Beispiel Tanzania. In: Afrika Spectrum 1971, No. 2, S. 54.

14. WEINSCHENCK, G., und HENRICHSMEYER, W.: Zur Theorie und Ermittlung des räumlichen Gleichgewichts in der landwirtschaftlichen Produktion. In: Berichte über Landwirtschaft, Sonderheft 180. Hamburg und Berlin 1965.

DISKUSSIONSGRUPPE: STANDORTGERECHTE ENTWICKLUNGSPOLITIK
- EINFÜHRUNG DES DISKUSSIONSGRUPPENLEITERS -

von

Heinz-Ulrich Thimm, Gießen

Der Vorstand der Gesellschaft für Wirtschafts- und Sozialwissenschaften des Landbaues e.V. hält es für eine begrüßenswerte Bereicherung, wenn nach Abschluß einer Jahrestagung die Diskussion über das Tagungsthema weitergeführt wird. Im Rahmen der Jahrestagung 1976: "Standortprobleme der Agrarproduktion" wurde ein Versuch in dieser Richtung gemacht, der sich als sehr erfolgreich erwies. Überraschend großes Interesse an der Teilnahme, sowie die Intensität der Diskussionsbeteiligung, weisen darauf hin, daß hier eine Marktlücke bestand, die es sinnvoll auszufüllen gilt.

Die Diskussionsgruppe: "Standortgerechte Entwicklungspolitik" hatte es sich zur Aufgabe gemacht, die Bestimmungsfaktoren zu identifizieren, die sowohl zu einer "standortgerechten Regionalentwicklung" beitragen, als auch eine "standortgerechte Projektplanung" im Rahmen der Entwicklungspolitik ermöglichen. Die Beschäftigung mit diesem Themenbereich ergab sich aus den Tagungsschwerpunkten: Regionale Agrarproduktion und Einzelbetriebliche Agrarplanung in Europa, sowie der Standortbestimmung landwirtschaftlicher Betriebsformen und Verarbeitungsindustrien im Agrarraum der Tropen. In der Diskussionsgruppe kam es nun darauf an, die Tagungserkenntnisse auf politische Entscheidungsprozesse anzuwenden, die sich bei Regional- und Projektplanungen in Entwicklungsländern abspielen.

Für den Themenbereich "Regionalentwicklung" gaben B. ANDREAE und P. v. BLANCKENBURG kurze Einführungen. ANDREAE forderte in seinem Beitrag die Diskussion darüber heraus, in welchem Maße die von Boden und Klima vorgegebenen Betriebsformen durch gesellschaftliche und wirtschaftliche Entwicklungen des jeweiligen Landes Veränderungen erfahren. VON BLANCKENBURG wies auf die menschlichen und institutionellen Gegebenheiten hin, die für Standortanalysen und Regionalplanungen zu berücksichtigen sind, wenn eine Entwicklungsstrategie festgelegt werden soll. Beide Beiträge machten nur zu deutlich, wie wenig regionale Entwicklung erwartet werden kann, wenn nicht alle vom Standort abzuleitenden Bestimmungsfaktoren gebührend in die Planung einbezogen werden.

Für den Themenbereich "Projektplanung" wurden die Diskussionen durch Beiträge von H.-W. v. HAUGWITZ und H. SCHULZ eingeleitet. VON HAUGWITZ schilderte anhand der GTZ-Praxis die Identifizierung von Projekten und machte auf die Schwierigkeiten aufmerksam, alle relevanten Standortfaktoren in Projektidee, -auswahl, -planung und -durchführung einzubeziehen. Sind diese Schwierigkeiten ein wesentlicher Grund, daß eine Reihe von Projekten fehlgeschlagen ist? SCHULZ schilderte schließlich, wie Beratung und Beratungsinstrumente einzusetzen sind, sollen Projektidee mit Projektdurchführung auch nur annähernd übereinstimmen.

Die intensive Diskussion dieser vier Kurzbeiträge erbrachte zwei wichtige Ergebnisse:

1. Standortgerechte Regionalplanung ist die Voraussetzung für einen anhaltenden Entwicklungsprozeß. Werden die Standortfaktoren nicht ausreichend in ihrer ganzen Vielfalt in die Planungen einbezogen, so können die entwicklungspolitischen Ziele nicht erreicht werden.

2. Standortgerechte Projektplanung ist die Voraussetzung für nationale und bilaterale Entwicklungsmaßnahmen. Wird der Standort unzulänglich analysiert, muß auch die Projektdurchführung unzulänglich bleiben. Effizienz und Glaubwürdigkeit unserer Entwicklungshilfe sind mit dieser Erkenntnis eng verbunden.

DIE EPOCHALE ABFOLGE LANDWIRTSCHAFTLICHER BETRIEBSFORMEN IN STEPPEN UND TROCKENSAVANNEN 1)

von

Bernd Andreae, Berlin-Dahlem

Der Naturwissenschaftler verbindet mit dem Standortbegriff ausschließlich räumliche Differenzierungen, weil er an Boden, Klima, Relief, Exposition usw. als standortprägende Faktoren denkt. Der Ökonom aber faßt den Standortbegriff weiter, denn er bezieht auch Betriebsgröße, Siedlungsgefüge, Preis/Kostenverhältnisse, äußere und innere Verkehrslage, ja er bezieht die gesamte Entwicklungsstufe der Volkswirtschaft mit ein, soweit sie für die Landwirtschaft relevant ist. Dadurch tritt zu dem räumlichen Aspekt der zeitliche hinzu.

Ich möchte den letzteren heute zu Lasten des ersteren in den Vordergrund rücken und kurz skizzieren, wie sich die Abfolge der Betriebsformen im Zuge des Wirtschaftswachstums vollzieht. Dabei beschränke ich mich auf einen einzigen Standort zwischen der klimatischen und der agronomischen Trockengrenze mit etwa 400 mm Jahresniederschlägen, also auf eine technisch noch ackerbaufähige Lage. Hier stehen extensive Weidewirtschaft und Trockenfeldbau miteinander in Konkurrenz, doch die Wettbewerbsverhältnisse verschieben sich als Folge des Wirtschaftswachstums.

1. Stufe: Reine Okkupationswirtschaft

Am Anfang der Entwicklung steht nach allen kulturhistorischen Entwicklungstheorien eine reine Okkupationswirtschaft, die fast immer mit einer nomadischen oder halbnomadischen Lebensweise gekoppelt ist. Je nach den von der Natur gebotenen Nahrungsquellen handelt es sich um eine Sammelwirtschaft wie in allen drei Entwicklungsverlaufsformen Eduard Hahns oder um Jagd und Fischfang wie in der Dreistufentheorie Richard Krzymowskis oder aber um Kombinationsformen. Von einer planmäßigen Landbewirtschaftung kann noch keine Rede sein.

Die hier zu skizzierende epochale Abfolge landwirtschaftlicher Betriebsformen in Steppen und Trockensavannen läßt sich übrigens weder aus der Entwicklungstheorie Hahns noch aus derjenigen Krzymowskis erklären.

2. Stufe: Extensive Weidewirtschaft

Später beherrscht bei noch sehr schwacher Besiedlung und noch fast völligem Fehlen einer volkswirtschaftlichen Arbeitsteilung die extensive Weidewirtschaft das Bild so gut wie gänz-

---

1) Aus ANDREAE, B.: Agrargeographie. Strukturzonen und Betriebsformen in der Weltlandwirtschaft. Berlin und New York 1977, S. 69 ff. und 295 f.

lich. Sie ist die 2. Stufe, die noch deutlich okkupatorische oder doch halbokkupatorische Züge trägt. Märkte gibt es noch nicht. Die kaum differenzierte Gesellschaft besteht aus vielen in der Art gleichförmigen, in der Größe unterschiedlichen autonomen Hauswirtschaften, die alles produzieren, was sie konsumieren und alles konsumieren, was sie produzieren. Wegen des Reichtums an Bodenflächen kann diese reine Agrargesellschaft ihre Ernährung unter Inkaufnahme der Veredlungsverluste auf tierische Erzeugnisse stützen, die durch Sammeln von Wildfrüchten, -knollen etc. ergänzt werden.

Die tierischen Erzeugnisse, die auch Felle, Wolle, Knochen, Brennmaterial, Horn usw. einschließen, werden zunächst von Wildtieren (Jagd), später durch wandernde Nutztierhaltung (Nomadentum) und schließlich durch stationäre Nutztierhaltung (Farmerei) gewonnen. Bei letzterer werden die Herden zunächst durch Bullen und Hengste, dann durch Hirten und später durch Zäune zusammengehalten. Um die Bedürfnisse der Menschen möglichst vollkommen und vielseitig befriedigen zu können, werden mehrere Tierarten gehalten, zum mindesten Rinder, Schafe und (oder) Ziegen, in trockeneren Zonen auch Kamele und Esel. Alle Tierarten werden gemolken, weil die Milch wegen ihres täglichen Anfalls in kleinen Mengen als Grundnahrungsmittel besonders geeignet ist.

3. Stufe: Steppen-Umlagewirtschaft

Da die extensive Weidewirtschaft aber nur eine geringe ernährungswirtschaftliche Tragfähigkeit besitzt, muß eine wachsende Bevölkerung früher oder später zur Aufnahme von etwas Ackerbau und damit zur 3. Stufe zwingen. Das geschieht zunächst in Form der Steppen-Umlagewirtschaft. Ebenso wie am Anfang der Nutzviehhaltung das Wanderhirtentum steht, beginnt also auch die Nutzpflanzenproduktion als Wanderackerbau. Der Grund dafür liegt darin, daß die Erträge von Hirse, Gerste usw. bei mangelnder Bodenbearbeitung infolge von Hackkultur, fehlender Mineraldüngung und großen Krankheits- und Schädlingsverlusten schon nach wenigen Jahren stark nachlassen, während der Arbeitsaufwand durch Verunkrautung, Bodenstrukturschäden usw. steigt. Das Kostenleistungsverhältnis wird immer ungünstiger, so daß es ökonomisch sinnvoll ist, nach zwei bis vier Jahren das kleine Ackerstück auf eine andere Naturweidefläche zu verlegen.

4. Stufe: Getreide-Brachwirtschaft

Steigt dann bei weiterhin wachsender Bevölkerung die Ackerfläche an, so erreicht sie früher oder später den größten Anteil des ackerfähigen Areals der Farm. Dann kann keine Umlage des Ackerlandes mehr erfolgen. Auf dieser 4. Stufe ersetzt man die Funktionen der Umlage nun durch Brache, betreibt also eine Gersten-Brachewirtschaft bzw. eine Hirse-Brachewirtschaft neben der extensiven Weidewirtschaft. Im Brachjahr wird im Boden Wasser für die nächste Frucht gespeichert.

Sobald der Übergang von der Hackkultur zur Pflugkultur vollzogen wird, gelingt es auch, das Ackerland auf schwerere Böden auszudehnen, deren Bearbeitung erst jetzt bei durch Spanntiere verstärkten Kraftquellen möglich wird.

5. Stufe: Integrierte Betriebssysteme

Später gibt die volkswirtschaftliche Entwicklung Anreiz zu weiterer Produktivitätssteigerung, sei es, daß durch das Bevölkerungswachstum die Nahrungsflächen je Kopf sinken, sei es, daß ein Anreiz zur Aufnahme von Verkaufsfruchtbau entsteht, um dafür gewerblich hergestellte Güter am Markt eintauschen zu können. Ein wichtiges Mittel der Produktivitätssteigerung ist dann die Integration von Feld- und Viehwirtschaft über den Ersatz der Brache durch Feldfutter-, speziell Futterleguminosenbau. Damit ist die Stufe 5 erreicht.

Der Futterbau dient zunächst vorrangig bodenbiologischen, weniger futterwirtschaftlichen Zwecken. Er wird zunächst primär im Interesse des Getreidebaues und nicht etwa zur Stützung der Viehhaltung während der Futternotzeiten eingeführt. Das schließt aber nicht aus, daß er auch für die Bereitstellung von Weidemöglichkeiten während der Trockenzeit dient oder zur Heugewinnung herangezogen wird. Auf diese Weise bildet er das verbindende Element zwischen den auf der Stufe 4 noch isoliert nebeneinander stehenden Betriebszweigen Ochsenmast und Körnerfruchtbau. Der Feldfutterbau ermöglicht für den Getreidebau die Einrichtung einer verbesserten Fruchtfolge und für die Ochsenmast eine Verbreiterung der Futterbasis für die Trockenzeit. Er liefert dem Ackerbau Wurzelhumus und dem Weidevieh Winterfutter. Das Weidevieh transformiert dieses Futter z. T. in Kraaldünger, der wiederum dem Körnerfruchtbau zugute kommt. Auf diese Weise entsteht erst aus den einstmals isoliert nebeneinander existierenden beiden Betriebszweigen Schlachtviehproduktion und Getreidebau eine Assoziation, ein integriertes Ganzes, ein Verbundbetrieb, ein Betriebssystem.

Im Zuge der weiteren Entwicklung werden dann auch produktivere Feldfrüchte, wie Kichererbsen, Sonnenblumen, Sesam, eventuell sogar Baumwolle u.a. in den Ackerbau aufgenommen, der sich als Ganzes immer weiter gegen die Naturweideflächen vorschiebt und schließlich das gesamte Farmland in Anspruch nimmt, welches nach Maßgabe der natürlichen Verhältnisse für Ackerbau geeignet ist.

Der große technologische Sprung zur Schlepperstufe erlaubt es später, den Hirse- und Gerstenbau in Regionen mit noch kürzerer Regenzeit hineinzutragen, weil die höhere Schlagkraft des Schleppers die Zeitspannen der Bodenbearbeitung verkürzt und dem Getreide dadurch auch bei sehr eingeschränkter Regenzeit noch eine genügend lange Wachstumszeit sichert.

6. Stufe: Halbintensive Weidewirtschaft

Auf sehr hohen volkswirtschaftlichen Entwicklungsstufen schließlich pflegen der Industrialisierungsgrad, die Vermehrung der Arbeitsplätze und das Pro-Kopf-Einkommen rasch zu steigen, während die Bevölkerungszuwachsraten rückläufig werden. Dann wird der Trockenfeldbau von seinen Grenzstandorten wieder verdrängt und macht der Weidewirtschaft erneut Platz, nun aber in größeren und weitaus kapitalintensiveren Formen als auf Stufe 2.

Die Wettbewerbsüberlegenheit der Ranch gegenüber dem Trockenfeldbau auf dieser höchsten Stufe 6 beruht darauf, daß die Erträge der Feldfrüchte in diesen Trockenlagen auch bei modernen Produktionstechniken zu gering bleiben, als daß sie den nun sehr hohen Einkommensansprüchen gerecht werden könnten. Der ländliche Bevölkerungsüberschuß aber, der durch das Auflassen des Ackerbaues entsteht, wird durch neue industrielle Arbeitsplätze abgezogen. Eine absinkende Nahrungserzeugung durch Einschränkung des Trockenfeldbaues kann in Kauf genommen werden, weil die Verbilligung der ertragssteigernden Kapitalgüter die Bodenproduktivität der feuchteren, intensivierungsfähigeren Zonen des Staatsgebietes entscheidend hebt. Schließlich breiten sich ja auch die Bewässerungswirtschaften auf dieser Stufe rasch aus.

Zusammenfassung

Die skizzierte Stufenfolge zeigt, daß man die Trockengrenzen des Ackerbaues nicht ein für alle Male geographisch festlegen kann. Man könnte das nur dann, wenn sie allein ökologisch bedingt wären und nicht auch ökonomische Motive hätten. Man sollte deshalb aufhören, von "agronomischen Trockengrenzen" zu sprechen. Diese sind äußerst labil, im Zuge der volkswirtschaftlichen Entwicklung wandelbar. Es gibt nur ökonomische Trockengrenzen des Ackerbaues. Diese verschieben sich nach Maßgabe der volkswirtschaftlichen Datenkonstellation.

Die Trockengebiete der Erde sind von Haus aus Naturweidegebiete. Auf unterster volkswirtschaftlicher Entwicklungsstufe gleichen sie einem Meer der Weidewirtschaft, weil nur diese eine so extensive und arbeitsproduktive Wirtschaftsweise zuläßt, wie sie hier notwendig und möglich ist.

Auf mittlerer volkswirtschaftlicher Entwicklungsstufe senkt sich der Wasserspiegel des Meeres. Es treten Inseln des Trockenfeldbaues hervor, die sich in gleichem Maße vergrößern, wie bodenproduktiver gewirtschaftet werden muß und arbeitsintensiver gewirtschaftet werden kann.

Auf höchster volkswirtschaftlicher Entwicklungsstufe, wo mittels hohem Kapitaleinsatz sehr arbeitsproduktiv gewirtschaftet werden muß, wenn die Landwirtschaft den Wettbewerb der Industrie um die Arbeitsplätze nicht ganz verlieren will, steigt der Meeresspiegel der extensiven Weidewirtschaft wieder an, überschwemmt die Inseln des Trockenfeldbaues und führt zu dem einförmigen, wenn auch nicht gleichartigen Naturweidegroßraum der untersten Stufe zurück.

STANDORTGERECHTE REGIONALENTWICKLUNG – MENSCHEN, INSTITUTIONEN

von

Peter von Blanckenburg, Berlin-Dahlem

1	Definitorische Fragen	353
2	Problematik des Eingriffs in den sozialinstitutionellen Bereich	354
3	Soziologische Aspekte in Regionalanalyse und -programm	354

1 Definitorische Fragen

Aus dem umfangreichen Aufgabengebiet der Regionalentwicklung sind für diese Veranstaltung zwei Aspekte herausgestellt worden, die wohl entsprechend der Zusammensetzung dieses Diskussionskreises als besonders interessant angesehen werden können, die aber, zusammengenommen, nicht notwendigerweise die wichtigsten sind. Wenn im Titel von Regionalentwicklung gesprochen wird, interpretiere ich das dahin, daß das analytische und das planerische Element im Vordergrund der Erörterung stehen sollen und nicht die Implementation. Das heißt, daß die Erörterung sich vor allem auf die Regionalanalyse und das regionale Entwicklungsprogramm konzentrieren sollte. Ich nehme weiter an, daß der Begriff regionale Entwicklung sich hier auf die subnationale Ebene beziehen soll.

Den im Thema vorgegebenen Aspekt "Menschen, Institutionen" verstehe ich dahingehend, daß vor allem soziologische und organisatorische Probleme zu erörtern sind. Dabei taucht zunächst das Problem der Definition des Begriffes Institution auf. In soziologischer Fachsprache sind soziale Institutionen von Menschen aufgestellte Regeln, die auf das Verhalten der Individuen und die Interaktion zwischen Individuen und Gruppen einwirken. Sitte, Übereinkunft, Gesetz, Erbrecht und andere Ausprägungen der Agrarverfassung sind solche sozialen Institutionen, die in weniger oder stärker kodifizierter Form in allen Gesellschaften eine bedeutsame Funktion haben.

Allerdings wird der Begriff Institution heute in der Entwicklungsterminologie meistens weiter gefaßt, nämlich in den Organisationsbereich hinein. Neben informellen Gruppen wie Nachbarschaft oder Freundeskreis werden auch hochgradig formalisierte Gruppen wie Dorfrat oder Genossenschaft und sogar Förderungsorganisationen wie Beratung, Vermarktungsorganisationen und die Dienste, die diese anbieten, als Institutionen angesehen. Es erscheint mir methodisch sinnvoll, die zuerst erwähnte soziale Institution von der formalisierten Gruppe oder der Förderungsorganisation abzugrenzen, und ich werde mich auf die soziale Institution konzentrieren.

2 Problematik des Eingriffs in den sozialinstitutionellen Bereich

Lassen Sie mich einige grundsätzliche Bemerkungen zur Einbeziehung von Menschen und Institutionen in den Planungsprozeß machen. Soziale Institutionen sind von Menschen gemacht; nachdem sie gebildet worden sind, prägen sie die Menschen kraft der von ihnen ausgehenden Normen. Im Entwicklungsprozeß verändern sich soziale Institutionen oft langsamer als andere Teile des sozialökonomischen Gesamtsystems. Mit dieser relativen Starrheit hängt das Streben nach Beeinflussung der Institutionen von außen zusammen. Hier erweist sich eine Doppelfunktion der Institutionen: Einerseits wird ihre Unentbehrlichkeit für eine harmonische gesellschaftliche Entwicklung, für die Einordnung des Menschen in der Gesellschaft und für ihr Wohlbefinden anerkannt; andererseits sollen die Institutionen den Entwicklungsprozeß, dessen Zielsetzungen extern, auf nationaler Ebene, oft sogar von internationalen Experten formuliert worden sind, fördern, oder zumindest sollen sie ihn nicht behindern. Die Notwendigkeit eines geplanten sozialen Wandels wird also mit dem Erfordernis der Entwicklungskonformität begründet. Weiterhin führt die Beobachtung, daß in einem rapiden Wandlungsprozeß die Umformung oder der Neuaufbau von Institutionen manchmal disharmonisch verläuft, zur Forderung nach Eingriffen, um ernsthafte gesellschaftliche Störungen zu vermeiden.

Das bei Entwicklungsexperten oft anzutreffende Unbehagen über Aufgaben im Bereich des social engineering hat zwei Ursachen. Sie erkennen den Konflikt, der mit der vorhin angedeuteten Doppelfunktion zusammenhängt: Die Herstellung von Entwicklungskonformität mag nicht mit einer vom Gesichtspunkt der Betroffenen günstigen Regelung der Gruppen-Interaktion zusammenfallen, sie wird diese oft sogar verringern. Zum anderen rührt das Unbehagen von unserem geringen Wissen über die kausalen Zusammenhänge des Wandels und von den Mängeln der Prognosefähigkeit über Folgen gelenkten sozialen Wandels her. Ein Beispiel hierfür ist die unzutreffende Beurteilung der Möglichkeiten, traditionelle dörfliche Kooperationsweisen für moderne genossenschaftliche Entwicklungsansätze umzuformen. Von hier aus ist also die Frage berechtigt, ob diese sozialen Institutionen überhaupt einer Beurteilung auf Standortgerechtigkeit zugänglich sind. Noch problematischer ist es, die Veränderung oder den Neuaufbau von sozialen Institutionen zu planen.

3 Soziologische Aspekte in Regionalanalyse und -programm

Nun zum regionalen Aspekt der Entwicklung. Bei der ersten Aufgabe der regionalen Standortanalyse geht es darum, die Standortgunst einer Region in Bezug auf Entwicklungsziele und bestimmte Funktionen herauszuarbeiten. Die Struktur von Produktion und Konsum, die Siedlungsstruktur, die materielle Infrastruktur, die Sozialstruktur, die administrative und Dienstleistungsstruktur sind hier die Hauptgebiete. Besonderes Augenmerk wird auf die Funktionen gelegt, die im Zusammenhang mit wichtigen Zielen der Regionalentwicklung, z.B. der Produktivitätserhöhung oder anderen wirtschaftlichen Entwicklungsbeiträgen, dem Ausgleich des Entwicklungsgefälles zwischen und innerhalb der Regionen, der nationalen politischen und wirtschaftlichen Integration von Bedeutung sind.

Bei der Suche nach objektivierbaren Indikatoren können im menschlichen und sozial-institutionellen Bereich einige, wie z.B. Bevölkerungsdichte, Wanderungsbewegungen, Bildungsstruktur, Gesundheitszustand, Grad der Marktintegration herangezogen werden. Schwieriger ist es in der Standortanalyse schon, die soziale Schichtung, Gruppenzusammenhänge, das Auftreten und die Stärke von Kooperation zu messen und im Hinblick auf Entwicklungsziele zu beurteilen.

Am problematischsten ist wohl die Beurteilung solcher Aspekte des menschlichen und sozialen Ressourcenkapitals wie das Fortschrittspotential. Zwar ist diese Beurteilung für die Festlegung der Entwicklungsstrategie sehr wichtig. Wir kennen die Bedeutung dieses Komplexes von der

Diskussion über die leistungsdifferenzierende Wirkung der Persönlichkeit des Betriebsleiters, auf die seit BRINKMANN kein guter Betriebswirt hinzuweisen vergißt. Wir haben auch eine Vorstellung, daß wirtschaftliche Leistungsbereitschaft und Neuerungsbereitschaft nicht nur individuell bedingt sind, sondern daß ganze Gruppen: Bauern verschiedener Betriebsgrößenklassen, Dorfgruppen, ja sogar ganze Stämme sich hier unterscheiden. Aber einmal fehlt es an objektivierbaren und leicht feststellbaren Maßstäben für Fortschrittspotential oder Neuerungsbereitschaft ganzer Gruppen. Zum anderen muß man sich darüber klar sein, daß es sich hier um einen sehr dynamischen Komplex handelt. Änderungen der Rahmenbedingungen führen oft zu überraschenden Verhaltensänderungen der Menschen, und insofern ist die Gefahr der Fehlbeurteilung hier besonders groß.

Bei dem nächsten Schritt, der Aufstellung des <u>Entwicklungsprogramms,</u> ist davon auszugehen, daß veränderte menschliche Werthaltungen oder Veränderungen in sozialen Institutionen weniger mit direkten Interventionen oder der Neuschaffung von Institutionen möglich sind als auf indirektem Wege. Zu nennen sind als indirekte Einflußfaktoren etwa Bildungsanstrengungen, Information zum Transparentmachen von Veränderungen, Ermöglichung aktiver Partizipation der Betroffenen an der Planung, Maßnahmen der Markterschließung, Straßenbau oder ökonomische Anreize.

Die bei einer räumlichen Entwicklungsstrategie anstehende Entscheidung, ob zusätzliche Ressourcen gleichmäßig auf die Subregionen verteilt oder ob sie auf bestimmte Räume und Gruppen konzentriert werden sollten, oder wieweit ganz neue Wachstumspole geschaffen werden müssen, sollte das Humankapital und die Sozialstruktur ebenso wie die materiellen Strukturen in Betracht ziehen. Sehr wichtig ist auch die Berücksichtigung innenpolitischer Probleme, die besonders bei einer ungleichgewichtigen Förderung von Regionen auftreten können. Jede Planungsinstanz muß die Möglichkeit der Reaktion derer berücksichtigen, die durch den Entwicklungsprozeß nicht begünstigt werden. Das an sich anzustrebende Ziel einer nationalstaatlichen Integration kann dadurch geradezu verfehlt werden.

Verglichen mit den Möglichkeiten, die wirtschaftliche Ressourcenausstattung oder organisatorische Strukturen in einem regionalen Entwicklungsprogramm zu beeinflussen, erscheinen die Möglichkeiten zielgerichteter Eingriffe in den sozialinstitutionellen Bereich als sehr begrenzt. Der Grund dafür ist vor allem, daß wir bisher, wie angedeutet, keine generelle, auf den sozialinstitutionellen Bereich bezogene Entwicklungstheorie besitzen. Selbst wenn wir hier weiter wären, wäre es allerdings für mich noch nicht ausgemacht, daß wir versuchen sollten, umfassende gesellschaftliche Ziele zu definieren und ein Instrumentarium zur Erreichung komplexer Ziele zu entwickeln. Die oft erforderliche Einflußnahme auf den sozialinstitutionellen Bereich sollte sich bevorzugt auf Nahziele wie Beeinflussung der Werthaltungen, Förderung spezifischer Individuen oder Gruppen zwecks Veränderung der Gruppenstrukturen, also Maßnahmen auf der Projektebene mit Überschaubarkeit beschränken.

STANDORTGERECHTE PROJEKTPLANUNG - PROJEKTIDENTIFIZIERUNG -

von

Hans-Wilhelm von Haugwitz, Eschborn

1	Einleitung	357
2	Die Projektidee	358
3	Alternative Projektansätze	358
3.1	Das Aweil-Reisprojekt im Sudan	358
3.2	Erzeugung tierischer Produkte im Sudan	359
3.3	Regenfeldbau im Savannengürtel	359
4	Projektauswahl	360
4.1	Projektziele nach Vorgaben des BMZ	360
4.2	Ziele der sudanesischen Entwicklungspolitik	361
4.3	Allgemeine wirtschaftliche Ziele	361
4.4	Andere Kriterien	361
4.5	Zielerreichungsanalyse	361
5	Das Nuba-Region Projekt	362
6	Projektplanung und -durchführung	363
6.1	Die Feasibility-Studie	363
6.2	Masterplan und Pilotprojekt	364
6.2.1	Projektkonzeption	364
6.2.2	Bestandsaufnahme des Entwicklungspotentials	364
6.2.3	Pilotprojekt	364

1 Einleitung

Die bilaterale technische Zusammenarbeit zwischen der Bundesrepublik Deutschland und den Entwicklungsländern beruht auf dem Antragsprinzip. Das heißt, die Entwicklungsländer übermitteln der Bundesregierung ihre Projektwünsche, das sind Projektideen bis hin zu sorgfältig geplanten und ausformulierten Projekten.

Das Bundesministerium für wirtschaftliche Zusammenarbeit prüft die entwicklungspolitische Förderungswürdigkeit solcher Anträge. Soweit diese Prüfung positiv ausfällt, wird die Gesellschaft für Technische Zusammenarbeit (GTZ) mit der Projektprüfung beauftragt, die in der Regel eine Prüfung des Antrages vor Ort einschließt.

Je nach dem vermuteten oder bereits erkennbaren Projektumfang und der Vielgeschichtigkeit des Projektes geschieht die Prüfung im Rahmen einer Pre-Feasibility oder einer Feasibility-Studie. Die Pre-Feasibility führt entweder zur Ablehnung der Projekts, weil es nicht machbar erscheint, oder sie enthält die Terms of Reference für eine Feasibility-Studie, in der die Machbarkeit des Projektes sehr sorgfältig untersucht wird mit einem konkreten Projektvorschlag als Ziel der Studie.

2 Die Projektidee

An einem in jüngster Vergangenheit in der GTZ praktizierten Beispiel soll ein mögliches Verfahren einer Projektidentifizierung und einer standortgerechten Projektplanung erläutert werden.

Die Projektidee lautet: Steigerung der Agrarproduktion im Sudan mit folgenden Unterzielen:
- landwirtschaftliches Großprojekt (Investitionsvolumen 50 - 100 Mio. DM),
- Nahrungsmittelerzeugung für den Export in ölproduzierende Nachbarländer und
- schnelle Projektrealisierung.

Die vorgegebene Exportproduktion soll ein Anreiz für ölproduzierende Nachbarstaaten sein, sich an den Investitionskosten des Projektes im Rahmen einer Dreieckskooperation zu beteiligen.

3 Alternative Projektansätze

Vorgegeben waren ferner drei Projektansätze:
- das Aweil-Reisprojekt im Südwest-Sudan,
- Erzeugung tierischer Produkte im Sudan,
- Regenfeldbau im Savannengürtel.

Im Rahmen einer Pre-Feasibility-Studie hatten die Gutachter folgende Aufgaben zu lösen:
- Auswahl des Projektes, das den Zielvorstellungen am besten entspricht und
- Erstellung einer Pre-Feasibility-Studie für das ausgewählte Projekt sowie Ausarbeitung der Terms of Reference für eine anschließende Feasibility-Studie.

Zunächst wurden die genannten Projektansätze identifiziert. Die Informationssammlung wurde jeweils soweit vorangetrieben, daß eine Aussage darüber gemacht werden konnte, ob höchste, mittlere oder geringe Zielerreichung zu erwarten ist.

3.1 Das Aweil-Reisprojekt im Sudan

Das Projektgebiet liegt in der Provinz Bahr el Ghazal im relativ unterentwickelten Südwesten des Sudan. Eine Eisenbahnlinie verbindet Aweil mit der Provinzhauptstadt Wau. In nördlicher Richtung verläuft diese Linie über Babanusa nach Khartoum. In der Regenzeit ist sie nicht verläßlich, da der Bahnkörper stellenweise weggespült wird. Potentielles Projektgebiet ist die Überflutungsebene des Flusses Lol, der 7 Monate im Jahr Wasser führt. Das Projektgebiet wird gegenwärtig von rinderhaltenden Angehörigen des Dinka-Stammes genutzt.

Die Gesamtnachfrage nach Reis im Sudan wird für das Jahr 1985 auf 34.000 to geschätzt. Da im Aweil-Gebiet 25.000 - 50.000 to geschälter Reis pro Jahr produziert werden kann, wären noch beträchtliche Mengen für den Export verfügbar. Wenn der Sudan Reis zu wettbewerbsfähigen Preisen fob Port Sudan liefern könnte, würden die Märkte von Saudi Arabien, Kuweit, Libyen und Syrien wegen der relativ kurzen Entfernung gute Absatzchancen bieten.

Selbst unter der Annahme, daß die notwendigen Transportkapazitäten verfügbar gemacht werden könnten, wäre jedoch die Reisproduktion in Aweil mit extrem hohen Transportkosten vom

Projektstandort zum Seehafen belastet. Aweil scheint somit der ungünstigste Projektstandort für eine Großproduktion von Reis zu sein, der für den Export via Port Sudan bestimmt ist.

Da zu wenig über die natürlichen Voraussetzungen des Projektgebietes bekannt ist, ist es gegenwärtig nicht möglich, ein Projekt in der Aweil-Region zu planen, im Rahmen dessen in absehbarer Zukunft beträchtliche Mengen Reis produziert werden könnten.

3.2 Erzeugung tierischer Produkte im Sudan

Der Savannengürtel umfaßt die wichtigsten Weidegebiete des Landes (50 % der Gesamtfläche), auf denen 80 % des gesamten Viehbestandes gehalten werden. Die bedeutendsten potentiellen Weideflächen liegen ebenfalls in diesem Gebiet. Der Teil des Savannengürtels mit den relativ niedrigsten Regenfällen (400 - 900 mm) wird gegenwärtig von der gesamten nutzbaren Fläche landwirtschaftlich am intensivsten genutzt und hat auch das bedeutendste landwirtschaftliche und viehwirtschaftliche Potential. Sudanesische und internationale Organisationen haben dieses Gebiet für die Durchführung von viehwirtschaftlichen Projekten ausgewählt.

Schätzungsweise 25 - 40 % der sudanesischen Gesamtbevölkerung sind Viehhalter. Die Rinderhaltung ist die wichtigste Quelle der Fleischerzeugung im Sudan. Von der Gesamtproduktion von 137.000 to Rindfleisch im Jahre 1974 wurden 123.000 to im Sudan verkauft und 14.000 to exportiert. Ägypten stellt den wichtigsten traditionellen Abnehmer für sudanesisches Rindfleisch dar, jedoch gewannen die Golfstaaten und Saudi Arabien in jüngster Zeit wegen der dort herrschenden höheren Preise als Exportmärkte an Bedeutung.

Im allgemeinen weisen die auf den Exportmärkten erzielten Preise eine ständig steigende Tendenz auf. Nach Berechnungen der Weltbank müßte sich der sudanesische Fleischexport nach Libyen, Saudi Arabien und Kuweit und in die Golfstaaten von gegenwärtig 20.000 to auf 60.000 to im Jahre 1985 erhöhen, wenn der Sudan seinen Marktanteil von 7 % in diesen Ländern halten will.

Von mehreren alternativen Viehproduktionsprojekten wird dem "Humer-Livestock-Project" bei Babanusa im westlichen Sudan seitens der Gutachter Priorität eingeräumt. Im Rahmen des Projekts sind folgende Maßnahmen vorgesehen:
- Rinderaufzucht durch die Nomaden des Humer-Stammes und durch das Projekt;
- Einführung kombinierter Futter- und Nahrungsmittelproduktion;
- Maßnahmen auf dem Sektor der Veterinärmedizin;
- Schaffung von Transporteinrichtungen;
- Anlage von Siedlungen.

Hinsichtlich der Realisierung des Projektes werden sich voraussichtlich folgende Probleme ergeben:
- hohe Kapitalinvestitionen;
- Risiken hinsichtlich der Ansiedlung von Nomaden;
- hohe Transportkosten durch Luftfracht;
- das Projektgebiet liegt nicht in der geplanten krankheitsfreien Zone ("disease-free zone"). Deshalb ist für absehbare Zeit kein Fleischexport aus dem Projekt möglich.

3.3 Regenfeldbau im Savannengürtel

Der Savannengürtel im Sudan bedeckt mehr als 50 % des gesamten Landes, jedoch bietet nur der Teil dieses Gürtels ein Potential für Landwirtschaft und Viehzucht, in dem die Regenfälle relativ niedrig sind (400 - 900 mm). Dieses Gebiet (27 % der Gesamtfläche des Sudan) leidet nicht unter übermäßiger Überflutung während der Regenzeit und hat zum großen Teil ausgezeichnete Böden. Während der Durchführung der Pre-Feasibility-Studie wurden 3 alternative Projekte im Savannengürtel identifiziert, die im folgenden kurz dargestellt werden:

a) Ghedaref-Projekt

Ziel des Projektes ist die Steigerung der pflanzlichen Produktion. Diese könnte durch folgende Maßnahmen erreicht werden:
- Einführung einer Dreijahres-Fruchtfolge von Nahrungspflanzen, Ölsaaten und Futterpflanzen;
- Einführung neuer Anbau- und Pflanzenschutzmethoden;
- Bau von Wegen und Wasserversorgungsanlagen;
- Landwirtschaftliche Beratung und Wartung der landwirtschaftlichen Maschinen durch mobile Einheiten;
- Aufbau eines Kredit- und Vermarktungssystems;
- Siedlung von Bauern, da Gebiet menschenleer.

Die Einführung bzw. Integration der Viehhaltung ist aus Fruchtfolgegründen und damit zur dauernden Erhaltung der Bodenfruchtbarkeit unumgänglich. In einem Siedlungsprojekt wäre die Einführung der Viehhaltung zu Beginn eine große und nicht zu verkraftende arbeitswirtschaftliche Belastung und ein großes Betriebsrisiko (Hygiene, Markt).

b) Dilling-Projekt

Dieses Projekt könnte als modernes Großprojekt mit landwirtschaftlichen Betrieben vom 1.500 acres/Größe konzipiert werden. Das gleiche Fruchtfolgesystem wie im Ghedaref-Projekt könnte Anwendung finden. Im Dilling- ebenso wie im Ghedaref-Projekt würden nicht traditionelle Kleinbauern sondern relativ vermögende Personen, die nicht aus der Projektregion stammen, Projektbauern werden (Kaufleute aus Khartoum).

c) Nuba-Region-Projekt

Dieses Projekt würde einen beträchtlichen Teil der landwirtschaftlich genutzten Fläche des Stammesgebietes der Nuba umfassen. Dieser seßhafte Stamm hält Rindvieh und Schafe und baut Nahrungsfrüchte (Sorghum und Hirse) und Verkaufsfrüchte (Baumwolle, Sesam und Erdnüsse) an. Nur etwa 20 % des nutzbaren Landes wird im Wanderfeldbau genutzt.

Da die Böden im Projektgebiet sehr schwer sind, ist eine Mechanisierung der Bodenbearbeitung und eines Teiles der Erntearbeiten erforderlich.

Die wichtigsten Merkmale des Projektes wären:
- mechanisierte Produktion von Sorghum und Ölsaaten;
- Erhaltung der Bodenfruchtbarkeit durch eine Fruchtfolge (Futterpflanzen, Sorghum und Ölsaaten);
- Nutzung von Futterpflanzen zur Viehmast;
- Integration der seßhaften Bevölkerung in das Projekt als Kleinbauern ("smallholders").

Die mechanisierten Arbeitsvorgänge würden von einer Projektverwaltungseinheit übernommen. Die notwendige Betriebsgröße wird auf 21 Feddan geschätzt.

4 Projektauswahl

Folgende Auswahlkriterien wurden dazu aufgestellt:

4.1 Projektziele, die aus den Terms of Reference des BMZ abgeleitet wurden

- Nahrungsmittelproduktion
- Produktion für den Export
- Export in ölproduzierende Nachbarstaaten
- schnelle Realisierung der Projektziele.

4.2 Ziele der sudanesischen Entwicklungspolitik

- Expansion der landwirtschaftlichen Exporte (Diversifizierung der Exporte, Ausdehnung der Erzeugung von Produkten mit höherem Wert und von Produkten für die verarbeitende Industrie, Orientierung der Exporte in Richtung auf die Hartwährungsländer, Aufrechterhaltung des bestehenden Anteils am Weltmarkt);
- Ausgeglichenes regionales Wachstum, größere regionale Einkommensgleichheit;
- Größere persönliche Einkommensgleichheit.

4.3 Allgemeine wirtschaftliche Ziele

- Zufriedenstellend hohe Einkommen der landwirtschaftlichen Betriebe und
- Gesamtwirtschaftliche Rentabilität.

Die genannten Kriterien wurden noch weiter untergliedert und tabellarisch zusammengefaßt. Jedes Kriterium wurde hinsichtlich der wahrscheinlichen Realisierungsmöglichkeiten in den verschiedenen Projekten beurteilt, und zwar mit

+ 1 = höchste Zielerreichung
  0 = mittlere Zielerreichung oder Rangfolge nicht feststellbar   und
− 1 = geringste Zielerreichung.

Die Ergebnisse der Analyse ergaben den Vorsprung eines Projektes, der sogenannten Nuba-Region. Der Vorsprung war jedoch nicht so groß, daß man von einem klaren Ergebnis hätte sprechen können. Deshalb wurden weitere Kriterien in die Analyse eingebracht:

4.4 Andere Kriterien

- Ansprüche an die Transport-Infrastruktur des Landes;
- Vereinbarkeit mit bestehender Agrarstruktur;
- Mögliche Interferenz mit anderen Entwicklungsaktivitäten in der entsprechenden Region;
- Linkage-Effekte;
- Erfordernisse technischen Know-hows hinsichtlich der Projektrealisierung.

4.5 Zielerreichungsanalyse

Die Zielerreichungsanalyse ergab, daß von den aufgeführten Projektalternativen im Savannengürtel das Nuba-Region-Projekt den höchsten Grad der Zielerreichung aufweist, und zwar aus folgenden Gründen:

- Die Entfernung von Aweil und Humer nach Port Sudan ist etwa doppelt so groß wie vom Nuba-Region-Projekt nach Port Sudan (2.000 : 1.000 km);
- Im Gegensatz zum Humer Projekt bestehen hinsichtlich der Agrarstruktur im Nuba-Region-Projekt keine Probleme, da die dortige Bevölkerung in das Projekt integriert würde;
- In Aweil würde sich ein neues Projekt mit dem laufenden FAO-Projekt und in Humer möglicherweise mit einem Projekt der "Mechanized Farming Corporation" überschneiden, während in der Nuba-Region nur ein kleines Mechanisierungsprojekt der "Mechanized Farming Corporation" durchgeführt wird;
- In keinem der untersuchten Projektgebiete ist die Produktion von Reis oder Weizen für den Export möglich. Die Produktion von Rindfleisch für den Export kommt allen diskutierten Projekten erst nach einer Reihe von Anlaufjahren zugute, wobei die Überwindung veterinärhygienischer Probleme eine äußerst schwierige Aufgabe darstellt;
- Im Gegensatz zu den beiden anderen Projekten wären nur im Nuba-Region-Projekt Linkage-Effekte zu erwarten, und zwar durch die Einbeziehung der Viehhaltung;
- Im Gegensatz zum Aweil-Projekt wären im Nuba-Region-Projekt ausländische Experten nur in der anfänglichen Investitionsphase erforderlich.

5 Das Nuba-Region-Projekt

Das Projekt würde folgende Aktivitäten umfassen:
- Intensive integrierte Pflanzen- und Viehproduktion auf Kleinbetrieben von ca. 21 Feddan (8,8 ha) Größe;
- Ein Programm pflanzlicher Produktion, das den Anbau von Sorghum, Sesam, Sonnenblumen und Futterpflanzen umfaßt: Im Endstadium wird sich folgender Umfang der bebauten Flächen ergeben

Sorghum	58.300 Feddan (24.486 ha)
Sesam	16.700 Feddan (7.014 ha)
Sonnenblumen	41.700 Feddan (17.514 ha)
Futterpflanzen	58.300 Feddan (24.480 ha);

- Ein Programm tierischer Produktion: Endmast junger Bullen;
- Bereitstellung von landwirtschaftlichen Maschinen für Bodenbearbeitung, Aussaat und Ernte;
- Aufbau eines Beratungsdienstes mit 51 landwirtschaftlichen Beratern, die die Projektbauern bei der Anwendung rationeller Produktionstechniken beraten sollen;
- Betrieb einer Pilotfarm auf einer Fläche von 1.500 Feddan zwecks Durchführung von Versuchen;
- Schaffung eines revolvierenden Kreditfonds und die Gewährung kurzfristiger Kredite an die Projektbauern zur Finanzierung von maschinellen Dienstleistungen und anderen Inputs durch die Projektverwaltung;
- Bau von Zufahrtsstraßen und Wegen von einer Gesamtlänge von 940 km;
- Schaffung eines Wasserversorgungssystems;
- Errichtung der Projekthauptverwaltung im Projektgebiet und Schaffung einer besonderen "Project Management Unit" (PMU).

Das Projektgebiet liegt im Süden der Provinz Kordofan zwischen den Städten Dilling und Kadugli beiderseits einer neuen Asphaltstraße.

Die vorgesehene Fruchtfolge hat vor allem das Ziel, die Bodenfruchtbarkeit zu erhalten und damit eine anhaltend hohe pflanzliche Produktion zu ermöglichen.

Die Produktion von Futterpflanzen ermöglicht die Integration der Viehproduktion in das Projekt. Die Mast von Jungtieren würde in überwachten Feedlots stattfinden.

Eine kleinbäuerliche Bewirtschaftung des Projektgebietes entspräche am ehesten den agrarstrukturellen Voraussetzungen und den Projektzielen. Die vorgeschlagene Betriebsgröße beträgt 21 Feddan; dabei ist das wichtigste Kriterium der Arbeitskräftebesatz pro Betrieb. Im Verlauf der 10-jährigen Investitionsperiode des Projektes können insgesamt 8.331 Betriebe dieser Größe errichtet werden. Das aufgrund des Projektes zusätzlich erwirtschaftete jährliche Familieneinkommen würde 1.500,-- DM betragen. Ob eventuell auch eine großbetriebliche Bewirtschaftungsform oder eine Mischform aus klein- und großbetrieblicher Bewirtschaftung in Frage kommt, kann erst im Rahmen der Feasibility-Studie geklärt werden.

In einer Investitionsperiode von 10 Jahren könnte eine Gesamtfläche von 175.000 Feddan vom Projekt erschlossen werden. Nach der vollen Entwicklung des Projektes (im 13. Jahr) würden sich folgende Produktionsmengen pro Jahr ergeben:

Sorghum	35.000	to
Sesam	4.000	to
Sonnenblumenkerne	20.850	to
Bullen	41.650	Stück.

Die erzeugten pflanzlichen Produkte wären nur für den lokalen Markt. Sie würden jedoch das

Nahrungsmitteldefizitgebiet um das Nubagebirge in ein Selbstversorgungsgebiet umwandeln und später auch andere umliegende Wohnsiedlungen bis hin nach Khartoum mit Nahrungsmitteln versorgen. Gleichzeitig wird damit der Nahrungsmittelmarkt in Ghedaref entlastet, wenn Überschüsse über den in der Nähe gelegenen Hafen nach Saudi Arabien oder anderen arabischen Ländern transportiert werden könnten.

Mit Rindfleischüberschüssen würde es sich zunächst wohl genau so verhalten. Bei größeren Mengen und erfolgreicher Anlaufperiode könnten auch direkte Vermarktungswege für den Export eingerichtet werden.

Der Gesamtwert des Projektoutputs würde im 13. Projektjahr etwa 29 Mio. DM betragen.

Die Gutachter schlagen vor, die Durchführung des Projektes einer besonderen Projektverwaltungseinheit (Project Management Unit) zu übertragen und dieser in Beziehung zur öffentlichen Verwaltung eine relativ unabhängige Stellung zu verleihen.

Die gesamten geschätzten Projektkosten innerhalb der 10-jährigen Investitionsperiode belaufen sich auf 107 Mio. DM (auf der Basis von im Jahre 1975 vorherrschenden Preisen). Eine überschlägige Berechnung der volkswirtschaftlichen Rentabilität des Projektes ergab einen internen Zinsfuß von 22,4 %.

6 Projektplanung und -durchführung

6.1 Feasibility-Studie

Das Ergebnis der Pre-Feasibility-Studie über das Nuba-Region-Projekt ist, wie soeben gezeigt wurde, positiv.

Der Vorschlag der Gutachter, eine Feasibility-Studie über das Gesamtprojekt zu erstellen, auf deren Grundlage dann auch über die Durchführung des Gesamtprojektes entschieden werden sollte, wurde wegen der Größe des Vorhabens und der fehlenden Planungsdaten fallengelassen. Insbesondere aus folgenden Gründen ist zu bezweifeln, daß über eine in wenigen Monaten erstellte Feasibility-Studie ausreichend verläßliche Daten zusammengetragen werden können, die dann ihrerseits die Basis für die Projektdurchführung bilden:

- Verläßliche Daten über die natürlichen Ressourcen der Projektregion können z.T. nur durch mittel- bis langfristige Beobachtungen erarbeitet werden; dies trifft insbesondere auf die Analyse der klimatischen und hydrologischen Verhältnisse zu.

- Einsichten über die langfristigen, möglicherweise negativen Wirkungen einer mechanisierten Bodenbearbeitung auf die Bodenfruchtbarkeit können fast nur durch praktische Erfahrungen gewonnen werden.

- Über die menschlichen Hilfsquellen im Nuba-Gebiet können auch im Rahmen umfangreicher soziologischer Untersuchungen in drei Monaten nur unzureichende Erkenntnisse gewonnen werden. Aufschlüsse über das tatsächliche Verhalten der stark traditionell orientierten Nuba-Bevölkerung werden erst das konkrete Angebot von Innovationen und die entsprechende Reaktion der Bauern geben.

Darüber hinaus kann überhaupt nicht beurteilt werden, wieweit die sudanesische Regierung ein solches Vorhaben aktiv unterstützt und wie weit es von den lokalen Behörden und der Bevölkerung getragen wird. Während der Durchführung der Pre-Feasibility-Studie haben die Sudanesen wiederholt geäußert, daß sämtliche Projektkosten aus technischer Hilfe und Kapitalhilfe finanziert werden müßten. Aber selbst wenn die Investoren bereit wären, diesem Wunsch nachzukommen, bleibt die Frage offen, wieweit die sudanesische Regierung bereit ist, ausreichend qualifiziertes sudanesisches Personal für das Projekt freizustellen, denn ohne dieses Personal ist ein solches Projekt nicht durchführbar.

Angesichts dieser Risiken haben wir einen modifizierten Weg der Projektplanung erarbeitet.

6.2 Masterplan und Pilotprojekt

6.2.1 Projektkonzeption

An der in der Pre-Feasibility-Studie vorgeschlagenen Konzeption für ein landwirtschaftliches Projekt in der Nuba-Region wird in qualitativer Hinsicht im wesentlichen festgehalten. Es wird insbesondere weiterhin davon ausgegangen, daß im Rahmen des Nuba-Projektes
- intensive integrierte Pflanzen- und Viehproduktion auf Kleinbetrieben betrieben wird;
- Mechanisierung der Bodenbearbeitung, Aussaat und Ernte eingeführt wird;
- eine zentrale Projektverwaltungseinheit die notwendigen Dienstleistungsfunktionen übernimmt.

Neu hinzu kommt, daß das Projekt in Teilabschnitten realisiert werden soll, wobei jeder Abschnitt flächenmäßig ein Stück des Gesamtprojektes umfaßt, in sich jedoch eine abgeschlossene Maßnahme darstellen soll. Damit soll die Realisierung des folgenden Teilabschnittes, insbesondere in zeitlicher Hinsicht, von dem vorhergehenden Abschnitt losgelöst geplant und durchgeführt werden können. Die Planung des nächstfolgenden Teilabschnittes schließt an die Evaluierung des vorangegangenen Teilabschnittes an und basiert auf den Ergebnissen dieser Evaluierung.

6.2.2 Bestandsaufnahme des Entwicklungspotentials des Projektgebietes und Erstellung eines Masterplans

Voraussetzung der Realisierung eines Projektes im vorgeschlagenen Projektgebiet ist die Durchführung einer Studie zur Bestandsaufnahme des Entwicklungspotentials des Projektgebietes; dabei sind folgende Aspekte zu untersuchen:
- die natürlichen und menschlichen Hilfsquellen;
- die gegenwärtige Produktion von Gütern und Dienstleistungen im Projektgebiet;
- die langfristigen Marktchancen für die im Rahmen des Projektes zu erzeugenden Produkte.

Nach der Erfassung des Entwicklungspotentials des Projektgebietes ist ein Masterplan zu erstellen, der die einzelnen Teilabschnitte der Entwicklung und die Teilprojekte beschreibt.

6.2.3 Pilotprojekt

Aufgrund der im einführenden Kapitel aufgezeigten Unsicherheitsfaktoren ist ein Pilotprojekt durchzuführen, das in qualitativer Hinsicht die gleichen Elemente enthält wie das in der Pre-Feasibility-Studie vorgeschlagene Gesamtprojekt. Es sollte aus ca. 150 landwirtschaftlichen Betrieben zu je 8,8 ha sowie einer zentralen Projektverwaltungseinheit bestehen, die bestimmte Funktionen im Dienstleistungsbereich übernimmt. Die erfolgreiche Durchführung des Pilotprojektes ist Voraussetzung für eine phasenweise Ausdehnung des Projektes.

Das Pilotprojekt soll insbesondere praktische Aufschlüsse über folgende Aspekte vermitteln:
- die natürlichen Ressourcen im Gebiet des Pilotprojektes, insbesondere Klima und hydrologische Voraussetzungen;
- die menschlichen Ressourcen im Pilotprojekt, insbesondere die Bereitschaft der ländlichen Bevölkerung, bei der Projektrealisierung mitzuwirken;
- Eignung verschiedener betriebsbezogener Maßnahmen im Hinblick auf das Potential, z.B. der Kulturen und der Fruchtfolgen, Anbau- und Pflegemethoden;
- Eignung der Maßnahmen, die von der Projektzentrale durchzuführen sind, insbesondere Methoden der landwirtschaftlichen Beratung, Kreditgewährung, Vermarktung;

- allgemeine Probleme des Projektmanagements;
- mechanisierte Bodenbearbeitung;
- Wirtschaftlichkeit des Pilotprojektes (auf den Einzelbetrieb bezogen und gesamtwirtschaftlich).

Nach 2 1/2 bis 3 Jahren ist eine Evaluierung des Pilotprojektes durchzuführen. Aufgrund der Ergebnisse der Evaluierung des Pilotprojektes ist zu entscheiden, ob und in welcher Form der Aufbau des Projektes vorgenommen werden soll. Jede Projektphase ist gesondert zu planen.

Mit dieser Vorgehensweise glauben wir, die vielen unbekannten oder nur schwer abschätzbaren Faktoren, die die Projektdurchführung maßgeblich beeinflussen, optimal auffangen zu können.

Diese Methode mag den Eindruck erwecken, daß eine schnelle Projektrealisierung nicht möglich sein wird. Diesen Eindruck halten wir insofern für falsch, als wir davon ausgehen, daß eine sofortige Realisierung des Gesamtprojektes nicht möglich ist. Diese Behauptung basiert auf Erfahrungen, die in vergangenen Jahren in ähnlich großen Projekten der Kapitalhilfe gesammelt worden sind.

Anmerkung

Die Pre-Feasibility Studie "Increase of Agricultural Production in the Sudan" wurde im Auftrag der Deutschen Gesellschaft für Technische Zusammenarbeit (GTZ) GmbH von der Agrar- und Hydrotechnik GmbH, Essen, erstellt.

STANDORTGERECHTE PROJEKTPLANUNG: BERATUNGSZIELE UND -INSTRUMENTE - DAS BEISPIEL ÄTHIOPIENS -

von

Manfred Schulz, Berlin-Dahlem

1	Kommunikationsaspekte von Beratung	367
1.1	Der Mythos vom voluntaristischen Handeln	368
1.2	Erziehungsleitbilder	368
1.3	Soll und Ist in der Beratungsmethodik	369
2	Planung des Organisationssystems Beratung	369
2.1	Binnenorganisation der Beratung	369
2.2	Kommunikationsband	370
2.3	Bauernorganisation	370
2.4	Neuerungsfluß	370
2.5	Beratungskomplementäre Dienstleistungen	370
2.6	Rahmenbedingungen	371
3	Fallanalyse: Beratungsplanung in Äthiopien	372
3.1	Geschichte	372
3.2	Ziele der Beratung	372
3.3	Gestaltung der Systemelemente der Beratung	372
4	Engpaß-Variablen	374
5	Leistungswirksamkeit	374
6	Hauptprobleme	374

Der Beitrag thematisiert zunächst das Kommunikationsverständnis der Beratung. Danach wird ein Schema zur Beratungsplanung entworfen. Drittens wird das nationale Beratungsprogramm in Äthiopien entlang des entfalteten Schemas auf seine Leistungswirksamkeit untersucht und der Einfluß von Standortfaktoren als Engpaßvariablen diskutiert.

1 Kommunikationsaspekte von Beratung

Beratung versteht sich als organisierter Prozeß der Verbreitung landwirtschaftlicher Informationen, Kenntnisse und Befähigungen; der Prozeß geht von einer Informationsquelle gleich welcher Art aus und führt zu Landbewirtschaftern hin, die solche Informationen nutzen können, ohne sie durch ein formales Schulsystem, etwa eine Berufsschule, erhalten zu haben oder auch nie die Möglichkeiten dazu hatten (11). Die Definition legt es nahe, Beratung kommunikationstheoretisch und vom Bezugsrahmen des "Senders" her zu fassen.

1.1 Der Mythos vom voluntaristischen Handeln

Der vorherrschende kommunikationstheoretische Ansatz verleitet zu der Annahme, daß Informieren und Ratgeben in jedem Fall die Haupttätigkeitsmerkmale von Beratung sind oder sein sollten. Das zu niedrige Informationsniveau des Bauern wird als primärer Defizitfaktor angenommen. In vielen ländlichen Entwicklungsräumen wissen die Bauern aber weit mehr, als sie jemals unter den bestehenden Bedingungen realisieren oder realisieren können.

Die neuere Diskussion zum Verhältnis von Forschung und Beratung (4) versucht die Aufmerksamkeit auf den Tatbestand zu lenken, daß alle Kommunikationsmethodik nichts fruchtet, wenn keine tragfähigen Beratungsinhalte verfügbar sind. Die Vorliebe für "extension education research" führt dazu, den Kommunikationsprozeß anstelle des Wertes der "Botschaft" zu betonen (5). Bessere Kommunikation kann schlechter für den Bauern sein, wenn der Ratschlag selbst nichts taugt. Das Konzept von Kommunikation als Entwicklungsvoraussetzung wird oftmals nicht hinreichend auf seine Implikationen geprüft (3).

Die Zentrierung der Diskussion auf den Kommunikationsprozeß der Beratung dürfte mit der Verbreitung des voluntaristischen Mythos in westlichen Industriegesellschaften zu tun haben. Mit höherer Informiertheit und mehr problembewußtem Denken kann man sich nur bei Vorherrschen einer dem Voluntarismus entsprechenden Gesellschaftsordnung, dazu passendem Normensystem und Institutionengefüge und den notwendigen materiellen Voraussetzungen verbessern, und dies gilt auch immer nur für eine begrenzte Anzahl von Landbewirtschaftern.

1.2 Erziehungsleitbilder

Beratung als edukatives Förderungsinstrument richtet die Rollenbeziehung zwischen Feldberatern und Bauern an Leitbildern aus; zumindest vier verschiedene Leitbilder lassen sich nennen:

- Erwerb von Automatismen durch Drill: Der Kommunikationsstil des Beraters ist autoritär-paternalistisch; die Beratungsmethodik ist mechanistisch-repetitiv und am Taylorismus orientiert. Dieses Erziehungsleitbild läßt sich in Ansätzen aber bereits im frühen Merkantilismus nachweisen, z.B. bei Kolumbus' Bild vom "gutartigen Wilden", der - in Zucht genommen - belehrbar und zu imitativen Leistungen fähig ist (8).

- Anleitung zu vernünftigem Handeln: Die Wirkung der Neuerung ist dem Bauern solange zu erklären, bis er den Sinn versteht. Aus Aufklärung resultiert Überzeugung und Eigenanwendung.

- Erwerb kritischer Handlungskompetenz: Der Bauer wird sensibilisiert, seine Ressourcen realistisch einzuschätzen, angebotene Neuerungen kritisch zu bewerten und durch Abwägung von Alternativen selbst die beste Problemlösung zu erreichen. Diesem Ansatz liegen behavioristische lern- und systemtheoretische Steuerungsmodelle zugrunde (Stimulus-Response-Theorien).

- Wissen als Voraussetzung emanzipatorischen Handelns: Landwirtschaftsberatung wird zu einer Form emanzipatorischer Erwachsenenbildung. Hier wird der Dialog als Kommunikationsform zwischen Berater und Bauer sowie zwischen bäuerlichen Gruppen gefordert; das Hauptlernziel besteht darin, die Produktionsverhältnisse als weitgehend gesellschaftlich bedingte zu begreifen, die damit auch der Veränderung durch solidarisches Handeln zugänglich sind. Lerntheoretisch steht dieser Ansatz in der Nähe der assimilationstheoretischen Schule (Piaget) und der Stimulus-Stimulus-Theorien (10).

Es fehlt bislang weitgehend an Differenzierungen, die angeben, welches Modell für welche gesellschaftliche Formation, für welche Zielgruppe oder welchen Beratungsinhalt angemessen ist. Vertreter der drei letztgenannten Positionen sind sich nur einig in der Ablehnung der ersten. Das auf dem Prinzip des "Nümberger Trichters" beruhende Beratungsverfahren dürfte aber in der Praxis das in vielen Entwicklungsländern vorherrschende sein. Die Untersuchung von Lernprozessen in oralen Kulturen und ihre Aufarbeitung für Landwirtschaftsberatung steht erst am Anfang; leichte Entdeckungen sind auch nicht zu erwarten.

1.3 Soll und Ist in der Beratungsmethodik

Das normative Haupttätigkeitsmerkmal in der Beratung, das Informieren, Diskutieren und Demonstrieren weist bei vielen Diensten keinen überragenden Platz auf; in der tatsächlichen Zeitverwendung des Feldberaters stehen oftmals andere Tätigkeiten im Vordergrund: regulatorische Aufgaben, Berichte schreiben, Daten sammeln, Kredite vergeben und eintreiben, Produktionsmittel austeilen und ihren Einsatz überwachen, Kommunikation als Meinungsaustausch, nicht zuletzt unter herrschaftlichem Aspekt.

Von Medienforschern und Medienpolitik betreibenden Institutionen wird neuerdings stark der Einsatz von Massenmedien und die Einrichtung von Medienverbundsystemen gefordert (6). Feldberater in Entwicklungsländern halten oftmals den Einsatz von Gruppenmethoden für effektiver (14). In der Realität dominiert jedoch weiterhin die Einzelberatung zusammen mit der Demonstration (2), wiewohl das knappe Zeitbudget des Beraters nicht ausreicht, durch Einzelberatung die Massen zu erreichen.

Als Schlußfolgerung ist festzuhalten, daß bei der Planung von Beratung die Gestaltung des Kommunikationsprozesses unter beratungsmethodischen Gesichtspunkten nur ein Faktor unter verschiedenen anderen nicht minder bedeutsamen ist. Darüber hinaus gilt, daß sich eine nahezu unbegrenzte Zahl von Entwicklungszielen durch Beratungsprogramme verfolgen läßt: Produktionserhöhung, -diversifizierung, Anhebung des Beschäftigungsniveaus, Umgestaltung der Einkommensverteilung, Unterschichtenförderung, Selbstbestimmung der sozio-ökonomischen Strukturen durch Ausbalancierung der Abhängigkeiten (1), Bewußtseinserhellung und politische Mobilisierung.

Bei derartiger Vielfalt ist nur eines gesichert: Die Zielsetzungen von Beratung unterliegen einem ständigen Wandel. Bestimmbar werden diese Zielsetzungen durch eine Analyse des Standes der Produktivkräfte in ihrer Relation zur jeweiligen Agrar- und Gesellschaftspolitik und dem institutionellen Gefüge. Neben der Permanenz des Wandels erscheint gesichert, daß auf allen Entwicklungsstufen der Landwirtschaft ein Bedarf an Beratung, d.h. personale Vermittlung von Lernprozessen, besteht. So wie der Hackbauer mit dem Pflug umgehen lernt, wenn man es ihm zeigt, so kommt auch der durchschnittliche amerikanische Farmer mit der computergestützten Buchführung und Betriebsplanung nur zurecht, wenn ihm ein Berater beispringt.

2 Planung des Organisationssystems Beratung

Für die Belange der Praxis ist es nützlich, Beratung als Systembeziehung zu organisieren. Das System besteht aus zumindest fünf Elementen, deren Zueinander aktiv zu gestalten ist. Es sind:
- die interne Organisation der Beratung,
- das Kommunikationsband zwischen Beratungsorganisation und Bauern,
- Strukturierungen in der sozialen Organisation der Bauern,
- die Organisation des Neuerungszuflusses (Forschung),
- die beratungskomplementären Dienstleistungen.

2.1 Binnenorganisation der Beratung

Eine Beratungseinrichtung kann die bäuerliche Arbeits- und Lebenswelt nur in dem Maße nachhaltig beeinflussen, wie die interne Organisation der Beratung leistungswirksam gestaltet ist.

Noch heute erscheinen viele Beratungseinrichtungen auf nationaler Ebene mehr natürlich gewachsen als organisatorisch geplant.

2.2 Kommunikationsband

Als Ansatz für die Organisation der Kommunikation mit dem Bauern sind zwei Fragen aufzuwerfen: a) Wo kann die Kommunikation durch andere Maßnahmen ersetzt, gegebenenfalls auch nur teilweise substituiert werden? b) Für welche Zwecke kann die aufwendige Einzelberatung durch Gruppenberatung und Massenmedieneinsatz ersetzt bzw. ergänzt werden? Je nach Art der Neuerung, der Adoptionsphase, der Entwicklungsstufe der Zielgruppe und dem Entwicklungsstand des Landes oder der Region werden Differenzierungen vorzunehmen sein.

2.3 Bauernorganisation

Strukturierungen der bäuerlichen sozialen Organisation gehören zu den Beratungsaufgaben. Solche Strukturierungen sind u.a. möglich über: Führungs- und soziale Eminenzpersonen, progressive oder Modellbauern, Gruppen und Kollektive (Assoziationen, Genossenschaften, Produktionszellen). Ziel sollte es sein, die Selbstorganisation der Bauern anzuregen und zu ermutigen.

2.4 Neuerungsfluß

Durch Stärkung der Kooperations- und Koordinationsbeziehungen zur Forschung muß Beratung die Entwicklung angemessener und attraktiver Programme zu verbessern suchen. In nicht wenigen Fällen muß Forschung überhaupt erst angeregt werden. Anzustreben ist ein ständiger Neuerungszufluß. Aus dem von LEONARD (9) für Kenya präsentierten Material geht hervor, daß beratungsrelevante Forschung vor allem dann betrieben wird, wenn die Bauern Einflußmöglichkeiten auf das Forschungsprogramm haben. Einfluß wird dabei über Interessenorganisationen der Bauern gewonnen, die bei politischen Entscheidungsträgern und Herrschaftsinstitutionen intervenieren können. Es handelt sich also um Einflußmöglichkeiten, die über das in systemtheoretischen Arbeiten propagierte "feed-back" vom Bauern über den Berater zur Forschungsstation hinausgehen.

2.5 Beratungskomplementäre Dienstleistungen

In der Beratung sollten funktional integriert sein: Produktionsmittelversorgung, einschließlich Versorgung mit notwendigen Werkzeugen und Maschinen, Transport, Kredit, Vermarktung. Eine institutionelle Integration dieser Dienstleistungen ist nicht immer notwendig. Um die Beratung funktionsspezifisch leistungswirksam zu halten, sollten die beratungskomplementären Dienstleistungen durchaus durch andere Einrichtungen organisiert werden. Neben staatlichen, halb-staatlichen und gewerblichen Einrichtungen muß vor allem geprüft werden, ob die Bauern selbst die Erfüllung dieser Funktionen in die eigene Hand nehmen können. Allein die Aufzählung der beratungskomplementären Dienstleistungen verdeutlicht, daß das "normale" Beratungsziel im wesentlichen in der Erhöhung der Marktproduktion liegt. Die Organisation von notwendigen beratungskomplementären Leistungen für solche Fälle, in denen die Erhöhung der Selbstversorgung der Bauern Hauptziel ist, erscheint weitgehend ungelöst.

Das beigefügte Schema verdeutlicht die Beziehungen zwischen den Systemelementen von Beratung.

Abbildung 1: Organisatorische Planungselemente des Beratungssystems

FORSCHUNGSEINRICHTUNGEN

sekundäre Träger geplanter Neuerungsverbreitung

Beratungs-
organisation

KOMMUNIKATIONSPROZESS

rurale soziale
Organisation

Bauern

BERATUNGSKOMPLEMENTÄRE DIENSTLEISTUNGSEINRICHTUNGEN

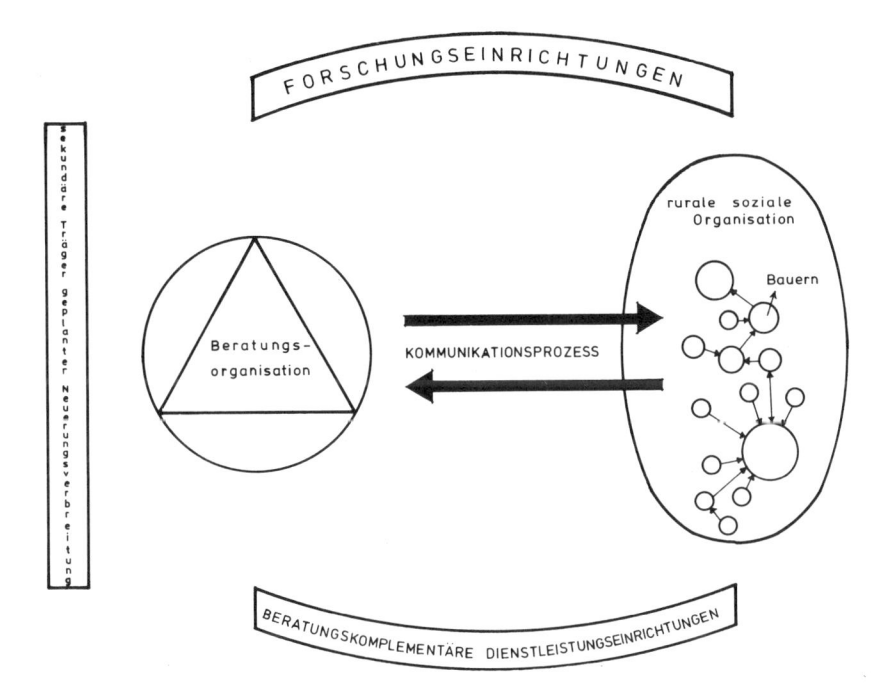

2.6 Rahmenbedingungen

Neben der aktiven Gestaltung der Hauptelemente des Beratungssystems sind bei der Durchsetzung von Beratungszielen weitere Variablen bedeutsam. Folgende Dimensionen sind zu nennen:
- natürliche Bedingungen
- Transportmöglichkeiten und Transportkosten
- Weltmarkt- und Binnenmarktverhältnisse
- Agrarpolitik, insbesondere Agrarpreispolitik
- Gesellschaftspolitik, insbesondere Ordnungspolitik
- Sozialstruktur und Bevölkerungsentwicklung
- Stand der Produktionstechnik.

Vom Standpunkt der Beratung sind viele der hier nur durch die Benennung von Dimensionen angesprochenen Variablen nicht veränder- oder beeinflußbar sondern Rahmenbedingungen. Andere Variablen sind mittel- bis langfristig veränderbar, fallen aber nicht in den organisatorischen Gestaltungsbereich von Beratung.

Formal gesehen ist im Beratungssystem anzustreben, sich den jeweiligen Hauptzielsetzungen durch aktive Gestaltung der Systemelemente unter Berücksichtigung des Einflusses von Rahmenbedingungen weitmöglichst anzunähern.

3 Fallanalyse: Beratungsplanung in Äthiopien

3.1 Geschichte

Das Beratungswesen in Äthiopien kennt vier Phasen.
a) Nach BELAY (2) gibt es einen allgemeinen landwirtschaftlichen Beratungsdienst außerhalb der spezialisierten Kaffeeberatung und der Community Development Beratung erst seit 1954; 1967 zählte dieser Autor 124 Feldberater bei ca. 4 Millionen landwirtschaftlicher Haushalte.
b) Nach Düngerversuchen von FAO-Freedom from Hunger Campaign werden erst seit 1967 integrierte Regionalprojekte begonnen. Das bekannteste und größte ist das von den Schweden initiierte CADU-Projekt (Chilalo Agricultural Development Unit), südlich von Addis Ababa in der Arussi-Provinz.
c) Seit 1971 wird mit dem Aufbau einer nationalen Beratungsorganisation begonnen, die dem Landwirtschaftsministerium untersteht. Die Extension Programm and Implementation Division (EPID) versucht, mit dem "Minimum Package"-Konzept Massenwirksamkeit zu erzielen.
d) Im Februar 1974 wird die feudalistische Gesellschaftsordnung und Agrarverfassung durch Intervention des Militärs beseitigt und ein sozialistischer Weg eingeschlagen. Die Beratungsorganisation EPID bleibt bestehen und wird in ihren Aufgaben erweitert.

3.2 Ziele der Beratung

Die nationale Beratungsorganisation gibt ihre Ziele folgendermaßen an:
- Verbesserung des Lebensstandards der bäuerlichen Bevölkerung, insbesondere einkommensschwacher Unterschichten,
- Vermeidung negativer Beschäftigungseffekte,
- Partizipation der Bevölkerung an Verantwortlichkeiten,
- Eröffnung von Wachstumschancen.

3.3 Gestaltung der Systemelemente der Beratung

a) Die interne Organisation der Beratung

Die Organisation ist auf der Verfolgung des "Minimum Package-Konzepts" ausgerichtet: das Innovationsbündel besteht aus der kleinst möglichen Anzahl zusammenhängender Programmkomponenten: Beratung, Saatgut und Düngerbelieferung, Kredit. Das Programm ist in wesentlichen Teilen außenfinanziert (Weltbank, ODA, DANIDA, FAO). Diese institutionelle Abhängigkeit erzwingt die Anwendung von Planungstechniken; das Projekt-Design ist auf die Antrags-, Bewilligungs- und Durchführungsverfahren der finanzierenden Einrichtungen abgestellt. Bei diesem Ansatz versucht ein straff führendes Managment mit "top-down"-Ansatz die in Regionalporjekten erprobten Organisationsprinzipien durchzusetzen.

Mit der Ausdehnung der Programme tritt seit 1975 eine Dezentralisierungstendenz in den Vordergrund, die sich vor allem auf die Devolution von Funktionen bezieht, ohne daß eine Dekonzentration von Autorität gleichermaßen ersichtlich würde. Eine eigene Evaluierungsabteilung baut ein Berichts- und Managment-Informationssystem auf.

b) Organisation der Beratungskommunikation

EPID verankert sich räumlich durch die Einrichtung von "Minimum Package Program Areas" (MPPA). Jedes Gebiet repräsentiert eine Organisationszelle und ein ländliches Kleinprojekt. Die Gebiete befinden sich wie Perlen aufgereiht sämtlich entlang befahrbarer Straßen; jedes Gebiet ist ca. 75 km lang und zu beiden Seiten der Straße jeweils 3 - 5 oder 10 km in den Raum vordringend. In einem Gebiet können bis zu 10 000 Familien leben. Die Gebiete sind in je fünf Beratungsbezirke unterteilt. Zu jedem Bezirk gehört ein Feldberater für die Produktionsberatung und ein "marketing assistant", der für die Produktionsmittelversorgung und die

Kreditgewährung zuständig ist. Der Aufbau eines Gebietes erfolgt in Phasen (Observational Area, Demonstrational Area, MPPA). 1975 zählte EPID 351 Beratungsbezirke in 55 MPPA, 18 Bezirke hatten Demonstrations- und 5 Beobachtungsstatus. 1974 betrug das Feldpersonal 665 Berater.

Die Beratungskommunikation wird durch persönliche Kontakte, Demonstrationen und den Einsatz von Gruppenmethoden vermittelt. Der Einsatz von Massenmedien war bis 1975 von nachgeordneter Bedeutung, wird jetzt aber infolge der veränderten politischen Verhältnisse stärker betont.

c) Organisatorische Strukturierung der Bauern

Strukturierung der Bauern zählte von Anbeginn des Beratungsprogrammes zu den instrumentellen Zielen der Organisation. Der Ansatz beruht auf der Auswahl von Modell-Bauern. Dieser Modell-Bauer soll ein aktiver Landbewirtschafter und von der Gemeinde vorgeschlagen sein. Ein Modell-Bauer soll ca. 100 Bauernfamilien beeinflussen. Er hat Demonstrations-Parzellen anzulegen, für die er Produktionsmittel kostenlos erhält. Seine Hauptaufgabe besteht darin, im Kommunikationsprozeß zwischen Berater und Bauer zu vermitteln und Beurteilungen über die Kreditwürdigkeit von Düngemittel-Nachfragern abzugeben.

Die Erfahrungen mit diesem Ansatz sind nicht sonderlich ermutigend gewesen. Die Modell-Bauern beklagten, daß ihnen ein hoher Zeitaufwand abverlangt wurde. Bei der Durchsetzbarkeit dieses Ansatzes gab es durchaus regionale Unterschiede, die sich auf zwei Faktoren zurückführen lassen: a) Unterschiede in den Erträgen der geförderten Früchte in Abhängigkeit eingesetzter Betriebsmittel und insbesondere von Dünger; b) die Existenz von Verkaufsfrüchten, die von den Bauern profitträchtig abzusetzen waren. Man kann sagen, daß in einigen Gebieten, z.B. in der Jimma-Region im Süden des Landes das Beratungsprogramm so attraktiv war, daß es den Modellbauernansatz mitgetragen hat. Nach der Umwälzung von 1974 ist der individualistische Modellbauern-Ansatz zugunsten der Gruppenarbeit in genossenschaftlich organisierten Assoziationen aufgegeben worden.

d) Die Organisation des Neuerungsflusses

Das "Minimum Package-Konzept" ist unter anderem dadurch erklärbar, daß nur die in den Regionalprojekten erprobte Saatgut-Dünger-Technologie zur Verfügung stand. Diese Technologie wird auch relativ uniform zum Einsatz gebracht, obwohl die extreme ökologische Variation in Äthiopien ein differenziertes Vorgehen angemessener erscheinen läßt. Für die wichtigen Bereiche der Tierwirtschaft, der Forstwirtschaft, der Ölsaaten, Gemüse u.a.m. gibt es gar keine praxisreifen Erkenntnisse für ein massenwirksames Programm. Das geringe Forschungspotential sowie Koordinationsprobleme zwischen bilateralen Hilfsprojekten mit Forschungskomponenten, dem nationalen Agrarforschungsinstitut und EPID stellen eine ernsthafte Begrenzung dar. EPID sind nun zwar die Regionalprojekte unterstellt worden. Die in ihnen erprobte Dünger-Technologie ist aber schon bekannt und bringt nichts Neues.

e) Organisation beratungskomplementärer Dienstleistungen

EPID hat wegen Fehlens anderer Einrichtungen diese Dienstleistungen weitgehend in die eigene Hand genommen. Wie in anderen Ländern Afrikas hat sich die Organisation zunächst auf die Input-Seite konzentriert. Da das Programm in verschiedenen Gebieten von den Bauern akzeptiert wurde, traten schnell Versorgungsengpässe bei den Betriebsmitteln auf. Die Transportkapazität von EPID wurde durch die Sahel-Dürre zusätzlich belastet als über 500 000 Bauern notversorgt werden mußten. 1975 wollte EPID 30 000 Zugochsenpaare, finanziert durch einen schwedischen Kredit, verteilen. EPID setzt knapp 800 nationalisierte Traktoren zur Feldbestellung ein. Alle diese Aktivitäten können sinnvoll sein. Sie überbeanspruchen aber die organisatorische Kapazität dieses Dienstes und lenken ihn von den eigentlichen Beratungsaufgaben ab. Die Leistungswirksamkeit der Organisation ist 1974/75 nach eigenen Angaben abgesunken. Die Organisation hat diese Leistungsminderung aber nur z. T. selbst zu vertreten.

4 Engpaß-Variablen

Das EPID-Programm basiert auf kräftigen Düngermittelsubventionen, die 1975 ca. Eth. $ 14 Millionen ausmachten. EPID hat natürlich die Preise für eingekaufte Düngemittel nicht unter Kontrolle. Im kaiserlichen Äthiopien gab es keine wirksame Getreidepreispolitik. Im CADU-Projekt wuchs die Zahl der teilnehmenden Bauern 1973 auf 1974 von ca. 13 000 auf ca. 25 000 Bauern an. Die schnell steigenden Getreidepreise waren dafür die Hauptursache. Durch die Düngemittelsubvention und die Getreidepreispolitik ist das Beratungsprogramm im vor- wie nachgelagerten Bereich begrenzt.

5 Leistungswirksamkeit

Seit 1971 hat sich die Teilnahme der Bauern am EPID-Programm folgendermaßen entwickelt:

Jahr	Zahl der Kreditfälle	Düngerabsatz (qts)	Saatgutabsatz (qts)
1971	4.691	9.460	222
1972	12.706	20.174	200
1973	25.424	35.160	860
1974	55.000	78.475	2.000
1975	74.410	73.529	1.234

Quelle: EPID - Annual Reports

Angesichts der inzwischen auf 4,5 Millionen geschätzten Zahl landwirtschaftlicher Haushalte ist das Programm weit davon entfernt, Massenwirksamkeit erreicht zu haben. Allerdings steht EPID mit der Weltbank in Verhandlung wegen Gewährung eines Kredites von US $ 120 Mio., der einen Durchbruch bringen kann.

Für den einzelnen teilnehmenden Bauern ist 1974 der Nutzen auf durchschnittlich Eth. $ 40 kalkuliert worden. Bei einem durchschnittlichen Jahreseinkommen, das TECLE (13) mit Eth. $ 150 angibt, ist das nicht wenig. Ein Berater hat zu ca. 120 Bauern Kontakt gehabt. Die Ratio erscheint niedrig, liegt aber nicht niedriger als bei vielen anderen Diensten in Afrika, wenn man die tatsächlichen persönlichen Beratungskontakte mißt.

6 Hauptprobleme

Die stark begrenzte Organisationskapazität und insbesondere das Personalproblem auf der mittleren und höheren Ebene bleibt auf absehbare Zeit der stärkste limitierende Einzelfaktor. Für die Expansion der Organisation ist die Verbesserung der materiellen Infrastruktur im Lande, insbesondere der Straßenbau eine Voraussetzung. Die schnelle Erfassung der bäuerlichen Massen wird nur dann erreichbar sein, wenn auch in Zukunft die Breite des Beratungsprogrammes eingeschränkt bleibt. Die Ausbalancierung der zur Verfügung stehenden Sach- und Personalmittel auf die genannten Systemelemente der Beratung erscheinen als die organisatorische Hauptaufgabe. Eine Diversifizierung der organisatorischen Strukturen dürfte anzustreben sein. Derzeit hat EPID geringe Handlungsautonomie; in beiden vergangenen Jahren sind fortwährend neue Aufgaben hinzugetreten und andere Abteilungen aus weniger leistungsstarken Referaten verschiedener Ministerien an EPID angehängt worden.

Literatur

1. ABRAHAM, G.: Gesamtwirtschaftliche Beurteilung der Agrarberatung in Entwicklungsländern. Manuskript, Hamburg, September 1976.

2. BELAY, H.S.: (ECA/FAO): A Comparative Analysis of Agricultural Extension Systems in East Africa - with Suggested Guidelines for Improvement, Addis Ababa 1971.

3. BIERWIRTH, G.: Entwicklung als Kommunikationsproblem. In: Die Dritte Welt, H. 1, Jg. 4, 1975, S. 35 - 48.

4. BOYCE, J.K., and EVENSON, R.E.: National and International Agricultural Research and Extension Programs. Agricultural Development Council, New York 1975.

5. CHAMBERS, R.: Two Frontiers in Rural Management: Agricultural Extension and Managing the Exploitation of Communal Natural Resources. IDS Communication 113, Institute of Development Studies at the University of Sussex, Brighton, England, 1975.

6. COOMBS, Ph.: Nonformal Education for Rural Development - Programs Related to Employment and Productivity. Report Prepared for the World Bank, Baltimore 1973.

7. Ministry of Agriculture - EPID (Ethiopia): EPID Phase II - Proposals for the Expansion of EPID During 1975/76 - 79/80 and for Support by SIDA, EPID Publication No. 21, Addis Ababa, August 1974.

8. MOEBUS, J.: Über die Bestimmung des Wilden und die Entwicklung des Verwertungsstandpunktes bei Kolumbus. In: Das Argument, H. 78, Jg. 5, 1973, S. 273 - 307.

9. LEONARD, D.M.: The Management of Agricultural Extension: Organization Theory and Practice in Kenya. Vervielfältigtes Manuskript, 424 S. Dar-es-Salaam 1974.

10. POSCH, P.: Die Einflußnahme auf Lernprozesse. In: Der Förderungsdienst, Bd. 23, H. 2, 1975, S. 43 - 54.

11. RICE, E.B.: Extension in the Andes - An Evaluation of Official U.S. Assistance to Agricultural Extension Services in Central and South America, Cambridge, Massachusetts 1974.

12. SCHULZ, M.: Organizing Extension Services in Ethiopia Before and After Revolution. Saarbrücken, 1976.

13. TECLE, T.: The Evolution of Alternative Rural Development Strategies in Ethiopia: Implications for Employment and Income Distribution. African Rural Employment Paper No. 12, Department of Agricultural Economics, Michigan State University, East Lansing 1975.

14. WHITING, G.L. et al.: Innovation in Brazil - Success and Failure of Agricultural Innovation Programs in 76 Minas Gerais Communities, East Lansing, Michigan 1968.

Schriften der Gesellschaft für Wirtschafts- und Sozialwissenschaften des Landbaues e.V.

Band 1
Grenzen und Möglichkeiten einzelstaatlicher Agrarpolitik
Herausgegeben von H.-H. Herlemann - Vergriffen.

Band 2
Konzentration und Spezialisierung in der Landwirtschaft
Herausgegeben von P. Rintelen - Vergriffen.

Band 3
Landentwicklung   Soziologische und ökonomische Aspekte
Herausgegeben von Prof. Dr. H. Kötter - 123 Seiten, 13 Abb.

Band 4
Quantitative Methoden in den Wirtschafts- und Sozialwissenschaften des Landbaues
Herausgegeben von Prof. Dr. E. Reisch - 458 Seiten, 38 Abb.

Band 5
Die Landwirtschaft in der volks- und weltwirtschaftlichen Entwicklung
Herausgegeben von Prof. Dr. H.-G. Schlotter - Vergriffen.

Band 6
Möglichkeiten und Grenzen der Agrarpolitik in der EWG
Herausgegeben von Prof. Günther Schmitt - Vergriffen.

Band 7
Entwicklungstendenzen in der Produktion und im Absatz tierischer Erzeugnisse
Herausgegeben von Prof. Dr. R. Zapf - 490 Seiten, 42 Abb.

Band 8
Die Willensbildung in der Agrarpolitik
Herausgegeben von Prof. Dr. H.-G. Schlotter - 453 Seiten.

Band 9
Mobilität der landwirtschaftlichen Produktionsfaktoren und regionale Wirtschaftspolitik
Herausgegeben von Günther Schmitt - Vergriffen.

Band 10
Die künftige Entwicklung der europäischen Landwirtschaft   Prognosen und Denkmodelle
Herausgegeben von Günther Weinschenck - Vergriffen.

Band 11
Agrarpolitik im Spannungsfeld der internationalen Entwicklungspolitik
Herausgegeben von Prof. Dr. H.E. Buchholz und Prof. Dr. W. v. Urff - Vergriffen.

Band 12
Forschung und Ausbildung im Bereich der Wirtschafts- und Sozialwissenschaften des Landbaues
Herausgegeben von H. Albrecht und G. Schmitt - 324 Seiten, 10 Graphiken.

Band 13
Agrarwirtschaft und wirtschaftliche Instabilität
Herausgegeben von Prof. Dr. C. Langbehn und Prof. Dr. H. Stamer - 560 Seiten,
100 Tabellen und Graphiken.

BLV Verlagsgesellschaft mbH München